Medizinische Physik
in Forschung und Praxis

Medizinische Physik in Forschung und Praxis

6. Wissenschaftliche Tagung der Deutschen Gesellschaft für Medizinische Physik in Berlin, 28./29. April 1975

Herausgeber Alexander Kaul

W DE G

Walter de Gruyter · Berlin · New York 1976

Herausgeber:
Professor Dr. phil. nat. Alexander Kaul
Klinikum Steglitz der Freien Universität Berlin, Klinik für Radiologie, Nuklearmedizin und Physikalische Therapie

CIP-Kurztitelaufnahme der Deutschen Bibliothek

Medizinische Physik in Forschung und Praxis:
6. wiss. Tagung d. Ges. für Med. Physik in Berlin, 28./29. April 1975/ Hrsg. Alexander Kaul. – 1. Aufl. – Berlin, New York: de Gruyter 1976.

ISBN 3-11-006615-7

NE: Kaul, Alexander [Hrsg.]; Deutsche Gesellschaft für Medizinische Physik

Druck: Druckerei Karl Gerike, Berlin. – Bindearbeiten: Bindegewerbe GmbH Lüderitz & Bauer, Berlin

Vorwort

Seit etwa sechs Jahren finden in regelmäßiger Folge wissenschaftliche Tagungen der Deutschen Gesellschaft für Medizinische Physik statt mit dem Ziel, über Ergebnisse medizinisch-physikalischer Forschung und praktischer Tätigkeit im Krankenhaus zu berichten. Dennoch ist die Medizinische Physik als Teilgebiet der Angewandten Physik eine zumindest bei uns in Deutschland noch in der Entwicklung begriffene Disziplin. Dies wird auch aus dem Fehlen von deutschsprachigen fachspezifischen Publikationsorganen deutlich, so daß die Mitteilung von neuen Untersuchungsergebnissen im wesentlichen auf Einzelarbeiten in Zeitschriften mit unterschiedlicher wissenschaftlicher Zielsetzung beschränkt ist. Zusammenfassende lehrbuchartige Darstellungen des Gesamtgebietes der Medizinischen Physik sind – fremdsprachige Literatur eingeschlossen – überhaupt nicht verfügbar.

Dieser Sachverhalt, die zunehmende Bedeutung der Medizinischen Physik unter den Biowissenschaften und die Tatsache, daß der gewählte Themenkreis die wichtigsten Arbeitsgebiete der Medizinischen Physik einbezieht, haben mich dazu veranlaßt, die Beiträge der Berliner Tagung in Buchform zusammenzufassen und unter dem Titel „Medizinische Physik in Forschung und Praxis" zu veröffentlichen.

Im einzelnen werden schwerpunktmäßig die Themen Bildverarbeitung, Abbildungseigenschaften von Kollimator-Systemen, Laser-Anwendung in der Medizin, Sonographie, Thermographie/Kalorimetrie, Neutronen-Therapie, Anwendung der Elektronen-Spin-Resonanz und Anwendung des Ganzkörperzählers in der Medizin behandelt. Darüber hinaus wird über die Entwicklung und Anwendung neuer physikalischer Meßverfahren in der Medizin berichtet.

Die den Hauptarbeitsgebieten der Medizinischen Physik entsprechenden Themenkomplexe werden durch Übersichtsreferate eingeleitet, um auch den mit der Materie weniger Vertrauten in die Aufgaben und Ziele der Teilgebiete medizinisch-physikalischer Forschung und Praxis einzuführen.

Die Themenbreite konnte nur dadurch erreicht werden, daß sich auch Kollegen am wissenschaftlichen Programm der Tagung beteiligten, die in der Biomedizinischen Technik, in der Biophysik und in anderen Zweigen der Angewandten Physik an führender Stelle tätig sind. Dies verdeutlicht das ständig wachsende Bestreben vieler Naturwissenschaftler, ihr spezifisches Fachwissen über die Grenzen ihres Fachgebietes hinaus für die Lösung von Problemen einzusetzen, die anderen Disziplinen der Biowissenschaften entstammen.

Trotz der Zusammenarbeit von Naturwissenschaftlern verschiedener Fachrichtungen muß unsere Arbeit wirklichkeitsfremd bleiben, wenn wir in unser Bemühen nicht diejenigen miteinbeziehen, die sich der Aufklärung des biologischen Geschehens in der Grundlagenforschung widmen und diejenigen, die unmittelbar am Krankenbett tätig sind. Diese notwendige Partnerschaft zwischen Ärzten und Naturwissenschaftlern ist zwar heute noch nicht überall selbstverständlich, es zeichnet sich aber eine Entwicklung ab, die hoffen läßt, daß das zum Teil ausschließliche Nebeneinander von Naturwissenschaft und Medizin auch in unserem Land bald der Vergangenheit angehören wird.

Wir haben versucht, einen Beitrag zum Miteinander und gegenseitigen Verständnis zu leisten. Auf dieser Tagung kam nicht nur der Physiker zu Wort, sondern auch der Mediziner konnte seine Probleme aufzeigen, die er gemeinsam mit Physikern und den Möglichkeiten der Technik zu lösen erhofft.

„Medizinische Physik in Forschung und Praxis" ist der Versuch, eine Einführung in Teilgebiete der Medizinischen Physik mit der Darstellung neuer wissenschaftlicher Ergebnisse medizinisch-physikalischer Forschung in einem Buch zu vereinen. Dieser Band wendet sich daher an Physiker, die bereits auf den Gebieten der Medizinischen Physik und Biophysik arbeiten oder beabsichtigen, auf diesem Grenzgebiet zwischen Physik, Biologie und Medizin tätig zu werden. Er ist darüber hinaus für Mediziner von Interesse, die neue technische Verfahren in die klinische Praxis einführen möchten. Schließlich dürfte das Buch auch Bio-Ingenieure und Biomedizinische Techniker interessieren, die aus dem erfolgreichen Einsatz moderner physikalischer Methoden in den Biowissenschaften neue Impulse für die eigene ingenieurwissenschaftliche Tätigkeit erhalten.

Vorträge einer wissenschaftlichen Tagung in Buchform herauszugeben, erfordert nicht nur die Bereitschaft der Autoren, druckreife Manuskripte dem Herausgeber zu überlassen, es bedarf auch des Interesses eines Verlages, um die Idee zu verwirklichen. Der Verlag de Gruyter hat dieses Interesse bereits beim ersten orientierenden Gespräch bekundet und mit dem Druck des vorliegenden Buches in dankenswerter Weise dazu beigetragen, daß sich eine junge Disziplin mit Ergebnissen ihrer neusten wissenschaftlichen Forschung der Fachwelt vorzustellen vermag.

Ein wesentlicher Beitrag zur Deckung der Kosten bei der Organisation und Durchführung unserer Tagung wurde von der Freien Universität Berlin und verschiedenen Industrieunternehmen geleistet. Es ist mir deshalb ein besonderes Anliegen, auch an dieser Stelle dem Präsidenten unserer Universität und den Mitarbeitern seiner Außenabteilung für die finanzielle und organisatorische Unterstützung zu danken. Dies gilt in gleichem Maße für diejenigen Firmen, die sich großzügig an der Subventionierung zur Durchführung der Tagung sowie an den Kosten für die Vorleistungen zur Drucklegung des vorliegenden Buches beteiligten. Nicht zuletzt gilt mein Dank meinen Berliner Kollegen und Mitarbeitern, die mich bei der Tagungsvorbereitung sowie bei der Herausgabe dieses Buches stets bereitwillig unterstützt haben.

Berlin, im November 1975 *Alexander Kaul*

Inhalt

Autorenverzeichnis

Abou Mandour, Mohsen	Institut für Medizinische Physik und Biophysik der Universität, 34 Göttingen, Gosslerstr. 10
Abmayr, Wolfgang	Institut für Strahlenschutz, der Gesellschaft für Strahlen- und Umweltforschung, 8042 Neuherberg, Ingolstädter Landstr. 1
Ammon, Jürgen	Medizinische Fakultät der RWTH, Abt. Radiologie, 51 Aachen, Goethestr. 27–29
Bácsy, Ernö	Inst. Experim. Med. Hung. Acad. Sci., 1083 Budapest, Szigony-u. 43, Ungarn
Bader, Reiner	Deutsches Krebsforschungszentrum, Institut für Nuklearmedizin, 69 Heidelberg 1, Im Neuenheimer Feld 280
Bartusch, Jörg	Institut für Biomedizinische Technik der Technischen Universität, 8 München 22, Museumsinsel 1
Bloss, Werner H.	Institut für Physikalische Elektronik der Universität, 7 Stuttgart 1, Böblinger Str. 70
Bödecker, Volker	Institut für Angewandte Materialforschung, 282 Bremen-Lesum, Lesumer Heerstr. 36
Bofilias, Joannes	Nuklearmedizinische Klinik und Poliklinik rechts der Isar der Technischen Universität Abt. Physik, 8 München 80, Ismaninger Str. 22
Borst, Hugo	Institut für Strahlenschutz der Gesellschaft für Strahlen- und Umweltforschung, 8042 Neuherberg, Ingolstädter Landstr. 1
Breuel, Hans-Peter	Nuklearmed. Abteilung der Medizinischen und Radiologischen Klinik der Universität, 34 Göttingen, Humboldtallee 1
Brodocz, Thomas	Fa. Siemens AG, UB Medizintechnik, 852 Erlangen, Henkestr. 127
Buchheim, Wilhelm	Fa. Siemens AG, UB Medizinische Technik, 852 Erlangen, Henkestr. 127
Burger, Georg	Institut für Strahlenschutz der Gesellschaft für Strahlen- und Umweltforschung, 8042 Neuherberg, Ingolstädter Landstr. 1

Doll, Josef	Deutsches Krebsforschungszentrum, Institut für Nuklearmedizin, 69 Heidelberg 1, Im Neuenheimer Feld 280
Domovitz, Schraga	Nuklearmed. Abteilung der Medizinischen und Radiologischen Klinik der Universität, 34 Göttingen, Humboldtallee 1
Einck-Roßkamp, Paul	Gesellschaft für Strahlen- und Umweltforschung, Abt. für Biophys. Strahlenforschung, 6 Frankfurt/Main, Paul Ehrlich Str. 20
Emrich, Dieter	Nuklearmedizinische Abteilung der Medizinischen und Radiologischen Klinik der Universität, 34 Göttingen, Humboldtallee 1
Ernst, Helmut	Klinikum Steglitz der Freien Universität Berlin, Klinik für Radiologie, Nuklearmedizin und Physikalische Therapie, Abt. Strahlentherapie, 1 Berlin 45, Hindenburgdamm 30
Feinendegen, Ludwig E.	Kernforschungsanlage, Institut für Medizin, 517 Jülich
Feist, Harald	Physikalisch-Technische Bundesanstalt, Abt. 6.41, 33 Braunschweig, Bundesallee 100
Flesch, Udo	Klinikum Steglitz der Freien Universität Berlin, Klinik für Radiologie, Nuklearmedizin und Physikalische Therapie, Abt. Strahlentherapie, 1 Berlin 45, Hindenburgdamm 30
Fritz, Werner	Institut für Physikalische Elektronik der Universität, 7 Stuttgart 1, Böblinger Str. 70
Frost, Dietrich	Rudolf-Virchow-Krankenhaus, Abt. Strahlenphysik, 1 Berlin 65, Augustenburger Platz 1
Gahr, Wolfgang	Klinikum Steglitz der Freien Universität Berlin, Klinik für Radiologie, Nuklearmedizin und Physikalische Therapie – Biophysik –, 1 Berlin 45, Hindenburgdamm 30
Ganssen, Alexander	Siemens AG, UB Medizinische Technik, 852 Erlangen, Henkestr. 127
Gerstner, Richard	Firma Kretztechnik GmbH, A-4871 Zipf/Österreich, Tiefenbach 20
Greguss, Pal	Gesellschaft f. Strahlen- und Umweltforschung, Abt. Kohärente Optik, 61 Darmstadt, Schloßgartenstr. 7

Grillmaier, Rudolf	Institut für Biophysik der Universität des Saarlandes, 665 Homburg/Saar
Großkopf, Claus	Gesellschaft für Strahlen- und Umweltforschung, Abt. Kohärente Optik, 61 Darmstadt, Schloßgartenstr. 7
Grotelüschen, Bernd	Abt. für Abdominal- und Transplantationschirurgie der Med. Hochschule Hannover, 3 Hannover-Kleefeld, Karl-Wiechert-Allee 9
Grünauer, Fritz	Firma Medizinische Datenverarbeitung, 8 München 81, Arabellastr. 4/I
Händler, Erich	Physikalisches Institut der Technischen Hochschule, 61 Darmstadt, Schloßgartenstr. 7
Hagemann, Gerd	Institut für Klinische Radiologie der Med. Hochschule Hannover, 3 Hannover-Kleefeld, Karl-Wiechert-Allee 9
Haina, Diether	Gesellschaft für Strahlen- und Umweltforschung, Abt. Kohärente Optik, 61 Darmstadt, Schloßgartenstr. 7
Hamann, Christian-Michael	Klinikum Steglitz der Freien Universität Berlin, Klinik für Radiologie, Nuklearmedizin und Physikalische Therapie – Ganzkörperzähler/Elektronenrechner –, 1 Berlin 45, Hindenburgdamm 30
Harder, Dietrich	Institut für Medizinische Physik und Biophysik der Universität, 34 Göttingen, Gosslerstr. 10
Helmeke, Hans-Jürgen	Institut für Nuklearmedizin der Med. Hochschule Hannover, 3 Hannover, Karl-Wiechert-Allee 9
Hermann, Hans-Joachim	Klinikum Westend der Freien Universität Berlin, Strahleninstitut, 1 Berlin 19, Spandauer Damm 130
Hermsdorf, Hans-Christian	Bundesversicherungsanstalt für Angestellte, Med.-Techn. Untersuchungsstelle Dezernat 7007, 1 Berlin 31, Ruhrstr. 2
Herzberg, Benno	Klinikum Steglitz der Freien Universität Berlin, Klinik für Radiologie, Nuklearmedizin und Physikalische Therapie – Biophysik –, 1 Berlin 45, Hindenburgdamm 30
Heuß, Kurt	Strahleninstitut der Allgemeinen Ortskrankenkasse Köln, 5 Köln 1, Machabäerstr. 19–27
Hillenkamp, Franz	Gesellschaft für Strahlen- und Umweltforschung, Abt. Kohärente Optik, 8042 Neuherberg, Ingolstädter Landstr. 1

Höver, Karl-Heinz	Deutsches Krebsforschungszentrum, Institut für Nuklearmedizin, 69 Heidelberg 1, Im Neuenheimer Feld 280
Jahns, Eberhard	Institut für Nuklearmedizin der Med. Hochschule Hannover, 3 Hannover, Karl-Wiechert-Allee 9
Jászsági-Nagy, Éva	Radiol. Univ. Klinik, H-1082 Budapest, Üllői-ut 78
Kaiser, Gerold	Radiologische Universitätsklinik der Universität, 34 Göttingen, Goßlerstr. 10
Kaltwasser, Peter	Zentrum der Inneren Medizin der Universität, Abt. Hämatologie, 6 Frankfurt/Main, Theodor Stern Kai 7
Kaul, Alexander	Klinikum Steglitz der Freien Universität Berlin, Klinik für Radiologie, Nuklearmedizin und Physikalische Therapie – Biophysik –, 1 Berlin 45, Hindenburgdamm 30
Kirmaier, Norbert	Institut für Biomedizinische Technik der Technischen Universität, 8 München 22, Museumsinsel 1
Koeppe, Peter	Klinikum Steglitz der Freien Universität Berlin, Klinik für Radiologie, Nuklearmedizin und Physikalische Therapie – Ganzkörperzähler/Elektronenrechner –, 1 Berlin 45, Hindenburgdamm 30
Korényi-Both, András	II. Chir. Univ. Klinik, H-1088 Budapest, Baross-u. 23/25, Ungarn
Kovács, Irén	II. Chir. Univ. Klinik, H-1088 Budapest, Baross-u. 23/25, Ungarn
Kratochwil, Alfred	Ultraschalldiagnostik- und Ausbildungszentrum, II. Univ. Frauenklinik, A-1090 Wien/Österreich, Spitalgasse 23
Kunkel, René	Institut für Biophysik der Univ. des Saarlandes, 665 Homburg/Saar
Lamprecht, Ingolf	Zentralinstitut für Biochemie und Biophysik der Freien Universität Berlin, 1 Berlin 33, Habelschwerdter Allee 30
Leicht, Ernst	Medizinische Klinik und Poliklinik der Univ. des Saarlandes, 665 Homburg/Saar
Leitz, Wolfram	Statens Stralfkyddfinstitut, Fade, 10404 Stockholm 60, Schweden
Lorenz, Adolf	Deutsches Krebsforschungszentrum, Institut für Nuklearmedizin, 69 Heidelberg 1, Im Neuenheimer Feld 280

Lorenz, Walter J.	Deutsches Krebsforschungszentrum, Institut für Nuklearmedizin, 69 Heidelberg 1, Im Neuenheimer Feld 280
Luig, Heribert	Nuklearmed. Abteilung der Medizinischen und Radiologischen Klinik der Universität, 34 Göttingen, Humboldtallee 1
McCord, Roy C.	Gesellschaft für Strahlen- und Umweltforschung, Abt. Kohärente Optik, 8042 Neuherberg, Ingolstädter Landstr. 1
Mester, Endre	II. Chirurgische Universitätsklinik, 1088 Budapest, Baross-u. 23/25, Ungarn
Michel, Lothar	Rudolf-Virchow-Krankenhaus, Abt. Strahlungsphysik, 1 Berlin 65, Augustenburger Platz 1
Möller, Manfred	Institut für Rechtsmedizin der Universität des Saarlandes, 665 Homburg/Saar
Morsy, Samira M.	Gesellschaft für Strahlen- und Umweltforschung, Abt. für Biophysikalische Strahlenforschung, 6 Frankfurt/Main, Paul-Ehrlich-Str. 20
Naményi, József	Microbiol. Inst. Hung. Acad. Sci., H-1529 Budapest, Pihenő-ut 1, Ungarn
Platzer, Helmut	Institut für Nachrichtentechnik der Technischen Universität, 8 München 2, Arcisstr. 21
Porschen, Walter	Kernforschungsanlage, Institut für Medizin, 517 Jülich
Priebe, Leo	Physiologisches Institut der Universität, 355 Marburg (Lahn), Deutschhausstr. 2
Pychlau, Peter-Jochem	Physikalisch-Technische Werkstätten Dr. Pychlau KG, 78 Freiburg/Br., Lörracher Str. 7
Rassow, Bernhard	Universitäts-Augenklinik, Abt. für Medizinische Optik, 2 Hamburg 20, Martinistr. 52
Reinhardt, Erich	Institut für Physikalische Elektronik der Universität, 7 Stuttgart 1, Böblinger Str. 70
Reis, August	Institut für Biomedizinische Technik der Technischen Universität, 8 München 22, Museumsinsel 1
Ribbe, Wolfram	Rudolf-Virchow-Krankenhaus, Abt. Strahlungsphysik, 1 Berlin 65, Augustenburger Platz 1
Röder, Ulrich	Gesellschaft für Strahlen- und Umweltforschung, Abt. Kohärente Optik, 61 Darmstadt, Schloßgartenstr. 7

Rösel, Fritz	Institut für Theoretische Physik der Universität, CH-4000 Basel/Schweiz, Klingelbergstr. 80
Schaarschmidt, Bernd	Zentralinstitut für Biochemie und Biophysik der Freien Universität Berlin, 1 Berlin 33, Habelschwerdter Allee 30
Scherg, Christof	Gesellschaft für Strahlen- und Umweltforschung, Abt. Kohärente Optik, 61 Darmstadt, Schloßgartenstr. 7
Scheffler, Andreas	Klinikum Steglitz der Freien Universität Berlin, Klinik für Radiologie, Nuklearmedizin und Physikalische Therapie, Abt. Strahlentherapie, 1 Berlin 45, Hindenburgdamm 30
Schlegel, Wolfgang	Deutsches Krebsforschungszentrum, Institut für Nuklearmedizin, 69 Heidelberg 1, Im Neuenheimer Feld 280
Schmidlin, Peter	Deutsches Krebsforschungszentrum, Institut für Nuklearmedizin, 69 Heidelberg 1, Im Neuenheimer Feld 280
Schoknecht, Günter	Bundesgesundheitsamt, Institut für Sozialmedizin und Epidemiologie, 1 Berlin 33, Thielallee 88/92
Schraube, Hans	Institut für Strahlenschutz der Gesellschaft für Strahlen- und Umweltforschung, 8042 Neuherberg, Ingolstädter Landstr. 1
Schütz, Jürgen	Radiologische Universitäts-Klinik, 44 Münster, Jungeboldtplatz 1
Schweitzer, Gerhard	Universitäts-Augenklinik, Abt. für Medizinische Optik, 2 Hamburg 20, Martinistr. 52
Seebeck, Uwe	Firma C. H. F. Müller, Unternehmensbereich der Philips GmbH, 2 Hamburg 1, Alexanderstr. 1
Siegert, Horst	Nuklearmed. Abteilung der Medizinischen und Radiologischen Klinik der Universität, 34 Göttingen, Humboldtallee 1
Tiemann, Jürgen	Institut für Ergonomie der Technischen Universität, 8 München 40, Barbarastr. 16
Tietze, Ulrich	Klinikum Steglitz der Freien Universität Berlin, Klinik für Radiologie, Nuklearmedizin und Physikalische Therapie – Biophysik –, 1 Berlin 45, Hindenburgdamm 30
Tisza, Sándor	II. Chir. Univ. Klinik, H-1088 Budapest, Baross-u. 23/25, Ungarn

van Kaick, Gerhard	Deutsches Krebsforschungszentrum, Institut für Nuklearmedizin, 69 Heidelberg 1, Im Neuenheimer Feld 280
Waidelich, Wilhelm	Physikalisches Institut der Technischen Hochschule, 61 Darmstadt, Schloßgartenstr. 7
Wannenmacher, Michael	Radiologische Universitäts-Klinik, 44 Münster, Jungeboldtplatz 1
Wegener, Otto-Henning	Klinikum Steglitz der Freien Universität Berlin, Klinik für Radiologie, Nuklearmedizin und Physikalische Therapie, Abt. Strahlentherapie, 1 Berlin 45, Hindenburgdamm 30
Weinberg, Wolfram	Gesellschaft für Strahlen- und Umweltforschung, Abt. Kohärente Optik, 8042 Neuherberg, Ingolstädter Landstr. 1
Welling, Herbert	Institut für Angewandte Physik der Technischen Hochschule, 3 Hannover, Welfengarten 1
Werner, Eckhard	Gesellschaft für Strahlen- und Umweltforschung, Abt. für Biophysikalische Strahlenforschung, 6 Frankfurt/Main, Paul-Ehrlich-Str. 20
Wolber, Gerd	Deutsches Krebsforschungszentrum, Institut für Nuklearmedizin, 69 Heidelberg 1, Im Neuenheimer Feld 280
zum Winkel, Karl	Klinikum Westend der Freien Universität Berlin, Strahleninstitut, 1 Berlin 19, Spandauer Damm 130

1 Bildverarbeitung

1.1 Elektronische und optische Verfahren der Bildverarbeitung in der Medizin

W.H. Bloss, E.R. Reinhardt

Das Bild im allgemeinsten Sinne - als zweidimensionale Intensitäts- oder Farbverteilung - spielt in den verschiedensten Teildisziplinen der Medizin eine außerordentlich wichtige Rolle, wobei in zunehmendem Maße versucht wird, die qualitative Beobachtung durch quantitative Analysen zu ergänzen. Entsprechend der Vielfalt der Natur der Bilder: makroskopische oder mikroskopische Bilder im optischen Bereich, Szintigramme, Röntgenbilder, Sonogramme, Thermogramme, unterscheiden sich die Verfahren der Bildgewinnung sehr stark voneinander. Außer den optischen Abbildungssystemen sind diejenigen Verfahren von besonderer Bedeutung, die es gestatten, aus der zweidimensionalen Bildvorlage das dreidimensionale Objekt zu rekonstruieren, wie es beispielsweise in der Szintigraphie mit Fresnelzonenplatten realisiert wird.

Die Aufgabe der Bildanalyse besteht einerseits darin, quantitative Aussagen charakteristischer Merkmale in integraler Form und hinsichtlich ihrer statistischen Verteilung für das ganze Bild zu gewinnen. Andererseits sollen Einzelstrukturen des Bildes nach ihren Merkmalen untersucht und entsprechend klassifiziert werden. Die quantitative Bildanalyse kann nur dann erfolgreich durchgeführt werden, wenn die Bildvorlagen entsprechend aufbereitet oder vorverarbeitet werden. Die beiden Prozesse der Vorverarbeitung und der Bildanalyse werden als Bildverarbeitung bezeichnet. Einige dieser Aufgaben für die Merkmalserfassung sind in Tabelle 1 zusammengestellt.

Anhand einer Übersicht über die verschiedenen Funktionen der Bildverarbeitung und der entsprechenden Systeme sollen die optischen und elektronischen Verfahren der Bildverarbeitung erläutert werden (Abb. 1).

Tabelle 1

Aufgabenstellungen für die Merkmalserfassung.

Photometrisch:	Morphologisch:
Mittlerer Grauwert	Anzahl
Gesamtextinktion	Fläche
Histogramme von	Umfang
Grauwerten, Gradienten	Sehnenzahl
	Strukturelemente
	Richtung
	Histogramme von Flächen
	Abständen, Impulsbreiten

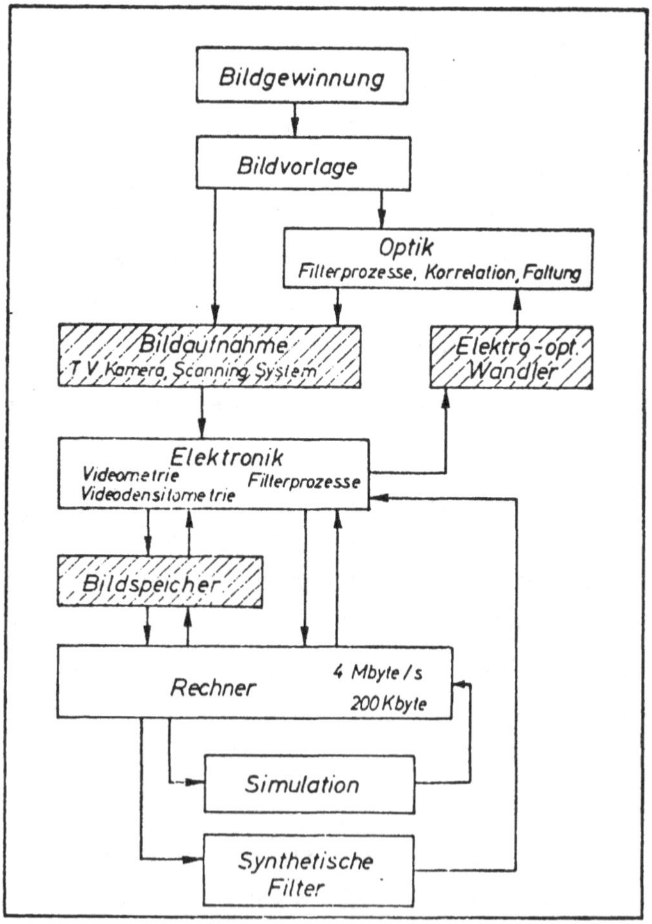

Abbildung 1: Verfahren der Bildverarbeitung.

Diese Operationen im optischen Bereich lassen sich mit extrem großer Geschwindigkeit durchführen - es werden Verarbeitungsraten von 10^{12} bis 10^{14} bit/s angegeben, die primär durch die Detektorsysteme begrenzt sind. Die Operationen werden hauptsächlich in der Fourier- oder Frequenzebene durchgeführt. Als Beispiel sei ein zweidimensionaler richtungsunabhängiger Differentiationsprozeß mit einem Filter, das die Operation

$$\left(\frac{\partial}{\partial x} + j\,\frac{\partial}{\partial y}\right)$$

bewirkt, angeführt. Dieser Prozeß dient zur Vorverarbeitung und gestattet das Hervorheben eines Kontrastübergangs (Abb. 2).

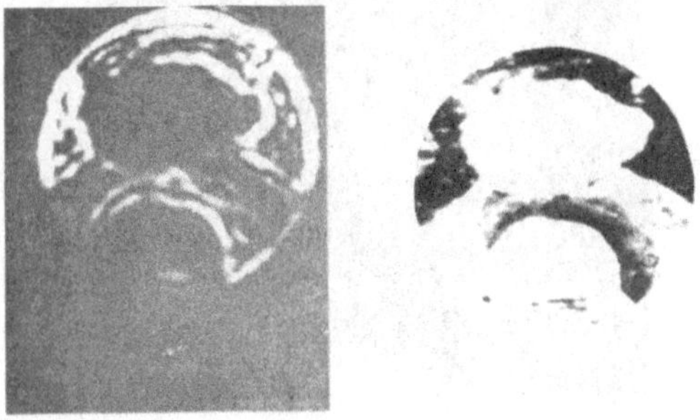

Abbildung 2: Richtungsunabhängiges Differentiationsverfahren zur Sichtbarmachung von Kontrastübergangen.

Ein anderes Beispiel stellt die Größenklassifikation mit einem angepaßten Filter dar, das mit einer Einzelzelle definierter Größe hergestellt wurde und in Abbildung 3 aufgezeigt ist.

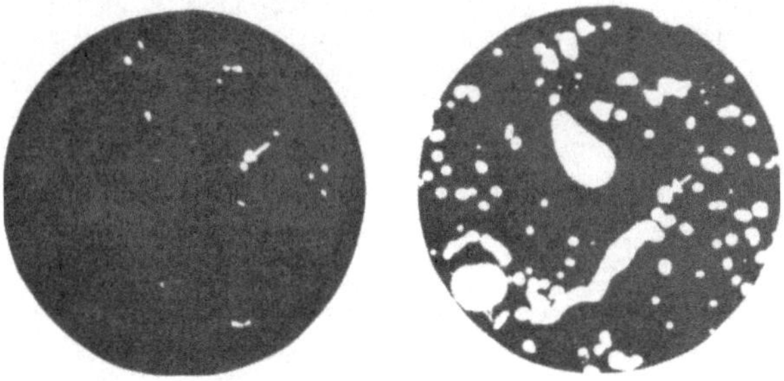

Abbildung 3: Größenklassifikation von Einzelzellen mit Hilfe eines angepaßten Filters.

Alle durch die Ortsfrequenz beschreibbaren Operationen - Differentiation, Faltung, Korrelation - lassen sich in einfacher Weise im optischen Prozessor realisieren. Die Verteilung kleiner Einzelelemente in der Objektebene kann aus dem Intensitätsspektrum in der Fourierebene gewonnen werden (Abb. 4).

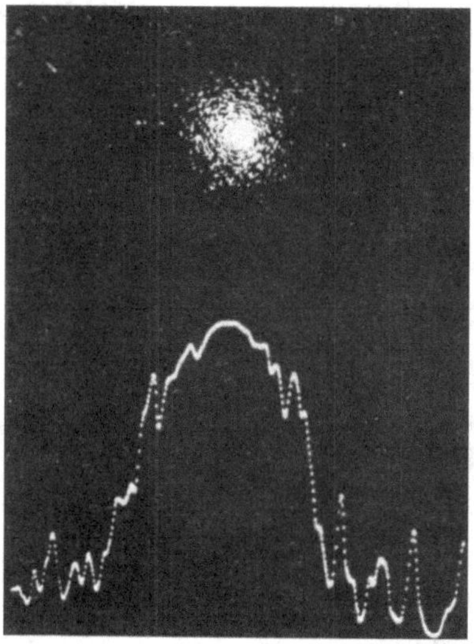

Abbildung 4a: Intensitätsspektrum in der Fourierebene eines Mikroradiogramms.

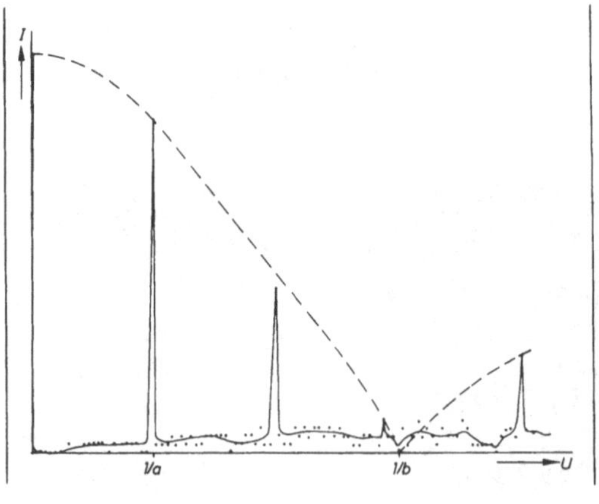

Abbildung 4b: Simulationsexperiment mit Einzelzellen, deren Lage in einem quadratischen Feld statistisch verteilt ist.

Daraus lassen sich Aussagen über die Wechselwirkung der Einzelstrukturen untereinander gewinnen.

Für die elektronische Bildverarbeitung muß zunächst mit Hilfe eines optisch-elektronischen Wandlers das Bild in elektrische Signale umgesetzt werden. Durch die Verfügbarkeit und Zuverlässigkeit sowie durch ihre hohe Verarbeitungsgeschwindigkeit haben die Fernsehaufnahmesysteme besonderen Vorrang. Während die durch den Abtaststrahl bedingte örtliche Auflösung im allgemeinen ausreichend ist (etwa 300 000 Bildpunkte), ist die Zahl der auflösbaren Graustufen (32) nicht nur durch das Signal-Rausch-Verhältnis sondern vor allem durch die Inhomogenität der Detektorschicht begrenzt. Eine verbesserte Graustufenauflösung läßt sich mit einem Scanning-System erreichen. Tabelle 2 stellt eine Übersicht über die charakteristischen Daten verschiedener Aufnahmesysteme dar.

Tabelle 2

Übersicht über die verschiedenen Bildaufnahmesysteme.

	Örtl. Auflösungsvermögen	Örtl. Abweichung d. Empfindlichkeit	Graustufenauflösung	Relative Empfindlichkeit	Abtastzeit pro Bildpunkt
Plumbicon	1000x640	3%	32	0,5	100nsec
Vidicon	800x640	3%	32	0,2	100nsec
Multidioden Vidicon	700x640	10%	10	1	100nsec
CCD	320x512	5%	< 20	1	100nsec
Image Dissector	2000x2000	5%	< 20	0,02	125µsec
Flying Spot	4000x4000	(1-2%)	64	-	1µsec
Scanning Tisch	-	-	256	-	20msec

Zahlreiche Aufgaben der Bildvorverarbeitung und der quantitativen Analyse können im rein elektronischen Bereich bearbeitet werden. Zwei Analogprozesse für die Bildvorverarbeitung, die auch als Hilfsmittel für die visuelle Betrachtung herangezogen werden, seien hier herausgegriffen: die Farbumsetzung und die Entfaltung statistisch gestörter Bilder. Bei der elektronischen Farbumsetzung werden die örtlichen Grauwerte durch Phasenmodulation in Farbwerte umgesetzt und bei der Wiedergabe den Helligkeitswerten überlagert. Dieses Farbumsetzverfahren bewirkt eine verbesserte Erkennbarkeit von kontrastarmen Detailstrukturen und erlaubt einen besseren Vergleich zwischen verschiedenen voneinander getrennten Bildpartien.

Die elektronische Bildanalyse, die für die Videometrie und Videodensitometrie eingesetzt wird, wird bereits in kommerziell verfügbaren und technisch ausgereiften Geräten durchgeführt. Es lassen sich damit u.a. Äquidensiten, Grauwerthistogramme, Messungen von Umfang, Flächen, Sehnenzahl und die Zählung von Detailstrukturen gewinnen. Für einen erweiterten Anwendungsbereich und für die statistische Auswertung werden die Analogverfahren meist in Verbindung mit einem Digitalrechner eingesetzt. Der hohe Informationsfluß eines Videobildes, etwa 4 Mbyte/s, und der hohe Speicherbedarf, 200 Kbyte, lassen nur leistungsfähige Großrechner für eine Bildanalyse zu, die ausschließlich im Rechner durchgeführt werden soll. Dagegen erfüllen auch Kleinrechner in Verbindung mit elektronischen Auswertegeräten zwei wichtige Funktionen: die Prozeßsteuerung und die Merkmalserfassung. Als Prozeßrechner steuern die Kleinrechner vor allen Dingen das bildpunktweise, objektbezogene Abtasten. Für die quantitative Auswertung kommen zahlreiche Operationen in Betracht, beginnend mit der Kompensation der nichtlinearen Kennlinie des Detektors, der Durchführung nichtlinearer Prozesse, der Gewinnung zusammengesetzter Merkmale, der Gewinnung gewichteter Funktionen und der Auswertung aller statistischen Daten. Besonders für die Partikelklassifizierung stellt das Analog-Digital-System eine leistungsfähige Einheit dar, deren Anwendungsmöglichkeiten bei weitem noch nicht ausgeschöpft sind. Eine Fragestellung besonderer Aktualität stellt die Partikelklassifizierung für die Krebsfrüherkennung dar. Hierbei kann die Relevanz des Merkmalsatzes an großen Stichprobenmengen getestet und eine Optimierung des Klassifikators vorgenommen werden. Daraus resultieren Anordnungen mit Mikroprozessoren (schnelle parallele Verarbeitung) für spezielle Fragestellungen.

Der Digitalrechner gewinnt neben der Prozeßsteuerung und der Auswertung im Analog-Digital-System zunehmend an Bedeutung für Simulationsversuche und die Herstellung synthetischer Filter. Die Durchführung von Simulationsversuchen im Rechner hat primär das Ziel der adaptiven Parameteroptimierung. Im Gegensatz zu den Filteroperationen im optischen Bereich gestalten sich Filterprozesse im elektronischen Bereich schwieriger, weil durch die zeitlich aufeinanderfolgende Erfassung von Bildelementen das Prinzip der Kausalität zu berücksichtigen ist. Mit Hilfe von Koppelfeldern kann auch bei elektronischen Operationen die Kausalität insofern überwunden werden, als das Koppelfeld um den Aufpunkt herum gleichzeitig die Signale aller Koppelelemente verfügbar macht. Die Wirkungsweise eines Filterprozesses mit einem Koppelfeld sei noch als Vorverarbeitung eines verrauschten Bildes angeführt. Die Simulationsversuche am Rechner gestatten nun, die Koppelfunktion zu optimieren (Abb. 5).

In Abbildung 5a ist die Dichteverteilung eines Bildes mit erheblichem Störuntergrund aufgezeichnet. Mit Hilfe der Koppelfunktion (Abb. 5c) gewinnt man Abbildung 5b, die die eingegebene Bildstruktur deutlich hervorhebt.

Durch die Kombination der verschiedenen Verfahren kann ein hybrides Verarbeitungssystem großer Leistungsfähigkeit aufgebaut werden, wobei derzeitig noch eine gewisse Problematik an den Schnittstellen besteht, die in Abbildung 1 schraffiert gezeichnet sind. Die derzeitig verfügbaren Komponenten für die Bildaufnahme können hinsichtlich Zuverlässigkeit und Bedienung als zufriedenstellend betrachtet werden. Für die Schnittstelle Elektronik - Rechner sind zwar verschiedene Speichermedien möglich, jedoch wird die Funktion am besten mit einem digitalen Bildspeicher erfüllt (Tab. 2).

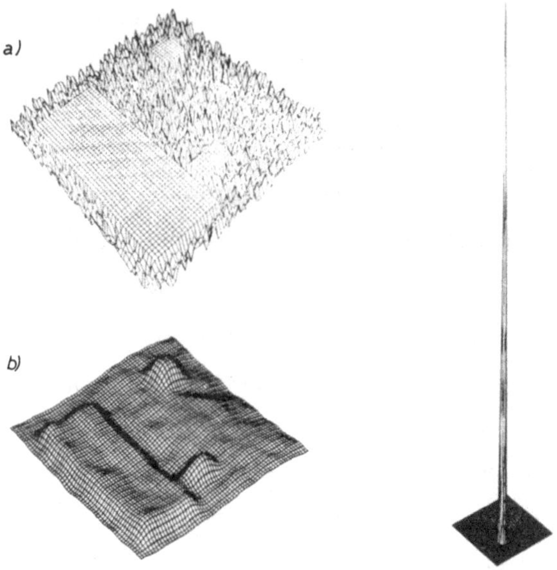

Abbildung 5: Simulationsversuche mit einer Koppelfunktion.

Tabelle 3

Charakteristische Daten verschiedener Speichermedien.

	Videoband	Videoplatte	Analoge Bild-speicherröhre	Digitaler Bild-speicher
Reproduzierbarkeit des Ortes zwischen Schreib- und Lese-vorgang	› 10 Bildpkt	2 Bildpkt	2-3 Bildpkt	1 Bildpkt
Graustufenauflösung	128	64	10	256
Schreib- und Lese-modus, TV kompatibel	ja	ja	ja	ja
Random Access möglich	nein	ja	ja	ja
Dialogverkehr zweier Speichermedien möglich	ja	ja	kaum, wegen Gradations-problemen	ja

Für die Durchführung des Gesamtkonzepts stellt die Schnittstelle Elektronik - kohärente Optik noch eine offene Problematik dar, an der seit einigen Jahren intensiv gearbeitet wird, was eine technische Lösung erwarten läßt.

Das hier aufgezeichnete System bietet für die verschiedensten Fragestellungen in der Medizin, besonders hinsichtlich einer quantitativen Bildanalyse, technisch realisierbare Möglichkeiten.

1.2 Die Korrektur der Poisson-Statistik mit Hilfe eines Frequenzrauschfilters, angewendet auf die Verarbeitung von digitalen Szintigrammen

W. Gahr

Einführung

Bei der Aufnahme von digitalen Szintigrammen tritt stets die Poissonstatistik auf, die als störendes Rauschen in der Aufnahme erscheint. Zur Entfernung dieses Rauschens werden lineare Wienerfilter im Frequenzbereich benutzt, die von der Annahme ausgehen, daß das Rauschen unabhängig von der aufgenommenen Verteilung ist. Dies ist bei der Poissonverteilung nicht der Fall, wodurch es bei der Filterung von periodischen Bildstrukturen zur Vergrößerung des Fehlers kommen kann. In diesem Zusammenhang tritt die Frage auf: Läßt sich ein digitales Szintigramm so transformieren, daß aus der variablen Poissonstatistik eine Gaußstatistik mit konstanter Standardabweichung wird? Als eine solche Transformation wird die Ersetzung einer Impulszahl durch ihre Wurzel betrachtet. Sie liefert ab 6 counts eine genügende Näherung. Weil diese Transformation nicht linear ist, können auf den transformierten Szintigrammen keine linearen Filter mehr benutzt werden. Stattdessen kann das konstante Rauschen in der Frequenzdarstellung mit einem Amplitudenrauschfilter unterdrückt werden. Die Rücktransformation - d.h. Quadrierung - liefert anschließend eine entrauschte Aufnahme. Die optimale Größe des Amplitudenrauschfilters erweist sich als stark von der Form des Szintigramms abhängig, sie muß vor der Routinebenutzung durch Versuche ermittelt werden.

Die Poissonstatistik und die lineare Filterung

Bei der Aufnahme von digitalen Szintigrammen tritt stets die Statistik des Kernzerfalls auf, die durch die Poissonverteilung beschrieben wird:

$$P(N) = \frac{\mu^N}{N!} \cdot e^{-\mu} \qquad \mu, \text{N in counts} \qquad (1)$$

Alle Methoden, die die statistischen Störungen aus der Aufnahme entfernen wollen, versuchen aus der aufgenommenen N-Verteilung die μ-Verteilung zu rekonstruieren, soweit dies möglich ist. Betrachten wir als Beispiel einer solchen Rekonstruktion die lineare Wienerfilterung. Die lineare Filterung geht von der Punktabbildung bei 2-dimensionalen bzw. von der Linienabbildung bei der 1-dimensionalen Aufnahmen aus. Hier wird im folgenden nur der 1-dimensionale Fall betrachtet. Diese Abbildungen können für viele Kollimatoren durch ortsunabhängige Gaußfunktionen beschrieben werden (HINE et al. (1)):

$$G(x) = \frac{1}{\sqrt{2\pi} \cdot \sigma} \cdot e^{-\frac{1}{2} \cdot (\frac{x}{\sigma})^2} \qquad x, \sigma \text{ in cm} \qquad (2)$$

Die Standardabweichung σ ist über die angegebenen Halbwertsbreiten d der Abbildungsfunktionen G(x) zu erhalten:

$$\sigma = \frac{d}{2 \cdot \sqrt{2 \cdot \ln 2}} \approx 0{,}424 \cdot d \qquad (3)$$

Die Aufnahme A(x) des Szintigramms läßt sich als Faltung des Originals O(x) mit der Abbildungsfunktion G(x) beschreiben, der sich ein statistisches Rauschen R(x) überlagert.

Aus der Impulszahl A(x)=N folgt für die Standardabweichung der Poissonverteilung:

$$\sigma(R(x)) = \sqrt{N} \qquad (4)$$

Wenn FT(.) die Fouriertransformation, X(x) die Ortsdarstellung und X(ω) die Frequenzdarstellung symbolisiert, so läßt sich eine Aufnahme in der Frequenzdarstellung beschreiben als:

$$A(\omega) = O(\omega) \cdot G(\omega) + R(\omega) \quad \text{mit } O(\omega) = FT(O(x)) \text{ etc.} \qquad (5)$$

Das Rauschen R(ω) ist dabei abhängig von O · G. Aus (2) folgt für G(ω):

$$G(\omega) = \frac{1}{\sqrt{2\pi}} \cdot \sigma \cdot e^{-\frac{1}{2} \cdot (\sigma \cdot \omega)^2} \qquad \text{mit } \omega = 2\pi \cdot f, \; f = \text{Frequenz} \qquad (6)$$

Mit Hilfe der linearen Filter wird nun versucht, aus den Aufnahmen A(ω) wieder die Originale O(ω) zu gewinnen. Eines dieser Filter ist das folgende Wienerfilter W(ω) (HUNT et al. (2)):

$$W(\omega) = \frac{1}{G(\omega)} \cdot \frac{1}{1 + \frac{1}{N} \cdot e^{(\sigma \cdot \omega)^2}} =: \frac{1}{G(\omega)} \cdot F(\omega) \qquad (7)$$

Der erste Teil des Filters stellt die inverse Abbildungsfunktion dar und ist der entfaltende Teil des Filters, während der zweite Faktor ein Rauschfilter ist, das alle Frequenzen dämpft, die über einer Grenzfrequenz ω_g liegen:

$$\omega_g = \frac{1}{\sigma} \cdot \sqrt{\ln N} \tag{8}$$

Die Grenzfrequenz ω_g ist so gewählt worden, daß für alle niedrigeren Frequenzen die Signalenergien P_s größer als die Rauschenergien P_r sein können, während für alle höheren Frequenzen die P_s mit Sicherheit kleiner als die P_r sind (HUNT et al. (3)). Die Energie ist dabei die folgende Größe:

$$\begin{aligned} P_s &= \left| O(\omega) \cdot G(\omega) \right|^2 = P_s(\omega) \\ P_r &= \left| R(\omega) \right|^2 = P_r(\omega) \end{aligned} \tag{9}$$

Das Rauschfilter $F(\omega)$ ist damit optimal auf das statistische Rauschen $R(x)$ bei einer <u>festen</u> Impulszahl N und auf einen bestimmten Kollimator mit der Halbwertsbreite d eingestellt. Bei vielen Aufnahmemethoden kann d über eine Aufnahme hinweg konstant gehalten werden, während dies für N prinzipiell nicht möglich ist: Die Information des Bildes steckt gerade in verschiedenen Impulszahlen $N=A(x)$.

Das statistische Rauschen $R(x)$ ist über (4) mit den Impulszahlen des Bildes $N=O(x) * G(x)$ verbunden, es ist nicht unabhängig, wie bei der Konstruktion des Wienerfilters $W(\omega)$ vorausgesetzt wurde. Das Ergebnis dieser Fehlanpassung ist: Bei Bildteilen mit niedrigeren Impulszahlen als N wird das Rauschen nicht mehr optimal entfernt, bei Bildteilen mit höheren Impulszahlen als N kann Information verlorengehen. Eine weitere Fehlerquelle tritt noch dazu: Im Frequenzbereich unterhalb der Grenzfrequenz ω_g können die Signalenergien P_s größer sein als die Rauschenergien P_r, sie können aber auch kleiner sein oder sogar verschwinden. Dieser Fall tritt besonders bei periodischen Bildstrukturen auf, z.B. bei Aufnahmen der Wirbelsäule kann dies auftreten. Die im unteren Frequenzbereich wirksame Entfaltung kann dabei die Rauschenergien verstärken, wodurch die gefilterte Aufnahme schlechter als die ungefilterte Aufnahme sein kann. Quantitativ kann der Abstand der Aufnahme vom Original durch die

Fehlerenergie ΔP bestimmt werden:

$$\Delta P = \sum_{\omega} [P_{W \cdot A}(\omega) - P_0(\omega)]^2 \tag{10}$$

Die Fehlerenergie vor der Verarbeitung ist gegeben durch:

$$\Delta P_0 = \sum_{\omega} [P_A(\omega) - P_0(\omega)]^2 \tag{11}$$

Die Güte der Filterung - oder irgendeiner Bildverarbeitung - kann durch das Verhältnis F der Fehlerenergien vor bzw. nach der Verarbeitung bestimmt werden:

$$F = \frac{\Delta P}{\Delta P_0} \tag{12}$$

Eine Größe $F > 1$ bedeutet Verschlechterung, $F < 1$ Verbesserung des Bildes durch die Verarbeitung. Ein Beispiel für eine solche Bildverschlechterung gibt die Abbildung 1 wieder. In einem Computer wurde die Aufnahme einer näherungsweise periodischen Funktion simuliert, wodurch die Bestimmung der Fehlerenergie ΔP möglich ist.

Festzuhalten sind zwei Punkte:

1. Der Ansatz "Das Rauschen R(x) ist unabhängig von der Bildverteilung O(x) * G(x)" ist falsch.
2. Durch die fehlende Berücksichtigung der zu erwartenden Bildstrukturen kann es bei der Wienerfilterung zu Verschlechterungen des Bildes kommen.

Die Methode der "Faktorenanalyse" berücksichtigt die zu erwartenden Bildstrukturen und vermeidet dadurch Punkt 2. Im folgenden Abschnitt wird auf den 1. Punkt näher eingegangen: Gibt es eine Transformation der Aufnahme A(x), die das Rauschen R(x) unabhängig von der Aufnahme macht?

Die Transformation des Poissonrauschens in Gaußrauschen

Wie kann das Poissonrauschen in Gaußrauschen transformiert werden? Die folgende Überlegung gibt einen Hinweis: Für eine Impulszahl N=A(x) ist die Standardabweichung der Rauschverteilung R(x) durch $\sqrt{N}$ gegeben. Teilt man beide Größen durch $\sqrt{N}$, so folgt für die transformierte Impulszahl: $\sqrt{N}$, und für die transformierte Standardabweichung: 1.

Die folgende Transformation scheint die gesuchte Eigenschaft zu haben:

$$N = A(x) \longrightarrow \sqrt{N} = \sqrt{A(x)} \tag{13}$$

Ob es weitere Transformationen dieser Art gibt, wird hier nicht weiter untersucht.

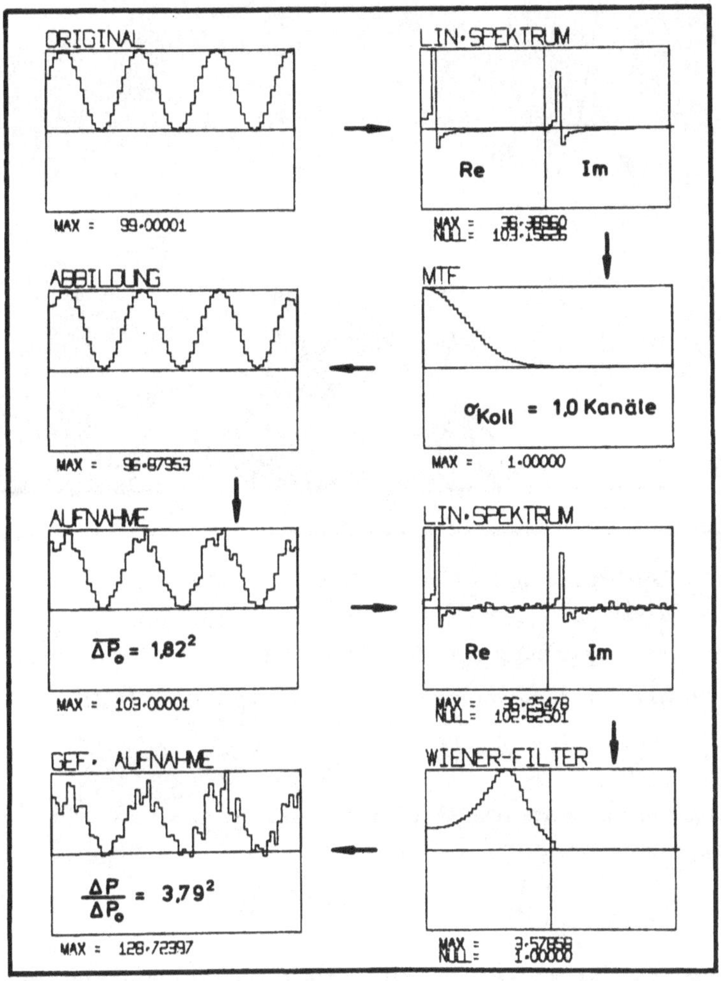

Abbildung 1: Die Wienerfilterung kann zur Vergrößerung des Bildfehlers führen.

Wie gut nun die Transformation Gaußsches Rauschen erzeugt, kann durch die Betrachtung der transformierten Poissonverteilungen des Rauschens beurteilt werden. In der Abbildung 2 sind die transformierten Poissonfunktionen nach (1) für $\mu = 1 \ .\ .\ 30$ dargestellt.

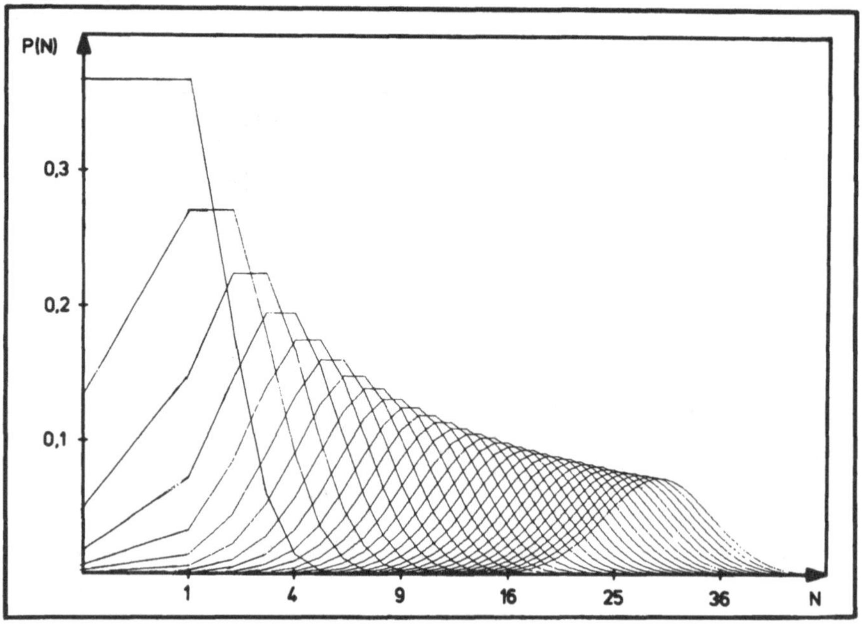

Abbildung 2: Die Poissonfunktionen für $\mu = 1 \ .\ .\ 30$ in quadratischer Darstellung.

Für eine Poissonverteilung mit dem Mittelwert μ ist die Standardabweichung σ und die Schiefe γ gegeben durch (KREYSZIG (4)):

$$\sigma = \sqrt{\mu} \qquad \gamma = \frac{1}{\sqrt{\mu}} = \frac{\sigma}{\mu} \tag{14}$$

Wie verhalten sich diese drei Größen bei der transformierten Poissonverteilung? Für große Mittelwerte gilt:

$$\sqrt{\mu \pm \sigma} = \sqrt{\mu} \cdot \sqrt{1 \pm \frac{\sigma}{\mu}} \approx \sqrt{\mu} \pm \frac{1}{2} \tag{15}$$

Die Schiefe γ geht für große μ gegen 0, weil die Poissonverteilung symmetrisch wird. Für den Mittelwert, die Standardabweichung und die Schiefe der transformierten Verteilungen gilt demnach:

$$\mu^* \to \sqrt{\mu} \quad \sigma^* \to \frac{1}{2} \quad \gamma^* \to 0 \tag{16}$$

Dies wird durch die Abbildungen 3, 4 und 5 bestätigt. Der Parameter μ gibt jeweils den Mittelwert der untransformierten Poissonverteilung (1) an.

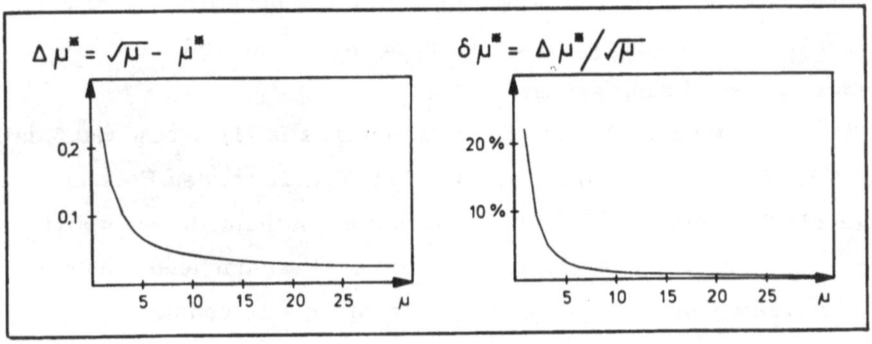

Abbildung 3: Die absolute und die relative Differenz zwischen den Mittelwerten μ^* der transformierten Poissonfunktionen P(N) und dem Grenzwert der μ^* : $\sqrt{\mu}$

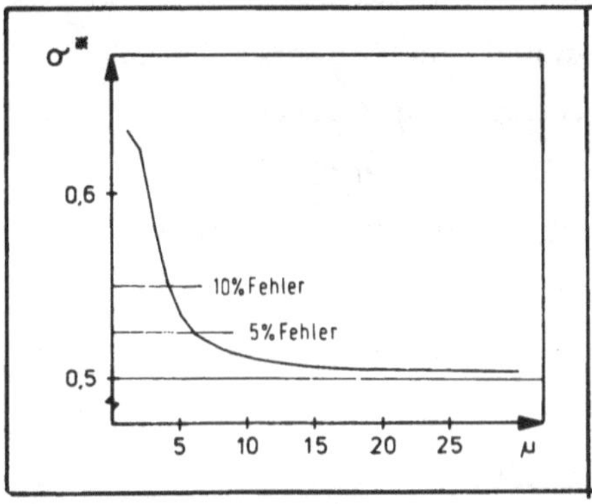

Abb. 4: Die Standardabweichungen der transformierten P(N).

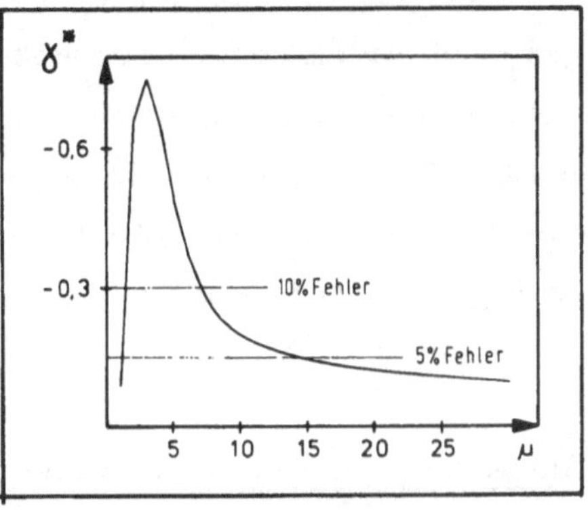

Abb. 5: Die Schiefen der transformierten P(N).

Wie zu sehen ist, liegt die Abweichung von μ^* von dem Grenzwert $\sqrt{\mu}$ für $\mu > 3$ counts unter 5%, und die Abweichung von σ^* von dem Grenzwert 0.5 ist für $\mu > 5$ counts ebenfalls kleiner als 5%. Um eine Vorstellung von der Schiefe γ^* zu bekommen, wird sie mit dem 3. Moment einer symmetrischen standardisierten Verteilung verglichen, das für den Abstand x_0 vom Mittelwert berechnet wird. Wie im Anhang gezeigt wird, gilt für dieses Moment näherungsweise:

$$g \approx -3x_0 \tag{17}$$

Die Schiefe $\gamma^* = -0.3$ entspricht also der Verschiebung einer symmetrischen Funktion um +10% der Standardabweichung. Dieser Fehler wird für $\mu > 6$ counts unterschritten, was hier als hinreichend betrachtet wird. (Die schärfere Forderung von 5% führt zu $\mu > 14$ counts).
Zusammenfassend kann gesagt werden:
Die Transformation (13) führt die Poissonstatistik (1) in eine Gaußstatistik mit den Maßzahlen (16) über, wenn der Mittelwert der Poissonstatistik größer als 6 counts ist. Dies wird durch die Abbildung 6 demonstriert, in der zwei Verteilungen verglichen werden: die beschriebene Gaußstatistik und eine transformierte Poissonstatistik mit $\mu = 10$ counts.

Der störende Einfluß der Poissonstatistik wird besonders deutlich bei einem Vergleich der Spektren der untransformierten und der transformierten Verteilungen A(x). Dieser Vergleich wurde für eine Aufnahme A(x) mit geringem Anteil hoher Frequenzen und einer anderen Aufnahme A(x) mit hohem Anteil hoher Frequenzen im Spektrum durchgeführt. Er ist in der Abbildung 7 zu sehen. In beiden Fällen sind die Spektren der transformierten Aufnahmen wesentlich weniger gestört. Dabei muß betont werden, daß die vorhandene Information völlig identisch ist! Es handelt sich allein um eine verschiedene Darstellung der gleichen Aufnahme A(x).

Die Anwendung von Amplitudenrauschfiltern

Nachdem die Transformation des Poissonrauschens in Gaußrauschen gelungen ist, stellt sich die Frage: Wie kann die Transformation zur Bildverbesserung eingesetzt werden? Lineare Frequenzfilter können nicht mehr benutzt werden, weil die Linearität durch die nichtlineare Transformation zerstört wird. Als eine andere Methode bietet sich eine solche an, die nicht entfaltend ist, sondern die allein das transformierte konstante Rauschen betrifft: ein Amplitudenrauschfilter. Seine Wirkungsweise ist wie folgt:
Ist die Energie der transformierten Aufnahme $P_{A*}(\omega)$ groß gegen die mittlere Rauschenergie $\overline{P_{R*}}$ so bleibt die Energie $P_{A*}(\omega)$ unverändert. Ist die Energie $P_{A*}(\omega)$ jedoch kleiner als die mittlere Rauschenergie $\overline{P_{R*}}$,

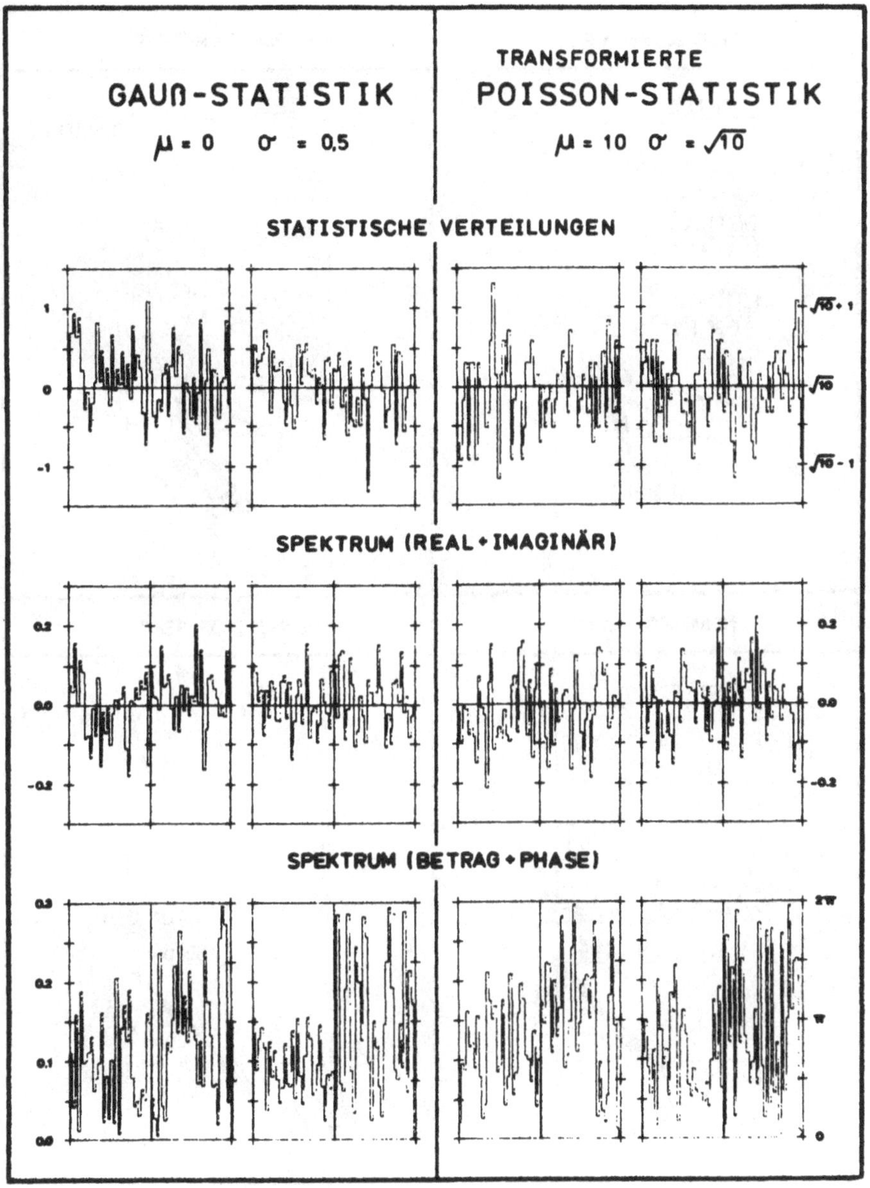

Abbildung 6: Vergleich einer Gauß-Statistik mit einer transformierten Poisson-Statistik.

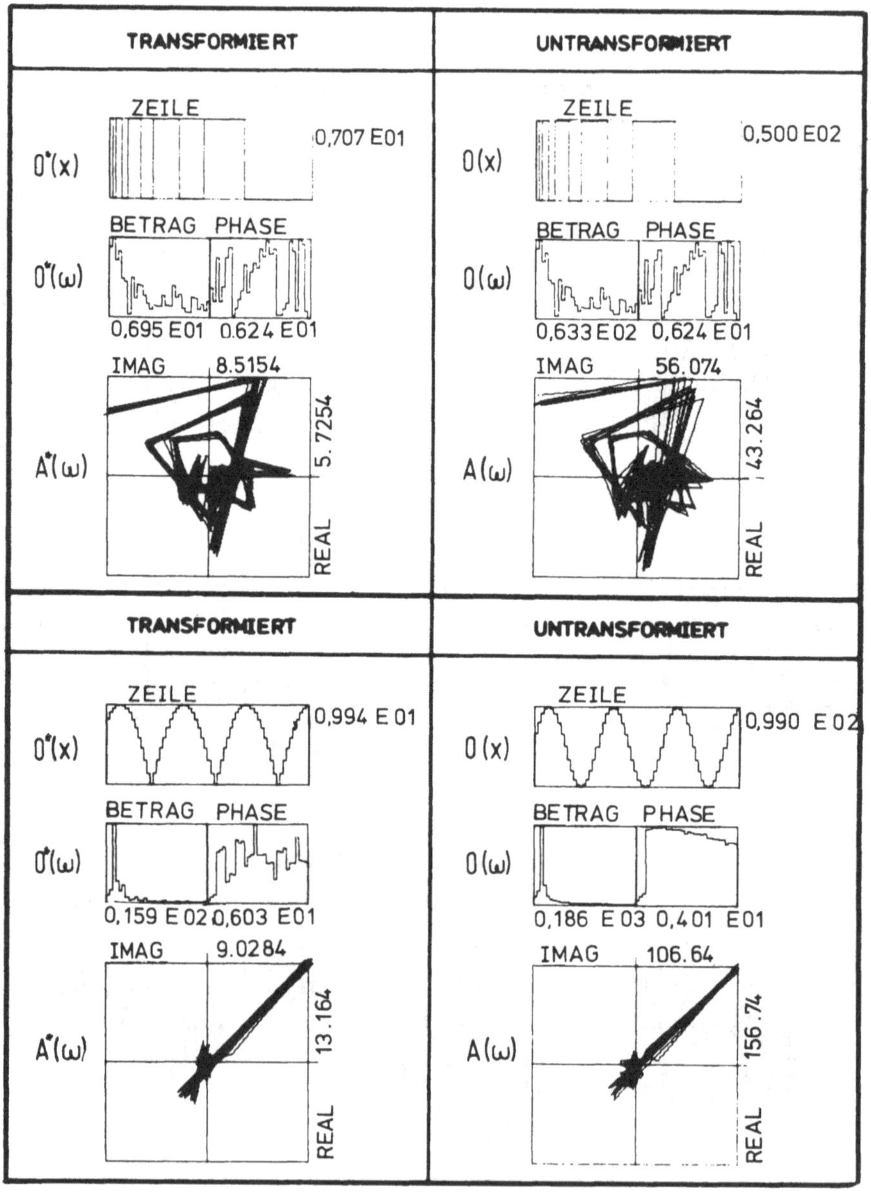

Abbildung 7: Das Poissonrauschen im Spektrum von transformierten und untransformierten Verteilungen.

so wird die Energie $P_{A*}(\omega)$ verringert oder gedämpft: Dadurch wird der relative Anteil des Rauschens im Spektrum verringert, d.h. das Signal/Rauschverhältnis wird vergrößert. Die mittlere Rauschenergie ist dabei durch die Standardabweichung der Verteilungsfunktion des Rauschens im Spektrum gegeben:

$$\overline{P_{R*}(\omega)} = \sigma^2(R^*(\omega)) \tag{18}$$

Beispiele für solche Amplitudenrauschfilter sind die beiden folgenden (die Größe K gibt dabei die Breite des Rauschfilters an, normiert auf $\sigma\ (R^*(\omega)))$:

$$\begin{aligned} P_{A*}(\omega) &\geq K \cdot \overline{P_{R*}(\omega)} \Rightarrow A^*(\omega) \rightarrow 1 \cdot A^*(\omega) \\ P_{A*}(\omega) &< K \cdot \overline{P_{R*}(\omega)} \Rightarrow A^*(\omega) \rightarrow 0 \cdot A^*(\omega) \end{aligned} \tag{19}$$

$$A^*(\omega) \rightarrow A^*(\omega) \cdot [1 - e^{-\frac{1}{2} \cdot \left(\frac{P_{A*}(\omega)}{\overline{P_{R*}(\omega)} \cdot K}\right)^2}] \tag{20}$$

Die Funktion dieser beiden Rauschfilter läßt sich einfach mit der Abbildung 7 demonstrieren, in der die Frequenzspektren als Punktfolgen in der komplexen Zahlenebene dargestellt sind. Das Rauschfilter (19) setzt alle Punkte $A(\omega)$ innerhalb eines Kreises um den Nullpunkt zu 0, während außerhalb des Kreises liegende Punkte $A(\omega)$ unverändert bleiben. Der Radius dieses Kreises ist dabei etwa durch die Standardabweichung der Rauschverteilungsfunktion gegeben, er hängt aber auch von der Aufnahme $A(\omega)$ ab, was durch den Faktor K berücksichtigt ist: K gibt die Breite des Rauschfilters an. Das Rauschfilter (19) stellt praktisch einen "Topf" dar. Das zweite Rauschfilter (20) ersetzt den "Topf" durch eine 2-dimensionale rotationssymmetrische Gaußverteilung, deren Standardabweichung für K=1 gleich der Standardabweichung der Rauschverteilungsfunktion ist. Ein Vergleich der beiden Rauschfilter ergibt, daß das Gaußrauschfilter bessere Ergebnisse liefert: Die Linien- bzw. die periodische Originalfunktion aus der Abbildung 7 wurden mit einer Poissonverteilung gestreut und anschließend rauschgefiltert. Die erhaltenen Werte für die Größe F - nach (12) - sind in der folgenden Tabelle enthalten.

Die Größe $\sqrt{F}$ als Funktion von K

Faktor K	Linien mit Gauß	Periodisch mit Gauß
0.5	1.32	0.55
1.0	2.40	0.34
1.5	5.47	0.38

Faktor K	Linien mit "Topf"	Periodisch mit "Topf"
0.5	1.62	0.96
1.0	2.40	0.51
1.5	6.48	0.49

Es bleibt die Frage offen, wie groß die Breite K des Rauschfilters gewählt werden soll. Die optimale Breite ist abhängig von der zu verarbeitenden Aufnahme A(x). Das wird durch die Abbildung 8 demonstriert: Bei der Linienfunktion ist der Anteil der Frequenzen klein, bei denen die spektralen Energien im Bereich der Rauschenergien liegen (siehe Abb. 7). Entsprechend gering ist auch der Einfluß des Rauschfilters. Anders ist die Situation bei der periodischen Funktion, hier ist der Anteil dieser Frequenzen groß, und das Rauschfilter führt zu einer deutlichen Bildverbesserung. Die optimale Breite K ist bei diesen zwei Funktionen verschieden: Im ersten Fall ist ihr Wert kleiner als 1, im zweiten Fall jedoch größer. Die Frage, wie dieser optimale Wert für eine Aufnahme mit unbekannter Originalfunktion erhalten werden kann, ist noch unbeantwortet.

Zur Anwendbarkeit des Verfahrens

Auf 2 Punkte sei am Schluß noch hingewiesen:

a) Die Wurzeltransformation erzeugt konstante Fehler bei allen poissongestreuten Funktionen, ob es sich nun um Orts-, Zeit- oder Energiefunktionen (Spektren) handelt. Oft wird die Darstellung dieser Funktionen nach der Transformation verständlicher, da alle Punkte der Funktion nun direkt vergleichbar sind. Besonders gut ist es, daß Gaußfunktionen wieder in Gaußfunktionen transformiert werden.

b) Bevor ein Rauschfilter benutzt wird, muß untersucht werden, wie groß bei dem besonderen Typ der auftretenden Funktionen die optimale Rauschfilterbreite K ist. Der Wert K=1 kann zwar benutzt werden, liefert aber nicht optimale Ergebnisse.

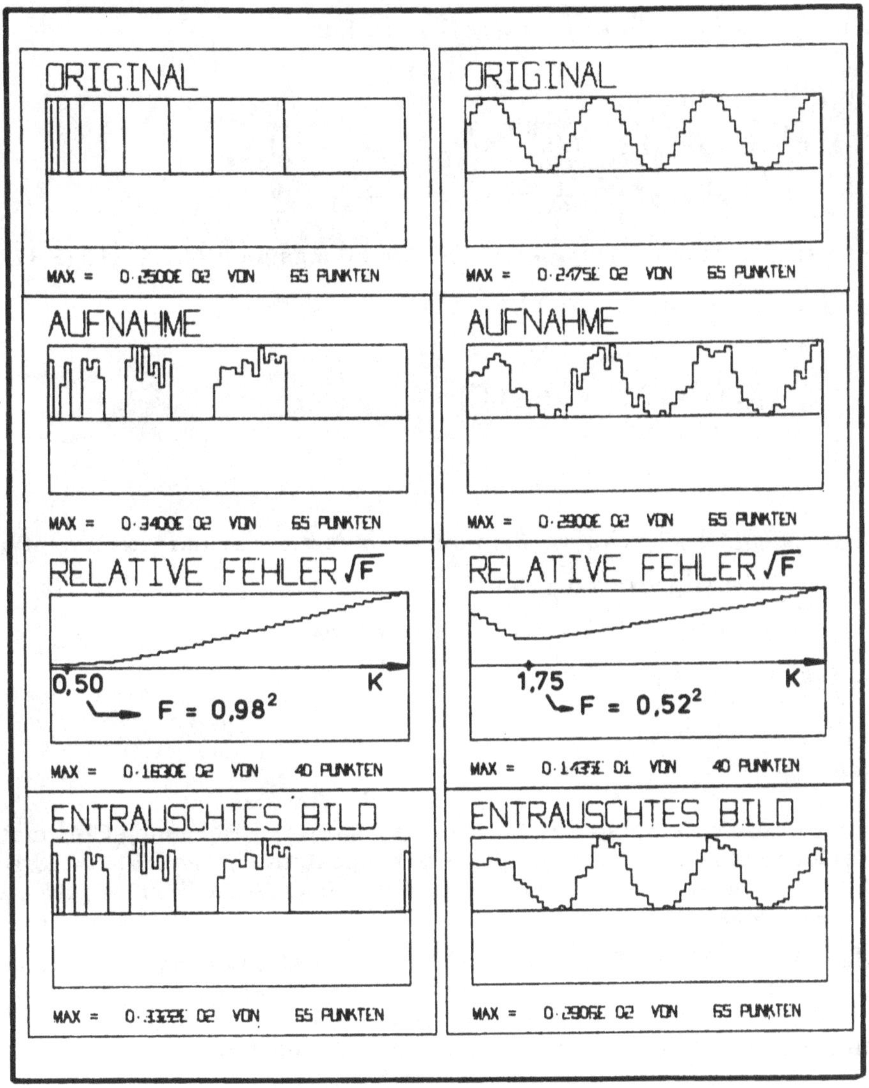

Abbildung 8: K ist die relative Standardabweichung des Gauß-Rauschfilters. Sein optimaler Wert, für den $F = \Delta P / \Delta P_0$ = min ist, hängt von der zu verarbeitenden Aufnahme ab.

ANHANG: Das 3. Moment einer standardisierten symmetrischen Verteilung.

Das 3. Moment g einer Verteilung f(x) ist gegeben durch den Erwartungswert:

$$(1') \quad g = E(\,(x-x_0)^3) = \int_{-\infty}^{+\infty} (x-x_0)^3 \cdot f(x)\,dx$$

Es gilt (KREYSZIG (5)):

$$(2') \quad g = E(\,(x-x_0)^3) = E(x^3-3x^2x_0 + 3xx_0^2 - x_0^3) = $$
$$= E(x^3) - 3x_0 \cdot E(x^2) + 3x_0^2 \cdot E(x) - x_0^3 \cdot 1$$

Für eine standardisierte symmetrische Verteilungsfunktion f(x) gilt (KREYSZIG (6)): $\mu = E(x) = 0$

$$(3') \quad \sigma = E(x^2) = 1$$
$$\gamma = E(\,(x-\mu)^3) \;/\; \sigma^3 = E(x^3) = 0$$

Damit folgt aus (2'):

$$(4') \quad g = -3x_0 - x_0^3$$

Die Gleichung (4') gibt das 3. Moment für eine standardisierte Verteilungsfunktion in Abhängigkeit von x_0 an.

Für den Bereich $x_0 = -0.5 \;..\; +0.5$ gilt als Näherung:

$$(5') \quad g \approx -3 \cdot x_0$$

Literatur

1. Hine, G. J. & Tsialas, S. P. (1969), "Evaluation of Fokussed Collimator Performance III", Proceedings of a Symposium on Medical Radioisotope Scintigraphy, Salzburg 6.-15. Aug. 1968, IAEA Wien, S. 487 ff., s. besonders S. 492

2. Hunt, W. A., Meder, H. G., Pistor, P., Walch, G., Lorenz, W. J., Luig, H. & Schmidlin, P. (1970), "Optimum Sample Size in Digital Radioscintigraphy", Veröffentlichungen des Wissenschaftlichen Zentrums Heidelberg, 24. Aug., IBM Publication 70.09.004, S. 8

3. l.c. (2), S. 6

4. Kreyszig, E. (1968), "Statistische Methoden und ihre Anwendungen" Vandenhoeck & Ruprecht, Göttingen 1968[3], Abschnitt 44

5. l.c. (4), Gleichung (30.3)

6. l.c. (4), Satz 34.2

1.3 Bildbearbeitung bei Szintigrammen mit Hilfe der Faktoranalyse

P. Schmidlin, F. Rösel, W. Schlegel

Methode

Die Methoden zur Bildverarbeitung bei statischen Szintigrammen sind vielfältig. Ein neuartiger und vielversprechender Ansatz besteht in der Anwendung der Methode der Faktoranalyse auf die szintigraphische Bildbearbeitung. Diese Anwendung wurde von MARANO (1) am Beispiel von Fotographien getestet. Di PAOLA (2) hat die Methode auf Szintigramme übertragen und dabei sehr gute Ergebnisse erhalten. Wir haben deshalb die Methode aufgegriffen und versucht, Charakteristika und Möglichkeiten herauszuarbeiten.

Zur Durchführung der Faktoranalyse werden die Bildzellen eines Szintigramms in einzelne gleichgroße Zellkollektive untergliedert (Sampling). Die Zellkollektive werden approximiert durch ein Fundamentalsystem von Orthogonalfunktionen, hier Faktoren genannt. Der entscheidende Unterschied gegenüber der Bilddarstellung mit Hilfe eines trigonometrischen Fundamentalsystems bei der linearen Filterung besteht darin, daß das Fundamentalsystem im Fall der Faktoranalyse bildspezifisch errechnet wird. Die Orthogonalfunktionen ergeben sich aus der Forderung, daß die in den Zellkollektiven enthaltene Information in möglichst wenigen Faktoren komprimiert wird, so daß alle übrigen Faktoren zusammengenommen nur noch einen Bruchteil der Gesamtinformation enthalten. Auf mathematische Einzelheiten kann im Rahmen dieser Darstellung nicht eingegangen werden.

Ergebnisse

Im folgenden werden aus Platzgründen nur einige typische Beispiele für die faktoranalytische Bildverarbeitung herausgegriffen. In allen gezeigten Fällen wurde zeilenweise Sampling benutzt. Daraus resultiert eine zeilenweise Rekonstruktion der Bilder mit Hilfe der Faktoren.

Abbildung 1 zeigt die Faktoranalyse eines Szintigramms des IAEA-Leberphantoms. Die gesamte Zählrate im Bild beträgt 7 680 Impulse. Dargestellt ist der Aufbau des Szintigramms aus 1 bis 6 Faktoren. Während bei den ersten Faktoren die Zeilen- und Spaltenstruktu: noch deutlich zu erkennen ist, ergibt sich bereits bei 3 bis 4 Faktoren ein objekttreues und rauscharmes Bild. Bei Hinzunahme weiterer Faktoren verstärkt sich allmählich der Rauschanteil.

Auf das Szintigramm eines Linienphantoms, über einen homogenen Untergrund überlagert, wurden verschiedene Filtermethoden angewandt. Abbildung 2 zeigt die Resultate dieser Auswertungen in zwei zueinander senkrechten Schnitten. Das mit FWA gekennzeichnete Profil ist das Ergebnis einer Filterung mit einem kontrastverstärkenden Filter nach WALCH (3), FWI mit einem Erwartungswertfilter nach WIEBELT (4), und FA das

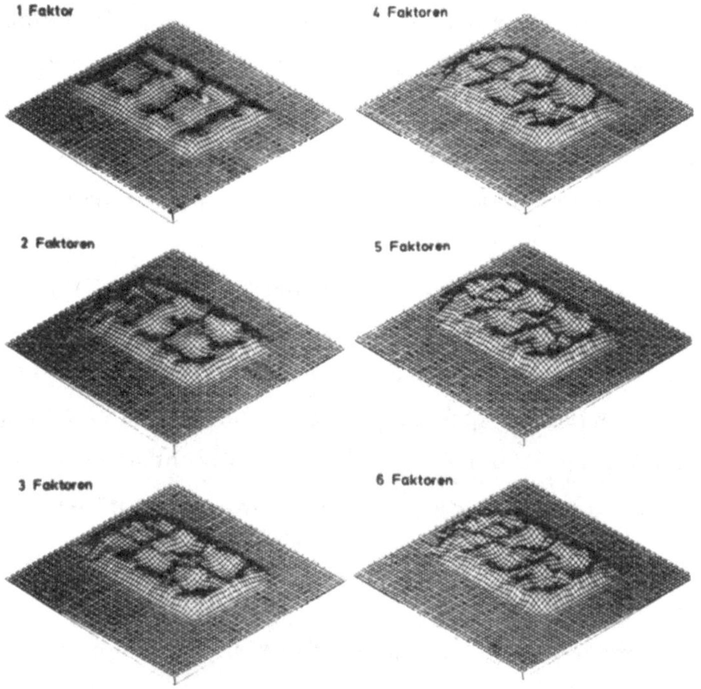

Abbildung 1: Aufbau des Szintigramms des IAEA-Leberphantoms aus 1-6 Faktoren.

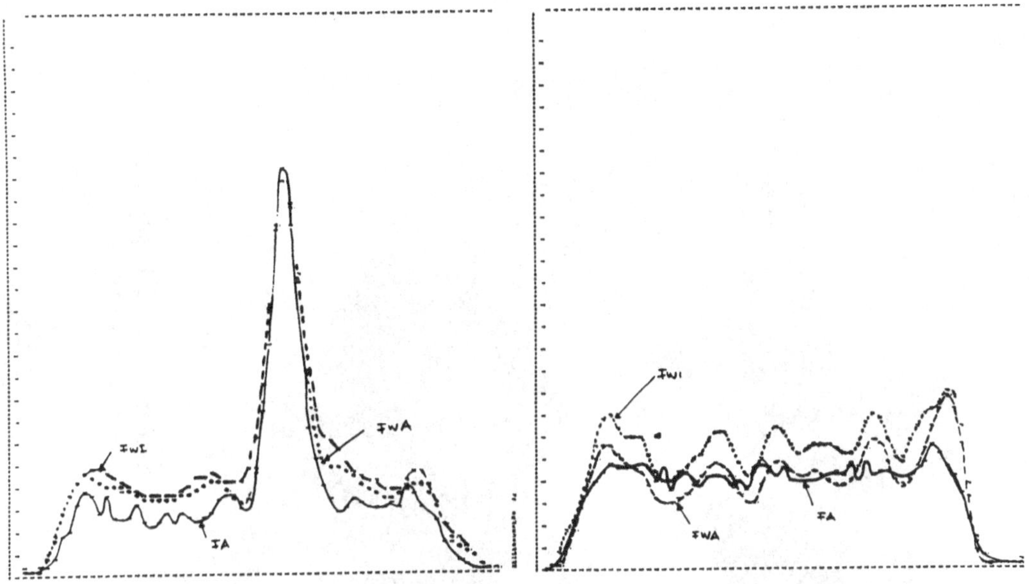

Abbildung 2: Profile einer Linienquelle nach verschiedenen Verarbeitungen. FWA = Filter nach Walch (konstrastverstärkend), FWI = Filter nach Wiebelt (Erwartungswert), FA = Faktoranalyse (4 Faktoren).

Ergebnis der Faktoranalyse. Zu erkennen ist vor allem die Neigung zu Interferenzwellen bei den Fourier-Filtern. Die Faktoranalyse liefert einen größeren Rauschanteil, der jedoch innerhalb der Statistik keine langwelligen artifiziellen Schwankungen enthält.

Die Verarbeitung eines simulierten Homogenphantoms mit 4 heißen Knoten (Abb. 3, Original links oben) zeigt eine deutliche Überlegenheit der Faktoranalyse (rechte Seite) über das Erwartungswertfilter (links unten). Während die 4 Knoten auch beim Erwartungswertfilter noch fast im Rauschen verschwinden, sind sie bereits mit 2 Faktoren klar zu erkennen.

Abbildung 4 zeigt das Scannerbild einer Wirbelsäule im Original, mit dem Erwartungswertfilter und mit dem kontrastverstärkenden Filter bearbeitet und aus 3 Faktoren rekonstruiert. Hier zeigen sich deutlich die Unterschiede in den verschiedenen Verarbeitungsmethoden. Die periodische Struktur der Wirbelsäule wird durch das kontrastverstärkende Filter als

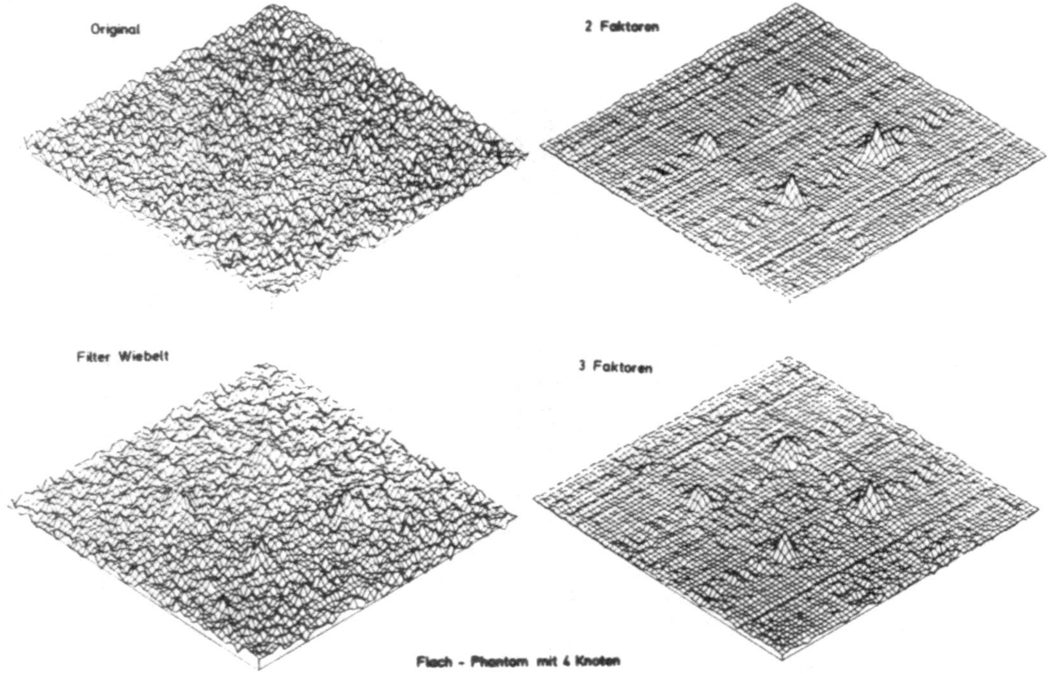

Abbildung 3: Simuliertes Szintigramm eines Homogenphantoms mit 4 heißen Knoten. Links oben: Original; links unten: Erwartungswertfilter nach Wiebelt; rechts: 2 und 3 Faktoren.

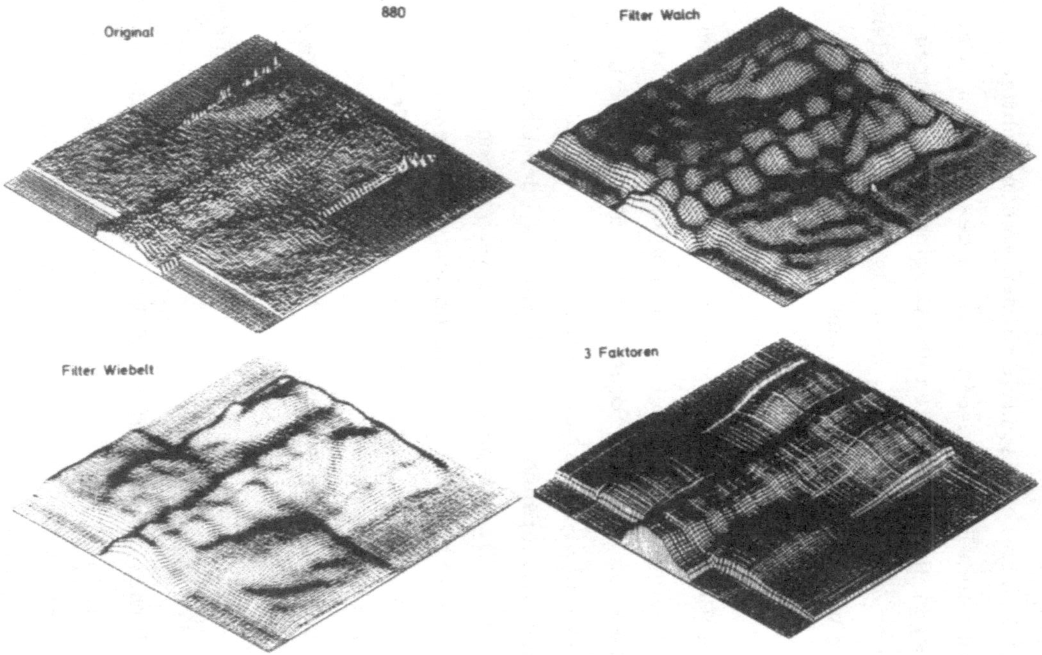

Abbildung 4: Szintigramm einer Wirbelsäule. Links oben: Original; links unten: Wiebelt-Filter; rechts oben: Walch-Filter; rechts unten: 3 Faktoren. Die Hinzunahme weiterer Faktoren erhöht den Rauschanteil, schwächt die Zeilenstruktur und gibt die Zacken im Original getreu wieder.

ausgeprägtes Wellenfeld darstellt. Die im Original am oberen Rand sichtbaren Zacken, die durch Fehler beim Scannen an den Umkehrpunkten entstehen, werden durch die Fourier-Filter ebenfalls als Wellen wiedergegeben. Auch die Kanten werden weich dargestellt. Die Rekonstruktion des Bildes durch 3 Faktoren zeigt scharfe Kanten an den richtigen Stellen in einem sonst geglätteten Bild. Bei Hinzunahme des 4. und 5. Faktors (ohne Abbildung) zeigen sich die Spitzen des Originals naturgetreu trotz der glättenden Wirkung der Verarbeitung im übrigen Bild. Die zeilenweise Samplingstruktur wirkt sich nachteilig aus.

Diskussion

Aus den gezeigten Beispielen lassen sich die charakteristischen Merkmale der Faktorrekonstruktion von Szintigrammen erkennen. Als störend erweist sich die Erkennbarkeit der Samplingstruktur, d.h. in unserem Fall eine Betonung von Zeilen- und Spaltenstrukturen. Wir haben verschiedene Sampling-Strukturen untersucht, z.B. Rechteck- oder Quadratstrukturen und Gitterstrukturen. Die Sampling-Struktur war jedoch z.T. störender als beim linienweisen Sampling. Wir haben uns vorerst für das linienweise Sampling entschieden, da hierbei die Gefahr von Fehldeutungen am geringsten ist. Eine Addition von Bildern mit verschiedenen Sampling-Strukturen führt naturgemäß zu einer Schwächung der Strukturen, jedoch nicht zu einer völligen Unterdrückung.
Im übrigen ergeben sich aus dem Gezeigten folgende Vorteile bzw. Charakteristika für die Faktoranalyse:

1. Einzige variierbare Größe bei der Faktoranalyse ist die Anzahl der verwendeten Faktoren. Im allgemeinen genügen 3 bis 4 Faktoren, bei besserer Statistik kann die Hinzunahme weiterer Faktoren wünschenswert werden. Sonstige Parameter enthält die Faktoranalyse nicht, wie z.B. Halbwertbreite der Abbildungsfunktion, erwartete Objektstruktur und dgl.
2. Die Faktoranalyse bewirkt keine Auflösungsverbesserung. Jedoch zeigt die Wiedergabe scharfer Strukturen, daß besser als bei den

Fourier-Filtern eine Auflösungsverschlechterung vermieden werden kann.

3. Rauschunterdrückung unter gleichzeitiger Darstellung echter scharfer Strukturen ist Kennzeichen einer optimalen Glättung.
4. Die Formtreue der Methode ist eine wesentliche Voraussetzung für die Vermeidung von Artefakten.
5. Ein Charakteristikum der Faktoranalyse ist die hohe Datenkompression. Der vollständige Satz von Faktoren für ein Szintigramm mit 128 x 128 Zellen besteht aus 128 Faktoren. Diese 128 Faktoren würden also das Original exakt darstellen. Wie aus den Bildern ersichtlich, enthalten 4 bis 5 dieser 128 Faktoren die wesentliche Information des Bildes. Die Archivierung dieser komprimierten Daten anstelle des Originalszintigramms bedeutet eine erhebliche Ersparnis an Speicherplatz im Computer bzw. auf Archivbändern.
6. Die für die Durchführung der Faktoranalyse notwendige Rechenzeit ist kürzer als die für die Durchführung einer Fourier-Filterung. Sie läßt sich noch weiter verkürzen, wenn bei der notwendigen Matrixdiagonalisation von vornherein nur die größten Eigenwerte berechnet werden.

Weitere Möglichkeiten für die Anwendung der Methode bieten sich in der Funktionsszintigraphie. Erste Versuche ergaben, daß bei einer Serie von Szintigrammen die Eigenwerte als Funktion der Zeit einen sinnvollen Verlauf zeigen. Die Verteilung der Information auf die einzelnen Faktoren bleibt nahezu konstant. Somit besteht die Möglichkeit, die Faktoren in Abhängigkeit von der Zeit einer weiteren Faktoranalyse zu unterziehen.

Literatur

1. Marano, P. (1972), Application de l'analyse factorielle des correspondances à la compression des signaux d'images. Annales des Télécommunications 27, 163

2. Di Paola, R. (1974), Data processing of scintigrams with digital computers. 12. Jahrestagung der Gesellschaft für Nuklearmedizin, München, 11.-14.9.1974

3. Pistor, P., Walch, G., Meder, H.G., Hunt, W.A., Lorenz, W.J., Ammann, W., Georgi, P., Luig, H., Schmidlin, P. & Wiebelt, H. (1972), Digital image processing in nuclear medicine. Kerntechnik 14, 299 und 14, 353

4. Wiebelt, H. (1973), Ein hybrides Auswerteverfahren für digitale Szintigramme: Filterung und statistischer Test. 11. Jahrestagung der Gesellschaft für Nuclearmedizin, Athen, 25.-29.9.1973.

1.4 Verarbeitung von Szintigrammen mit Laserstrahlen

I. Bofilias

Die Notwendigkeit der Verarbeitung des statischen Szintigramms entspringt dem ständigen Wunsch der nuklearmedizinischen Diagnostik nach mehr klinischer Informationsvermittlung. Die Übertragung einer Radioaktivitätsverteilung durch die Gamma-Kamera in eine brauchbare szintigraphische Abbildung ist durch eine Reihe von Störeffekten stark eingeschränkt. Bei einer bezüglich der Linearität und Homogenität gut ausgeglichenen Gamma-Kamera sind Störeffekte, wie z.B. Kameraaberationen, 3-dimensionale Ausdehnung des inneren Organs, Bewegungsunschärfe des Patienten und erhöhte Statistik bei relativ schneller Biokinetik des Radiopharmakons gegenüber der Registrierzeit, hauptverantwortliche Effekte für die auftretende Verunschärfung im Szintigramm. Die klassische Informationstheorie gibt uns die Möglichkeit, durch Anwendung von Integraltransformationen Störeffekte zu unterdrücken oder auszuschalten, da das gesamte Gamma-Kamera-System in der Tat einen linearen, frequenzabhängigen Übertragungskanal darstellt. Die Modulationsübertragungsfunktion dieses Kanals setzt sich multiplikativ im Frequenzbereich aus drei Anteilen zusammen, nämlich aus der Übertragungsfunktion (MÜF) der gesamten Elektronik, des Kollimators und der verwendeten Photomaterialien.

Bei der kohärenten Abbildung eines zweidimensionalen Signals mit einem abbildungsfreien optischen System entsteht in der sogenannten Spektralebene ein reelles Bild des Raumfrequenzspektrums des Signals. Dagegen entsteht bei der Abbildung eines Signals mit vollkommen inkohärentem Licht eine Überlagerung von nicht negativen Intensitätsverteilungen,und daher ist eine Ausfilterung bestimmter Raumfrequenzen nicht mehr möglich.

Die raumzeitliche Kohärenz der Laserstrahlen ist also eine wichtige Voraussetzung für die Erzeugung von Lichtamplitudenverteilungen mit positiven und negativen Funktionswerten, welche eine eindeutige Zuordnung zu den Raumfrequenzen erlauben. Das Prinzip der Verarbeitung ist in der Abbildung 1 zu sehen.

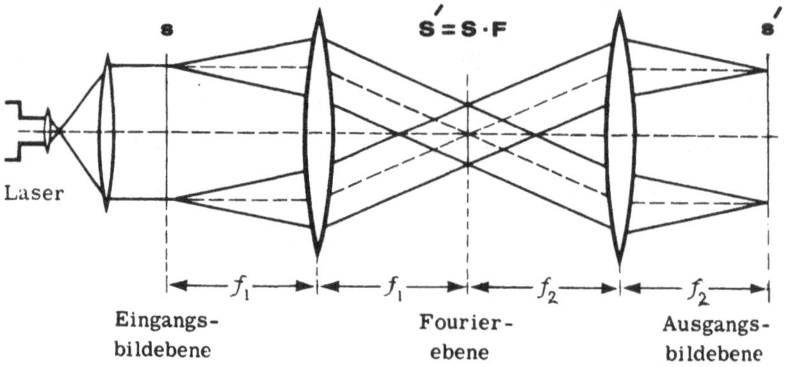

Abbildung 1: Prinzip einer Verarbeitung mit Laserstrahlen.

Durch das Anbringen von Filtern in geeigneter Form in der Spektralebene ist es möglich, gewisse Bereiche des Raumfrequenzspektrums zu unterdrücken. In der Ausgangsbildebene des optischen Systems ergibt sich dann ein entsprechend modifiziertes Bild des Signals. Eine kohärent-optische Anlage befindet sich im Institut für Nachrichtentechnik der Technischen Universität München.

Das Filter

Da das Szintigramm in guter Näherung aus einer Sammlung statistisch verteilter Dirac-Impulse besteht, kann das Rauschen als additiv und weiß bezeichnet werden. In diesem Falle ist die inverse Wienerfilterung anwendbar. Digitale Wienerfilter haben schon LORENZ et al. (5) in die Szintigraphie erfolgreich eingesetzt und holographische bzw. kohärent-optische Filter BOFILIAS et al. (1, 2, 3). Um den genaueren Verlauf dieses Filters zu bestimmen, muß die Modulationsübertragungsfunktion bekannt sein. Sie kann aus der sogenannten "point spread function" (PSF) berechnet werden. Zur Realisierung der PSF wurde in einen dickwandigen Bleitopf eine hochkonzentrierte und gleichmäßig verteilte Aktivität von etwa 5 mCi ^{99m}Tc eingebracht und in den Deckel des Topfes eine 2 mm Öffnung gebohrt. Mit dieser Anordnung konnte die PSF an mehreren Stellen einer

Ebene gemessen werden. Die Ortsinvarianz bzw. Homogenität konnte für einen relativ großen Bereich der Angerkamera bestätigt werden. Jede PSF entstand aus 10 000 Impulsen einer Impulsdichte, die also etwa der mittleren Punktdichte eines Szintigramms entspricht und über 6 verschiedene Richtungen ermittelt wurde (Abb. 2). In Zusammenarbeit mit dem Institut für Nachrichtentechnik wurden an einer IBM 1130 EDV-Anlage die Filterungsfunktionen berechnet.

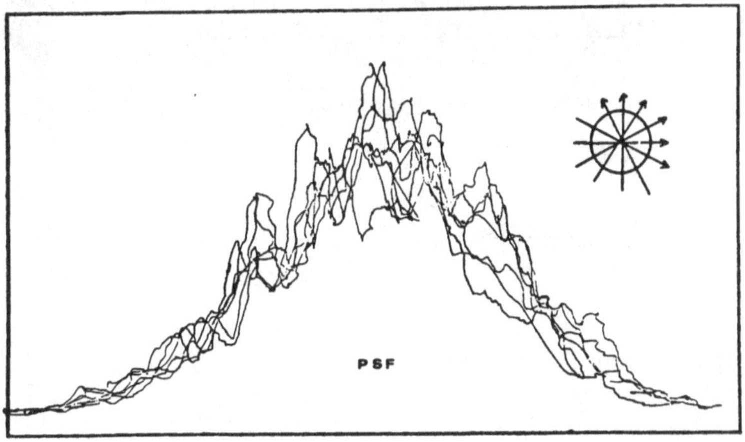

Abbildung 2: 6-Profile einer PSF.

Abbildung 3 zeigt die PSF, MÜF, Tiefpaßfilter, Filtercharakteristik und ganz unten den Vergleich zwischen alter und neuer MÜF und PSF. Eine Verschärfung der PSF ist deutlich erkennbar. Unter Berücksichtigung der Nichtlinearitäten der Kennlinien der verschiedenen Photomaterialien wurde die Schwärzungsverteilung des Filters auf Photoplatte angefertigt.

Ergebnisse

Szintigramme mit relativ kleiner Punktrate kommen oft vor. Sie entstehen vor allem bei schnell veränderlichen Vorgängen, wie z. B. in den schnellen Phasen der cerebralen und kardialen Sequenzszintigraphie und bei ^{133}Xenon-Perfusions-Ventilationsstudien.

Abbildung 4 zeigt das ^{99m}Tc-Perfusionsszintigramm des Hirns 24 s nach i. v. -Injektion bei einer Tiefpaßfilterung.

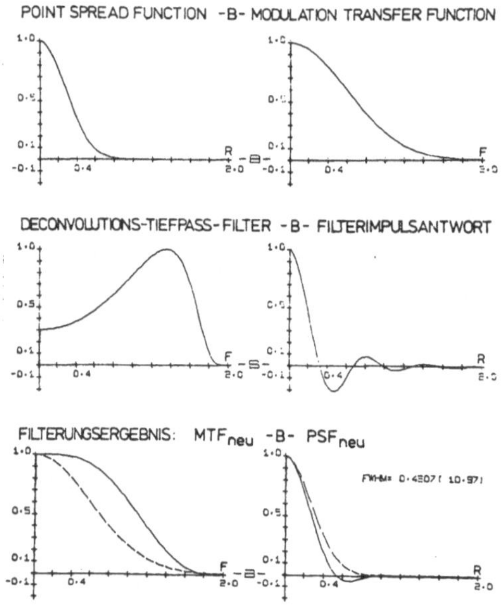

Abbildung 3: Filtercharakteristik.

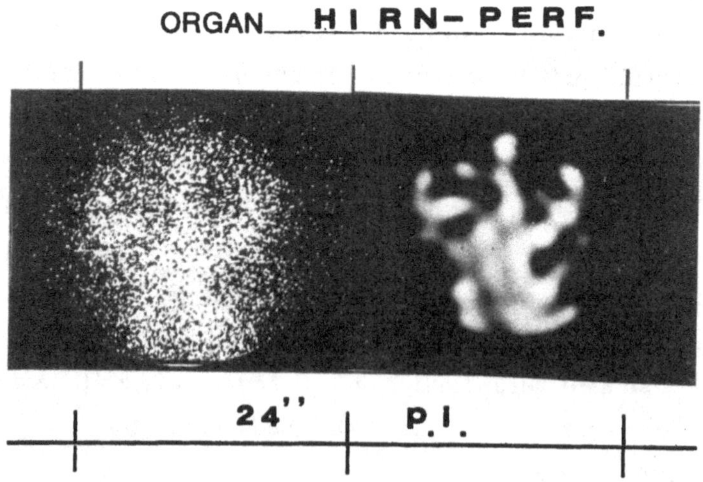

Abbildung 4: Tiefpaßfilterung eines Hirn-Perfusionsszintigramms.

Die Wirkung der Tiefpaßfilterung erlaubt eine detaillierte Darstellung der Versorgungsbereiche der Arteriae cerebri mediae bei einer Stenosierung. Diese Art von Filterung stellt in der Tat eine Integration dar, bei der eine Verunschärfung im Szintigramm auftritt.

In der Abbildung 5 ist das komplette Ventilations-Sequenzszintigramm einer Lungenuntersuchung mit ^{133}Xenon mit den sogenannten "single-breath" Aequilibrium und "wash-out" Phasen zu sehen. Bemerkenswert dabei ist, daß im ersten Bild oben links, also in der single-breath-Phase, eine relativ schwache Radioaktivitätsminderung auftritt, die in den nachfolgenden

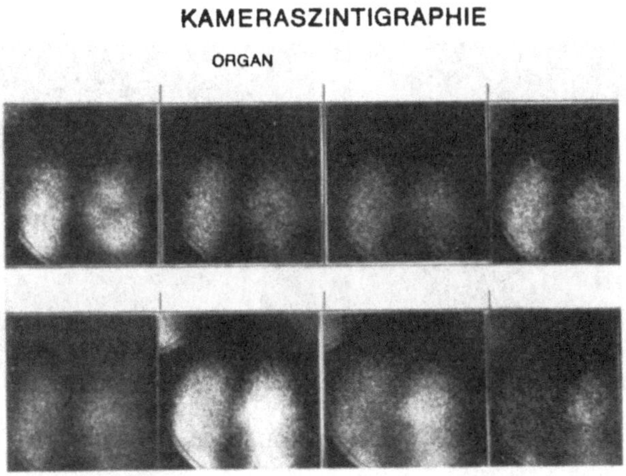

Abbildung 5: Lungen-Ventilationssequenzszintigraphie mit ^{133}Xe.

Phasen sogar ganz verschwindet. Wegen der relativ schnellen intrapulmonalen Gasverteilung ist die Registrierzeit kurz und damit das Szintigramm von hohem statistischem Rauschen begleitet. Nach der Filterung (Abb. 6) ist die Radioaktivitätsminderung deutlich herausgestellt. Klinisch handelt es sich um einen Lungentumor, der sowohl eine partielle Restriktion als auch Obstruktion verursachte.

Die nächsten 2 Beispiele sind der Filterung von Leberszintigrammen gewidmet.

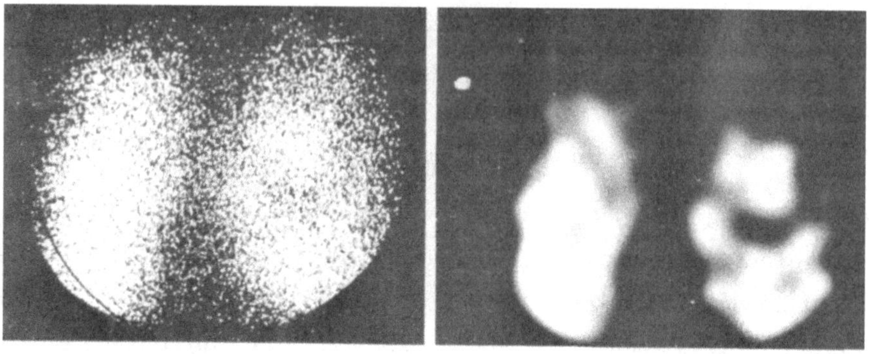

Abbildung 6: Lungen-Ventilationsszintigramm vor und nach der Verarbeitung.

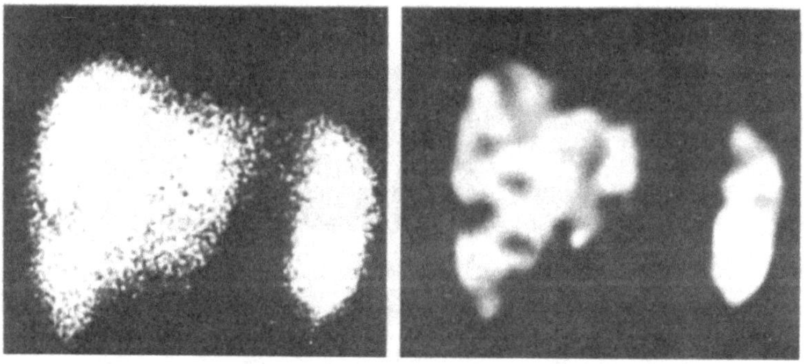

Abbildung 7: Leberszintigramm vor und nach der Verarbeitung.

Abbildung 7 zeigt links das unverarbeitete Szintigramm einer vergrößerten Leber mit nicht ganz homogener Radioaktivitätsverteilung vor allem im caudalen Bereich des rechten Leberlappens. Im gefilterten Szintigramm findet sich im rechten Oberlappen ein sternförmiger Aktivitätsausfall und eine Reihe von kleinen Speicherungsdefekten.
Der histologische Befund lautet: Kleinflächige Infiltrationen eines neoplastischen Befalls, ausgehend von einem Lymphosarkom. Abbildung 8 zeigt eine typisch dreieckig konfigurierte Leber an orthotoper Stelle. Das Aktivitätsverteilungsmuster ist weitgehend homogen: Noch kein sicherer Nachweis von intrahepatischen Metastasen. Das Grundleiden war ein me-

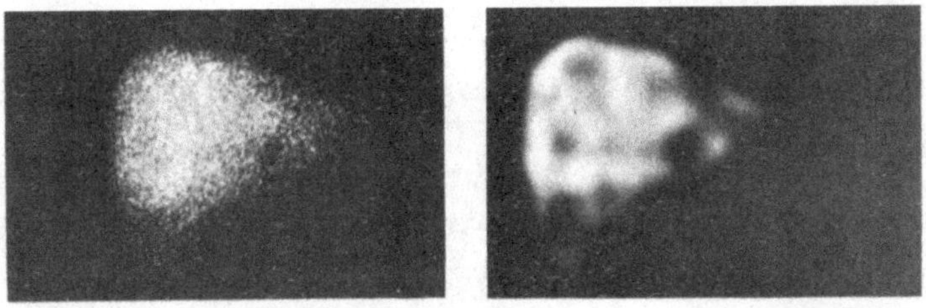

Abbildung 8: Lebermetastase eines Hautmelanoms vor und nach der Filterung.

tastasierendes malignes Hautmelanom. Der histologische Befund ergab: Zahlreiche haselnußgroße Infiltrationen des Melanoblastoms, Stauung und Verfettung der Leber und unregelmäßige Blutverteilung im Leberparenchym.

Gute Ergebnisse brachte die kohärent-optische Verarbeitung in der Knochenszintigraphie mit ^{99m}Tc-Polyphosphat (Abb. 9). Es handelte sich um

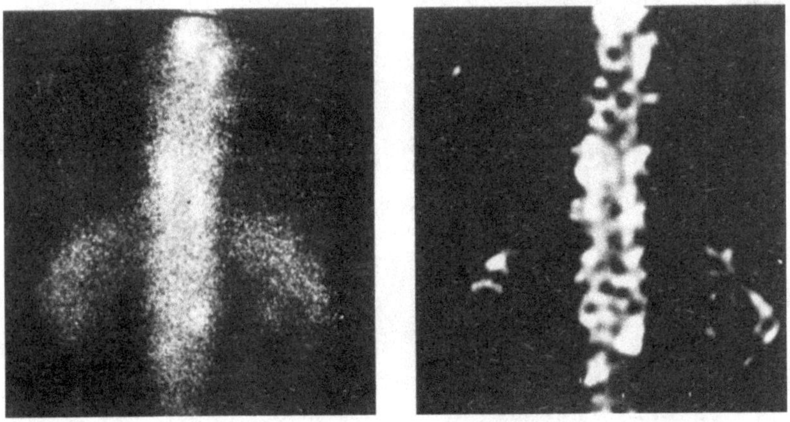

Abbildung 9: Knochenszintigramm vor und nach Verarbeitung.

ein Prostata-Ca., wobei die Frage nach Prostata-Metastasen gestellt wurde. Das gefilterte Szintigramm rechts enthält eine detaillierte Darstellung der intraossären Radioaktivitätsverteilung. Die metastatisch befallenen Knochenregionen sind jetzt deutlich abgrenzbar.

Eine weitere Möglichkeit der Szintigrammverarbeitung mit Laserstrahlen ist ein von uns modifizierter Vorschlag von GABOR (4), auf den ich kurz eingehen möchte.

Ein Kreisfleck tastet durch Rotation die Umgebung eines Punktes im Szintigramm ab (Abb. 10). Dabei schreitet der Mittelpunkt langsam fort. Der Abtastfleck beschreibt eine enge Zykloide. Diese Anordnung besteht aus einer polierten, spiegelnden Trommel, die mit 25 U/s rotiert und sich langsam in axialer Richtung bewegt. Links ist ein Negativ des Szintigramms aufgelegt mit der Emulsionsseite in Kontakt mit der Trommel.

Ein Kreisfleck rotiert auf dem Schirm einer kleinen Kathodenröhre mit einer hohen Frequenz. Das reflektierte Licht wird durch eine ringförmige Photozelle gesammelt, und das Signal wird zur Verarbeitung in einen Stromkreis gesandt. Die Filterung geschieht hier also auf dem bequemeren elektronischen Wege.

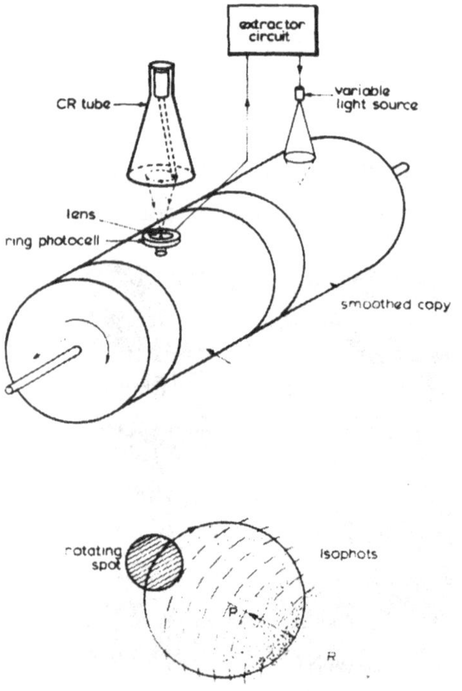

Abbildung 10: Szintigrammglättung nach GABOR.

Es hat sich bald gezeigt, daß das Signal-Rauschverhältnis wesentlich verbessert wird, wenn man an Stelle der Kathodenröhre Laserstrahlen verwendet. Dabei spielt nicht die Kohärenz, sondern die Bündelungsschärfe die Hauptrolle. Trotz dieser Modifizierung sind die Ergebnisse noch nicht befriedigend. Während dadurch die Aufnahmeseite optimiert wurde, liegen bei der Wiedergabe noch einige Schwierigkeiten vor. Es gibt noch kein Filmmaterial, das schnell genug reagiert bei der relativ schwach emittierenden Diode. Bei langsamerem Rotieren wird die gesamte Information stärker integriert. Diesen Effekt nutzen wir aus, um wiederum aus einem stark verrauschten Lungen-Ventilationsszintigramm eine Bildglättung zu erreichen. Ein Beispiel zeigen die Abbildungen 11 und 12. Das erste Bild wurde verarbeitet, das zweite zeigt das Ergebnis. Die Kontrastierung ist wegen des Streulichts vom Monitor verhältnismäßig schlecht. Der Glättungseffekt ist jedoch erkennbar.

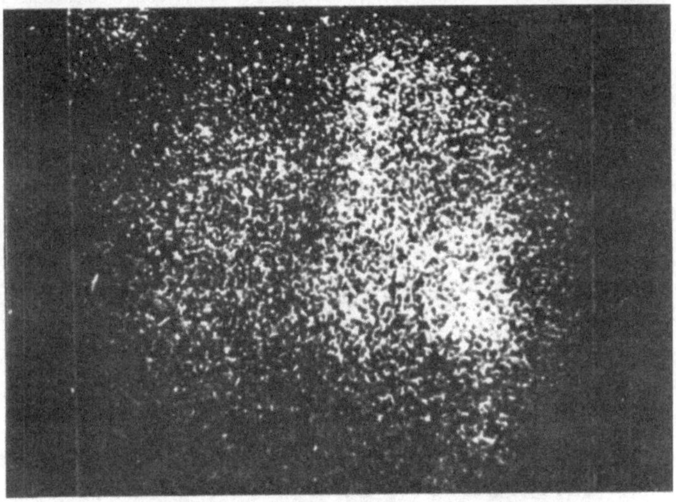

Abbildung 11: Unverarbeitetes Lungenventilationsszintigramm.

Abbildung 12: Glättung des Lungenventilationsszintigramms (Abb.11).

Es wurden zwei Methoden vorgestellt, die zur Verarbeitung von Szintigrammen dienen können. Wenn auch noch keine routinemäßige Anwendung in der Klinik in Sicht ist, so ist das Ziel trotzdem der Anstrengung wert.

Literatur

1. Bofilias, I., Langhammer, H., Hör, G., Pabst, H.W. & Platzer, H.(1975), Holographische Filterung: Eine nahezu optimale Methode zur Verbesserung der Information von Szintigrammen.
Radioaktive Isotope in Klinik und Forschung; Urban u. Schwarzenberg, Bd. 11, S. 440; Hrsg. Prof. Dr. R. Höfer

2. Bofilias, I., Langhammer, H., Hör, G., Pabst, H.W. & Platzer, H. (1974), Coherent optical multichannel processing of static scintigrams: Proceedings of the first World Congress of Nuclear Medicine, Sept. 30 - Oct. 4, Tokyo

3. Bofilias, I., Hofer, J., Pabst, H.W. & Platzer, H. (1975), Problems Solutions and Results in Coherent Optical Processing: Soc. of Nucl. Med. 22nd Annual Meeting, Philadelphia, 17. june (1975)

4. Gabor, D. (1974), Ein Vorschlag zur Glättung von Szintigrammen, 12. Intern. Jahrestagung der Ges. für Nuclearmedizin, München, 11.-14. Sept.

5. Lorenz, W.J., Georgi, P., Meder, H.G., Pistor, P., Walch, G. & Wiebelt, H. (1972), Interactive Processing and Displaying of Digital Scintigrams.
IAEA SM-164/88 (1972).

1.5 3-D-Abbildung von Szintigrammen mit Fresnelzonenplatten

E.R. Reinhardt, W. Fritz

Im Wellenlängenbereich der Röntgen- und γ-Strahlen können nur Schattenbilder hergestellt werden. Mit Hilfe codierender Aperturen - wie Fresnel-Zonenplatten (1-3) und verteilten Lochblendenanordnungen (4, 5) - können auch von γ-Strahlungsquellen dreidimensionale reelle Bilder erzeugt werden. Im folgenden soll die Abbildung mit Fresnel-Zonenplatten behandelt werden.

Abbildungsprinzip

Der erste Abbildungsschritt läßt sich so erklären, daß der Kollimator herkömmlicher Systeme durch eine Zonenplatte ersetzt wird. Das so gewonnene Schattenbild enthält die Information des dreidimensionalen Objektes. Im zweiten Schritt wird mittels kohärent-optischer Verarbeitungsmethoden ein dreidimensionales reelles Bild des Objektes rekonstruiert.

Schattenbildaufnahme

Abbildung 1 zeigt die prinzipielle Versuchsanordnung. Ist das Objekt eine Punktquelle, so ergibt das Schattenbild eine Zonenplatte. Das Schattenbild ausgedehnter Objekte - viele punktförmige Strahlungsquellen - resultiert aus der Überlagerung vieler Zonenplatten. Die Lage der Zentren dieser Zonenplatten sowie ihre Größe sind in eindeutiger Weise mit der räumlichen Anordnung der einzelnen Punktquellen korreliert. Zur Schattenbildaufnahme werden on-axis-Zonenplatten wie auch off-axis-Zonenplatten verwendet, deren Vor- und Nachteile noch diskutiert werden.

Decodierung

Die Rekonstruktion des Objektes wird mit einem kohärent-optischen Versuchsaufbau durchgeführt. Im einfachsten Fall wird das verkleinerte Schattenbild nur mit einer ebenen kohärenten Lichtwelle beleuchtet. Abbildung 2 zeigt die optischen Eigenschaften von on-axis- und off-axis-Zonenplatten.

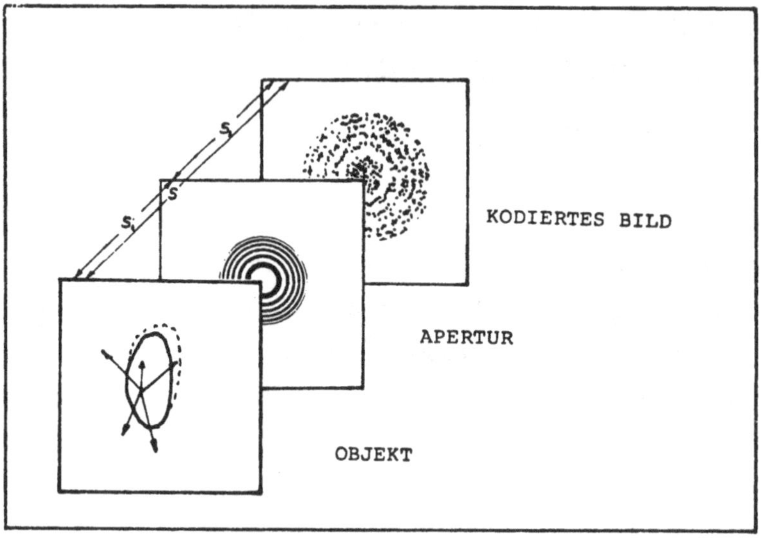

Abbildung 1: Anordnung zur Schattenbildaufnahme.

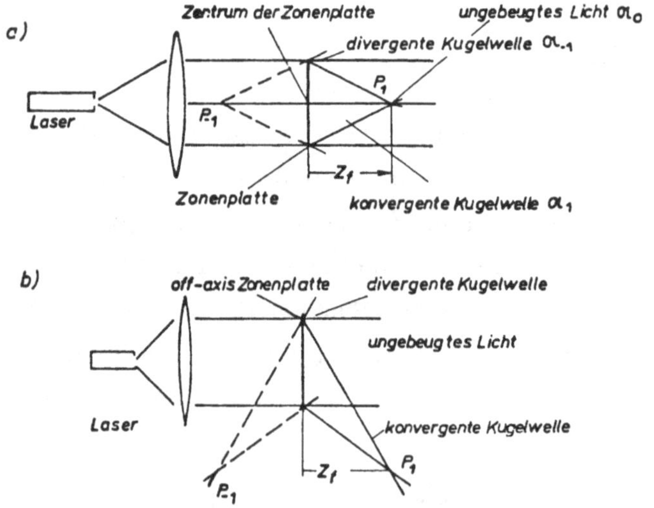

Abbildung 2: Optische Eigenschaften von a) on-axis-Zonenplatten, b) off-axis-Zonenplatten .

Die Zonenplatten können als Punkthologramme interpretiert werden, d.h. jede Zonenplatte rekonstruiert einen Bildpunkt. Die räumliche Lage dieser rekonstruierten Bildpunkte ist durch die Lage der Zentren der Zonenplatten und durch ihre Größe bestimmt. Somit ist ein eindeutiger Zusammenhang zwischen Objektpunkt und Bildpunkt hergestellt. Abbildung 3 zeigt die Rekonstruktion einer lichtoptischen Simulation mit on-axis-Zonenplatten. Das dreidimensionale Objekt wurde in verschiedenen Ebenen rekonstruiert.

Abbildung 3: Rekonstruierte Bilder eines dreidimensionalen Objektes in verschiedenen Ebenen .

Abbildung mit on-axis-Zonenplatten

Bei der Rekonstruktion von Schattenbildern, die mit on-axis-Zonenplatten aufgenommen wurden, überlagern sich - analog zur on-axis-Holographie - das ungebeugte Licht und Beugungsbilder höherer Ordnung. Diese Störungen wirken sich vor allem bei ausgedehnten Objekten aus.

Zur Unterdrückung des ungebeugten Lichtes wurden Filteroperationen vorgeschlagen; jedoch sind diese Operationen nur bedingt anzuwenden, da gleichzeitig niederfrequente Anteile der Objektinformation ausgefiltert werden. Nach (6) hat die Unterdrückung des Gleichanteils keinen allzu großen Vorteil, so daß als wesentliche Störanteile die verschiedenen Beugungsbilder wirken. Wird die Apertur über die Grenzen der Zonenplatte hinaus mit der mittleren Transmission der Zonenplatte fortgesetzt, so kann bei genügender Ausdehnung dieses Randes erreicht werden, daß das ungebeugte Licht sich konstant über den Bereich des rekonstruierten Bildes verteilt. Diese additive Konstante kann dann, sofern sie überhaupt noch stört, leicht interferometrisch oder durch ein elektronisches Nachverarbeitungssystem beseitigt werden.

Wird anstelle der binären on-axis-Zonenplatte eine sogenannte "sinusförmige" on-axis-Zonenplatte eingesetzt, so entfallen die höheren Beugungsterme. Die immer noch vorhandenen Störungen verursacht das virtuelle Bild; dies wirkt sich vor allem bei ausgedehnten Objekten aus.

Abbildung mit off-axis-Zonenplatten

Analog zur off-axis-Holographie ermöglicht die Verwendung der off-axis-Zonenplatte die räumliche Trennung der einzelnen Beugungsbilder. Da das Ortsfrequenzspektrum der off-axis Zonenplatte, das im wesentlichen die Übertragungseigenschaften des Systems bestimmt, nur in einem bestimmten Bereich von Null verschieden ist (1), muß das Objektspektrum dorthin verschoben werden. Dies wird durch ein bei der Schattenbildaufnahme unmittelbar vor dem Objekt justiertes periodisches Liniengitter erreicht. Aus diesem Tatbestand ergeben sich im Vergleich zur on-axis-Zonenplatte folgende Nachteile:

a) Doppelte Belichtungszeit - bzw. Strahlendosis -, da das Objekt zusätzlich mit einem periodischen Liniengitter abgedeckt werden muß.
b) Der Detektor muß bei einer vergleichbaren Ortsauflösung des Objekts eine um den Faktor 3 höhere örtliche Auflösung besitzen, denn das mit on-axis-Zonenplatten arbeitende System weist eine dreimal bessere Ortsauflösung auf.
c) Es treten sogenannte Geisterbilder auf, da im klinischen Anwendungsfall das erforderliche Liniengitter nicht in unmittelbaren Kontakt mit dem Objekt gebracht werden kann.
d) Das System liefert ein ungünstiges Signal-Rausch-Verhältnis bei ausgedehnten Objekten im Vergleich zu den konventionellen Abbildungsmethoden (Anger-Kamera).
e) Bei gegebener örtlicher Auflösung können nur energieärmere γ-Strahlungsquellen abgebildet werden.

Zweibildverfahren

Dieses Verfahren ermöglicht es, die Vorteile der off-axis-Zonenplatte mit denen der on-axis-Zonenplatte zu verbinden.

Prinzip des Zweibildverfahrens

Ausgangspunkt der Überlegungen ist die Beobachtung, daß eine Phasenverschiebung der Zonenplattenfunktion um ϕ eine gleichgroße Phasenverschiebung des reellen Bildes, aber eine entgegengesetzte Phasenverschiebung des virtuellen Bildes bewirkt.

Im folgenden soll eine vereinfachte, kurze mathematische Beschreibung des Verfahrens gegeben werden. Mit einer Punktquelle werden zwei Schattenbilder mit Zonenplätten, deren Phase um $\pi/2$ verschoben sind, erzeugt. Die Transmission dieser beiden Schattenbilder läßt sich angeben mit

$$t_1 = 1/2 \quad (1+\sin(ar^2 + \phi)) \qquad (1)$$

$$t_2 = 1/2 \quad (1+\cos(ar^2 + \phi)) \qquad (2)$$

Ohne Einschränkung der Allgemeinheit kann $\phi = 0$ gesetzt werden. Werden die beiden Bilder in folgender Weise miteinander verknüpft,

$$t = \exp \quad (j \quad \pi/2) \quad t_1 + t_2 \qquad (3)$$

so ergibt sich die resultierende Transmission t zu

$$2t = 1+\exp(j \quad \pi/2) + \exp(jar^2) \qquad (4)$$

Bei der Rekonstruktion dieser Transmission bewirkt der Term $\exp(jar^2)$ eine konvergente Kugelwelle; sie erzeugt einen reellen Bildpunkt. Die virtuellen Bildanteile heben sich auf. In der Ebene des reellen Bildes ist ein konstanter Hintergrund überlagert, der durch eine Erweiterung des Verfahrens auch beseitigt werden kann.

Realisierung

Die Verknüpfung der beiden Schattenbilder kann auf verschiedene Weise durchgeführt werden. Es bieten sich inkohärente wie auch kohärente Operationen an. Ohne weiteres läßt sich dieser Prozeß auch mit elektronischen Methoden automatisieren. Die Einzelheiten aller dieser Möglichkeiten können jedoch im Rahmen dieser Arbeit nicht erörtert werden. Im folgenden wird die Art der Verknüpfung angegeben, die bei unserer lichtoptischen Simulation des Verfahrens angewandt wurde.

Die Verknüpfung der Bilder soll am Beispiel der Abbildung eines Punktes erklärt werden. Die Punktquelle erzeugt als Schattenbild wiederum eine Zonenplatte. Da zwei Aufnahmen gemacht werden, erhält man z. B. eine Kosinuszonenplatte und eine Sinuszonenplatte (Gleichungen 1, 2). Wird das Schattenbild nach Gleichung 1 mit einem periodischen Liniengitter kontaktiert, so ergibt sich bei der Rekonstruktion eine Amplitudenverteilung gemäß Abbildung 4a. Das Schattenbild nach Gleichung 2 wird hingegen mit einem Liniengitter in Kontakt gebracht, das um 1/4 Periodenlänge ver-

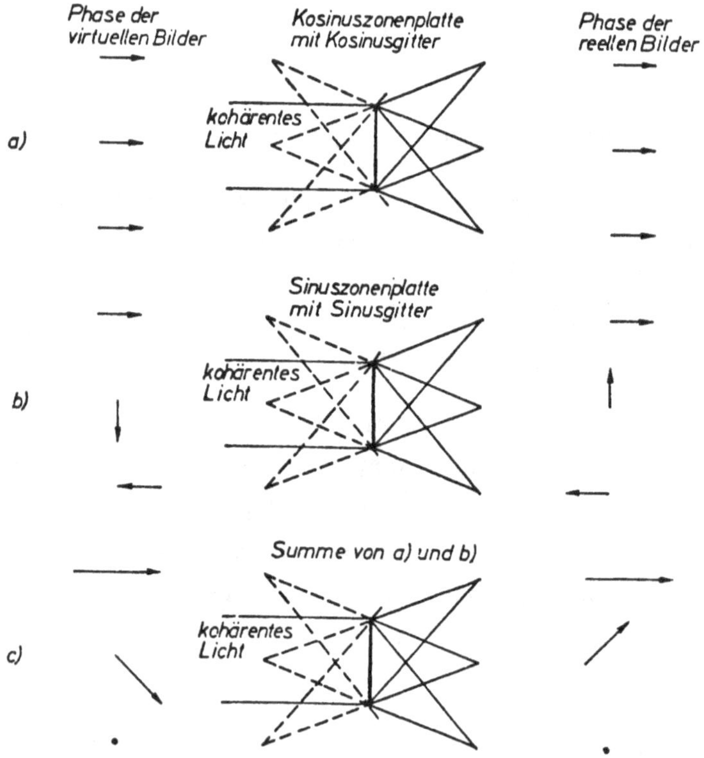

Abbildung 4: Prinzip des Zweibildverfahrens.

schoben ist, so daß sich in diesem Fall eine Amplitudenverteilung gemäß Abbildung 4b ergibt. Werden beide Bilder überlagert, so heben sich in der einen Beugungsordnung die Anteile des virtuellen Bildes auf, während sich die reellen Bilder addieren (Abb. 4c). In der anderen Beugungsordnung ist es gerade umgekehrt. Damit ist das virtuelle vom reellen Bild räumlich getrennt.

Vergleich

Die konventionellen Kollimatorsysteme sollen mit dem Verfahren mit off-axis-Zonenplatten und mit dem Zweibildverfahren (on-axis) verglichen werden. Die Schwierigkeit der Anwendung von Zonenplatten liegt bei der Abbildung großer, ausgedehnter Objekte. Tabelle 1 gibt die Verhältnisse der Belichtungszeiten bei unterschiedlichen Objektgrößen wieder. Für alle Verfahren wurde selbstverständlich das gleiche örtliche Auflösungsvermögen sowie das gleiche Signal-Rausch-Verhältnis angenommen. Mit dem neuen Zweibildverfahren können auch ausgedehntere Objekte mit Vorteil abgebildet werden. Als eindeutiger Vorteil der Verfahren mit Zonenplatten gegenüber konventionellen Systemen bleibt, daß man dreidimensionale reelle Bilder erhält.

Tabelle 1

Vergleich der Abbildungssysteme.

	Objektdurchmesser / Zonenplattendurchmesser				
	1/10	1/2	1	2	≥4
$\frac{\text{Belichtungszeit}_{\text{on-axis ZP}^*}}{\text{Belichtungszeit}_{\text{Lochkamera}}}$ *(Zweibildverfahren)	0,01	0,2	0,7	2	3
$\frac{\text{Belichtungszeit}_{\text{off-axis ZP}}}{\text{Belichtungszeit}_{\text{Lochkamera}}}$	0,07	1,7	5	15	27

Experimentelle Ergebnisse

Ein Schilddrüsenphantom, das mit radioaktivem ^{99m}Tc (140keV) gefüllt war, wurde mit on-axis- wie auch mit off-axis-Zonenplatten aus Blei abgebildet. Die on-axis-Zonenplatte hatte für die γ-Strahlung von 140keV eine "sinusförmige" Transmission. Durchmesser der Zonenplatte 13, 6 cm; 17 Ringe. Die off-axis-Zonenplatte war binär. Durchmesser 13 cm; 60 Ringe.

Abbildung 5a zeigt eine Rekonstruktion des mit der on-axis-Zonenplatte aufgenommenen Phantoms. Abweichungen von der exakten Form des Phantoms werden vom defokussierten virtuellen Bild verursacht. Abbildung 5b zeigt die Rekonstruktion des gleichen Phantoms, dessen Schattenbild mit einer off-axis-Zonenplatte aufgenommen wurde. Die drei kalten Knoten, sowie der eine heiße sind deutlich zu erkennen. Die äußere Form des Phantoms wird auch exakt wiedergegeben.

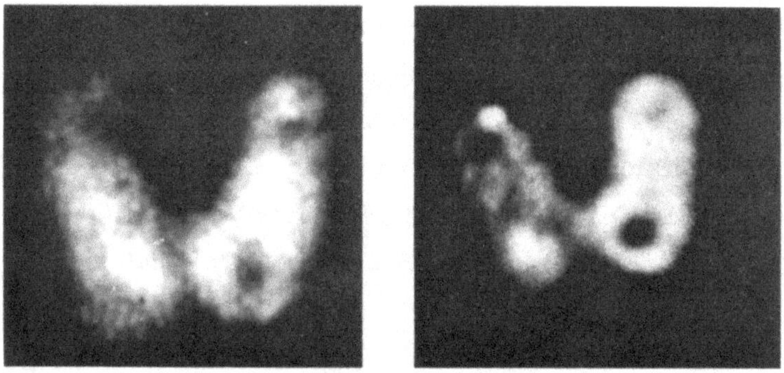

Abbildung 5: Rekonstruktion des Schilddrüsenphantoms
a) mit on-axis-, b) mit off-axis-Zonenplatten.

Das Zweibildverfahren wurde bisher nur in einer lichtoptischen Simulation getestet. Abbildung 6 gibt drei Rekonstruktionen wieder. In Abbildung 6a wurde auf das reelle, in Abbildung 6b auf das virtuelle Bild derselben

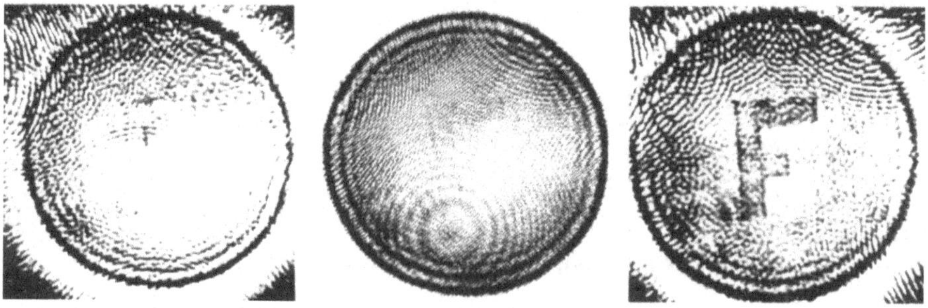

Abbildung 6: Lichtoptische Simulation des Zweibildverfahrens.

Beugungsordnung fokussiert. Die Auslöschung in Abbildung 6c ist deutlich zu erkennen, wenn auch der Rand des Buchstabens noch schwach sichtbar ist. Durch eine feinere Justierung sind diese Fehler zu vermeiden. Abbildung 6b gibt die konventionelle Rekonstruktion wieder.

- Herrn Prof. BLOSS, Herrn Prof. FEINE und Herrn Dr. ANGER sprechen wir für die Unterstützung dieser Arbeit unseren Dank aus. -

Literatur

1. Barrett. H. H. & Horrigan, F. A. (1973), Fresnel zone plate imaging of gamma rays; theory; Appl. Optics 12, 2686

2. Barrett, H. H. & De Meester, G. D. (1974), Quantum noise in Fresnel zone plate imaging; Appl. Optics 13, 1100

3. Rogers, W. L., Han, K. S., Jones, L. W. & Beierwaltes, W. H. (1972), Application of a Fresnel-zone-plate to gamma-ray imaging; J. Nuclear Med. 13, 612

4. Klotz, E. & Weiss, H. (1974), Three-dimensional coded aperture imaging using nonredundant point distributions, Optics Comm. 12, 183

5. Klotz, E., Linde, R. & Weiss, H. (1974), A method for deconvoluting coded aperture images of three dimensional x-ray objects, Optics Comm. 11, 368

6. Henkelmann, R. M. & Bronskill, M. J. (1974), Imaging extended objects with a Fresnel-zone-plate aperture, J.O.S.A. 64, 134

1.6 Fresnelzonen-Pseudo-Holographie mit Röntgenstreustrahlung

H. Platzer, A. Ganssen

Die Abbildung von inneren Organen mit durchdringungsfähigen Strahlen hoher Energie oberhalb von 20 keV ist für die medizinische Diagnose von größter Bedeutung. Wegen des Fehlens von Linsen und Spiegeln für Strahlen dieses Energiebereiches ist man hier auf den Schattenwurf hinter einer möglichst punktförmigen Strahlenquelle oder bei aktiv strahlenden Isotopenverteilungen auf den Schattenwurf teilweise absorbierender Schirme angewiesen. Das Schattenbild erlaubt dann ,die Gestalt der organabhängigen Isotopenverteilung zu rekonstruieren.

Ein derartiges Verfahren wurde erstmalig 1961 für die Röntgenstrahlenastronomie von MERTZ und YOUNG (1) entwickelt und dann 1972 von BARRETT (2) für die medizinische Anwendung aufgegriffen.

Während BARRETT sich im wesentlichen mit der nuklearmedizinischen Anwendung befaßte, berichten wir hier über die Anwendung "codierter Aperturen" zur Abbildung von Organen mittels Röntgenstreustrahlung, die im diagnostischen Energiebereich einen hohen Prozentsatz der Gesamtstrahlung ausmacht.

Das Prinzip einer ersten Abbildungsstufe eines solchen Verfahrens zeigt Abbildung 1. Die schattenwerfende Wirkung der Schirme wird in guter Näherung mathematisch durch die Faltung beschrieben. Es sei o (xy) die von einer infinitesimal kleinen Blende in der Ebene der codierten Apertur entworfene Intensitätsverteilung in der Detektorebene. Gleichfalls sei c (x, y) das von einem Objektpunkt in der Detektorebene entworfene Schattenbild der codierten Apertur c. Dann errechnet sich die Intensitätsverteilung i (x, y) als

$$i\,(x, y) = o\,(x, y) * c\,(x, y). \qquad (1)$$

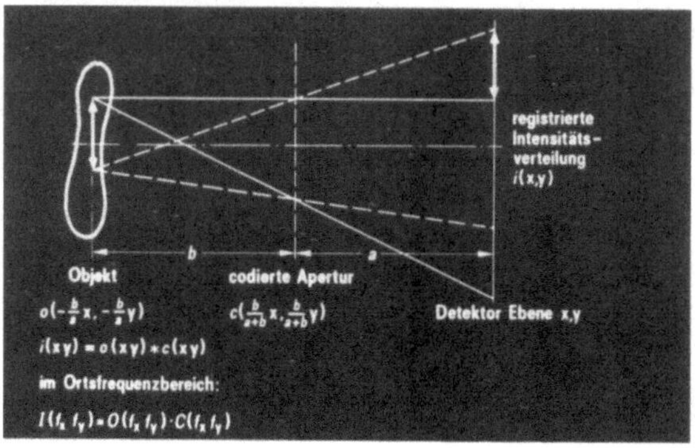

Abbildung 1: Gewinnung des codierten Bildes.

Da beide Funktionen positiv definit sind, hat diese Operation den Charakter einer Verschmierung. Informationsverlust ist also zu erwarten.

Die Informationsübertragung durch ein derartiges System wird durchsichtiger, wenn die Verhältnisse im Bereich der Ortsfrequenzen betrachtet werden. Dann wird nach dem Faltungstheorem aus der Faltung die Multiplikation, und es gilt:

$$I(f_x, f_y) = O(f_x, f_y) \cdot C(f_x, f_y) . \qquad (2)$$

Hieraus erhellt, daß zur Decodierung die Verschmierung rückgängig gemacht werden muß, das heißt durch $C(f_x, f_y)$ dividiert werden muß, was an Nullstellen von C mindestens technisch problematisch ist.

BARRETT (3) schlug vor, als codierende Apertur einen exzentrischen Ausschnitt aus einer Fresnelzonenplatte zu benützen. Diese hat den Vorteil, daß damit die Decodierung von $i(x, y)$ besonders einfach wird: Da nun c das Hologramm eines Punktes ist, welches bei Durchleuchtung mit Licht eben diesen Punkt zu rekonstruieren erlaubt, und jeder Objektpunkt nach Rekonstruktion wieder seinen Bildpunkt erzeugt, scheint diese Methode große Vorteile zu besitzen.

Zur systemtheoretischen Analyse betrachten wir das Spektrum einer off-axis-Zonenplatte. Abbildung 2 zeigt das aus einem δ-Impuls bei der Frequenz Null und aus zwei Seitenbändern bestehende Spektrum P.

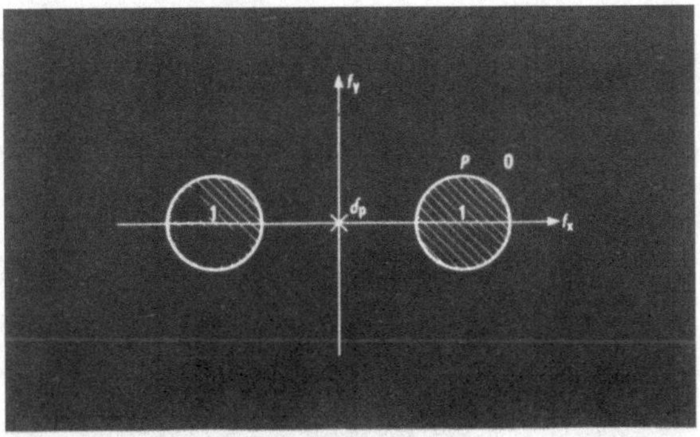

Abbildung 2: Zonenplattenspektrum.

Da das mittlere zu übertragende Signalspektrum sich um die Frequenz $f_x = f_y = O$, d.h. die niederen Bildfrequenzen, herumgruppiert, werden die wesentlichen Frequenzen nicht übertragen.

Es stellt sich nun die Aufgabe, mit Hilfe der zur Verfügung stehenden Operation Schattenwurf, das Signalspektrum O in den Übertragungsbereich P zu verschieben (Abb. 3). Dies geschieht mit minimaler Vergrösserung von O, d.h. maximaler Ausnützung von P durch Faltung von O mit einer punkthaften Funktion M (Abb. 4).

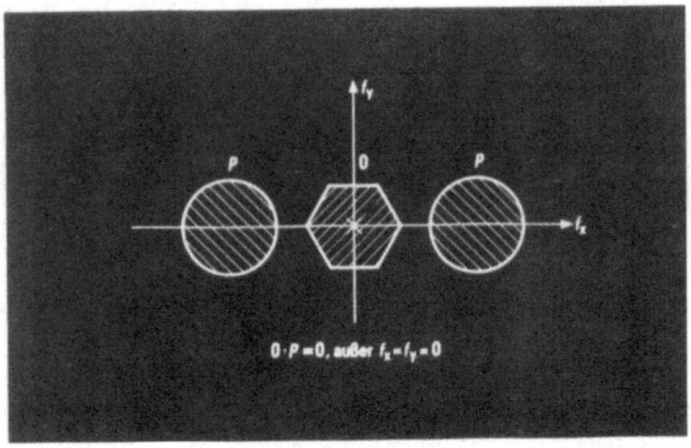

Abbildung 3: Übertragung mit off-axis-Zonenplatte.

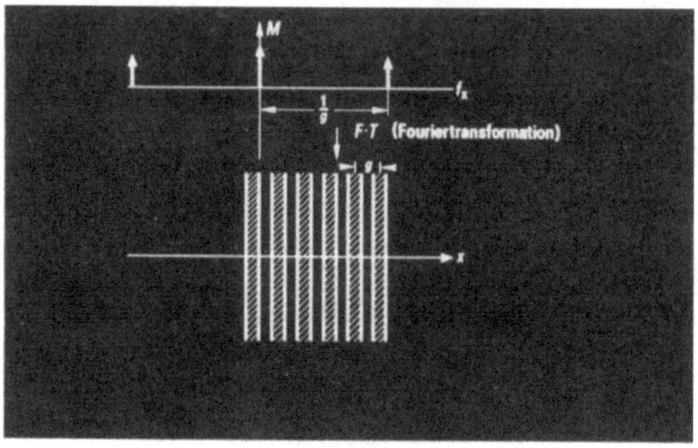

Abbildung 4: Modulationsfunktion m.

Zur Übertragung eines möglichst großen Frequenzbandes muß also die Objektfunktion O (x, y) mit einer Modulationsgitterfunktion M (x) multipliziert werden. Die Modulationsgitterkonstante ergibt sich aus der Lage der Seitenbänder der off-axis-Zonenplatte und den geometrischen Konstanten der Aufnahmeanordnung.

Abbildung 5 zeigt eine typische Anordnung mit systemtheoretischer Beschreibung. Vor dem Objekt O ist das Modulationsgitter m angeordnet. Im Abstand b befindet sich die Fresnelzonenplatte P. Das Schaltbild i (x, y) wird dann im Abstand a entworfen. Dieses ergibt sich aus der Faltung von o (x, y) · m (x, y) mit p (x, y).

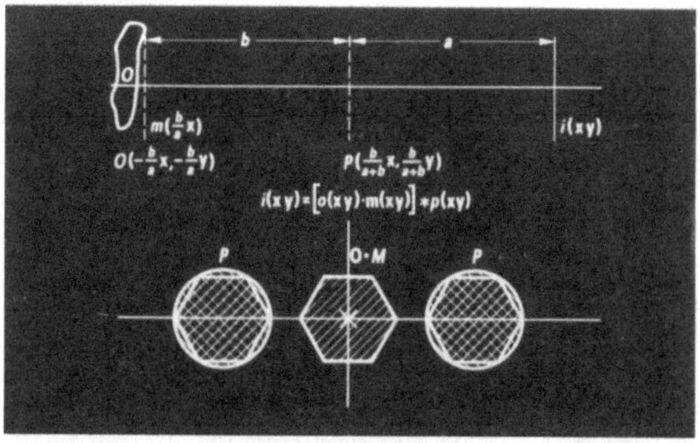

Abbildung 5: Gewinnung des codierten Bildes mit einer off-axis-Zonenplatte.

Bei der praktischen Anwendung von Abbildungssystemen dieser Art ist es nicht immer möglich, den Abstand zwischen Objektiv und Modulationsgittern beliebig klein zu machen. Eine genauere Analyse zeigt, daß bezüglich der Abbildungsqualität der daher rührende Effekt vernachlässigt werden kann, er jedoch für die Dimensionierung des Gitters berücksichtigt werden muß. Zur versuchsweisen Realisierung einer Röntgenstreustrahlenaufnahme nach dem beschriebenen Konzept wurde die auf Abbildung 6 wiedergegebene Anordnung verwendet.

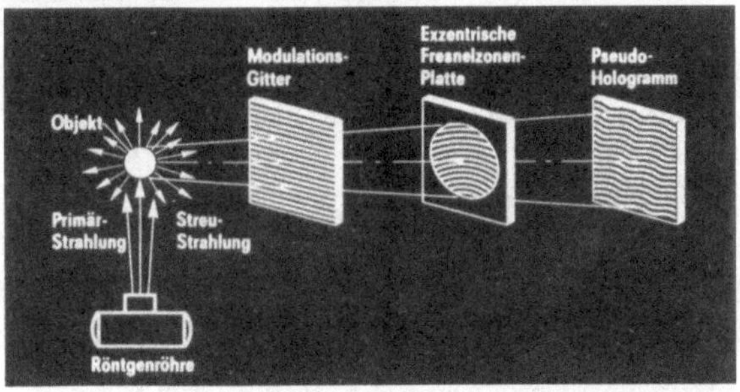

Abbildung 6: Röntgenstreustrahlen-Aufnahme mit Fresnelzonenplatten-Pseudo-Holographie.

Das abzubildende Objekt wurde mit Röntgenstrahlung angestrahlt. Die Röntgenröhre arbeitete bei 60 kV mit einem Röhrenstrom von 400 mA. Von der in alle Richtungen emittierenden Sekundärstreustrahlung passierte ein Teil etwa unter 90° gegenüber dem Primärstrahl das Modulationsgitter. Dieses bestand aus teilweise mit 0,5 mm Bleifolie belegtem Plexiglas mit einer Gitterkonstanten von 1,8 mm. Hinter dem Gitter war die exzentrische Fresnolzonenplatte von ähnlicher Bauart wie das Gitter angeordnet.

Das Pseudohologramm wurde dann als Schattenbild auf einen fluoreszenzfolienverstärkten Film geworfen. Der Abstand zwischen Objekt und Modulationsgitter betrug 5 cm, die Abstände zwischen Gitter und Fresnelzonenplatte, sowie Fresnelzonenplatte und Film, waren jeweils 15 cm. Die Apertur der Fresnelzonenplatte betrug 18 cm bei einem kleinsten Zonenabstand von 0,35 mm. Die Anordnung bei der Rekonstruktion ist schließlich auf der Abbildung 7 wiedergegeben.

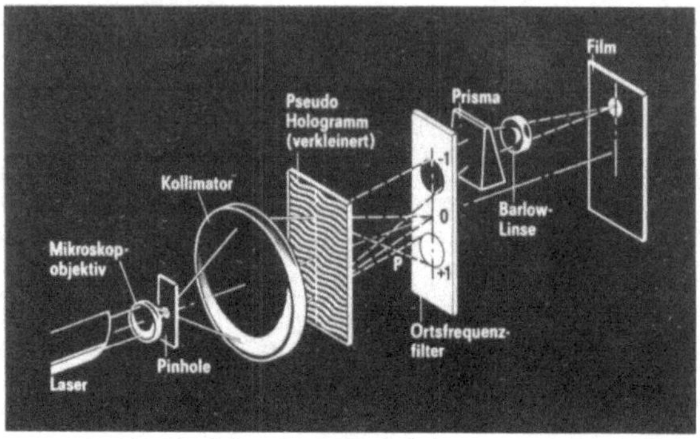

Abbildung 7: Bildrekonstruktion mit Ortsfrequenzfilterung und Nachvergrößerung.

Zur Rekonstruktion der Strahlungsverteilung wurde der Röntgenfilm auf ca. 5 mm verkleinert und als Diapositiv in ein kohärent-optisches System eingesetzt. Ein He-Ne-Laser lieferte einen Parallelstrahl, der durch ein Mikroskop-Objektiv auf die Modenblende (Pinhole) fokussiert wurde. Er verläßt diese stark divergierend. Ein hochwertiger Kollimator erzeugte ein leicht konvergentes Strahlenbündel, in welches das verkleinerte Pseudohologramm gestellt wurde. Die Konvergenz des Strahles ist so bemessen, daß auch noch das bei paralleler Durchleuchtung imaginäre Bild der minus ersten Ordnung zu einem reellen Bild wird.

Um den Bildpunkt des Pinholes herum entsteht so zwischen den beiden Rekonstruktionen (+ 1. und -1. Ordnung) die Spektralzerlegung des Pseudohologrammes mit seinen charakteristischen Seitenbändern. Dies bietet die Möglichkeit der Ortsfrequenzfilterung, welche von uns ausgenutzt wurde. Nach der Ortsfrequenzfilterung wurde das Strahlenbündel durch das Prisma in die Richtung der optischen Achse gebracht und mit Hilfe einer Zerstreuungslinse auf das Format der Polaroidkamera (8 x 10 cm) vergrößert.

Die Abbildung 8 zeigt auf diese Weise erhaltene Ergebnisse: Ein Plexiglasprisma mit einer zylindrischen Bohrung und ein menschlicher Wirbelknochen in Seitenansicht und in Aufsicht. Die Gleichkomponente

Abbildung 8: Röntgenstreustrahlenbilder mit Fresnelzonen-Holographie.

wird in den Rekonstruktionen gut wiedergegeben. Es ist darin grundsätzlich auch die Tiefeninformation enthalten, so daß also auf verschiedene Schichten in der Tiefe scharf eingestellt werden kann. - Wir glauben, daß noch wesentliche Verbesserungen in der Qualität der rekonstruierten Bilder möglich sein werden.

Literatur

1. Mertz, L. & Young, N.O. (1961):"Fresneltransformation of images", Proc. Int. Conf. on Optical Instrum., Chapman and Hall, London, p. 305

2. Barrett, H.H. (1972):"Fresnel zone plate imaging in nuclear medicine", J. Nuc. Med. 13, 382

3. Barrett, H.H., Wilson, D.T., De Meester, G.D. & Scharfman, H. (1973):"Fresnel zone plate imaging in radiology and nuclear medicine", Optical Engineering 12, 8

1.7 Untergrundelimination und Merkmalsextraktion an Zellen

W. Abmayr, H. Borst

Die visuelle Auswertung von Mikroskopbildern mit Zellpräparaten ist zeitraubend und wenig objektiv. Deshalb werden heute an vielen Stellen Anstrengungen unternommen, die anstehenden Aufgaben aus dem Bereich der zytologischen und histologischen Krebsvorsorgeuntersuchung sowie aus verschiedenen biologischen Forschungsbereichen durch eine automatische Analyse der Zellbilder zu lösen. Ziel der automatischen Verarbeitung ist es, quantitative und objektive Meßwerte zu erhalten, um damit eine Klassifizierung (Diagnose) vornehmen zu können.

Die heutigen Entwicklungen für eine Automatisierung auf diesem Gebiet beruhen im wesentlichen auf zwei apparativ verschiedenen Verfahren. Diese sind

a) Durchfluß-Systeme, die von einer Zellemulsion ausgehen; die Zellen werden durch eine enge Kanüle geschickt und an den sich bewegenden Zellen elektrische und optische Messungen vorgenommen (1);

b) hochauflösende Systeme, bei denen die Zellpräparate auf einem Objektträger vorliegen (2, 3).

Beide Verfahren gehen von der Voraussetzung aus, daß die Zellen nicht überlagert sind. Es sind also Verfahren zur Einzelzellanalyse.

In unseren Arbeiten verwenden wir ein hochauflösendes System, bei dem die Datenerfassung entweder mit einer Fernsehkamera oder mit einem Scanning-Mikroskop-Photometer vorgenommen werden kann. Mit dem Fernsehabtastsystem werden Schwellwertbilder mit 480x312 BP erfaßt. Ein Graubild wird durch verschiedene Schwellwertbilder dargestellt. Mit einer Aufnahmezeit von 20 ms pro Bild ist das Fernsehsystem ein sehr schnelles Verfahren. Der augenblickliche Stand der Technik läßt aber nur eine beschränkte Meßgenauigkeit der Grauwerte zu. Wesentlich genauer, aber auch wesentlich langsamer (50 Bildpunkte pro Sekunde) ist das Scanning-Mikroskop-Photometer-Verfahren. Man erreicht eine Grauauflösung von 1% bei einer Ortsauflösung von 0,5 μm (2).

Die mit einem dieser beiden Verfahren digitalisierten Bilder werden über eine CAMAC-Interfaceschnittstelle on-line in den SIEMENS PR 330 übertragen, der direkt mit einem SIEMENS Großrechner 4004/46 verbunden ist.

In Abbildung 1 ist die Anlage einschließlich peripherer Geräte des Prozeßrechners schematisch dargestellt. Die Verarbeitung der Bilder wird im Großrechner mittels ALGOL-Programmen vorgenommen. Dabei ist der erste und wesentlichste Schritt die Bildvorverarbeitung. Sie hat zum Ziel, den Informationsgehalt des Bildes so zu reduzieren, daß die für die Auswertung relevanten Merkmale wie z.B. Zellfläche, ihre Form, ihr Umfang, ihre Dichte und ihre Koordinaten einfach bestimmt werden können. In dieser Arbeit werden nichtlineare Verarbeitungsmethoden verwendet, die sich bevorzugt auf Schwellwertbilder anwenden lassen. Dabei wird unterschieden zwischen den sehr schnellen parallelen Operationen, die den globalen Zusammenhang des Bildes beeinflussen und sich deshalb bevorzugt für die Bildvorverarbeitung eignen und den aufwendigen sequentiellen Operationen, mit denen man auch den lokalen Zusammenhang untersuchen kann. Diese Operationen eignen sich deshalb bevorzugt für Aufgaben der Merkmalserfassung und Objektseparierung (4).

Parallele Verarbeitung

Die hier verwendeten parallelen Operationen sind von ihren Grundtypen her logische Operationen, wie (AND, OR, EXOR), Bildshiftoperationen, wie (LINKS, RECHTS, UNTEN, OBEN) sowie Makrooperationen, die sich aus mehreren Grundoperationen zusammensetzen. Sie werden auf ganze Bildfelder angewendet.

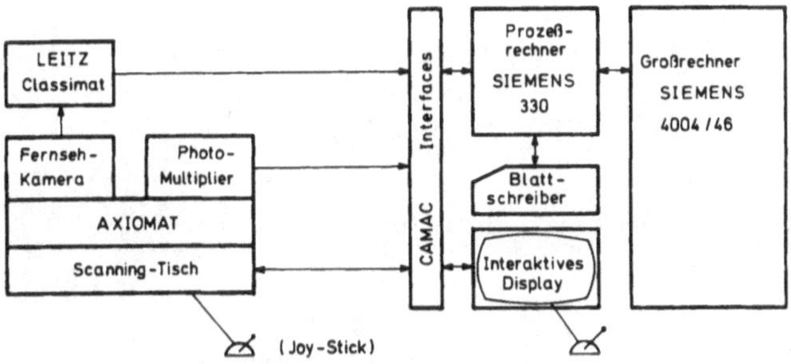

Abbildung 1: System zur Verarbeitung mikroskopischer Bilder.

a) Nachbarschaftsanalyse

Mittels dieser parallelen Grundoperationen wird eine Nachbarschaftsanalyse durchgeführt, um die Art der Verknüpfung eines Bildpunktes mit seinen vier oder acht Nachbarpunkten zu untersuchen. Dazu werden Punkte aus dem Bild eliminiert, die keinen, einen, zwei, drei oder vier Nachbarpunkte haben. Die Elimination von Einzelpunkten ist eine grundlegende und sehr leistungsfähige Operation, mit der man Rauschanteile beseitigen und Störstellen auffüllen kann (wenn man das invertierte Bild hernimmt). Punkte mit einem, zwei und drei Nachbarn sind Randpunkte eines Objektes und eignen sich für die Umfangsbestimmung (DIFF).

Durch Elimination von Punkten mit vier Nachbarn kann man Objekte um jeweils ihre Randpunkte verkleinern (SHRINK), und durch Anwendung dieser Operation auf das invertierte Bild kann man diese Objekte wieder um diese Randpunkte aufweiten (BLOW).

b) Lösch- und Fülloperationen

Weiter werden Prozeduren verwendet, die Bildpunkte richtungsabhängig löschen oder ergänzen.

Die in Abbildung 2 dargestellten Prozeduren ergänzen oder löschen Punktegruppen in horizontaler und vertikaler Richtung. Durch eine logische Verknüpfung z.B. von richtungsabhängigen Fülloperationen können Ringinhalte gewonnen werden. Die Ringinhalte werden erzeugt, indem man

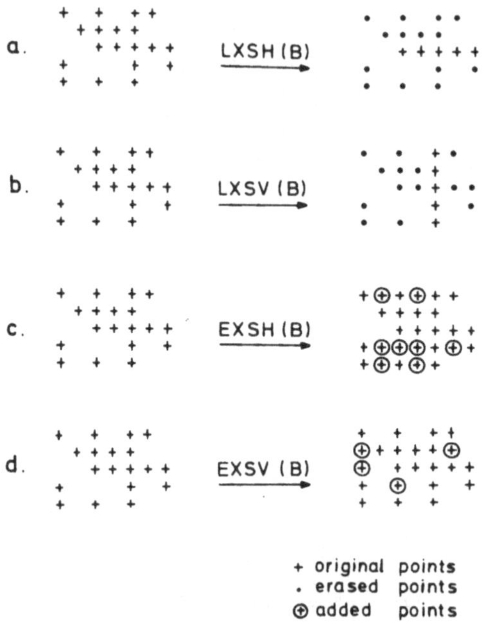

Abbildung 2: Richtungsabhängige Lösch- und Fülloperationen.

mittels der Fülloperationen EXSH und EXSV Ableitungen des Originalbildes herstellt und diese Ableitungen dann mit log. AND verknüpft.

In Abbildung 3 sind die Operationen EXSH "AND" EXSV dargestellt. Man erreicht damit bei geschlossenen Kreisringen eine zusammenhängende Ringfüllung und bei offenen Kreisringen eine durch einen Spalt getrennte Ringfüllung.

Wenn man Hefezellen bei leichter Defokussierung im Mikroskop betrachtet, so bilden sich normale Zellen als Kreisringe und Zellen mit Knospenbildung als offene Kreisringe ab. Man kann mit dieser Methode eine Differenzierung der Hefezellenbilder in bezug auf Knospenbildung erreichen (4).

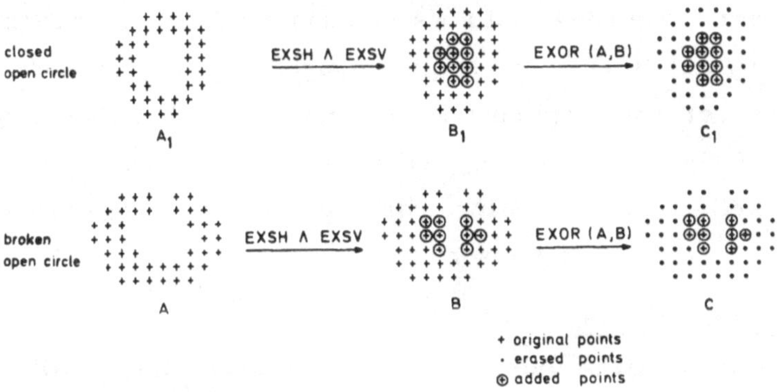

Abbildung 3: Kombination von horizontalen und vertikalen Fülloperationen.

c) Maskengenerierung

Die Generierung objektangepaßter Masken läßt sich auf einfache geometrische Figuren wie z.B. Hefezellen anwenden. Das methodische Vorgehen soll am Beispiel eines Bildes erläutert werden, das durch ein Zählraster auf dem Objektträger gestört ist (Abb. 4).

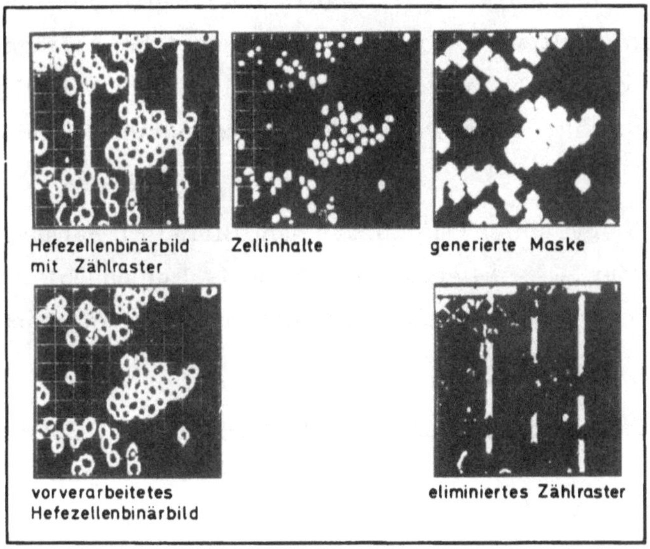

Abbildung 4: Maskengenerierung zur Untergrundelimination.

Zuerst müssen die Ringe mittels der oben beschriebenen Methode aufgefüllt werden. Durch Anwendung von EXOR zwischen dem so entstandenen Bild und dem Originalbild gewinnt man die Kreisinhalte separat. An den

Stellen der erzeugten Ringinhalte werden nun durch die Operation BLOW Masken generiert. BLOW wird solange ausgeführt, bis die Masken den Durchmesser der ursprünglichen Kreisringe haben. Das Maskenbild wird nun mit dem Originalbild mit log. AND verknüpft und man erreicht damit, daß an den Stellen, an denen Ringe vorhanden waren, Ringe erhalten bleiben. Der Untergrund wird gelöscht.

Sequentielle Verarbeitung

Eine weitere wesentliche Aufgabe bei einer objektbezogenen Bildverarbeitung ist die Trennung topologisch zusammenhängender Objekte aus dem Bildverband, um Merkmale der einzelnen Objekte messen zu können.

In einem Binärbild besteht der topologische Zusammenhang aus Bildpunkten, die eine Nachbarschaftsverbindung zu 4 oder 8 Nachbarpunkten haben. Mittels paralleler Operationen kann dieser Zusammenhang prinzipiell nicht gefunden werden. Hierfür eignen sich sequentielle Operationen, die es erlauben, Teilbereiche getrennt anzusprechen. Dazu werden Prozeduren verwendet, bei denen Nachbarpunkte eines Bildpunktes durch rekursive Abfrage ermittelt werden. Der Ausgangspunkt der Abfrage wird dabei gelöscht, um diesen Punkt nicht noch einmal zu berücksichtigen. Dabei wird gleichzeitig die Fläche, der Schwerpunkt und die Form des Objekts ermittelt.

In Abbildung 5 sind einige Objekte aus dem Bildfeld B herausgelöst und in eigene Bildfelder A1 - A4 separiert. Diese isolierten Objekte lassen sich einfacher weiterverarbeiten, weil Einwirkungen von Nachbarobjekten wegfallen.

Anwendung der Methoden auf die Merkmalsextraktion von Epithelzellen

Die nichtlinearen Methoden der Vorverarbeitung und Merkmalserfassung lassen sich auch auf die verschiedenen Zellen des Epithels der Cervix anwenden. Die relevante Information dieser Zellen kann jedoch nicht als Schwellwertbild dargestellt werden, da wesentliche Informationen in der Chromatinverteilung sowie in der Morphologie des Kern und des Zytoplasmas zu finden sind. Diese Zellen werden deshalb mit dem Scanning-Mikro-

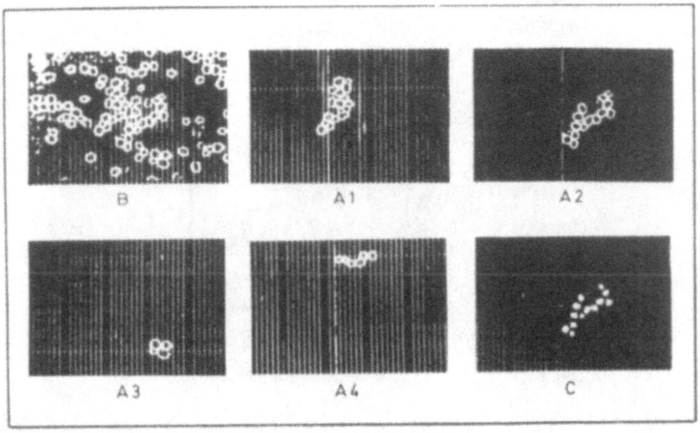

Abbildung 5: Separierung von Objekten aus einem Bild.

skop-Photometer erfaßt. In Abbildung 6 sind Beispiele solcher Zellen abgebildet. In Abbildung 7 ist eine vereinzelte Zelle des Typs "Carcinoma in Situ" abgebildet. Es ist auch ein Fenster angegeben, innerhalb dem das Bild abgetastet wurde. Man kann nicht vermeiden, daß Nachbarzellen angelagert sind oder in das Bildfeld hereinragen.

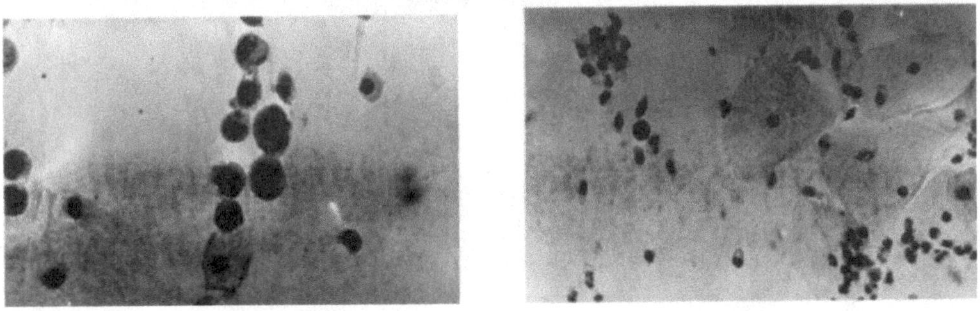

Abbildung 6: Beispiele von Epithelzellen der Cervix.

In Abbildung 8 ist schematisch dargestellt, welche morphologischen Grössen man aus einer Einzelzelle ableiten kann. Einmal ist es die Fläche des Zytoplasmas, daraus abgeleitet der Umfang des Zytoplasmas. Weiter ist es die Fläche des Kerns und daraus abgeleitet der Umfang des Kerns.

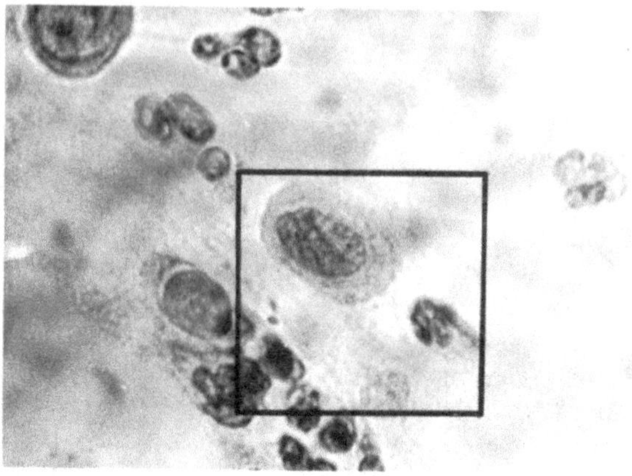

Abbildung 7: Vereinzelte "Carcinoma in Situ-Zelle" mit eingezeichnetem Bildfeld.

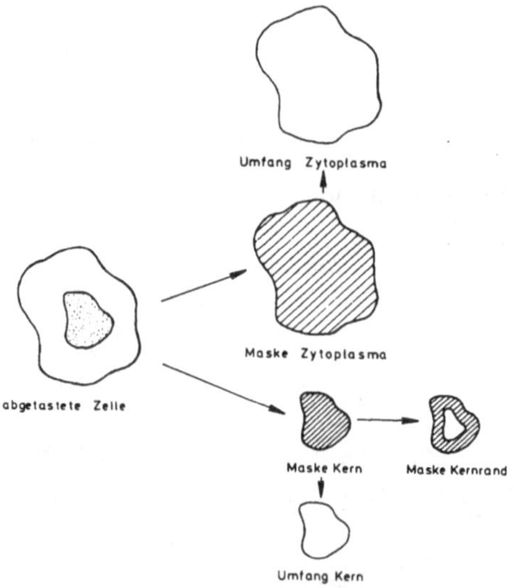

Abbildung 8: Morphologische Merkmale einer Zelle.

Aus dem Umfang des Kern kann man dann noch eine Maske für den Kernrand ableiten.

In Abbildung 9 sind für die Zelle aus Abbildung 7 die verschiedenen Masken dargestellt, aus denen morphologische Merkmale direkt abgelesen werden können. Dabei wird zunächst durch die Wahl einer geeigneten Schwelle aus dem Grauwertbild ein Schwellwertbild für das Zytoplasma und ein

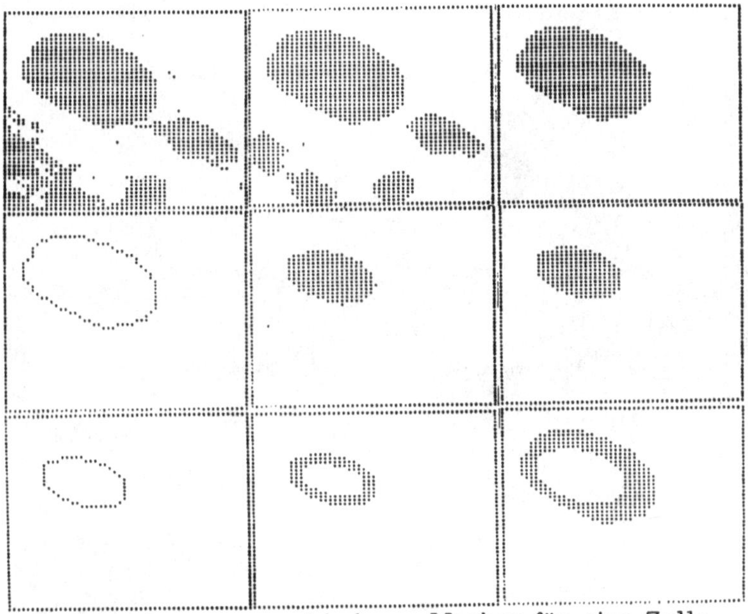

Abbildung 9: Generierung verschiedener Masken für eine Zelle.

Schwellwertbild für den Kern abgeleitet. Diese Binärbilder werden mittels zuvor beschriebener nichtlinearer Operation gereinigt, sowie Nachbarzellen eliminert. Aus diesen gereinigten Binärbildern für Kern und Zytoplasma lassen sich dann die weiteren Masken ableiten.

Durch logischen Vergleich des Grautonbildes der Zelle mit der generierten Maske kann man das Grauwerthistogramm des zur Maske gehörenden Objektteils bestimmen und daraus die photometrischen Merkmale wie totale Extinktion des Kerns, Granulität des Kerns, Extinktion des Kernrandes oder Extinktion des Zytoplasmas ableiten.

In Abbildung 10 sieht man die Zellmasken und die zugehörigen Histogramme der Grauwerte dargestellt.
Eine Aussage über die Signifikanz der mit diesen Methoden gefundenen Merkmalen kann heute noch nicht gemacht werden. Dazu ist die Erstellung einer umfangreichen Datenbank mit visuell vorklassifizierten Zellen erforderlich. Mittels Clusteranalyse und Klassifikationsprogrammen müssen dann die Merkmale der einen Klasse in bezug auf ihre Trennbarkeit gegen-

über anderen Klassen analysiert sowie optimale Trennschwellen berechnet werden.

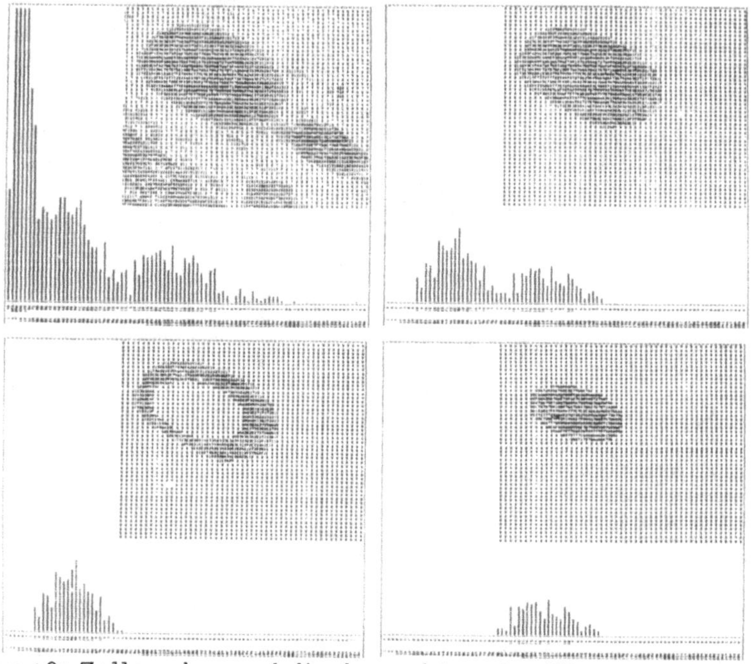

Abbildung 10: Zellmasken und die dazugehörenden Histogramme der Grauwerte
l. oben: unverarbeitete Zelle, r. oben: Zytoplasma u. Kern,
l. unten: nur Zytoplasma, r. unten: nur Zellkern.

Schlußfolgerung

Es konnte gezeigt werden, daß man eine Vorverarbeitung der Meßdaten von Zellen, die durch ein Scanning-Mikroskop-Photometer erfaßt wurden, mittels nichtlinearer Operationen durchführen kann, indem man aus dem Graubild der Zelle ein Binärbild ableitet, binäre Masken für Zytoplasma und Zellkern generiert und diese Masken mit dem Graubild der Zelle logisch verbindet. Man kann damit zum einen photometrische Merkmale aus den daraus entstehenden Histogrammen, zum anderen morphologische Merkmale aus den binären Maskenbildern ableiten.

Literatur

1. Mullaney, P.F.,An Introduction to Flow Systems for Cell Analysis and Sorting. Proceedings of the International Conference on Automation of Uterine Cancer Cytology, April 1975

2. Wied, G.L. & Bahr, G.F. (ed.) (1970), Automatic Cell Identification and Cell Sorting, Academic Press, New York

3. Bartels, H. & Wied, G.L., High Resolution Prescreening Systems for Cervival Cancer. Proceedings of the International Conference on Automation of Uterine Cancer Cytology, April 1975

4. Abmayr, W. (1974), Die quantitative Auswertung optischer Information aus dem physikalischen und biomedizinischen Forschungsbereich, Dissertation, TU-München

2 Abbildungseigenschaften von Kollimatorsystemen

2.1 Messungen zur Ortsauflösung einer Gamma-Kamera

U. Seebeck

Einleitung

Wenn man vom Ortsauflösungsvermögen einer Gamma-Kamera spricht und insbesondere, wenn Zahlen genannt werden, dann bezieht sich dies fast immer auf das inhärente Auflösungsvermögen der Gamma-Kamera. Entscheidend aber für den Anwender ist die Ortsauflösung dort, wo gemessen werden soll, also z.B. innerhalb eines Organs des zu untersuchenden Patienten.

Das Auflösungsvermögen am Ort des Meßobjektes hängt ab:

von dem inhärenten Auflösungsvermögen,

vom Auflösungsvermögen des Kollimators, bedingt durch seine Raster-Struktur und

von dem Einfluß durch den Abstand zwischen Meßobjekt und Kollimator-Oberfläche,

von der Streuung der Gamma-Quanten in der das Meßobjekt umgebenden Materie.

Hier sollen die verschiedenen Einflüsse anhand einiger Messungen diskutiert werden.

Inhärente Ortsauflösung

Von den genannten vier Einflußgrößen ist die inhärente Auflösung die einzige, die einer direkten Messung zugänglich ist. Als Strahlenquelle wurde ein geschlitzter Bleizylinder mit variabler Schlitzbreite verwendet, wie er in Abbildung 1 skizziert ist. Das Auflösungsvermögen wurde mit Hilfe eines zweidimensionalen Vielkanales aus der Halbwertbreite der gemessenen Impulsverteilung bestimmt. Das Auflösungsvermögen für Schlitzbreiten unter 2 mm variiert nur unwesentlich, eine Tatsache, die auch in den IEC-Vorschlägen mit der Forderung nach einer Quelle von 1 - 2 mm Schlitzbreite ihren Niederschlag findet. Dagegen beeinflußt die

Schlitzbreite oberhalb 5 mm die gemessene Halbwertbreite nahezu additiv.

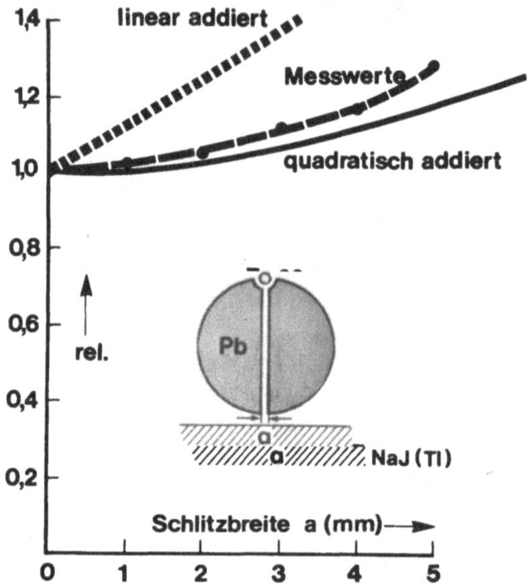

Abbildung 1: Inhärente Auflösung als Funktion der Phantombreite bei ^{99m}Tc.

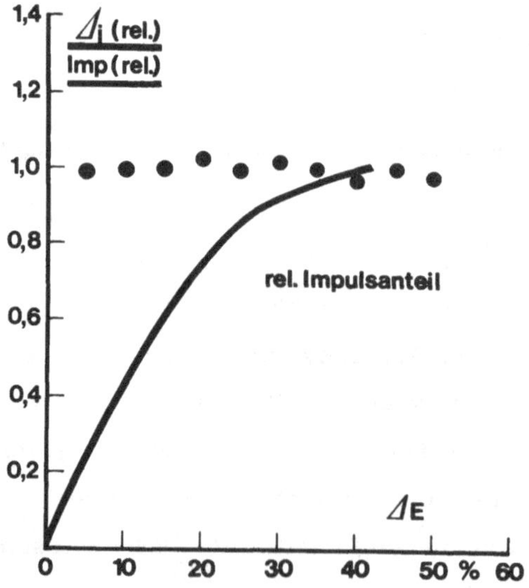

Abbildung 2: Auflösung als Funktion der Energieselektion bei ^{99m}Tc.

Abbildung 2 zeigt das Ergebnis der Abhängigkeit der inhärenten Auflösung von der Fensterbreite der Einkanaleinstellung. Für ^{99m}Tc liefert das

Öffnen des Fensters bis auf 50 % bei symmetrischer Einstellung des Energiefensters konstante Werte, so daß bei den folgenden Messungen diese Einstellung der Apparatur außer acht gelassen werden kann (1).

Kollimator-Auflösung

Bei den folgenden Betrachtungen wird davon ausgegangen, daß sich das Ortsauflösungsvermögen des Systems näherungsweise als Wurzel aus der Quadratsumme der einzelnen Einflußgrößen darstellen läßt:

$$\Delta_{ges}(d) = [\Delta_{\epsilon'}^{2} + \Delta_{Koll}^{2}(d) + \Delta_{H_2O}^{2}(d)]^{1/2} . \qquad (1)$$

Hierin ist Δ_{ges} (d) die Systemauflösung im Abstand d von der Kollimator-Oberfläche, Δ_i das inhärente Auflösungsvermögen, Δ_{Koll} (d) das Auflösungsvermögen des Kollimators im Abstand d von der Kollimator-Oberfläche, Δ_{H_2O} (d) der Einfluß, der den Unterschied zwischen einer Messung in Luft und einer Messung in Wasser beschreibt.

Zusätzlich wurde in Abbildungen 6 und 7 das Auflösungsvermögen an der Kollimator-Oberfläche und die reine Ortsabhängigkeit des Auflösungsvermögens für den Kollimator in Luft separat betrachtet, wobei auch hier von einer quadratischen Summation der Anteile ausgegangen wurde.

$$\Delta_{Koll}^{2}(d) = \Delta_{Koll}^{2}(0) + \Delta^{2}(d) \qquad (2)$$

Hierin ist Δ_{Koll}(O) das Auflösungsvermögen an der Kollimator-Oberfläche. Δ (d) beschreibt die zusätzliche Verschlechterung der Ortsauflösung bei größerem Abstand d von der Kollimator-Oberfläche.

Kollimator-Eigenschaften

Zur Abbildung dreidimensionaler Aktivitätsverteilungen in zweidimensionalen Bildern mit Hilfe der Gamma-Kamera werden hier im folgenden Parallelloch-Kollimatoren verwendet. Abbildung 3 veranschaulicht hierbei den Einfluß der Rasterstruktur solcher Kollimatoren auf die Gesamtauflösung.

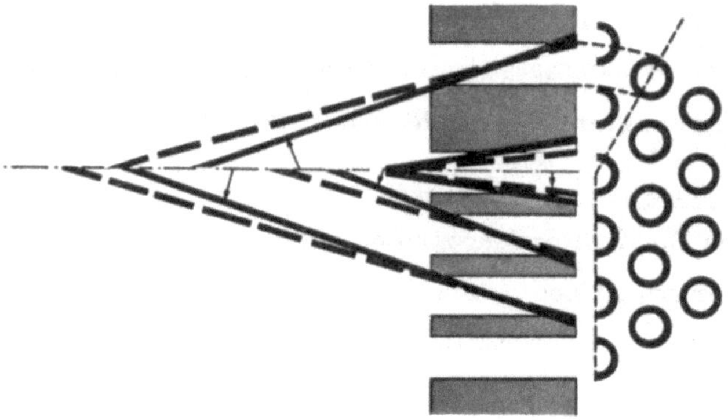

Abbildung 3: Zur Änderung der Ansprechwahrscheinlichkeit für eine Punktquelle.

Hält man eine Punktquelle vor eine Kollimatoröffnung, so ergibt die gemessene Ortsauflösung einen bestimmten Wert. Entfernt man die Punktquelle senkrecht von der Kollimatoroberfläche, so durchstrahlt die Aktivität allmählich den ersten Ring von 6 weiteren Öffnungen, und das Ortsauflösungsvermögen wird schlechter. Entsprechend nimmt die Ansprechwahrscheinlichkeit zu. Fährt man die Punktquelle weiter, so nimmt die Anzahl der registrierten Impulse pro Zeiteinheit wieder ab, bis der nächste Ring von Löchern durchstrahlt wird. Dieses setzt sich fort, bis allmählich der Abstand so groß ist, daß einzelne Strukturen nicht mehr erkannt werden können.

Zum Berechnen des Öffnungsverhältnisses und des Auflösungsvermögens eines Kollimators ist aber noch zu berücksichtigen, daß beim Einstrahlen der Aktivität in die einzelnen Bohrungen die Gamma-Quanten das Blei mit bekannter Wahrscheinlichkeit durchstrahlen. Das bedeutet, daß sich der reale Kollimator so verhält, wie ein idealer, d.h. nicht transparenter Kollimator mit geringerer Dicke (2, 3). Die gestrichelten Linien in Abbildung 3 sind die optischen Begrenzungen. Die durchgezogenen Linien veranschaulichen, daß durch die Transparenz die zu beobachtenden Ansprechwahrscheinlichkeitsmaxima bei kleineren Abständen auftreten, als dies geometrisch der Fall sein sollte.

Abbildung 4 zeigt die Ansprechwahrscheinlichkeit für eine ^{133}Ba-Punktquelle. Man erkennt deutlich den Beginn des Anstieges bei etwa 8 bzw. 16 cm. Für den verwendeten Kollimator sollte nach optischen Gesetzen der Anstieg bei 13 bzw. 22 cm erfolgen. Nimmt man die gemessenen

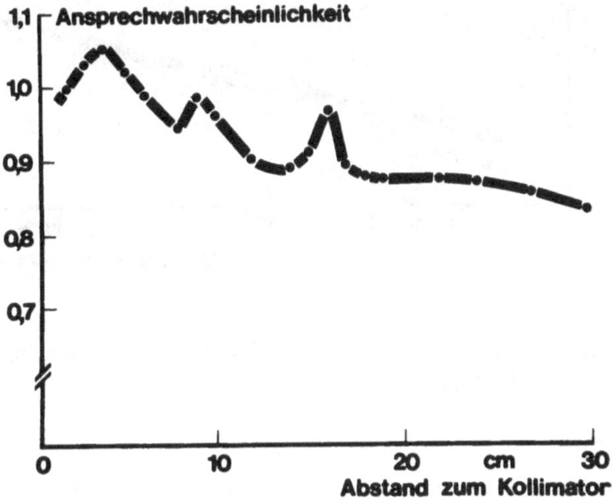

Abbildung 4: Ansprechwahrscheinlichkeit für eine ^{133}Ba-Punktquelle.

Werte für eine optische Begrenzung, dann bedeutet dies, daß der Kollimator an beiden Seiten um 8 ± 2 mm dünner sein müßte. Dieses Ergebnis ist in Übereinstimmung mit den Voraussetzungen von MATHER (4), der angibt, daß es etwa zweimal die mittlere freie Weglänge, d.h. 6 mm, sein soll.

Entsprechende Betrachtungen gelten für Linien-Quellen, die man z.B. auf eine Lochreihe legt und dann senkrecht von der Kollimator-Oberfläche entfernt. Auch hier beobachtet man, wie Abbildung 5 für die "X-Richtung" zeigt, daß bei kleinen Abständen zunächst eine sehr gute Ortsauflösung beobachtet wird, die dann bei größeren Abständen durch das Durchstrahlen

der benachbarten Lochreihen spontan verschlechtert wird.
Für eine senkrecht dazu angeordnete Linienquelle konnte diese Erscheinung nicht beobachtet werden.

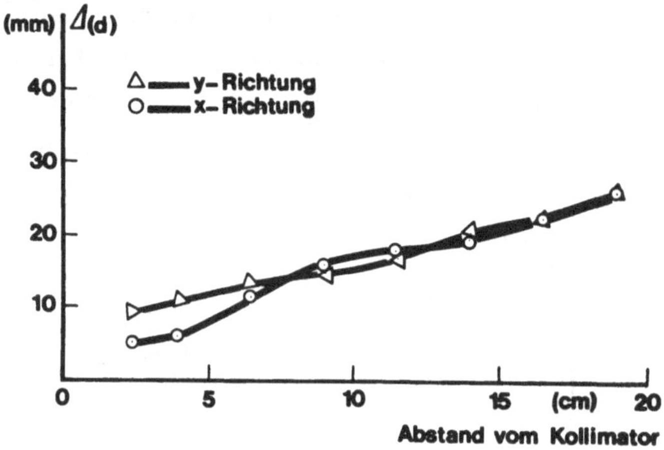

Abbildung 5: Auflösungsvermögen eines Kollimators für eine ^{131}J-Linienquelle.

Systemauflösung

Gemäß den oben angegebenen Formeln wurden die verschiedenen Anteile des Auflösungsvermögens auseinandergerechnet. In den Abbildungen 6 und 7 sind sie als Funktion des Ortes aufgetragen.

Rechnet man gemäß Gleichung 1 aus der gemessenen Gesamtauflösung das inhärente Auflösungsvermögen der Gamma-Kamera heraus, so erhält man die Kurve, die in den Abbildungen mit $\Delta_{\text{Grenzw.}}$ bezeichnet ist. Dies ist das Ortsauflösungsvermögen einer idealen Gamma-Kamera mit dem inhärenten Auflösungsvermögen Null. Man erkennt, daß bei größeren Abständen das inhärente Auflösungsvermögen das Gesamtauflösungsvermögen nur wenig beeinflußt. Das gilt natürlich um so mehr, je gröber der Kollimator ist.

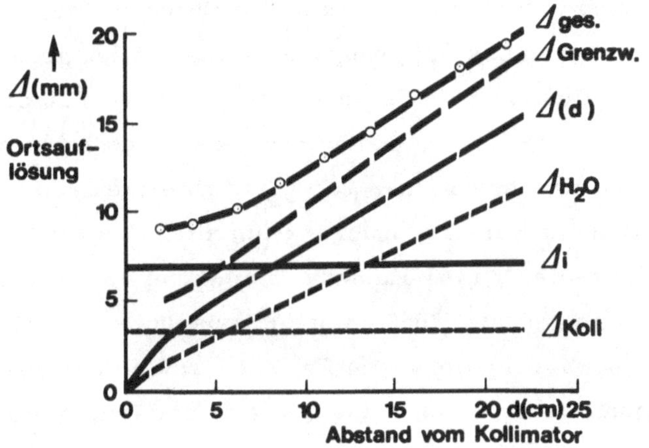

Abbildung 6: Auflösungsvermögen eines feinen Kollimators für ^{99m}Tc.

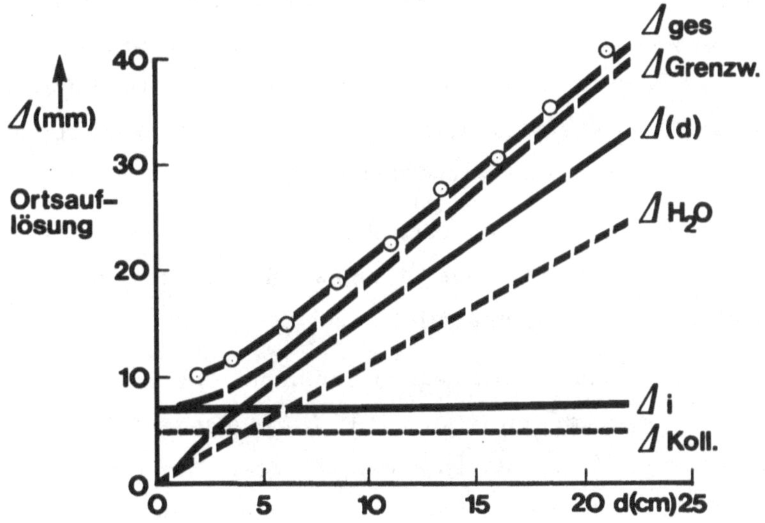

Abbildung 7: Auflösungsvermögen eines groben Kollimators für ^{99m}Tc.

Daraus ergeben sich zunächst zwei praktische Erkenntnisse:

- Betrachtet man das Auflösungsvermögen für den gröberen der beiden Kollimatoren, z.B. in einem Abstand von 10 cm von der Kollimator-Oberfläche, und betrachtet man dort den Wert des Auflösungsvermögens $\Delta_{\text{Grenzw.}}$, also denjenigen für eine ideale Gamma-Kamera, dann erkennt man, daß bei 9 cm Abstand die reale Gamma-Kamera das gleiche Auflösungsvermögen liefert. Das bedeutet, daß in der Praxis das sorgfältige Positionieren des Kollimators zum Patienten soviel Verbesserungen der Ortsauflösung bringen kann, wie es der Unterschied der realen zur idealen Gamma-Kamera ausmacht.

- Die in Abbildung 6 und Abbildung 7 aufgezeigten Kollimatoren unterscheiden sich in ihrem Öffnungsverhältnis um den Faktor 4, entsprechend näherungsweise in ihrem Ortsauflösungsvermögen um den Faktor 2. Der gleiche Faktor 2 gilt nahezu auch für die Systemauflösung. Bei Untersuchungen am Patienten ist daher für das Auflösungsvermögen in erster Linie die Wahl des richtigen Kollimators von entscheidender Bedeutung.

Von daher gewinnt jetzt die Frage nach der Optimierung von Kollimatoren Interesse, d.h. die Frage, welches Öffnungsverhältnis kann bei vorgegebenem Ortsauflösungsvermögen erzielt werden.

Diese Frage ist mit Hilfe von Rechenprogrammen zu beantworten. Ein mathematisches Modell ist von P. M. KIBBY (3) angegeben. Das Ergebnis der Rechnungen zeigt für die beiden erwähnten Tc-Kollimatoren Abbildung 8. Die durchgezogenen Kurven entsprechen den theoretischen Werten für vorgegebene Ansprechwahrscheinlichkeit. Hierbei ist erwähnenswert, daß für Parallelloch-Kollimatoren die Neigung dieser Geraden eine eindeutige Funktion des Öffnungsverhältnisses ist, d.h. bei vorgegebenem Auflösungsvermögen für irgendeinen Abstand ist auch das Auflösungsvermögen für alle anderen Abstände mit vorgegeben. Die in Abbildung 8 eingetragenen Punkte sind Meßpunkte der entsprechenden realen Kollimatoren. Daß es

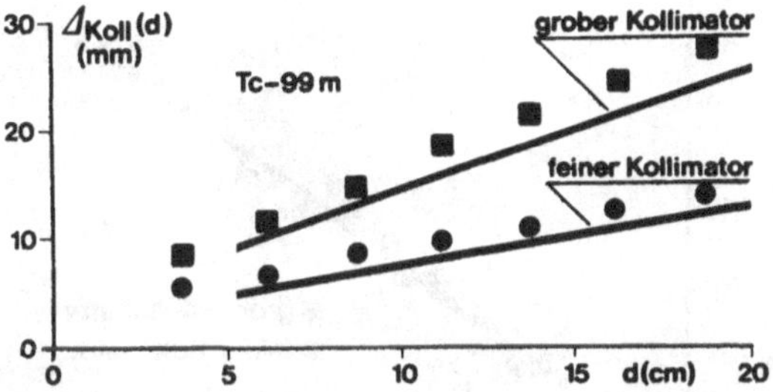

Abbildung 8: Auflösungsvermögen der Kollimatoren in Luft.

hier zu Abweichungen kommt, liegt daran, daß wegen einer preisgünstigeren Herstellung der Kollimatoren die Öffnungen keine kreisförmigen Bohrungen sind, wie dies von KIBBY vorausgesetzt wird.

Für einen Kollimator mit kreisförmigen Bohrungen dagegen wird mit den realen Kollimatoren das von KIBBY angegebene Optimum erreicht, wie in Abbildung 9 gezeigt wird. Das bedeutet, daß hier eine Erhöhung des Auflösungsvermögens bei konstantem Öffnungsverhältnis nur durch Änderung der Kollimator-Materialien erzielt werden kann.

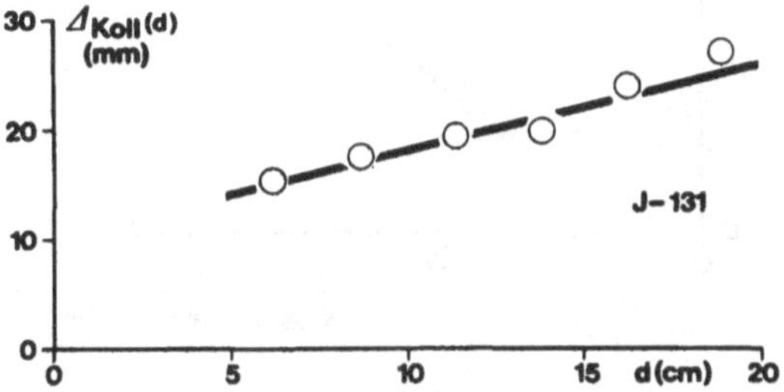

Abbildung 9: Auflösungsvermögen des Kollimators in Luft.

Einfluß der Streuung im Wasser

In Abbildung 10 und Abbildung 11 ist die Größe Δ_{H_2O} (d) als Funktion des Auflösungsvermögens des Kollimators Δ_{Koll} (d) aufgetragen. Für die Werte der zwei Tc-Kollimatoren in Abbildung 10 ergibt sich eine gleiche Abhängigkeit. Δ_{H_2O} (d) beträgt etwa 70 % des Auflösungsvermögens in Luft.

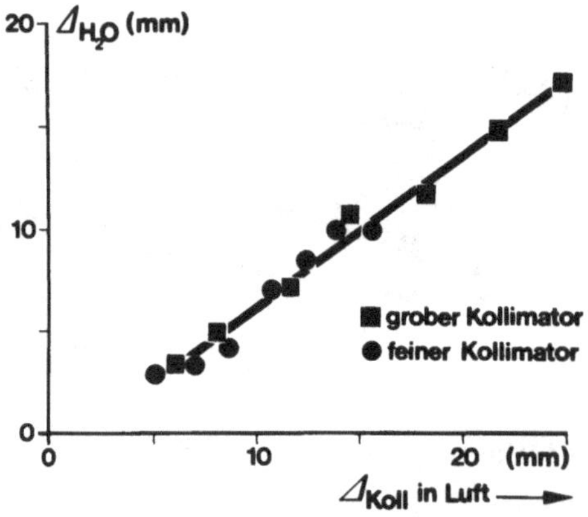

Abbildung 10: Einfluß der Streuung im Wasser.

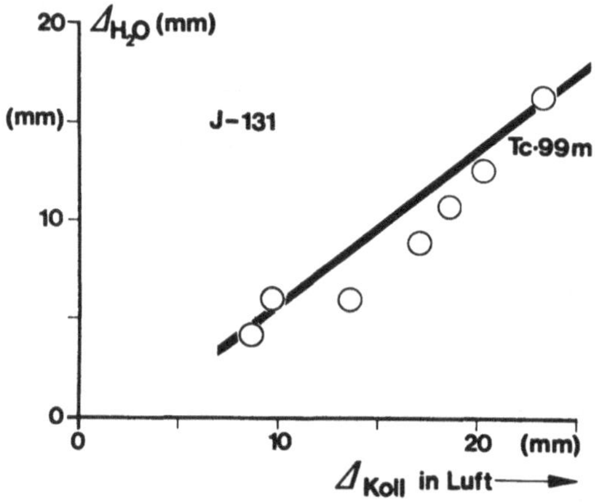

Abbildung 11: Einfluß der Streuung im Wasser.

Abbildung 11 zeigt die Meß-Ergebnisse für einen Kollimator, gemessen mit ^{131}J. Die gemittelte Gerade der Messungen mit ^{99m}Tc der beiden Niederenergie-Kollimatoren aus Abbildung 10 ist zusätzlich eingetragen. Die Abweichungen von den Meßwerten des ^{131}J sind trotz der Energievariation nicht erheblich.

Wie groß diese Energieabhängigkeit ist, könnte z.B. durch ein Monte-Carlo-Programm überprüft werden.

Insgesamt zeigt sich, daß die Parallelloch-Kollimatoren das Ortsauflösungsvermögen der Gamma-Kamera entscheidend mit beeinflussen, aber bei vorgegebenem Öffnungsverhältnis in ihren Eigenschaften bezüglich der Ortsauflösung nicht wesentlich verbessert werden können. In der Anwendung gewinnt damit je nach verwendeter Aktivität und für die Messung erforderlicher Impulsfrequenz die Wahl des geeigneten Kollimators an Bedeutung.

Literatur

1. Jannson, L.G. & Parker, R.P. (1975)"Correspondence to the editor, Pitfalls in Gamma Camera Field Uniformity Correction", Br. J. Radiol., 48, 408

2. Anger, A.O. (1967), Instrumentation in Nuclear Medicine, Verl.: Academic Press New York, London, Ed.: G. J. Hine, 1, 502 "Radio Isotope Camera"

3. Kibby, P. M. (1969)" The design of multichannel collimators for radioisotope cameras", Br. J. Radiol., 42, 91

4. Mather, R. L. (1957)"Gamma-ray collimator penatration and scattering effects", Journal of Applied Physics, 28, 1200

2.2 Ein Beitrag zur Verbesserung von Kollimatoren mit Hilfe von Computern

H.J. Helmeke, E. Jahns

Die medizinische Problemstellung bestimmt die Wahl der Kollimatordaten weitgehend. Damit sind die Fokusentfernung, die Septenstärke bezüglich der Strahlungsenergie und die Strukturauflösung für die gegebene Anwendung festgelegt. Der geeigneteste Kollimator mit diesen vorgegebenen Parametern ist dann jener, der die höchste Ausbeute liefert.

Eine gezielte Verbesserung von Kollimatoren ist nur möglich, wenn der Einfluß der Kollimatordaten wie Länge, Durchmesser, Lochradius und die Septenstärke auf die Ausbeute und Auflösung bezüglich eines gegebenen Fokusabstandes bekannt ist. Die Erstellung solcher Systematiken wird man sinnvollerweise mit Computern vornehmen. Die Summe der so gewonnenen Ergebnisse führt zu einem einer Problemstellung optimal angepaßten Kollimator.

Nachfolgend wird ein Programmsystem beschrieben, mit dem die Kollimatordaten für einen bestimmten Anwendungsfall ermittelt werden können. Die ersten Programmschritte haben ihre größte Aussagekraft für niederenergetische Gammastrahlung, da die Septenpenetration vorerst noch weitgehend unberücksichtigt blieb. Der Grund ist hierfür darin zu sehen, daß einfache Ausdrücke zur Beschreibung der Septenpenetration nicht vorliegen. Exakte Ausdrücke führen zu Rechenzeiten im Bereich mehrerer Stunden bei der Behandlung von Optimierungsproblemen. Das Prinzip besteht darin, mit einfachen aber guten Näherungen schnell die Kollimatordaten zu erhalten, welche dann in Verbindung mit genaueren und aufwendigeren Programmen zur Voraussage der Kollimatoreigenschaften herangezogen werden.

Der erste Schritt zur Kollimatorberechnung bestand darin, den Kollimator nur unter Berücksichtigung seiner geometrischen Eigenschaften zu berechnen. Ein experimentell bestätigter Näherungsausdruck zur Berechnung der geometrischen Ausbeute für ein Einzelloch und eine Flächenquelle ist von BECK (1) angegeben worden.

$$E_g = \pi r^2 r_1^2 / 2 (2 t^2 + r^2)$$

t Kollimatorlänge

r oberer Lochradius

r_1 unterer Lochradius

Unter Benutzung dieser Gleichung und der geometrischen Zusammenhänge ist ein Programm entstanden, welches die geometrische Ausbeute als Funktion der Kollimatorlänge, des Durchmessers, der Fokusentfernung, der Septenstärke und der geforderten Auflösung berechnet. In den folgenden Abbildungen werden die Ergebnisse der Rechnungen, die vom Computer in wenigen Sekunden ausgeführt werden, graphisch zusammengefaßt.

In Abbildung 1 ist der Einfluß der Septenstärke bei verschiedenen Werten für die Fokusentfernung und Auflösung auf die Ausbeute dargestellt. Die Ausbeuteänderung bei Variation der Septenstärke ist bei größeren Werten für die Auflösung offensichtlich wesentlich größer als bei kleineren Auflösungen.

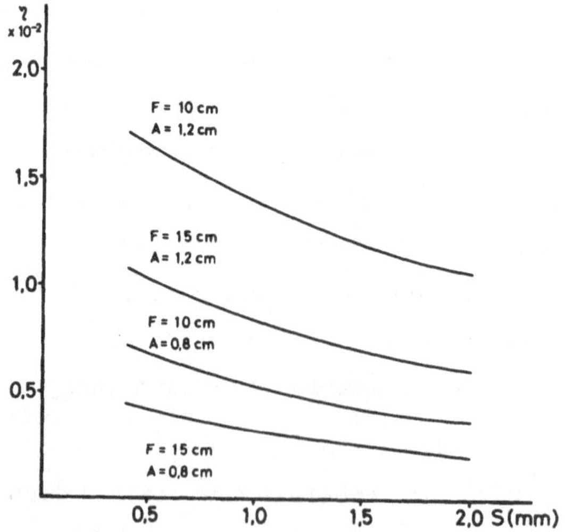

Abbildung 1: Funktion der Ausbeute in Abhängigkeit von der Septenstärke. (Parameter: Auflösung A, Fokusentfernung F)

Abbildung 2 zeigt die Abhängigkeit der Ausbeute von der Auflösung des Kollimators. Diese Ergebnisse zeigen, daß die bisherige Annahme der quadratischen Abhängigkeit der Ausbeute von der Auflösung nur begrenzt richtig ist.

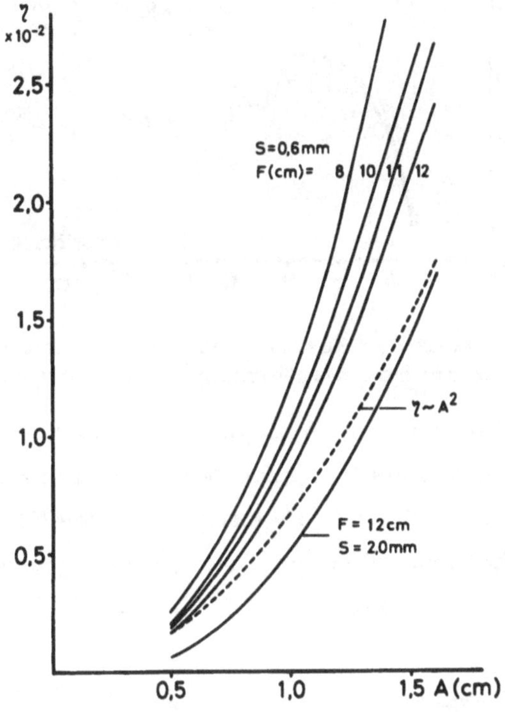

Abbildung 2: Abhängigkeit der Ausbeute von der Auflösung des Kollimators. (Parameter: Fokusentfernung F, Septenstärke S)

Die Abhängigkeit der Ausbeute von der Kollimatorlänge ist in Abbildung 3 aufgetragen. Für jeden Wertesatz für die Fokusentfernung, die Auflösung, die Septenstärke und den Kollimatordurchmesser ergibt sich eine Kollimatorlänge, der eine maximale Ausbeute zugeordnet ist. Die gestrichelte Kurve stellt den angepaßten Verlauf dar. Dieser ist bewußt auf die Maxima bezogen, da man davon ausgehen muß, daß mit dem Wertesatz nicht immer die Kombination getroffen wird, die zu einem Optimum führt. Außerdem führt die Variation des Wertesatzes zu einer Änderung der Lochzahl, was im Extremfall die Verringerung um einen ganzen Lochkranz zur Folge haben kann. Sprünge in der Ausbeute-Kurve sind somit plausibel.

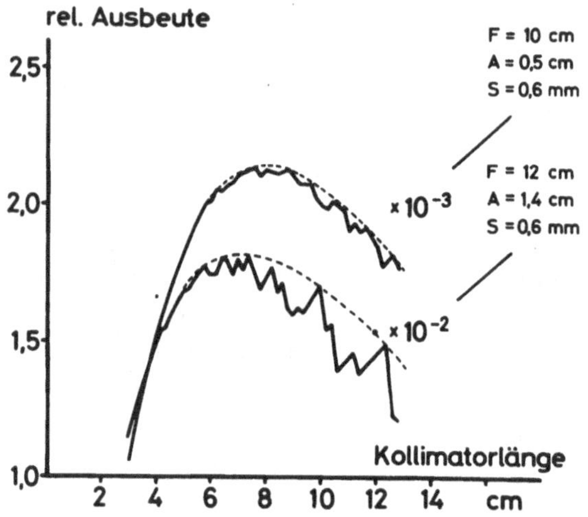

Abbildung 3: Abhängigkeit der Ausbeute von der Kollimatorlänge. (Parameter: Fokusentfernung F, Auflösung A, Septenstärke S)

Das Geometrieprogramm ist in der Lage, Kollimatoren zu berechnen, deren Septen am oberen und unteren Ende des Kollimators sowohl gleiche als auch unterschiedliche Stärke aufweisen. Ersteres führt nach Abbildung 4 dazu, daß jedem Kollimatorloch ein Fokuspunkt zugeordnet ist und im zweiten Fall ergibt sich ein Fokuspunkt für alle Löcher. Das Programm

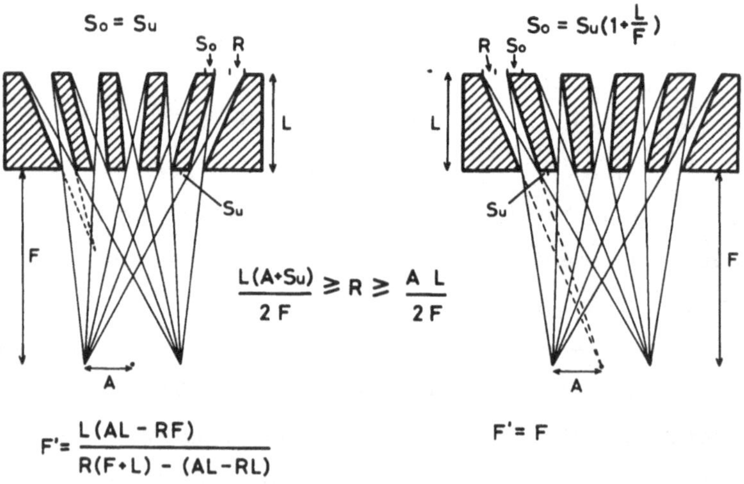

Abbildung 4: Mögliche mit dem Geometrieprogramm berechenbare Septenformen.

variiert zwischen diesen beiden Extremen. Die Berechnungen haben ergeben, daß die Ausbeute bei gleichem Fokusabstand, Kollimatordurchmesser und Auflösung bei Kollimatoren mit konstanten Septen wesentlich höher liegt als bei konventionellen Typen.

Mit Hilfe dieses Programms ist ein 5-Zoll-Technetium-Kollimator mit konstanten Septen konstruiert worden. Seine Daten lauten:

Länge	:	8,6 cm
Fokusentfernung	:	11,0 cm
Septenstärke	:	0,6 mm
Lochradius am Kollimatoreingang	:	3,8 mm
Lochzahl	:	187
Auflösung	:	0,8 cm
Ausbeute	:	18 300 Imp · cm^2 / min · μCi

Der nächste Programmschritt besteht in der theoretischen Berechnung der Point-Spread-Function (PSF) und der Line-Spread-Function (LSF) des Kollimators mit den aus dem Geometrieprogramm erhaltenen Daten. Die PSF wird mit Hilfe des oben erwähnten Ausdrucks für die geometrische Ausbeute unter der Annahme bestimmt, daß die Ausbeute für ein Einzelloch durch eine Glockenkurve dargestellt wird, die Halbwertbreite über den Strahlensatz gegeben ist und die Gesamtausbeute gleich der Summe der aller Einzellöcher von einem Aufpunkt aus ist. Die Tiefenabhängigkeit der Auflösung des Kollimators kann somit per Computer mit Rechenzeiten im Minutenbereich bestimmt werden. Dieses Programm ist noch nicht vollständig, da der Programmteil zur Umrechnung der PSF in die LSF noch nicht erstellt worden ist. Die berechnete PSF für den oben genannten Kollimator ist in Abbildung 5 dargestellt. Die Auflösung im Fokusabstand beträgt 8,5 cm und die Schärfentiefe der Auflösung liegt zwischen 9 und 13 cm.

Zum Vergleich zu den Rechnungen ist in Abbildung 6 die gemessene LSF dieses Kollimators aufgetragen. Ein Vergleich der PSF mit der LSF ist möglich, da im Arbeitsbereich des Kollimators die PSF sehr gut einer

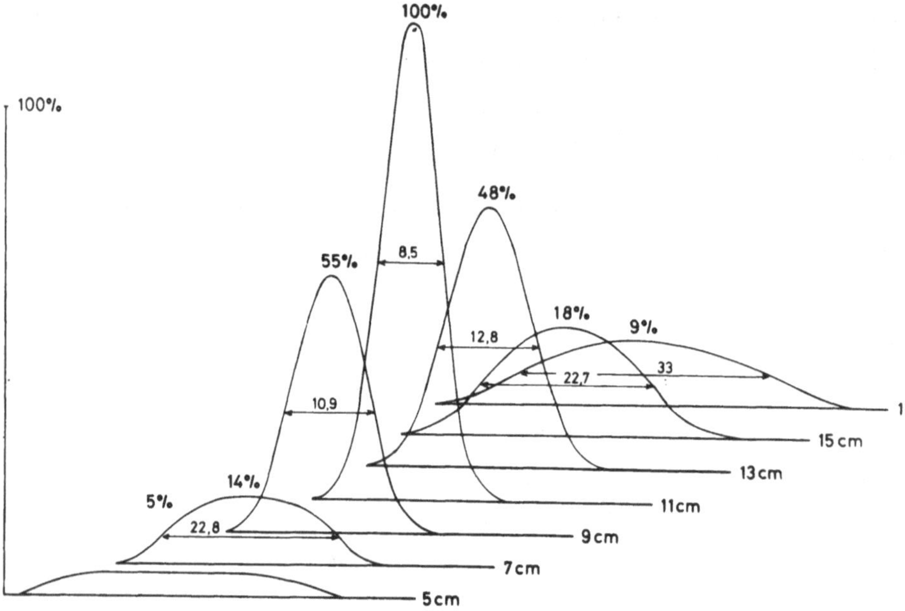

Abbildung 5: Darstellung der berechneten PSF für den 5-Zoll-Technetium-Kollimator.

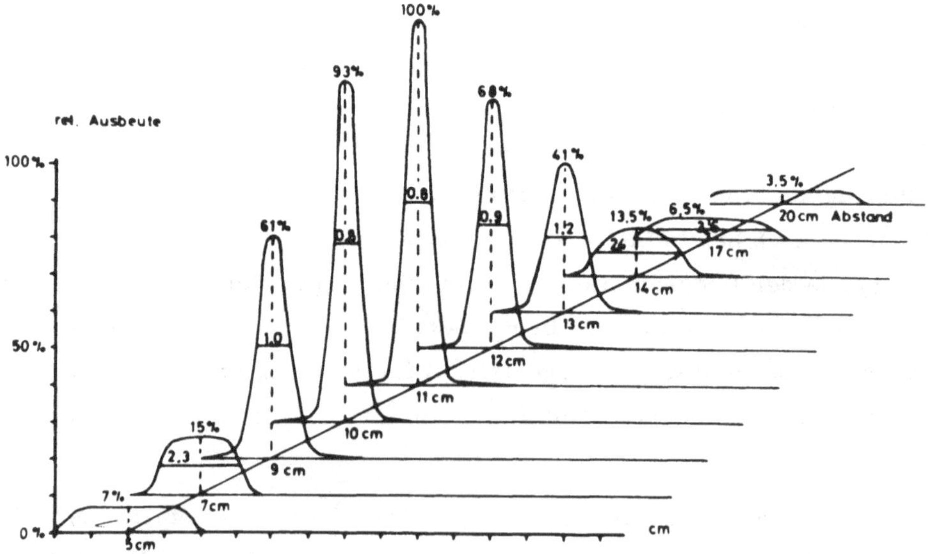

Abbildung 6: Darstellung der gemessenen LSF für den 5-Zoll-Technetium-Kollimator.

Glockenkurve entspricht, deren Halbwertbreite bei der Umrechnung in die LSF invariant ist. Der Vergleich zeigt, daß sich die vorgegebenen theoretischen Kollimatordaten mit den experimentellen Daten in guter Übereinstimmung befinden.

Zur Kollimatorberechnung steht uns ein weiteres Programm zur Verfügung, welches nach dem Monte-Carlo-Verfahren arbeitet. In einfacher Form gesehen, werden die Koordinaten der Strahlungsrichtung von einem Quellpunkt aus, gemäß der isotropen Richtungsverteilung der Strahlung, in einen Raumwinkel bezüglich des Detektors gewürfelt. Das Verhältnis von jenen Richtungen, die den Detektor durch den Kollimator direkt treffen zu jenen, die die Septen nicht durchdringen, ergibt die Ausbeute für den betreffenden Quellpunkt. Bei diesen Berechnungen wird die Septenpenetration mittels des linearen Absorptionskoeffizienten berücksichtigt. Die Rechenzeit steigt mit der Genauigkeit des angewandten Verfahrens. Das Monte-Carlo-Programm benötigt Rechenzeiten im Stundenbereich, da die Fehlerbreite naturgemäß von der Zahl der Würfelvorgänge abhängig ist.

Damit steht uns ein Programmsystem zur Verfügung, mit dessen Hilfe die eingangs definierte Konstruktion von fokussierenden Kollimatoren mit optimalen Eigenschaften ermöglicht wird. In Verbindung mit einem im Institut gebauten "Quellenscanner" mit Lochstreifenausgabe zur exakten Messung der LSF und einer Erweiterung der Programme ist der Vergleich zwischen berechneten und tatsächlich erreichten Kollimatoreigenschaften möglich.

Literatur

1. Beck, R.N. (1964), "Collimators for radioisotope scanning", Medical Radioisotope Scanning 1, IAEA, Vienna, 211

2. Beck, R.N. (1964), "A theory of radioisotope scanning systems", Medical Radioisotope Scanning 1, IAEA, Vienna, 35

3. Brownell, G.L. (1964), "Theory of radioisotope scanning", Medical Radioisotope Scanning, Vol. 1, 3, IAEA, Vienna

4. Cradduck, T. D., Fedoruk, S.O. & Reid, W. B. (1966), "A new method of assessing the performance of scintillation cameras and scanners", Phys. Med. Biol. 11, 423

5. Gopala Rao, U.V. & Jain, V.K. (1967), "Gaussian and exponential approximations of the modulation transfer function", J. Opt. Soc. Am. 57, 1159

6. Gregg, E.C. (1966), "Pedagogical nota on modulation transfer functions", Invest. Radiol. 1, 418

7. Hine, G. J. (1967), "Evaluation of focused collimator performance. II. Digital recording of line-source-response", Int. J. Rad. Isot. 18, 815

8. Mac Intyre, W. M., Fedoruk, S.O., Harris, C.C., Kuhl, D.E. & Mallard, J.R. (1969), "Sensitivity and resolution in radioisotope scanning. A report to the international Commission on Radiation Units and Measurements." Medical Radioisotope Scintigraphy, IAEA Vienna 1, 391

9. Myhill, J. (1961), "Theory of multichannel collimated scintillation detectors", Int. J. Rad. Isot. 12, 10

10. Vetter, H.G. (1967), "A simple method to predict the resolution of a focused collimator at any depth", Int. J. appl. Rad. 18, 237

3 Laser-Anwendung

3.1 Laser als Sonde in der biomedizinischen Forschung

P. Greguss

<u>Einleitung</u>

Es gibt einen wissenschaftlich-phantastischen Roman, "Die Hyperboloide des Ingenieurs Garin", geschrieben von Alexey Tolstoi, einem Verwandten des weltberühmten russischen Schriftstellers Leo Tolstoi, in dem der Laser - mehrere Jahrzehnte vor seiner Erfindung - mit erstaunlicher Voraussicht und Genauigkeit - beschrieben wird. Es ist ein Infrarot-Laser, der als Quelle gut gebündelter Infrarotenergie für Todesstrahlerzeugung verwendet wird. Als 1960 der erste Laser von MAIMAN realisiert wurde, betrachteten die meisten Leute den Laser als ein neues Mittel der Zerstörung. Erst als es sich herausstellte, daß der Laser - mindestens in den nächsten 10-20 Jahren - nicht zur Zerstörung im militärischen Sinn gebraucht werden kann, fing man an nachzudenken, was man eigentlich mit dem Laser noch machen könnte. Das große Rennen, um wenigstens einen Teil des in Laserforschung investierten Geldes zurückzugewinnen, begann.

Der Laser wurde in einer Zeit realisiert, in der sich das Interesse der Techniker mehr und mehr auf biomedizinische Anwendungsmöglichkeiten richtete. So ist es gar nicht erstaunlich, daß man versuchte, den Laser zur Zerstörung biologischer Gewebe anzuwenden, z.B. in der Chirurgie oder in der Tumorbehandlung. Ich möchte hier nicht auf die Diskussion dieser Möglichkeiten eingehen, mich interessieren jetzt mehr jene Anwendungsmöglichkeiten, wo der Laser nicht als Energiequelle sondern als Informationsträger der biomedizinischen Forschung neuartige Möglichkeiten bietet.

Diese passive Anwendung des Lasers in der biomedizinischen Forschung basiert einerseits auf der hohen Parallelität der Laserstrahlung, andererseits auf der hohen Monochromasie und Kohärenz, manchmal auch auf der

Möglichkeit, außerordentlich kurze Lichtpulse zu erzeugen. Die kleine Divergenz des Laserbündels erlaubt die sehr genaue Vermessung von Längen und Längenänderungen in einem enormen Meßbereich, der nahezu zwanzig Zehnerpotenzen umfaßt. So können Strecken von $3 \cdot 10^{8}$m genau so vermessen werden, wie Längenänderungen von 10^{-11}m im subatomaren Bereich.

Die hohe Monochromasie des Lasers besitzt hauptsächlich in der Spektroskopie biologischer Stoffe Bedeutung. Man erreicht Bandbreiten bis 10^{7}-10^{8} Hz. Die geringe Linienbreite ermöglicht Absorptions- und Anregungsspektralmessungen mit außerordentlich hoher Auflösung $\Delta\lambda/\lambda = \Delta\nu/\nu \cong 10^{-7}$ im Bereich der Laseremission.

Als Folge der hohen Kohärenz und Intensität des Laserlichtes können bei Wechselwirkung mit Materie eine Reihe nichtlinearer Effekte auftreten. Wenn diese Effekte die Materie nicht zerstören oder irreversibel verändern, können sie zur Bestimmung und sogar zur Identifizierung der Struktur des Materials benutzt werden, denn sie sind durch den Aufbau der Moleküle bestimmt. Diese Lasermethoden können die bisher erreichten Meßgenauigkeiten bei der Bestimmung der biologisch wichtigen Materialkonstanten um Größenordnungen verbessern. Der Zweck dieses Einführungsreferates ist, einen Überblick über jene Möglichkeiten zu geben, wo der Laser als Sonde der biomedizinischen Forschung angewandt werden kann. Zwar ist es der Laser, der die Holographie aus der Vergessenheit wieder ans Licht brachte. Wir werden uns aber beschränken und nur mit jenen holographischen Meßmethoden beschäftigen, die auf unkonventionelle Art für Biologie und medizinische Diagnostik von Bedeutung sein können.

Messung von Bewegungen

Was lebt, bewegt sich, und so kann man mit der Bestimmung der Bewegungsparameter biologische Vorgänge in sämtlichen Fällen gut charakterisieren. Da Bewegungen immer mit Längenveränderungen verbunden sind, wird uns eine Messung der Längenänderung pro Zeiteinheit Auskünfte über die Geschwindigkeiten geben, die in dem zu untersuchenden biologischen System vorhanden sind.

Strömungsgeschwindigkeitsmessungen

Bei Wellenausbreitungen jeder Art bemerkt der Beobachter eine Frequenzverschiebung - den Doppler-Effekt - wenn sich der Beobachter oder die Quelle relativ zueinander bewegt. Bei der Lichtquelle muß es sich nicht um ein selbstleuchtendes Objekt handeln. Der optische Doppler-Effekt tritt auch bei Streuung von Licht an bewegten Partikeln auf. In diesem Fall hängt die Frequenzverschiebung f_D vom Beobachtungswinkel α und vom Einfallswinkel β ab. Nach diesem Verfahren kann man nicht nur die Strömungsgeschwindigkeiten von Flüssigkeiten sehr genau messen, sondern ist es sogar möglich, das Geschwindigkeitsprofil der Strömung abzutasten. Das Laserlicht wird auf die in der Flüssigkeit strömenden Teilchen fokussiert und in alle Richtungen gestreut. Um einen eindeutigen Rückschluß auf die Strömungsgeschwindigkeit im gegebenen Punkt zu gewinnen, setzt man eine Blende vor die Sammellinse, die nur Streulicht durchläßt, welches um einen Winkel α gegen das einfallende Licht gestreut ist. Das gestreute und ungestreute Licht wird mit einem Photodetektor aufgenommen und gemischt. Als resultierende Frequenz ergibt sich die Dopplerfrequenz $f_D = (2V/\lambda) \sin\alpha \sin\beta$, dabei ist V der Geschwindigkeitsvektor und λ die Wellenlänge des Laserlichtes.

Leider ist die Anwendung dieser eleganten Lasermeßmethode in der biomedizinischen Forschung, wenn man blutige Eingriffe vermeiden will, ziemlich beschränkt, da die Gefäßwände für das Laserlicht durchlässig sein müssen, was selten der Fall ist. Man kann aber diese Methode in der Ophthalmologie zur Bestimmung der Strömungsverhältnisse in den Gefäßen der Retina benutzen, was die Früherkennung von Kreislauferkrankungen ermöglicht. Weiterhin könnte man vielleicht mit dieser Methode auch die transkonjunktivalen Strömungen quantitativ messen, was zur Frühdiagnose des Glaukoms führen kann.

Mobilitätsmessungen

Jeder Biologe weiß, was man unter Mobilität zu verstehen hat, aber ein Maß für die Mobilität, hauptsächlich für die Mobilität von Mikroorganismen zu finden, ist nicht leicht. Meßmethoden, die die hohe Kohärenz des Laserlichts ausnutzen, können vielleicht in dieser Hinsicht einen Schritt weiterhelfen.

Die Mobilität von in einem Volumen befindlichen Mikroorganismen könnte man z.B. mit Hilfe von Laserstreuung folgendermaßen bestimmen bzw. definieren. Das Volumen wird mit einem Laserbündel von etwa 0,5 mm Durchmesser durchstrahlt, und das von den Mikroorganismen gestreute Licht gemäß Abbildung 1 in einer zum Laserstrahl parallelen Ebene analysiert, indem man eine mit zwei Löchern versehene, lichtundurchsichtige Platte zwischen den Laserstrahl und einer Mattscheibe legt. Da die Kohärenzlänge des Lasers viel größer ist, als die Gangunterschiede in dieser Anordnung, wirken die Löcher als sekundäre Wellenquellen, und man kann an der Mattscheibe ein immer wechselndes, mit Speckeln belagertes Interferenzmuster beobachten. Will man aber dieses Interferenzmuster photographisch festhalten, gelingt das nur dann, wenn sich die streuenden Teilchen während der Belichtung nicht mehr als $\lambda D/x$ bewegen, wobei D die Entfernung der streuenden Teilchen von der Ebene mit den beiden Löchern, λ die Wellenlänge und x die Entfernung zwischen den beiden Löchern ist. Die Belichtungszeit, bei der keine Interferenzfigur mehr auf der entwickelten Platte zu sehen ist, kann als Maß der Mobilität betrachtet werden.

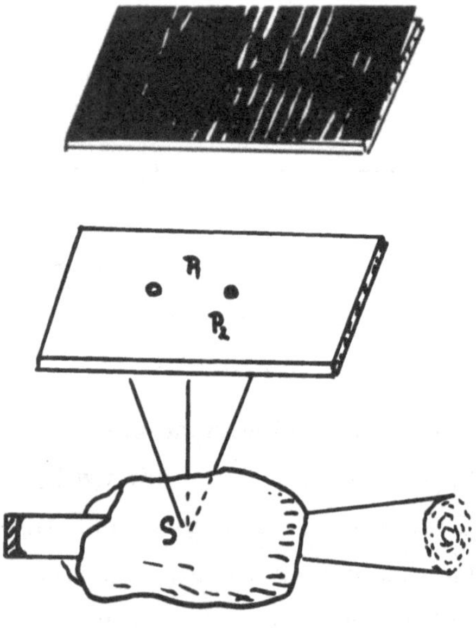

Abbildung 1: Anordnung zur Mobilitätsmessung.

Es gilt als Faustregel der Holographie, daß sich das Objekt während der Aufnahme nicht einmal eine halbe Wellenlänge bewegen darf. Es gibt aber eine Ausnahme nämlich, wenn man bei der Rekonstruktion auf eine detaillierte Oberflächenstruktur verzichtet. Dieses als Dunkelrekonstruktion bezeichnete Verfahren kann unter anderem z. B. für Tremoruntersuchungen verwendet werden. Belichtet man eine weiße Platte, die als Hintergrund dient, mit einem Laser, so kann man mit Hilfe eines Referenzstrahles das Hologramm dieser Platte aufzeichnen. In der Rekonstruktion wird die Platte räumlich wiedergegeben. Ist aber dieser Hintergrund während der Hologrammregistrierung z. B. von einer Hand teilweise verdeckt, wird jeder Punkt des Hintergrundes nicht gleichmäßig belichtet, weil die Finger zittern. Als Folge wird man bei der Rekonstruktion einen dreidimensionalen Schatten der Hand sehen. Da die Schwärzung des rekonstruierten Schattens davon abhängt, wie lange ein Punkt des Hintergrundes verdeckt war, kann man mit Hilfe eines Photodensitometers über das Tremorverhalten der Finger Auskunft bekommen.

Ein weiteres Lasermeßverfahren, das ähnlicherweise mit einer einzigen Aufnahme Auskunft über das Bewegungsverhalten biologischer Objekte geben kann, beruht auf der Tatsache, daß Hologramme auch von vibrierenden Oberflächen gemacht werden können, nur darf die maximale Amplitude der Vibration einige Zehntel der Lichtwellenlänge nicht überschreiten. In diesem Fall weist dann die rekonstruierte Oberfläche ein Streifensystem auf, wo topographische Konturen gleichwertige Auslenkungen der Membrane darstellen. Man hat z. B. mit dieser Methode das Verhalten des Trommelfells der Katze während des Hörvorganges untersucht.

Nachweis biologischer Stoffe

Beim Nachweis biologischer Substanzen gibt es eine Reihe interessanter Einsatzmöglichkeiten des Lasers. Einige Anwendungen laufen darauf hinaus, die hohe Strahlungsdichte des fokussierten Laserstrahles zu benutzen, andererseits werden die Kohärenzeigenschaften des Lasers genutzt. Im ersten Fall fokussiert man auf eine Fläche von einigen μm

Durchmesser so hohe Energie (4 - 10 MW), daß die Materie sofort verdampft und so zur Mikrospektralanalyse in gut geeigneter Form zur Verfügung steht. Deshalb kann man z.B. von einem Präparat neben routinemäßigen histologischen Untersuchungen gleichzeitig histochemische Analysen machen, ohne dabei das Präparat nennenswert zu beschädigen. Diese Mikroemissions-Laserspektroskopie ist sehr geeignet für den Nachweis von Kationen im Gewebe, hauptsächlich von Ca, As, Au, Cu, Hg und Pb.

Fluoreszenzspektroskopie

Mit dem Einsatz des Lasers erhielt die Fluoreszenzspektroskopie in der Immunologie ganz neue Bedeutung. Bisher benutzte man inkohärente Lichtquellen, deren Intensität so gering war, daß zuverlässige Daten von Antikörperfluoreszenz nur nach längeren Belichtungszeiten zur Verfügung standen. In sämtlichen Fällen traten aber am Ende solcher Belichtungszeiten Photodekompositionen auf, die die Wiederholung der Messung unmöglich machten. Die qualitative Auswertung der Meßergebnisse wird weiterhin erschwert, wenn nicht unmöglich gemacht, da in den meisten Fällen das Intensitätsverhältnis von Fluoreszenz zu Anregungslicht, d.h. das Rauschverhältnis, sehr schlecht ist. Bei der Anwendung des Lasers als Lichtquelle hat man aber nicht nur genügend Intensität, um die Fluoreszenzsättigung in so kurzer Zeit zu erreichen, daß eine Photodekomposition nicht stattfindet, sondern kann auch die günstigste Wellenlänge, hauptsächlich bei der Anwendung kontinuierlich verstellbarer Farbstofflaser, leicht auswählen.

So kann man z.B. mit gewöhnlicher Mikrofluorometrie 10^{-7} μg Gammaglobulin nachweisen, was ungefähr 400 000 Antikörperteilchen entspricht. Wenn der Fluoreszenzpegel auf 10^{5} erhöht werden könnte, würde man schon 10 Antikörperteilchen nachweisen können. Zwar ist das theoretisch möglich, aber man hat zur Zeit noch nicht diese Traumgrenze erreicht. In manchen Laborversuchen ist es jedoch schon gelungen, ungefähr 1000 Antikörperteilchen nachzuweisen. Das ist schon für die frühzeitige Erkennung des Abstoßens von Implantationen ausreichend und kann auch in der Frühdiagnose von malignen Vorgängen von Bedeutung sein.

Stimulierte Raman- und Brillouin-Spektroskopie

Die Anwendung des Lasers als Lichtquelle in der Raman-Spektroskopie hat die Verwendung dieser Meßmethode in der biomedizinischen Forschung bedeutend erweitert. Die Raman-Streuung ändert sich nämlich völlig, wenn intensives Laser-Licht eingestrahlt wird. So ist z.B. in der klassischen Raman-Spektroskopie die Streustrahlung, die von verschiedenen Molekülen ausgeht, inkohärent, während bei Laser-Raman-Spektroskopie das von einer räumlich-kohärenten Laserwelle erregte Streulicht aus einem Raumgebiet kohärent ist.

Die hohe Feldstärke regt sehr viele Moleküle zu ihren Eigenschwingungen an. Da die Moleküle aus elektrischen Ladungsträgern aufgebaut sind, tritt im Medium eine starke elektrische Polarisation auf, die mit der Molekülfrequenz oszilliert. Die Ladungsverteilung der Moleküle oszilliert jetzt mit zwei Frequenzen, der anregenden Lichtfrequenz und der Molekülfrequenz, was zur Folge hat, daß zunächst durch spontane Raman-Streuung Licht der Stokesschen Frequenz entsteht, welches dann durch induzierte Emission verstärkt werden kann. Da die Größe dieser nichtlinearen Effekte durch die Struktur der Moleküle bestimmt wird, ergibt sich hier eine neue Möglichkeit, den Aufbau der Materie zu studieren.

Wasser ist bekanntlich ein vorzügliches Lösungsmittel für Raman-Spektroskopie, und so können auch solche biologischen Substanzen studiert werden, die für die Infrarot-Absorptionsmessungen nicht zugänglich sind. Aber auch dann, wenn man von der biologischen Substanz ein Infrarot-Spektrum aufnehmen kann, wird das Raman-Spektrum meist überlegen sein, denn - wie Abbildung 2 zeigt - sind die charakteristischen Raman-Bandbreiten viel schmaler.

Die stimulierte Raman-Streuung gibt verständlicherweise Auskunft über die molekularen Eigenschaften. Ist man aber mehr an den Eigenschaften des kompakten Mediums interessiert, so kann der Laser auch zur Erregung stimulierter Brillouin-Streuung verwendet werden. Das Schema einer solchen Apparatur ist in Abbildung 3 wiedergegeben. Von links fällt die Laser-Strahlung ein. Die in der Probe erzeugte Strahlung der stimulierten Brillouin-Streuung kann hinsichtlich ihrer Richtungsabhängigkeit untersucht werden; insbesondere ist es durch Verwendung eines Strahlteilers möglich, die Laser-Strahlung mit der rückwärts gestreuten Strahlung nach Durchlaufen eines Interferometers direkt zu vergleichen.

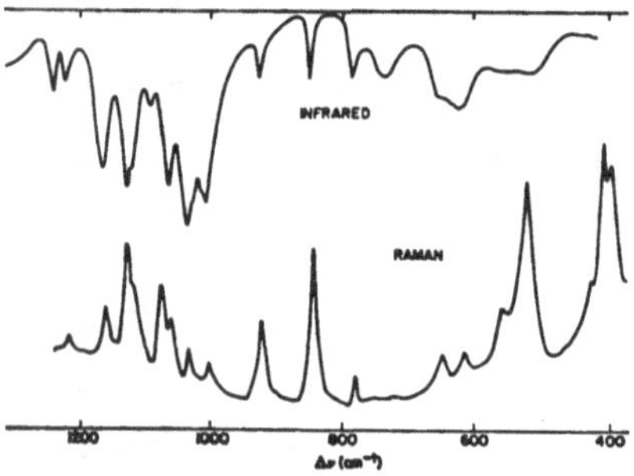

Abbildung 2: Vergleich von Infrarot- und Raman-Spektren.

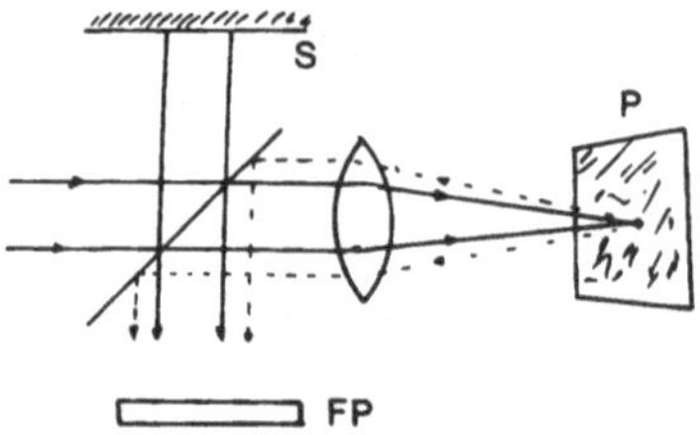

Abbildung 3: Apparat zur Erzeugung stimulierter Brillouin-Streuung.

Holographische Fourier-Spektroskopie

Fourier-Spektroskopie wird im allgemeinen dort angewandt, wo entweder die Spektren schwacher Strahlungsquellen untersucht werden sollen oder, wo nur Detektoren geringer Empfindlichkeit zur Verfügung stehen. Da diese Bedingungen in der biomedizinischen Forschung fast immer vorhanden sind, sollte man erwarten, daß sie in diesem Forschungsbereich weit verbreitet ist. Wenn es sich um den sichtbaren und kurzwelligen Spektralbereich handelt, wird die Anwendung der Fourier-Spektroskopie durch die Anforderungen an die Präzision der erforderlichen Spiegelverschiebung, sowie durch die für ein hohes Auflösungsvermögen erforderliche hohe Konstanz der Abstände der Samplingpunkte selbst im infraroten Spektralbereich aber erschwert, wenn nicht gar unmöglich gemacht. Darüber hinaus wird eine Anwendung der Fourier-Spektroskopie durch die Notwendigkeit einer großen Rechenanlage erschwert.

Die meisten obenerwähnten Schwierigkeiten würden aufgehoben werden, wenn man die spektrale Intensitätsverteilung der Strahlungsquelle auf einer photographischen Platte als Fourier-Hologramm registrieren könnte. Eine solche Zusammenstellung ist in Abbildung 4 dargestellt. Im Grunde genommen ist es ein stationäres Zweistrahleninterferometer, in dem die beiden Spiegel unter einem Winkel zur optischen Achse stehen. Da das so registrierte Interferogramm als Fourier-Hologramm der spektralen Intensitätsverteilung der Strahlungsquelle gedacht werden kann, wird das photographisch registrierte Hologramm bei der Beleuchtung mit Laser-Licht in der Brennebene einer Linse die spektrale Intensitätsverteilung der Strahlungsquelle liefern. Mit der kohärent-optischen Fourier-Transformation fallen die mit der Rechenanlage verknüpften Probleme weg. Da keine Spiegelverschiebung nötig ist, kann man die Fourier-Spektroskopie - auch im sichtbaren und ultravioletten Spektralgebiet - mit einfachen apparativen Mitteln in den Dienst der biomedizinischen Forschung stellen. Darüber hinaus kann die Fourier-Spektroskopie auch auf den Ultraschall-Spektralbereich bei der Anwendung eines echtzeit-akusto-optischen Bildwandlers anstatt der Photoplatte erweitert werden. Abbildung 5 zeigt ein solches ultraschall-holographisches Fourier-Spektrogramm.

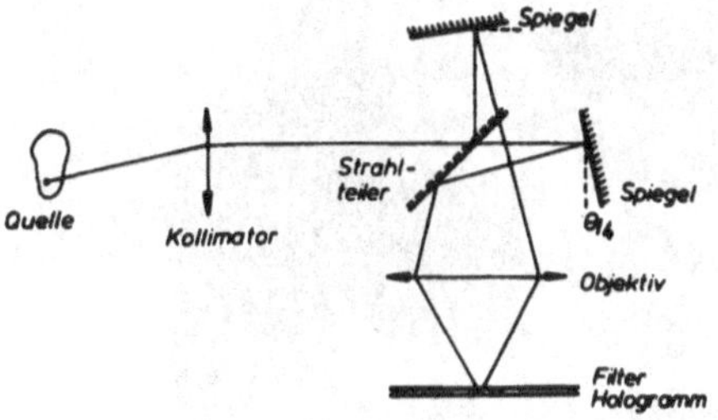

Abbildung 4: Holographisches Fourier-Spektroskop.

Bestimmung durch Streuung und Beugung

Nachweis und Bestimmung klingen sehr ähnlich, doch gibt es einen grundsätzlichen Unterschied zwischen den beiden Begriffen. Beim Nachweis geht es um einen Stoff, den man kennt und die Frage ist, ob man ihn qualitativ oder auch quantitativ nachweisen kann. Bei der Bestimmung dagegen muß man von den zur Verfügung stehenden Informationen herausfinden, um was für einen Stoff es sich handelt, d.h. die Bemühungen richten sich auf einen unbekannten Stoff.

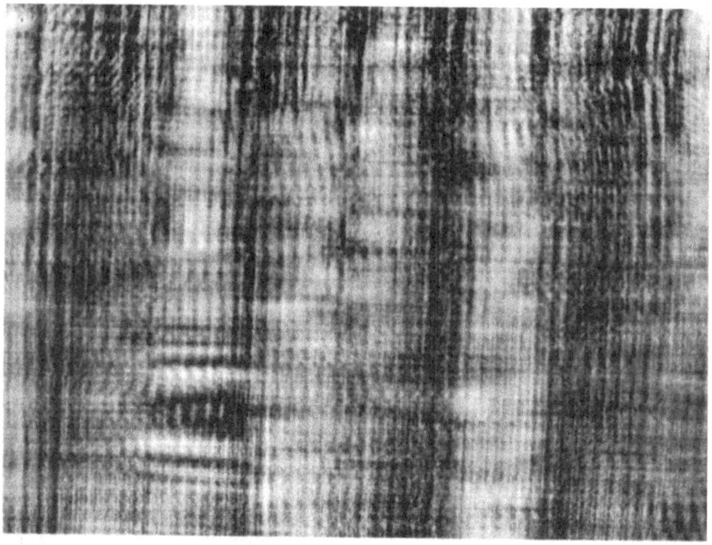

Abbildung 5: Ultraschall-holographisches Fourier-Spektrogramm.

Informationen, die einen Stoff beschreiben, stammen immer von der an diesem gestreuten Wellenfront, meistens in der Form von überlagerten Interferogrammen. Werden diese Informationen von Lichtwellen getragen, geschieht die erste Stufe der Dekodierung im Auge, die zweite, die Deutung, im Gehirn. Die zweite Stufe muß aber erlernt werden, was in sämtlichen Fällen nicht ohne Problematik ist. An einigen Beispielen möchten wir zeigen, was wir damit meinen.

Laser als Ametropie-Tester

Da bei Reflexionen von kohärenter Strahlung die Amplituden der reflektierenden Wellenzüge zuerst vektorial addiert und dann quadriert und nicht, wie bei inkohärenter Beleuchtung, die Intensitäten addiert werden, entsteht ein in Abbildung 6 dargestelltes, als Speckle bezeichnetes Muster. Personen mit unkorrigiertem Mißverhältnis zwischen Achsenlänge und Brech-

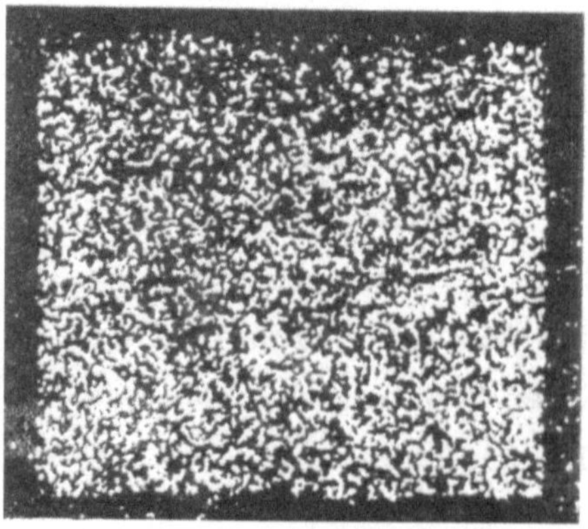

Abbildung 6: Laser-Speckle.

kraft des Auges sehen dieses Muster, wenn sie ihren Kopf bewegen, wandern. Bei gesunden Personen wird, wie Abbildung 7 zeigt, der Speckle gemäß der Brennweite der Linse unabhängig von der Position des Kopfes immer an demselben Punkt der Retina abgebildet. Bei Beobachtern, die kurzsichtig sind, wird aber der Speckle von der Position des Kopfes abhängend an verschiedenen Punkten der Retina abgebildet. Das bedeutet, daß der Speckle an der Retina in derselben Richtung verlegt wird, wie sich der Kopf bewegt. Das Gehirn aber hat schon gelernt, diese auf die Retina fallenden Informationsmuster umgekehrt zu interpretieren, und so sieht der Kurzsichtige, daß sich das Muster in der der Kopfbewegung entgegengesetzten Richtung bewegt. Bei Weitsichtigen wird naturgemäß die Richtung der Specklebewegung mit der Richtung der Kopfbewegung identisch sein. Auf diesem Prinzip versucht man jetzt Ametropie-Tester zu bauen.

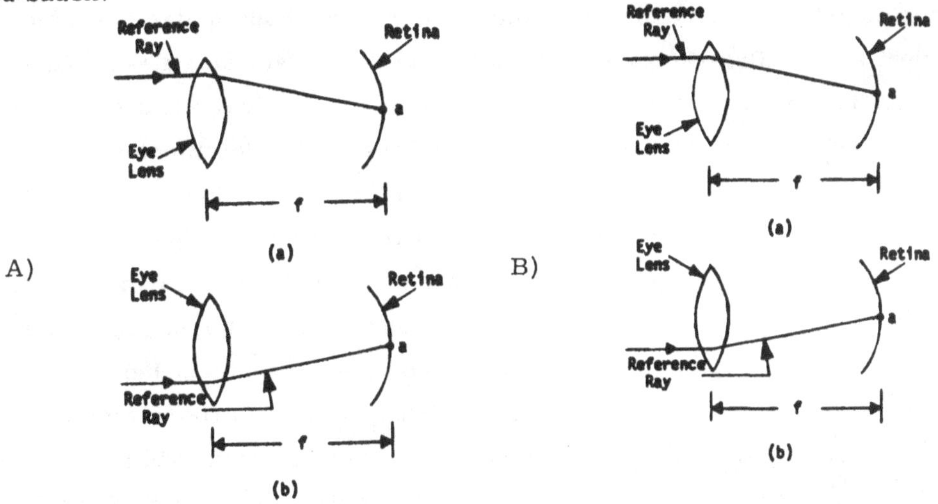

Abbildung 7: Prinzip des Ametropie-Testers.

Laser und der graue Star

Leute, die am grauen Star erkranken, erhalten zwar alle Informationen auf ihrer Retina, können aber doch nicht sehen, weil ihr Gehirn die an den Linsentrübungen gestreute Wellenfront nicht dekodieren kann. Dazu müßte es nämlich wissen, wie die Phasenverhältnisse durch die Streuung verformt werden, denn dann wäre es ihm möglich, die Verzerrung mit dem Komplex-Konjugierten zu kompensieren. Wie das schon in Modellversuchen gezeigt wurde, kann der Laser manchmal hier helfen.

Nimmt man nämlich mit Hilfe eines Lasers von der getrübten Linse ein Hologramm, werden alle optischen Eigenschaften der Streuungszentren in kodierter Form aufgezeichnet. Benutzt man dann das Konjugiert-Komplexe dieser Aufzeichnung als Brille, wird die von der Umwelt stammende Information zwar zuerst verformt, aber dann durch die getrübte Linse "zurückverzerrt". Da so das richtige Informationsmuster auf die Retina fällt, hat das Gehirn kein Problem in der Interpretation mehr.

Erkennung von Mikroorganismen

Daß Licht an Mikroorganismen gestreut wird, ist lange bekannt,und Nephelometrie ist eine oft angewandte Analysenmethode in der Mikrobiologie. Mit der Erfindung des Lasers konnte die Genauigkeit dieser Messungen bedeutend erhöht werden, denn die gute Bündelbarkeit des Laserstrahls erlaubt die Messung der Intensität des gestreuten Lichtes, als Funktion des Streuwinkels, mit sehr großer Präzision. So kann man z.B., wie Abbildung 8 zeigt, die Veränderungen von Bakteriensuspensionen während Wärmebehandlung mit Laser-Streuungsmessungen gut verfolgen. Die Daten von solchen Messungen beziehen sich aber auf eine Gruppe von Mikroorganismen, die zufallsweise verteilt sind und hängen deshalb stark von der Konzentration der Suspension ab. Sie sind darum nur begrenzt geeignet zur Identifizierung der Mikroorganismen.

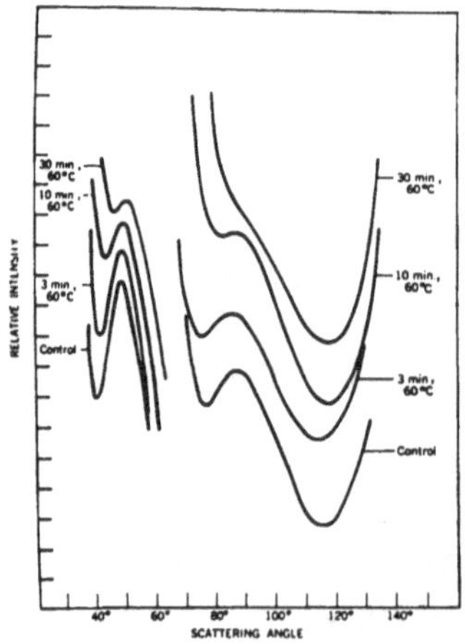

Abbildung 8: Laser-Streukurven von Bakteriensuspensionen.

Jene Daten aber, die man durch gut gebündelte Laserstreuung von einem einzigen Mikroorganismus bekommt, können schon zur Identifizierung geeignet sein, hauptsächlich wenn man die Polarisationsverhältnisse berücksichtigt. Abbildung 9 zeigt solche charakteristischen Laser-Streukurven für einen einzigen Staphylococcus Epidermis. Bei solchen Messungen schwebt der elektrisch aufgeladene Mikroorganismus in einem elektrostatischen Feld, und seine Position in der Luft wird automatisch mit einer Genauigkeit von 10^{-3} cm kontrolliert. Für die Belichtung genügt ein 1 mW Laser mit einem Strahlungsdurchmesser von 0, 3 mm. Ein rotierender Photomultiplier registriert die Streuungskurve automatisch. Der einzige Nachteil dieser Methode ist, daß sie mit dehydrierten Mikroorganismen vorgenommen wird. Es wäre vielleicht interessant, ähnliche Einzelmessungen an Mikroorganismen zu machen, die in einer Flüssigkeit schweben und mit Hilfe stehender Ultraschallwellen in Position gehalten werden.

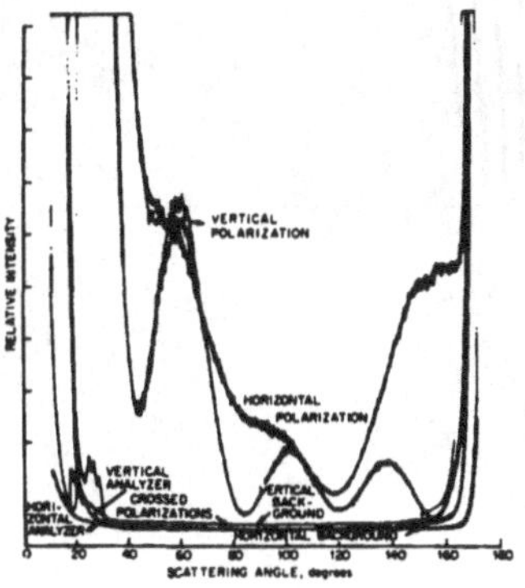

Abbildung 9: Laser-Streukurven von einem Bakterium.

Strukturforschung

Die Anwendung der Laser-Streuung in der biologischen Strukturforschung hat zwei Vorteile gegenüber der Elektronenmikroskopie. Erstens können sowohl große als auch kleine Superstrukturen analysiert werden, zweitens fallen alle Artefakte, die von der Vorbereitung des Präparates stammen, weg. In Abbildung 10 sieht man die Laser-Diffraktionsbilder von zwei Augenlinsen. In einem Fall handelt es sich um eine parallele, im anderen Fall um eine fächerartige Superstruktur. Da diese Diffraktionsbilder leicht zu filmen sind, ist es gar nicht schwer, z.B. die Änderungen in der Superstruktur der Linse während ihrer dynamischen Belastung zu verfolgen.

Als Frauenhofersche Beugungsfigur eines Objekts bezeichnet man die Lichtverteilung, die in der Brennebene in einer hinter dem Objekt aufgestellten Linse entsteht, wenn dieses mit parallelem Licht beleuchtet wird. Die Beugungsfigur komplizierter Objekte setzt sich aus den Beugungsfiguren einzelner Teile des Objekts zusammen. So führen z.B. kreisförmige

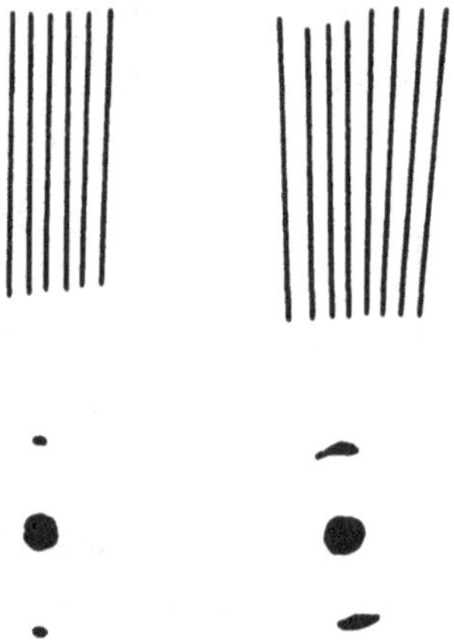

Abbildung 10: Laser-Diffraktionsbilder von zwei leicht verschiedenen Strukturen.

Konturen in Objekten zu konzentrischen Beugungsringen um die optische Achse, Rechteck-Konturen verursachen kreuzförmige Intensitätsverteilungen, Streifengitter erzeugen helle Punkte usw. Eine interessante Eigenschaft der Fraunhoferschen Beugungsfigur ist, daß sie sich nicht verändert, wenn das Objekt sich seitlich verschiebt.

Die obenerwähnten Eigenschaften der Fraunhoferschen Beugungsfiguren bedeuten für eine Zellanalyse, daß von ihnen bestimmte morphologische Kriterien gewonnen werden können, ohne daß die gesamte Beugungsfigur abgetastet werden muß, und auch die Zellen können während des Analysenvorgangs kontinuierlich durch das Meßfeld geführt werden, ohne angehalten werden zu müssen.

Abbildung 11 zeigt schematisch den Aufbau zur schnellen punktuellen Abtastung von solchen Beugungsfiguren. Kernstück dieser Apparatur ist eine

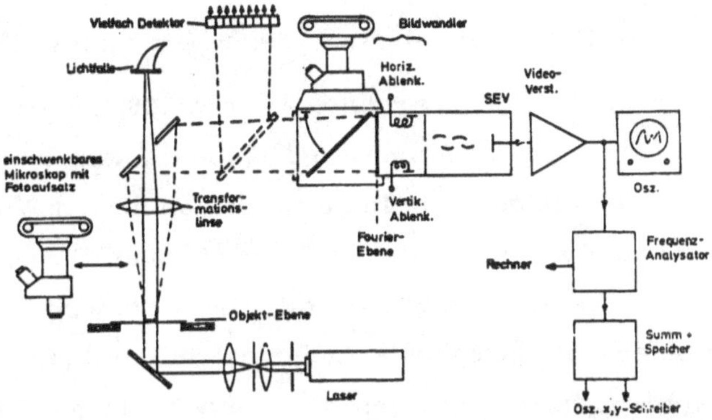

Abbildung 11: Schema der Versuchsanordnung zur Analyse von Beugungsfiguren nach G. SEGER, BATELLE Institut.

Bildabtastkamera, mit der beliebige, nichtzeilenförmige Abtastwege realisiert werden können. Zur Erzeugung der Beugungsfigur werden die Objekte mit dem kollimierten Licht eines He-Ne-Lasers beleuchtet.

Die mit dieser Apparatur bisher durchgeführten Untersuchungen aus Zellpräparaten aus Cervix-Abstrichen haben gezeigt, daß anhand der Beugungsfigur eine Klassifizierung der Zellen und anderer Partikel nach morphologischen Kriterien möglich ist. Die Weiterentwicklung dieser Methode, wie sie angestrebt wird, kann in Krebs-Frühdiagnose und Urinsedimentanalyse von Bedeutung sein, hauptsächlich mit gleichzeitigen Fluoreszenzmessungen verbunden, was der Apparaturaufbau auch zuläßt.

Es besteht kein Zweifel daran, daß das Mikroskop das wichtigste Instrument der biologischen Strukturforschung ist, trotz seiner geringen Tiefenschärfe. Mit der Erfindung des Lasers und Wiederentdeckung der Holographie lag es nahe, die Vorteile der Holographie auch für die Mikroskopie auszunutzen, um z.B. den Verlauf von Nervenfasern im rekonstruierten Bild zu verfolgen, ohne daß man gezwungen ist, Dünnschnitte anzufertigen. Bei der Realisierung dieser Gedanken traten aber solche technischen Probleme auf, deren Lösung zur Zeit nur teilweise gelungen ist. Über diese Probleme wird an anderer Stelle dieses Kapitels ausführlicher berichtet. Ich möchte nur ein Beispiel erwähnen, wo holographische Mikroskopie auch in ihrer jetzigen Form, die einzige Lösung ist: Das ist die Exobiologie.

Um einen Zylinder von 500 μm Durchmesser und 500 μm Höhe mit einem Mikroskop durchzumustern, muß man rund 300 mal fokussieren. Das bedeutet, daß, wenn man die gesamte Information von diesem Volumen vom Mars auf die Erde schicken will, 300 zweidimensionale Einzelbilder zu übertragen sind. Das bedeutet rund 10^{10} bit, was technisch unmöglich ist. Bei holographischer Mikroskopie kann man bei der Aufnahme auf die Scharfstellung verzichten, denn es genügt, in einer einzigen Ebene die Amplitude und Phase der Wellenfront zu registrieren. Zur Übertragung dieser Ebene genügen 10^6 bit, was sich technisch zur Zeit bereits verwirklichen läßt.

Es klingt vielleicht merkwürdig, aber der Laser hat die Entwicklung des Ultraschallmikroskops erst ermöglicht. Hier handelt es sich um ein Mikroskop, bei dem die Informationen durch mechanische Wellen von sehr hoher Frequenz (100 MHz), also mit Wellenlängen in der Größenordnung des Lichtes, übertragen werden. Das Prinzip des Ultraschallmikroskops ist in Abbildung 12 dargestellt. Das Objekt wird vom Ultraschall durchstrahlt, und das akustische Bild wird als Deformation einer Festkörperoberfläche mit einem Laserstrahl abgetastet. Geeignete Elektronik sorgt dafür, daß von dem so modulierten Laserstrahl das akustische Bild des Objekts auf einem TV-Monitor sichtbar wird. Bei den angewandten hohen Ultraschallfrequenzen ist aber die Absorption in dem zu untersuchenden Objekt so hoch, daß nur Schnitte betrachtet werden können, die optisch auch durchsichtig sind. So stellt sich die Frage: Warum dann Ultraschall-Mikroskopie? Die Antwort lautet:

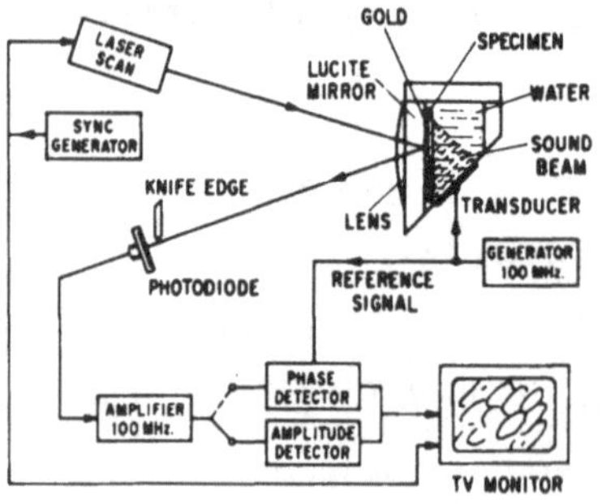

Abbildung 12: Das Prinzip des Ultraschall-Mikroskops.

Die Wechselwirkung zwischen Materie und einer elektromagnetischen Welle einerseits und zwischen Materie und mechanischer Welle andererseits ist unterschiedlich, und so können zwar die beiden Bilder auf den ersten Blick sehr ähnlich aussehen, geben jedoch verschiedene, einander ergänzende Informationen. Ich bin überzeugt, daß das ganz neue Möglichkeiten in der biomedizinischen Forschung eröffnet.

Schlußbemerkung

Es ist unmöglich, in einem solchen Referat alle Gebiete zu erwähnen, in denen der Laser als Sonde der biomedizinischen Forschung angewendet werden kann. Wenn ich einige Anregungen gegeben habe, dann glaube ich, meine Aufgabe erfüllt zu haben.

Zusammenfassende Literatur

Collier, R. J., Burghardt, C. B. & Lin, L. H. (1970), Optical Holography, Academic Press, New York

Goldman, L. (1967), Biomedical Aspects of the Laser, Springer Verlag, Berlin - Heidelberg - New York

Greguss, P. (1972), Biomedical applications of holography. Laser & Unconventional Optics Journal, No. 39

Greguss, P. (1972), Non-electromagnetic holography and its impact on biomedical research and clinical practice, Acta Biochim. & Biophys. Acad. Sci. Hung. 7 (3): 263

Greguss, P. (1975), Optical evaluation of ultrasonic scattering of animal tissues. Ann. New York Acad. Sci. (in Press)

Greguss, P. & Waidelich, W. (1975), Ultrasonic holographic Fourier spectroscopy via optical Fourier transforms. IEEE-TC Special issue on Optical Computing C-24:412

Greguss, P. (ed.) (1975), Holography in Medicine, IPC Science & Technology Press, London (in Press)

3.2 Laser in der Medizin – experimentelle und klinische Erfahrungen

E. Mester, E.J. Nagy, E. Bácsy, A. Korényi-Both, J. Naményi, I. Kovács, S. Tisza

Die Entdeckung der Laserstrahlen eröffnete neue Perspektiven auch auf dem Gebiet der Therapie. Die medizinischen Anwendungsmöglichkeiten sind aber noch bei weitem nicht abgeschlossen und u.E. nach ist noch viel zu erwarten. Es gibt heute fünf Gebiete, in welchen der Laser auch klinisch verwendet wird.

Ophthalmologische Anwendungen

Für die Behandlung der Netzhautablösung verwendete MEYER-SCHWICKERATH in den 50er Jahren zum erstenmal die Photokoagulation mit Xenon-Bogenlicht. Der Nachteil dieses Verfahrens bestand darin, daß es in ausgedehnten Netzhautgebieten einen Brand verursachte, im Glaskörper eine starke Wärmeentwicklung hervorrief und Anästhesie erforderte.
Für die Photokoagulation mit Laserlicht wurde der Rubinlaser 1962 erstmalig verwendet. Im Vergleich zur Photokoagulation mit Xenon-Bogenlicht ist die Laser-Photokoagulation handlicher, und ein großer Vorteil besteht in der kürzeren Expositionszeit, der guten Fokuseinstellung sowie in der Anwendbarkeit des Verfahrens bei einem auf bedeutend kleinerem Gebiet erfolgenden Eingriff, der darüber hinaus leicht zu wiederholen ist. Infolge des Readhäsionseffektes der entstandenen Narbe sind mit diesem Verfahren - besonders im Anfangsstadium - gute Ergebnisse zu verzeichnen. Anstelle von Rubin trat in neuester Zeit der Argon-Ion-Laser in den Vordergrund (grüne Wellenlänge), nachdem L'ESPERANCE (1) und andere dies befürworteten. Im Gegensatz zum Rubin-Laser besitzt der Argon-Ion-Laser den Vorteil, daß die intravaskuläre Absorption größer, die Fokuseinstellung besser - z.B. auf ein Gebiet von 10 μm - möglich ist. Er kann fortlaufend verwendet, und eine Leistung von 1 W erreicht werden.

Nach CAMPBELL et al. (2) ist das Indikationsgebiet anhand von über 5000 klinischen Anwendungen wie folgt:

a) Behandlung und Prävention der Netzhautablösung;

b) bei makular-vaskulären Veränderungen, Mikroaneurysmen;

c) bei diabetischer Retinopathie, besonders in avaskulär proliferativen, vaskulären und hämorrhagischen Gebieten;

d) im Fall von toxoplasmotischer Chorioretinitis, und

e) Glaukom, bei welchem mit fokussierten Laserstrahlen die periphere Iridektomie ohne Korneainzision die intraokuläre Tension verringert.

Zur Behandlung kornealer Abszesse wurde der Argon-Ion-Laser vorläufig nur experimentell verwendet, und zwar in der Weise, daß man Fluorescein in die Krankheitserregerkolonien von Pseudomonas aeruginosa oder Candida albicans einführte. Diese absorbierten die Laserstrahlen in erhöhtem Maße,und die größere Wärmewirkung vernichtete nur die Erreger, ohne die intakte Kornea zu schädigen. Gegenwärtig läßt sich noch nicht beurteilen, ob dies zur klinischen Anwendung führen wird. In den Laserstrahlen verschiedener Wellenlänge sowie in den diesen entsprechenden Färbungskombinationen dürften jedoch große Möglichkeiten liegen.

Laser-Radar als Hilfsmittel für den Blinden ist ein schöner Gedanke! Das Wesentliche besteht darin, daß der Strahl, der aus dem im Mittelteil des Stockes befindlichen Diodenlaser emittiert wird, reflektorisch eine Vibration erzeugt, welche vom Kranken wahrgenommen wird. Von der Fabrik "Biosonics Instruments" werden bereits solche mikrominiaturisierten Galliumarsendiodenlaser hergestellt, welche an die Stöcke von Blinden angebracht in drei Richtungen emittieren und eine Detektorkombination enthalten.

Dermatologische Anwendungen für den Einsatz des Lasers sind nach GOLDMAN et al. (3) folgende:

a) Untersuchung der Wirkung der Hauptexposition;
b) Untersuchung der optischen Hauteigenschaften;
c) Effekt der akuten und chronischen Laserexposition, mit besonderer Berücksichtigung der Sicherheitsfaktoren;
d) Wertung der dermatologisch-chirurgischen Eingriffe, und
e) als Forschungsmittel in der Kollaboration Dermatologe-Medizin-Physiker.

Hinsichtlich der karzinogenen Wirkung brachte die Grundlagenforschung bisher kein positives Ergebnis. In einem Selbstversuch erhielt GOLDMAN an der Beugeseite der Unterarmhaut über 800 Expositionen (14 - 40 J/cm^2) mit einem Rubinlaser und bei anderen Gelegenheiten mit anderen Laserstrahlen, aber es kam zu keiner Präkarzinose. Dies konnten auch wir experimentell beweisen, und zwar durch die wöchentlich einmal an derselben Stelle, 6 Monate lang erfolgten Bestrahlung mit einem Rubinlaser und 1 J/cm^2.

Ausgedehnte klinische Behandlungen unternahm in erster Linie die Arbeitsgruppe von GOLDMAN allerdings mit der Einschränkung:"Wo nicht notwendig, soll der Laser nicht verwendet werden". Die Indikation zur Behandlung bildeten besonders Pigmentmale, Angiome (Portwine), ausgedehnte seborrhoeische, warzige Keratose, Basaliome und in einigen Fällen Melanome. Außerdem hat sich das Verfahren auch bei der Entfernung von Tätovierungen gut bewährt. Unlängst berichteten GOLDMAN et al. (3) über einen Fall, bei welchem die Autoren nach erfolgreichen Tierexperimenten die Behandlung eines basalzelligen Epithelioms nach Vorbehandlung mit 0,75 ml wäßriger Ferrofluidlösung unter Anwendung von 4 Laser-Impulsen von jeweils 1500 J/cm^2 vornahmen und - auch nach einer Beobachtungszeit von 3 Jahren - erfolgreich abschlossen. Die gleichzeitige Anwendung eines Magnetfeldes und des Lasers ist immerhin eine bemerkenswerte Initiative.

Wir führten unsere ersten klinischen Untersuchungen im Jahre 1968 an 3 Patienten ebenfalls mit einem Rubinlaser durch. Die verwendete Energie lag zwischen 300 und 1000 J/cm^2:

a) Bei einer Patientin hat sich das postthrombotische Unterschenkelgeschwür in einen planozellulären Hornkrebs verwandelt. Innerhalb von drei Monaten gaben wir zehnmal eine Bestrahlung mit insgesamt 7400 J/cm^2. Die Laserstrahlen haben die Geschwulst nicht beeinflußt.

b) Ein Patient kam wegen malignem Sigmamelanom zur Operation, und wir behandelten eine nußgroße axillare Metastase mit einer Energie von insgesamt 2200 J/cm^2. Im bestrahlten und danach entfernten Gebiet waren bei der histologischen Untersuchung außer Melaninschollen weder Kernfärbung noch Zellen sichtbar. Das ganze bestrahlte Gebiet war durch einen an Kollagengewebe reichen, zellarmen Ring scharf abgegrenzt.

c) Eine Patientin hatte in der Glutealgegend einen etwa 1,5 cm großen basalzelligen Krebs (durch Biopsie verifiziert). Nach einer Gesamtdosis von 4900 J/cm^2 konnte eine Heilung erzielt werden. Die Papillen verschwanden, das Epithel und das darunter befindliche Bindegewebe waren voneinander durch eine scharfe Linie getrennt.

Im ersten Fall kann die Erfolglosigkeit einerseits durch den Pigmentmangel, andererseits damit erklärt werden, daß das Narbengewebe, aus welchem die Geschwulst entstand, gegenüber Laserstrahlen resistent ist. Auch beweisen die drei Fälle, daß die Laserwirkung selektiv und nicht rein thermisch ist.

Anhand unserer Untersuchungen halten wir die kumulative biologische Wirkung für wichtig. Die wiederholten kleinen Impulse stimulieren zwar die Aktivität der bestrahlten Zellen, nach einer bestimmten Zahl von Wiederholungen resultiert jedoch daraus eine hemmende Wirkung. Deshalb müssen auch bei der Therapie der stimulierende Effekt und die Summierung in Betracht gezogen werden, denn wiederholte kleine Dosen verursachen seltener unerwünschte Nebenwirkungen (z.B. Geschwulststreuung) und sichern ein besseres Ergebnis, als der einmalige große Impuls.

In der Behandlung maligner Hautgeschwülste ist jedoch große Vorsicht geboten. Es sind auch noch zahlreiche Grundlagenuntersuchungen erforderlich, bevor die Einführung des Lasers in die klinische Routine erwogen werden kann.

Chirurgische Anwendung

Die chirurgische Technik wird fortschrittlicher und komplexer. Nach dem alten Skalpell, der Schere, der Säge und dem Meißel werden auch die elektrische diathermische Kauterisierung mit hoher Frequenz, die Refrigeration und der Ultraschall verwendet. Ein weiterer Schritt bedeutet das sog. Laser-"Strahlenmesser", das den Zielsetzungen der unblutigen Operation dient. Zu diesem Zweck verwendet man gegenwärtig hauptsächlich den fortlaufend betreibbaren CO_2- bzw. Neodym-YAG-Laser mit einer Leistung von 40-200 Watt. Der intensiven Wärmewirkung zufolge wird jedes betroffene menschliche Gewebe verdampft, das Blut gerinnt, die kleinen Gefäße thrombosieren, so daß die Operation besonders der parenchymatösen Organe mit einem bedeutend geringeren Blutverlust einhergeht. Es entsteht auch eine antibakterielle Wirkung, und der entstehende dünne, nekrotische Begrenzungsrand heilt gut. Auch gegenüber dem gegenwärtig verwendeten Elektrokauter besteht ein großer Vorteil insofern, als man mit dem Laser wegen der Erzeugung der Brandoberfläche mit dem Lichtstrahl die Wunde nicht zu berühren braucht, während bei Verwendung des Elektrokauter nach seinem Entfernen vom entstandenen Koagulum eine Blutung auftreten kann. Bedeutung muß auch der Tatsache zugeschrieben werden, daß bei der Entfernung maligner Geschwülste aus dem gesunden Gewebe durch die Wärmewirkung des Lasers auch die afferenten Gefäße, Lymphbahnen und Gewebespalten geschlossen werden. Dadurch lassen sich günstigere Bedingungen für die Ablationsoperationen schaffen. Durch Regelung der Leistung und Leistungsdichte in der betreffenden Wellenlänge können wir - von der Inzision bis zur Vaporisation - die entsprechende Form der Gewebedestruktion erzielen.

Die schneidende und hämostatische Wirkung des CO_2-Laser wurde erstmals von YAHR et al. (4) im Jahre 1966 beschrieben. MULLINS et al. (5) haben die Leber von Affen reseziert und anschließend mit histologischen und Enzymaktivitätsuntersuchungen bestätigt, daß postoperativ die Regeneration vollkommen war. FIDLER (6) führte bei heparinisierten Hunden eine partielle Leberresektion durch und verglich die Ergebnisse von Operationen durch Schneiden und Nähen bzw. mit dem Elektrokauter mit denen, die unter Anwendung des CO_2-Laser von 80 Watt vorgenommen wurden. Er fand, daß die Operationserfolge mit dem Laser bedeutend besser als die mit den beiden anderen Methoden waren. STELLAR et al. (7) haben die mikrochirurgische Verwendung des CO_2-Laser für Gehirn- und Nerveneingriffe empfohlen. Außerdem erzielten sie gute Ergebnisse mit der Hautautotransplantation nach Laserentfernung von durch Dekubitus infizierten Wunden und von durch Verbrennungen dritten Grades bedingten nekrotisierten Hautpartien. GOODALE et al. (8) haben den Streßulkus bei Hunden mit dem CO_2-Laser kauterisiert und dieses Verfahren anschliessend in zwei ähnlichen klinischen Fällen mit Erfolg verwendet. An Stimmbändern unternahmen STRONG und JAKO (Zit. nach STELLAR et al. (7)) erfolgreiche Eingriffe ohne Blutverluste mit einem zur Tumorentfernung fokussierten CO_2-Laser und mit Hilfe eines zu diesem Zweck konstruierten Laryngoskops. FIDLER (6) berichtete 1974 über 15 Kinder mit schweren Verbrennungen, die er ohne Todesfall mit CO_2-Laserexzision + Autotransplantation behandelte. Der Blutverlust war bedeutend geringer, wenn auch die Operationsdauer etwas länger war, als bei der üblichen Methode. KAPLAN (9) hat ebenfalls 1974 über 100 erfolgreiche klinische Fälle aus der allgemeinen und plastischen Chirurgie berichtet. Die Kranken wurden mit einem CO_2-Laser (Fa. SHARPLAN) operiert, wobei die folgenden Vorteile des Verfahrens festgestellt werden konnten:

a) der Blutverlust war minimal, und die Zahl der Transfusionen konnte wesentlich verringert werden;
b) die Operationsdauer wurde kürzer, denn es waren weniger Gefäßabbindungen erforderlich;
c) Gewebenekrosen, Hämatom und Wundinfektionen waren seltener;
d) die Wundheilung war nicht verzögert, sondern erfolgte im allgemeinen sogar rascher wegen des oben angeführten;
e) der Gefäßthrombosierung zufolge verringerte sich die Gefahr der Streuung von Tumorzellen.

Im Behälter des Gerätes befindet sich CO_2-Gas-Gemisch, dieses liefert den zur Laserbehandlung notwendigen Grundstoff, außerdem sind im tragbaren und im Operationssaal aufstellbaren Apparat entsprechende Hochspannungsleitungen, Entladungsröhren, Vakuumpumpe, Kühleinrichtung, Spiegel, Schalter usw. eingebaut. Mit Hilfe entsprechend geordneter Spiegel und Schalthebel gelangt das austretende Strahlenbündel in einen manuell gut bewegbaren Richtapparat, mit dem es vom Chirurg auf das zu kauterisierende Gebiet gelenkt wird. Das Einschalten bzw. die Unterbrechung der Betätigung des Apparates kann mittels Fußschalter erfolgen. In letzter Zeit findet der Apparat - besonders zu onkologischen Operationen - eine zunehmende Anwendung vor allem in denjenigen Instituten, in denen die finanzielle Deckung (halber Preis eines Elektronenmikroskops) gesichert werden kann.

Das optische Pumpen des Neodym-YAG-Laser erfolgt mit 2 Krypton-Bogenlichtstrahlern, und der Laser ist wie der CO_2-Laser durch eine kontinuierliche Strahlung von 40-200 W Leistung und annähernd infraroter Wellenlänge charakterisiert. An das Gerät der Fa. ERBE ist ein fiberoptischer Lichtleiter angeschlossen, der die Zentrierung des Lichtstrahls auf die gewünschte Stelle erleichtert. Vorläufig gibt es noch keine Literaturangaben über klinische Erfahrungen mit diesem Gerät. Nach MÜSSIGGANG et al. (10) ist auf Grund der Ergebnisse tierexperimenteller Untersuchungen der Erfolg u.a. von urologischen Operationen- z.B. von unblutigen Nierenpolresektionen - vielversprechend.

Die Verwendung von endoskopischen, flexiblen Lichtleitern bei Laseroperationen ist noch nicht ausreichend verbreitet, obwohl dies grundsätzlich bei allen Operationen in Körperhöhlen - besonders bei der Blutstillung - zahlreiche Möglichkeiten bieten kann. Die Einführung dieser Methoden in die klinische Praxis ist wünschenswert und in nächster Zukunft zu erwarten.

Zahnärztliche Anwendung, die nur der Vollständigkeit halber erwähnt sei, geht von der Beobachtung aus, daß mit einem fokussierten Rubinlaserstrahl Krater im Schmelz bzw. in Metallprothesen gebildet werden können (STERN (11)). Zahlreiche Versuche zielten darauf ab, Kariesveränderungen bzw. beschädigte Metallplomben mit dem Laser zu entfernen. Alle Experimente führten aber zu einem negativen Resultat. Als Folge der Einwirkung der absorbierten Energie entwickelte sich ein explosiver Effekt, d.h. es entsteht ein heißer, weißer Dampf,und eingeschmolzene Gewebsteilchen wurden befreit, die die benachbarten Weichteile schädigten (GORDON, Zit. nach STERN (11)). Im Dentin und in der Pulpa des auf diese Weise behandelten Zahnes kam es zu einer ausgedehnten Verkohlung. Vorläufig läßt sich demnach der zahnärztliche Bohrapparat nicht durch den Laser ersetzen. STERN stellte diesbezüglich fest: "Es lohnt sich nicht, ein Problem von 50 Cents mit einem Apparat im Wert von 3000 Dollar zu lösen". Er sieht aber die zukünftige Anwendungsmöglichkeit des Laser im folgenden: Die im Schmelz erfolgende Penetration des lokal gegebenen Fluoridions wird gefördert, die endodontial behandelten Zähne - ohne Pulpa - werden weißer, und in der Pulpa entsteht eine kauterisierende Wirkung. Ferner erwartet der Autor die Anwendungsmöglichkeit des Laser auch in der periodontalen Chirurgie.

Hinsichtlich der Zukunft der Laser-Anwendung in der Zahnmedizin ist die Mitteilung von WEDENDAL et al. (12) nicht ohne Interesse: Die Autoren befassen sich mit der holographischen Darstellung der Dynamik und Funktion menschlicher Zähne.

Die Wundheilung

Wir beobachteten bei Untersuchungen der karzinogenen Wirkung von wiederholten Rubinlaser-Bestrahlungen, daß Impulse von geringer Energie (1 J/cm^2) den Haarwuchs bei enthaarten Mäusen stimulieren, daß sich die biologischen Wirkungen wiederholt applizierter Impulse summieren, und daß über einem bestimmten Wert hinaus eine hemmende Wirkung entsteht. Diese Erscheinung, welche dem biologischen Grundgesetz von ARNDT-SCHULZ entspricht, konnten wir an zehn biologischen Systemen - u.a. an mechanisch bzw. elektrokaustisch gesetzten Wunden von Mäusen - beweisen. Anhand dieser günstigen experimentellen Ergebnisse begannen wir im Jahr 1971, uns mit der Frage der Behandlung von schwer oder überhaupt nicht heilenden menschlichen Geschwüren und der Beeinflußbarkeit der Wundheilung mit dem Laser zu befassen.

In der vorliegenden Arbeit möchten wir über Erfahrungen mit 36 geheilten klinischen Fällen und über Ergebnisse unserer neueren experimentellen Untersuchungen berichten, die auf den diesbezüglichen Wirkungsmechanismus des Lasers gerichtet waren (13 -16).

Von den in Tabelle 1 zusammengefaßten 11 Gruppen möchten wir zwei Fälle darlegen:

ad 3. Fall 1: Bei einem 71-jährigen Mann mit einer seit 4 Jahren bestehenden Radionekrose entstand nach Entfernung einer malignen Hautgeschwulst mit dem Elektrokauter und nach einer Röntgen-Bestrahlung mit 10.000 R Gesamtdosis ein tiefer Hautdefekt.

Die Abbildungen 1 und 2 zeigen die Heilungsphasen; der Patient ist auch nach 2 Jahren beschwerdefrei. Abbildung 3 ist die Aufnahme des Fersenbeins, die einen umschriebenen Kalkschwund erkennen läßt. Dieser verschwand nach der Heilung (Abb. 4) als Zeichen dafür, daß das tiefe Geschwür durch Weichteile ausgefüllt und damit für die Röntgenstrahlen genau so durchgängig wurde, wie die benachbarten intakten Gewebe.

Tabelle 1

Zusammenstellung der geheilten Fälle nach ätiologischen Gesichtspunkten geordnet (Behandlung wöchentlich 2 x 4 J/cm^2 mit einem He-Ne-Gas-Laser (50 mW), Behandlungsdauer durchschnittlich 10 - 12 Wochen).

1.	Mechanisch erzeugte Hautläsionen	7
2.	Nach Verbrennung zurückgebliebene Haut-Geschwüre	5
3.	Radionekrose infolge Tumor-Behandlung mit Röntgen + Elektrokoagulation	5
4.	Lipodystrophia diabetica	2
5.	Trophische Störung der Wundheilung bei älteren Patienten	2
6.	Seit längerer Zeit bestehende variköse Ulzera	4
7.	Hartnäckiges Geschwür infolge rezidivierender Erysipelen	2
8.	Postthrombotische Ulzera	2
9.	Dekubital-Geschwüre	3
10.	Postoperative Störung der Wundheilung	3
11.	Abdominale Fettnekrose infolge Kumarin Medikation	1
	Gesamtzahl der Fälle	36

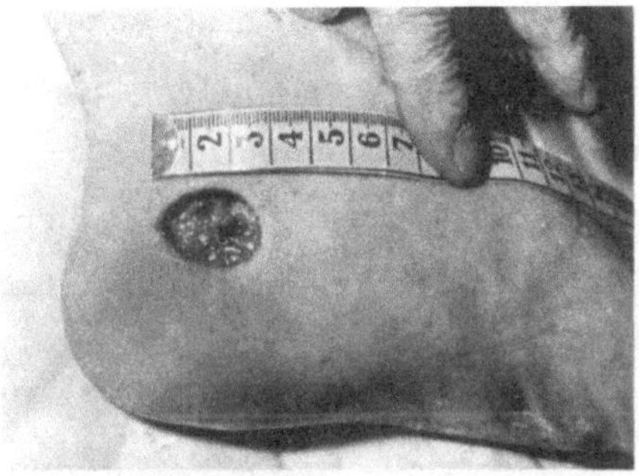

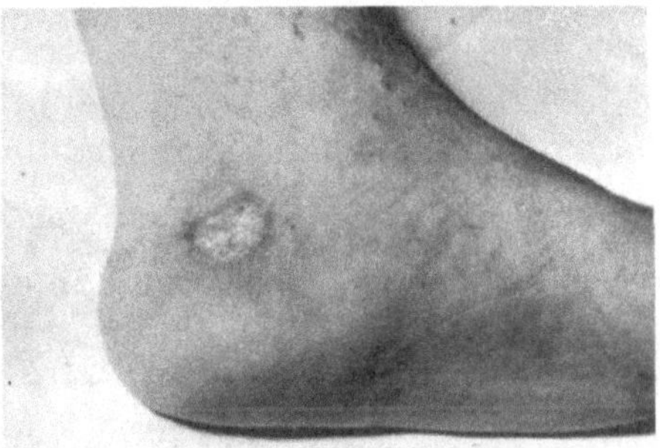

Abbildung 1 Abbildung 2

Heilungsphasen einer mehrjährigen Radionekrose nach Laserbestrahlung:

<u>Abbildung 1:</u> vor Behandlung.

<u>Abbildung 2:</u> nach Behandlung.

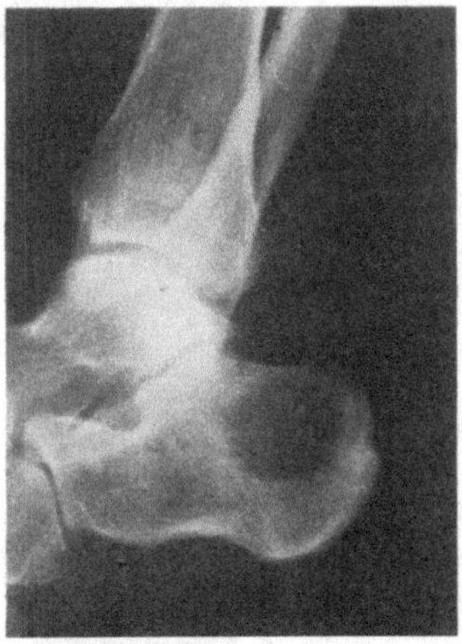

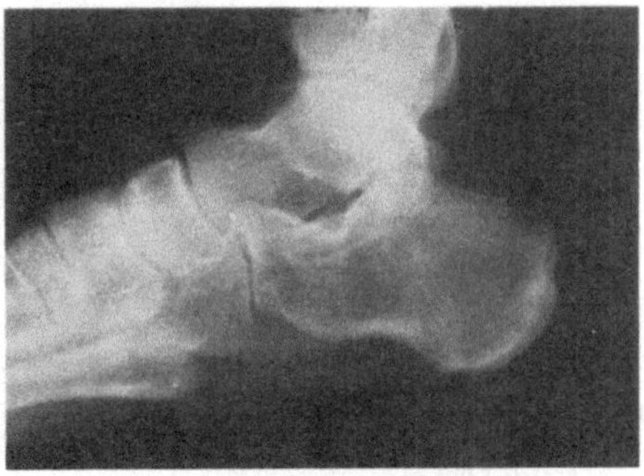

Abbildung 3 Abbildung 4

Röntgenaufnahmen des Fersenbeins vor (Abb. 3) und nach Laser-Bestrahlung (Abb. 4) der Radionekrose in Abbildung 1.

ad 8. Fall 2: Postthrombotisches, beinahe zirkuläres Unterschenkelgeschwür. Die Behandlung haben wir zuerst (nur) an der lateralen Seite eingeleitet, und diese heilte innerhalb von 6 Wochen. Nachdem aber auch auf der medialen Seite Zeichen der Heilung bemerkbar wurden, haben wir die Behandlung dieses Gebietes in der 6. Woche begonnen. Nach weiteren 6 Wochen war auch hier die Heilung vollendet (Abb. 5, 6, 7, 8).

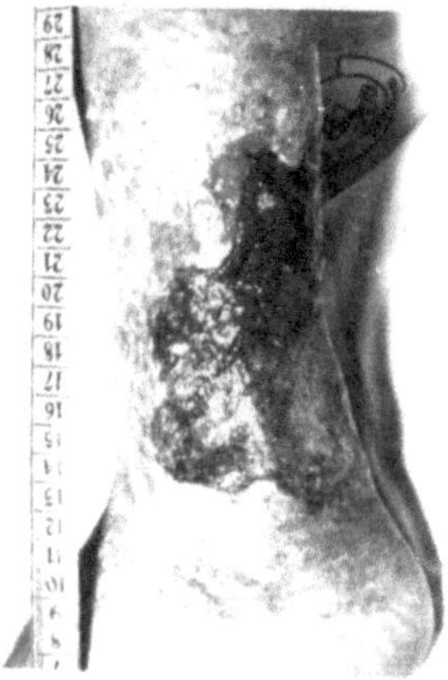

Abbildung 5

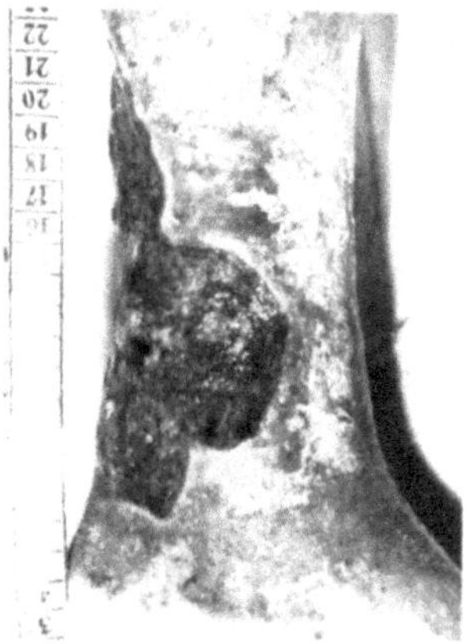

Abbildung 6

Abbildung 7

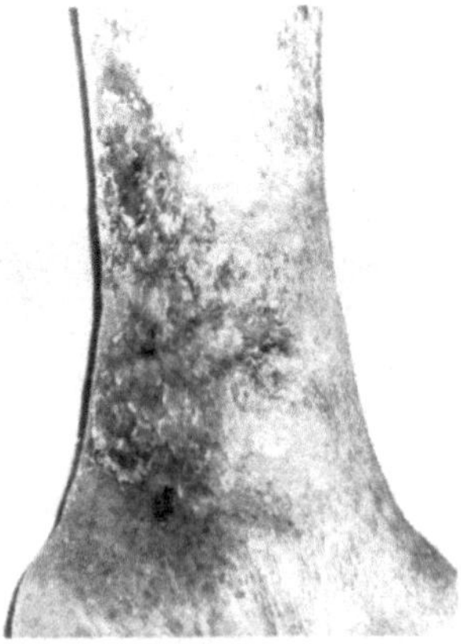

Abbildung 8

Laserbestrahlung eines postthrombotischen Unterschenkelgeschwürs:

Abbildung 5: lateral, vor Behandlung.

Abbildung 6: medial, vor Behandlung.

Abbildung 7: lateral, nach Behandlung.

Abbildung 8: medial, nach Behandlung.

Die die Klärung des Wirkungsmechanismus anstrebenden neuen Versuche waren folgende:

Im zuletzt beschriebenen Fall haben wir den Heilungsprozeß durch elektronenmikroskopische Serienuntersuchungen verfolgt. Vor der Bestrahlung sind in den Proben zahlreiche Fibroblasten sichtbar (Abb. 9). Nach der ersten Bestrahlung sind eine Vermehrung der Kollagenfasern und Verringerung der zellulären Substanz sichtbar. Im intrazellulären Raum und intrazytoplasmatisch sind Vesikeln mit elektrodensen Kernen zu erkennen (Abb. 10).

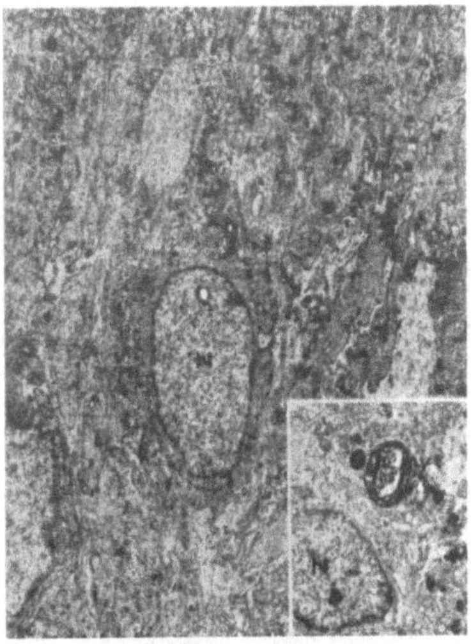

Abbildung 9

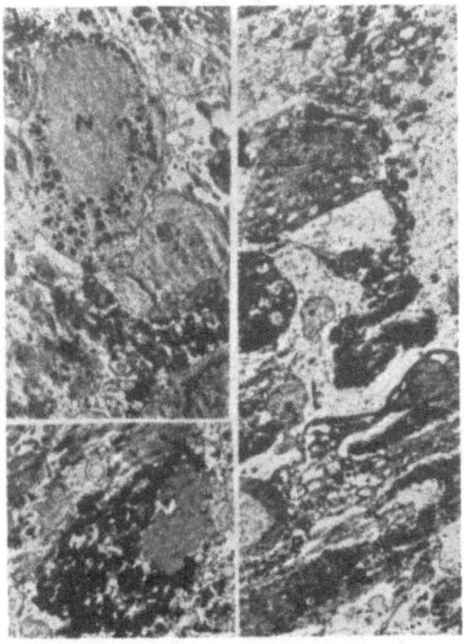

Abbildung 10

Ergebnisse elektronenmikroskopischer Serienuntersuchungen an Proben des postthrombotischen Unterschenkelgeschwürs in den Abbildungen 5 u. 8:

Abbildung 9: vor Laserbestrahlung.

Abbildung 10: nach der 1. Laserbestrahlung.

Abbildung 11: nach der 3. Laserbestrahlung.

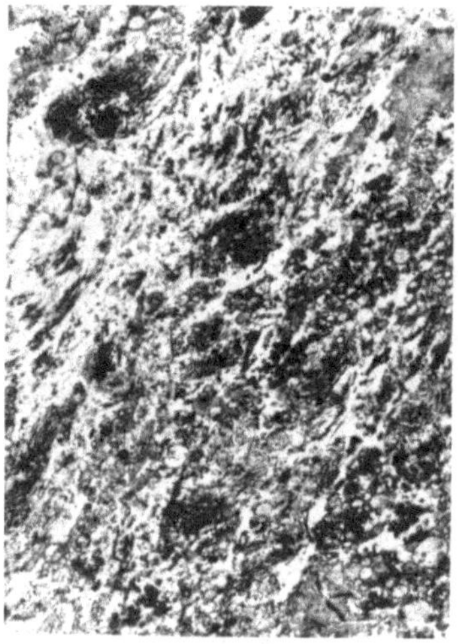

Abbildung 11

Nach der zweiten Laser-Bestrahlung hat die Zahl der intrazellulären lysosomartigen Körperchen zugenommen, die Mitochondrien sind angeschwollen. Im Intrazellularraum haben sich die Kollagensubstanz und die Vesikeln vermehrt. Nach der dritten Bestrahlung beobachtet man einen weiteren Zuwachs der Kollagensubstanz und der Vesikel (Abb. 11). In der aus dem nicht bestrahlten Gebiet resezierten Substanz konnten ähnliche Veränderungen beobachtet werden.

Dann haben wir anhand der Radioaktivitätsmessung nach Inkorporation von radioaktiv markiertem 2-^{14}C-Glyzin und ^{3}H-Prolin gefunden, daß Glyzin der wahrscheinliche Angriffspunkt die Kollagensynthese ist, was auch durch unsere elektronenmikroskopischen Untersuchungen bestätigt werden konnte. Die strukturelle Grundlage der Wundheilung bildet die aktivierte Kollagen-Erzeugung, und wir müssen auch den Vesikeln mit dichtem Zentralkern eine Rolle im Prozeß der Wundheilung beimessen. Wir nehmen an, daß die Vesikeln bioaktive Substanzen enthalten, die die Heilung auch im nicht bestrahltem Gebiet katalysieren. Dies führt zu der Annahme, daß diese Fernwirkung durch eine, aus dem bestrahlten Gebiet stammende Humoral-Substanz ausgelöst wird. Zum Beweis für diese Annahme haben wir auf eine frühere Methode zurückgegriffen, nämlich auf die Stimulierung der Bakterienphagozytose der Leukozyten mit Laserbestrahlung.

Die Bestrahlungen erfolgten jeweils mit gleicher Energie im normalen und Q-gekoppelten System. Die sedimentierten Leukozyten wurden nach Bestrahlung in einer homologes Serum enthaltenden Ringer-Lösung suspendiert und in 5 aliquote Teile geteilt. Die Kontrollen wurden in derselben

Weise behandelt. Direkt, sowie 1, 2, 3 und 4 Stunden nach der Bestrahlung haben wir je eine Kontroll- und bestrahlte Probe zentrifugiert, den Supernatant der Zellen mit frischer, normaler Leukozyten-Population vermengt und die auf die Phagozytose ausgeübte Wirkung der Supernatanten untersucht. Die Ergebnisse bewiesen, daß sich aus den bestrahlten Zellen tatsächlich eine Substanz ausscheidet, welche die Phagozytenfunktion der normalen Leukozyten-Population zu steigern vermag.

In der sich daran anschließenden Arbeit untersuchten wir in der Hautwunde von Ratten die Laserwirkung auf die Aktivität von histochemisch lokalisierbarer Succinyldehydrogenase, Laktatdehydrogenase, sauerer Phosphatase und nichtspezifischer Esterase während der Frühphase der Wundheilung. Wir konnten feststellen, daß 8 bis 48 Stunden nach der Verletzung die Aktivität der Succinyldehydrogenase innerhalb der basalen Epithelzellen sowie die Aktivität der Laktatdehydrogenase und die der nichtspezifischen Esterase der Fibroblasten in den wundrandnahen intakten Gewebezonen im Vergleich zu den Kontrollen erhöht war. Demgemäß ist die Bereitschaft der Fibroblasten zur erhöhten Aktivität bereits 8 Stunden nach der Verletzung mit enzymhistochemischen Methoden nachweisbar,und diese Aktivität wird durch die Laserbehandlung erhöht (16).

Als eine weitere entscheidende Phase der Wundheilung wurden das Entstehen neuer Blutgefäße und die Beeinflussung dieses Vorganges untersucht. Nach unseren Ergebnissen wird die Ausbildung des Blutkreislaufes des regenerierenden Gewebes durch die Laserbestrahlung wesentlich erhöht. Wir verwendeten die "ear chamber-Technik" von SANDERS (17), und die Aufnahmen, die am 18. Tag nach der "Implantation" angefertigt wurden, zeigen den Unterschied zwischen der Vaskularisation der 6 bestrahlten und 6 Kontrollkaninchen (Abb. 12 und 13).

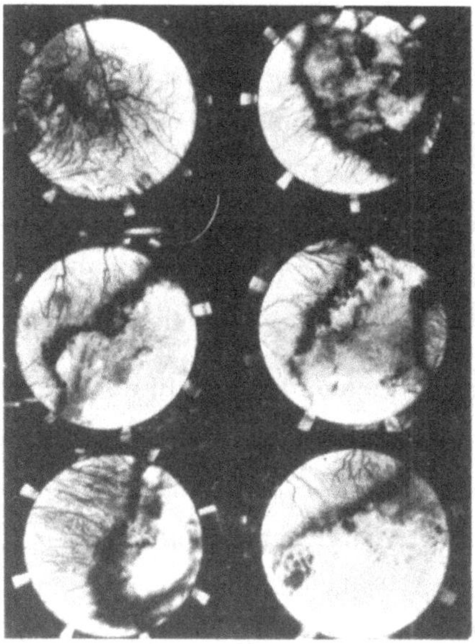

Abbildung 12

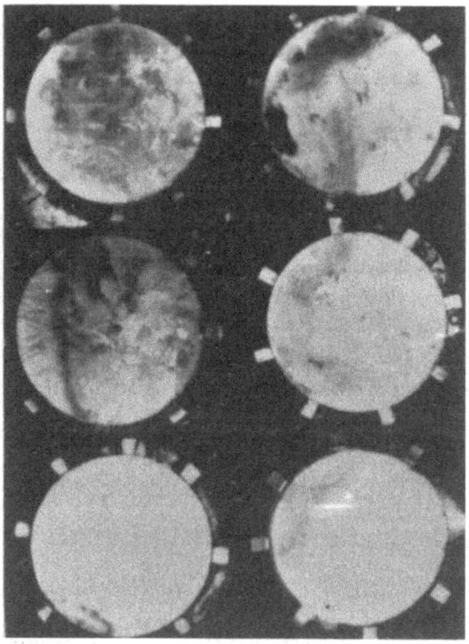

Abbildung 13

Vaskularisation von regenerierendem Gewebe durch Laserbestrahlung:

Abbildung 12: Ergebnisse an 6 bestrahlten Kaninchen am 18. Tag nach "Implantation".

Abbildung 13: Ergebnisse an 6 Kontrolltieren zum gleichen Zeitpunkt.

Die Laserwirkung auf die Zugfestigkeit geschnittener und mit Klammern vereinigter Hautwunden wurde in Rattenversuchen geprüft. Täglich wiederholte Bestrahlungen mit einem Helium-Neon-Gas-Laser (5 mW power) ergaben eine wesentliche Steigerung der Zugfestigkeit. Abbildung 14 zeigt den Versuchsaufbau, in Tabelle 2 sind die Ergebnisse des Versuchs zusammengestellt.

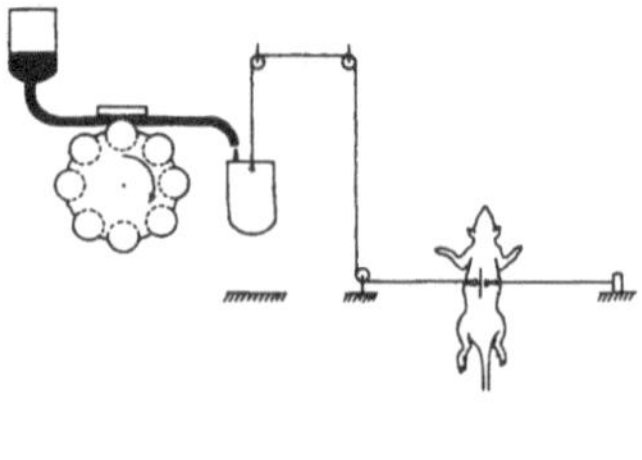

Abbildung 14: Versuchsaufbau zur tierexperimentellen Untersuchung der Zugfestigkeit laserbestrahlter Hautwunden.

Tabelle 2

Ergebnisse von tierexperimentellen Untersuchungen über die Zugfestigkeit laserbestrahlter Hautwunden.

Tage nach Wundsetzung	Rißfestigkeit+) Laser-behandelt	Mittelwerte ± S. E. Kontrollen	Differenz zu den Kontrollen %	P
3	120,1 ± 8,8	123,5 ± 7,9	- 2,8	-
5	361,8 ± 34,8	281,6 ± 25,8	+ 28,5	0,1 → P → 0,05
8	644,0 ± 38,8	438,1 ± 17,1	+ 47,0	P → 0,001
12	748,6 ± 26,2	618,3 ± 16,2	+ 26,2	0,01 → P → 0,001

+) Mittelwerte einschließlich Standardabweichung von Ergebnissen an jeweils 12 Ratten / Gruppe.

Darüber hinaus untersuchten wir die Wirkung des Rubinlasers auf die makromolekulare Synthese humaner Fibroblastenkulturen. Wir haben gemessen, in welchem Grad die mit Laserbestrahlung vorbehandelten bzw. nichtbehandelten Zellen der Kulturen die spezifischen, radioaktiv markierten Vorstufen des Eiweißes, der DNS- und RNS-Synthese inkorporieren.

Nach den Ergebnissen unserer Untersuchungen wird der Einbau von markiertem Uridin und Valin durch die Bestrahlung nur geringfügig erhöht. Andererseits ist die stimulierende Wirkung der Strahlung auf den Thymidineinbau wesentlich deutlicher. Da der Grund der Thymidininkorporation im allgemeinen als Information über die Zahl der Zellen in der S-Phase des Zellenzyklus zu werten ist, ist anzunehmen, daß durch die Laserbestrahlung die Anzahl der sich teilenden Zellen vermehrt wird.

Zusammenfassung

Es wird zunächst über Erfahrungen beim klinischen Einsatz des Lasers für die Wundheilung berichtet. Danach werden Ergebnisse neuerer Untersuchungen beschrieben, die sich auf die Klärung des Mechanismus der stimulierenden Wirkung der Laserbestrahlung hinsichtlich der Wundheilung beziehen:

- Elektronenmikroskopische Serienuntersuchungen;
- Messung der Radioaktivität kollagener Präkursoren;
- Chemische Übertragung des stimulierenden Substrats auf humane Leukozytenpopulationen;
- Enzymhistochemische Untersuchungen;
- Erhöhte Zugfestigkeit von Nahtwunden;
- Neo-Vaskularisation mittels "ear chamber-Technik";
- Biochemischer Nachweis der RNS-, DNS- und Proteinsynthese-Stimulation

In allen angeführten Systemen, d.h. in den wichtigen Regulationprozessen, welche die Grundlage der Wundheilung bilden, war die stimulierende Wirkung des Lasers nachweisbar.

Literatur

1. L' Esperance, A.F. (1969): The ocular histopathologic Effect of Krypton and Argon Laser Radiation. Amer.J.Ophth. 68, 263
2. Campbell, C.J. & Rittler, M.C. (1970): The Effects of Lasers on the Eye. Ann.N.Y.Acad.Sci. 168, 627
3. Goldman, L. & Rockwell, R.J.Jr. (1972): Lasers in Medicine, Gordon and Breach, New York
4. Yahr, W.Z., Strully, K.J. & Harwitt, E.S. (1964): Non-occlusive small arterial Anastomosis with an Neodymium Laser, Surg.Forum 15, 224
5. Mullins, F., Jennings, B. & McClusky, L. (1968): Liver Resection with the Continous Wave Carbon Dioxide Laser; Some experimental Observations, Amer.J.Surg. 34, 717

6. Fidler, J.P.(1974): Carbon Dioxide Laser Excision of acute Burns with immediate Autografting,
J.Surg.Res. 17, 1

7. Stellar, S., Polányi, T.G. & Bredemeier, H.C.(1974): Laser in Surgery; in Wolbarsht, M.L.: Laser Applications in Medicine and Biology,
Plenum Press, New York - London, Vol. II, Chapter 8

8. Goodale, R.L., Okada, A., Gonzales, R., Borner, J.W., Edlich, R.F. & Wagensteen, O.H.(1970): Rapid endoscopic Control of Bleeding gastric Erosions by Laser Radiation,
Arch.Surg. 101, 211

9. Kaplan, J.: The Carbon Dioxide Laser in Clinical Surgery; in Wolbarsht, M.L.: Laser Applications in Medicine and Biology, Plenum Press New York - London, Vol.I 1971, Vol.II 1974, Chapter 9

10. Müssigang, H. & Brückner, H.L. (1973): Laser, ein zusätzliches Operationsinstrument,
Urol.int. 28, 148

11. Stern, H.: Dentistry and the Laser; in Wolbarsht, M.L.:Laser Applications in Medicine and Biology,
Plenum Press New York - London, Vol.II 1974, Chapter 11

12. Wedendal, P.R. & Bjelkhagen, H.J.(1974): Dynamics of human Teeth in Function by means of double pulsed Holography,
Applied Optics, 13, 2481

13. Mester, E., Ludány, G., Frenyó, V., Sellyei, M., Szende, B., Gyenes, G., Ihász, M., Kiss, A.F., Döklen, A. & Tota, G.J.(1971): Experimental and clinical Observations with Laser,
Panmin. Medica 13, 538

14. Mester, E., Korányi-Both, A., Spiry, T., Scher, A. & Tisza, S.(1974): Neuere Untersuchungen über die Wirkung der Laserstrahlen auf die Wundheilung,
Z.Exp.Chirurgie 7, 9

15. Mester, E., Jászsági-Nagy, E. & Hamar, M.(1974): Der Einfluß von Laserstrahlung auf stimulierte menschliche Lymphozyten,
Radiobiol.Radiother. 15, 767

16. Mester, E., Bácsy, E., Korányi-Both, A. & Kovács, I.(1974): Klinische, elektronoptische und enzymhistochemische Untersuchungen über die Wirkung der Laserstrahlen auf die Wundheilung,
Langenbecks Arch.Chir., Suppl., Forum 261

17. Sanders, A.G.(1954): Ear chamber Method,
Br.J.exp.Path. 35, 331

3.3 Die Anwendung der holographischen Technik in der Lichtmikroskopie

E. Händler, D. Haina, W. Waidelich

In der Lichtmikroskopie gibt es eine Reihe von Aufgabenstellungen, die mit den herkömmlichen Geräten nur unbefriedigend gelöst werden können. Man denke z.B. an die Untersuchung bewegter Objekte, bei denen es kaum möglich ist, photographische Aufnahmen durch das Mikroskop herzustellen, weil man diese Objekte kaum in der Schärfenebene des Mikroskopes halten kann. Die Schärfentiefe ist bei hoher Auflösung so gering, daß sich bewegte Objekte vorwiegend außerhalb des Schärfenbereichs aufhalten. Oder man denke an die Untersuchung dreidimensionaler Mikroobjekte, wie z.B. an die Verfolgung von Nervenbahnen, Blutgefäßen und dergl.. Zur Lösung dieser Aufgabenstellung müssen von dem Präparat mehrere photographische Aufnahmen in verschiedenen Schärfenebenen hergestellt werden, was eventuell eine hohe Wärmebelastung des Präparates zur Folge hat, oder es muß die zeitraubende Dünnschnittechnik angewandt werden.

Alle diese Schwierigkeiten könnte man umgehen, wenn es gelänge, nicht nur die Information über eine Ebene, nämlich die Schärfenebene des Objektivs photographisch aufzuzeichnen, sondern wenn die Möglichkeit bestünde, die gesamte Information über das zu untersuchende Objekt auf der Photoplatte zu speichern.

Diese Bedingung wird erfüllt von dem durch Prof. Dennis GABOR 1948 entwickelten holographischen Aufzeichnungsverfahren.
Praktisch konnte dieses Verfahren erst angewandt werden, nachdem mit der Entwicklung des Gaslasers (1961) lichtstarke, kohärente Lichtquellen zur Verfügung standen. Abbildung 1a deutet das Wellenfeld an, das von einem beleuchteten Gegenstand in den Raum hinausläuft. Auf der Retina bzw. bei der konventionellen Photographie auf der Filmebene wird mit Hilfe der Augenlinse bzw. dem Kameraobjektiv das Bild des Gegenstandes

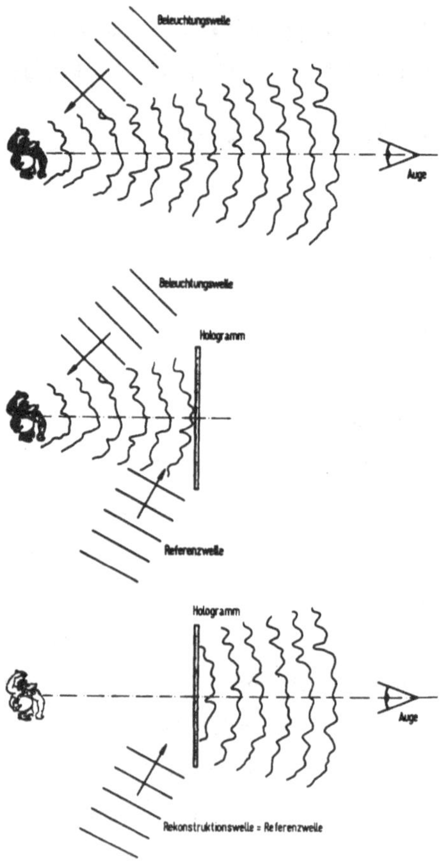

Abbildung 1: Prinzip der Holographie.

entworfen und dort intensitätsmäßig aufgezeichnet. Anders sind die Verhältnisse bei der Holographie. Hier wird nicht ein Bild des Gegenstandes, sondern das von dem Gegenstand ausgehende Wellenfeld selbst gespeichert. Zur Erreichung dieses Zieles ist allerdings erforderlich, daß die Information über die Phasenlage des Wellenfeldes nicht verloren geht. Dies wird erreicht (Abb. 1b), indem man dem Wellenfeld auf der Photoplatte eine ungestörte, ebene Welle, die sogenannte Referenzwelle, überlagert. Die Information über die Phasenlage wird durch diese Maßnahme in Intensitätsschwankungen verwandelt. Dies ist erforderlich, da die photographische Schicht als quadratischer Detektor keine Phasen, wohl aber Intensitäten aufzeichnen kann. Die so belichtete, entwickelte und fixierte Photoplatte nennt man Hologramm. Die Information über Amplitude und Phase des von unserem Gegenstand ausgehenden Wellenfeldes ist nun in Form heller und dunkler Linien im Abstand von etwa 1 μm auf dem Hologramm verschlüsselt. Beleuchtet man dieses Hologramm mit einer ebenen Welle, welche die gleiche Gestalt wie die Referenzwelle hat (Abb. 1 c), so entsteht unter anderem ein Wellenfeld, das mit dem ursprünglich von dem Gegenstand ausgehenden Wellenfeld identisch ist. Aufgrund dessen muß das Auge bei dieser sogenannten "Rekonstruktion des Hologrammes" ein dreidimensionales Bild des Gegenstandes sehen.

Bei Veränderung des Betrachtungswinkels kann man teilweise um den Gegenstand herumsehen. Ein weiterer Vorteil dieser Abbildungstechnik besteht darin, daß Hologramme wegen der Verteilung der Information über die gesamte Photoplatte sehr unempfindlich gegen Störungen, wie z. B. Kratzer, Flecken und dgl. sind. Bei der Rekonstruktion lassen sich sowohl virtuelle als auch reelle Bilder verschiedener Größe erzeugen.

Will man Hologramme von mikroskopischen Objekten anfertigen, wählt man am besten einen Versuchsaufbau, wie er in Abbildung 2 gezeigt ist.

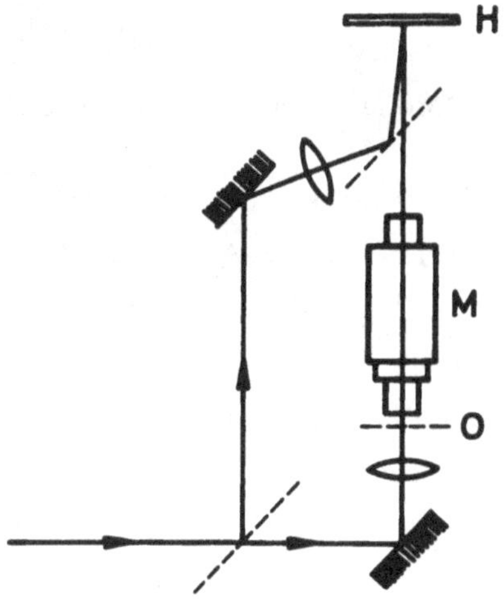

Abbildung 2: Holographische Mikroskopie.

Ein Laserstrahl wird an einem Strahlenteiler aufgespalten. Der eine Strahl dient zur Beleuchtung des Objektes O. Durch das Mikroskop M wird in der Nähe der Hologrammebene H ein reelles Bild des Objektes, die Objektwelle, erzeugt. Der zweite Strahl, die Referenzwelle, wird am Mikroskop vorbeigelenkt und über einen weiteren Strahlenteiler der Objektwelle überlagert. Aus dem so gewonnenen Hologramm kann man entsprechend Abbildung 1 c durch Beleuchtung mit der Rekonstruktionswelle das dreidimensionale Bild des Objektes erzeugen.

Abbildung 3 zeigt drei verschiedene Rekonstruktionen aus ein und demselben Hologramm. Als Objekt dienten Bakterienkolonien von Staphylococcus.

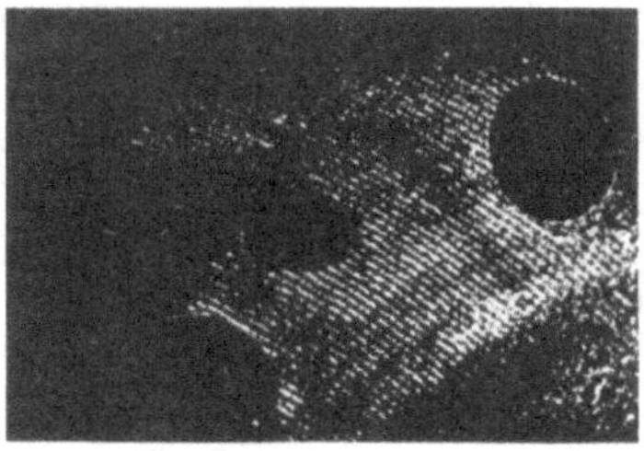

3 a

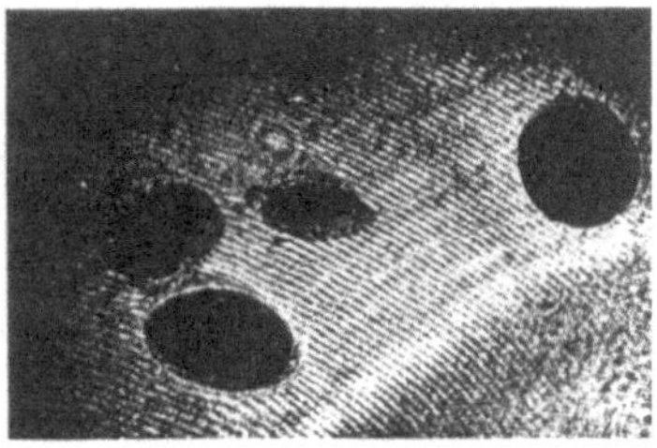

3 b

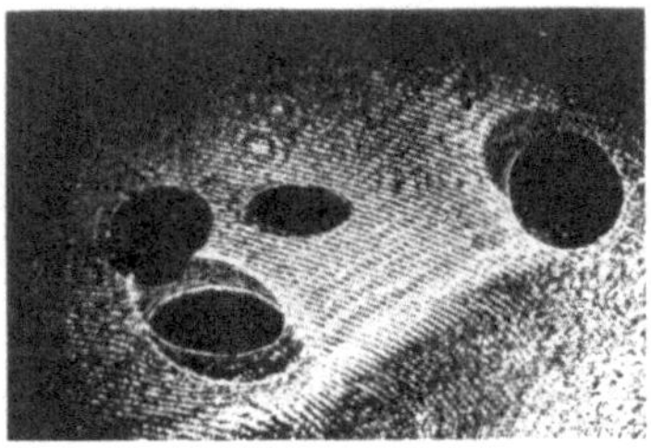

3 c

Abbildung 3: Rekonstruktion verschiedener Ebenen von Staphylococcus aus einem Hologramm.

In Abbildung 3a ist die Bakterienkolonie links unten scharf rekonstruiert, in Abbildung 3b die rechte (Durchmesser 100 μm) und in Abbildung 3c die mittlere Kolonie. Der Abstand zwischen den in Abbildung 3a und c fokussierten Ebenen beträgt ca. 500 μm. Man hat also bei Anwendung der holographischen Technik die Möglichkeit, die dreidimensionale Information über dicke Mikroobjekte in einer einzigen Photoplatte zu speichern. Zur Aufnahme bewegter Objekte benutzt man zur Beleuchtung kurze Laserblitze, wobei das Objekt nicht scharf abgebildet sein muß. Wie in Abbildung 3 gezeigt, kann man sich die Schärfenebene hinterher bei der Rekonstruktion heraussuchen.

Die unumgängliche Verwendung von kohärentem Laserlicht bringt bei der Forderung nach hoher Auflösung jedoch optisch einige gravierende Nachteile. Beleuchtet man das Objekt nämlich aus einer einzigen Richtung mit kohärentem Licht, so wird wegen der Beleuchtungsapertur von nahezu Null zum einen die mikroskopische Auflösung verringert und zum anderen die Tiefenschärfe enorm vergrößert. In diesem Fall ist das ein Nachteil, denn jetzt sind die Bilder benachbarter Objektebenen gleichzeitig scharf und überlagern sich störend, was natürlich das Auflösungsvermögen zusätzlich herabsetzt. Jedes geringste Staubteilchen auf den Spiegeln und Linsen führt zu störenden Interferenzen, die dem Bild ebenfalls überlagert sind.

Diese Nachteile können vermieden werden, wenn man in den Beleuchtungsstrahlengang vor das Objekt eine Mattscheibe einbringt, von der aus das Objekt dann diffus beleuchtet wird. Die beleuchtete Mattscheibe wird jedoch durch das Mikroskop ebenso wie das Bild vergrößert und diesem als störendes kontrastreiches Granulationsmuster überlagert.

Um die Bildqualität bei kohärenter Beleuchtung zu verbessern, wurde eine spezielle Beleuchtungseinrichtung konstruiert, bestehend aus je vier justierbaren keilförmigen Strahlteilern und Spiegeln, die es erlaubt, das Objekt aus vier Richtungen gleichzeitig zu beleuchten. Abbildung 4 zeigt eine Skizze des Versuchsaufbaus.

Der mittlere Strahl wird durch eine Blende abgeblockt. Die vier Beleuchtungsstrahlen fallen unter dem Aperturwinkel in das Objektiv des waagerecht liegenden Mikroskopes ein. Die Tiefenschärfe nimmt ab, da praktisch vier verschiedene Bilder überlagert werden, die nur in der Bildebene übereinander passen. Damit wird die Störung durch die Bilder benachbarter Objektbereiche stark reduziert. Mehrfachreflexionen können wegen der schrägen Strahlführung nicht auftreten. Die Störungen durch Staubteilchen werden bei der Überlagerung der vier Bilder, bei denen wegen der verschiedenen Strahlführung unterschiedliche Störungen auftreten, vermindert.

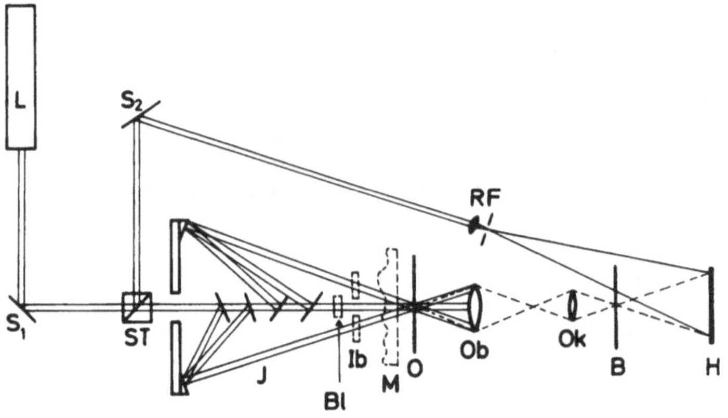

Abbildung 4: Skizze des optischen Aufbaues bestehend aus He - Ne - Laser L, Spiegeln S_1 und S_2, Strahlteiler ST, justierbarem Vierstrahlkondensor J, Blende Bl, Irisblende Ib, Mattscheibe M, Objekt O, Objektiv Ob, Okular Ok, Bildebene B, Hologramm H, Raumfilter RF.

Das Auflösungsvermögen eines Mikroskopes hängt davon ab, unter welchem Winkel zum Beleuchtungsstrahl das vom Objekt abgebeugte Licht in das Objektiv einfallen kann. Bei schrägem Einfall des Beleuchtungsstrahles kann dieser Winkel für das nach einer Seite abgebeugte Licht verdoppelt werden. Allerdings fällt das auf die andere Seite abgebeugte Licht dann nicht mehr in das Objektiv. Da bei dem gegenüberliegenden Beleuchtungsstrahl die Verhältnisse umgekehrt liegen, geht keine Bildinformation verloren. Das Auflösungsvermögen bei der Vierstrahlmethode ist etwas richtungsabhängig. Die Verbesserung gegenüber der Beleuchtung mit einem Strahl schwankt vom Faktor $\sqrt{2}$ bis zum Faktor 2. Der Nachteil dieser Methode besteht darin, daß vier Beleuchtungsstrahlen in der Bildebene ein regelmäßiges gitterförmiges Interferenzmuster erzeugen. Das stört in der Praxis jedoch kaum, denn zum einen ist der Mensch durch die Betrachtung von Druckerzeugnissen an rasterförmige Bilder gewöhnt, und zum anderen liegt der Rasterabstand sowieso ganz nahe an der Auflösungsgrenze. Außerdem kann man diese Raster durch einen kohärent-optischen Filterprozeß beseitigen.

Die Vorteile dieser Methode soll Abbildung 5 erläutern. Es werden hier die Rekonstruktionen von Hologrammen eines Testtargets (kleinste Balkenbreite 2,4 μm) gezeigt. Bei Abbildung 5a wurde das Objekt nur mit einer ebenen Welle beleuchtet; bei Abbildung 5b wurde vor das Objekt eine Mattscheibe eingebracht. Bei der Rekonstruktion von Abbildung 5c wurde das Objekt nach der eben beschriebenen Vierstrahlmethode beleuchtet. Es ist deutlich die verbesserte Bildqualität dieser Beleuchtungsart zu erkennen.

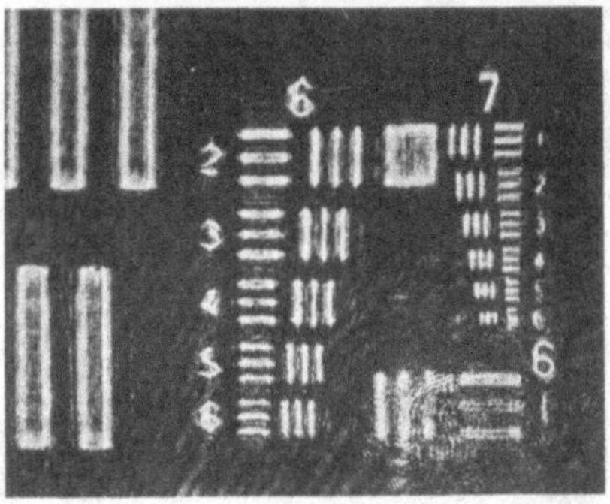

5a

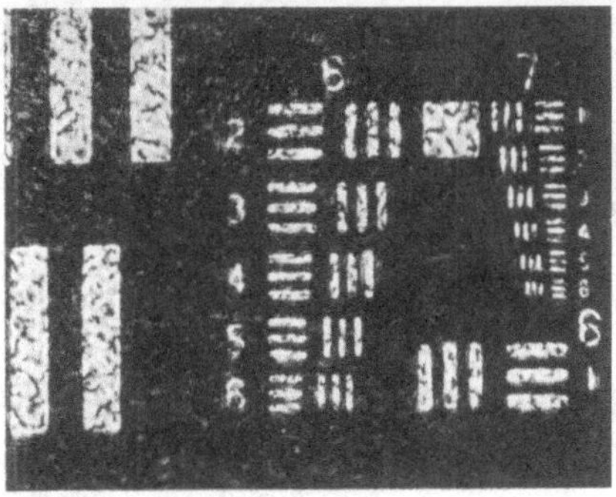

5b

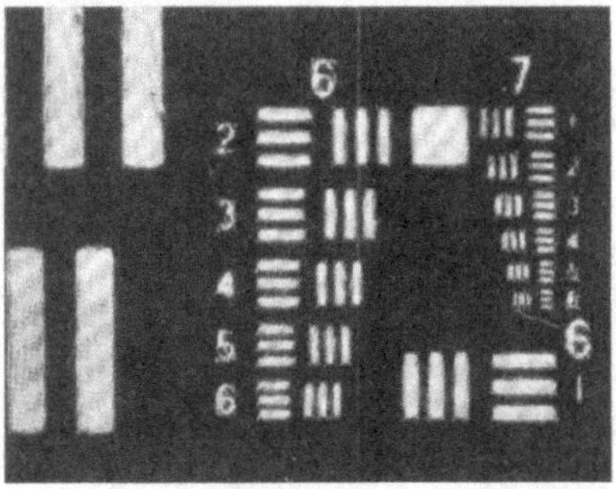

5c

Abbildung 5: Rekonstruktionen von Hologrammen mit unterschiedlicher Beleuchtung des Objektes.

Abbildung 6 zeigt nun eine Anwendung der holographischen Mikroskopie mit Vierstrahlbeleuchtung auf ein dreidimensionales biologisches Objekt. Es handelt sich um Rekonstruktionen aus einem Hologramm eines Neurons.

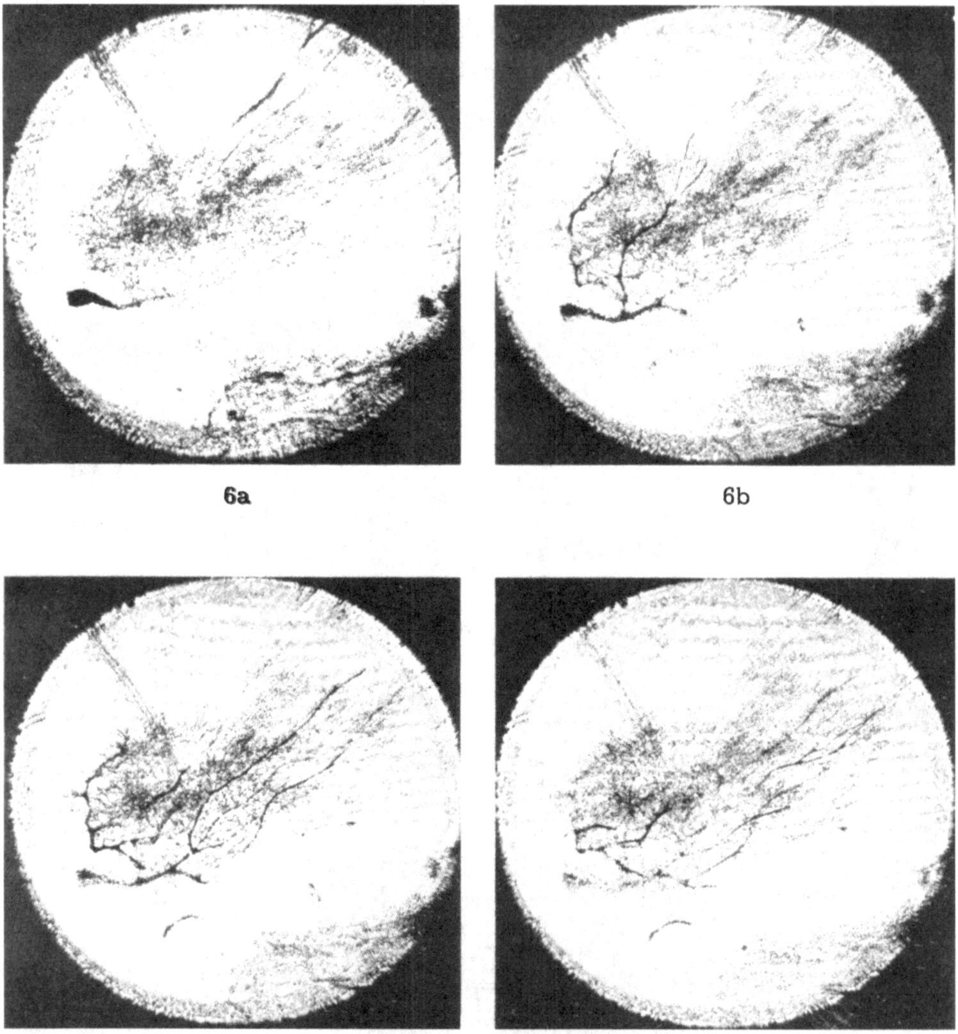

6a 6b

6c 6d

Abbildung 6: Rekonstruktionen verschiedener Ebenen eines Neurons aus einem Hologramm .

Mit einer einzigen Aufnahme kann man also die gesamte dreidimensionale Struktur speichern und bei der Rekonstruktion, wie die Abbildung 6a-d zeigt, sich wahlweise verschiedene Objektebenen betrachten. (Ebenenabstand zwischen 6a und d ca. 40 μm).

Zwar ist die holographisch mikroskopische Technik aufwendiger als die herkömmliche Methode und liefert derzeit nur einfarbige Bilder, doch für spezielle Aufgaben, wie sie etwa zu Beginn angedeutet wurden, kann sie eine wertvolle Bereicherung für den Mikroskopiker bedeuten.

3.4 Methoden der akustischen Holographie

C. Großkopf, C. Scherg, W. Waidelich

In der medizinischen Diagnostik werden in zunehmendem Maße Untersuchungen mit Ultraschallwellen durchgeführt. Da diese aber vom Menschen nicht wahrgenommen werden können, ist eine Umwandlung in sichtbare Strahlung angebracht. Hierfür kann man z.B. die von GABOR 1948 vorgeschlagene Methode zur Aufzeichnung und Wiedergabe von Wellenfeldern, die Holographie, verwenden, denn bei der Holographie kann zwischen Aufnahme und Rekonstruktion die Wellenart verändert werden, so daß prinzipiell die Möglichkeit besteht, unsichtbare Wellenfelder in sichtbaren Modellen darzustellen. Hierbei muß allerdings das Hologramm bei oder nach der Aufnahme in eine Form gebracht werden, die eine Rekonstruktion mit sichtbarem Licht ermöglicht, d.h. es muß als Amplituden- oder Phasenhologramm vorliegen.

Bei der Aufzeichnung eines solchen Hologramms wird das hinter dem ultraschalldurchstrahlten Objekt vorhandene Streuschallfeld mit einem Referenzfeld gleicher Ultraschallfrequenz überlagert. Das Objekt wird hier in der Regel aus Anpassungsgründen in einem Wassertank angebracht. Die Intensitätsschwankungen im Überlappungsgebiet der zwei Schallfelder (Interferenzen) enthalten die Information über das Objekt. Daher wird mit geeigneten Schallempfängern die flächenhafte Ultraschallintensitätsverteilung aufgenommen und dann in eine der zwei Hologrammtypen umgewandelt. Dies läßt sich z.B. realisieren, wenn mit mechanisch bewegten Ultraschallmikrophonen das Interferenzfeld zeilenweise abgetastet wird und synchron zur Abtastung eine vom Empfängersignal gespeiste Lichtquelle bewegt und auf eine Photoplatte abgebildet wird (Abb. 1).

In Abbildung 2 ist ein durch Abtasten gewonnenes Hologramm dargestellt. Deutlich ist noch das zeilenweise Vorgehen beim Abtasten zu erkennen.

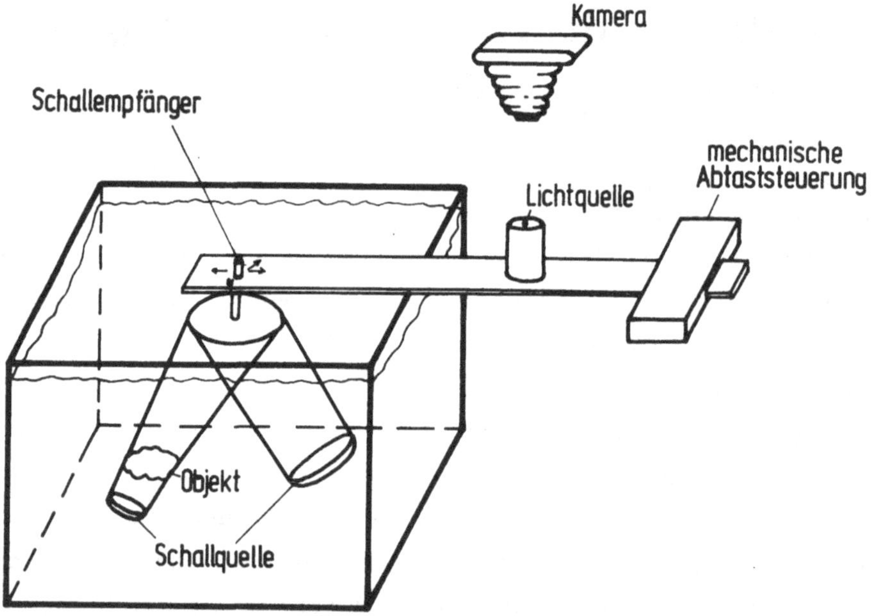

Abbildung 1: Schematischer Aufbau des holographischen Aufnahmesystems beim Abtastverfahren.

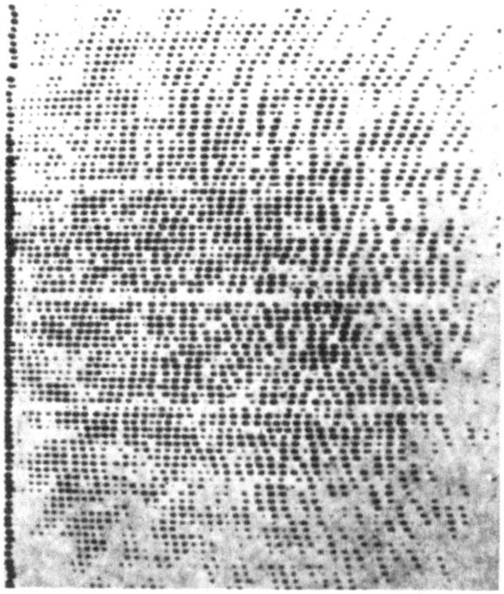

Abbildung 2: Ein durch Abtasten gewonnenes Hologramm (aus (1) S. 69).

Die Schwärzung in diesem Hologramm entspricht der Intensität des Ultraschall-Interferenzfeldes an der entsprechenden Abtaststelle. Zur Rekonstruktion kann man ein Dia eines derartigen Amplitudenhologramms mit Laserlicht durchleuchten (1, 6, 7). Dann entsteht durch Beugung des Lichtes an den feinen gitterartigen Strukturen des Hologramms ein Modell des Objektwellenfeldes und aus Symmetriegründen ein hierzu konjugiertes Wellenfeld. In der +1. Beugungsordnung erscheint daher ein Bild des Objektes und in der -1. Beugungsordnung ein konjugiertes (gespiegeltes) Bild (Abb. 3).

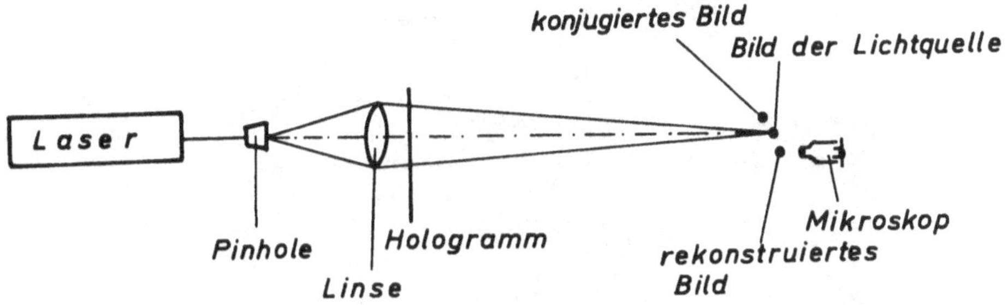

Abbildung 3: Aufbau zur optischen Rekonstruktion der Schallfelder.

Wegen des Wellenlängenunterschiedes zwischen Ultraschallwellen und sichtbarem Licht muß allerdings bei solch einer Rekonstruktion eine 100 ... 1000fache Verkleinerung des lichtoptischen Modells gegenüber dem Original in Kauf genommen werden. Daher empfiehlt sich für die Betrachtung des rekonstruierten Objektes die Verwendung eines Mikroskops. Allerdings wird hierdurch, wie auch sonst in der Mikroskopie, eine Beschränkung auf praktisch zweidimensionale Betrachtung vorgenommen. Trotzdem hat die holographische Methode zur Herstellung von Ultraschallbildern noch den Vorteil, daß die Beschränkung auf zwei Dimensionen erst bei der Rekonstruktion vorgenommen wird, so daß es möglich ist, aus einer einzigen Hologrammaufnahme auch eine räumliche Information nach und nach auszulesen.

Das Umwandeln der Ultraschall-Intensitätsverteilung in Filmschwärzung und die anschließende Rekonstruktion erfordert wegen des dazwischen geschalteten photographischen Prozesses zu viel Zeit. Eine Real-Time-Rekonstruktion ist möglich bei Verwendung eines anderen Schallempfängers, der Flüssigkeitsoberfläche. Diese wird infolge des Schallstrahlungsdrucks verformt und liefert damit Information über die flächenhafte Verteilung der US-Intensität. Da aber die verformte Oberfläche bereits ein Phasenhologramm ist, kann die lichtoptische Rekonstruktion direkt vorgenommen werden (Abb. 4).

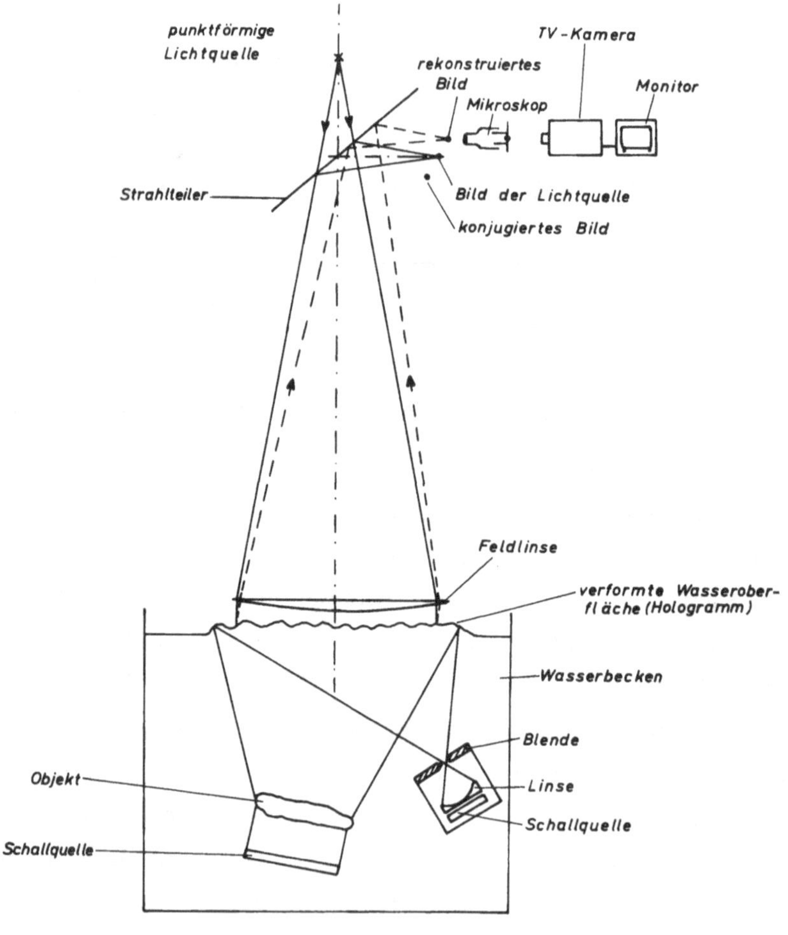

Abbildung 4: Real-Time-Rekonstruktion akustischer Wellenfelder mit der Flüssigkeitsoberfläche.

Hierzu wird die Wasseroberfläche mit Laserlicht beleuchtet. Das reflektierte Licht wird entsprechend der Verformung in seiner Phase moduliert. Das hieraus entstehende Beugungsbild ergibt nach der Theorie der Holographie bereits das gesuchte lichtoptische Modell des Objektes. Auch hier ist auf Grund des Wellenlängenunterschiedes zwischen US-Wellen und sichtbarem Licht das Bild so klein, daß es zweckmäßigerweise über Mikroskop und Fernsehanlage betrachtet wird. Bei einer derartigen Rekonstruktion erscheint also das ungebeugte Licht als nullte Beugungsordnung, daneben das rekonstruierte Bild und aus Symmetriegründen auch noch das konjugierte (gespiegelte) Bild in der $\pm$ 1. Beugungsordnung.

Abbildung 5 zeigt eine mit einem Real-Time-Verfahren gewonnene Rekonstruktion des Buchstabens "L". Hier waren Objekt und Referenzquelle so angebracht, daß Bild und konjugiertes Bild etwa gleichzeitig scharf erschienen. Die nullte Beugungsordnung wurde abgedeckt, um die Fernsehkameraröhre zu schonen.

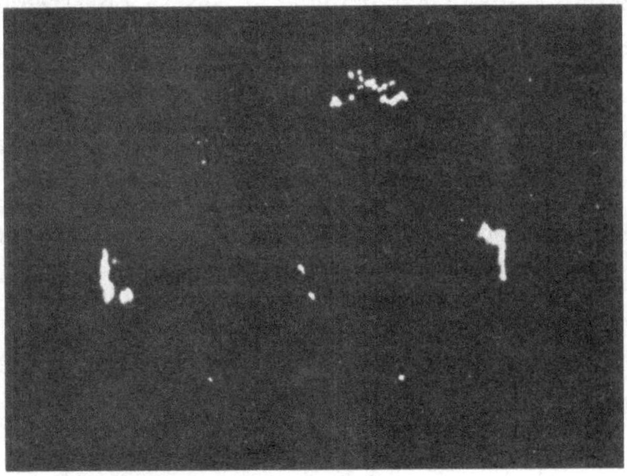

Abbildung 5: Rekonstruktion des Buchstabens "L" mit konjugiertem (punktgespiegeltem) Bild (Aufnahme mit Pulsverfahren wie Abb. 7a, um die Bildorientierungen besser erkennbar zu machen).

Bei ultraschallholographischen Verfahren, die im Wassertank arbeiten, wird meist durch Reflexion der Schallwellen an Objekt, Tankwänden und Wasseroberfläche viel Störschall erzeugt. Dieser beeinflußt die Struktur der Wasseroberfläche, also das Hologramm, und damit die Nutzinformation über das Objekt in der Weise, daß die Objektrekonstruktion in ihrer Qualität stark beeinträchtigt wird.
Durch Anbringung von Absorbern an störschallerzeugenden Stellen kann man daher eine Verbesserung erreichen.

Einen wesentlichen Fortschritt bedeutet jedoch die Verwendung von gepulsten Ultraschallsignalen. Ultraschallpulse von mehreren Mikrosekunden bis wenigen Millisekunden Dauer werden als Objekt- und Referenzwelle benutzt und gelangen gleichzeitig an die Wasseroberfläche, wo sie die Interferenzstruktur aufbauen. Durch Umwege zur Oberfläche gelangende US-Störwellen werden meist keinen Interferenzpartner finden, so daß sie im rekonstruierten Bild kaum in Erscheinung treten.

Diese erste Stufe der Bildverbesserung kann beim Oberflächenverfahren ergänzt werden durch eine synchrone Lichtpulsung (7). Das Laserlicht wird ebenfalls nur kurzzeitig eingeschaltet und zwar gerade dann, wenn die Objekt- und Referenzpulse an die Oberfläche gelangt sind und interferieren. Durch zeitliche Verschiebung der Lichtpulse gegenüber den US-Pulsen und durch Variation der Lichtpulslänge ist das Rekonstruktionsbild optimierbar.

Das Pulsen der Ultraschallwellen führt aber keineswegs zu zeitlich konstanter Verformung der Wasseroberfläche (5). Vielmehr wird diese, die ja wegen der rücktreibenden Oberflächenspannung ein Schwingungssystem darstellt, vom periodisch veränderlichen Schallstrahlungsdruck zu erzwungenen Schwingungen angeregt. Da die Eigenfrequenz der schwingenden Oberfläche von der Ortsfrequenz (reziproke Periodenlänge) der anregenden Schallstrahlungs-Druckverteilung abhängt, lassen sich bei bestimmten US-Pulswiederholfrequenzen auch Oberflächenwellen bestimmter Wellenlänge zu besonders starken Resonanzschwingungen anregen.

Dies ist aber gerade beim Holographieverfahren von Vorteil, weil hier jeder Oberflächenwellenlänge ein Bild- bzw. Objektpunkt zugeordnet werden kann. Die Überlagerung aller auftretenden Oberflächenwellen ergibt das Hologramm.

Abbildung 6 zeigt eine Schlierenaufnahme solch einer Oberflächenstruktur. Die dominierende Ortsfrequenz, die ja reziprok dem mittleren Streifenabstand in der Aufnahme ist, wird durch den mittleren Winkel zwischen Objekt- und Referenzquelle bestimmt; die Unregelmäßigkeiten enthalten codiert die Objektstruktur. Wird nun die Pulswiederholfrequenz der US-Wellen so eingestellt, daß gerade für diese dominierende Ortsfrequenz die Wasseroberfläche in Resonanz schwingt, so wird damit erreicht, daß sich bei der Übertragung die Störungen, die ja eine ganz andere Ortsfrequenz haben, gut unterdrücken lassen.

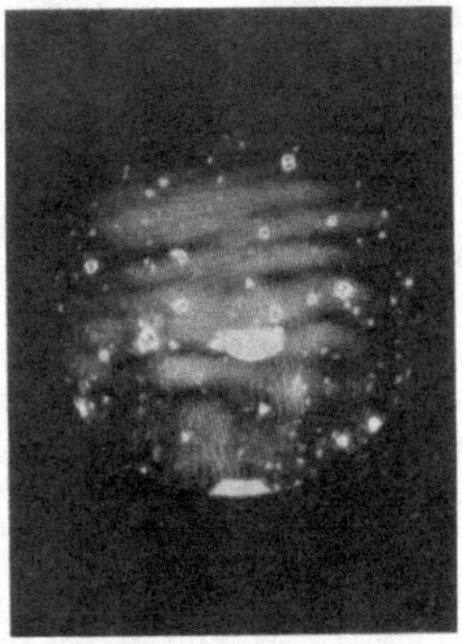

Abbildung 6: Schlierenaufnahme der Oberflächenverformung beim Holographieverfahren.

Da aber die Resonanzfilterwirkung bei Verwendung einer einzigen Pulswiederholfrequenz zu scharf ist, um ein flächenhaftes Objekt wiederzugeben, muß während der Bildbetrachtung ständig die Wiederholfrequenz der US-Pulse in einem gewissen Bereich verändert werden, so daß nach und nach alle interessierenden Objektteile wiedergegeben werden.

In Abbildung 7a ist eine mit dieser Technik aufgenommene Rekonstruktion des Buchstabens "F" zu sehen. Während der Aufnahme wurde die Wiederholfrequenz der US-Pulse im Bereich von 450 - 500 Hz verändert. Das Durchfahren dieses Bereiches wurde elektronisch etwa 10 mal pro Sekunde durchgeführt. Die Ultraschallfrequenz war 1,7 MHz. Das Objekt (Abb. 7b) war aus schallundurchlässigem Material ausgeschnitten und wurde mit Filterpapier abgedeckt, so daß es nicht optisch sichtbar war. Da das Filterpapier aber gut durchlässig ist für die Ultraschallwellen, war trotz der Abdeckung eine Rekonstruktion möglich.

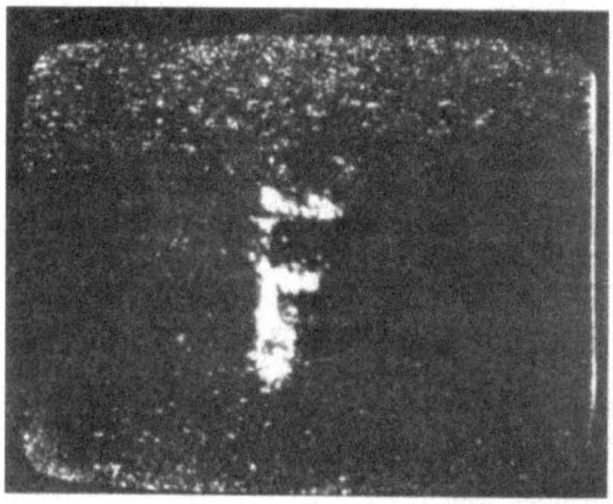

Abbildung 7a u. 7b: Rekonstruktion (a) des mit Filterpapier abgedeckten Buchstabens "F" unter elektronischer Veränderung der Pulswiederholfrequenz während der Aufnahme. Das Objekt (b) war aus Absorbermaterial geschnitten.

In Abbildung 8 ist das Blockschaltbild der Elektronik dargestellt, die bei dieser Rekonstruktion verwendet wurde. Der Sinusgenerator liefert die für die US-Erzeugung nötige Hf-Wechselspannung über den Verstärker an die US-Wandler. Die Pulswiederholfrequenz der US-Signale wurde von einem Generator bestimmt, dessen Frequenz proportional der an seinem Eingang anliegenden Spannung in einem kleinen Bereich verändert werden konnte (VC-Generator). Das Verändern der Pulswiederholfrequenz wird vom Funktionsgenerator beeinflußt. Zur Synchronisierung der Lichtpulse wurde der Pulsgeber über eine Verzögerungsleitung vom VC-Generator getriggert. Das Signal des Pulsgebers steuerte über Verstärker und Lasermodulator das Beleuchtungslicht für die Rekonstruktion.

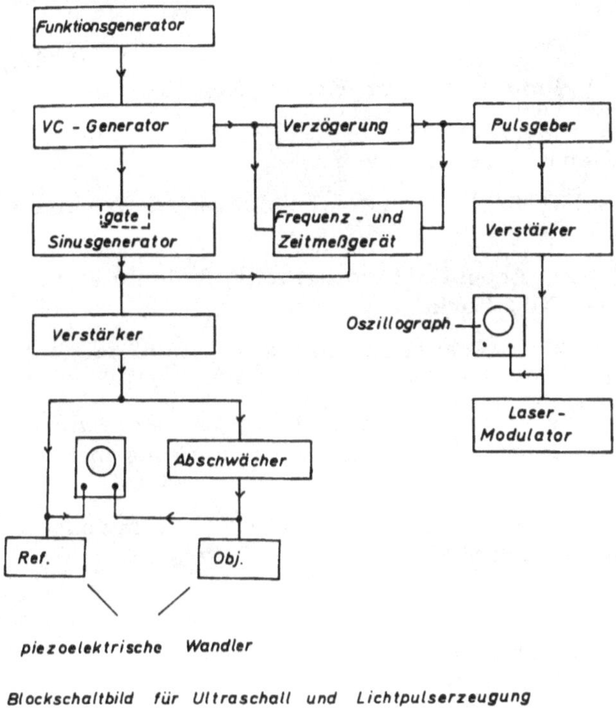

Abbildung 8: Blockdiagramm der Ultraschall- und Lichtpulserzeugung.

Die durch das verbesserte Pulsverfahren gegebenen Vorteile bei der Oberflächenmethode sind zusammengefaßt diese:

1. Die Empfindlichkeit des Wasseroberflächenempfängers wird für auswählbare Objektbereiche erheblich gesteigert.
2. Die Streustrahlung aus anderen Bereichen wird stark unterdrückt.

Diese Verbesserungen durch zweckmäßige Wahl der Pulsart lassen das bisher als wenig aussichtsreich angesehene Holographieverfahren doch wieder diskutabel erscheinen, vor allem dann, wenn es kombiniert mit den bekannten Scanning-Verfahren eingesetzt wird. Dann kann eventuell der große Zeitaufwand bei den Scanningverfahren erheblich abgekürzt werden, da das Sofortbild des Holographieverfahrens zumindest einen Überblick über das Objekt verschaffen kann.

Literatur

1. Metherell, A.F., El-Sum, H.M.A. & Larmore, L. (1969), Acoustical Holography, Volume 1, Plenum Press, New York

2. Metherell, A.F. & Larmore, L. (1970), Acoustical Holography, Volume 2, Plenum Press, New York

3. Metherell, A.F. (1971), Acoustical Holography, Volume 3, Plenum Press, New York

4. Wade, G. (1972), Acoustical Holography, Volume 4, S. 1-9, Plenum Press, New York

5. Green, P.S. (1974), Acoustical Holography, Volume 5, S. 334 ff., Plenum Press, New York

6. Brenden, B.B. (1972), Acoustical Holography, erschienen in Optical and Acoustical Holography, hrsg. von Ezio Camatini, Plenum Press, New York

7. Hildebrand, B.P. & Brenden, B.B. (1972), An Introduction to Acoustical Holography, Plenum Press, New York

3.5 Szintigraphie mit codierter Apertur

U. Röder

Eine Hauptaufgabe der diagnostischen Nuklearmedizin besteht darin, die räumliche Verteilung eines dem Patienten eingegebenen, kurzlebigen Radioisotops in einem Organ oder Körperbereich zu ermitteln. Das erhaltene Szintigramm liefert eine wertvolle, zusätzliche Information zur Röntgendiagnostik, da sich die radioaktive Substanz entweder vorwiegend in dem funktionstüchtigen oder in dem pathologisch veränderten Gewebe ansammelt. Die Schwierigkeit liegt darin, in einem Energiebereich, in dem weder Linsen noch andere strahlenfokussierende Elemente zur Verfügung stehen, möglichst viele und zuverlässige Informationen zu erhalten, und gleichzeitig die Strahlenbelastung des Patienten minimal zu halten.
Die zur Zeit für Szintillationskameras verwendeten Kollimatoren (Lochblendenkollimator, Parallellochkollimator) erfassen nur Photonen in einem sehr kleinen Raumwinkelbereich, um den beiden entgegengesetzten Forderungen hinsichtlich Empfindlichkeit und Auflösung zu genügen. Die Qualität des Szintigramms hängt bei der begrenzten Anzahl der zur Abbildung beitragenden Photonen von deren Statistik ab.

Einen wesentlich größeren Raumwinkel und damit eine größere Anzahl von Photonen zur Aufnahme des Szintigramms ergibt sich bei Verwendung einer codierten Apertur, z.B. einer Fresnelzonenplatte (FZP) geeigneter Größe. Man erhält jedoch die Information in verschlüsselter Form, da jeder Punkt des Objektes als eine FZP in die Aufzeichnungsebene projiziert wird, und muß in einem nachfolgenden optischen oder elektronischen Verarbeitungsprozeß die Objektinformation entschlüsseln. Ein Vorteil der FZP als Apertur liegt also darin, daß im Vergleich zu konventionellen Kollimatoren entweder zur Aufnahme des (zwar verschlüsselten) Szintigramms bei gleicher Photonenstatistik die Aktivität des dem Patienten eingegebene Radiopharmakons verringert werden kann, oder aber bei gleicher Aktivität die Anzahl der Photonen, die zur Aufnahme beitragen, wesentlich erhöht und damit die Qualität verbessert werden kann.

Ein codiertes Szintigramm besteht aus einer Summe intensitätsüberlagerter FZP verschiedener Größe und hat genau die gleichen Eigenschaften wie ein inkohärentes Hologramm. Aus dieser Tatsache erklärt sich die Eigenschaft der 3-dimensionalen Wiedergabe von Objekten, allerdings mit verschiedenem Maßstab in longitudinaler und transversaler Richtung. Es sind aber die gleichen Grenzen gesetzt wie bei der inkohärenten Holographie. BARRETT (1) hat in theoretischen Arbeiten gezeigt, daß verglichen zur konventionellen Aufnahmetechnik eine FZP als Apertur nur dann ein besseres Signal-Rauschverhältnis in der entcodierten Rekonstruktion aufweist, wenn das zur Abbildung gelangende Objekt kleiner ist als die Zonenplatte. Für die Anwendung dieses Verfahrens heißt dies, daß für eine Abbildung kleiner Organe wie z.B. Niere oder Schilddrüse mit Hilfe einer codierten Apertur vielversprechende Aussichten gegeben sind, eine Abbildung jedoch von Leber oder Gehirn problematisch sein wird.

Die Verarbeitung des codierten Szintigramms kann mit Hilfe eines Computers oder auf kohärent optische Weise erfolgen. Der Computer bietet den Vorteil einer "sauberen" Verarbeitung, außerdem ergibt sich nach BARRETT ein um einen Faktor 2 besseres Signal-Rauschverhältnis in der Rekonstruktion. Jedoch erwachsen aus den großen, zu verarbeitenden Datenmengen bisher sehr lange Rechenzeiten.
Einfach und schnell dagegen ist die optische Verarbeitung: Benutzt man eine on-axis Zonenplatte (Bild 1), so besteht die Aufnahmeanordnung aus radioaktivem Objekt, Zonenplatte als codierter Apertur und Detektorsystem, z.B. Film plus Verstärkerfolien oder Szintillationskristall und Bildverstärker oder auch Anger-Kamera (Bild 2). Bei der Entcodierung (Bild 3) wird eine Verkleinerung des verschlüsselten Szintigramms mit Laserlicht beleuchtet, und die nun entstandenen beugenden Eigenschaften der überlagerten Zonenplatten erzeugen das Objekt. Wie in der in-line Holographie erhält man aber eine Überlagerung verschiedener Ordnungen,

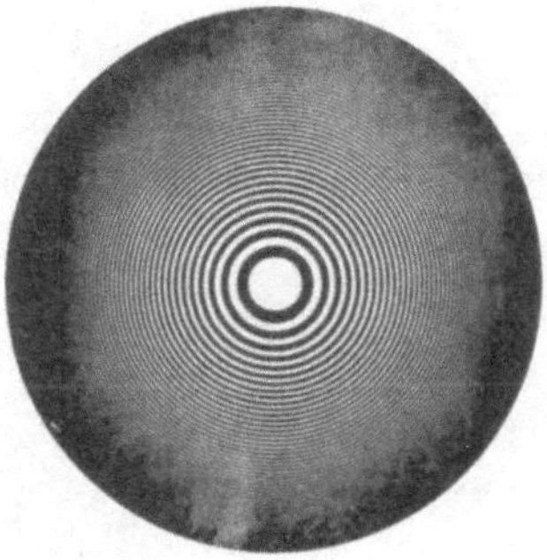

Bild 1: on-axis Zonenplatte.

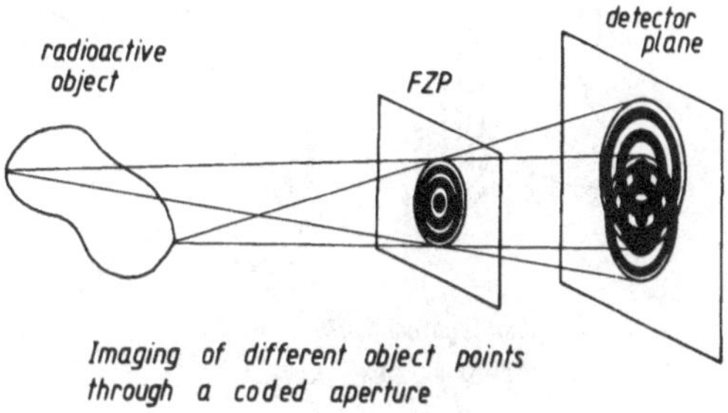

Bild 2: Aufnahmeanordnung mit on-axis Zonenplatte.

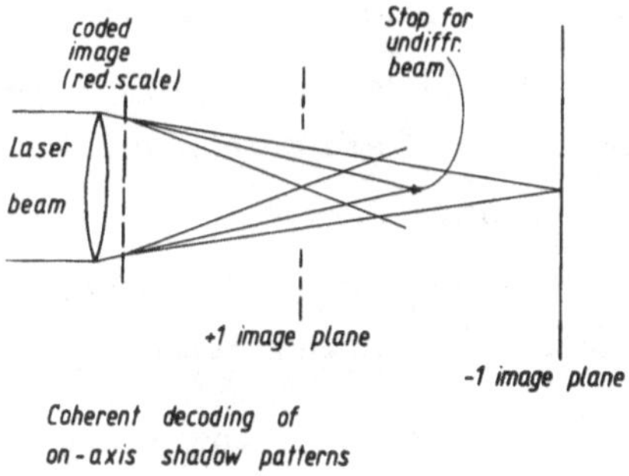

Bild 3: Entcodierung des verschlüsselten Szintigramms.

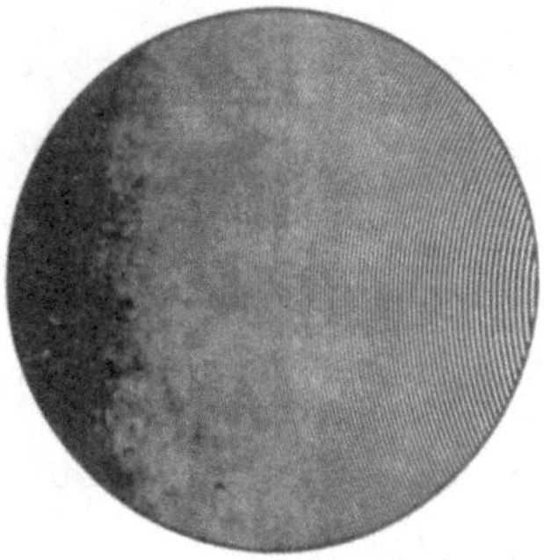

Bild 4: off-axis Zonenplatte.

was zu erheblichen Kontrastreduzierungen führen kann. Die nullte Ordnung kann man durch einen Schlierenstop in der Brennebene einer Sammellinse beseitigen, was aber bei Objekten mit starkem niederfrequentem Anteil gleichzeitig eine Wegnahme dieser Frequenzen und damit von Information bedeutet. Einen Ausweg bietet die Benutzung einer off-axis Zonenplatte (Bild 4) als codierte Apertur. Da niedrige Ortsfrequenzen von einer off-axis Zonenplatte nicht übertragen werden, muß in die Aufnahmeanordnung (Bild 5) zusätzlich ein Gitter vor dem abzubildenden Objekt eingefügt werden, wodurch die Ortsfrequenzen eines ausgedehnten Objektes in das

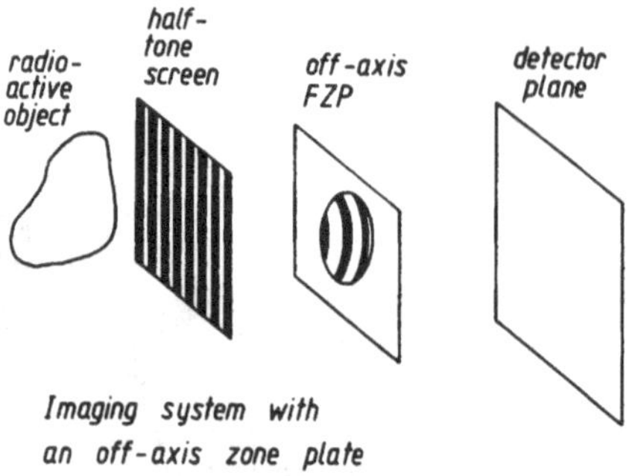

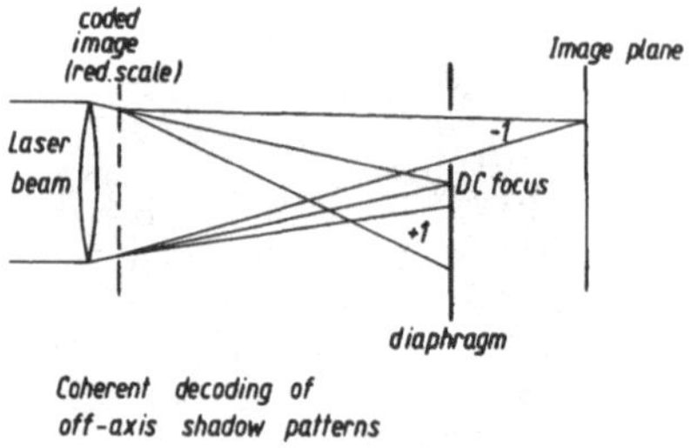

Bild 5: Aufnahmeanordnung mit off-axis Zonenplatte.

Bild 6: Kohärente Entkodierung eines verschlüsselten Bildes.

Übertragungsband der off-axis Zonenplatte transformiert werden. Durch das Gitter erhöht sich entweder die Belichtungszeit oder die Aktivität des verabreichten Radiopharmakons um das Doppelte, weiterhin erfordert die Aufzeichnung einer off-axis Zonenplatte ein um einen Faktor 2 bis 3 höheres Auflösungsvermögen des Detektorsystems. In der Rekonstruktion (Bild 6) sind die verschiedenen Beugungsordnungen räumlich getrennt.

Ein mögliches Verfahren zur Auswertung ist auch eine Zeichenerkennung mit Hilfe eines holographisch hergestellten Filters, was im folgenden aufgezeigt werden soll. Die mathematische Formulierung ist in Bild 7 gegeben. Man teilt das Objekt in hintereinanderliegende Ebenen auf, wobei jede Objektebene FZP einer bestimmten Größe in der Detektorebene erzeugt.

In der 4f-Anordnung wird als Filter das Fourierhologramm der verkleinerten FZP benutzt. Dieses Filter wählt aus der Summe der überlagerten Zonenplatten verschiedener Größe im Szintigramm nur die ihm angepaßte Größe aus und erzeugt in der hinteren Brennebene der zweiten Linse den der jeweiligen Position der FZP entsprechenden Autokorrelationspunkt. Die Gesamtheit aller Autokorrelationspunkte gibt eine Ebene des Objektes wieder. Die dem Filter nicht angepaßten FZP anderer Objektebenen werden unterdrückt. Ihr Einfluß in der Bildebene ist gegeben durch die Größe der Kreuzkorrelation zweier Zonenplatten verschiedenen Maßstabes. Bei einer idealen Entcodierung sollte die Größe der Kreuzkorrelationen der

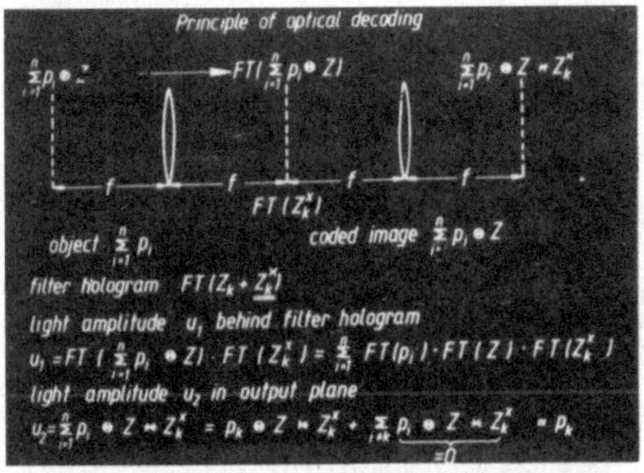

Bild 7: Mathematische Formulierung der optischen Decodierung (schematisch).

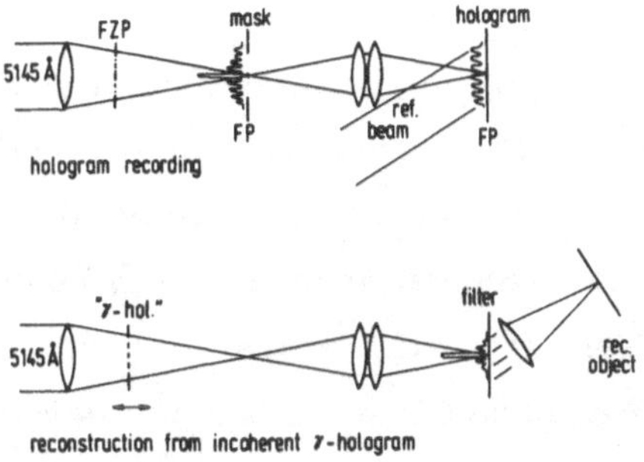

Bild 8: Experimentelle Realisierung des Aufbaus zur Rekonstruktion codierter Szintigramme mit Hilfe der Korrelationsmethode.

Transparenz der verwendeten Apertur gleich 0 sein und die Autokorrelation einer δ -Funktion entsprechen. Dann wird genau eine Ebene des Objektes wahrheitsgetreu rekonstruiert. Enthält die Korrelationsfunktion neben dem Maximum noch zu starke Seitenbanden, so führt das in der Rekonstruktion zu störenden Artefakten, die keine zuverlässige Diagnose erlauben. Es ist nun die Aufgabe, im Experiment den oben genannten Forderungen möglichst nahezukommen.

In den ersten Experimenten wird zunächst nur gezeigt, daß aus einem codierten Szintigramm das Objekt mit Hilfe der Korrelationsmethode rekonstruiert werden kann, ohne auf eine Optimierung des Signal-Rauschverhältnisses Wert zu legen. Im Bild 8 ist die experimentelle Realisierung des Korrelationsaufbaues gezeigt. Zunächst wird ein Fourierhologramm von einer Verkleinerung der verwendeten FZP aufgezeichnet. Um vor allem die niedrigen Ortsfrequenzen der Zonenplatte im holographischen Interferenzfeld durchzumodulieren, wird in der ersten Fourierebene des verwendeten Aufbaus das Fourierspektrum der Zonenplatte durch eine Maske in den Amplituden so geändert, daß die nullte Ordnung in ihrer Intensität etwa auf die Größe der ersten Ordnung abgeschwächt wird. Die Maske wird hergestellt, indem zunächst auf einer photographischen

Platte das Fourierspektrum der FZP (im wesentlichen der Punkt, der durch die intensitätsstarke nullte Ordnung verursacht wird) aufgenommen wird. Die Rekonstruktion des Objektes aus dem codierten Szintigramm erfolgt im gleichen experimentellen Aufbau. An Stelle der Verkleinerung der FZP wird das inkohärente γ-Hologramm eingefügt, die Maske wird entfernt und das Hologramm wirkt nun als Filter. Eine Linse hinter dem Fourierhologramm erzeugt das Bild einer Objektebene. Bei 3-dimensionalen Objekten kann man durch Verschieben des Szintigramms, d.h. Änderung des Maßstabes seines Fourierspektrums, nacheinander verschiedene Objektebenen rekonstruieren.

Als Objekt bei den ersten Experimenten diente ein mit ^{57}Co gefülltes Strichphantom (zweidimensionales Objekt), das eine Strahlung von 122 keV aussendet. Es wurde zur Aufnahme eine on-axis Zonenplatte aus 1 mm dickem Blei verwendet, deren kleinste Ringbreite 1 mm war und die eine Gesamtausdehnung von 14 cm hatte. Zur Aufnahme des inkohärenten Hologramms benutzten wir Röntgenfilm mit Verstärkerfolien.

Bild 9 zeigt einen Vergleich der Fourierspektren von a) dem codierten Objekt, b) der Verkleinerung der verwendeten Zonenplatte ohne Maske und c) mit Maske. Die Intensität der nullten Ordnung ist in b) etwa 10^4 mal größer als die für die Korrelation wichtige erste Ordnung. In c) ist nach Einfügung der Maske die nullte Ordnung wesentlich abgeschwächt, wodurch die auf der Flanke des starken Maximums in b) sitzenden peaks wesentlich besser im Hologramm aufgezeichnet werden können. Bild 10 zeigt die Rekonstruktion des Strichphantoms, wobei die Strichbreite des Phantoms 9 und 3 mm betrug. Bild 11 ist die Rekonstruktion eines anderen Strichphantoms mit Strichbreiten von 10, 5, 3, 3, 2, 2 mm. Die beiden schmalen Striche, die auch einen Abstand von 2 mm haben, sind in der Rekonstruktion nicht getrennt, da die Auflösungsgrenze bei dem vorliegenden experimentellen Aufbau etwa bei 3 mm liegt.

Nachdem mit den vorliegenden Rekonstruktionen die Möglichkeit der Auswertung von codierten Szintigrammen durch eine Korrelationsmethode

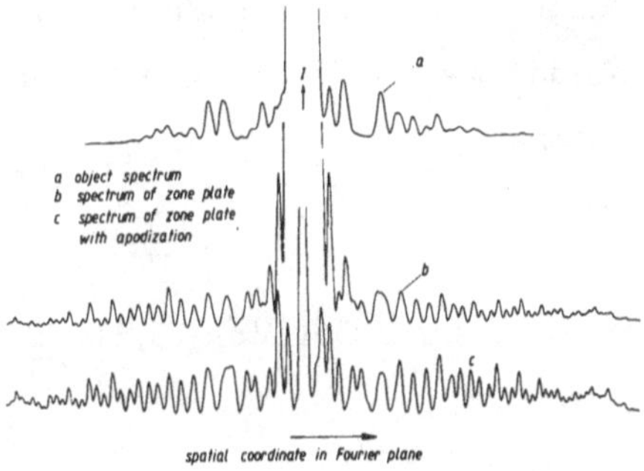

Bild 9: Vergleich von Fourierspektren.

Bild 10: Rekonstruktion des Strichphantoms (Strichbreite 9 und 3 mm).

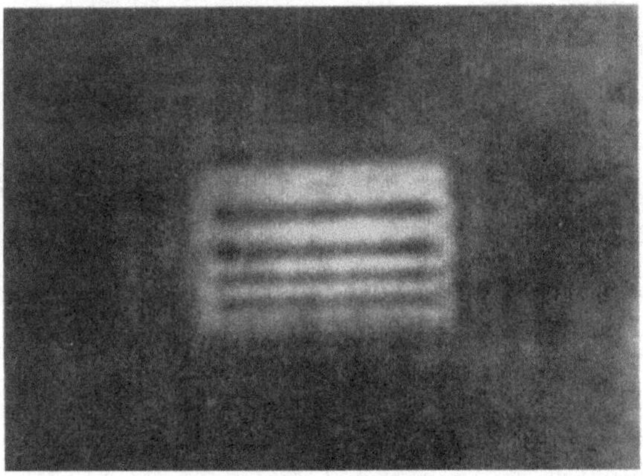

Bild 11: Rekonstruktion des Strichphantoms (Strichbreite 10 .... 2 mm).

demonstriert wurde, ist nun die weitere Aufgabe, die noch stark auftretenden Störungen zu verringern. Ein möglicher Weg, der hier als Vorschlag aufgezeigt werden soll, ist die Speicherung einer $\lambda/2$ Phasenzonenplatte im Fourierhologramm und dessen Verwendung als Filter in der 4f-Anordnung. Die Korrelation der $\lambda/2$ Phasenzonenplatte mit einer Zonenplatte positiver Transparenz gleichen Maßstabes kann man sich zusammengesetzt denken aus der Differenz der Korrelation zweier gleicher und zweier komplementärer Zonenplatten. Durch diese Differenzbildung (Einführen negativer Werte) zeigt die Korrelation ein schärferes Maximum und wesentlich geringere Seitenbanden, so daß weniger Störungen in der Rekonstruktion des Objektes auftreten sollten.

Literatur

1. Barrett, H.H. & De Meester, G.D. (1974), Appl. Opt. Vol. 13, Nr. 5, 1100

3.6 Registrierung und Analyse der Mikrobewegungen des menschlichen Auges

G. Schweitzer, B. Rassow

Die Mikrobewegungen des menschlichen Auges sind unwillkürlich, d.h. sie treten auch bei vermeintlicher Fixation eines Objektpunktes auf. Sie sind in ihrer Größe und Frequenz auf die Physiologie der Netzhaut abgestimmt und können daher als eine notwendige Voraussetzung für das Sehen überhaupt bezeichnet werden (1).

Die Amplituden der Mikrobewegungen liegen zwischen wenigen Bogensekunden bis zu 30 Bogenminuten. Dabei kommen sowohl langsame als auch schnelle zeitliche Änderungen des Bewegungsablaufes vor: die schnellen Änderungen dauern weniger als 10 ms pro Richtungsumkehr (1-4).

Das Ziel der vorliegenden Untersuchung war, eine Meßapparatur zu entwickeln, die gleichzeitig die horizontalen und die vertikalen Bewegungskomponenten der Drehbewegungen des Auges zu messen erlaubt((5); siehe dort auch weitere Literatur).

Von den bekannten Methoden zur Messung von Augenbewegungen hat sich die Kontaktschalen-Spiegel-Methode als die genaueste und empfindlichste erwiesen (4). Dabei wird ein Lichtstrahl auf einen Spiegel gelenkt, der an einer Kontaktschale befestigt ist. Die Auslenkungen des reflektierten Lichtstrahls sind den Augenbewegungen proportional und ihnen gegenüber verdoppelt - kleine Drehwinkel vorausgesetzt -,wenn die Projektion des reflektierten Strahls gemessen wird.

Abbildung 1 zeigt ein solches Kontaktlinsen-Spiegel-System. Die Kontaktschale ist eine handelsübliche Kontaktlinse in den Abmessungen einer cornealen Maxi-Linse. An ihr wurde seitlich außerhalb der Sehwinkelzone ein etwa 8 mm langer Stab befestigt. Er dient dazu, den Oberflächenplanspiegel außerhalb der Reichweite der Wimpern zu halten.

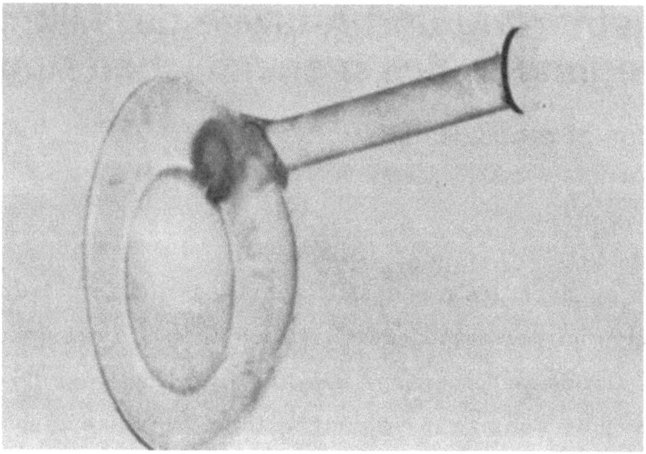

Abbildung 1: Kontaktlinsen-Spiegel-System.

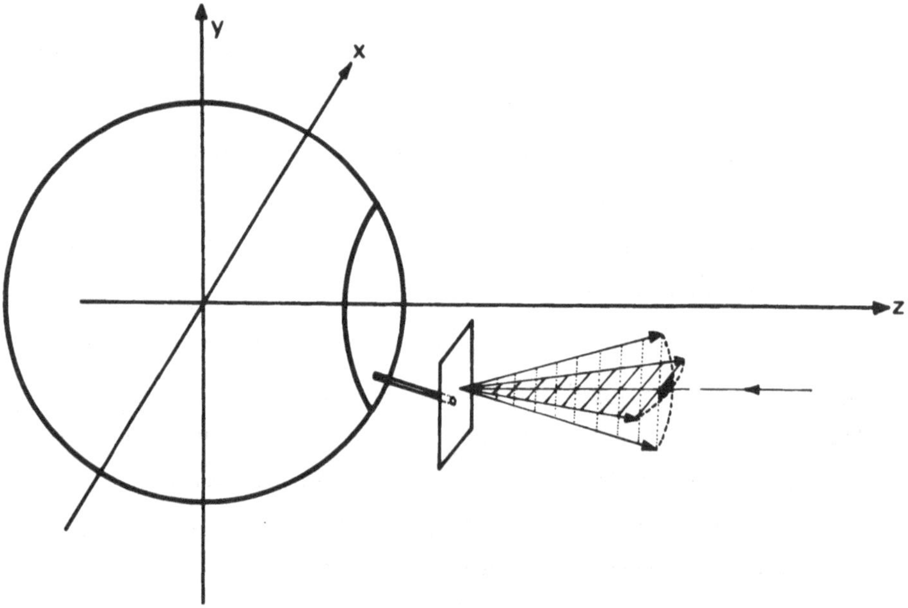

Abbildung 2: Spiegelanordnung zur Messung der horizontalen und vertikalen Bewegungskomponente.

Man kann nun den Spiegel bezüglich der Blickrichtung und der Richtung des einfallenden Lichtstrahls so justieren, daß immer eine der drei orthogonalen Bewegungskomponenten der Augendrehungen nicht mehr in den Auslenkungen des reflektierten Strahls enthalten ist.

In Abbildung 2 findet sich ein Beispiel für diese Messung von 2 Komponenten, und zwar hier für die horizontale und vertikale Komponente, wie sie bei unseren Messungen realisiert wurden: Die Richtung der Spiegelnormalen liegt parallel zur Richtung des einfallenden Lichtstrahls und zur Fixationsrichtung, also hier der z-Achse; eine Drehung des Auges um die z-Achse hat keinen Einfluß auf den reflektierten Strahl, also verschwindet die sog. torsionale Komponente. Die x-Achse liegt parallel zur Verbindungslinie beider Augen; eine Drehung des Auges um die x-Achse liefert die sog. vertikale Komponente, aus der Drehung um die y-Achse schließlich resultiert die sog. horizontale Komponente.

Den schematischen Aufbau der Meßapparatur gibt Abbildung 3 wieder. Den einfallenden Lichtstrahl liefert - wegen seiner Intensitäts- und Divergenzeigenschaften - ein Laser. Seine Leistung beträgt etwa 1 mW. Das reicht

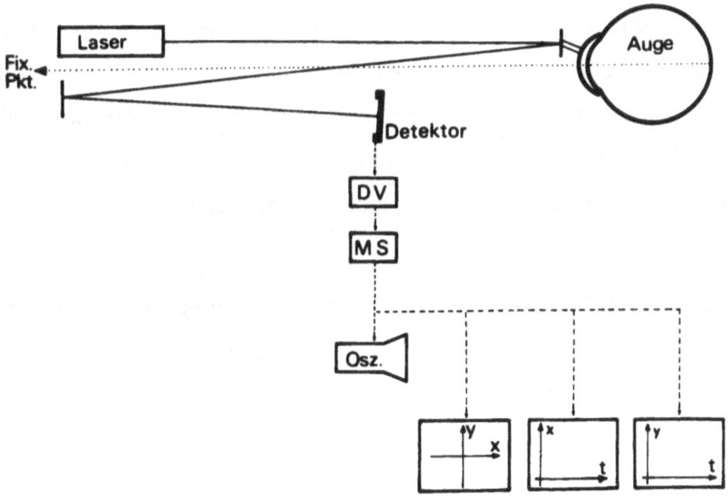

Abbildung 3: Schematischer Aufbau der Meßapparatur.

einerseits zur Registrierung der Strahlablenkungen, liegt aber deutlich unter der Schädigungsgrenze bei einer ungewollten, kurzzeitigen Einstrahlung ins Auge.

Der Laserstrahl wird parallel zur Fixationsrichtung auf die Mitte des Kontaktlinsenspiegels justiert. Der vom Augenspiegel reflektierte Strahl fällt auf einen anderen Spiegel, mit dem er auf einen Lichtpunkt-positionsempfindlichen Detektor gelenkt wird. Dieser positionsempfindliche Detektor liefert über nachgeschaltete Differenzverstärker kontinuierliche Analogspannungen, die den Lichtpunktauslenkungen auf dem Detektor proportional sind.

Die Analogspannungen werden auf einem Magnetbandspeicher im FM-Betrieb bei hoher Bandgeschwindigkeit aufgezeichnet und gleichzeitig auf einem Oszilloskop als Lichtpunktbewegungen kontrolliert.

Während der Messungen wird der Kopf der Versuchsperson mit einer Stirn- und Beißstütze fixiert.

Die Wiedergabe der Meßsignale erfolgt dann später wahlweise mit bis zu 16fach untersetzter Magnetbandgeschwindigkeit und unterschiedlicher Verstärkung auf einem Plotter, und zwar entweder als X-Y-Darstellung oder komponentenweise gegen die Zeit, wobei wiederum auf dem Oszilloskop die Lichtpunktbewegung kontrolliert wird. Es ist also eine spätere Auswertung der Messungen mit unterschiedlichen Aufgabenstellungen hinsichtlich der Analyse möglich, ohne daß dies schon bei den Messungen berücksichtigt werden muß.

Die Strahlführung des reflektierten Strahls - insbesondere über einen weiteren Spiegel - macht einen wesentlichen Vorzug der Kontaktlinsen-Spiegel-Methode deutlich: Das Auflösungsvermögen der Apparatur ist nämlich eine Funktion der Entfernung zwischen Kontaktlinsenspiegel und Detektor, wobei eine Verschiebung des zusätzlichen Spiegels doppelt eingeht.

Bei einer Entfernung von etwa 85 cm erreicht man eine Auflösung der Mikrobewegungen bis zu 3 Bogensekunden. Dieses Auflösungsvermögen kann unter Verzicht auf die Registrierung der größeren Amplituden verbessert werden, indem der Detektorabstand vergrößert wird.

Der Nachweis der Brauchbarkeit der Meßapparatur wurde durch Untersuchung des Amplituden- und Frequenzverhaltens an einem Modell durchgeführt und dann durch Messungen der Mikrobewegungen an Versuchspersonen erbracht.

Abbildung 4 zeigt eine Prinzipskizze des Modells zur Erzeugung definierter Strahlauslenkungen: Ein Spiegel wurde im Scheitel zweier zueinander senkrecht stehender Schenkel befestigt. Der Scheitel ist drehbar gelagert. Die Enden der beiden Schenkel können durch Tauchspulen unabhängig voneinander angetrieben werden, so daß der Spiegel sich um zwei orthogonale Achsen senkrecht zu seiner Normalen dreht.

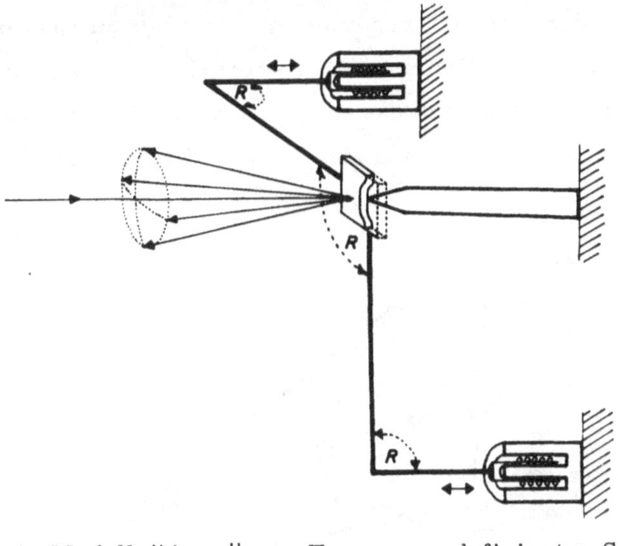

Abbildung 4: Modell-"Auge" zur Erzeugung definierter Strahlauslenkungen (schematisch).

Die mit diesem Modell erzeugten Strahlauslenkungen wurden auf eine Fotoplatte projiziert und mit den gleichzeitig über den Detektor gemessenen und auf Magnetband gespeicherten Auslenkungen verglichen. Dadurch war eine qualitative Beurteilung der Linearität der Registrierelektronik möglich; sie hängt im wesentlichen vom Verhalten des Detektors ab. Um dessen Fehler - insbesondere Nichtlinearitäten im Randbereich - zu verringern, beschränken wir uns auf einen mittleren Meßbereich von 10 mm Durchmesser. Damit ist der Fehler kleiner als 10 %.

Mit dem Modell zur Strahlauslenkung wurde auch das Frequenzauflösungsvermögen der gesamten Apparatur gemessen. Es reicht bis 4 kHz, so daß auch hier die Bedingungen für die Messung der Mikrobewegungen erfüllt sind.

Unsere ersten Messungen der Mikrobewegungen an Versuchspersonen geben die folgenden Abbildungen wieder.
Die erste (Abb. 5) zeigt einen Ausschnitt der Messungen in X-Y-Darstellung. Diese Darstellung ist bis auf einen Maßstabsfaktor identisch mit der Projektion des vom Kontaktlinsenspiegel reflektierten Laserstrahls auf den Detektor oder - noch anschaulicher - mit der Projektion der Sehlinie auf die Objektebene. Man sieht hier deutlich die drei typischen Arten der Mikrobewegungen, die nach den Amplituden und Änderungsgeschwindigkeiten (wenn man will: "Frequenzen") unterschieden werden in "drifts", "flicks" und "tremor".

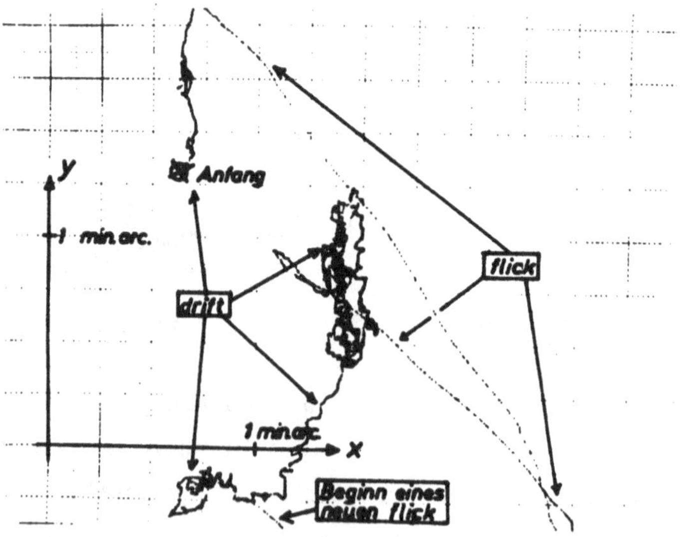

Abbildung 5: Ausschnitt von Mikrobewegungen in X-Y-Darstellung.

Hier wurde die Aufzeichnung der Wiedergabe während einer Drift-Periode gestartet. Die Drifts sind langsame, gleitende Augenbewegungen mit Amplituden bis zu 25 Bogenminuten.

Nach 0,1 bis 1,5 s werden die Drifts von den Flicks unterbrochen. Die Flicks sind schnelle Bewegungen - die Dauer beträgt zwischen 20 und 40 ms - mit großen Amplituden bis zu 30 Bogenminuten. In unserem Bewegungsausschnitt (Abb. 5) fängt ein Flick am oberen Bildrand an (im Knick), kehrt unten rechts um und endet etwa in der Mitte der Darstellung. Die Umkehrphase ist in diesem Fall besonders deutlich; sie kommt in den meisten Fällen während eines Flicks vor.

Danach geht die Flick-Bewegung wieder in eine Drift-Bewegung über, die aber meistens gegenüber der vorigen örtlich ein wenig versetzt ist.

Beiden Bewegungen - Drifts und Flicks - ist der sog. Tremor überlagert; das sind kleine schnelle Zitterbewegungen mit 30 bis 110 Schwingungen pro s und Amplituden unter 20 Bogensekunden.

Die verschiedenen Bewegungsarten werden noch deutlicher bei komponentenweiser Darstellung gegen die Zeit. Zwei Beispiele zeigt Abbildung 6. In der oberen Darstellung sieht man - von oben kommend - das Ende eines Flicks mit der Umkehrphase links unten und anschließend die gemächlichen Drift-Bewegungen mit dem überlagerten Tremor.
Diese relativ gedrängte komponentenweise Darstellung wird zur Analyse der Amplituden und Frequenzen des Tremor, eine noch gedrängtere wird zur Analyse von Drift-Amplituden und -Dauer benutzt.

Die untere Darstellung auf Abbildung 6 ist dagegen sehr stark gedehnt. Sie dient zur Analyse der Flicks: Hier ist die steile Anstiegsphase gut zu erkennen, gefolgt von der Umkehrphase und einer weniger steilen Rückkehrphase. Es folgt dann wieder eine Drift-Bewegung.

In dieser Darstellung ist ebenfalls gut zu erkennen, daß der Tremor beiden Bewegungen - Drifts und Flicks - überlagert ist.

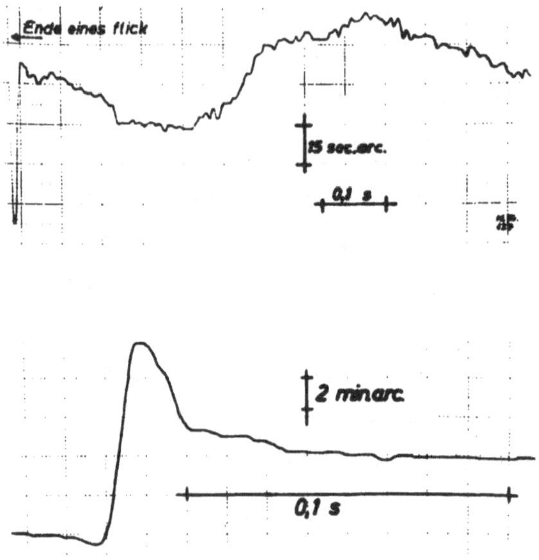

Abbildung 6: Darstellung einer Komponente der Mikrobewegungen gegen die Zeit, oben in gedrängter, unten in gedehnter Form.

Tabelle 1:

Ergebnis der quantitativen Analyse der Mikrobewegungen einer Versuchsperson

Tremor	: Amplitude	1'' - 2''
	Frequenz	65 - 110 Hz
Flicks	: Amplitude	1' - 30'
	Dauer	19 - 37 ms
Drifts	: Amplitude	bis 25'
	Dauer	0,1 - 1,5 s

Die quantitative Analyse der Mikrobewegungen unserer ersten Versuchsperson ist in der Tabelle 1 zusammengefaßt. Die Übereinstimmung mit den früheren Ergebnissen anderer Autoren ist allgemein gut, sofern diese Aussage bei Bezug auf einzelne Versuchspersonen erlaubt ist. Leichte Verschiebungen korrespondierender Werte deuten auf das verbesserte örtliche und zeitliche Auflösungsvermögen unserer Apparatur hin: So konnten z.B. kleinere Tremor-Amplituden gemessen und dadurch höhere Tremor-Frequenzen ausgezählt werden. Die Flick-Dauer stimmt mit früheren Messungen überein, ebenso die Flick-Amplituden in vertikaler Richtung. Dagegen waren bei der ausgewerteten ersten Versuchsperson die horizontalen Flicks doppelt so groß wie die in vertikaler Richtung, was vorher nie beobachtet wurde. Bei einer zweiten Person war das aber nicht der Fall, so daß wir diese Beobachtung als eine spezifische Eigenschaft der Mikrobewegungen unserer ersten Versuchsperson ansehen müssen.

Die Drift-Amplituden früherer Messungen betrugen nur etwa 1/4 der bei unserer ersten Versuchsperson gemessenen; möglicherweise ist auch dies ein Hinweis auf spezielle Eigenschaften. Die Drift-Dauer ist mit früheren Angaben vergleichbar.

Diese hier nur kurz angedeuteten Ergebnisse mögen genügen, um die Anwendung der Apparatur zu erläutern.

Es ist vorgesehen, an einer repräsentativen Zahl von Versuchspersonen mit normalen Sehfunktionen Durchschnittswerte für die Mikrobewegungen zu ermitteln. Diese "Normalwerte" sollen dann mit den Ergebnissen aus der Messung fehlsichtiger Personen und Personen mit Seh- oder Bewegungsstörungen der Augen verglichen werden. Die erwarteten Aussagen könnten einerseits Hilfsmittel für die Diagnose sein, andererseits zur Klärung sinnesphysiologischer Zusammenhänge beitragen. Interessant ist insbesondere die Frage, wie sich die zweidimensionalen Bilder beider Netzhäute zu einem dreidimensionalen Bild im Sehzentrum überlagern, besonders dann, wenn beide Augen unabhängige, asychrone Mikrobewegungen ausführen.

Weiterhin sind Messungen unter verschiedenen Einflüssen geplant, wie Ermüdung, künstliche Defokussierung des Auges, anomale retinale Korrespondenz und medikamentöse Beeinflussung.

Literatur

1. Lord, M.P. & Wright, W.D. (1950): The Investigation of Eye Movements. Rep. Progr. Phys. 13, 1-23

2. Ratliff, F. & Riggs, L.A. (1950): Involuntary Motions of the Eye During Monocular Fixation. J. Exp. Psych., Vol. 40, Nr. 6, 687-701

3. Ditchburn, R.W. & Ginsborg, B.L. (1953): Involuntary Eye Movements During Fixation. J. Physiol. 119, 1-17

4. Fender, D.H. (1955): Torsional Motions of the Eyeball. Brit. J. Ophthal. 39, 65-72

5. Schweitzer, G. (1975): Untersuchung der Mikrobewegungen des menschlichen Auges. Diplomarbeit, Hamburg

3.7 Untersuchungen zum blutlosen Schneiden der Leber mit Laserstrahlen

H. Welling, V. Bödecker, B. Grotelüschen

Einleitung

Für eine große Anzahl chirurgischer Anwendungen ist es vorteilhaft, ein Operationsinstrument zu verwenden, mit dem sich blutarme oder sogar bluttrockene Schnitte durchführen lassen. Eine solche Operationstechnik ist insbesondere beim Schneiden von stark durchblutetem Gewebe, wie z.B. der Leber, von besonderer Bedeutung.

Bluttrockene oder zumindestens blutarme Schnitte lassen sich mit Hilfe des Hochfrequenzskalpells erzielen (1). Bei der Anwendung dieses Verfahrens hängt jedoch die Schnitt- und Koagulationswirkung stark von der Stromdichte ab, die ihrerseits wiederum durch den spezifischen elektrischen Widerstand und durch den elektrisch leitenden Querschnitt des Gewebes bestimmt wird. Da sich diese beiden Größen während des Schneidens ändern, sind Schnittwirkung und Bluttrockenheit beim Einsatz des Elektrotoms nur bedingt reproduzierbar. Weiterhin bleibt die die Blutung hemmende Nekrosezone, das ist die während des Schneidens infolge der Wärmeentwicklung entstehende Zone von irreversibel geschädigtem Gewebe, häufig an der Hochfrequenznadel kleben. Auf diese Weise kommt es zu Einrissen innerhalb der Nekroseschicht, die zu Nachblutungen führen können. Darüber hinaus ist die Nekrosezone, die sich unter der Einwirkung des Hochfrequenzskalpells ausbildet, nur schmal und haftet relativ schlecht auf dem intakten Gewebe, so daß die bluthemmende Wirkung stark begrenzt ist. Die bei der Anwendung des Elektrotoms auftretende, für den praktischen Einsatz z.T. jedoch nicht ausreichende blutstillende Wirkung ist im wesentlichen auf die mechanische Beanspruchung des Gewebes während des Schneidens zurückzuführen. Aus diesem Grunde wäre ein berührungsloses Schnittverfahren von Vorteil, bei dem sich jedoch genau wie bei der Verwendung des Hochfrequenzskalpells eine bluthemmende Koagulationsnekrose ausbilden sollte.

Als Alternative zum Elektroskalpell wird seit einigen Jahren die Anwendungsmöglichkeit von Laserstrahlung zum Schneiden von Gewebe untersucht und zum Teil bereits praktisch angewendet (2, 3). Hierbei wird im wesentlichen mit CO_2- und mit YAG-Lasern gearbeitet, da diese Lasersysteme die zum Schneiden notwendige Ausgangsleistung liefern. In diesem Beitrag wird über Schnittexperimente mit YAG-Laserstrahlen an Rattenleber berichtet. Ziel dieser Untersuchungen war es, Aufschluß darüber zu gewinnen, in welcher Weise die Breite der Nekrosezone von den verschiedenen Schnittparametern abhängt.

Lasersystem

Die Schnittexperimente wurden mit einem YAG: Nd^{3+}-Lasersystem durchgeführt. Abbildung 1 zeigt einen einzelnen Laserkopf.

Abbildung 1: Laserkopf mit YAG-Kristall und Pumplampe.

Im Inneren dieses wassergekühlten Laserkopfes befinden sich die für die Lasertätigkeit entscheidenden Elemente, nämlich der Laserstab und die "Pumplampe". Der Laserkopf hat eine Länge von ca. 17 cm, und es lassen sich Ausgangsleistungen von 150 Watt erzielen.

Daß die Untersuchungen gerade mit einem YAG-Laser durchgeführt wurden, hat mehrere Gründe: Einmal ist ein YAG-Laser mit einer Laserleistung von mehr als 100 Watt, die zum Schneiden benötigt wird, relativ leicht zu handhaben. Weiterhin besteht die Möglichkeit, die Strahlleistung mit Hilfe von Lichtleitfasern zu übertragen. Gegenüber den anderen kontinuierlichen Lasern, wie z.B. dem Argon oder dem CO_2-Laser, gibt es jedoch noch einen ganz entscheidenden Unterschied, der gerade den YAG-Laser als geeignetes Instrument für das blutlose Schneiden erscheinen läßt, und zwar ist das die relativ große Absorptionstiefe der YAG-Laserstrahlung in der Leber. Abbildung 2 zeigt die Abnahme der Strahlungsintensität in der Leber als Funktion der Eindringtiefe, und zwar für die Wellenlänge des YAG-Lasers, des Argon- und des CO_2-Lasers.

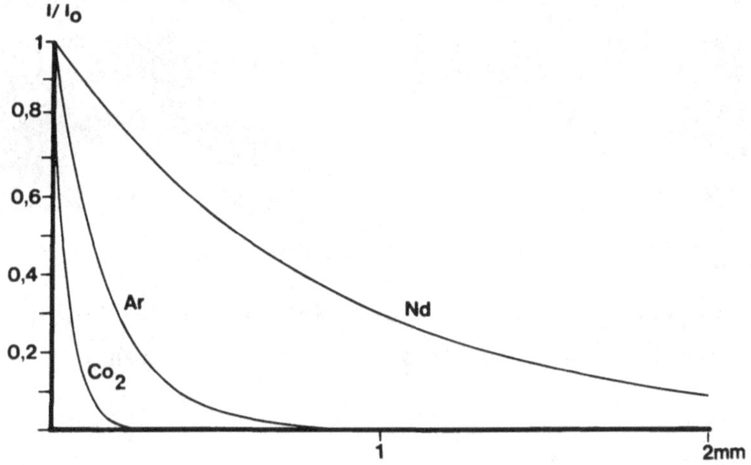

Abbildung 2: Abnahme der Strahlungsintensität im Gewebe.

Aus dieser Darstellung geht hervor, daß die Absorptionstiefe für die CO_2-Laserstrahlung nur sehr gering ist. Der Absorptionskoeffizient beträgt 200 cm^{-1}. Die Strahlung des YAG-Lasers dringt dagegen wesentlich tiefer in das Gewebe ein. Der Absorptionskoeffizient beträgt in diesem Fall 12 cm^{-1}. Auf Grund dieses wellenlängenabhängigen Absorptionsvermögens ergibt sich bei der Anwendung des CO_2-Lasers zwar eine sehr gute Schnittwirkung, aber blutlose Schnitte lassen sich mit diesem Laser nicht erzielen. Mit dem YAG-Laser erhält man dagegen eine schlechtere Schnittwirkung, dafür lassen sich jedoch blutlose Schnitte auch an stark durchbluteten Organen durchführen. Abbildung 3 zeigt als Beispiel einen Schnitt an einer Rattenleber.

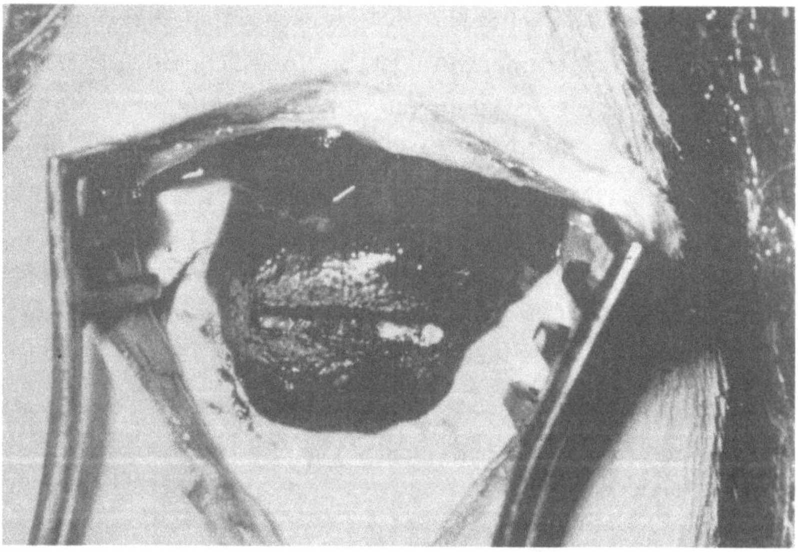

Abbildung 3: YAG-Laserschnitt an einer Rattenleber.

Dieser Schnitt verlief völlig blutlos. Die Keramikplatte unter der Leber diente zum Schutz der anderen Organe vor der Laserstrahlung.

Nekrosezone

Von entscheidender Bedeutung für das blutlose Schneiden ist die an den Schnittrand angrenzende Zone von irreversibel geschädigtem Gewebe, die Nekrosezone. Abbildung 4 zeigt die mikroskopische Struktur des Gewebes in der Umgebung des Schnittrandes. Ganz links im Bild ist der z.T. zerklüftete Schnittrand zu erkennen. Im mittleren Teil des Bildes befindet sich die Nekrosezone. Rechts anschließend, unmittelbar neben dem dunkler erscheinenden Saum, ist die intakte Leber zu erkennen. Das nekrotische Gewebe kapselt sich nach einiger Zeit ab und wird abgebaut. Der Heilungsverlauf ist völlig problemlos.

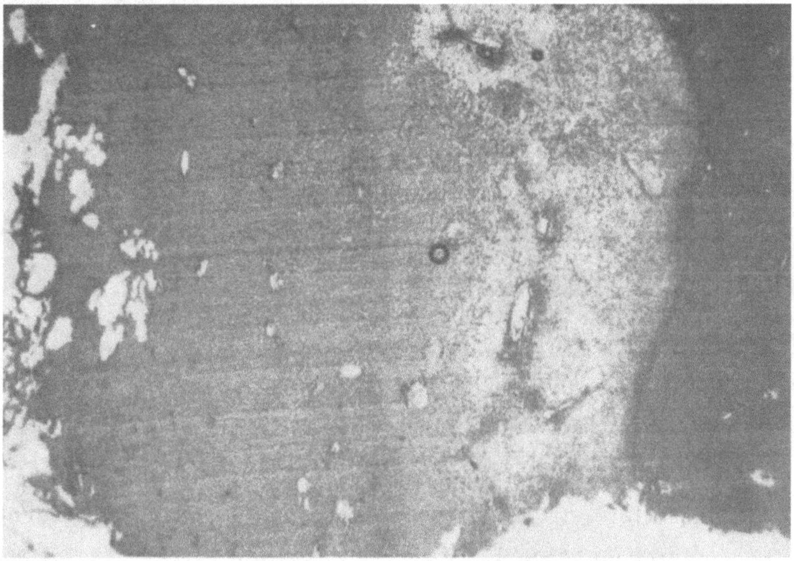

Abbildung 4: Histologische Darstellung des Schnittrandes.

Die Breite der Nekrosezone bestimmt in entscheidendem Maße die Bluttrockenheit des Schnittes. Abbildung 5 zeigt die Abhängigkeit der Nekrosebreite von der Laserleistung, von der Brennweite der Fokussierungslinse, von der Schnittgeschwindigkeit und von der Impulsfolgefrequenz bei der Verwendung von gepulster Laserstrahlung.

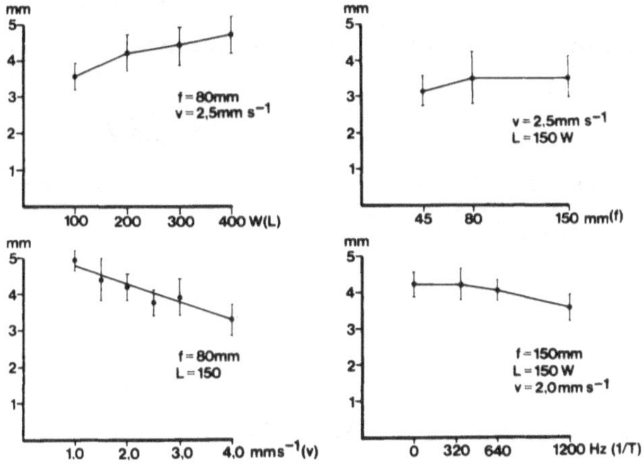

Abbildung 5: Abhängigkeit der Nekrosebreite von den Schnittparametern.

Aus dieser Darstellung geht hervor, daß die Nekrosebreite durch die Wahl der hier beschriebenen Parameter nicht in der für die praktische Anwendung erforderlichen Weise variiert werden kann. Es ist zwar ein deutlicher Einfluß der Schnittgeschwindigkeit auf die Breite der Nekrosezone festzustellen, aber es ist dem Operateur nicht zuzumuten, bei einer definierten und unter Umständen noch relativ hohen Schnittgeschwindigkeit zu arbeiten.

Wärmebelastung und Nekrosebreite

Für die praktische Anwendung des Lasers als chirurgisches Messer ist es erforderlich, die Nekrosebreite den biologischen Erfordernissen anzupassen. Die Nekrosezone sollte gerade so breit sein, daß ein blutloser Schnitt gewährleistet ist, jedoch nicht breiter als unbedingt erforderlich, damit nicht unnötig viel intaktes Gewebe geschädigt wird. Es ist daher wichtig zu wissen, welche Effekte zur Ausbildung der Nekroseschicht führen.

Die Nekrosebreite wird im Wesentlichen durch die thermische Belastung des Gewebes während des Schneidens bestimmt. Um das zu zeigen, wurde die thermische Belastbarkeit von Leber gemessen, indem die Temperatur der Leber plötzlich um einen ganz bestimmten Wert erhöht wurde. In Abbildung 6 ist dargestellt, bis zu welcher Zeit die Leber um eine bestimmte Temperatur erwärmt werden darf, ohne daß sie irreversibel geschädigt wird.
Für den Bereich unterhalb der Kurve ist die Schädigung noch reversibel, für den Bereich oberhalb der Kurve ist die Schädigung irreversibel, das Gewebe wird nekrotisch.

Die in Abbildung 6 dargestellten Werte beziehen sich jeweils auf eine ganz bestimmte Temperaturerhöhung. Beim Schneiden mit Laserstrahlen ändert sich die Temperatur jedoch ständig. Aus dem zeitlichen Temperaturverlauf läßt sich aber mit Hilfe des in Abbildung 6 dargestellten Zusammenhangs für jede Stelle des Gewebes eine normierte Wärmebelastung berechnen (4). Diese Größe ist so definiert, daß für Werte oberhalb von

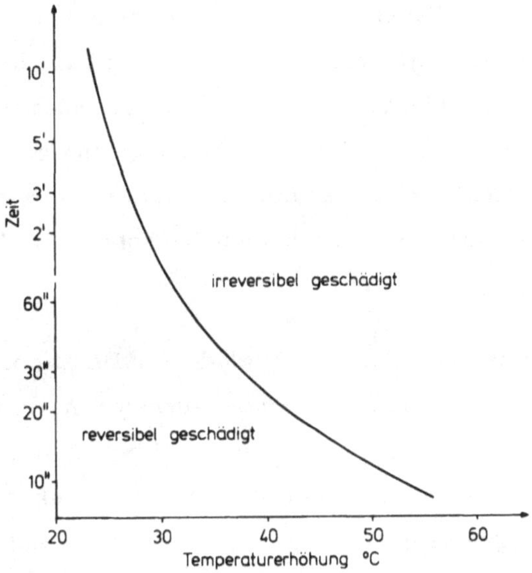

Abbildung 6: Schädigungskurve.

1 das Gewebe irreversibel geschädigt ist; für Werte kleiner als 1 ist die Schädigung reversibel. Abbildung 7 zeigt als ein Beispiel die Wärmebelastung in der Nähe des Schnittrandes, und zwar für die verschiedenen Entfernungen von der Schnittmitte.

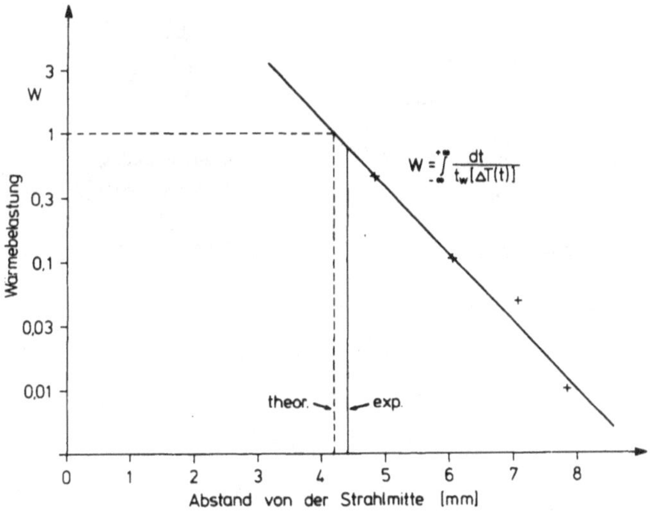

Abbildung 7: Wärmebelastung in Schnittrandnähe.

Zur Bestimmung der Wärmebelastung wurde der zeitliche Temperaturverlauf im Gewebe mit Thermofühlern gemessen, und aus diesen Meßwerten wurde dann die Wärmebelastung berechnet. Nach Definition sollte der Wert der Wärmebelastung am Rand der Nekrosezone gleich 1 sein. Wie aus Abbildung 7 ersichtlich ist, stimmt die histologisch ermittelte Breite der Nekrosezone gut mit der berechneten Nekrosebreite überein.

Diskussion

Die im Vorangehenden angedeutete Methode zur Bestimmung der Wärmebelastung wurde bei Variation von verschiedenen Schnittparametern durchgeführt. In allen Fällen zeigte sich eine gute Übereinstimmung zwischen den berechneten und den experimentell ermittelten Nekrosebreiten. Aus diesen Untersuchungen kann daher gefolgert werden, daß die Breite der Nekrosezone durch die thermische Belastung des Gewebes bestimmt wird. Die Wärmebelastung wird nun ihrerseits wiederum im Wesentlichen durch die Absorptionstiefe der Strahlung im Gewebe beeinflußt. Dieser Sachverhalt ist in Abbildung 8 schematisch dargestellt.

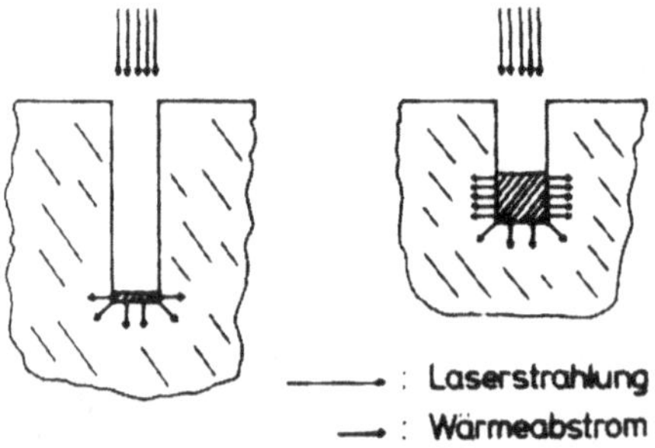

Abbildung 8: Schematische Darstellung des Wärmeabstromes.

Bei geringer Absorptionstiefe, hier durch den schraffierten Bereich angedeutet, ergibt sich eine große Schnittiefe, aber die pro Tiefeneinheit seitlich abgeführte Wärme ist gering. Bei größerer Absorptionstiefe tritt dagegen eine schlechtere Schnittwirkung auf, der seitliche Wärmeabstrom pro Tiefeneinheit ist jedoch größer. Das bedeutet, daß in diesem Fall auch eine größere Wärmebelastung auftritt, die wiederum eine größere Nekrosebreite zur Folge hat, so daß eine bessere bluthemmende Wirkung erzielt werden kann. Die relativ große Absorptionstiefe der YAG-Laserstrahlung ist daher der Grund, weshalb sich gerade mit diesem Laser blutlose Schnitte an stark durchblutetem Gewebe durchführen lassen.

Um die Breite der Nekrosezone während des Schneidens den biologischen Erfordernissen anzupassen, ist es notwendig, die Wärmebelastung in der gewünschten Weise variieren zu können. Aus Abbildung 5 ist ersichtlich, daß dies durch Variation der dort dargestellten Parameter nicht erreicht werden kann. Es gibt jedoch noch eine weitere und für die praktische Anwendung geeignetere Art, die Nekrosebreite zu beeinflussen, und zwar durch Variation des zeitlichen Leistungsverlaufs der Laserstrahlung. Dies ist in Abbildung 9 schematisch dargestellt.

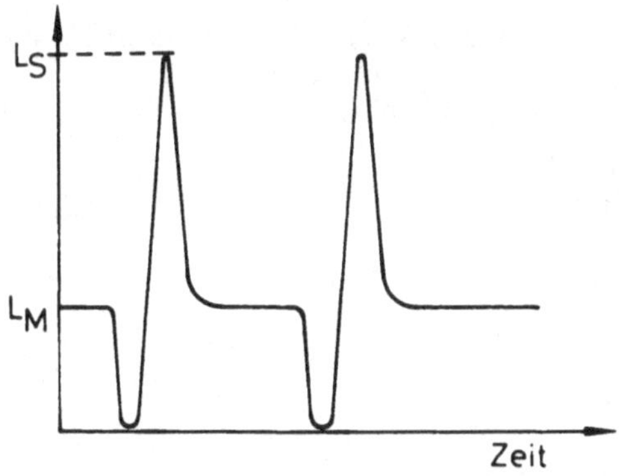

Abbildung 9: Schematische Darstellung des zeitlichen Intensitätsverlaufes (L_S: Impulsspitzenleistung, L_M: Mittlere Leistung der "Nachwärmimpulse").

Die besondere Wirkungsweise bei der Anwendung eines solchen zeitlichen Leistungsverlaufs, der durch Güteschaltung des Laserresonators erreicht werden kann, ist folgendermaßen zu verstehen: Die kurzen, aber sehr intensiven Impulse dienen zum eigentlichen Schneiden. Die Impulsdauer ist so kurz, daß das Gewebe an der Auftreffstelle der Strahlung verdampft, ohne daß dabei ein wesentlicher Wärmeabstrom in das Gewebe erfolgen kann. Nach jedem Spitzenimpuls erfolgt ein kontinuierliches Nachstrahlen mit geringer Leistung, so daß ein entsprechend dosierter Energieanteil in das Gewebe abströmen kann. Die Impulsenergie dient also im Wesentlichen zum Schneiden, der kontinuierliche Anteil zum Koagulieren. Auf diese Weise läßt sich durch Variation des Tastverhältnisses die Breite der Nekrosezone beeinflussen. Versuche an der Rattenleber und erste Untersuchungen an Großtieren lassen vermuten, daß auch an der Leber des Menschen blutlose Schnitte mit YAG-Laserstrahlen möglich sein sollten (5) und daß diese Technik Vorteile gegenüber den bisher üblichen konventionellen Methoden aufweist.

Literatur

1. Grotelüschen, B. (1974): Laser in der operativen Medizin, Habilitationsschrift. Med. Hochschule Hannover

2. Kaplan, I., Ger, R. & Sharon, U. (1973): The CO_2-Laser in plastic surgery. Brit. J. of Plastic Surgery 26, 359

3. Leheta, F. & Gorisch, W. (1975): Koagulation und Resektion von Blutgefäßen mit dem Argon-Laser. Fortschritte der Medizin, Nr. 13, Jahrg. 93, 653

4. Bödecker, V., Drake, K.-H., Arlt, U. P. & Grotelüschen, B.: Untersuchungen zur Anwendung des YAG-Lasers als chirurgisches Schnittwerkzeug, Frühjahrstagung der DPG, Köln 1975

5. Buchholz, J. - persönliche Mitteilung

4 Sonographie

4.1 Die physikalischen Grundlagen der Ultraschall-Diagnostik

R. Gerstner

Einleitung

Die Untersuchung mit Schall kann einerseits darauf beruhen, daß man die im Körper entstehenden Schallwellen beobachtet, oder andererseits Schallwellen von außen in den Körper einleitet und feststellt, welche Einwirkungen auf diese Schallwellen im Körper entstehen. Die Ultraschall-Diagnostik basiert auf der zuletzt genannten Methode. Dadurch, daß die Schallwellen bei der Ausbreitung im Körper meßbare Änderungen erfahren, werden sie zum Träger von Informationen über Zustände und Vorgänge im Körperinneren.

Im folgenden Abschnitt werden die wichtigsten charakteristischen Größen genannt und die Möglichkeit ihrer Beeinflussung besprochen. Daraus wird abgeleitet, welche Rückschlüsse möglich sind.

Kennzeichnende Größen

Von den nachfolgend besprochenen Größen sind die Intensität, die Richtung und die Frequenz den Schallwellen beim Aussenden bereits mit einem bestimmten Wert aufgeprägt. Dieser Betrag kann jedoch beim Durchlaufen des Körpers geändert werden. Es kommt also hier in erster Linie auf eine Beobachtung der auftretenden Änderung an. Die Laufzeit der Schallwellen wird hingegen ausschließlich durch den durchlaufenen Körper bestimmt. Hier würden also hauptsächlich Messungen der absoluten Werte Aussagen ermöglichen.

Intensität

Die Intensität einer Schallwelle nimmt beim Durchlaufen eines Körpers ab. Die auftretenden Verluste haben verschiedene Ursachen, die meist gleichzeitig nebeneinander in Erscheinung treten.

Das von einem Schallkopf abgestrahlte Schallbündel besitzt eine Divergenz. Dadurch wird die von der Welle getragene Energie mit zunehmendem Abstand vom Schallkopf auf eine immer größer werdende Fläche verteilt, was zu einem Absinken der Schallintensität führt. Die Größe dieser Divergenzverluste kann auf Grund der Daten eines Schallkopfes mit ziemlicher Genauigkeit berechnet werden.

Unter der Absorption versteht man die Umwandlung der Schallenergie in Wärme. Die Größe der Absorption hängt von den Eigenschaften des durchlaufenen Mediums, der Weglänge und der Frequenz ab.

Treffen Schallwellen auf die Grenzfläche zwischen zwei Medien mit verschiedenem Schallwiderstand, so werden sie zum Teil reflektiert, zum Teil treten sie durch die Grenzfläche durch. Durch diese Aufspaltung treten natürlich für jede der beiden Fortpflanzungsrichtungen Verluste auf. Diese Grenzflächenverluste kommen jedoch nicht nur im Körper vor, sondern sie treten auch an der Grenzfläche zwischen Schallkopf und Körper in Erscheinung. Ihre Größe ist besonders an diesen Stellen schwer abzuschätzen.

Eine Messung der Intensitätsänderung ist an und für sich leicht durchführbar. Man mißt jedoch immer die Summe aller genannten Erscheinungen, und es ist praktisch nicht möglich, diese auf die einzelnen Komponenten aufzuteilen. Aus diesem Grund haben derartige Messungen in der Diagnostik noch keine allzugroße Bedeutung erlangt.

Richtung

Die Richtung der Ausbreitung der Schallwellen wird durch die Orientierung des die Schallwellen aussendenden Schallkopfes bestimmt. Durchlaufen die Schallwellen Grenzflächen zwischen Medien mit verschiedener Schallgeschwindigkeit, so werden sie gebrochen, wenn sie die Grenzfläche nicht senkrecht durchsetzen. Die Größe der Brechung hängt vom Verhältnis der Schallgeschwindigkeiten in beiden Medien ab. Da sich dieses an der Grenze verschiedener weicher Gewebe kaum merklich von 1 unterscheidet, sind die Brechungseffekte nur sehr gering. Sie werden für die Diagnostik bisher nicht ausgenützt, zumal die derzeit verwendeten Schallbündel kaum eine Messung mit der erforderlichen Genauigkeit ermöglichen.

Eine andere Art der Richtungsänderung ist die Reflexion, die ebenfalls an der Grenzfläche auftritt. Es muß als ein für die Ultraschall-Diagnostik außerordentlich glücklicher Umstand bezeichnet werden, daß die an den meisten Grenzflächen auftretende Reflexion stark genug ist, um die reflektierten Wellen beobachten zu können, jedoch auch wiederum so schwach, daß genügend Schallenergie durch die Grenzfläche durchtreten kann, um auch Informationen aus tiefer gelegenen Schichten bringen zu können. Die Reflexion stellt zusammen mit der Laufzeit die Größe dar, die am häufigsten zur Erstellung einer Diagnose herangezogen wird.

Frequenz

Die Frequenz einer Schallwelle wird bereits beim Aussenden festgelegt. Eine Änderung der Frequenz tritt ein, wenn eine Welle an einer bewegten Fläche reflektiert wird. Diese Erscheinung ist unter dem Namen DOPPLER-Effekt bekannt und wird in der Ultraschall-Diagnostik dazu verwendet, um bewegte von ruhenden Reflexionsflächen einfach trennen zu können. Es kann mit diesem Verfahren nicht nur die Bewegung selbst, sondern auch der Bewegungsrythmus festgestellt werden.

Eine andere Art der Frequenzänderung, die bisher kaum beachtet wurde, tritt bei Schall-Impulsen durch die Absorption auf. Dazu muß gesagt werden, daß Impulse entgegen einer weitläufigen Ansicht nicht aus Schallwellen einer bestimmten Frequenz bestehen, sondern aus physikalischen Gründen stets ein Frequenzgemisch darstellen. Durch die Frequenzabhängigkeit der Absorption wird die Zusammensetzung eines Impulses beim Durchlaufen eines absorbierenden Mediums mehr oder weniger stark geändert, was zu einer Verschiebung der resultierenden Frequenz gegen niedrigere Werte führt. Eine genaue Analyse dieser Erscheinung erfordert einen beträchtlichen apparativen Aufwand und wird daher derzeit nur vereinzelt vorgenommen.

Laufzeit

Die Laufzeit der Schallwellen wird ausschließlich durch die Eigenschaften des durchlaufenen Mediums und die zurückgelegte Wegstrecke bestimmt. Besonders beim Arbeiten mit Schallimpulsen ist die Laufzeit leicht zu messen. Für die Auswertung stehen zwei Möglichkeiten offen: Entweder mißt man die zurückgelegte Wegstrecke und bestimmt dann die Schallgeschwindigkeit, oder man nimmt die Schallgeschwindigkeit als vorgegeben an und berechnet auf Grund der Laufzeit die Wegstrecke. In Anbetracht der kleinen Unterschiede in den Schallgeschwindigkeiten in verschiedenen weichen Geweben wird meist die zuletzt genannte Methode angewendet, besonders in Verbindung mit dem Echoverfahren.

Untersuchungsverfahren

Man kann die denkbaren Untersuchungsverfahren einerseits nach der Form der angewendeten Schallwellen - Dauerschall oder Impulsschall - einteilen, andererseits nach dem Weg, den die auszuwertenden Schallwellen zurücklegen (Durchschallung oder Echo). Eine Kombination dieser 2 mal 2 Verfahren ergibt vier Möglichkeiten, von denen jedoch nur zwei ausgenützt werden.

Dauerschall ist mit relativ kleinem Aufwand herzustellen. Er eignet sich zur Bestimmung der Schallschwächung und der Frequenzänderung. Auch Messungen der Richtungsänderung wären möglich. Hingegen kann die Laufzeit mit Dauerschall nicht bestimmt werden.

Die Erzeugung von Schallimpulsen erfordert einen höheren Aufwand. Mit Impulsen können nicht nur alle Messungen durchgeführt werden, die auch mit Dauerschall möglich sind, sondern vor allem auch Laufzeitmessungen. Da man mit Schallimpulsen somit die meisten Informationen erhalten kann, arbeiten die überwiegenden Zahlen der derzeit verwendeten Geräte nach dem Impuls-Verfahren.

Das Durchschallungsverfahren wird als selbstständiges Untersuchungsverfahren nicht angewendet. Die Ursache dafür liegt weniger in dem Umstand, daß seine Anwendung durch den notwendigen gleichzeitigen Gebrauch von zwei Schallköpfen an gegenüberliegenden Körperstellen umständlich ist, sondern vielmehr in der Tatsache, daß man beim Empfang der Schallwellen zwar die Summe aller Einwirkungen feststellen kann, jedoch kaum eine Möglichkeit besitzt, Aussagen darüber zu machen, an welcher Stelle des Schallweges eine bestimmte Änderung in einem Parameter eingetreten ist. Die Informationen, die dieses Verfahren liefert, sind daher sehr gering. In einem Sonderfall wird es allerdings angewendet, nämlich in der Echoenzephalografie zur Feststellung der theoretischen Lage der Mittelebene des Gehirnes. Diese Messung stellt jedoch keine selbstständige Untersuchung dar, sondern wird nur in Verbindung mit einer Echo-Untersuchung durchgeführt und dient dort zur Sicherung des Befundes.

Das Echo-Verfahren hat zweifellos die größte Bedeutung erlangt, da es die meisten Aussagemöglichkeiten liefert. Dazu kommt noch die einfache Handhabung bei der Untersuchung, da nur mit einem Schallkopf manipuliert werden muß. Die verschiedenen Geräte, die derzeit in Gebrauch sind, unterscheiden sich hauptsächlich durch die Art der Anzeige der Ergebnisse.

Geräte

Die nachfolgende Zusammenstellung schlüsselt die Geräte nach Art des verwendeten Schalles und Darstellung des Untersuchungsergebnisses auf. Es werden nur solche Ausführungen erwähnt, die allgemein erhältlich sind. Bei der kurzen Beschreibung ihres Funktionsprinzips kann auf individuelle Unterschiede in den Konstruktionen der verschiedenen Hersteller nicht eingegangen werden.

Echogeräte für Dauerschall

In diese Gruppe fallen die meisten sog. DOPPLER-Geräte. Diese Geräte senden dauernd Ultraschall einer bestimmten Frequenz aus. Die reflektierten Schallwellen besitzen, sofern sie an einer bewegten Fläche reflektiert werden, entsprechend dem DOPPLER-Effekt eine andere Frequenz als die ausgesendeten Schallwellen. Im Gerät werden beide Frequenzen gemischt,und es entsteht eine Schwingung mit einer überlagerten Schwebung. Da die Schwebungsfrequenz im hörbaren Bereich liegt, kann sie leicht über einen Lautsprecher oder Kopfhörer verfolgt werden.

Die Geräte eignen sich ausschließlich zum Nachweis von Bewegungsvorgängen im Körperinneren. Sie werden vorwiegend zur Kontrolle der Herztätigkeit im allgemeinen oder der fetalen Herztätigkeit im besonderen eingesetzt. Die Arbeitsfrequenz liegt üblicherweise etwa bei 2 MHz. Geräte mit einer höheren Frequenz können zum Nachweis der Blutströmung eingesetzt werden. Während bei den meisten Geräten die Anzeige nur akustisch erfolgt, haben aufwendigere Geräte auch die Möglichkeit des Anschlusses eines Registriergerätes, wodurch das Untersuchungsergebnis auch graphisch festgehalten werden kann.

Der Vorteil dieser Geräte ist, daß sie relativ einfach sind. Sie können daher sehr klein und leicht hergestellt werden, so daß sie der Arzt stets mitsichführen kann. Zum Antrieb genügt meist eine eingebaute Batterie. Als Nachteil wäre zu erwähnen, daß sie keinen Hinweis darauf liefern, in welcher Tiefe die beobachtete, sich bewegende Reflexionsfläche liegt.

Echogeräte für Impuls-Schall

In diese Gruppe fallen eine Vielzahl von Geräten, die sich praktisch nur in Bezug auf die Auswertung und Darstellung der empfangenen Echosignale voneinander unterscheiden. Allen Geräten gemeinsam ist das Vorhandensein eines Impuls-Senders, eines Schallkopfes und eines Empfangsverstärkers. Die Unterschiede im Anzeigesystem sind in Abbildung 1 dargestellt und werden nachfolgend noch näher besprochen.

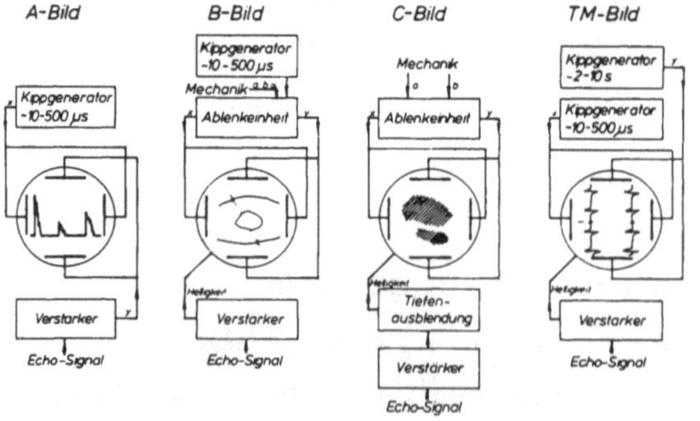

Abbildung 1: Anzeigemöglichkeit bei Impuls-Echogeräten.

A-Bild-Geräte

Bei diesen Geräten wird die verstärkte Echospannung zur vertikalen Ablenkung des Elektronenstrahles in der Kathodenstrahlröhre verwendet, während die horizontale Ablenkung durch einen Kippgenerator erfolgt. Der Schallkopf ist völlig frei beweglich. Die Anzeige erfolgt in einer Zackenschrift, bei der der Abstand der Zacken am Bildschirm dem Abstand der Reflexionsflächen im Körper entspricht. Die Höhe der Zacken ist ein Maß für die Intensität der Reflexion. Für eine Untersuchung ist es meist notwendig, den Schallkopf an verschiedenen Stellen des Körpers aufzusetzen und aus den dabei entstehenden unterschiedlichen Anzeigen die entsprechenden Rückschlüsse zu ziehen.

B-Bild-Gerät

Die vom Schallkopf kommenden Echosignale werden zur Helligkeitssteuerung des Elektronenstrahles verwendet. Der Schallkopf wird während der Untersuchung über dem Körper des Patienten bewegt; er ist nicht frei beweglich, sondern mit der sog. Schnittbildmechanik verbunden, die die Stellung des Schallkopfes ununterbrochen in elektrische Größen umwandelt und der Ablenkeinheit des Gerätes zuführt, die zusammen mit einem Kippgenerator die Basislinie am Bildschirm so ablenkt, daß ihre Lage immer der jeweiligen Lage des Schallbündels im untersuchten Körper entspricht. Es entsteht auf diese Weise das Bild der Querschnittsfläche des Körpers an der untersuchten Stelle. Das Verfahren ist anschaulicher in der Darstellung des Ergebnisses, aber in apparativer Hinsicht auch aufwendiger.

Bei diesem Verfahren können noch Unterteilungen vorgenommen werden: Je nach der Bewegungsmöglichkeit des Schallbündels in der Schnittebene unterscheidet man Parallelverschiebung, Schwenkung oder Überlagerung beider Möglichkeiten. Ferner unterscheidet man schnelle Abtastungen, bei denen je Sekunde mehrere vollständige Abtastungen durchgeführt werden und langsame Abtastungen, bei denen das Bild gespeichert wird und auch noch nach Beendigung des Abtastvorganges längere Zeit erhalten bleibt. Jede dieser Möglichkeiten besitzt Vor- und Nachteile, die sich bei bestimmten Untersuchungen besonders auswirken.

C-Bild-Gerät

Bei diesem Gerät erfolgt keine Zeitablenkung, sondern der Elektronenstrahl wird nur auf einen bestimmten Punkt des Bildschirmes gerichtet, der der augenblicklichen Stellung des Schallkopfes entspricht. Es ist daher erforderlich, daß die Stellung des Schallkopfes laufend auf das Gerät übertragen wird, was durch eine entsprechende Abtasteinrichtung erfolgt. Zwischen Empfangsverstärker und Kathodenstrahlröhre ist eine Elektronik geschaltet, die nur solche Echoanzeigen durchläßt, die aus einer bestimmten Tiefe kommen. Dieser Tiefenbereich ist natürlich einstellbar. Die durch diese Tiefenausblendung durchgelassenen Signale werden zur Helligkeitssteuerung verwendet,und es kann so eine Ebene abgebildet werden, die parallel zur Oberfläche des Körpers liegt.

Geräte, die nach diesem Verfahren arbeiten, sind derzeit nur in vereinzelten Versuchsausführungen im Einsatz,und es liegen keine praktischen Erfahrungen vor. Die Erwähnung dieses Verfahrens erfolgt nur der Vollständigkeit halber.

Time-Motion-Geräte

Diese Geräte dienen zur Registrierung des Bewegungsablaufes von sich bewegenden Reflexionsflächen. Sie werden in erster Linie zur Herzuntersuchung eingesetzt.

Zur Darstellung des Ergebnisses wird mit einem "schnellen" Kippgenerator eine Bildzeile erzeugt, die mit einem "langsamen" Kippgenerator parallel verschoben wird. Die vom Verstärker kommenden Echosignale werden zur Helligkeitssteuerung verwendet. Am Bildschirm wird so der Bewegungsablauf als Funktion der Zeit dargestellt, wobei der Anzeige sowohl Bewegungsfrequenz als auch Bewegungsamplitude entnommen werden können. Natürlich sind auch Unregelmäßigkeiten im Bewegungsablauf erkennbar.

Impuls-DOPPLER-Geräte

Diese Geräte arbeiten nach dem unter "Echogeräte für Dauerschall" beschriebenen Verfahren, nur benutzen sie anstelle von Dauerschall Impulse. Auf diese Weise ist es möglich, auch die Tiefenlage der beobachteten Reflexionsflächen zu erfassen. Es muß allerdings erwähnt werden, daß Geräte, die nach diesem Verfahren arbeiten, noch sehr wenig im Einsatz stehen.

Schlußbetrachtung

Es wurden eine Reihe von Einflüssen aufgezählt, die auf Schallwellen ausgeübt werden, wenn sie einen Körper durchlaufen,und die Möglichkeit, aus diesen Einflüssen Rückschlüsse auf die Vorgänge und Zustände im Körper zu ziehen. Anhand der kurz beschriebenen Funktionsweise der derzeit üblichen Geräte ist zu erkennen, daß im gegenwärtigen Zeitpunkt nur ein Teil der von den Schallwellen getragenen Informationen für eine Diagnose ausgenutzt wird. Man kann also noch nicht sagen, daß die Entwicklung dieses Verfahrens abgeschlossen ist. Trotzdem eröffnet es schon im augenblicklichen Entwicklungszustand so viele Möglichkeiten, daß seine Anwendung einen großen Fortschritt auf dem Gebiet der Diagnose darstellt.

4.2 Klinische Bereiche der Sonographie

A. Kratochwil

Der Gedanke, Ultraschall der medizinischen Diagnostik nutzbar zu machen, stammt von dem österreichischen Neurologen DUSSIK. In gemeinsamer Arbeit mit seinem Bruder, einem Fernsehtechniker, schuf er ein Gerät zur Untersuchung des Schädels und publizierte 1942 seine ersten Ergebnisse. Wenn diese auch späteren klinischen Überprüfungen nicht völlig standgehalten haben, war der Gedanke, Ultraschallwellen zur medizinischen Diagnostik auszunützen, nicht mehr aus der Welt zu schaffen.

Nach dem 2. Weltkrieg wurden die Bemühungen in den Vereinigten Staaten durch die Arbeitsgruppe um HOWRY intensiviert.
Während zunächst das A-Bildverfahren in der Neurologie, Ophthalmologie und Cardiologie erste Erfolge brachte, erfolgte der große Durchbruch zur breiten Anwendung der Ultraschalldiagnostik durch die Möglichkeit der zweidimensionalen Darstellung der untersuchten Region im Schnittbildverfahren mit Hilfe von Kontaktscannern. Diese Untersuchungstechnik bietet dem Mediziner verschiedene Vorteile:

1. Diese Untersuchungstechnik ist mit an Sicherheit grenzender Wahrscheinlichkeit ohne schädigende Nebenwirkungen auf den Organismus, wie dies sowohl tierexperimentelle Untersuchungen als auch langjährige klinische Erfahrungen festgestellt haben. Daraus ergibt sich aber, daß dieses Untersuchungsverfahren auch beliebig oft selbst während der frühesten Schwangerschaft wiederholt angewendet werden kann.
2. Es genügen schon geringfügige physikalische Unterschiede der Gewebe zur Reflexion der Ultraschallwelle, wodurch sie sich besonders zur Untersuchung von Weichteilen anbietet.
3. Es bietet die Schnittbilddarstellung in der Form der dem Mediziner geläufigen Leibesquerschnitten eine maximale topographische Information.

Klinisch werden diese Vorteile relevant bei der Untersuchung in der Geburtshilfe und in der Erkennung krankhafter Prozesse der großen parenchymatösen Organe des Oberbauches und des Retroperitonealraumes.

Die zunehmende Bedeutung der Ultraschalldiagnostik spiegelt sich nicht nur an der zunehmenden Zahl der Publikationen, die sich mit diesem Gebiet beschäftigen, sondern auch in der zunehmenden Anzahl der Untersuchungen wieder. Die Untersuchungsfrequenz ist bei uns selbst vom Jahre 1964 vom Stande Null bis auf 7.500 Untersuchungen im Jahre 1974 angestiegen. Dabei ist zu beobachten, daß 60 % auf die Geburtshilfe, 40 % auf die Interne, Strahlentherapie, Chirurgie entfallen.

Wie sind nun die Anwendungsgebiete in den verschiedenen Fachdisziplinen? In der Geburtshilfe gelingt es mit dieser Methode,die Entwicklung der Schwangerschaft von den ersten Anfängen bis hin zur Geburt des Kindes zu beobachten und wertvolle klinische Aufschlüsse zu gewinnen.

Schon ab der 5. Woche kann innerhalb der Gebärmutter der Fruchtsack nachgewiesen werden. Größe und Form des Fruchtsackes sowie der Gebärmutter ermöglichen die Bestimmung des Schwangerschaftsalters. Durch Messungen der Steiß-Scheitellänge des Feten ist es gelungen, den Geburtstermin auf $\pm$ 3 Tage genau zu berechnen.
Die fetale Herzaktion kann bereits ab der 8. Schwangerschaftswoche nachgewiesen werden, in einzelnen Fällen sogar noch früher.
Durch diesen frühen Nachweis der fetalen Herzaktion wird aber die Therapie bei gestörten Schwangerschaften entscheidend beeinflußt.

Im mittleren Schwangerschaftsabschnitt sind es vor allem die mit Ultraschall erhebbaren Schädelmaße, die über die Entwicklung und das intrauterine Wohlergehen des Kindes informieren. Die Größenbestimmung gelingt hier mit einer Genauigkeit von $\pm$ 1 bis 2 %. Wachstumskurven des Schädeldurchmessers sowie die Bestimmung seiner wöchentlichen Zuwachsrate ermöglichen die Beurteilung sowohl der Schwangerschaftsdauer als auch der intrauterinen Entwicklung. Während eine vermehrte Zuwachsrate auf eine diabetische Stoffwechsellage hinweisen kann, zeigt eine verminderte Zuwachsrate eine durch Plazentainsuffizienz bedingte Mangelentwicklung an.

Die gleichzeitig durchgeführte Messung des kindlichen Rumpfdurchmessers in Höhe der Herzspitze ermöglicht eine genaue Gewichtsschätzung des Kindes mit einer Abweichung von etwa $\pm$ 10% vom Geburtsgewicht. Diese Gewichtsschätzung ist besonders in jenen Fällen von Bedeutung, wo eine Schwangerschaft noch vor Erreichen des errechneten Geburtstermines beendet werden soll.

Ein weiteres wichtiges Anwendungsgebiet für die Ultraschalluntersuchungstechnik ist die genaue Lokalisationsmöglichkeit des Mutterkuchens mit diesem Verfahren. Dieser kann in jedem Abschnitt der Gebärmutter lokalisiert werden, wodurch eine durch eine Plazenta praevia bedingte Blutung rasch als solche erkannt oder aber ausgeschlossen werden kann. Nicht nur für diese Fälle, sondern auch bei allen jenen Fällen ist die exakte Darstellung der Plazentagrenzen notwendig, bei denen eine Punktion der Amnionhöhle zur Entnahme von Fruchtwasser vorgesehen ist, wie z.B. bei Rhesusinkompatibilität oder zur Feststellung der kindlichen Lungenreife anhand der kindlichen LS-Ratio.

Im letzten Schwangerschaftsdrittel wird auch die Ultraschallpelvimetrie zur Bestimmung eines Schädel-Becken-Mißverhältnisses durchgeführt und die kindliche Lage bestimmt. Auch kindliche Mißbildungen im Bereich des Schädels und des kindlichen Abdomens sind zu diesem Zeitpunkt erfaßbar. Der Vollständigkeit halber sei noch angeführt, daß es auch gelingt, eine Mehrlingsschwangerschaft festzustellen und dies schon ab dem frühesten Zeitpunkt der Gravidität.

Bei dem Nachweis von Tumoren mit Hilfe von Ultraschall sowohl im Unterbauch als auch im Oberbauch handelt es sich zunächst um eine topographische Lokalisation dieser Tumoren und dann um eine Gewebsdifferenzierung. Diese ist im Bereich des Abdomens eingeschränkt, da es durch

Ausnützung der frequenzabhängigen Absorption lediglich möglich ist, cystische Tumoren von soliden Tumoren zu unterscheiden.

Im Oberbauch können folgende Organe und Organveränderungen dargestellt werden:
Leber: Zirrhosen, Metastasen, Abszesse, Cysten;
Gallenblase: vermehrter Inhalt, Steine, Tumoren;
Pankreas: Cysten und solide Tumoren, Vergrößerungen bei Entzündungen;
Milz: Tumoren und Cysten;
Bei septischen Erkrankungen und Bluterkrankungen Lymphknoten ab einer Mindestgröße von 2 cm Durchmesser, bei Bluterkrankungen und bei Absiedlungen im Gefolge bösartiger Tumoren.
Nieren: Cysten, Hydronephrosen, Tumoren, stumme Nieren;
Prostata: Tumoren;
Uterus: Tumoren;
Ovarialtumoren: Cysten und Größenbestimmungen.

Im Bereich des Brustraumes stellt die lufthaltige Lunge ein unüberwindliches Hindernis für Ultraschall dar. Nur bei Ergüssen im Bereich des Pleuraraumes gelingt es, etwas tiefer einzudringen.

Ein Spezialgebiet stellt die Echocardiographie dar, wobei die Untersuchung vom 3. - 4. Intercostalraum aus vorgenommen wird. Die Ablenkungen werden im time-motion Verfahren entweder auf einem Oszillographen oder auf einem Schreiber dargestellt. Mitral- Tricuspidal- Aortenklappenbewegungen können registriert werden und geben Aufschluß über Bewegungseinschränkung infolge Erkrankung.
Auf unblutige Weise gelingt es, mit dieser Methode postoperativ den Erfolg z.B. einer Klappensprengung oder eines Klappenersatzes festzustellen.

Enddiastolisches und systolisches Volumen und damit das Schlagvolumen des linken Ventrikels sind auf diese Weise berechenbar. Herzmuskeldicke und Bewegungseinschränkungen nach Infarkten können gemessen und beobachtet werden. Ergüsse im Bereich des Perikard können ebenso leicht erfaßt werden.

Zur Schnittbilddarstellung mit Kontaktscannern muß der Bildaufbau über das EKG getriggert werden. Die Cineechocardiographie stellt eine Verbesserung der Methode dar.

In diesem Zusammenhang muß auch auf die Möglichkeit der Schnittbilddarstellung von Aortenaneurysmen hingewiesen werden. Die Ausdehnung des Aneurysmas kann exakt bestimmt werden, wobei es noch weiter gelingt, thrombotische Anteile zu erkennen und das freie Strömungslumen darzustellen.

Eine Sonderstellung nimmt in diesem Zusammenhang auch die Doppleruntersuchung ein. Feststellung der Pulsation arterieller und venöser Gefäße sowie Phasenumkehr der Strömung müssen hier erwähnt werden. Große Anstrengungen werden zur Zeit auf dem Gebiet der Strömungsmessung unternommen.

Im Bereich des Thorax wird auch noch die weibliche Brustdrüse untersucht. Die bisherigen Ergebnisse bei Vergleich der Wertigkeit der Methoden zeigt jedoch eine Überlegenheit der Röntgendiagnostik in Bezug vor allem auf die Früherkennung von Karzinomen.

Im Halsbereich stellt die Untersuchung der Schilddrüse ein dankbares Anwendungsgebiet für die Ultraschalldiagnostik dar, wobei auch hier wieder rasch und einfach zwischen Tumoren und Cysten unterschieden werden kann.

Zur Zeit sind auch Untersuchungen über die Erfassung der Bewegung des Larynx im Gange.

Ein besonderes Kapitel in der Ultraschalldiagnostik stellt die Untersuchung des Auges dar. Da es einerseits eine geringe Ausdehnung von rund 23 mm aufweist und hauptsächlich aus flüssigen Bestandteilen aufgebaut ist, ist eine Untersuchung mit weit höheren Frequenzen möglich, welche das Auflösungsvermögen wesentlich verbessern. Der Ultraschall besitzt hier den Vorteil, daß die Untersuchung auch dann möglich ist, wenn infolge der Trübung der Medien der Einblick mit dem Augenspiegel ins Augeninnere verwehrt ist.

Am Schädel, welcher der Ausgangspunkt der Anwendung der Ultraschalldiagnostik gewesen ist, bieten sich heute nur wenige Applikationsmöglichkeiten an. Vor allem sind es die durch Tumoren und Blutungen bedingten Verschiebungen der Mittelstrukturen und der Erweiterung der Ventrikel, die im A-Bildverfahren diagnostische Aufschlüsse ermöglichen. Die Schnittbilduntersuchung ist hier durch die knochenbedingte Absorption auf das Kindesalter bis zum 3. Lebensjahr beschränkt.

Ein großes Anwendungsgebiet stellt heute das Ultraschallverfahren in der Bestrahlungsplanung dar, wobei es erstmals gelingt, die Tumoren exakt zu lokalisieren und die für den Tumor erforderliche Strahlendosis exakt an den Tumor heranzubringen. Durch Kombination von Ultraschallgeräten mit Rechenanlagen können die Strahlendosen und die Isodosen individuell angepaßt werden.

Die bisher abrißartigen Darstellungen werden aber unvollständig, wenn nicht der Versuch unternommen werden würde, zumindestens andeutungsweise die Aussichten der zukünftigen Entwicklung zu skizzieren.

Die Grauwertdarstellung steht praktisch vor dem Abschluß. Hierbei werden mit Hilfe von Scan-Convertern Informationen aus der Amplitudenhöhe der Echos nutzbar gemacht, welche bisher bei der Schnittbilddarstellung infolge der gleichwertigen Darstellung der Echos ab einer bestimmten Amplitudenhöhe verloren gingen. Durch den gleichzeitigen Einsatz logarithmischer Verstärker wird auch eine wesentlich größere dynamische Breite als bisher dargestellt. Durch die Kombination mit TV-Monitoren und Hard Copy Geräten wird eine Darstellung im Maßstab 1 : 1 erreicht, was sich besonders günstig auf die Planung der Strahlentherapie auswirken wird.
Durch Zoom-Einrichtungen wird ohne nochmaliges Scannen des Patienten eine Darstellung im unterschiedlichen Maßstab möglich. Ebenso wird ein nachträgliches Abschwächen oder Verstärken mit diesen Geräten möglich sein.
Ohne Schwierigkeiten kann das Bild auch invertiert werden.

Von der Grauwertdarstellung ist es nur ein Schritt zur Farbdarstellung, wobei zunächst fraglich bleibt, ob dadurch eine Verbesserung der Information erzielt wird.

Eine weitere Verbesserung der Methode wäre vom Prüfkopfsektor zu erwarten. Während das axiale Auflösungsvermögen zur Zeit befriedigend ist, läßt das seitliche Auflösungsvermögen vor allem durch die Keulenbildung des Schallfeldes noch sehr zu wünschen übrig. Verbesserungen werden vor allem durch Prüfköpfe mit größeren Aperturen und durch Array-Systeme sowie durch Verwendung neuen Prüfkopfmaterials erwartet.

Schließlich ist eine Verbesserung der Diagnostik noch durch den Einsatz von EDV-Anlagen zu erwarten.

Ultraschall-Holographie

Große, sowohl finanzielle als auch wissenschaftliche Anstrengungen in Richtung der Ultraschallholographie sind unternommen worden. Der Erfolg war bisher jedoch eher bescheiden. Dies ist auch verständlich, wenn man die physikalischen Grundlagen berücksichtigt. So führt der große Unterschied in der Wellenlänge zu einer Verzerrung. Die Zerstörung der Phaseninformation ist bedingt durch:

1. Unterschiedliche Schallgeschwindigkeit entlang des Ausbreitungsweges;
2. Die physiologischen Bewegungen der Organe.

Weitere Fehlerquellen sind die Winkelabhängigkeit der Amplitudeninformation. Um mit den Ultraschallintensitäten innerhalb der Toleranzgrenzen zu bleiben, führt die notwendig weite Apertur zu einem kaum akzeptablen Signal-Rausch-Verhältnis. Es wäre denkbar, daß aus einer Serie von genannten Schnitten dreidimensionale Informationen erhalten werden könnten.
Cross Correlation und Fourier-Analysen könnten zu einer besseren Identifikation der Gewebestrukturen beitragen. Schon heute ist der Computereinsatz in Verbindung mit der Ultraschalltomographie ein wesentliches Hilfsmittel zur exakten Bestrahlungsplanung.

4.3 Das Schallfeld und sein Einfluß auf die Eigenschaften von Schallköpfen

R. Gerstner

Einleitung

Um eine Basis zur Beurteilung von Schallköpfen zu haben, werden verschiedene Eigenschaften gemessen und angegeben. In den meisten Fällen handelt es sich hierbei um Frequenz, Durchmesser des Schwingers, Tiefenauflösungsvermögen und Empfindlichkeit. Aus den angegebenen Werten lassen sich andere Größen, wie z.B. die seitliche Begrenzung des Schallfeldes leicht ableiten (1). Bei der praktischen Anwendung solcher Schallköpfe zeigen sich jedoch manchmal Eigenschaften, die man scheinbar auf Grund der Meßwerte nicht erklären kann. Derartige Vorkommnisse haben schon zu Zweifeln an der Richtigkeit oder Zweckmäßigkeit der angewendeten Meßmethoden geführt. Eine Analyse der beobachteten Erscheinungen zeigt, daß gesetzmäßige Zusammenhänge durchaus bestehen, sie jedoch oftmals so kompliziert sind, daß ein direkter Schluß von der einen Größe auf die andere zu Fehlbeurteilungen führen kann, wenn man die vorliegenden Zuordnungen außer acht läßt. Dies sei nachfolgend an einigen Beispielen erörtert.

Empfindlichkeit

Einleitend sei zu diesem Abschnitt darauf hingewiesen, daß es derzeit keine verbindliche Vorschrift gibt, wie die Empfindlichkeit eines Schallkopfes zu messen ist. Dementsprechend werden verschiedene Meßverfahren angewendet, die zu unterschiedlichen Zahlenwerten führen. Angaben, die von verschiedener Stelle stammen, können nicht ohne weiteres miteinander verglichen werden, es sei denn, daß die Anwendung des gleichen Meßverfahrens sichergestellt ist. Hier sei als Maß für die Empfindlichkeit die Echohöhe angesehen, die man von einer genau definierten Reflexionsfläche bei konstanter Verstärkung des Gerätes erhält. Diese Festlegung ist nicht nur sehr anschaulich, sondern entspricht auch weitgehend den

Forderungen in der Praxis. Trotzdem ist es nicht ohne weiteres möglich, die Empfindlichkeit zweier Schallköpfe zu vergleichen und in einer Zahl auszudrücken. Ja selbst die Angaben "mehr oder weniger empfindlich" können nicht allgemein geltend gemacht werden.

Abbildung 1 zeigt die an zwei Schallköpfen gleicher Frequenz, aber unterschiedlichen Schwingerdurchmessers gemessene Empfindlichkeit in Abhängigkeit von der Entfernung. Man erkennt, daß in bestimmten Bereichen der eine Schallkopf empfindlicher ist, in anderen Bereichen der andere. Im Maximum sind beide Köpfe gleich empfindlich, jedoch liegen diese Maxima in verschiedener Entfernung. Bei einer praktischen Anwendung ist natürlich die Empfindlichkeit an der Stelle maßgebend, die untersucht werden soll. Wurde die Empfindlichkeit im Test jedoch an einer anderen Stelle gemessen, so kann es zu völligen Fehlabschätzungen kommen.

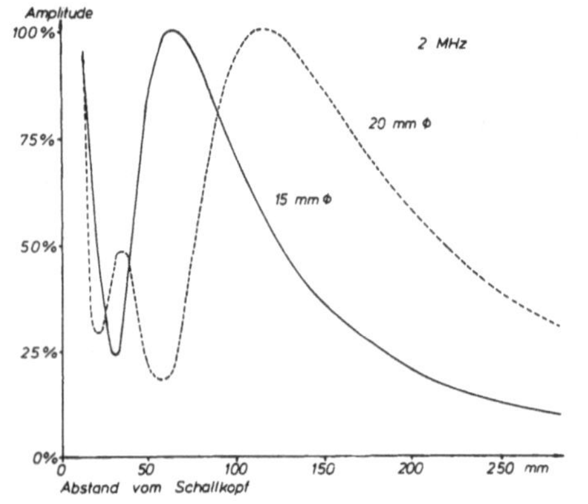

Abbildung 1: Verlauf der Empfindlichkeit von 2 Schallköpfen bei kleinen Reflektoren.

Die gezeigten Kurven sind keine zufälligen Funktionen, sondern gehorchen bestimmten Gesetzen. Das Maximum der Empfindlichkeit liegt bei jedem Schallkopf in einer Entfernung, die der Länge seines Nahfeldes entspricht. Kennt man die Lage dieses Punktes, so ist der übrige Verlauf der Kurve bestimmt. Es würde also für die Angabe der Empfindlichkeit ein einziger Zahlenwert durchaus genügen, da man die anderen Werte daraus ableiten kann. Für einen Rückschluß auf die Gebrauchseigenschaften darf man sich jedoch nicht auf diesen einzelnen Wert stützen, sondern muß die ganze Funktion betrachten, bzw. den Abschnitt, der bei der Untersuchung benötigt wird. Es ist ohne weiteres möglich und widerspricht nicht den Messungen, daß bei Vergleich von zwei Schallköpfen ein Schallkopf im Maximum eine geringere, in der praktischen Anwendung jedoch eine höhere Empfindlichkeit aufweist als der andere Schallkopf. Es kommt dabei nur darauf an, wo der einzelne Schallkopf die maximale Empfindlichkeit besitzt und welche Entfernung der bei der Untersuchung maßgebende Bereich hat.

Die in Abbildung 1 dargestellten Ergebnisse wurden unter Verwendung eines kleinen Reflektors - Stahlkugel mit 3 mm Durchmesser in Wasser - gewonnen. Bei großen Reflektoren findet man andere Zusammenhänge.

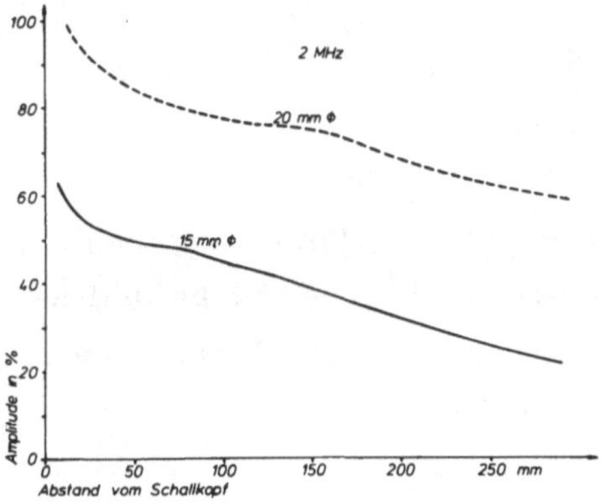

Abbildung 2: Verlauf der Empfindlichkeit von 2 Schallköpfen; große Reflektoren.

Abbildung 2 zeigt die Ergebnisse, wie sie an den gleichen Schallköpfen bei Verwendung eines großen ebenen Reflektors gefunden wurden. Auf Grund der Messungen könnte man leicht zu dem Urteil verleitet werden, daß der 15mm-Schallkopf prinzipiell unempfindlicher ist, als der 20mm-Schallkopf. Daß diese Aussage in bezug auf kleine Reflektoren nicht richtig ist, zeigen die vorhergehend beschriebenen Zusammenhänge.

Echohöhe bei großen und kleinen Reflektoren

Durch Vergleich der Diagramme Abbildung 1 und 2 kann man erkennen, daß das Verhältnis der Echohöhe von großen und kleinen Reflektoren nicht nur von der Größe dieser Reflektoren, sondern auch vom verwendeten Schallkopf abhängt. Um Fehldeutungen vorzubeugen, muß hier noch erwähnt werden, daß das Diagramm in Abbildung 2 bei einer anderen Verstärkung aufgenommen wurde als das in Abbildung 1. Der Zusammenhang zwischen Echohöhe und Größe eines Reflektors wurde im Bereich der Werkstoffprüfung gemessen. Es konnte dabei die in Abbildung 3 für alle Schallköpfe gültige Darstellung gegeben werden (2).

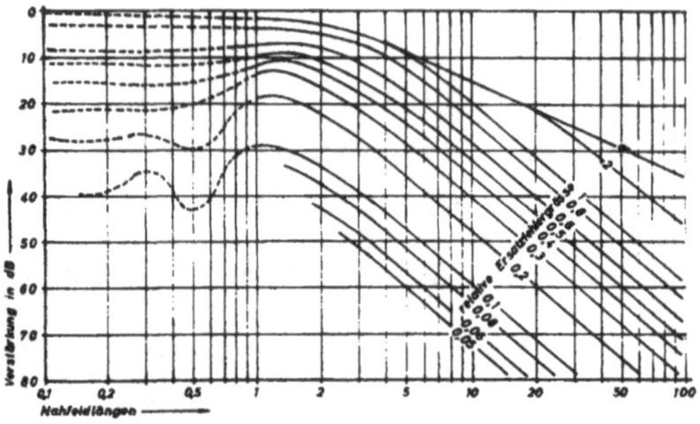

Abbildung 3: Normiertes AVG - Diagramm.

Bei Betrachtung der unter dem Namen AVG-Diagramm bekanntgewordenen Darstellung ist zu beachten, daß in Abweichung von den vorhergehenden Darstellungen die Empfindlichkeit durch die für eine bestimmte Echohöhe erforderliche Verstärkung ausgedrückt wird, die Entfernung als Vielfaches der Nahfeldlänge des verwendeten Schallkopfes und die Reflektorgröße als Verhältnis zum Durchmesser des verwendeten Schallkopfes. Man erkennt sofort, daß die Kurven für kleine Reflektoren in einem Bereich, der sich etwa von der 0, 9- bis 3-fachen Nahfeldlänge erstreckt, einen geringeren Abstand von der Kurve für einen großen Reflektor (oberste Linie) besitzen, als in den anderen Bereichen. Dies bedeutet, daß das Verhältnis der Echohöhe von großen und kleinen Reflektoren im genannten Bereich kleiner ist, als in den anderen Abschnitten.

Die Frage, welche Darstellungsart günstiger ist, zeigt sofort, wie unterschiedlich die Anforderungen an einen Schallkopf sein können, um ihn als "gut" zu bezeichnen. Will man bei einer Untersuchung nur die Grenzflächen von Organen sehen, so werden Echos von kleinen Reflexionsstellen im Inneren der Organe störend empfunden, da sie das Bild nur undeutlicher gestalten, ohne für die Diagnose eine Aussage zu liefern. Man wird also einen Schallkopf bevorzugen, bei dem ein möglichst großer Unterschied zwischen den Echos großer und kleiner Reflexionsstellen entsteht. Völlig entgegengesetzt ist die Forderung, wenn man bei der Untersuchung Echos aus kleinen inneren Strukturen von Organen für die Erstellung der

Diagnose beobachten muß. Hier wird ein Schallkopf günstiger sein, bei dem der Unterschied zwischen den Echos großer und kleiner Reflexionsstellen nur gering ist, damit man beide Echoarten gleichzeitig ohne Änderung der Verstärkung des Gerätes beobachten kann. Aus diesem Beispiel ist ersichtlich, daß eine Beurteilung, ob ein Schallkopf "gut" oder "schlecht" ist, in den meisten Fällen nur im Bezug auf eine bestimmte Anwendung gegeben werden kann und eine Verallgemeinerung einer, bei einer bestimmten Untersuchung gefundenen Bewertung zu schweren Fehlschlüssen führen kann.

Die praktischen Schlußfolgerungen aus der Darstellung der Zusammenhänge in Abbildung 3 sind, daß es möglich ist, durch gezielte Auswahl des Schallkopfes eine möglichst günstige Darstellung des Untersuchungsergebnisses zu erhalten. Je nach der gewünschten Darstellung - großer oder kleiner Unterschied der Echos von verschieden großen Reflexionsflächen - ist der Schallkopf so auszuwählen, daß der zu beurteilende Bereich in den entsprechenden Abschnitt des Schallfeldes zu liegen kommt. In gleicher Weise kann man feststellen, ob eine bekannte Darstellung durch Änderung des Schallkopfes verbessert werden kann. Die zu beobachtenden Wirkungen beruhen darauf, daß durch Änderung der Nahfeldlänge die zu beobachtenden Reflexionsflächen in einen anderen Bereich des Schallfeldes zu liegen kommen. Die Änderung der Nahfeldlänge kann durch Änderung des Schwingerdurchmessers oder der Frequenz hervorgerufen werden. Wird bei gleichbleibender Frequenz der Schwingerdurchmesser geändert, so verschiebt sich nicht nur die Lage des Reflektors im Schallfeld, sondern es verändert sich gleichzeitig seine relative Größe, d.h. das Verhältnis der Reflektorgröße zum Schwingerdurchmesser. Da beide Änderungen im AVG-Diagramm berücksichtigt werden müssen, ist die Auswertung etwas schwierig. Aus diesem Grund sind die bestehenden Verhältnisse direkt im Diagramm der Abbildung 4 dargestellt. Die ausgezogenen Linien geben die Änderungen an, die entstehen, wenn der Schwingerdurchmesser geändert und die Frequenz konstant bleibt. Die strichlierten Linien beschreiben die Vorkomm-

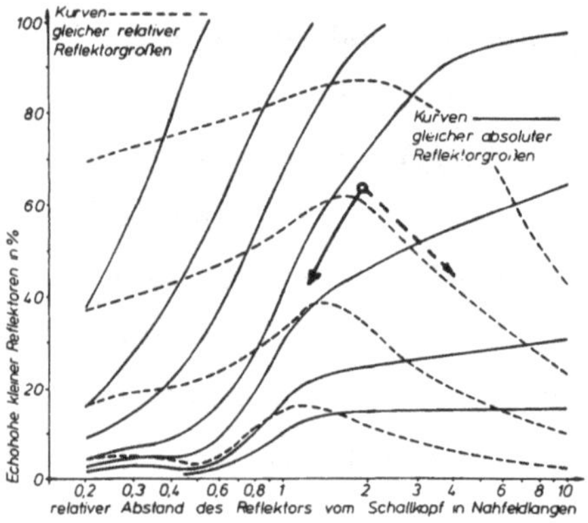

Abbildung 4: Änderung des Echohöhenverhältnisses bei Änderung von Frequenz und Schwingerdurchmesser.

nisse bei Änderung der Frequenz und konstantem Schwingerdurchmesser. Ein Beispiel soll den Gebrauch dieses Diagramms veranschaulichen: Bei einer Untersuchung findet man, daß die Echohöhe eines kleinen Reflektors, der sich im doppelten Abstand des Nahfeldes des verwendeten Schallkopfes befindet, etwa 60% der Höhe des Echos eines großen Reflektors beträgt. Der Abstand zwischen großen und kleinen Echos soll vergrößert werden. Der im Diagramm eingezeichnete Punkt stellt die augenblickliche Situation dar. Um die gewünschte Verringerung der Anzeige kleiner Reflexionsflächen zu erhalten, müssen die Bedingungen so geändert werden, daß sich der Arbeitspunkt nach unten verschiebt, wobei diese Verschiebung parallel zu den ausgezogenen oder strichlierten Linien erfolgt. Eine Verschiebung längs einer ausgezogenen Linie bedeutet eine Änderung des Schwingerdurchmessers bei konstanter Frequenz. Eine Verschiebung des Arbeitspunktes bis zur gezeichneten Pfeilspitze würde eine Abnahme der Echohöhe von 60 % auf 30 % bedeuten. Gleichzeitig verschiebt sich der Punkt von der doppelten zur einfachen Nahfeldlänge. Dies heißt, daß der nun zu verwendende Schallkopf ein doppelt so langes Nahfeld besitzen muß, wie der ursprünglich verwendete Schallkopf. Entsprechend dem Zusammenhang zwischen Schwingerdurchmesser und Nahfeldlänge ist eine Vergrößerung des Schwingerdurchmessers im Verhältnis von 1 :$\sqrt{2}$ oder etwa 1 : 1,4 erforderlich. Die Verschiebung des Arbeitspunktes parallel zu einer strichlierten Linie entspricht einer Änderung der Frequenz. Durch die Verlagerung entlang des strichlierten Pfeiles bis zur Spitze wandert der Punkt von der doppelten zur vierfachen Nahfeldlänge, was wiederum bedeutet, daß die Frequenz so geändert werden muß, daß sich die Nahfeldlängen wie 4 : 2 ver-

halten, was einem Herabsetzen der Frequenz auf den halben Wert entspricht. Man könnte bei den gemachten Annahmen auch einen ähnlichen, wenn auch nicht so starken Effekt durch eine Erhöhung der Frequenz erhalten, da auch ein Verschieben des Punktes nach links parallel zur strichlierten Linie eine Abnahme der Echohöhe ankündigt. Von Interesse mag hier der Umstand sein, daß eine gegenteilige Veränderung der Bedingungen, also eine Erhöhung der Echos kleiner Reflexionsflächen, im gezeigten Beispiel nur durch eine Verringerung des Schwingerdurchmessers möglich wäre. Eine Änderung der Frequenz bringt bei den gewählten Anfangsbedingungen in allen Fällen eine Abnahme der Echohöhe. Würde jedoch der Ausgangspunkt an einer anderen Stelle des Diagramms liegen, so ergäben sich natürlich andere Zusammenhänge und Möglichkeiten. Wie man sieht, besteht also durchaus die Möglichkeit einer systematischen Beeinflussung der Anzeige, wenn auch die Zusammenhänge nicht immer einfach zu durchschauen sind.
Natürlich ist es auch möglich, Schwingerdurchmesser und Frequenz gleichzeitig zu ändern. Zur Beurteilung der Auswirkungen dieser Änderungen kann ebenfalls das Diagramm in Abbildung 4 herangezogen werden. Die eintretende Verschiebung des Arbeitspunktes wird in zwei aufeinanderfolgenden Schritten durchgeführt, indem man zuerst die Verschiebung längs einer Linie vornimmt und dann so vom gefundenen Wert ausgehend die Verschiebung parallel zur anderen Linie durchführt.

Begrenzung des Schallfeldes

In den meisten Lehrbüchern findet man eine vereinfachte Darstellung des Schallfeldes mit einer Unterteilung in ein Nah- und ein Fernfeld. Das Nahfeld wird von parallelen Strahlen begrenzt und seine Länge beträgt: $(0,25\ D^2) : \lambda$, wobei D der Schwingerdurchmesser und λ die Wellenlänge des verwendeten Schallkopfes sind. Das Fernfeld öffnet sich kegelig, wobei der Öffnungswinkel $\sin \chi = (1,08\ \lambda) : D$ beträgt. Als Grenzen des Schallfeldes sind dabei jene Entfernungen von der Achse anzusehen, in denen die Empfindlichkeit auf 10 % des Wertes in der Achse bei gleicher

Entfernung abgesunken ist. Diese einfache Darstellung ist zwar im Prinzip richtig, verleitet jedoch zu falschen Folgerungen, da hierbei ein Umstand angenommen wird, der in der Praxis nicht vorliegt. Entsprechend der Definition beziehen sich die Grenzen immer auf den Wert in der Achse des Schallbündels in gleicher Entfernung. Es wird also dabei die Änderung der Empfindlichkeit in der Achse nicht berücksichtigt, sondern eine gleichbleibende Empfindlichkeit angenommen. Dies ist jedoch, wie im Abschnitt Empfindlichkeit ausgeführt wurde, durchaus nicht der Fall. Die Empfindlichkeit in der Achse ändert sich in weiten Grenzen. Das für den praktischen Gebrauch maßgebende Schallfeld, also der Teil vor dem Schallkopf, aus dem Echos empfangen werden können, weicht erheblich von dem theoretisch berechneten Schallfeld ab. Leider gibt es derzeit noch keine einfache Methode zur Berechnung des Schallfeldes, die auch die Änderung der Empfindlichkeit in der Achse mit einschließt. Es ist jedoch unschwer möglich, in einer entsprechend großen Flüssigkeitswanne das Schallfeld empirisch auszumessen und so seine wirksame Form zu bestimmen. Dabei kann auch die Empfindlichkeitsverteilung innerhalb des Schallfeldes ermittelt werden, wie dies Abbildung 5 für zwei Schallköpfe zeigt. In dieses Diagramm wurden auch die theoretisch berechneten Schallfelder aufgenommen, um den Unterschied zu veranschaulichen. Insbesondere fällt auf, daß die berechneten Schallfelder keine Aussage über die Längsausdehnung liefern, während man bei den Messungen genau die Reichweite feststellen

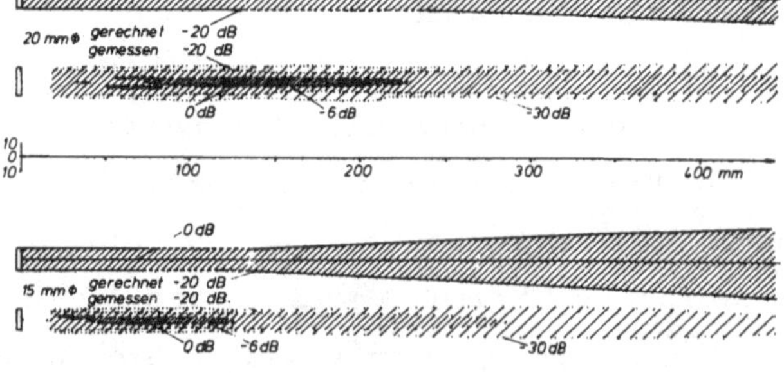

Abbildung 5: Gegenüberstellung des berechneten und gemessenen Schallfeldes.

kann. Auch der Öffnungswinkel spielt in der Praxis durchaus nicht die Rolle, die man ihm auf Grund der Berechnung zuschreiben könnte, zumindestens soweit es das seitliche Auflösungsvermögen eines Schallkopfes betrifft, das ja durch die Breite des Schallbündels bestimmt wird.

Man erkennt aus den gemessenen Schallbündeln auch, daß das seitliche Auflösungsvermögen eines Schallkopfes keine konstante Größe ist, sondern davon abhängt, in welcher Entfernung und bei welchem Niveau gemessen wird. Die Angabe eines einzelnen Zahlenwertes vermag das Verhalten des Schallkopfes weder ausreichend zu beschreiben noch einen Vergleich verschiedener Schallköpfe zu ermöglichen, wenn nicht die einflußgebenden Parameter konstant gehalten werden. Leider gibt es derzeit noch keine einfache rechnerische Methode, um auf Grund eines Meßwertes auf den ganzen Verlauf Rückschlüsse zu ziehen.

Einfluß der Absorption

Alle bisherigen Messungen wurden in Wasser bei 2 MHz ausgeführt, also einem Medium, das bei der angegebenen Frequenz nur wenig absorbiert. In stärker absorbierenden Medien treten Änderungen auf, die sich in der Längsrichtung stark, in der Querrichtung weniger bemerkbar machen. Theoretische Umrechnungen der Schallfelder sind möglich, jedoch muß als Ausgangsbasis eine möglichst detailreiche Erfassung des Schallfeldes in einem Stoff mit bekannter Absorption zur Verfügung stehen. Da die Rechnungen zwar nicht schwierig, aber umfangreich sind, scheinen Messungen derzeit schneller zum Ziel zu führen. Abbildung 6 zeigt ein derartiges Ergebnis bei Messung in Wasser und einer Wasser-Öl-Emulsion

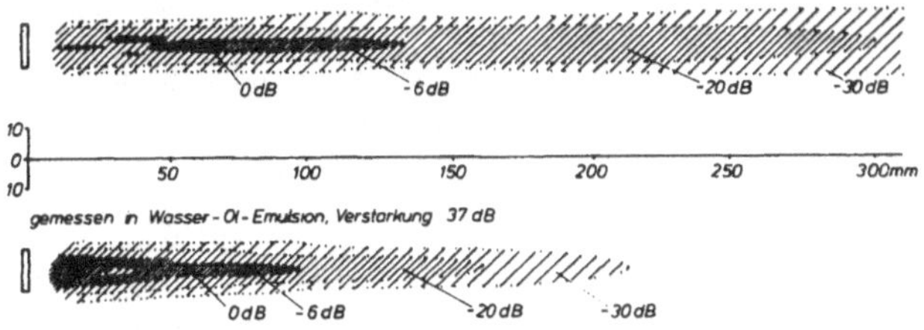

Abbildung 6: Änderungen des Schallfeldes durch unterschiedliche Absorption.

mit einer Schallschwächung von etwa 1 dB/cm. Es ist auch möglich, die auftretende Schallschwächung elektronisch zu simulieren, wodurch eine rasche Umstellung auf verschiedene Schwächungswerte möglich wäre. Die diesbezüglichen Untersuchungen sind jedoch noch nicht abgeschlossen.

Schlußfolgerungen

Die meisten Eigenschaften von Schallköpfen sind keine konstanten Größen sondern Funktionen. Eine Beurteilung auf Grund einzelner Meßwerte ist nur für die Stelle der Messung möglich. Für Beurteilungen in einem weiteren Bereich müssen die funktionellen Abhängigkeiten unbedingt berücksichtigt werden.

Literatur

1. Kratochwil, A. (1968): Ultraschalldiagnostik in Geburtshilfe und Gynäkologie. Georg Thieme Verlag Stuttgart, S. 8-9

2. Krautkrämer, J. & Krautkrämer, H. (1966): Werkstoffprüfung mit Ultraschall Springer-Verlag Berlin, S. 75-79.

4.4 Die Beeinflussung der Eigenschaften von Schallköpfen durch Linsen

R. Gerstner

Einleitung

Es ist seit langem bekannt, daß das von einem Schallkopf abgestrahlte Schallbündel fokussiert werden kann und damit erhebliche Änderungen in den Eigenschaften dieses Schallkopfes eintreten. Die Fokussierung kann sowohl durch Linsen (1), als auch durch gekrümmte Schwinger (2) erfolgen. Wenn sich die folgenden Ausführungen auch ausschließlich auf die Verwendung von Linsen beschränken, so besteht doch Grund zur Annahme, daß bei gekrümmten Schwingern ähnliche Zusammenhänge auftreten.

Beim Ausmessen der Schallfelder fokussierter Schallköpfe zeigen sich oft beträchtliche Unterschiede zwischen den so bestimmten Fokuslängen und den angegebenen bzw. vorausberechneten Werten. Eine systematische Auswertung einer größeren in der Literatur angegebenen Versuchsserie (3) zeigt, daß die auftretenden Unterschiede nicht zufällige Streuungen sind, sondern eine systematische Ursache haben müssen. Die folgenden Darlegungen sollen einen Beitrag zur richtigen Dimensionierung derartiger Schallköpfe liefern und zur Vorsicht bei der Beurteilung auf Grund von nicht weiter überprüfbaren Angaben mahnen.

Begriffsbestimmung

Um eine Eindeutigkeit aller folgenden Aussagen zu gewährleisten, muß festgelegt werden, was unter dem Fokus eines Schallkopfes zu verstehen ist. In der Praxis findet man zwei Definitionen, die, wie genaue Messungen zeigen, nicht zur gleichen Stelle im Schallfeld führen. Einmal wird als Fokus die Stelle im Schallbündel bezeichnet, an der die höchste Schallintensität auftritt, das andere Mal die Stelle, an der das Schallbündel den kleinsten Querschnitt besitzt. Wenn hier der ersten Definition der Vorzug gegeben wird, so hat dies mehrere Gründe:

a) Die Messung kann leicht mit ausreichender Genauigkeit vorgenommen werden und führt zu einem eindeutigen Ergebnis.

b) Es besteht eine Analogie zur Definition des Nahfeldes eines Schallkopfes.

c) Die Lage der engsten Stelle des Schallbündels hängt vom Pegel ab, bei dem die Messung durchgeführt wird und ist daher ohne zusätzliche Angaben nicht eindeutig festgelegt.

d) Die Einschnürung des Schallbündels ist oft so schwach ausgeprägt, daß die Messung mit einer größeren Unsicherheit behaftet ist.

In den weiteren Ausführungen ist somit als Fokus eines Schallkopfes der Punkt in der Achse des Schallfeldes zu verstehen, in dem die höchste Schallintensität auftritt. Die Messung erfolgt durch Verschieben eines kleinen Reflektors (Stahlkugel mit 3 mm Durchmesser) und Aufsuchen der Stelle, an der die Kugel das höchste Echo liefert. Die Fokuslänge ist dementsprechend der Abstand dieses Punktes von der Vorderseite des Schallkopfes.

Brennweite der verwendeten Linse

Die Berechnung der Brennweite der verwendeten Linse erfolgt nach der aus der Optik übernommenen Formel:

$$f_L = \frac{r}{1 - n} \qquad (1)$$

In dieser Formel bedeutet "r" den Krümmungsradius der Linse und "n" den Brechungsindex für die Schallwellen. Da die Schallgeschwindigkeit in der Linse meist höher ist als im angrenzenden Medium (weiches Gewebe oder Wasser), muß die Linse zum Unterschied von der Optik konkav ausgebildet sein, um eine Sammelwirkung zu besitzen.

Fokuslänge des Schallkopfes und Brennweite der Linse

Bisher geht man meist von der einfachen Vorstellung aus, daß das an den Schallkopf unmittelbar anschließende Schallfeld von parallelaufenden Strahlen gebildet wird, die durch die Linse so gebrochen werden, daß sie sich im Brennpunkt der Linse vereinen. Dementsprechend wird die Fokuslänge des Schallkopfes der Brennweite der verwendeten Linse gleichgesetzt. Weiter wird angenommen, daß es möglich ist, für Schallköpfe jede beliebige Fokuslänge zu erzeugen, da ja die angegebene Linsenformel keine Einschränkung beinhaltet.

Im Jahr 1969 wurde beim SIDUO III darauf hingewiesen, daß diese Überlegung zumindestens dann nicht zutrifft, wenn der Fokus des Schallkopfes im Fernfeld liegen soll,und daß eine Fokussierung im Fernfeld überhaupt nicht möglich ist (4). Damit ergibt sich aber von selbst die Folgerung, daß die Brennweite der verwendeten Linse und die Fokuslänge des Schallkopfes nicht immer übereinstimmen.

Von GREGOR (5) wurde 1971 eine Formel zur Berechnung der Fokuslänge von Schallköpfen angegeben. Sie lautet:

$$f_S = \frac{r}{1 - n + r/N} \qquad (2)$$

Abbildung 1 zeigt eine Gegenüberstellung der nach dieser Formel berechneten Fokuslänge und der Brennweite der zugehörigen Linse in Abhängigkeit vom Krümmungsradius.

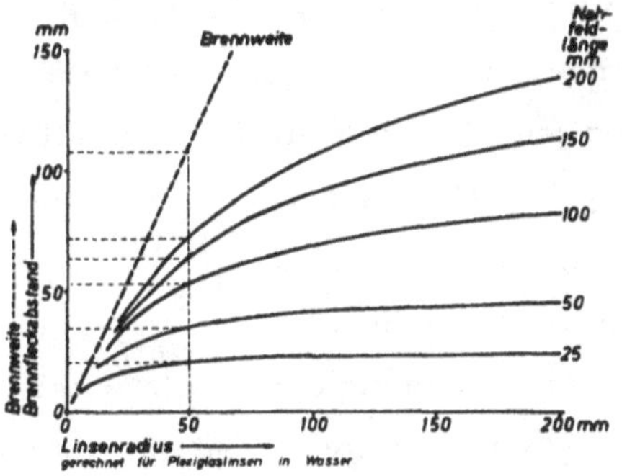

Abbildung 1: Fokuslänge und Brennweite.

Aus dem Diagramm sind folgende Umstände sofort zu erkennen:

a) Die Fokuslänge hängt bei einer vorgegebenen Linse auch noch von der Nahfeldlänge "N" des Schallkopfes ab. Es besteht somit keine eindeutige Beziehung zwischen der Brennweite der Linse und der erzielbaren Fokuslänge.

b) Bei kurzen Fokuslängen unterscheidet sich die Brennweite und die Fokuslänge nur wenig; mit zunehmender Brennweite wird dieser Unterschied immer größer.

c) Die Fokuslänge kann nicht über die Nahfeldlänge des betreffenden Schallkopfes ansteigen; eine Fokussierung ist also nur im Nahfeld eines Schallkopfes möglich.

Unter Berücksichtigung von Formel (2) wurden eine Vielzahl von Schallköpfen berechnet, angefertigt und ausgemessen. Außerdem wurden Literaturangaben, soweit entsprechende Werte genannt waren, in gleicher Weise ausgewertet. Es zeigte sich, daß alle Werte gut in das gezeigte Diagramm eingefügt werden konnten. Die beobachteten Abweichungen waren klein und hatten den Anschein einer zufälligen Streuung; eine systematische Abweichung konnte nicht gefunden werden.

Fokussierungsmöglichkeiten

Eine in der praktischen Anwendung wirksam in Erscheinung tretende Änderung der Eigenschaften eines Schallkopfes ist nur dann zu beobachten, wenn die Fokuslänge kleiner als etwa 80% der Nahfeldlänge des Schallkopfes ist. Damit ist eine obere Grenze der sinnvollen Fokussierung gegeben. Bezüglich der unteren Grenze ist aus der angegebenen Formel keine Einschränkung zu ersehen. Eine solche wird jedoch durch die Dicke der Linse gebildet. In der Optik gilt als Faustregel, daß eine Linse nicht dicker sein soll als 10% ihres Durchmessers, um Verzeichnungen in tragbaren Grenzen zu halten. Man kann diese Regel auch für Schallköpfe anwenden, wobei allerdings weniger die auftretende Verzeichnung eine Rolle spielt, als die in dicken Linsen auftretenden Mehrfachreflexionen und die Ankoppelschwierigkeiten, die durch den sich zwischen Linse und Körper ausbildenden Hohlraum entstehen.

Die Berücksichtigung der genannten Umstände ergibt die in Abbildung 2 dargestellten Zusammenhänge. Es zeigt sich, daß für manche Frequenzen und Schwingerdurchmesser eine Fokussierung nur in einem sehr engen Bereich möglich ist, während andere Kombinationen dieser Größen ein viel weiteres Feld der Fokussierungsmöglichkeit bieten.

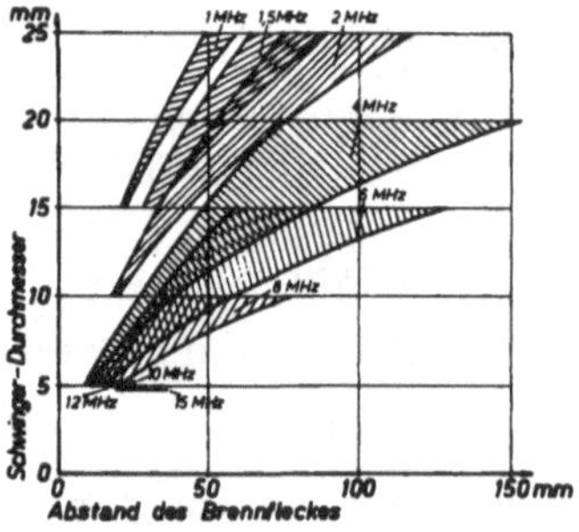

Abbildung 2: Fokussiermöglichkeit von Schallköpfen.

Es werden manchmal Schallköpfe angeboten, für die Fokuslängen angegeben werden, die im Fernfeld liegen. Soweit derartige Schallköpfe nachgemessen werden konnten, war die wahre Fokuslänge viel kürzer als der angegebene Wert und kleiner als die Nahfeldlänge. Dieser Umstand dürfte darin seine Ursache haben, daß als Fokuslänge einfach die Brennweite der verwendeten Linse angegeben wird. Bei dieser Gelegenheit sei darauf hingewiesen, daß die gleichen Beobachtungen auch bei Schallköpfen mit gekrümmten Schwingern gemacht wurden. Bei den zur Verfügung stehenden Probestücken konnte kein Schallkopf gefunden werden, der eine Fokuslänge besaß, die größer als die Nahfeldlänge war, obwohl derartige Fokuslängen manchmal angegeben wurden.

Änderung der Eigenschaften der Schallköpfe

Die Fokussierung ist meist nicht Selbstzweck, sondern wird vorgenommen, um bestimmte Eigenschaften der Schallköpfe zu ändern. In erster Linie wird eine Erhöhung der Empfindlichkeit, eine Verbesserung des seitlichen Auflösungsvermögens und eine Vergrößerung der Reichweite erwartet. Eine Beeinflussung einer einzelnen der genannten Größen ist nicht möglich, sondern es werden alle Größen gleichzeitig verändert. Durch die Wahl der Betriebsbedingungen hat man es jedoch in der Hand, mehr die eine oder die andere Größe hervorzuheben.

Empfindlichkeit

Die Empfindlichkeit eines Schallkopfes, gemessen in der Achse des Schallbündels, zeigt im nichtfokussierten Zustand ein ausgeprägtes Maximum am Ende des Nahfeldes. Durch die Fokussierung wird, wie Abbildung 3 zeigt, dieses Maximum näher an den Schallkopf gebracht und zugleich stärker überhöht. Der Abfall der Empfindlichkeit hinter dem Maximum erfolgt

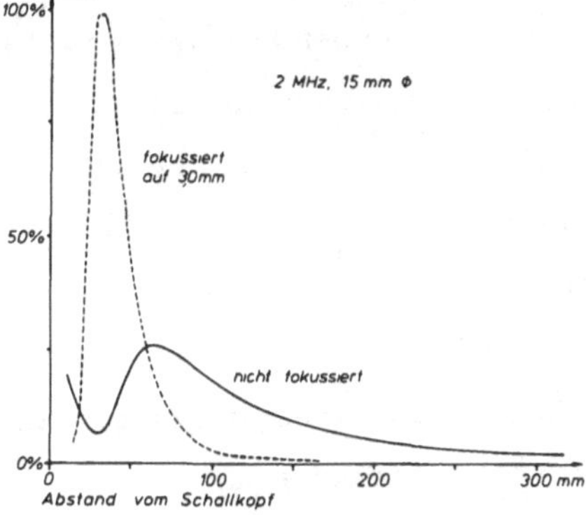

Abbildung 3: Empfindlichkeitsverlauf von Schallköpfen.

jedoch viel schneller als im nichtfokussierten Zustand, so daß die Empfindlichkeit des fokussierten Schallkopfes unter den Wert des nicht fokussierten Kopfes absinkt. Der Bereich, in dem die Empfindlichkeit angehoben wird, erstreckt sich auf eine kurze Zone vor und hinter dem Fokus. Je kürzer die Fokuslänge in bezug auf die Nahfeldlänge ist, desto größer ist die Anhebung der Empfindlichkeit, desto kürzer ist aber der Bereich, in dem diese Steigerung auftritt. Will man diesen Gewinn an Empfindlichkeit ausnützen, so ist es unbedingt erforderlich, den tatsächlichen Wert der Fokuslänge zu kennen.

Seitliches Auflösungsvermögen

Das seitliche Auflösungsvermögen wird durch die wirksame Breite des Schallbündels bestimmt. Als Grenzen werden dabei meist die Stellen angegeben, an denen die Empfindlichkeit um 20 dB unter den maximalen Wert absinkt. In Abbildung 4 ist der Längsschnitt durch das Schallbündel eines Schallkopfes bei verschiedener Fokussierung gezeichnet.

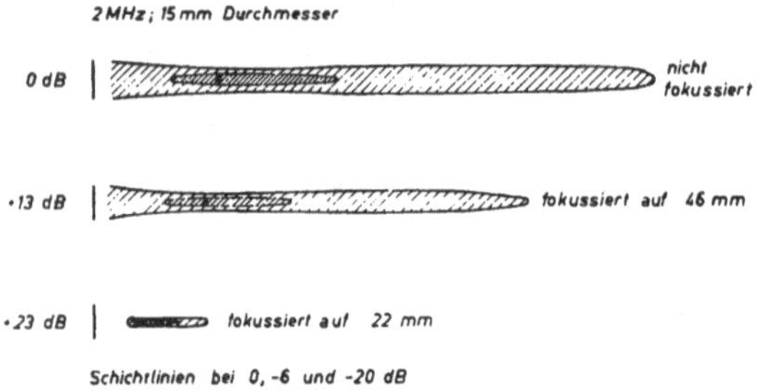

Abbildung 4: Schallbilder eines Schallkopfes bei verschiedener Fokussierung.

Außer der genannten Grenze von -20dB ist auch die Zone für eine Abnahme um 6 dB angegeben. Man erkennt, daß die fokussierten Schallbündel zwar schmäler, aber auch kürzer sind, als das nicht-fokussierte Schallbündel. Bei der Auslegung dieser Darstellung ist außerdem zu beachten, daß sich der Pegel der Grenzen immer auf den Maximalwert bezieht. Für die Praxis bedeutet dies, daß eine Abnahme der Breite des Schallbündels in der gezeigten Größe nur dann in Erscheinung tritt, wenn man die Verstärkung des Gerätes um den gleichen Betrag herabsetzt, um den die Empfindlichkeit des Schallkopfes bei der Fokussierung angestiegen ist. Abbildung 4 zeigt außerdem, daß die erwartete Einschnürung des Schallbündels am Ort des Fokus nur sehr schwach ausgeprägt ist. Die 6 dB Zone besitzt überhaupt keine Verengung. Auf Grund von weiteren Messungen kann bezüglich der Einschnürung des Schallfeldes folgendes angegeben werden:

a) Die Einschnürung tritt erst bei Pegeln in Erscheinung, die 20 dB oder mehr unter dem Maximalwert liegen. Je tiefer man liegt, desto deutlicher ist die Einschnürung zu erkennen.

b) Die Einschnürung ist umso stärker, je kürzer die Fokuslänge in bezug auf die Nahfeldlänge ist.

c) Die maximale Einschnürung tritt in den verschiedenen Niveaus nicht genau an der gleichen Stelle auf; sie ist um so weiter nach rückwärts verschoben, je niedriger der Pegel ist, bei dem gemessen wird. Die Unterschiede sind allerdings nicht sehr groß und daher mehr von theoretischer Bedeutung.

d) Je stärker die Einschnürung ist, desto stärker läuft das Feld nach der Einschnürung wieder auseinander. Dies bedeutet, daß bei Schallköpfen mit sehr kurzer Fokuslänge eine Verbesserung des seitlichen Auflösungsvermögens nur in einem schmalen Bereich vor und hinter dem Fokus eintritt. An anderen Stellen kann dieses Auflösungsvermögen sogar schlechter sein, als bei nicht fokussierten Schallköpfen.

Reichweite

Die Frage nach einer Erhöhung der Reichweite durch Fokussierung ist indirekt durch die gezeigten Diagramme bereits beantwortet worden. In allen Fällen ist klar zu erkennen, daß die Reichweite des Schallbündels bei der Fokussierung abnimmt. Wünsche, eine Verlängerung der Reichweite durch Verwendung von Linsen zu erhalten, können also nicht erfüllt werden.

Schlußfolgerungen

Durch die Fokussierung von Schallbündeln mit Hilfe von Linsen ist es möglich, gewisse Änderungen in den Eigenschaften von Schallköpfen hervorzurufen und sie so den gestellten Anforderungen besser anzupassen. Den sich ergebenden Möglichkeiten sind allerdings Grenzen gesetzt, die immer beachtet werden müssen, wenn man Mißerfolge vermeiden will.

Wird eine Erhöhung der Empfindlichkeit gewünscht, so ist dies nur innerhalb des Nahfeldes möglich. Den stärksten Effekt erhält man, wenn man einen Schallkopf verwendet, der ein sehr langes Nahfeld hat und ihn dann entsprechend kurz fokussiert. Da die Empfindlichkeitserhöhung nur in einem sehr kleinen Bereich wirksam ist, muß der Fokus möglichst genau in der Entfernung liegen, in der die höchste Empfindlichkeit auftreten soll. Aus diesem Grund können falsche Angaben der Fokuslänge besonders störend sein.

Für eine Erhöhung des Seitenauflösungsvermögens scheint eine nicht zu starke Fokussierung günstiger zu sein, da durch sie die Reichweite des Schallbündels nicht zu sehr herabgesetzt wird. Bei sehr kurzer Fokussierung erhält man ein verbessertes Seitenauflösungsvermögen nur in einer kleinen Zone vor und hinter dem Fokus. Der Einsatz derartiger Schallköpfe scheint vorwiegend dann günstig, wenn nur eine ganz bestimmte Tiefenzone untersucht werden soll.

Eine Verlängerung der Reichweite eines Schallbündels kann man durch eine Fokussierung nicht erreichen.

Angaben bezüglich der Fokuslänge eines Schallkopfes müssen kritisch betrachtet werden. In allen Fällen, in denen die angegebene Fokuslänge größer als die Nahfeldlänge des Schallkopfes ist, kann mit ziemlicher Sicherheit angenommen werden, daß die angegebene Zahl die Brennweite der Linse darstellt und die Fokuslänge des Schallkopfes erheblich kürzer ist.

Literatur

1. Bergmann, L. (1949); Der Ultraschall und seine Anwendung in Wissenschaft und Technik, 5. Auflage, S. 99, Hirzel-Verlag Zürich
2. Krautkrämer, J. & Krautkrämer, H. (1966), Werkstoffprüfung mit Ultraschall, 2. Auflage S. 73-74, Springer-Verlag
3. Mc Elroy, J. T. (1966); Focused Ultrasonic Beams. Automation Industries inc. Technical Report 66-40

4. Gerstner, R., Die Möglichkeit der Fokussierung von Schallbündeln mit Linsen. Proceedings 1st World Congress on Ultrasonic Diagnostics in Medicine and SIDUO III; Vol. I S. 97-103, Verlag der Wiener Medizinischen Akademie

5. Gregor, M., Theorie fokussierter Prüfköpfe und Hinweise für ihre Anwendung. Vortrag bei der Tagung für zerstörungsfreie Materialprüfung in Remscheid am 19. Mai 1971 (nicht schriftlich veröffentlicht).

4.5 Physikalische und medizinische Grundlagen einer quantitativen Analyse des eindimensionalen Schallbildes

A. Lorenz, R. Bader, J. Doll, G. van Kaick, W.J. Lorenz

Einleitung

Das eindimensionale Sonogramm (A-Bild, A-Scan) ist für die topographische Diagnostik ungeeignet. Es enthält jedoch Informationen über Gewebseigenschaften, die im zweidimensionalen Sonogramm (B-Bild, B-Scan) nur begrenzt wiedergegeben werden. Die Arbeiten von MOUNTFORD und WELLS (1, 2, 3) haben gezeigt, daß 30 A-Scans zur Charakterisierung des gesunden Leberparenchyms sowie zur Diagnose diffuser Lebererkrankungen erforderlich sind. Durch eine mathematische Analyse der im A-Scan enthaltenen Informationen soll versucht werden, gewebsspezifische Daten der Leber zu erhalten.

Methodik

Eine konventionelle Ultraschalleinheit mit einem 2,25 MHz-Schallkopf wird an einen Transient-Recorder angeschlossen (Abb. 1). Im Transient-Recorder wird die Echokurve in Samplingintervallen von 100 ns digitalisiert und mit maximal 2816 Worten à 8 Bit zwischengespeichert. Ein spezielles Interface zur Anpassung des Transient-Recorders an ein CAMAC-Input-Modul ermöglicht die Datenübertragung mit einem installierten CAMAC-Netz über eine Entfernung von 75 m zum Rechner. Rechnerseitig werden die Daten der A-Scan-Serie auf einer Magnetplatte mit 1,2 Mio Worten Speicherkapazität abgelegt.

Als Rechner steht eine PDP-11/20 mit 28 k Worten Kernspeicher zur Verfügung. Als Peripherie sind Wechselplatte, Magnetbandgerät, Speicherdisplay mit Hardcopy, Blattschreiber und elektrostatischer Printer-Plotter nutzbar.

Datenerfassung für A-Scan

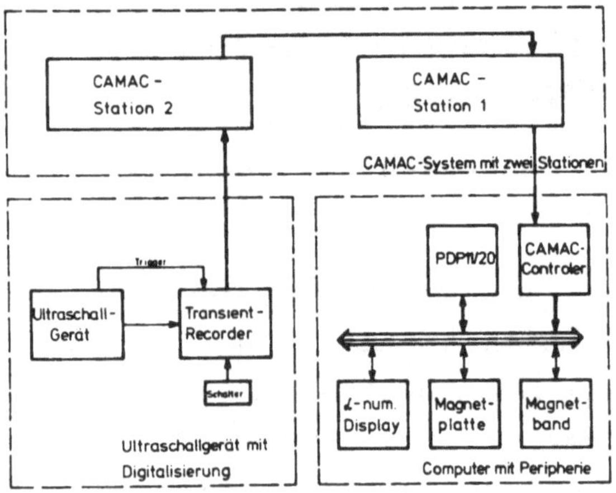

Abbildung 1: Funktionelles Blockdiagramm für die Digitalisierung, Übertragung und Speicherung des A-Scans.

Untersuchungstechnik

Die Untersuchungen wurden ausschließlich an der Leber durchgeführt. Lage und Form des Organs variieren bekanntlich sehr. Zur topographischen Orientierung muß eine Untersuchung im zweidimensionalen B-Bild vorausgehen. Wegen der Atemverschieblichkeit der Leber muß die Aufnahme der A-Scans bei gleicher Atemphase erfolgen. Am günstigsten hat sich die Untersuchung bei tiefer Inspiration erwiesen. Dabei ragt der vordere Leberrand unter dem Rippenbogenrand hervor, so daß eine subcostale Aufnahme des A-Scans möglich ist. Der meist große und relativ homogene rechte Leberlappen eignet sich besonders für die Untersuchung. Störende Einflüsse ergeben sich durch die großen Hilusgefäße und eine gefüllte Gallenblase. Außerdem muß darauf geachtet werden, daß der Schallstrahl auch bei stark ausgeprägter Konkavität der Leberunterfläche intrahepatisch verläuft. Ein kleiner rechter Lappen als Formvariante der Leber oder als Folge einer zirrhotischen Schrumpfleber kann die Erfassung eindimensionaler Sonogramme erschweren.

Bei unseren Untersuchungen haben wir pro Person 3 Serien zu je 20 A-Scans aufgenommen. Je nach Thoraxbreite und subcostalem Leberanteil wird der Schallkopf subcostal 5-7 cm rechts der Mittellinie und anschließend 2 cm rechts und links davon aufgesetzt. Die Winkelstellung des Schallkopfes wird bei jeder Aufnahme variiert, so daß ein sektorförmiger Ausschnitt der Leber erfaßt wird. Das Zwerchfellecho soll als Markierung für das dorsale Ende der Leber zu sehen sein.

Auswertung der Untersuchungsergebnisse

Der Auswertebeginn der einzelnen A-Scans wird auf 4,6 cm Entfernung von der Körperoberfläche festgesetzt, während die Endmarke variierbar programmiert ist und unter Beachtung des Leberendechos (Zwerchfellecho) gewählt wird. Die 20 A-Scans einer Serie werden zusammengefaßt. Diese Kurve wird durch eine e-Funktion angenähert, für die die Summe der Abweichungsquadrate ein Minimum ist. Der Anfangswert (K) und der Absorptionskoeffizient (α) sind durch die errechnete Funktion bestimmt (Abb. 2). Der einzelne A-Scan wird danach im Auswertungsintervall mit den für die Serie geltenden Absorptionskoeffizienten α korrigiert. Für die Intervalle der 20 Einzelkurven wird jeweils die quadratische Abweichung ermittelt, und anschliessend wird die auf die Anzahl der Samplingintervalle bezogene relative quadratische Abweichung RQA als Mittelwert der Serie gebildet. Die Anzahl der Echozacken (P) im Kurvenintervall bezogen auf die Intervall-Länge (D) wird vom Rechner ausgegeben.

FORMELN ZUR AUSWERTUNG

$$\alpha = \frac{1}{D} \, \mathrm{LN} \, \frac{A_0}{A}$$

$$\mathrm{RQA} = \frac{1}{N-1} \sum_{I}^{N} (A_I - \bar{A})^2$$

$$\frac{P}{D} = \frac{1}{D} \sum_{K}^{G} P_K$$

$$S = \frac{1}{N} \sum_{I}^{N} A_I$$

$$I = 0.1..N$$
$$K = 0.1..G \quad (G < N/2)$$

Abbildung 2: Formeln der berechneten Parameter.

Außerdem wird die Summe der Amplituden innerhalb des Meßintervalls errechnet und durch die Anzahl der Meßpunkte dividiert.

Untersuchungsergebnisse

Zur Erfassung von Normalwerten wurden zunächst 10 Normalpersonen (5 Männer und 5 Frauen) in zufälliger Folge nach den genannten Kriterien untersucht. Diese Messungen wurden zweimal in jeweils anderer Reihenfolge von demselben Untersucher wiederholt.

Alle Echosignale werden linear um 50 dB verstärkt. Die laufzeitabhängige Verstärkung wird abgeschaltet. Alle anderen Geräteparameter werden in definierter Einstellung belassen.

Die Überprüfung der Reproduzierbarkeit der berechneten Werte haben wir nach dem FRIEDMAN-Test (4) vorgenommen (Tab. 1). Die linke Spalte enthält die Abkürzungen für die berechneten Größen: Absorptionskoeffizient (α), Anfangswert (K), relative quadratische Abweichung (RQA), die Peakzahl pro cm Lebergewebe (P/D) und die Summe der Echoamplituden (S). In der zweiten Spalte sind die χ^2 -Werte und in der dritten die zugehörigen Irrtumswahrscheinlichkeiten p aufgeführt. Die Irrtumswahrscheinlichkeiten aller berechneten Werte liegen unter 2,5 %. Ein zweiter Untersucher hat von der oben angeführten Gruppe von Normalpersonen ebenfalls eindimensionale Schallbilder aufgenommen. Die Zusammenhänge zwischen den Werten der beiden Untersucher werden durch den SPEARMANschen Rang-Korrelations-Koeffizienten r_s geprüft (4). Auffällig ist die hohe Signifikanz in der Korrelation der Größe (P/D) zwischen beiden Untersuchern. Hingegen kann der Absorptionskoeffizient (α) nicht als korreliert angesehen werden. Die Übereinstimmung der anderen Parameter ist gut.

Unter der Voraussetzung einer Normalverteilung der jeweiligen Werte der Personengruppe können der arithmetische Mittelwert und die Standardabweichung der leberspezifischen Parameter errechnet werden. Insgesamt sind alle berechneten Werte des Untersuchers 2 größer als die des Untersuchers 1. Die Variationskoeffizienten haben jedoch für die jeweiligen

Tabelle 1:

Ergebnisse wiederholter Untersuchungen desselben Personenkollektivs zur Überprüfung der Reproduzierbarkeit bestimmter Parameter (Rangkorrelationstest nach FRIEDMAN).

	χ^2	p
α	20.93	$0.01 < p < 0.025$
K	20.24	$0.01 < p < 0.025$
RQA	23.95	$0.001 < p < 0.01$
$\frac{P}{D}$	21.51	$0.01 < p < 0.025$
S	46.47	$p < 0.001$

Parameter etwa die gleiche Größe. In unserer bisherigen Arbeit haben wir den Schwerpunkt auf die Untersuchung der Reproduzierbarkeit gelegt. Zur Klärung dieser Fragestellung wurden 2400 Einzelmessungen durchgeführt. Für die 10 untersuchten Normalpersonen liegen die Werte in den in Tabelle 2 aufgeführten Bereichen. Diese Werte stellen auch unseren vorläufigen Normbereich dar.

Ergebnisse bei Patienten mit diffus pathologischen Leberveränderungen liegen in einer statistisch ausreichenden Anzahl noch nicht vor. Jedoch reichen die Werte für zirrhotische Leberveränderungen vom oberen Normbereich bis zum vierfachen des Normwertes für Lebergesunde (RQA, K, S). Der Wert des Absorptionskoeffizienten (α) verhält sich im Vergleich von gesunder zur diffus pathologischen Leber relativ indifferent. Dies scheint die Ergebnisse von MOUNTFORD und WELLS (2, 3) zu bestätigen. Der Anfangswert (K) entspricht dem Amplitudenmeßwert von MOUNTFORD

Tabelle 2:

Vorläufiger Normbereich der berechneten Parameter für Normalpersonen.

	Untere Grenze	Obere Grenze
α (dB/cm)	1.325	1.669
K	348	869
RQA	12.04	31.35
P/D (1/cm)	7.25	9.55
S	16.98	41.15

und WELLS und scheint aussagekräftig zu sein. Die relative quadratische Abweichung (RQA) der bisher untersuchten zirrhotischen Lebern liegt deutlich oberhalb des Normbereichs der Lebergesunden. Ein wesentlicher Parameter für die Beurteilung des Leberparenchyms ist die Echozahl pro cm Lebergewebe. SCHENTKE und RENGER (5) haben eine Korrelation zwischen Peakzahl und diffuser Leberparenchymschädigung in ihren Untersuchungen nachgewiesen. Die Mittelwerte der Summe der Echoamplituden diffus pathologischer Lebern liegen ebenfalls deutlich höher als die Werte gesunder Lebern.

Eine größere Anzahl einzelner A-Scans pro Patient scheint nach unseren bisherigen Erfahrungen eine repräsentative Information über die Beschaffenheit des Leberparenchyms zu enthalten. Wie unsere Untersuchungen gezeigt haben, sind die unter standardisierten Bedingungen gewonnenen Meßergebnisse reproduzierbar. Einzelergebnisse haben bestätigt, daß diese physikalischen Daten bei pathologisch verändertem Leberparenchym außerhalb des Normbereichs liegen. Die Korrelation zwischen sonographischen Meßwerten und den histologischen Befunden wird gegenwärtig durch ein größeres Patientenkollektiv abgesichert.

Literatur

1. Mountford, R. A. & Wells, P. N. T. (1972);
Ultrasonic Liver Scanning: The Quantitative Analysis of the Normal A-Scan
Phys. med. biol. Vol. 17, 14-25

2. Mountford, R. A. & Wells, P. N. T. (1972);
Ultrasonic Liver Scanning: The A-Scan in the Normal and Cirrhosis
Phys. med. biol. Vol. 17, 261-269

3. Mountford, R. A. et al. (1973);
Ultrasonic Liver Scanning: Automated A-Scan Analysis
Phys. med. biol. Vol. 18, 559-569

4. Sachs, L. (1972);
Statistische Auswertemethoden
Springer Verlag, Berlin-Heidelberg-New York

5. Schentke, K. U. & Renger, F. (1966);
Ultraschalluntersuchungen bei diffusen Leberkrankheiten
Dtsch. Gesundh. 21, 1013-1018

4.6 Zum Einsatz der Sonographie in der Bestrahlungsplanung

K. Heuß

Dosisverteilungen im menschlichen Körper lassen sich heute durch Messungen und durch den Einsatz leistungsfähiger Rechner für die meisten in der Strahlentherapie benutzten Strahlenqualitäten mit hoher Genauigkeit ermitteln. Größere Ungenauigkeiten müssen häufig bei der Bestimmung und Festlegung des Herdbereiches in Kauf genommen werden. Auch bei der Einstellung des Patienten am Bestrahlungsgerät muß mit Abweichungen vom vorgesehenen Plan gerechnet werden. Die Qualität der Strahlenbehandlung wird durch das schwächste Glied in der Planungskette begrenzt.

Deshalb wird man jede Bereicherung der diagnostischen Möglichkeiten zur Herderfassung begrüßen. Eine solche Bereicherung stellt zweifellos der Ultraschall dar, insbesondere das Sono-Tomogramm (B-Scan). In den letzten Jahren sind an verschiedenen Bestrahlungszentren die Einsatzmöglichkeiten des Ultraschalls in der Herdlokalisation im Rahmen der Bestrahlungsplanung untersucht worden (1, 2, 3). Die physikalischen Eigenschaften des Ultraschalls begrenzen die Anwendung auf Körperbereiche, die möglichst frei von Lufteinschlüssen sein müssen und keine größeren Knochen enthalten. Anwendungsbeispiele für die Bestrahlungsplanung sind die Messung der Dicke von Gewebsschichten, z.B. am Thorax, die Lage größerer Blutgefäße, die anatomische Topographie im Hals- und Oberbauchbereich, sowie die Ausdehnung von Blase, Prostata und Beckenwandrezidiven. Die Ultraschalldiagnostik bringt günstige Ergebnisse gerade bei den Fragestellungen, bei denen mit röntgendiagnostischen oder nuklearmedizinischen Methoden unbefriedigende Resultate auftreten.

Eine wesentliche Frage ist, wieweit die Körperquerschnitte und die Lage innerer Organe maßstabsgetreu wiedergegeben werden. Schließlich basiert die Darstellung auf der Annahme einer konstanten Schallgeschwindigkeit in allen Geweben. Die Erfahrung scheint zu zeigen, daß von der Schallgeschwindigkeit her nur unbedeutende Verzerrungen auftreten. Stärkere Abweichungen werden beobachtet, wenn das Schallstrahlprofil sich in Abhängigkeit vom Verstärkungsgrad verändert (4). Vergleiche mit Röntgen-Meßaufnahmen haben gezeigt, daß Lokalisation und Größenabschätzung bei Blase und Uterus mit Ultraschall gut durchgeführt werden können. Bei Prostata und Pankreas müssen wegen darstellungstechnischer Schwierigkeiten Einschränkungen gemacht werden. Bei der Lokalisierung von Wirbelkörpern und Markkanal ist die Röntgenmethode natürlich wesentlich günstiger. Ziemlich konkurrenzlos ist der Ultraschall, wenn nach operativen Eingriffen im Oberbauch nachbestrahlt werden soll, weil es hier zu einer erheblichen Veränderung der normalen Topologie der Organe kommen kann, so daß die Orientierung an anatomischen Standardquerschnitten zu eklatanten Fehlbestrahlungen führen muß.

Noch wichtiger erscheinen die Informationen, die der Ultraschall zur klinischen Diagnose liefern kann. Sie beziehen sich auf die Ausdehnung des Herdbereiches, auf die Abgrenzung zwischen zystischen und tumorösen Prozessen und auf die Verlagerung der umgebenden Organe. Die Ausschöpfung der Informationen des Ultraschallbildes setzt profunde Kenntnisse der normalen und pathologischen Anatomie voraus. Deshalb ist die Ultraschalldiagnostik vorwiegend die Domäne des Arztes. Die Gewinnung optimaler Bilder und ihre korrekte Deutung erfordert jedoch auch von einem erfahrenen Arzt eine intensive Beschäftigung und einen erheblichen Zeitaufwand. Der in der Bestrahlungsplanung tätige Medizinphysiker sollte jedoch imstande sein, einfache Sono-Tomogramme herzustellen. Besonders lehrreich ist das "schnelle" Ultraschallbild, wie es beispielsweise das Vidoson (SIEMENS) liefert. Die hier gut zu sehenden, teilweise erheblichen Eigenbewegungen mancher Organe demonstrieren die Insuffizienz mancher zu "präzise" geplanter Bestrahlungstechniken.

Werden die Bestrahlungspläne per Rechner erstellt, so erscheint es durchaus möglich, Körperumrisse mit Ultraschall aufzuzeichnen und on-line dem Computer zuzuführen. Man kann auch in einfacher Weise feststellen, wieweit sich der Querschnitt in den verschiedenen Atemphasen verändert. Vergleiche mit berührungslosen Meßmethoden ("Pfalzner-Auge" am Betatron) zeigten sowohl systematische Abweichungen, die sich aus der ungenauen Einstellung des Abbildungsmaßstabes ergaben, als auch lokale Differenzen, die beispielsweise dort auftreten, wo man mit dem relativ kompakten Normal-Schallkopf stark gekrümmte Konturen abfährt, bzw. bei nachgiebigen Geweben unterschiedlich stark komprimiert.

Die Ultraschalldiagnostik ist eine nützliche und lohnende Ergänzung des bisherigen Instrumentariums der Bestrahlungsplanung. Ihre Möglichkeiten im Rahmen der Bestrahlungsplanung können nur dann voll ausgenutzt werden, wenn der Anwender beträchtliche Erfahrungen mit dieser Methode besitzt. Eine wenigstens oberflächliche Vertrautheit empfiehlt sich für den in der Bestrahlungsplanung tätigen Medizinphysiker.

Literatur

1. Reisner, K., Heckrodt, J. & Ay, R. (1970), Die Verwendung des Ultraschall B-Bildverfahrens bei der Bestrahlungsplanung, Strahlentherapie 140, 639

2. Alth, G., Kratochvil, A. & Hofner, W. (1971), Zur Herdsuche in der gynäkologischen Strahlentherapie, Strahlentherapie 142, 303

3. Friedrich, M., Fiegler, W., Scheffler, A. & Ernst, H. (1973), Die Ultraschall-Tomographie in der Strahlentherapie, Strahlentherapie 146, 298

4. Bäckerling, W., Otto, P. & Hagemann, G., Querauflösung im B-Bild, Vortrag auf der 2. Jahrestagung der Deutschen Arbeitsgemeinschaft für Ultraschalldiagnostik, Hannover, Mai 1974.

4.7 Ultraschall in der Bestrahlungsplanung

J. Schütz, M. Wannenmacher

Die Bestrahlungsplanung in der Tiefentherapie steht und fällt mit dem Vorliegen korrekter Körperquerschnitte und zwar gleichgültig, ob die Planung manuell oder mittels Computer vorgenommen wird. Während einfache Gegenfeldtechniken noch durch Aufnahmen bzw. Durchleuchtungen in Strahlenrichtung des Therapiebündels, am besten mittels Simulatoren, beherrscht werden können, sind für Mehrfelder- oder Bewegungsbestrahlungen Körperquerschnitte erforderlich.

Geläufige Methoden gestatten die Aufnahme der Körperkontur. Schwierigkeiten bereitet die Festlegung der inneren Organe. Typische, beispielsweise durch Gefrierschnitte von Leichen gewonnene Querschnitte können linear vergrößert oder verkleinert und damit der abgenommenen Körperkontur angepaßt werden, doch ist die Planung dann nur noch teilweise individuell. Der Anlaß der Bestrahlung, ein Tumor beispielsweise, muß in anderer Weise lokalisiert und zusätzlich eingezeichnet werden.

Die Röntgentomographie bietet die Möglichkeit, Querschnittsbilder vom lebenden Patienten auch in der üblicherweise liegenden Bestrahlungsposition zu erhalten. Aus abbildungstechnischen Gründen ist die Qualität dieser Transversal-Schichtaufnahmen jedoch gering, auch wird zu ihrer Anfertigung ein spezielles Schichtgerät von erheblicher Größe benötigt. Als ein Vorzug der Röntgen-Tomographie ist zu werten, daß aufgrund der Abbildungsgesetze das Schichtbild eine exakte, maßstäbliche Vergrößerung des Originals ist.

Der Röntgen-Scanner liefert ebenfalls Querschnittsbilder. Das Verfahren ist jedoch vorläufig nur im Bereich des Schädels anwendbar. Die Güte des Querschnittsbildes hängt davon ab, wie exakt das Bild aus der Röntgen-Absorptionsmessungen durch den Computer aufgebaut wird. Wie auch die Röntgentomographie verursacht das Verfahren eine Strahlenbelastung, der allerdings bei Therapiepatienten keine besondere Bedeutung zukommt.

Mit Ultraschall lassen sich in Form des Schnittbildverfahrens Körperquerschnitte aufnehmen (1-5). Es handelt sich um eine Weiterentwicklung des bekannten Impuls-Laufzeit-Verfahrens, auf dem das Echolot beruht. Das Verfahren nutzt die Tatsache, daß Schallwellen an Grenzflächen von Medien mit unterschiedlichem Schallwiderstand reflektiert werden. Die Zeit bis zur Rückkehr des Signals wird bestimmt und hieraus und der Schallgeschwindigkeit die Entfernung der Grenzfläche ermittelt. Eine exakte Messung ist nur möglich, wenn es sich um ein homogenes Medium mit bekannter Schallgeschwindigkeit handelt. Beim menschlichen Körper, der aus verschiedenen Geweben mit unterschiedlichen Schallgeschwindigkeiten aufgebaut ist, muß mit einer mittleren Schallgeschwindigkeit gerechnet werden, womit sich gewisse Fehler zwangsläufig ergeben. So erscheinen z.B. Knochen in Richtung des Schallstrahles verkürzt, da in ihnen die Schallgeschwindigkeit höher ist, als in den übrigen Geweben.

Einer reinen Entfernungsmessung (A-Bildverfahren) kommt in der Therapieplanung durchaus eine Bedeutung zu, wesentlich wichtiger ist jedoch die Aufnahme eines vollständigen Querschnitts. Das ist in Form des B-Bild- oder Schnittbildverfahrens möglich. Hierbei wird die Schallsonde längs der Querschnittumrandung um den Körper herum geführt und außer dem Echo auch die jeweilige Position und Strahlrichtung registriert. Das Bild wird auf dem Schirm einer Oszillographen-Speicherröhre aufgebaut. Das Echo steuert die Helligkeit, während ein Positionscomputer dafür sorgt, daß die Grundlinie jeweils die Richtung des Schallbündels hat. Da ein Echo nur von Grenzflächen zu erwarten ist, die senkrecht getroffen werden, führt man den Schallkopf unter ständigen Kippbewegungen über die Körperkontur (Compound-Scanning). Es entsteht ein Querschnittsbild, das den Körperumriß und gleichzeitig mehr oder weniger deutlich Strukturen zeigt. Das Verfahren ist inzwischen soweit entwickelt, daß es in den Händen erfahrener Untersucher diagnostische Aussagen über Organe erlaubt (6, 7). In einer etwas abgewandelten Form, die auch das Studium von Bewegungen ermöglicht, hat es sich in der geburtshilflichen Diagnostik seit Jahren hervorragend bewährt.

Für die Genauigkeit des Schnittbildverfahrens ist neben der schon für das A-Bild wichtigen Längsauflösung, die durch die Breite des Schallstrahlenbündels gegebene Querauflösung von Bedeutung. Ein prinzipieller Fehler wird durch Brechungserscheinungen verursacht, die beim Übergang zwischen Medien verschiedenen Schallwiderstandes zu einer Änderung der Achsrichtung des Strahlenbündels führen. Das Ultraschall-Querschnittsbild kann also grundsätzlich nur ein annähernd maßstabsgerechtes Bild des Körperquerschnittes sein.

Unsere Erprobung eines von der Firma KRETZ-Technik, Zipf/Österreich, zur Verfügung gestellten Ultraschall-A- und B-Bildgerätes "Combison" hat ergeben, daß es mit diesem Gerät relativ leicht möglich ist, Querschnittsbilder zu erhalten, die eine sicherere Bestrahlungsplanung ermöglichen, als sie mit standardisierten Querschnitten möglich ist. Um Querschnittsbilder zu erhalten, die die Beurteilung von Veränderungen an Organen und damit eines Therapieerfolges ermöglichen, bedarf es offensichtlich erheblicher Erfahrung. Es ist darüber jedoch bereits berichtet worden (2, 6). Die Bedienung des "Combison" ist, soweit bei einem solchen Universal-Gerät und in Anbetracht des doch recht komplizierten Verfahrens möglich, handlich.

Verstärkung und Tiefenausgleich erlauben mit Schwellwertregler und Siebung einigermaßen zügig Bilder von guter Qualität zu erhalten. Das Vorhandensein eines Tiefenausgleichs ist typisch für solche Geräte, da der Schall im Körper eine erhebliche Schwächung erfährt und die Signale aus größeren Tiefen, die an ihrer längeren Laufzeit zu erkennen sind, entsprechend mehr verstärkt werden müssen, um ein brauchbares Bild zu erhalten. Die Größe des Querschnittsbildes ist durch die Größe des Schirmes der Speicherröhre begrenzt (10 cm x 8 cm).

Da die Bestrahlungsplanung üblicherweise an Querschnitten vom Maßstab 1 : 1 vorgenommen wird, muß eine Nachvergrößerung erfolgen. Das ist durch episkopische Projektion des mit einer Polaroid-Kamera aufgenommenen Schirmbildes möglich. Allerdings ist das dabei erhaltene Bild recht lichtschwach. Weniger bequem, aber qualitativ besser dürfte eine Diaprojektion sein. Beliebige Vergrößerungen, aber auch detailliertere Auswertungen werden möglich, wenn der aufwendige Weg beschritten wird, das Speicherbild in ein Fernsehbild umzusetzen. Wir arbeiten vorwiegend mit einer Frequenz von 2-MHz (Schallkopf 2). Die bei dem Gerät gleichzeitig gegebene Möglichkeit zur Aufnahme des A-Bildes wird zur Kontrolle der Tiefenangaben verwendet.

Literatur

1. Brascho, D. J. (1974), Diagnostic Ultrasound in Radiation Therapy, Unirad Corp., Denver, Colorado

2. Jentzsch, K., Kärcher, K. H. & Böhm, B. (1974); Ultraschall in der Strahlentherapie: Bei der Bestrahlungsplanung und Überwachung des Therapieerfolges. Ultrasound in Med. u. Biol., Vol. 1, Pergamon Press, London

3. Kärcher, K. H. (1971); Die Anwendung des Ultraschalls in der Strahlentherapie, Strahlentherapie 141, 666

4. Reisner, K., Heckrodt, J. & Ay, R. (1970); Die Verwendung des Ultraschall-B-Bildverfahrens in der Bestrahlungsplanung Strahlentherapie 140, 639

5. Weyrauch, U. & Schoknecht, G. (1970); Eine Anwendung von Ultraschall in der Bestrahlungsplanung Strahlentherapie 139, 544

6. Kratochwil, A., Hofner, W. & Alth, G. (1971); Zur Herdsuche in der gynäkologischen Strahlentherapie Geburtsh. u. Frauenheilk. 31, 833

7. Otto, P. (1973): Die Ultraschalldiagnostik bei Erkrankungen des Abdominal- und Retroperitonealraumes Huber-Verlag, Bern

5 Thermographie

5.1 Möglichkeiten und Grenzen der medizinischen Thermographie aus physikalischer und klinischer Sicht

G. Kaiser

Einleitung

Zur Messung der Hautoberflächentemperatur können verschiedene Methoden verwendet werden:

1. Kontaktthermometrie
   a) mit verschiedenen elektronischen Kontaktthermometern,
   b) mit dünnen Schichten flüssig-kristalliner Substanzen der cholesterischen Mesophase (z.B. "Plattenthermographie").
2. Messung der Wärmestrahldichte mit IR-Detektoren (Bolometer, photovoltaische Detektoren)
   a) zur Erfassung der mittleren Temperatur einzelner Areale,
   b) zur Darstellung des Temperaturprofils einzelner Areale ("elektronische Thermographie").

Auf das letztere Verfahren wird im folgenden näher eingegangen.

Möglichkeiten aus physikalisch-technischer Sicht

Das Temperaturprofil menschlicher Haut wird auf dem Leuchtschirm eines Monitors als Leuchtdichteprofil dargestellt. Die Leuchtdichte eines Bildpunktes entspricht der Temperatur des zugehörigen Hautpunktes. Hautregionen eines definierbaren Temperaturbereiches können mit einer einstellbaren, kalibrierten Abfrage-Steuer-Vorrichtung auf dem Leuchtschirm des Monitors infolge Hellsteuerung besonders hervorgehoben werden. Auf diese Weise lassen sich Hauttemperaturen mit einer Genauigkeit von $\pm$ 0,1 °C bestimmen. Die Speicherung des Leuchtdichtebildes erfolgt fotographisch als Grautonbild ("Grautonthermogramm"). Ein durch Hellsteuerung besonders hervorgehobener Bereich ist auf dem Grautonthermogramm als Region intensiver Schwärzung ebenfalls deutlich erkennbar ("Schwarz-Weiß-Isothermendarstellung").

Soll das Temperaturprofil in 8 Temperatur-Zonen aufgeteilt werden, tastet die Abfrage-Steuer-Vorrichtung nacheinander diese 8 isothermen Bereiche ab und markiert sie jeweils durch Hellsteuerung auf dem Leuchtschirm. Mit Hilfe verschiedener Farbfilter lassen sich diese Leuchtzonen farbig markieren und fotographisch als Farbfoto speichern ("Farbthermogramm").

Die Entstehung des Leuchtdichtebildes erfolgt über die Messung der Wärmestrahlung menschlicher Haut. Für den infrage kommenden Wellenlängenbereich oberhalb 4 μm ist die Haut des Menschen in sehr guter Näherung ein "schwarzer Strahler" und erfüllt damit die Voraussetzung für die Anwendbarkeit des Stefan-Boltzmann'schen Gesetzes sowie des Lambert'schen Gesetzes: Das Wärmestrahlbild der menschlichen Haut ist ein quantitatives Abbild ihres Temperaturprofils.

Zur Messung der Wärmestrahlung dient in der Regel ein In Sb-Detektor, zur zeilenförmigen optischen Abtastung der Hautoberfläche ein rotierendes optisches System aus Spiegeln bzw. Linsen.

Die vom In Sb-Detektor gelieferten Signale dienen in Synchronisation mit der Rotation des optischen Systems zur Erzeugung des Leuchtdichtebildes.

Das Leuchtdichtebild besteht - je nach Gerätetyp - aus etwa 100 Zeilen. Das geometrische Auflösungsvermögen liegt bei ca. 1 mm^2. Die Entstehung des Leuchtdichtebildes dauert - je nach Gerätetyp - Minuten bis ca. 1/50 sec.
Die graphische Darstellung einer Bildzeile als Temperaturquerschnitt auf dem Leuchtschirm eines 2. Oszillographen ist möglich und für gewisse diagnostische Zwecke sinnvoll.

Die Speicherung und Auswertung thermographischer Meßdaten mit einem Rechner ist ebenfalls prinzipiell möglich, findet jedoch z.Z. in der klinischen Routine kaum Anwendung.

Möglichkeiten aus klinischer Sicht

Die Temperatur der menschlichen Haut liegt deutlich unterhalb der des Körperkerns und ist in ihrer flächenhaften Struktur sehr inhomogen. Eine Vielzahl physiologischer und pathophysiologischer Effekte vermögen das Temperaturprofil der Hautoberfläche zu beeinflussen; diese Veränderungen sind thermographisch nachweisbar. In der medizinischen Thermographie besteht die Aufgabe, aus "typischen" bzw. "auffälligen" Veränderungen des Temperaturprofils auf pathologische Prozesse zu schließen. Diese Aufgabe dient insbesondere in der Brustvorsorge der Erkennung maligner Geschwülste der weiblichen Brust. Maligne Geschwülste können aufgrund gesteigerten Stoffwechsels und vermehrter Gefäßbildung Wärme speichern; diese kann bei hautnaher Lokalisation durch Wärmetransport das Temperaturprofil der Hautoberfläche in "auffälliger" Weise verändern.

Für die Diagnostik einer großen Zahl weiterer Erkrankungen kann die medizinische Thermographie - in Einzelfällen (!) - ebenfalls einen wertvollen Beitrag leisten. Gefahrlose diagnostische Einzelmessungen bzw. Verlaufskontrollen bei:

1. Durchblutungsstörungen,
2. entzündlichen Gelenk- und Knochenerkrankungen,
3. gewissen Knochengeschwülsten zur Frage der Rezidivierung bzw. malignen Entartung,
4. gewissen Krebserkrankungen zur Frage einer Metastasenbildung

etc.

Grenzen

1. Prinzipielle Grenzen: Ein Thermogramm allein kann keinen Beitrag zur Differenzialdiagnose liefern, da keine eindeutige Beziehung zwischen der Veränderung der Hauttemperatur und der Art des sie erzeugenden physiologischen bzw. pathophysiologischen Prozesses besteht.

2. Grenzen aus physiologischer Sicht: Die physiologische Interpretation vieler "auffälliger" Erscheinungen im Thermogramm steht zur Zeit noch aus. Es sind umfangreiche, systematische physiologische Untersuchungen

notwendig, um grundsätzliche Beziehungen zwischen pathologischen Prozessen und ihrer Beeinflussung der Hauttemperatur zu erkennen.

3. Grenzen aus technischer Sicht: Die derzeitigen technischen Möglichkeiten gestatten neben der Herstellung von Grauton- und Farbthermogrammen nur die Bestimmung der Temperatur von "Hautpunkten" und die graphische Darstellung von Temperatur-Quer- und Längsschnitten.
Die Bestimmung der mittleren Temperatur rechteckiger Hautareale, wie sie z.Z. ein digitales Auswertungssystem gestattet, ist klinisch nicht praktikabel. Es ist nicht möglich:

a) Größe und Durchschnittstemperatur klinisch relevanter Areale zu bestimmen;
b) Temperaturverläufe entlang klinisch relevanter Linien darzustellen;
c) Inhomogenitäten (z.B. Gefäßstruktursysteme) nach objektiven, reproduzierbaren Kriterien zu bewerten.

4. Grenzen im Rahmen der Meß- und Auswertungsmodalitäten: Es fehlen weitgehend objektive, reproduzierbare Kriterien:

a) für die Aussage, im Thermogramm sei ein Areal, das über den Rahmen der Variationsbreite des Normalen hinaus als "auffällig" zu bezeichnen sei. D.h.: Wann ist im Thermogramm ein Areal als "auffällig" zu bezeichnen?
b) für die ausreichende Berücksichtigung möglicher störender Überlagerungen im Temperaturprofil bei der Auswertung von Thermogrammen;
c) für die eventuelle Eliminierung oder Reduzierung störender, irreführender Überlagerungseffekte im Temperaturprofil vor Beginn einer thermographischen Messung.

Es lassen sich - je nach Aufgabenstellung - sicher weitere Grenzen der heutigen medizinischen Thermographie anführen und auch begründen, daß hierdurch das Fortbestehen der Thermographie als diagnostisches Verfahren beeinträchtigt wird.

Es ist von Bedeutung, zunächst die technischen Möglichkeiten der medizinischen Thermographie hinsichtlich der Speicherung und Auswertung thermographischer Meßdaten wesentlich zu erweitern, danach systematische physiologische Studien der Entstehung und Beeinflussung von Hauttemperaturprofilen zu betreiben. Aufgrund gewonnener Erkenntnisse müßten sodann Auswertungsmodalitäten für die Interpretation von Thermogrammen in der klinischen Anwendung erarbeitet und ihre Praktikabilität in der Routine geprüft werden.

Literatur

IR-Detektoren: Levinstein, H. (1970), "Charakterization of IR. Detectors" in: Infrared Detectors., R.K. Willardson & A.C. Beer (Hrsg.), Semiconductors and Semimetals, 5, 3, New York Academic Press

Wolfe, W.L. (1964), "Infrared Imaging Devices" in: Infrared Medical Radiography, Ann. N.Y. Acad. Sci. 121, 57

Physiol. Aspekte: The Pharmacology of Thermoregulation, E. Schönbaum & P. Lomax (Hrsg.) (1973), Basel, S. Karger

Aschoff, J. & Wever, R. (1958), "Kern und Schale im Wärmehaushalt des Menschen", Naturwissenschaften 45, 477

Hensel, H. (1952), "Physiologie der Thermoreception", Ergebn. Physiol. 47, 166

Zusammenfassende Darstellg: Gros, Ch., Gautherie, M. & Bourjat, P. (1971), "Technische und klinische Fortschritte auf dem Gebiet der Infrarot-Thermographie", Röntgenpraxis 24, 86

Ganssen, A. (1971), "Medizinische Thermographie", Röntgenpraxis 24, 97

Hodes, P.J., Wallace, J.D. & Dodd, G.D. (1970), Thermography, Medical Clinics of North-America 54, 603

5.2 Hautmodell für die diagnostische Thermographie zur Simulation von Hyperthermieherden unter der Haut

U. Flesch, O.-H. Wegener, A. Scheffler, H. Ernst

Einleitung

Seit Mitte der sechziger Jahre werden Hauttemperaturmessungen der weiblichen Brust in Kliniken vorgenommen. In etwa 70-85% der Fälle von Brustkrebs (JONES (1), ISARD et al. (2) und GERSHON-COHEN und HERMEL (3)) kann der Verdacht auf einen bösartigen Tumor aufgrund einer lokalen oder diffusen Temperaturerhöhung ausgesprochen werden. Ursache für letztere ist die von LAWSON und CHUGHTAI (4) experimentell belegte Tatsache, daß der bösartige Tumor wegen seines gesteigerten Metabolismus wärmer ist als seine Umgebung. Der Wärmetransport, der sowohl durch das angrenzende Gewebe, als auch über die vom Tumor ausgehenden Venenbahnen erfolgt, bestimmt das Temperaturmuster an der Hautoberfläche (LAWSON und CHUGHTAI (4), DODD et al. (5, 6)).

Ein Hyperthermieherd wird um so besser im Thermogramm darstellbar sein, je oberflächlicher er gelegen ist. Es ist jedoch, wie auch BUCHWALD et al. (7) schrieben, bis heute die Frage ungelöst, in welcher Tiefe unter der Hautoberfläche lokalisierte Wärmequellen zur Bildgebung im Thermogramm beitragen. Die theoretischen Modelle von DRAPER und BOAG (8) und WATMOUGH und OLIVER (9) sind nach der Ansicht von BUCHWALD et al. (7) nur mit Vorbehalt auf biologische Modelle übertragbar. Es liegt daher nahe, dieses Problem experimentell zu lösen, um die auch von GANSSEN (10) und NOTTER und MELANDER (11) gestellte Frage zu beantworten, wie tief ein Hyperthermieherd unter der Haut liegen darf, um oberflächlich durch die Thermographie erkannt zu werden.

Zunächst hätte es nahegelegen, Tierexperimente heranzuziehen und unterschiedlich tief unter der Haut verlaufende Blutgefäße mit einer Flüssigkeit zu perfundieren, deren Temperatur vorgegeben werden kann. Ein solcher Versuch stößt jedoch auf eine große methodische Schwierigkeit: Der von dem Blutgefäß ausgehende und zu messende Temperaturgradient würde durch die in das Kapillarbett einströmende Perfusionslösung verändert, wenn nicht sogar aufgehoben werden. Um definierte und geometrisch einfache Versuchsbedingungen zu erhalten, wurde daher ein Hautmodell entwickelt.

Das Hautmodell

In dem in den Abbildungen 1 und 2 dargestellten Hautmodell wird die Epidermis und das Korium durch frisch exzidierte oder mit Formalin fixierte Oberhaut und die Subkutis durch nasses Steinsalz oder nassen Seesand simuliert. Die 24 Stunden nach Exitus gekühlte exzidierte und die mit Formalin fixierte Haut hatten - bei entsprechender Pflege und solange sie sich auf einer nassen Unterlage befanden - eine Temperaturstrahlung, die nur wenig von der Haut in vivo abwich. Außerdem wurde auch nachgeprüft, daß eine Verdunstung stattfand. Für die Wärmeleitfähigkeit von exzidierter und kalter Haut in vivo besteht nach BÜTTNER (12) kaum ein Unterschied.

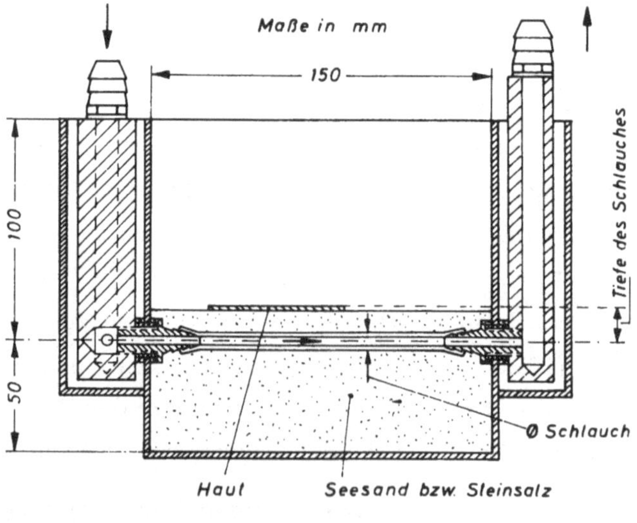

Abbildung 1: Hautmodell, Seitenansicht.

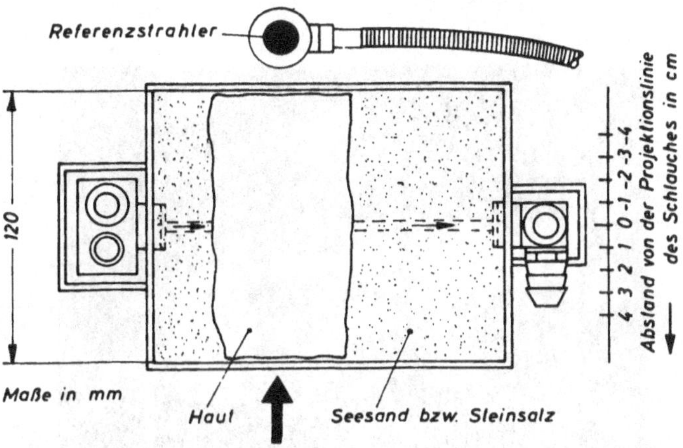

Abbildung 2: Hautmodell, Ansicht von oben.

Die Wärme wird unter der Epidermis sowohl durch Wärmeleitung als auch durch Konvektion von Flüssigkeit in den Gefäßen übertragen. Beides kann nach BÜTTNER (12) zur Scheinleitung zusammengefaßt werden. Die Scheinleitung in vivo schwankt für Hautschichten in einer Tiefe von 2-14 mm unter der Haut um ungefähr eine Zehnerpotenz. In Anlehnung an den von BÜTTNER (12) dargestellten Bereich der Scheinleitung wird die Subkutis durch nassen Seesand mit der Wärmeleitfähigkeit von

$k = 0,35 - 0,58 \; W \; m^{-1} \; K^{-1}$ und durch nasses Steinsalz von

$k = 0,6 - 7 \; W \; m^{-1} \; K^{-1}$ simuliert.

In dem Modell können der Durchmesser des Gefäßes, der Flüssigkeitsstrom und die Lage des Gefäßes unter der Hautoberfläche verändert werden. Der Behälter des Hautmodells kann in gewünschter Tiefe in ein temperiertes Wasserbad gestellt werden, das den Einfluß des Körperkernes darstellen soll.

Messungen

Bei verschiedenen Tiefen des Gefäßes unter der Hautoberfläche wurde die Temperatur des Gefäßes solange erhöht, bis sein Verlauf im Thermogramm der AGA-Thermovision zu erkennen war (Abb. 3).

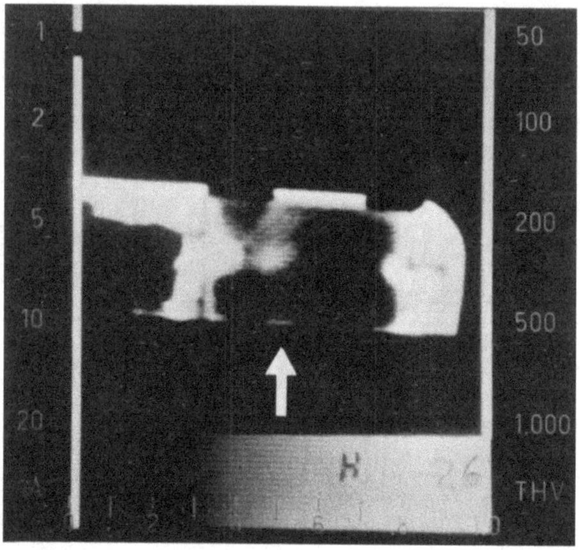

Abbildung 3: Thermogramm der AGA-Kamera von der Hautoberfläche. Referenzstrahler 32,6 °C, Hauttemperatur über dem Schlauch 33,2 °C. H-Isotherme der Haut über dem Schlauch. Schlauchtiefe 1,0 cm; Schlauchdurchmesser 3 mm; Schlauchtemperatur 39,5 °C; Temperierbad 37 °C; Zimmertemperatur 22,2 °C.

Die Wärmeverteilung auf der Oberfläche wurde außerdem mit einem neuentwickelten Hautkontaktthermometer gemessen (Abb. 4) und mit einer Folie mit Temperaturmeßfarben.

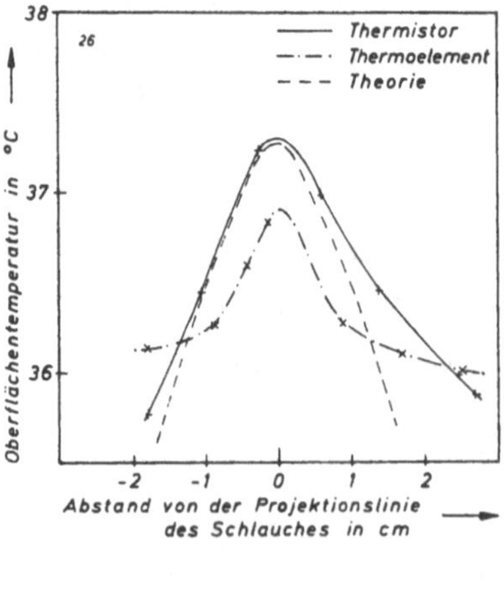

Abbildung 4: Hautoberflächentemperatur über dem Schlauch und seitlich mit dem Hautkontaktthermometer gemessen. Schlauchtiefe 1 cm. (Thermoelemente waren nicht kalibriert)

Die Folie mit Temperaturmeßfarben - nach einem Patent von TRICOIRE (13) - wurde von den Troponwerken, Köln-Mülheim, zur Verfügung gestellt. Es handelt sich dabei um gekapselte Flüssigkristalle, wie sie im Patent von NATIONAL CASH REGISTER (14) beschrieben sind.

Zu dem Modell wurde eine neue Theorie entwickelt, die mit den Experimenten gut übereinstimmt. Die eingehende Darstellung der Experimente und der Theorie sind einer weiteren Veröffentlichung vorbehalten.

Als Ergebnis soll nur vorweggenommen werden, daß der Durchmesser des Gefäßes im Bereich von 3-8 mm nicht entscheidend ist, während die Temperatur des Gefäßes zur Hautoberfläche in einer bestimmten Tiefe unter der Haut einen Mindestwert überschreiten muß, damit der Verlauf des Gefäßes im Thermogramm zu erkennen ist (Abb. 5).

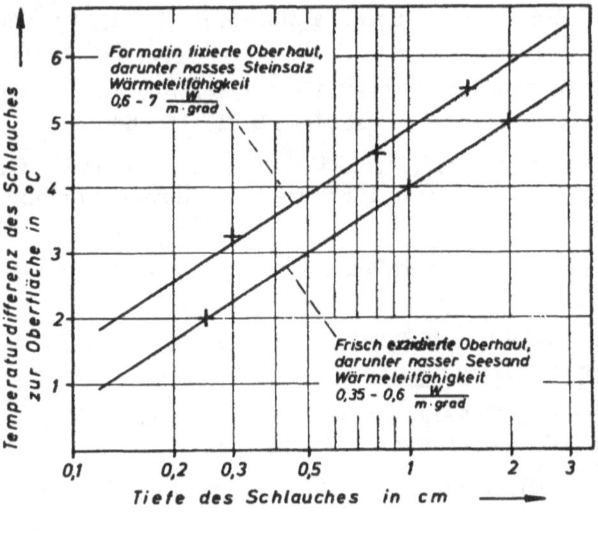

Abbildung 5: Grenzen der Erkennbarkeit eines Gefäßes unter der Haut im Thermogramm der AGA-Thermovision in Abhängigkeit von der Tiefe des Gefäßes und der Differenz der Temperatur des warmen Gefäßes zur unbeeinflußten Temperatur der Hautoberfläche, wenn das Gefäß nicht vorhanden ist.

Literatur

1. Jones, C. (1973), Detection of breast lesions. Section I: Thermography. Modern trends in oncology. Butterworths, London

2. Isard, H. J., Becker, W., Shilo, R. & Ostrum, B. J. (1972), Breast thermography after 4 years and 10.000 studies. Amer. J. Roentgenol. 115, 811

3. Gershon-Cohen, J. & Hermel, M. B. (1969), Modalities in breast cancer detection: Xeroradiography, mammography, thermography and mammometry, Cancer 24, 1226

4. Lawson, R. N. & Chughtai, M. S. (1963), Breast cancer and body temperature. Canad. Med. Ass. J. 88, 68

5. Dodd, G. D., Wallace, J. D., Freundlich, I. M., Marsh, L. & Zermino, A. (1969), Thermography and cancer of the breast, Cancer 23, 797

6. Dodd, G. D., Zermino, A., Marsh, L., Boyd, D. & Wallace, J. D. (1969), New developments in breast thermography: High spatial resolution, Cancer 24, 1212

7. Buchwald, W., Habighorst, L. V. & Hülse, R. (1973), Thermographie bei Durchblutungsstörungen der Extremitäten, Radiologe 13, 329

8. Draper, J. W. & Boag, J. W. (1971), Skin temperature distributions over veins and tumours, Phys. Med. Biol. 16, 645

9. Watmough, D. J. & Oliver, R. (1969), The emission of infrared radiation from human skin - implications for clinical thermography. Br. J. Radiol. 42, 411

10. Ganssen, A. (1971), Medizinische Thermographie. Röntgenpraxis 24, 97

11. Notter, G. & Melander, O. (1968), Klinische Diagnostik mit Thermovision. Röntgen-Blätter 21, 49

12. Büttner, K. (1938), Physikalische Bioklimatologie, Probleme und Methoden, Akad. Verlagsges., Leipzig

13. Tricoire, J. (1970), Plaque pour thermographie. République Française Fr. 2.110.505

14. The National Cash Register Co. (1968), Temperaturempfindliche Anzeigevorrichtung. Deutsches Patentamt DT-OS 1 698 092

5.3 Meßfühler zur Messung der Hautoberflächentemperatur mit Thermoelementen oder Thermistoren

U. Flesch, O.-H. Wegener, A. Scheffler, H. Ernst

Einleitung

Die Temperatur der Hautoberfläche wird bisher in der Klinik großenteils erfaßt durch die Messung der Temperaturstrahlung und durch Flüssigkristalle, die die Temperatur der Hautoberfläche annehmen. Die Technik zur Messung der Temperaturstrahlung ist sehr aufwendig und die der Flüssigkristalle bisher von geringer Genauigkeit und nur für Relativmessungen geeignet. Es liegt daher nahe zu untersuchen, ob weitere Methoden zur Messung der Hautoberflächentemperatur geeignet sind.

Ein Hautkontaktthermometer, das als Mammometer bezeichnet wurde, beschrieben GERSHON-COHEN und HERMEL (1). Damit konnten Hautoberflächentemperaturen von 2 K unterschieden werden. Hautkontaktthermometer mit Thermistoren als Detektor werden von der Firma HELLIGE (2) und mit Thermoelementen von den Firmen ELLAB (3) und HARTMANN & BRAUN (4) vertrieben. Die Ungenauigkeit der Messung der Hautoberflächentemperatur mit Thermoelementen allein erwähnten MOLNAR und ROSENBAUM (5) und WATMOUGH und OLIVER (6).

Um einige Nachteile zu vermeiden, setzten EKSTROM (7) das Thermoelement in ein geeignetes Gehäuse und STEKETEE (8) auf einen Goldring. STEKETEE veränderte die Temperatur des Goldringes solange, bis beim Kontakt mit der Haut keine Temperaturänderung angezeigt wurde. Die Messung nach STEKETEE ist zeitlich jedoch sehr aufwendig. Aber auch die anderen Meßmethoden mit Kontaktthermometern haben sich bisher in der klinischen Praxis nicht durchgesetzt.

Hautkontaktthermometer sollen eine möglichst kleine Wärmekapazität haben, damit sie die Hautoberflächentemperatur nur wenig verändern und die

Ansprechzeiten klein sind. Außerdem darf die Wärmeübertragung von der Haut zur Umgebung innerhalb der Meßgenauigkeit durch die Messung nicht gestört werden. Bei Perspiratio insensibilis, Zimmertemperatur von 22°C und konvektionsfreier Luft wird die Wärme ungefähr zu 72% durch Temperaturstrahlung, zu 22% durch Verdunstung und zu 6% durch Wärmeleitung übertragen.

Theorie

Befinden sich beide Seitenflächen einer wärmeisolierten Luftsäule auf einem unterschiedlichen Temperaturniveau, so fällt die Temperatur nach der Theorie der Wärme in der Säule linear von der höheren zur niedrigeren (Abb. 1).

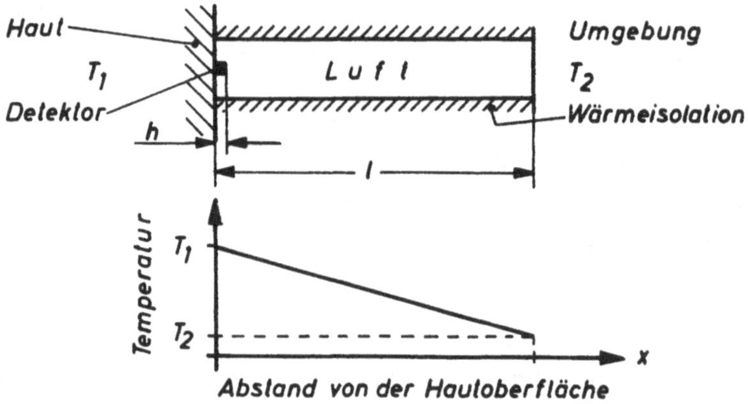

$$T(x) = \frac{T_2 - T_1}{l} \cdot x + T_1 \qquad (1)$$

Abbildung 1: Eine Luftsäule verbindet die Hautoberfläche mit der umgebenden Luft.
l - Länge der Luftsäule
h - Bauhöhe des Detektors

Die eine Seite der Luftsäule ist in Kontakt mit der Hautoberfläche und hat die Temperatur T_1 der Hautoberfläche, während die andere mit der Luft der Umgebung verbunden ist und die Temperatur T_2 der umgebenden Luft hat. Der Durchmesser der Luftsäule ist klein, so daß eine Konvektion der

Luft innerhalb der Luftsäule vermieden wird. Um die Temperaturstrahlung der Hautoberfläche nur wenig zu beeinflussen, muß der wärmeisolierende Mantel für die Temperaturstrahlung durchlässig sein. Dies hat auf die Wärmeisolation der Luftsäule nur geringen Einfluß, da die Temperaturstrahlung der Luftsäule wegen der Transparenz der Luft für diese Strahlung gering ist.

Soll die Oberflächentemperatur der Haut durch einen Detektor, der auf der Hautoberfläche aber in der Luftsäule liegt, mit einer Genauigkeit von ΔT gemessen werden, so ergibt sich nach Gleichung (1) für die Bauhöhe h des Detektors die Bedingung:

$$h < \left| \frac{1}{T_2 - T_1} \cdot \Delta T \right| \qquad (2)$$

Die Verdunstung der Haut zur Umgebung bleibt über die offene Grund- und Deckfläche der Luftsäule erhalten.

Konstruktion

In der in Abbildung 2 dargestellten Konstruktion wird der Zylindermantel der Luftsäule nur durch eine infrarotdurchlässige Plastikfolie begrenzt. Diese einfache Ausführung lieferte Ergebnisse mit hinreichender Genauigkeit. Eine bessere Wärmeisolation kann durch eine evakuierte Doppelwand aus einem Material erreicht werden, das für Temperaturstrahlen durchlässig ist. Ein Filzstreifen verhindert den unmittelbaren Wärmekontakt zwischen Zylindermantel und Hautoberfläche und dichtet die Luftsäule zur Umgebung ab. Der Detektor - ein Miniaturthermoelement oder Miniaturthermistor - befindet sich direkt auf der Haut in der Mitte der seitlichen Begrenzungsfläche der Luftsäule. Durch die ringförmige Gestaltung des Rahmens der seitlichen Begrenzungsfläche liegt der Detektor, wie bei der Konstruktion von HARTMANN & BRAUN (4), stets unter einer leichten Spannung auf der Haut. Wird eine hohe zeitliche Auflösung verlangt, so werden als Detektoren Miniaturthermoelemente verwendet, die mit Ansprechzeiten bis zu τ = 2 ms auf dem Markt erhältlich sind (Firma KÜNZER (9)).

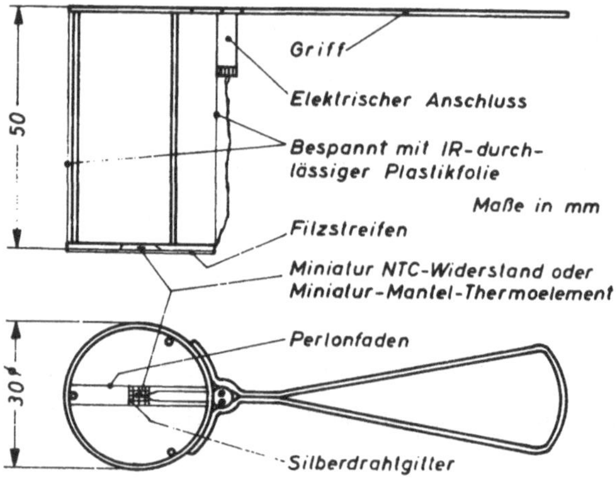

Abbildung 2: Aufbau des Oberflächentemperaturmeßfühlers der Haut.

Eine punktförmige Temperaturmessung hat jedoch den Nachteil, daß durch eine geringe seitliche Verschiebung sich der Einfluß von kleinen "hot spots" auf die Temperaturmessung bemerkbar macht. Eine integrierte Messung über einem kleinen Flächenelement der Haut vermeidet diesen Nachteil. Ein Metalldrahtgitter, das auf der Hautoberfläche liegt, kann mit dem Detektor wärmeleitend verbunden werden. Das Metalldrahtgitter stellt sich dabei auf eine mittlere Temperatur der Hautoberfläche ein.

Dieses Hautkontaktthermometer vereinigt folgende Vorzüge:

1. Sehr einfacher Aufbau.
2. Leichte Kalibrierung.
3. Geringe Beeinflussung der Temperaturstrahlung und der Perspiratio insensibilis.
4. Geringe Wärmekapazität.
5. Vernachlässigbare Hautreaktionen.
6. Absolut- und Differenzmessungen möglich.
7. Einfache Auswertung der Meßsignale, da handelsübliche Detektoren verwendet werden.
8. Automatische zeitliche Aufzeichnung des Meßsignals möglich.

9. Messungen können auch während einer Bestrahlung oder radiologischen Untersuchung vorgenommen werden.

Meßergebnisse und Diskussion

Die Hautoberflächentemperatur der weiblichen Brust in vivo wurde mit dem neuentwickelten Hautkontaktthermometer und durch die Wärmestrahlung mit der AGA-Kamera gemessen, um beide Methoden vergleichen zu können (Abb. 3).

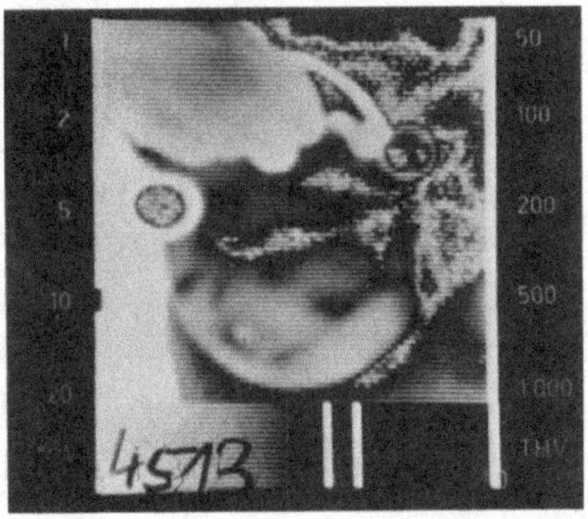

Abbildung 3: Thermogramm der AGA-Thermovision einer rechten weiblichen Brust in vivo.
Linker Kreis und linke Isotherme: Referenzstrahler. Rechter Kreis und Isotherme: Hautkontaktthermometer. Temperatur des Referenzstrahlers 32°C.

Sowohl das Hautkontaktthermometer als auch der Referenzstrahler für die Wärmestrahlungsmessung wurden vorher kalibriert. Beide Meßmethoden zeigten innerhalb der Meßgenauigkeit eine gute Übereinstimmung. Außerdem konnte die Messung der Hautoberflächentemperatur mit dem Hautkontaktthermometer mit einem Schreiber über der Zeit aufgezeichnet werden (Abb. 4). Daraus läßt sich entnehmen, daß ein Temperaturauflösungsvermögen unter klinischen Bedingungen von $\Delta T = \pm 0{,}02$ K sinnvoll ist. Da in dem Untersuchungsraum eine deutlich spürbare Luftbewegung durch die Belüftungsanlage vorhanden war, kann nicht beurteilt werden, ob die Temperaturschwankungen durch die Luftbewegung und Temperaturschwankungen der umgebenden Luft oder physiologisch durch Regulation der Hauttemperatur zustande kam. Die absolute Meßgenauigkeit dieser Konstruktion des Hautkontaktthermometers lag bei $\Delta T = \pm 0{,}1$ K.

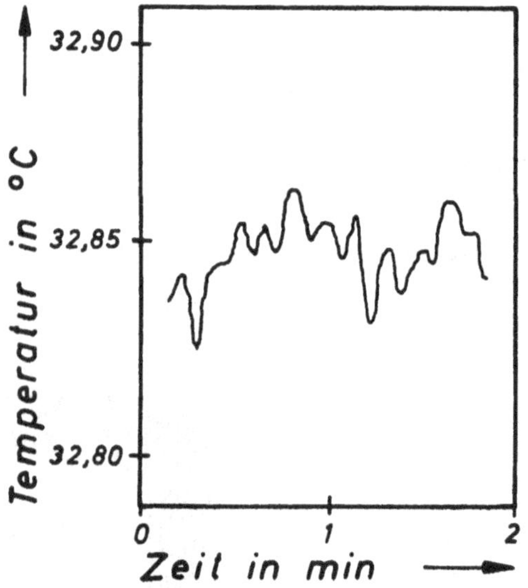

Abbildung 4: Hautoberflächentemperatur der weiblichen Brust in vivo als Funktion der Zeit. Aufgenommen mit dem neuentwickelten Hautkontaktthermometer.

Literatur

1. Gershon-Cohen, J. & Hermel, H. B. (1969), Modalities in breast cancer detection: Xeroradiography, mammography, thermography and mammometry, Cancer (Philad.) 24, 1226

2. Hellige, Fritz & Co. GmbH.: Elektroden und Meßaufnehmer. 78 Freiburg, Postfach 728. DT-Firmenschrift:Hellige Druckschrift P/EL/7203/ DA 0,3

3. Ellab A/S (1968), Elektrolaboratoriet: Elektrische Thermometer. Kopenhagen 2610 DK Rødovre, Dänemark. DT-Firmenschrift: Franz Bergmann KG, Berlin 37, 19.12.68.3

4. Hartmann & Braun A.G.: Elektrische Temperaturmessung am menschlichen und tierischen Körper, 6 Frankfurt/Main 90, Postfach 900507. DT-Firmenschrift: Hartmann & Braun Druckschrift 649-2, 5000/3.51/Kr.

5. Molnar, G.W. & Rosenbaum, J. (1962), Surface temperature measurement with thermocouples. In Herzfeld, Ch. M., Temperature its measurement and control in science and industry, part 3, biology and medicine, edited by James D. Hardy, 1-11

6. Watmough, D. J. & Oliver, R. (1969), The emission of infrared radiation from human skin - implications for clinical thermography. Br. J. Radiol. 42, 411

7. Ekstrom, R. A. Jr. (1965), Surface temperature thermocouple fixture, US 32 82 107

8. Steketee, J. (1973), Spectral emissivity of skin and pericardium. Phys. Med. Biol. 18, 686

5.4 Mikro-Thermoelemente zur Messung von Zeit-Temperatur-Profilen in biologischem Gewebe bei Laserbestrahlung

R.C. Mc Cord, W. Weinberg, F. Hillenkamp

Einleitung

Zum Verständnis der Wechselwirkung von Laserstrahlung und biologischem Gewebe und zur Prüfung der Anwendbarkeit des Lasers in der Chirurgie ist zusätzlich zu den bisher vorliegenden makroskopischen und histologischen Befunden (1) auch die Untersuchung der Temperaturerhöhung und -ausbreitung im Gewebe durch die Laserbestrahlung erforderlich. Die Wirkung der Laserstrahlung auf das Gewebe in dem Leistungsdichtebereich, in dem der Laser in der Chirurgie zur Anwendung kommen kann, ist im wesentlichen thermischer Natur (2). Jedoch ist die theoretische Beschreibung der Wärmeerzeugung und -ausbreitung wegen der komplexen optischen und thermischen Eigenschaften von Gewebe bei Laserbestrahlung durch ein hinreichend gültiges mathematisches Modell sehr schwierig. Experimentelle Messungen der Temperaturverteilung z. B. mit kleinen Drahtthermoelementen sind mit erheblichen Nachteilen, wie der zu geringen Rückwirkungsfreiheit, verbunden. Die Nachteile durch die ca. 1000-fach größere Wärmeleitung von Metall gegenüber Gewebe lassen sich weitgehend vermindern durch sehr dünne Schichten auf einem Träger, der annähernd thermisch gewebe-äquivalent ist. Deshalb sind metallbedampfte Quarzglasfasern als Mikrominiatur-Thermoelemente, wie sie von CAIN und WELCH für Temperaturmessungen am Augenhintergrund entwickelt worden sind (3), hergestellt und für Untersuchungen im Gewebe bei Laserbestrahlung angepaßt worden.

Thermosonden zum Einstechen in Gewebe

Die bekannte thermoelektrische Spannung aus dem Seebeck-Effekt ist sowohl in Festkörpern als auch in dünnen Schichten nachgewiesen (4). Für die Ausnutzung dieses Effektes zur Temperaturmessung sind Mikrominiatur-Thermoelemente auf folgende Weise hergestellt worden: Quarzglasstäbe mit einem Durchmesser von 2 mm werden in einer Wasserstoff-Sauerstoff-Flamme auf einen Faserdurchmesser von 30 - 50 μm ausgezogen; darauf werden 0,2 μm dicke Schichten von Nickel und Kupfer aufgedampft; die beiden Metallschichten sind durch einen aufpolymerisierten Kunststoff-Film mittels einer entsprechenden Maskierung soweit gegeneinander isoliert, daß die beiden Metalle nur auf der Spitze elektrischen Kontakt miteinander haben (s. Abb. 1). Zur elektrischen Verbindung sind Drähte aus dem jeweils gleichen Metall am Schaft der Sonden mit leitenden Epoxyd aufgeklebt. Ein 1 - 2 μm dicker Kunststoff-Film schützt die Sonden vor chemischen Einwirkungen.

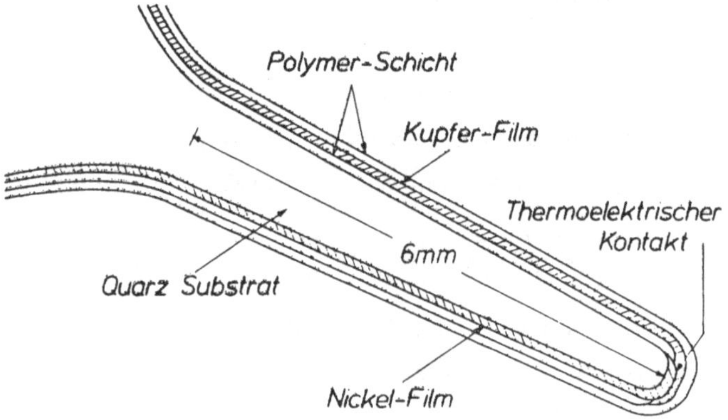

Abbildung 1: Schematischer Querschnitt einer Sonde (nicht maßstabsgerecht).

Meß- und Aufzeichnungssystem

Für die Messung des Temperaturverlaufs über einen Zeitraum von ca. 5 s ist die Lötstelle mit der Referenztemperatur in engem Wärmekontakt mit einer thermisch trägen Masse gehalten. Das System aus einem Verstärker mit einem Frequenzbereich von 0 - 20 kHz, einem Hochfrequenz-Galvanometer und einem UV-Lichtpunkt-Schreiber hat bei kurzgeschlossenem Eingang ein Untergrundrauschen von 15 μV Spitze-Spitze und eine obere Grenzfrequenz von 3 kHz.

Eigenschaften der Temperatursonden

Inwieweit die beschriebenen Thermoelemente für die Messung von Temperaturerhöhungen im Gewebe durch Laserbestrahlung geeignet sind, ist durch Anstiegszeit, Empfindlichkeit, Linearität und mechanische Festigkeit gegeben. Zur Messung des Signalverlaufs auf eine sprungförmige Temperaturerhöhung sind die Sonden mit einer Geschwindigkeit von annähernd 5 ms^{-1} in ein heißes Wasserbad eingetaucht worden. In der Abbildung 2 ist die Auswertung einer repräsentativen Meßkurve als die relative Meßspannungsabweichung in Abhängigkeit von der Zeit im halblogarithmischen Maßstab dargestellt. Für den Anstieg der Spannung auf 63% ihres Endwertes (entsprechend der 1/e-Konstanten) wird eine Zeit von 0,67 ms und für das Erreichen von 99% des Endwertes eine Zeit von 3,5 ms abgelesen. Die Thermokraft und die Linearität des Ausgangssignals sind durch eine Kalibrierung jeder einzelnen Sonde gegen ein Kupfer-Konstanten-Draht-

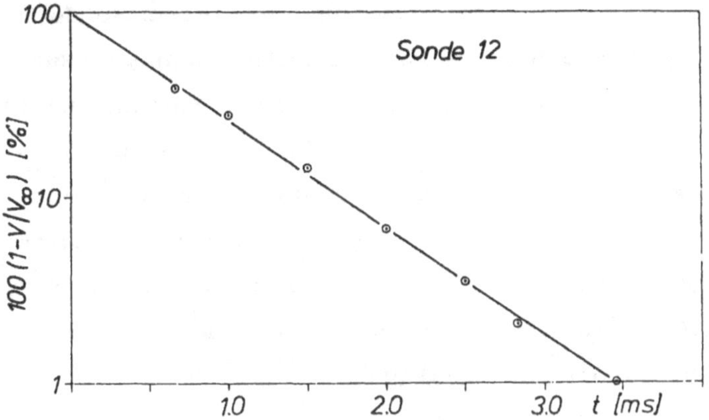

Abbildung 2: Meßabweichung bei Temperatursprung. V∞ ist Sollwert.

thermoelement (± 2% NBS Standard) mit einem Durchmesser von 0,1 mm in möglichst kleiner Entfernung von der Sonde in einem Glycerin-Bad bestimmt worden. Alle Proben zeigen Linearität innerhalb der Meßgenauigkeit für den gemessenen Temperaturbereich von 40 - 110°C. Die Thermokräfte liegen zwischen 15,8 und 21,2 $\mu V\,^{\circ}C^{-1}$. Die Abbildung 3 zeigt eine typische Kalibrierkurve. Bei dem schnellsten registrierbaren Temperaturver lauf beträgt die kleinste noch unterscheidbare Temperaturänderung 0,7°C; die Meßgenauigkeit ist ± 2%.

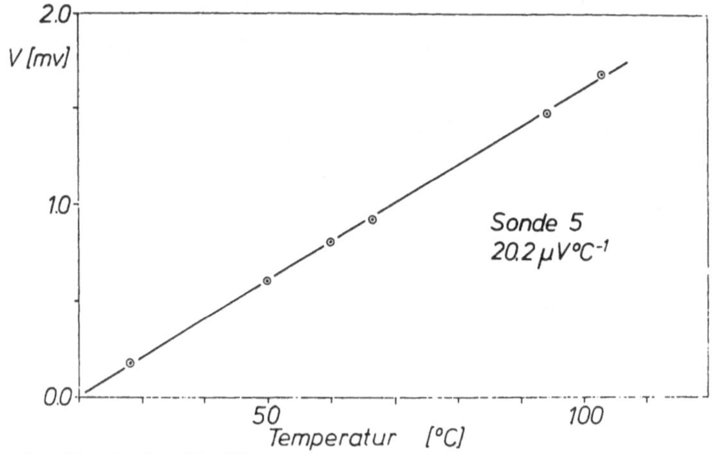

Abbildung 3: Typische Kalibrierkurve.

Eine bedeutsame Fehlerquelle bei der Temperaturmessung in laserbestrahltem Gewebe ist die zusätzliche Erwärmung der Thermosonde selbst infolge der von ihr absorbierten Laserenergie. Das Ausmaß dieses Effektes ist experimentell bestimmt worden, indem die Sonden mit dem Argon-Laser in klarer Gelatine bestrahlt worden sind, die vergleichbare thermische Eigenschaften wie Gewebe hat, aber die Laserenergie nicht absorbiert. In einer Anordnung, in der die Achsen der Temperatursonde und des Laserstrahls senkrecht aufeinander stehen und sich die Spitze der Sonde in der Mitte des Strahls befindet, ist ein Ansteigen der Temperatur in Abhängigkeit von der eingestrahlten Laserleistungsdichte von 0,07°C W^{-1} cm^{2} nach einer Bestrahlungsdauer von 0,5 s beobachtet worden. Welche Strahlungsintensität die Sonde im Gewebe in einer gewissen Tiefe noch direkt trifft, kann nach dem Lambert-Beerschen Gesetz für eine gegebene primäre Laserintensität abgeschätzt werden. Für den Argon-Laser mit einer Leistung von 10 W und einem Strahldurchmesser von 0,3mm ergibt sich danach bei einem Absorptionskoeffizient $\alpha = 60\ cm^{-1}$, wie er für durchblutetes Gewebe angegeben wird(5), daß die Temperaturerhöhung infolge der Eigenabsorption der Sonden in mehr als 1,2 mm Tiefe kleiner als 0,5°C ist.

Experimenteller Aufbau und erste Versuchsergebnisse

Der experimentelle Aufbau ist derart ausgeführt, daß Laserlichtleiter und Temperatursonden in einer beliebigen geometrischen Anordnung stabil gegenüber dem zu untersuchenden Gewebe festgehalten werden; dazu wird das freipräparierte Organ eines Versuchstieres mechanisch fixiert, so daß eine störungsfreie Durchblutung gewährleistet bleibt, die Sonden werden über eine Schlittenführung mit einer Mikrometerschraube auf 10 μm genau in das Gewebe eingestochen. Die Beobachtung der Gewebeoberfläche und das Ausmessen von Entfernungen geschieht mit Hilfe eines Operationsmikroskopes mit Strichplatte im Okular. Der Aufbau gestattet mehrere Versuche an einem Präparat. Es sind Vorversuche an frisch extrahierter Leber nach der in der Abbildung 4a gezeigten Anordnung durchgeführt worden. In der Abbildung 4b ist ein Temperaturverlauf für eine Argon-Laser-Bestrahlung von 1 s Dauer mit einer Leistungsdichte von 2×10^3 W/cm^2 (0,67 W auf eine Kreisfläche mit einem Durchmesser von 0,65 mm) dargestellt. Bemerkenswert ist, daß für diese Leistungsdichte, die zur Oberflächenkoagulation und zu einem kleinen Krater geführt hat, in einer errechneten Tiefe von nicht mehr als 1,3 mm nur eine relativ geringe Temperaturerhöhung von 7,2°C gemessen worden ist.

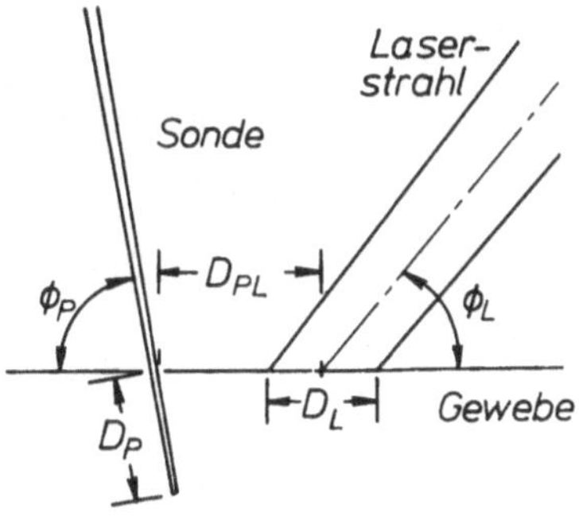

A. Experimentelle Anordnung (maßstabgerecht)

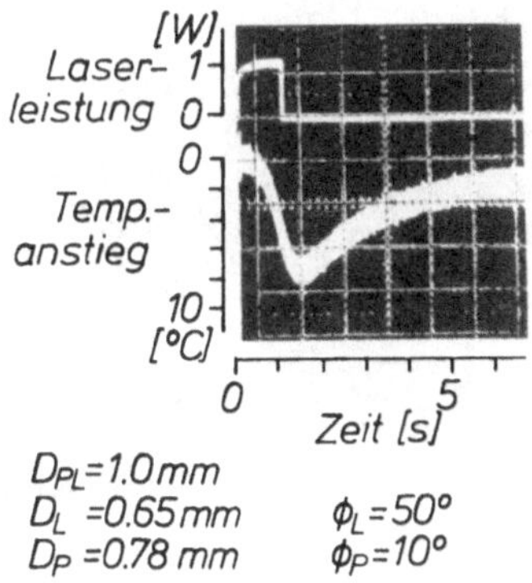

B. Temperaturanstieg in Leber.

Abbildung 4: Temperaturmessung im Gewebe.

Literatur

1. Stellar, S., Polanyi, T.G. & Bredemeier, H.C. (1974), in Laser Applications in Medicine and Biology, Vol. 2, M. L. Wolbarsht, ed., Plenum Press, New York, p. 241

2. Goldman, L. & Rockwell, R. J. (1971), Lasers in Medicine, Gordon and Breach, New York, p. 163

3. Cain, C.P. & Welch, A. J. (1974), "Measured and Predicted Laser-Induced Temperature Rises in the Rabbit Fundus", Investigative Ophthalmology, 13, 60

4. Thornburg, D. D. & Wayman, C. M. (1969), "Thermoelectric Power of Vacuum Evaporated Au-Ni Thin-Film Thermocouples", Jour. Appl. Physics 40, 3007

5. Nath, G. & Fidler, J. (1972), Conference Proceedings of 1st European Electro-Optics Market and Technology Conference, Geneva, 1972

5.5 Thermische Messung der peripheren Durchblutung

L. Priebe

Das Prinzip der thermischen Durchblutungsmessung mit Wärmeleitelementen stellt sich in der folgenden Weise dar. Eine kleine Wärmequelle befindet sich im durchbluteten Gewebe oder auf der Hautoberfläche. Dabei ist die konstante elektrische Heizung einer inwendigen Heizspirale so bemessen, daß wesentliche Änderungen der Blutviskosität sowie solche der Gefäßquerschnitte nicht zu erwarten sind. Eine maximale Übertemperatur von ca. 2° C ist dabei gleichzeitig mit einem so kleinen Temperaturfeld verbunden, daß in jedem Falle, wie auch die Gefäße im Temperaturfeld strukturiert sein mögen, von einer lokalen Durchblutungsmessung gesprochen werden kann. Das so entstehende Temperaturfeld wird mit dem Konvektionsfeld wechselwirken. Ein im Zentrum der Wärmequelle befindlicher Fühler mißt daher eine Temperatur, deren Größe sich als Funktion der Blutströmung im Temperaturfeld darstellt. Hohe Durchblutung läßt eine niedrige Übertemperatur folgen und vice versa (1).

Die gemessene Übertemperatur ist aber nur dann eine eindeutige Funktion der Durchblutung, wenn die Gewebebasistemperatur bekannt ist und Änderungen derselben infolge metabolischer Heterogenitäten oder anderer Ursachen, die nicht mit der lokalen Durchblutungsgröße zu korrelieren brauchen, ausgeschlossen werden können. Da dies, wie die Erfahrung zeigt, im allgemeinen nicht vorausgesetzt werden kann, mißt man die Temperaturdifferenz gegenüber einem benachbarten Meßpunkt. Da zwischen den beiden Meßpunkten ein synchroner Verlauf der Basistemperaturen angenommen werden kann, wird somit diese Meßunsicherheit eliminiert. Obwohl bei den gebräuchlichen Wärmeleitelementen es nicht voll zutrifft, kann im Prinzip damit gerechnet werden, daß der zweite Meßpunkt sich außerhalb des Temperaturfeldes befindet. Hierdurch wird sowohl die qualitative Interpretation der Meßergebnisse als auch die theoretische Behandlung des Problems wesentlich vereinfacht.

Ein so funktionierendes Wärmeleitelement registriert Temperaturdifferenzen bzw. zeitliche Änderungen derselben, gleichgültig, ob sich vorwiegend nur Kapillaren oder zusätzlich auch größere Gefäße im Temperaturfeld befinden. Zwei Gründe sprechen jedoch dafür, daß der bevorzugte Einsatz des Wärmeleitelementes in einem vorwiegend kapillar durchbluteten Gewebebereich sinnvoll erscheint. Einmal ist in diesem Falle eine einfache physiologische Interpretation des Meßergebnisses möglich, nämlich die einer lokalen Versorgungsdurchblutung. Andererseits erlaubt die Voraussetzung eines vorwiegend kapillaren Konvektionsfeldes die mathematische Bestimmung der spezifischen Durchblutung in der Einheit ml (Blut) / 100 g (Gew.) min als Funktion der gemessenen Temperaturdifferenz. Bei der Anwesenheit größerer Gefäße im Temperaturfeld besteht die Möglichkeit, daß durch nicht auszuschließende Lageänderungen des Wärmeleitelementes oder des Gefäßes der Meßwert verfälscht wird.

Zwei technische Varianten der thermischen Durchblutungsmessung mit Wärmeleitelementen sind möglich. Der wesentliche Punkt der einen besteht, wie schon erwähnt, darin, daß die Wärmequelle mit konstanter elektrischer Energie gespeist wird. Bei dem als Fluvographie bezeichneten Meßverfahren erscheint somit die Temperaturdifferenz als die durchblutungsabhängige Meßgröße.

Bei dem anderen als Impulsfluvographie bezeichneten Verfahren dient eine Heizimpulsfolge zur Wärmespeisung (2). Amplitude und Pausendauer der Impulsfolge sind konstante Parameter, und die Frequenz ist so hoch gewählt, daß eine daraus abzuleitende pulsatorische Komponente im Temperaturfeld ausgeschlossen werden kann. Der alleinige Unterschied im inneren Aufbau des Wärmeleitelementes gegenüber den in der Fluvographie einsetzbaren Elementen besteht darin, daß die beiden Temperaturfühler zwei Zwergthermistoren sind, die in eine WHEATSTONEsche Brücke geschaltet sind. Bei den fluvographischen Wärmeleitelementen dient zur Messung der Temperaturdifferenz im allgemeinen ein Thermoelement.

Bei einem Wechsel der Konvektion wird eine dadurch bedingte initiale Änderung der Temperaturdifferenz durch elektronisch gesteuerte Variation der Heizimpulsbreite bzw. der Heizfrequenz rückgängig gemacht. Die Meßgröße bei diesem Verfahren ist also die Heizleistung, die als Stellgröße dafür sorgt, daß in einem bestimmten Variationsbereich der Störgröße Durchblutung die Regelgröße Temperaturdifferenz konstant geregelt wird.

Das impulsfluvographische Verfahren zeichnet sich durch schnelles Antwortvermögen der Heizleistung bei Änderung der Durchblutung aus. Zwar sind die Temperaturfelder in zwei verschiedenen Durchblutungssituationen trotz konstant gehaltener Zentraltemperatur nicht identisch. Im Vergleich zum fluvographischen Verfahren ist dieser Unterschied aber so gering, daß die Zeit für die konvektionsbedingte Änderung des Temperaturfeldes bzw. des Wärmeinhaltes entsprechend geringer ausfällt. Die geringe Temperaturvariation im Feld bei Änderung der Konvektion ist auch der Grund dafür, daß eine thermische Gegenkopplung weitgehend eliminiert ist. Hierunter ist folgendes zu verstehen. Bei einer Durchblutungsänderung, z.B. einer Erniedrigung, wird die Temperatur im Feld steigen, wobei, wie erwähnt, diese beim impulsfluvographischen Verfahren relativ gering ausfällt. Die Folge der Temperaturerhöhung wird eine Erniedrigung der Blutviskosität sowie eine Vergrößerung der Gefäßquerschnitte sein, wodurch die initiale Durchblutungserniedrigung reduziert wird.

Mit Hilfe von zwei unterschiedlichen theoretischen Ansätzen ist eine mathematische Darstellung der Abhängigkeit zwischen Meßgröße und Bestimmungsgröße möglich. Die beiden Theorien werden für die fluvographische Methode am Beispiel eines im Gewebe implantierten Wärmeleitelementes erläutert, so daß also die Temperaturdifferenz ϑ als Funktion der spezifischen Durchblutung ζ im Interesse steht. Es wird angenommen, daß der zweite Temperaturfühler sich außerhalb des artifiziellen Temperaturfeldes befindet.

Die Wärmequelle wird durch eine Kugelflächenquelle vom Radius R dargestellt, in dessen Zentrum sich ein Temperaturfühler befindet. Gemessen wird demnach die stationäre Temperaturdifferenz.

$$\vartheta\ (r = o) \;=\; u\ (r = o) \;-\; u_a \tag{1}$$

wobei u_a die Gewebebasistemperatur bedeutet.

Die isotrope Ergiebigkeit der Quelle stellt sich durch

$$Q = 0.239 \cdot R_H\ J_H^2 \tag{2}$$

dar.

Hier ist R_H der Heizwiderstand in Ohm, J_H die Heizstromstärke in Ampere und 0.239 ist der Umrechnungsfaktor von Watt in cal s^{-1}.

Da das Temperaturfeld relativ klein ist, kann der Konduktions- und Konvektionsraum als unendlich angesehen werden. Äußere Randbedingungen entfallen somit.

Im Rahmen der kapillaren Senkentheorie ist der Mechanismus der Konvektion in der folgenden Weise darzustellen. Sowohl die arteriellen Zufluß- als auch die venösen Abflußgefäße nehmen an einem möglichen Wärmeübergang Gewebe-Blut oder umgekehrt nicht teil. Nur über die kapillaren Gefäßwände sollen diese stattfinden. Dabei tritt das arterielle Blut der Temperatur u_a in die Kapillare mit der wegen dessen Kürze konstant angenommenen Wandtemperatur $u(r) > u_a$ ein und erreicht vor Verlassen der Kapillaren diese Temperatur. Das venöse Blut verläßt dann mit erhöhtem Wärmeinhalt das Temperaturfeld.

Die Mathematisierung des Problems verlangt, daß die Wirkung der diskreten Kapillarstrecken über den gesamten Geweberaum "verschmiert" wird, so daß eine lückenlose Verteilung von Punktsenken resultiert. Die Ergiebigkeit der Punktsenken ist der Temperaturdifferenz am Orte proportional. Für die beiden Räume innerhalb und außerhalb der Kugelflächenquelle erhält man somit folgende Differentialgleichungen für die stationäre Temperaturdifferenz (3).

r < R: λ_i = Wärmeleitzahl des Mediums innerhalb der Kugelflächenquelle

$$\lambda_i \left(\frac{d^2 \vartheta_1}{d r^2} + \frac{2}{r} \frac{d \vartheta_1}{d r}\right) = 0 \tag{3}$$

r > R: λ_G = Wärmeleitzahl des Gewebes außerhalb der Kugelflächenquelle

$$\lambda_G \left(\frac{d^2 \vartheta_2}{d r^2} + \frac{2}{r} \frac{d \vartheta_2}{d r}\right) - \lambda_G \, \alpha \zeta \cdot \vartheta_2 = 0 \tag{4}$$

mit $\alpha = \frac{\rho_B \, c_B \, \rho_G}{6000 \, \lambda_G}$.

(5)

Hier bedeuten ρ_B, ρ_G = Dichte von Blut und Gewebe

c_B = spezifische Wärme des Blutes

λ_G = Wärmeleitzahl des Gewebes

ζ = spezifische Durchblutung in cm^3 (Blut) / 100 g (Gew.) min.

Das Ergebnis für die Meßtemperatur lautet

$$\vartheta_1 (0) = \frac{Q}{4 \pi \lambda_G R} \; \frac{1}{1 + R \sqrt{\alpha \zeta}} \, . \tag{6}$$

Es ist üblich, eine Wärmetransportzahl λ zu definieren, indem in der Temperaturformel für rein konduktiven Wärmetransport für $\lambda_G = \lambda$ gesetzt wird,

$$\vartheta_1 (0) = \frac{Q}{4 \pi R} \, \frac{1}{\lambda} \, . \tag{7}$$

Für die Wärmetransportzahlerhöhung erhält man somit

$$\Delta\lambda = \lambda - \lambda_G = R\sqrt{\alpha}\cdot\sqrt{\xi}. \tag{8}$$

Bei der Porentheorie verlaufen gleichartige zylindrische Gefäße des Radius R_p mit äquidistanter Verteilung im Temperaturfeld. Wenn n_p die Anzahl der Gefäße in der Flächeneinheit ist, so folgt für die effektive Porigkeit

$$\epsilon = n_p\ \pi\ R_p^2 \tag{9}$$

und als Stromdichte ergibt sich

$$J_p = \epsilon\ v_p \tag{10}$$

mit v_p als der mittleren Blutgeschwindigkeit in einer Pore. Die einzelnen Poren sind sowohl morphologisch als auch in ihrer kalorischen Funktion nicht in Arteriolen, Kapillaren und Venolen unterteilbar. Das Temperaturfeld und damit die kalorisch wirksame Länge der Poren ist so klein, daß eine nutritive Transportstelle je Pore die morphologische Situation der Gewebeversorgung zu beschreiben vermag.

Bei Annahme thermischen Gleichgewichts zwischen Gewebe und Poreninhalt kann die konvektive Wirkung der Porenströmung so beschrieben werden, als wenn der gesamte Geweberaum sich mit der Geschwindigkeit $\epsilon\ \cdot\ v_p$ unilinear bewegen würde. Für die Wärmeleitzahl des Mischmediums ist der von ϵ abhängige Mittelwert $\overline{\lambda}_G$ zu setzen. Der Unterschied der Wärmeleitzahlen von Blut und Gewebe ist gering, so daß in Näherung anstelle von $\overline{\lambda}_G$ die Wärmeleitzahl des Gewebes treten kann.

Bei einer 2-Punkt-Anordnung

Quellpunkt in	$\rho = 0$	$z = 0$
Aufpunkt in	$\rho \neq 0$	$z \neq 0$

ist die Differentialgleichung für die stationäre Temperaturdifferenz

$$\vartheta(\rho, z) = u(\rho, z) - u_a \tag{11}$$

bei Verwendung von Zylinderkoordinaten (ρ, φ, z)

$$\frac{\partial^2 \vartheta}{\partial \rho^2} + \frac{1}{\rho}\frac{\partial \vartheta}{\partial \rho} + \frac{\partial^2 \vartheta}{\partial z^2} - 2\, m\, v_p \frac{\partial \vartheta}{\partial z} = 0 \tag{12}$$

mit $$m = \frac{\epsilon\, \rho_B\, c_B}{2\, \bar{\lambda}_6} . \tag{13}$$

Als Lösung folgt

$$\vartheta\,(\rho, z) = \frac{Q}{4\,\pi\,\bar{\lambda}_G\, r}\; e^{m v_p (z-r)} \tag{14}$$

mit dem Abstand Quellpunkt - Aufpunkt

$$r = \sqrt{\rho^2 + z^2} . \tag{15}$$

Man erkennt, daß diese Lösung von der Richtung der Verbindungslinie Quellpunkt - Aufpunkt im Strömungsfeld abhängig ist. Im Experiment wird diese Abhängigkeit nicht beobachtet. Das ist aber auch nicht zu erwarten, da die Wärmequelle als eine Heizspirale mit zentralem Temperaturfühler gebildet ist.

Aus diesem Grunde ist wie bei der Senkentheorie die theoretische Konzeption einer Kugelflächenquelle sinnvoll. Dabei muß allerdings für das Strömungsfeld die folgende Annahme gültig sein, wodurch die mathematische Behandlung des Problems wesentlich erleichtert wird. Die Poren befinden sich auch im Innern der Wärmequelle, das Strömungsfeld verläuft ungestört im gesamten Raum. Die Wärmeleistung

$$Q = 0.239\; R_H\, J_H^2 \tag{2}$$

ist wieder über die gesamte Fläche $4\pi R^2$ gleichmäßig verteilt.

Man erhält dann als gemessene Temperaturdifferenz, wobei der zweite Meßpunkt außerhalb des artifiziellen Temperaturfeldes angenommen wird,

$$\vartheta = \frac{Q}{4\,\pi\,\bar{\lambda}_G\, R}\; \frac{\text{Sin}\; m\, R\, v_p}{m\, R\, v_p}\; e^{-m R v_p} . \tag{16}$$

Für die Wärmetransportzahlerhöhung folgt hieraus der Ausdruck

$$\Delta\lambda = \bar{\lambda}_G \frac{m R v_p - e^{-m R v_p} \cdot \mathrm{Sin}\, m R v_p}{e^{-m R v_p} \cdot \mathrm{Sin}\, m R v_p} . \quad (17)$$

Die Porentheorie läßt die Abhängigkeit der Größen ϑ bzw. $\Delta\lambda$ von v_p oder $J_p = \epsilon\, v_p$ ohne weiteres erkennen.

Schwieriger ist dagegen die Darstellung einer Abhängigkeit von der spezifischen Durchblutung ζ .

Die folgende Zusatzannahme, die reale Gefäßsituation in der Umgebung des Wärmeleitelementes betreffend, ermöglicht jedoch auch eine Darstellung dieser Art. Definiert wird ein Gewebequader der Kantenlänge l_o. In dessen Zentrum befindet sich die Wärmequelle, und er werde parallel zu einer Kante unilinear von gleichartigen Poren mit äquidistanter Verteilung durchströmt.

Ferner wird angenommen, daß jede Pore den gleichen Beitrag für die Nutrition des Gewebequaders der Größe l_o^3 liefert. Unter diesen Voraussetzungen ist die folgende Beziehung gültig

$$v_p = \frac{\rho_G\, l_0}{6000\, \epsilon} \cdot \zeta. \quad (18)$$

Wenn man die morphologischen und funktionellen Ausgangssituationen beider Theorien betrachtet, so spiegelt die Porentheorie wohl eher die realen Verhältnisse wider, als es die Senkentheorie vermag. Ein weiterer Punkt für die Porentheorie ergibt sich aus der Analyse der $\Delta\lambda$ - v_p - bzw. $\Delta\lambda$ - ζ -Kurven.

Die Senkentheorie fordert einen unendlichen Anstieg der $\Delta\lambda$ - ζ -Kurve im Nullpunkt $\zeta = o$. Die bei Perfusionsversuchen an isolierten Organen gewonnenen Ergebnisse liefern keine Bestätigung hierfür. Hierbei ist allerdings die Feststellung zu treffen, daß Perfusionsversuche bei kleinen Drücken bzw. Stromstärken möglicherweise mit gegen normal veränderter Gefäßlage ablaufen, so daß die graphische Interpretation des Anfangskurventeils aus diesem Grunde keine Übereinstimmung mit der Theorie erkennen läßt.

Die Porentheorie liefert hingegen einen endlichen Wert

$$\left(\frac{d\,\Delta\,\lambda}{d\,v_p}\right)_{v_p=0} = \frac{1}{2}\,\rho_B\,c_B\,\epsilon\,R \tag{19}$$

in Übereinstimmung mit Perfusionsexperimenten an verschiedenen isolierten Organen.

Literatur

1. Golenhofen, K., Hensel, H. & Hildebrandt, G. (1963); Durchblutungsmessung mit Wärmeleitelementen, Georg Thieme Verlag, Stuttgart

2. Priebe, L. (1972); Impulsfluvographie und Telemetrie der lokalen Durchblutung. Biomedizinische Technik 17, 8-13

3. Carlslaw, H. S. & Jaeger, J. C. (1959); Conduction of heat in solids, Clarendon Press, Oxford

6 Kalorimetrie

6.1 Medizinische und biologische Anwendung der Kalorimetrie

I. Lamprecht

Einleitung

Die Kalorimetrie - mit fast zweihundert Jahre eine alte Meßtechnik - erlebt in den letzten zwei Jahrzehnten eine neue Blüte, die zum einen auf die Fortschritte in der Elektronik und Verfeinerung der Anzeigenmethoden, zum anderen aber auf den gestiegenen Bedarf an analytischen Nachweisgeräten zurückzuführen ist. Früher ein Instrument, das sich der einzelne Forscher - auf seine Bedürfnisse zugeschnitten - selber baute, ist das Kalorimeter heute in vielerlei Modifikationen auf dem Markt erhältlich, angefangen von tatsächlichen "Mikro"-Kalorimetern mit Substratmengen im μl-Bereich bis zu Ganzkörperkalorimetern, in denen ein Mensch oder ein größeres Tier untersucht werden können.

Kalorimeter als qualitative und quantitative Anzeigeinstrumente besitzen Vor-, aber auch Nachteile, die in Tabelle 1 zusammengestellt sind und hier noch etwas näher erläutert werden sollen.

Alle Reaktionen, die in einem biologischen System ablaufen, sind mit einer positiven oder negativen Wärmetönung verbunden, geben also freiwillig Wärme an die Umgebung ab oder nehmen sie von dort auf. Der Wärmeaustausch des Systems ist ein Signal, das auch ohne unser Zutun zur Verfügung steht, eine Informationsquelle, die nicht mit einer Störung des Systems verbunden ist. Die meisten anderen Methoden, wie alle Arten der Spektroskopie, enzymatische Tests u.ä. werfen die Frage auf, ob sich das System während der Untersuchung noch genauso verhält wie im ungestörten Zustand. Da die Kalorimetrie eine unspezifische Methode ist, fallen u.U. Reaktionen auf, die nicht erwartet worden sind und die daher mit anderen Mitteln unentdeckt geblieben wären. So stellt man z.B. beim Wachstum von Mikroorganismen Strukturen in den Wärmeflußkurven fest, die auf ein wiederholtes diauxisches Verfahren zurückzuführen sind und in dieser Feinheit früher unbekannt waren.

Tabelle 1:

Vor- und Nachteile der Kalorimetrie.

VORTEILE	-	Kein Eingriff in das System
	-	Absolute Meßwerte
	-	Messungen auch in undurchsichtigen Lösungen
	-	Unspezifisch, dadurch unerwartete Reaktionen zu finden
NACHTEILE	-	Unspezifisch, Wärme keiner bestimmten Reaktion zuzuordnen
	-	"Spektroskopie der Wärme" nicht durchzuführen
	-	Integrale Aussage über Summe der Prozesse
	-	Relativ träge Meßmethode

Ein großer Vorteil bei manchen enzymatischen Untersuchungen ist die Tatsache, daß die Kalorimetrie nicht an durchsichtige Lösungen gebunden ist, sondern auch trübe Medien analysieren kann.

Zu den Nachteilen der Kalorimetrie gehört die oben positiv bewertete Unspezifizität, die es unmöglich macht, aus der Wärmeproduktion allein zu folgern, welcher Prozeß gerade abläuft. In biologischen Systemen gibt es zumeist eine Fülle simultaner Reaktionen, so daß man nur integrale Aussagen über eine Vielzahl von Einzelschritten erhält. Im Gegensatz zum Licht ist ja eine "Spektroskopie der Wärme" nicht möglich, so daß man die Frage, aus welchem Prozeß die beobachtete Wärme stammt, nur mit parallelen Untersuchungen beantworten kann.

Die meisten heute kommerziell erhältlichen Geräte haben eine relativ hohe Zeitkonstante im Minutenbereich und sind damit für schnelle chemische oder biochemische Reaktionen nicht geeignet.

Tabelle 2 gibt einen kleinen Überblick über Geräte, die im biologischen, biochemischen und medizinischen Bereich Anwendung finden.

Tabelle 2: Einige charakteristische Daten für Kalorimeter, die in der Biochemie, Biologie und Medizin Anwendung finden.

Autor	Kalorimeter-Typ	Inhalt (ml)	Empfindlichkeit	Zeitkonst.	Temperatur(°C)	Nachweisgrenze
Balko	Stopped Flow-	5		<0,5 s	-10 bis 40	
Berger	Differential-	4	10 μV/cal	9,5min	0 " 40	20 μcal
Buzzell	Zwillings-	25		5,2min	(0 " 40)	(2 mcal)
Calvet	Mikro-	15/100	60 μV/mW	7 min	20 " 200	<1 μW
Gill	Differential Wärmekapazitäts-	11	1 mcal/h		0 " 100	
Kitzinger	Mikro-	20	22 μV/mW	2,5min		0,1 mcal
LKB 10700-2	Batch-Mikro-	6	70 μV/mW	2 min	20 " 40	1 μcal
Petit	Mikro- BCP	15	43 μV/mW	4 min	20 " 70	<1 μW
Poe	Differential-	30	40 μV/grd	7 s	(20 " 80)	
Benzinger	Ganzkörper-	1,1 m^3	100 μV/cal/s	30 s	2 " 80	
Carlson	Ganzkörper-	1,3 m^3			5 " 50	
Tiemann	Ganzkörper-	1,1 m^3	90 μV/W	(10min)	Raumtemper.	1 W
Picker	Dynamisches Mikro-	0,1 ml		20 s	10 " 60	0,3 μW
Stoesser/Gill	Flow-Mikro-	5 μl				1 mcal
Wadsö	Flow-	0,5 ml	0,1 μV/μW	1,5min	20 " 40	0,4 μW

Meßergebnisse

Die früher gebräuchlichen Kalorimeter aus Dewar-Gefäß und empfindlichem Thermometer sind heute weitgehend durch Wärmeflußkalorimeter verdrängt worden, die eine nahezu perfekte Isothermie erlauben. Daher sollen auch nur sie im weiteren behandelt und in ihren Erscheinungsformen näher beschrieben werden.

Kalorimeter dieser Bauart messen den Wärmefluß zwischen dem Reaktionsgefäß und einem großen thermostatischen Block konstanter Temperatur. Um den Einfluß von Schwankungen der Bezugstemperatur so klein wie möglich zu halten, sind sie als Differentialgeräte konstruiert, bei denen die Differenz der Wärmeströme zur Anzeige gebracht wird. Wenn Isothermie besteht, so entspricht der Wärmefluß der Wärmeproduktion in der Reaktionskammer.

Viele biologische und biochemische Reaktionen laufen bei konstantem Druck ohne nennenswerte Volumänderungen ab, so daß die Wärmeproduktion gleich der Enthalpieänderung des Systems ist. In diesem Sinne findet man $\Delta\dot{H}$, $d\Delta H/dt$, $\dot{Q}$ oder dQ/dt als Beschriftung an der Ordinate von "Thermogrammen", den vom Kalorimeter aufgezeichneten Wärmeflüssen als Funktion der Zeit. Nur wenn im untersuchten System die Änderung der Freien Enthalpie G Null ist, kann auch die Entropie S direkt aus kalorimetrischen Daten gewonnen werden.

Aus den Thermogrammen lassen sich nach entsprechender Kalibrierung weitere Größen leicht gewinnen. Kennt man z.B. den zeitlichen Stoffumsatz und damit die Wärmeproduktion eines Mikroorganismus, so ist der Wärmefluß ein direktes Maß für die Anzahl der stoffwechselnden, also nach dieser Definition lebenden Zellen. Mißt man die bereits ausgetauschte Wärme und kennt die Wärmetönung der Reaktion, so kann man in jedem Augenblick die Konzentration des Substrates und aus dem Wärmefluß seine Umsatzgeschwindigkeit ermitteln. Es ist also leicht, aus einem einzigen Experiment eine Vielzahl von reaktionskinetischen Daten zu gewinnen.

Tabelle 3 stellt noch einmal die Meßergebnisse zusammen, die man direkt oder indirekt aus Thermogrammen erhält.

Tabelle 3: Meßergebnisse der isothermen Kalorimetrie.

1. Kalorimeter mißt direkt
   - Wärmeproduktion im System Q = dQ/dt
     durch Integration daraus Wärmetönung Q
   - mit p = const, V = const: Änderung der Enthalpie H
   - mit $\Delta G = 0$: Änderung der Entropie S
2. Kalorimeter mißt indirekt
   - Reaktionsgeschwindigkeit
   - Substratkonzentration
   - Zellkonzentration in einer Mikrobenkultur
   - Reaktionskinetische Daten
3. Kalorimeter liefert
   - zusammen mit Gleichgewichtskonstante K die Änderung der Entropie S
   - Aktivierungsgrößen

Kalorimetertypen

Drei unterschiedliche, heute viel verwendete isotherme Differentialkalorimeter sollen im folgenden beschrieben werden.

Das klassische "Differential-Mikrokalorimeter" geht auf Arbeiten von TIAN und CALVET zurück (1, 2). Es besteht aus zwei Gefäßen, der Reaktions- und der Referenzkammer, die radial von Thermosäulen umstanden und über diese mit einem großen thermostatisierten Block verbunden sind (Abb. 1). Die Thermosäulen sorgen dafür, daß die gesamte in der Reaktionskammer produzierte Wärme an den Block abgeführt wird, dessen Wärmekapazität so groß ist, daß es zu keiner signifikanten Temperaturänderung kommt. Die den Block konzentrisch umgebenden Metall- und Asbestmäntel sorgen für eine gute thermische Isolierung. Die Kammern werden an langen Gestängen von oben in das Gerät eingeführt, ein Aufbau, der

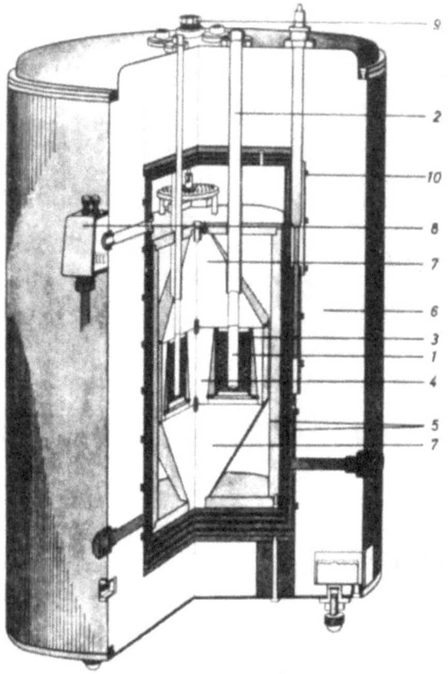

Abbildung 1: Mikrokalorimeter E. CALVET im Schnitt.

1 = Meßkammer,
2 = Röhre zum Einbringen der Probe,
3 = Thermosäulen,
4 = Thermostatischer Block,
5 = konzentrische Metallmäntel,
6 = Isolierung,
7 = Wärmeleitungskonus,
8 = Anschlußkasten,
9 = Empfindlichkeitsschalter,
10 = Heizung

für einen guten thermischen Schutz sorgt, aber auch Manipulationen am Kammerinhalt sehr erschwert. Andere Geräte sind heute auf dem Markt, bei denen dieser Nachteil nicht so gravierend ist.

Ein weiteres "Batch"-Kalorimeter ist von WADSÖ (3) als "Ampoule-Drop" -Kalorimeter beschrieben worden. Hier werden kleine Kammern (Ampullen) an Seidenfäden zunächst in einen äußeren Vorwärmer, dann in eine Konstriktion oberhalb der Meßstelle und schließlich direkt in diese abgesenkt (Abb. 2). Mit einem solchen Verfahren wird die Temperierzeit wesentlich verkürzt. Die Proben können in den Kammern bleiben und nach beliebig langer Zeit wieder ins Kalorimeter verbracht werden. Diese Methode hat sich besonders bei der Untersuchung von Blut und Blutbestandteilen und bei der Analyse von Bodenproben bewährt (3, 4).

Der dritte Typ ist ein Durchfluß- oder Flow-Kalorimeter, wie es von WADSÖ (3) und PICKER (5) entwickelt worden ist. Hier befindet sich die Probe nicht in einem abgeschlossenen Gefäß (batch), sondern durchströmt die Meßkammer oder eine Rohrspirale zwischen den Meßsäulen (Abb. 3).

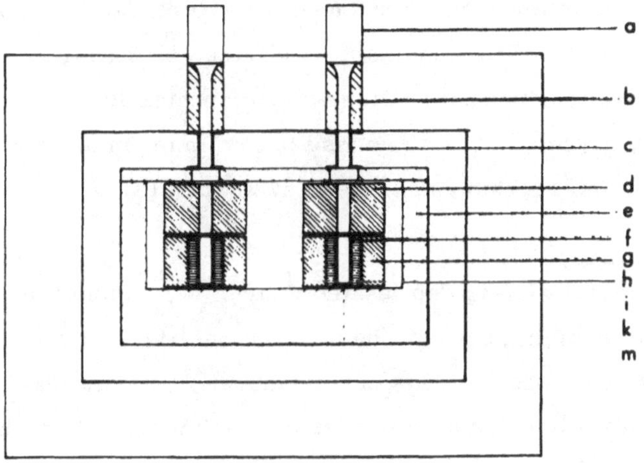

Abbildung 2: Ampoule-Drop-Kalorimeter (3).
a = Vorwärmer, b = Innere Konstriktion, c = Isolierung, d = Kalorimeter-Vorwärmer, e = Isolierung, f = Peltierelemente (als Thermosäulen), g = Thermostatischer Block

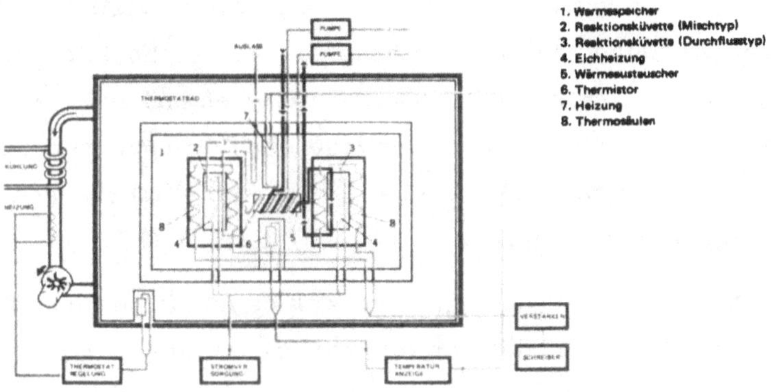

Abbildung 3: Flow-Kalorimeter (Prospekt LKB/Stockholm).

Um die einströmende Flüssigkeit auf die genaue Temperatur des Kalorimeters zu bringen, muß sie eine Reihe von Wärmeaustauschern durchlaufen. Dadurch entsteht eine Durchflußzeit von einigen Minuten für die Probe.
Der große Vorteil dieses Systems ist die Möglichkeit, an der Probe außerhalb des Kalorimeters Manipulationen vorzunehmen, also u.U. andere Substanzen zuzugeben, sie zu belüften usw. Für die Untersuchung von Mikrobenkulturen läßt sich das Kalorimeter leicht mit einem Fermentor kom-

binieren, in dem alle anderen Messungen (pH-Wert, Sauerstoffverbrauch, Substratkonzentration, Trockenmasse, Zellzahl, Kohlendioxidproduktion) durchgeführt werden können (6). Dieses Kalorimeter ist vornehmlich für biochemische Analysen, für Stoffwechselbestimmungen an Mikroorganismen und für Blutuntersuchungen eingesetzt worden (3, 7).

Qualitative Messungen

Die Kalorimetrie hat sich in den letzten Jahren von einem früher rein quantitativen Instrument zu einem heute auch qualitativen Nachweisgerät ("analytical tool") entwickelt, das davon Gebrauch macht, daß jede ablaufende Reaktion mit einer Enthalpieänderung verbunden ist, sich also nach außen durch einen Wärmefluß bemerkbar macht.

Von BEEZER et al. (8) ist die Frage untersucht worden, wie weit sich ein Flow-Kalorimeter bei der Ermittlung der Bakterieurie (zu hohe Bakterienkonzentration im Harn) einsetzen läßt. Da nach ihren Ermittlungen mehr als 90% der gefundenen Mikroorganismen Escherichia coli mit einer sehr hohen Wärmeproduktion sind, scheint es ihnen möglich, dieses kalorimetrische Verfahren zur Bestimmung der Stoffwechselaktivität und damit der Anzahl der Zellen im Urin zu automatisieren und zu einer klinischen Standardmethode zu entwickeln. Ähnliche Überlegungen werden für die Überwachung der in einer Molkerei angelieferten Milchchargen auf bakterielle Kontamination angestellt.

BINFORD et al. (9) haben gezeigt, daß es mit Hilfe eines Flow-Kalorimeters schnell gelingt, die Empfindlichkeit von Mikroorganismen auf bestimmte Antibiotika zu testen. Zunächst wird eine unbehandelte Probe der Population im Kalorimeter gehalten, bis die thermische Störung durch das Einbringen abgeklungen und ein Wachstum zu beobachten ist, d.h. ein Anstieg in der Wärmeproduktion auftritt (Abb. 4, linke Kurve). Darauf wird mit Puffer gespült, ein Teil derselben Population mit dem entsprechenden Antibiotikum versetzt und im Kalorimeter analysiert. Es zeigt sich, daß mit Gentamicin eine bakteriostatische, mit Colistin eine bacteriocide, mit Carbencillin aber keine Wirkung bei E. coli zu erzielen ist und sich dieser ganze Test in weniger als einer Stunde durchführen läßt.

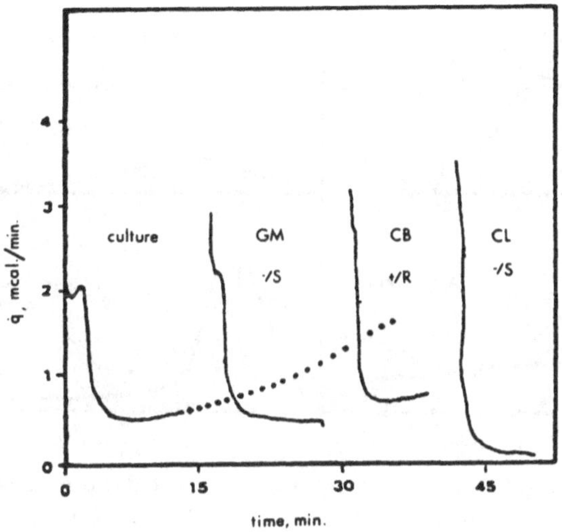

Abbildung 4: Thermogramme einer E. coli-Kultur ohne und in Anwesenheit von Antibiotika (9).
GM = Gentamicin, CB = Carbencillin, CL = Colistin,
+ = Wachstum, - = kein Wachstum, S = empfindlich,
R = resistent

In den letzten beiden Jahren ist, angeregt durch eine Veröffentlichung von BOLING et al. (10), intensiv untersucht worden, wie weit man verschiedene Mikroorganismen anhand ihrer "fingerprint"-ähnlichen Thermogramme zu unterscheiden in der Lage ist. Denn einerseits findet man für einen Organismus unter verschiedenen Anzuchtbedingungen sehr unterschiedliche Wärmeflußkurven (Abb. 5), andererseits aber kann man unter standardisierten Verhältnissen gut reproduzierbare Thermogramme erhalten, die sich von Organismus zu Organismus deutlich unterscheiden (Abb. 6). JOHANSON (11) hat ein Verfahren vorgeschlagen, bei dem die Kalorimeterdaten einem Computer eingegeben werden, der sie zunächst in der Zeit- und der Wärmeflußrichtung normiert und dann Punkt für Punkt vergleicht. Werden die entsprechenden "Y-Werte" gegeneinander aufgetragen, so muß sich nach Normierung im Falle der Übereinstimmung eine Gerade mit der Steigung 1 und einem Regressionskoeffizienten +1 ergeben. Das Verfahren läßt sich dadurch verschärfen, daß man zu jedem Thermogramm die Ableitung nach der Zeit bildet, in der die einzelnen Gipfel und Täler deutli-

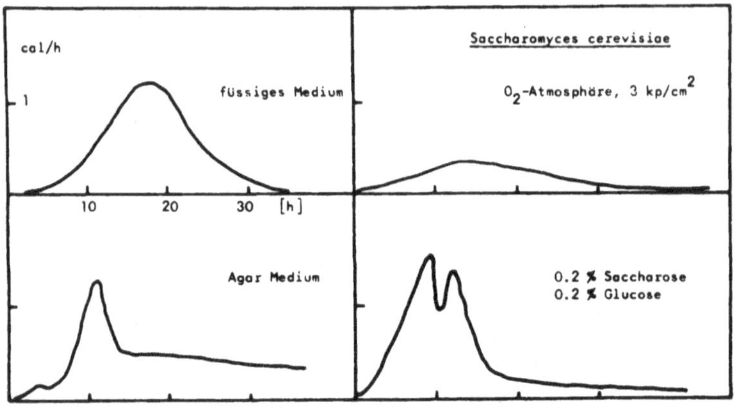

Abbildung 5: Thermogramme vom Wachstum von Hefen unter verschiedenen Bedingungen (nach SCHAARSCHMIDT).

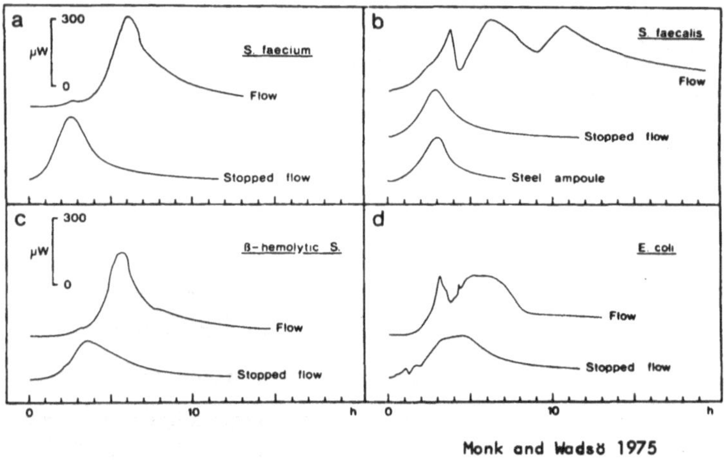

Abbildung 6: Thermogramme verschiedener Mikroorganismen, mit unterschiedlichen Techniken aufgenommen (3).

cher herauskommen, und diese differenzierte Kurve analysiert (Abb. 7). Solche Experimente können sicherlich eines Tages im klinischen Bereich dazu führen, Mikroorganismen schneller zu identifizieren, doch ist bislang völlig ungeklärt, wie man bei Mischpopulationen vorgehen soll.

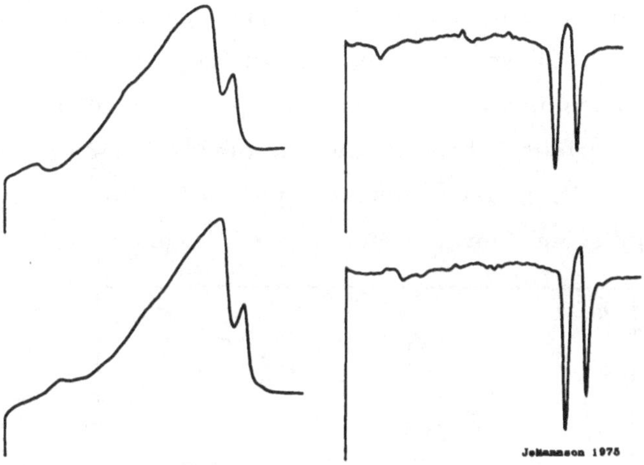

Abbildung 7: Thermogramme von Klebsiella pneumoniae (links) und ihre Ableitung nach der Zeit (rechts) (11). Auf der Abszisse ist die Zeit in relativen Einheiten, auf der Ordinate die Wärmeproduktion bzw. die zeitliche Änderung der Wärmeproduktion aufgetragen.

Quantitative Messungen

Untersuchungen zur Enzymaktivität oder enzymatische Konzentrationsbestimmungen werden routinemäßig überwiegend spektralphotometrisch, manchmal potentiometrisch durchgeführt. MONK und WADSÖ (3) konnten nun für eine Reihe von Enzymen (z.B. Lactatdehydrogenase, Glucoseoxidase, Cholinesterase) zeigen, daß sich die Aktivität mit Hilfe eines Flow-Kalorimeters leicht ermitteln läßt, wenn man einen Überschuß des passenden Substrates dazugibt. Es scheint möglich, dieses Verfahren zu standardisieren und im klinischen Routinebetrieb einzusetzen.

In der Vergangenheit sind eine Vielzahl von Untersuchungen an Mikroorganismen durchgeführt worden, vor allem an Escherichia coli (12, 13, 14) und an Hefen (15 - 19), daneben aber auch an anderen Mikroben (3, 15, 20, 21). Da spezifische Thermogramme schon weiter oben gezeigt worden sind, soll hier nur das Wachstum von Hefen exemplarisch dargestellt werden.

Überimpft man einen Mikroorganismus in ein frisches Nährmedium, so beginnt das Wachstum erst nach einer Übergangsperiode, der lag-Phase, in der die benötigten Enzyme synthetisiert werden. Ihr folgt die exponentielle oder log-Phase maximaler Wachstumsgeschwindigkeit, die schließlich bei Erschöpfung des Nährsubstrates in die stationäre Phase einmündet. Insgesamt resultiert der bekannte sigmoide Wachstumsverlauf, der sich in der integrierten Thermogrammkurve (Q) widerspiegelt (Abb. 8).

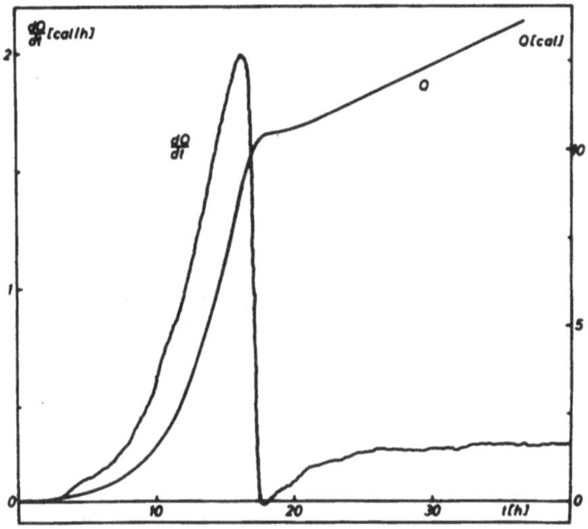

Abbildung 8: Thermogramm einer wachsenden Hefekultur (dQ/dt) und die integrierte Wärmeproduktion (Q).

Das ursprüngliche Thermogramm stellt als zeitliche Änderung der Wärmeproduktion und damit auch der Zellzahl die Ableitung dieser Wachstumskurve nach der Zeit dar. Sorgt man mit einer ständigen mechanischen Durchmischung des Kammerinhaltes dafür, daß das Medium homogen bleibt und keine Zellen sedimentieren, so erhält man den Verlauf der Abbildung 8, dessen steiler Abfall einer Michaelis-Menten-Kinetik des Glucose-Verbrauchs entspricht. Aus einem solchen Thermogramm lassen sich nun, wie schon oben angedeutet, die folgenden Daten entnehmen:

- Wärmeproduktion Q in jedem beliebigen Zeitpunkt
- daraus die im Augenblick stoffwechselaktive Zellzahl
- die bis zu diesem Zeitpunkt abgegebene Wärmemenge Q (integrierte Kurve)
- daraus die verbrauchte und also auch die noch vorhandene Substratmenge
- durch Kombination aus beiden die spezifische Aktivität, d.h. die Rate der Wärmeproduktion pro Gramm Hefen bei einer bestimmten Substratkonzentration.

Diese Werte lassen sich in einer Lineweaver-Burk-Darstellung der reziproken Aktivität als Funktion der reziproken Substratkonzentration zusammenfassen, aus der sich ein "formaler" K_m- und v_{max}-Wert des Wachstums gewinnen lassen (Abb. 9). Diese Daten dienen dazu, verschiedene Hefearten miteinander zu vergleichen oder für eine bestimmte Hefe Substratspezifitäten zu quantifizieren. Zugleich kann man an einem Thermogramm wie in Abbildung 8 ein diauxisches Verhalten der Hefe feststellen, die zunächst die angebotene Glucose zu Äthanol vergärt und diesen anschliessend veratmet. Zwischen beiden Stoffwechselwegen liegt eine Anpassungsphase, die sich in der Delle zu erkennen gibt.

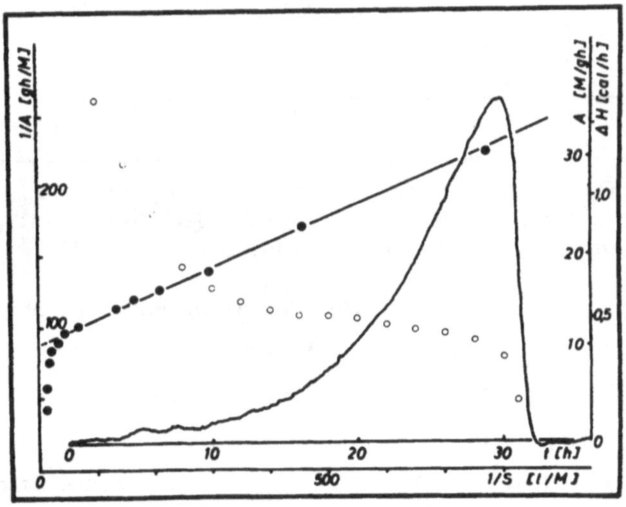

Abbildung 9: Thermogramm einer wachsenden Hefekultur (ausgezogene Linie), Stoffwechselaktivität A als Funktion der Zeit (offene Kreise) und Lineweaver-Burk-Auftragung (geschlossene Kreise).

Auch Gewebe und Gewebekulturen sind kalorimetrisch analysiert worden (22, 23). Eigene Untersuchungen galten der Enzymaktivität in Haut und Leberproben und der Frage, wieviel Enzym die Zelle verlassen kann (24). Bietet man in Puffer befindlichen Hautzellen eine Lösung von Pyruvat und $NADH_2$ an, so wird unter dem Einfluß der zelleigenen Lactatdehydrogenase (LDH) Pyruvat zu Lactat und $NADH_2$ zu NAD umgewandelt. Die Wärmeerzeugung bei dieser Reaktion ist kalorimetrisch gemessen worden (Abb. 10). Der Abfall in der Wärmeproduktion entspricht dem Verbrauch an $NADH_2$, das hier den limitierenden Faktor darstellt. Entfernt man die Haut aus dem Puffer, so kann nur noch die aus den Zellen ausgetretene LDH den weiteren Abbau katalysieren. Durch Vergleich der beiden Wärmeflüsse ergibt sich also eine einfache Methode zur Bestimmung der ausgeschiedenen Enzymmenge.

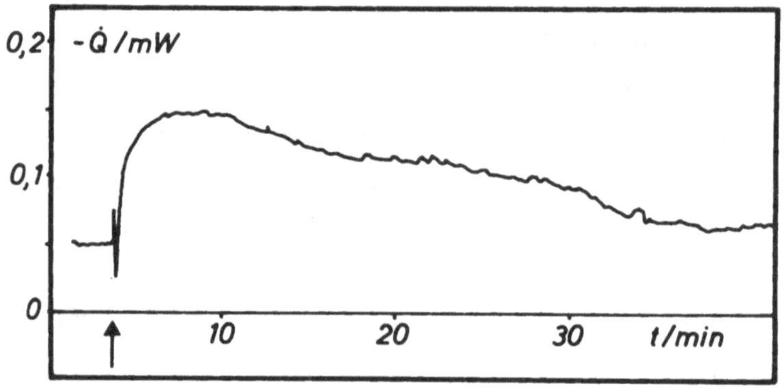

Abbildung 10: Thermogramm des Umsatzes von Pyruvat zu Lactat in 27 mg Epidermis (24). Der Teil links des Pfeiles entspricht dem endogenen Stoffwechsel der Haut.

Der nächste Schritt in der Stufenleiter der Komplexität führt zu ganzen Organen. Von BOIVINET (25) ist das offene Froschherz und seine Aktivität kalorimetrisch untersucht worden, von WILKIE (22) und WOOLEDGE (23) die Wärmeerzeugung in gereizten und ungereizten Muskeln. Experimente zur kalorimetrischen Analyse des Stoffwechsels einer isolierten perfundierten Rattenleber sind in Vorbereitung.

Da der folgende Beitrag der Ganzkörperkalorimetrie gewidmet ist, soll auf diese Geräte hier nicht näher eingegangen werden, obwohl sie den Teil der Kalorimetrie repräsentieren, der schon lange Eingang in den klinischen Bereich gefunden hat.

Schlußbemerkungen

Die sehr summarische Behandlung der Kalorimetrie und ihrer Einsatzmöglichkeiten hatte zum Ziel zu zeigen, in welch vielfältiger Weise diese Geräte in der modernen biologischen und medizinischen Forschung Verwendung finden. Es ist gerade ihre Unspezifität, die den Kalorimetern diese weite Verbreitung beschert hat. Die Entwicklung der letzten Jahre macht deutlich, daß die Kalorimetrie aus den klassischen Gefilden der Physikalischen Chemie in die modernen Bereiche der Biowissenschaften drängt, in denen ein immer größerer Bedarf zu erwachsen scheint. In nicht zu ferner Zukunft wird daher die Situation entstehen, daß Kalorimeter auch aus dem klinischen Bereich nicht mehr wegzudenken sind.

Literatur

1. Calvet, E. & Prat, H. (1956), Microcalorimétrie - Applications Physico-Chimiques et Biologiques Masson et Cie, Paris
2. Calvet, E. & Prat, H. (1963), Recent Progress in Microcalorimetry Ed. and Transl. H. A. Skinner, Oxford
3. Spink, C. & Wädsö, I., Calorimetry as an Analytical Tool in Biochemistry and Biology in: Methods in Biochemical Analysis (ed. D. Glick) Wiley-Interscience, New York - im Druck
4. Mortensen, U., Norén, B. & Wadsö, I. (1973), Microcalorimetry in the Study of the Activity of Microorganisms, Bull. Ecol. Res. Comm. (Stockholm) 17, 189
5. Picker, P., Jolicoeur, C. & Desnoyers, J. E. (1969), Steady State and Composition Scanning Differential Flow Microcalorimeters, J. Chem. Thermodynamics 1, 469
6. Brettel, R., Corti, L., Lamprecht, I. & Schaarschmidt, B. (1972), Combination of a Continuous Culture with a Flow-Microcalorimeter stud. biophys. 34, 71

7. Beezer, A. E. & Tyrrell, H. J. V. (1972), Applications of Flow Microcalorimetry to Biological Problems Part I. Theoretical Aspects, Science Tools 19, 13

8. Beezer, A. E., Bettelheim, K. A., Newell, R. D. & Stevens, J. (1974), The Diagnosis of Bacteriuria by Flow Microcalorimetry, Science Tools 21, 13

9. Binford, J. S., Binford, L. F. & Adler, P. A. (1973), A Semiautomated Microcalorimetric Method of Antibiotic Sensitivity Testing, Am. J. Clin. Pathol. 59, 86

10. Boling, E. A., Blanchard, G. C. & Russell, W. J. (1973), Bacterial Identification by Microcalorimetry, Nature (London) 241, 472

11. Johannson, A. /LKB-Stockholm (1975), Variations in Bacterial Thermograms in Different Growth Media, Vortrag beim "Second International Symposium on Microcalorimetry in Microbiology", London

12. Czerniawski, E. (1964), Energy Effects in the Development of Escherichia coli on a Synthetic Medium, Bull. Acad. Pol. Sci. Kl. 6, 12, 1

13. Czerniawski, E., Sedlaczek, I. & Zablocki, B. (1965), The Heat Balance in Escherichia coli Cultures Grown on Synthetic Media Containing Various Carbohydrates, Bull. Acad. Pol. Sci. Kl. 2, 13, 291

14. Eriksson, R. & Holme, T. (1973), The Use of Microcalorimetry as an Analytical Tool for Microbial Processes, Biotechn. Bioeng. Symp. No. 4, 581

15. Bélaich, J.-P., Senez, J. C. & Murgier, M. (1968), Microcalorimetric Study of Glucose Permeation in Microbial Cells, J. Bacteriol. 1750

16. Lamprecht, I., Meggers, C. & Stein, W. (1971), Mikrokalorimetrische Untersuchungen zum Stoffwechsel von Hefen - I. Wachstum in Flüssigen Medien, Biophys. 8, 42

17. Lamprecht, I. & Meggers, C. (1972), Mikrokalorimetrische Untersuchungen zum Stoffwechsel von Hefen - II. Wachstum auf Festen Nährböden, Biophys. 8, 316

18. Ohlmeyer, P. & Fritz, U. (1966), Gärungs- und Atmungswärme bei Anaerober und Aerober Vermehrung von Hefen, Z. Naturforsch. 21b, 175

19. Takahashi, K. (1973), Design of a Calorimeter for the Continuous Study of Heat Production During Anaerobic Microbial Growth, Agr. Biol. Chem. 37 (12), 2743

20. Bélaich, J. -P. (1963), Thermogénèse et Croissance de Pseudomonas lindneri en Glucose Limitant
C. rend. Sce. Soc. Biol. 157, 316

21. Jaworski, A., Sedlaczek, L., Czerniawski, E. & Zablocki, B. (1968), Thermogenesis of the Stable l-Forms of Proteus mirabilis and Their Parent Bacteria,
Acta Microbiol. Pol. 17, 219

22. Wilkie, D. R. (1968), Heat Work and Phosphorylcreatine Break Down in Muscle,
J. Physiol. 195, 157

23. Woledge, R. C. (1971), Heat Production and Chemical Change in Muscle Progress in Biophysics and Molecular Biology, Voll. 22, Hrgb. J. A. V. Butler und D. Noble,
Pergamon Press Oxford, 39

24. Lamprecht, I., Schaarschmidt, B. & Schaefer, H. (1973), Mikrokalorimetrische Bestimmungen des Stoffwechsels an Hautproben -Vortrag: I. Jahrestagung für Dermatologische Forschung, Düsseldorf

25. Boivinet, P. & Rybak, B. (1969), Etude Microcalorimétrique du Fonctionnement Electro-Mécanique du Coeur de Grenouille,
Life Sciences, 8 II, 11

6.2 Ganzkörper-Kalorimetrie am menschlichen Organismus

J. Tiemann

Die Ganzkörper-Kalorimetrie (auch als Body-Kalorimetrie oder direkte Kalorimetrie bezeichnet) hat es sich zur Aufgabe gestellt, den Wärmeaustausch zwischen der Oberfläche des Menschen und seiner Umgebung zu untersuchen und meßtechnisch zu erfassen. Was hier am Beispiel des menschlichen Organismus dargestellt wird, kann mit gewissen Einschränkungen auch auf Tiere und sogar Pflanzen übertragen werden. Die vom Organismus abgegebene Wärmemenge stellt das Produkt eines komplizierten Regelprozesses dar, der als Thermoregulation bezeichnet wird. Sinn der Thermoregulation ist es nicht, die abgegebene Wärmemenge auf einen bestimmten Wert einzustellen, sondern vielmehr, die abgegebene Wärmemenge so zu regeln, daß im Körper eine bestimmte Temperaturverteilung aufrechterhalten wird. Aus diesem Grunde ist die Thermoregulation gegen Änderungen der Umgebungstemperatur sehr empfindlich. Ein Ganzkörper-Kalorimeter muß also mit konstanter Umgebungstemperatur arbeiten. Zur Erzeugung verschiedener Versuchsbedingungen sollte diese Temperatur zudem einstellbar sein.

Weiterhin ist bei der Wahl der Umgebungstemperatur noch zu beachten, daß der Körper unterhalb einer kritischen Umgebungstemperatur gezwungen ist, neben der als sozusagen Abfallprodukt der metabolischen Vorgänge entstehenden Grundumsatzwärme noch zusätzlich Wärmemengen ausschließlich zur Aufrechterhaltung seiner Temperatur zu entwickeln (Abb. 1).
Will man diesen Vorgang ausschließen, so muß die Umgebungstemperatur des Kalorimeters oberhalb der kritischen Temperatur liegen, etwa oberhalb 19°C. Diese Bedingung entspricht etwa den "Grundumsatz"-Bedingungen.

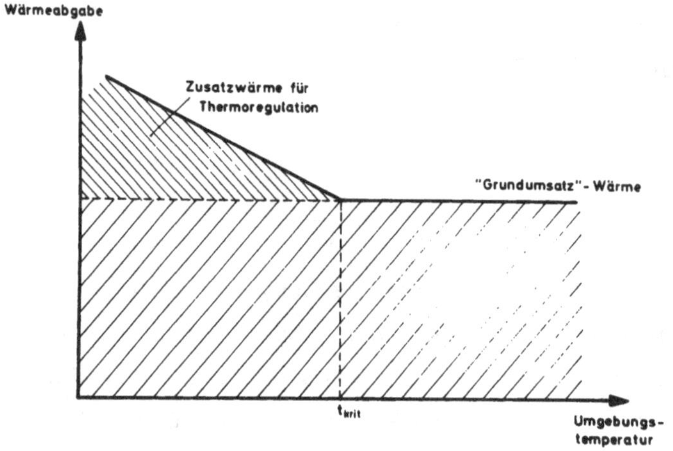

Abbildung 1: Zusätzliche Wärmeproduktion unterhalb einer kritischen Umgebungstemperatur zur Aufrechterhaltung der Körpertemperatur.

Während des Kalorimeterversuchs muß die Atmung, der Gasstoffwechsel des Probanden unter physiologischen Bedingungen aufrechterhalten werden. Durch den hierzu notwendigen Luftstrom durch die Kalorimeterkammer wird eine gewisse Wärmemenge abgeführt, die durch geeignete Konstruktion besonders erfaßt werden muß.
Weiter gibt der Organismus Wärme in Form von Verdampfungswärme ab, und zwar sowohl über die Haut als auch über die Atmung. Diese Wärmemenge kann im allgemeinen über die Messung der Wasserdampf-Zunahme bestimmt werden.

Um also zu einer exakten Bestimmung des Gesamt-Wärmeaustausches zu kommen, müssen alle diese Größen gleichzeitig bestimmt werden.

Im folgenden werden einige Konstruktionen von Ganzkörper-Kalorimetern vorgestellt, die die genannten Forderungen mehr oder weniger gut erfüllen:

Eisschmelz-Kalorimeter von LAVOSIER (Abb. 2)

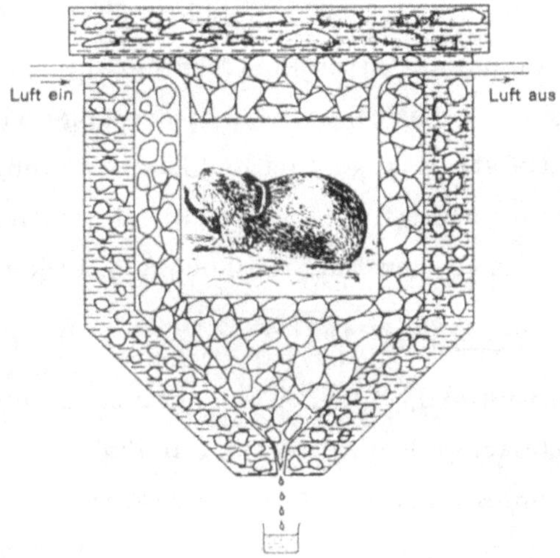

Abbildung 2: Eisschmelz-Kalorimeter nach LAVOSIER aus dem Jahre 1784. Nach (1).

Äußerer und innerer Behälter sind mit schmelzendem Eis gefüllt, sodaß keine Temperaturdifferenz auftritt und die vom Lebewesen abgegebene Wärme ausschließlich Eis im inneren Behälter zum Schmelzen bringt. Die aufgefangene Wassermenge ist der Wärmeabgabe des Tieres proportional.

Kalorimeter mit adiabatischer Wandung (Abb. 3).

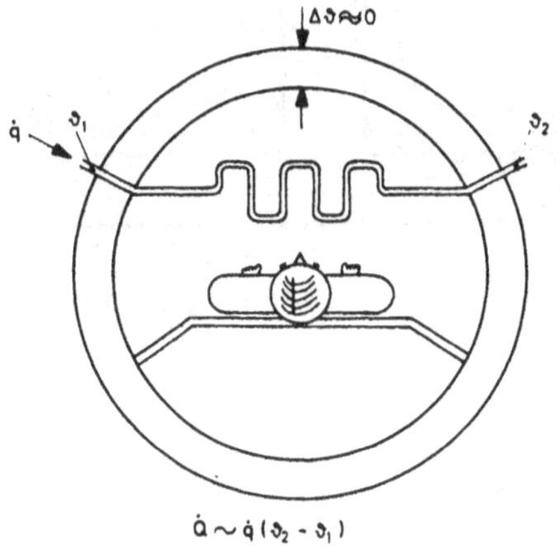

Abbildung 3: Prinzip des Kalorimeters mit adiabatischer Wandung.

Die Wandung des Kalorimeters ist so gestaltet, daß keine Wärme hindurchfließen kann. Das kann auch durch eine Temperaturregelung bewirkt werden. Die vom Organismus abgegebene Wärmemenge wird ausschließlich über einen Kühlmittelstrom abgeführt und kann so meßtechnisch leicht erfaßt werden. Diese Konstruktionen eignen sich vor allem für Langzeituntersuchungen, haben aber den Nachteil höherer Zeitkonstanten.

Differential-Kalorimeter (Abb. 4)

Zwei Kalorimeterkammern, in denen sich der zu untersuchende Organismus bzw. ein elektrischer Heizwiderstand befindet, sind symmetrisch in einem Wasserbad untergebracht. Durch die Wärmeabgabe des Organismus entsteht in dem die entsprechende Kammer umgebenden Luftraum eine Erwärmung und damit ein Überdruck. Die Heizleistung in der Vergleichskammer wird nun so eingestellt, daß beide Drücke gleich sind. Sie entspricht damit der Wärmeabgabe des Organismus.

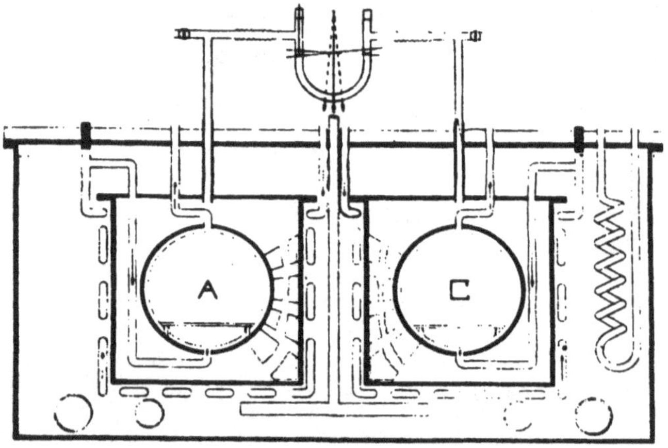

Abbildung 4: Differential-Luftkalorimeter nach OBERHOLZER.

Gradienten-Kalorimeter

Das Meßprinzip bei den Gradienten-Kalorimetern ist folgendes: Die Wandung des Kalorimeters ist so gestaltet, daß Wärme mit der Umgebung nur durch Wärmeleitung ausgetauscht werden kann. Die Wärmeleitfähigkeit ist dabei verhältnismäßig hoch und an allen Stellen der Wandung gleich. Die durch ein kleines Teilstück der Wand ausgetauschte Wärmemenge ist unter diesen Voraussetzungen proportional der dort herrschenden Temperaturdifferenz. Das Integral aller Temperaturdifferenzen über die Gesamtwandung ist dann dem Wärmefluß proportional. Die Wärmestrommessung wird also mit Hilfe des Gradienten-Prinzips auf eine Vielzahl von Temperaturmessungen zurückgeführt.

Die Anzahl der Temperaturmeßstellen hängt von der gewünschten Genauigkeit ab. In der Praxis hat es sich erwiesen, daß bei einem Kalorimeter für Menschen 1 Temperaturmeßstelle auf einer Fläche von 10 x 10 cm ausreicht. Unsere heutige Technologie erlaubt es uns, Temperaturdifferenzmessungen in einer Größenordnung von $1/100^{\circ}C$ noch mit ausreichender Genauigkeit durchzuführen. Entsprechend dünn kann die Kalorimeterwandung gestaltet werden, sodaß die Umgebungstemperatur des Probanden praktisch gleich der Außentemperatur ist.

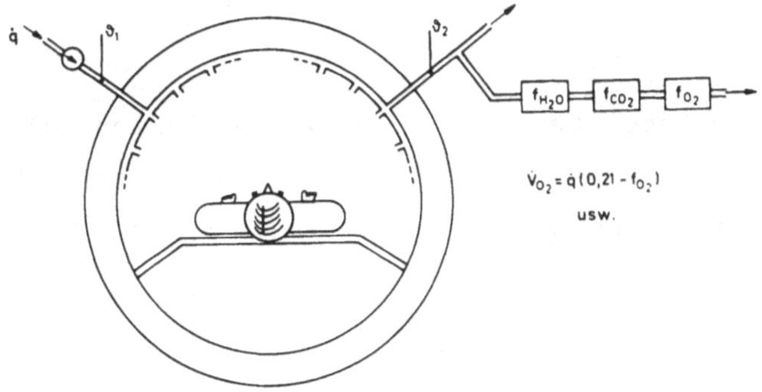

Abbildung 5: Gaswechselmessung im Respirationskalorimeter.

Die Temperaturmessung kann nun auf zweierlei Weise durchgeführt werden, einmal mittels Thermoelementen und zum zweiten mittels Widerstandsthermometern.

Gradienten-Kalorimeter mit Thermoelementen (Abb. 6)

Bei einem für einen Menschen geeigneten Großkalorimeter sind bei der geforderten Meßstellendichte etwa 2000 Thermoelemente nötig, die, um die Integration zu erreichen, hintereinandergeschaltet werden müssen (Thermosäule). Zur Erzielung einer ausreichenden Homogenität und einer guten Betriebssicherheit ist eine spezielle Herstellungstechnologie erforderlich.

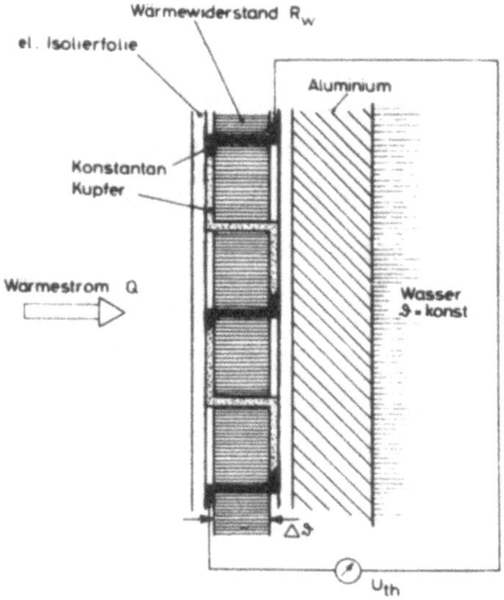

Abbildung 6: Wandung eines Gradienten-Kalorimeters mit Thermoelementen.

Gradienten-Kalorimeter mit Widerstandsthermometern (Abb. 7)

Anstelle von Thermoelementen können Widerstandsthermometer für die Temperaturdifferenzmessung verwendet werden. Wie aus Abbildung 7 hervorgeht, kann zuerst die Integration und dann die Differenzbildung vorgenommen werden. Dadurch vereinfacht sich das Meßproblem auf die Bestimmung der Differenz zweier Widerstände. Die Herstellungstechnologie wird besonders einfach. Ein solches Kalorimeter, für einen sitzenden Menschen geeignet, wird in der Schweiz bereits kommerziell hergestellt.

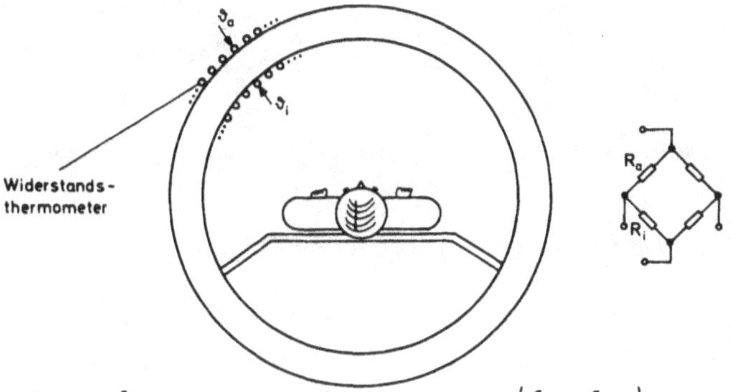

$$\dot{Q} \sim \int (\vartheta_a - \vartheta_i)\,dF \sim \int (r_a - r_i)\,dF \sim \left(\int r_a\,dF - \int r_i\,dF \right)$$

$$\dot{Q} \sim (R_a - R_i)$$

Abbildung 7: Prinzip des Gradienten-Kalorimeters mit Widerstandsthermometern.

Zum Abschluß dieser Aufzählung sei noch darauf hingewiesen, daß etwas abstrahierend auch die Kleidung eines Menschen, solange sie homogen ist und ihn ganz bedeckt, als Kalorimeterwandung aufgefaßt werden kann. Es gelänge dann erstmals, den Wärmeaustausch und somit eine energetische Größe ohne jegliche Behinderung des Patienten zu erfassen.

Mit der Ganzkörperkalorimetrie sind bisher eine ganze Reihe von Erkenntnissen über das thermische Verhalten des Organismus gewonnen worden. Ihr eigentlicher Wert erweist sich jedoch erst bei der Aufstellung der Energiebilanz am lebenden Organismus. Aus Abbildung 8 sind die dafür erforderlichen Meßgrößen ersichtlich.

Diese Meßgrößen können in sogenannten Respirationskalorimetern, die gleichzeitig den Gaswechsel des Organismus bestimmen, simultan erfaßt werden. Eine Lösungsmöglichkeit für die Gaswechselmessung ist in Abbildung 5 dargestellt. Zwei Anwendungsbeispiele der Respirationskalorimetrie seien kurz beschrieben:

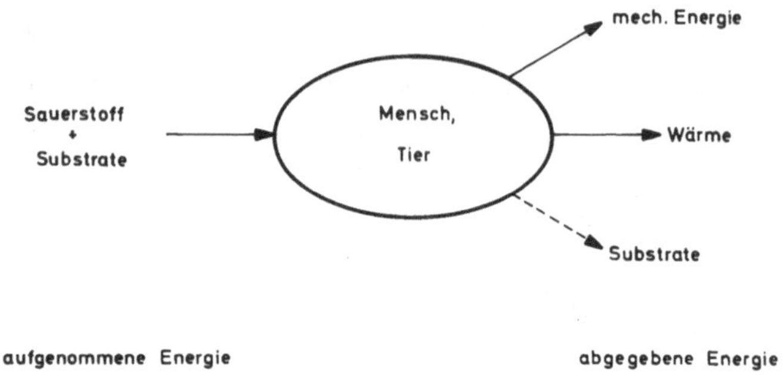

Abbildung 8: Zur Energiebilanz am lebenden Organismus.

Der "Wirkungsgrad" der Milchproduktion einer Kuh wird, wenn man von einer konstanten Energieaufnahme ausgeht, durch das Verhältnis der gelieferten Milchmenge zur gesamten abgegebenen Energie bestimmt. Dieser "Wirkungsgrad" ist mit Hilfe der Respirationskalorimetrie meßbar. Man ist nun bestrebt, diesen "Wirkungsgrad" zu erhöhen, und kann den Erfolg der angewendeten Maßnahmen mit Hilfe der Respirationskalorimetrie nachprüfen.

Ein zweites, interessantes Forschungsgebiet, das hier stellvertretend für viele andere genannt sei, ist die Untersuchung der Homöostase des Körpergewichts des Menschen. Viele Menschen leiden an Übergewicht, ohne daß dieses Phänomen bis heute wissenschaftlich restlos geklärt werden konnte. Eine Theorie besagt nun, daß ein bisher unbekannter Steuermechanismus im Organismus die zuviel aufgenommene Energie wahlweise in Form von zusätzlicher Wärme abgeben kann oder als Fett speichern kann. Diese Effekte müßten mit Hilfe der Respirationskalorimetrie meßtechnisch nachweisbar sein, wobei wegen der prozentual geringen Energiespeicherung allerdings eine Anlage mit einem Meßfehler von weniger als 0,5% erforderlich ist. Das ist meßtechnisch noch nicht ganz erreicht. Neue, im Bau befindliche Anlagen versprechen aber, diesem Ziel einen Schritt näher zu kommen. Vielleicht kann die Ganzkörper-Kalorimetrie eines Tages dazu beitragen, das Problem des Körper-Übergewichtes beim Menschen zu lösen.

Literatur

1. Kleiber, M. (1967), "Der Energiehaushalt von Mensch und Haustier", Parey-Verlag, Hamburg

2. Benzinger, T. (1958), "Human Calorimetry by Means of the Gradient Principle", J. Appl. Physiol. 12

3. Pullar, J. D. et al. (1967), "A Comparison of Direct and Indirect Calorimetry", 4th Symposium on Energy Metabolism

4. Tiemann, J. (1969), "Ein Respirationskalorimeter zur Bestimmung des Transformationsgrades der Verbrennung im menschlichen Organismus", Elektromedizin 14, 135.

5. Spinnler, G. et al. (1974), "Human Calorimeter with a New Type of Gradient Layer", J. Appl. Physiol. 35, 158

6.3 Mikrokalorimetrische Untersuchungen an menschlichen Blutzellen

B. Schaarschmidt

Nachdem die Technik der Mikrokalorimetrie in den letzten zwei Jahrzehnten so verfeinert worden ist, daß auch biologische Objekte mit geringer Wärmeentwicklung zufriedenstellend untersucht werden können, findet diese Methode auch seit etwa 5 Jahren Eingang in die medizinische Forschung. Das Interesse richtet sich dabei besonders auf den Nachweis und die Identifikation von Bakterien sowie auf den Stoffwechsel des Blutes. Während über den ersteren Problemkreis an anderer Stelle berichtet worden ist (1), soll hier ein kurzer Überblick über die bislang durchgeführten Untersuchungen an menschlichen Blutzellen gegeben werden.

Absolute Werte der Blutbestandteile

Entsprechend ihrem unterschiedlichen Aufbau und ihrer speziellen Funktion zeigen die Bestandteile des Blutes auch ein unterschiedliches Stoffwechselverhalten und damit verbunden eine unterschiedliche Wärmeabgabe. Bereitet man die Bestandteile getrennt auf und resuspendiert sie in ihrem eigenen Plasma, so ergibt sich als Kalorimeteranzeige ein stationärer Wert (Abb. 1), der von der Anzahl und der Art der Zellen abhängt.

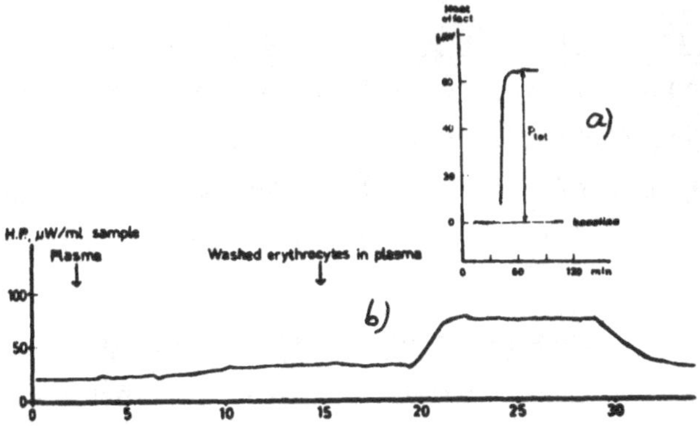

Abbildung 1: Thermogramme einer Erythrozytenlösung. a)in einem Batch-Kalorimeter (2) und b) in einem Flow-Kalorimeter(3). Die Pfeile geben die Zugabe der Probe an, das Wärmesignal tritt etwa 5 min später auf.

Die so erhaltenen Werte sind in Abbildung 2 zusammengefaßt. Man erkennt, daß die Erythrozyten wegen ihrer großen Anzahl im Blut etwa die Hälfte der Wärme produzieren.

Erythrozyten	Thrombozyten	Leukozyten		Plasma	Gesamtblut
		Lymphozyten	Granulozyten + Monozyten		
Wärmeabgabe pro Einzelzelle					
7.5 - 9 [10^{-15} W]	60 - 68 [10^{-15} W]	2.5 - 5 [10^{-12} W]	1.5 - 3.5 [10^{-12} W]	-	-
Wärmeanteil pro 1 Blut					
34 [mW]	12 [mW]	5 [mW]	12 [mW]	0.5 [mW]	62 [mW]

Abbildung 2: Wärmeabgaben der einzelnen Blutbestandteile, berechnet nach (2, 3, 4, 5).

Es ist sehr einfach, den Einfluß verschiedener Parameter (wie pH-Wert, K^+-Konzentration, O_2-Konzentration, Glukosegehalt, Zugabe von Antikoagulantien usw.) zu studieren, da dadurch die Wärmeproduktion zum Teil erheblich verändert wird (3). Besonders elegant ist diese Veränderung in einem Flow-Kalorimeter zu verfolgen. Bei dieser Methode sind allerdings mindestens 4 ml Suspension erforderlich. In einem Batch-Kalorimeter werden nur 0.5 bis 1 ml benötigt, für jede Variation muß aber ein neues Experiment angesetzt werden.

Bindung von D-Glukose an die Erythrozytenmembran

Bei der Untersuchung des Stoffwechsels des Erythrozyten steht die Frage des Transports von Zucker durch die Zellmembran im Vordergrund des Interesses. Es wird angenommen, daß der Transport vorwiegend über ein carrier-System vermittelt wird, an das die Glukose spezifisch gebunden wird.

Wird eine Suspension hämoglobinfreier Erythrozyten (ghosts) mit einem Monosaccharid gemischt, so entsteht eine Reaktionswärme, die auf vier Anteile zurückzuführen ist: Verdünnungswärme der ghost-Zellen, Verdünnungswärme des Zuckers, Reaktionswärme aufgrund von nichtspezifischer Bindung und Reaktionswärme aufgrund von spezifischer Bindung des Zuckers an die Membran. Für das obige Problem ist nur der letzte Anteil interessant. Kalorimetrisch kann der Prozeß leicht verfolgt werden, wenn das Differentialprinzip bei der Messung angewendet wird (6). In der Referenzkammer des Kalorimeters wird ein gleiches Gemisch angesetzt, das aber nicht D-Glukose sondern L-Glukose enthält, von der bekannt ist, daß sie keine spezifische Bindung mit der Membran eingeht. Werden also Referenzkammer und Versuchskammer des Kalorimeters gegeneinander geschaltet, so bleibt als Effekt nur die Wärme übrig, die durch die spezifische Bindung der D-Glukose entsteht. Mit steigender Glukosekonzentration erhält man eine Sättigungscharakteristik des Wärmeumsatzes, die einen K_M-Wert von 7 mMol liefert, der den aus anderen Meßmethoden ermittelten entspricht.

Bei Zugabe des irreversiblen carrier-Inhibitors FDNP (1-fluoro-2,4-dinitrobenzol) ergibt sich kein Wärmeumsatz, d.h. es findet keine spezifische Bindung statt. Bei Zugabe des Inhibitors Phloretin hingegen tritt der gleiche Effekt wie oben auf, d.h. ein Wärmeumsatz. Das bedeutet, daß der Inhibitor Phloretin nicht an der spezifischen Bindungsstelle des carriers angreift, also nicht kompetetiv hemmt, sondern erst während des Transportes des Zuckers durch die Membran inhibiert. Mit Hilfe eines Differential-Mikrokalorimeters können also sehr spezifische Reaktionen untersucht werden.

Aggregation von Thrombozyten

Die Thrombozyten (Blutplättchen) haben unter anderem die Aufgabe, im Blutserum die Blutgerinnung einzuleiten. Es erscheint sinnvoll, die bei diesem Prozeß entstehenden Wärmeumsätze zu untersuchen (7). Um auch bei diesem Versuch alle anderen Reaktionen auszuschließen, wurde das Differentialprinzip benutzt. In der Meßkammer werden Thrombozyten, Gerinnungssubstanz und physiologische Salzlösung gemischt, in der Referenzkammer nur Thrombozyten mit Salzlösung. Wird als Gerinnungssubstanz ADP + Ca^{2+} oder Kollagen + Ca^{2+} zugegeben, Substanzen, die sofortige Aggregation bewirken, so erhält man als Wärmeumsatz etwa 20 μW. Bei

Zugabe von Thrombin jedoch ergibt sich mehr als der zehnfache Wert (s. Abb. 3), ohne daß eine zusätzliche Aggregation aufgetreten wäre.

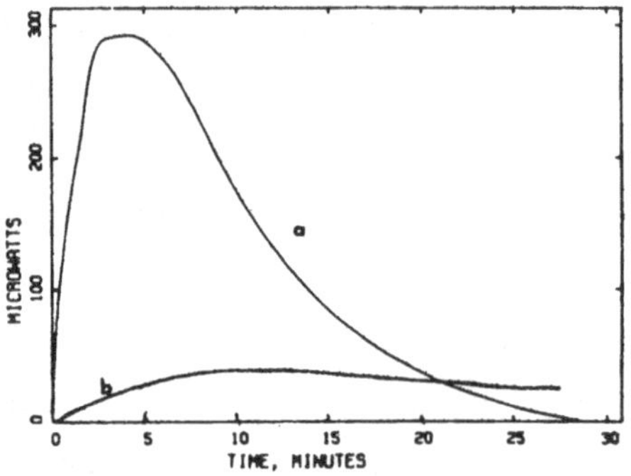

Abbildung 3: Wärmeeffekt bei der Aggregation von Thrombozyten a) Thrombin, b) ADP oder Kollagen als aggregierende Substanz (verändert nach 7).

Es muß also ein weiterer Prozeß initiiert worden sein, vermutlich eine Anregung des Stoffwechsels der Thrombozyten. Um diese Vermutung zu überprüfen, wurde zusätzlich ein Stoffwechselinhibitor + Thrombin in die Mischung der Referenzkammer gegeben. Als Signal erhält man damit aus der Meßkammer nur den durch den Inhibitor gestörten Stoffwechseleffekt des Thrombins. Bei Zugabe von Antimycin wird der durch Thrombin stimulierte Stoffwechsel sehr früh gestört, d.h. in den ersten 10 Minuten, während bei Zugabe von 2-deoxy-D-Glukose der Stoffwechsel erst nach 15 Minuten beeinträchtigt wird (Abb. 4).

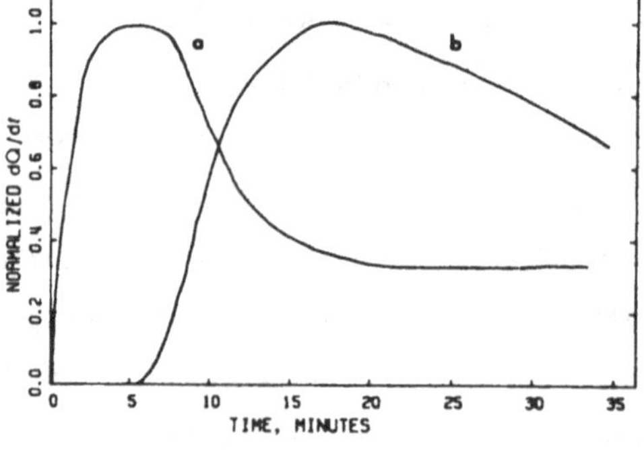

Abbildung 4: Der Einfluß von Stoffwechselinhibitoren auf die Aggregation an Thrombozyten mit Thrombin (7).
a) Zugabe von Antimycin und
b) Zugabe von 2-deoxy-D-Glukose in der Referenzkammer, so daß als Meßsignal die durch den Inhibitor bedingte Störung auf den von Thrombin verursachten Wärmeeffekt auftritt.

Da bekannt ist, daß Antimycin die oxidative Phosphorylierung hemmt, während 2-deoxy-D-Glukose in der Glykolyse als Antimetabolit wirkt, kann geschlossen werden, daß der bei Aggregation mit Thrombin entstehende große Wärmeeffekt vorwiegend aus der oxidativen Phosphorylierung stammt. Dieses Beispiel zeigt den Vorteil der integralen Messung der Kalorimetrie, der darin liegt, daß auch unerwartete Reaktionen und Effekte erfaßt werden.

Phagozytose der Leukozyten

Eine der Hauptaufgaben der Leukozyten besteht darin, in das Blut eingedrungene Fremdpartikel, vor allem Bakterien, zu beseitigen.

Für ein solches Experiment eignet sich ein Flow-Mikrokalorimeter in geradezu idealer Weise, weil durch sukzessive Zugabe der Vorgang kontinuierlich beobachtet werden kann (3).

Wie aus derAbbildung 5 ersichtlich, erfolgt unmittelbar nach Zugabe der Fremdkörper (Latex-Partikel oder Bakterien), ein Anstieg des Kalorimeter-Signals, welches proportional der Anzahl der Fremdkörper ist und maximal den fünffachen Wert des Grundniveaus erreicht. Da Phagozytose

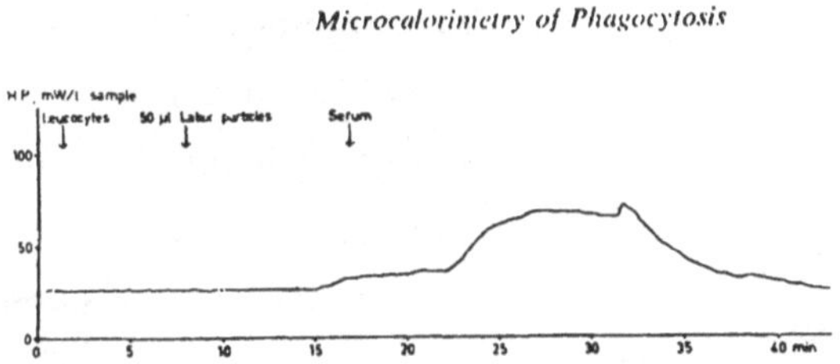

Abbildung 5: Thermogramm bei der Phagozytose von Latexpartikeln. Der Wärmeeffekt tritt ca. 10 min nach Zugabe (Pfeil) der Probe ein (3).

vornehmlich von den polymorphkernigen Granulozyten verrichtet wird, diese aber wie aus anderen Untersuchungen bekannt ist, während der Phagozytose eine um das zwei- bis fünffach erhöhte O_2-Aufnahme aufweisen, wird aus den kalorimetrischen Werten ein angeregter Stoffwechsel der Granulozyten geschlossen. Da für virulente Bakterien andere Werte als für nichtvirulente gefunden werden, könnte diese Methode eventuell als Indikator für die Virulenz eines Bakteriums dienen.

Wärmeproduktion bei Schilddrüsenfunktionsstörung

Es ist gefunden worden, daß bei Hyperthyreose eine erhöhte Wärmeproduktion der Leukozyten zu verzeichnen ist, bei Hypothyreose aber eine erniedrigte (8). Ähnliche Ergebnisse erhält man für die von Erythrozyten abgegebene Wärme (9). Für zehn verschiedene, klinisch hyperthyreote Kranke wurde die Wärmeabgabe ihrer Erythrozyten über mehrere Wochen verfolgt. Während dieser Zeit erfolgte eine Behandlung mit Medikamenten. Abbildung 6 gibt den Verlauf wieder. In allen Fällen ergibt sich mit laufender Behandlungszeit eine abnehmende Wärmeproduktion, die je nach Krankheitsfall und Therapie allerdings unterschiedlich ist. Besonders zu erwähnen ist, daß die beiden Patienten mit dem schon niedrigsten Ausgangswert, Patient 8 und 10, sich vorher einer Thyreodektomie hatten unterziehen müssen.

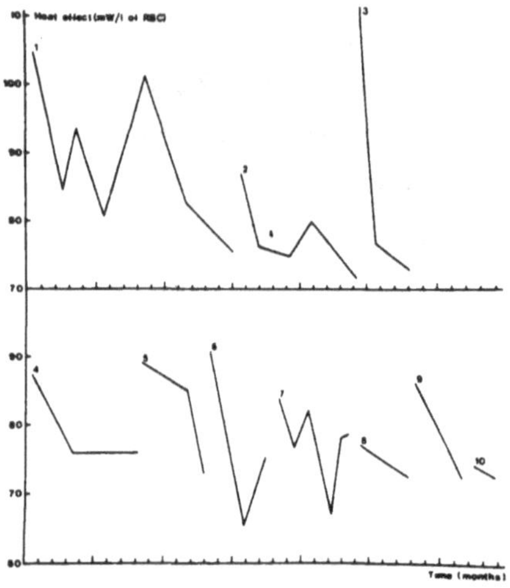

Abbildung 6: Wärmeabgabe der Erythrozyten von 10 hyperthyreoten Patienten vor und während einer Behandlung bis zum euthyreoten Zustand (9).

Die gefundenen Wärmeproduktionen korrelieren sehr gut mit der augenblicklichen Glukoseverbrauchsrate im Blut (Abb. 7), aber auch mit den klinischen Symptomen nach der Crooks-Skala. Dieses Beispiel zeigt, daß die Mikrokalorimetrie mit geringem Aufwand eine brauchbare Kontrollfunktion erfüllen kann.

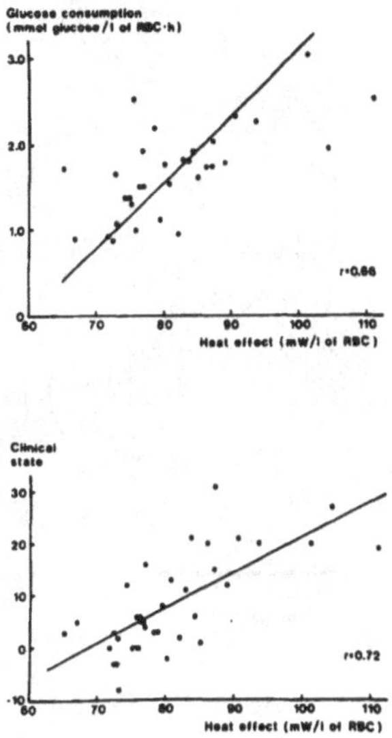

Abbildung 7: Korrelation zwischen Wärmeabgabe der Erythrozyten und Glukoseverbrauch bzw. klinischem Zustand (nach Crooks-Skala) der unter Abbildung 6 angegebenen Patienten (9).

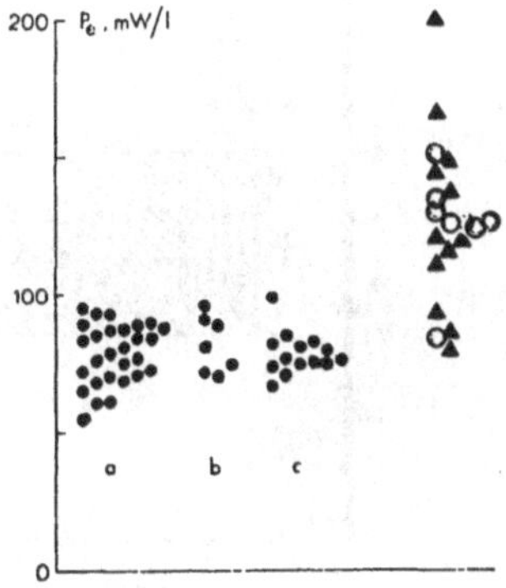

Abbildung 8: Wärmeabgabe der Erythrozyten anämischer Patienten.
● Normal,
○ Sideropenie,
▲ Andere Anämien(2)

Wärmeproduktion bei Anämiekrankheiten

Der Stoffwechsel der Erythrozyten beruht auf dem Abbau der im Blut vorhandenen Glukose. Es ist schon länger bekannt, daß bei verschiedenen Anämiekrankheiten ein erhöhter Verbrauch von Glukose und eine erhöhte Enzymtätigkeit auftritt.

Mit der kalorimetrischen Methode kann problemlos der Stoffwechsel von Erythrozyten gemessen werden (s. Kapitel "Absolute Werte der Blutbestandteile").

Aus der Abbildung 8 ist zu sehen, daß im Vergleich zu einer Normalgruppe ein Kollektiv von 20 Patienten mit verschiedenen Anämiekrankheiten und einem Hämoglobingehalt zwischen 50 und 115 g/l signifikant erhöhte Wärmeproduktion der Erythrozyten aufweisen (2).

Eine Korrelation zwischen Wärmeproduktion und Hämoglobingehalt wurde allerdings nicht festgestellt. Ein anderes Kollektiv von 34 Anämiekranken zeigt ein ähnliches Verhalten, wie der Abbildung 9 zu entnehmen ist (3).

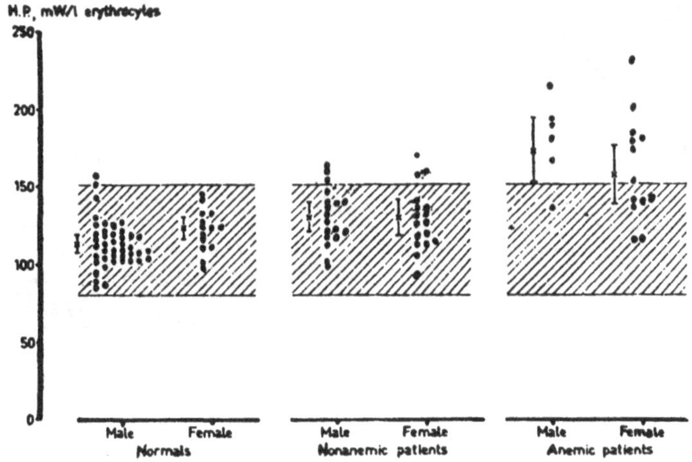

Abbildung 9: Wärmeabgabe der Erythrozyten gesunder und anämischer Personen (3).

Dabei ist noch zu beachten, daß unter den Anämiekranken einige Patienten sind, die schon behandelt wurden und dadurch einen niedrigeren Wärmewert ihrer Erythrozyten aufweisen.

Besonders deutlich zeigt sich die Erhöhung des Stoffwechsels bei der Sichelzellenanämie, die unter den obigen beiden Kollektiven nicht vertreten war. Die Ergebnisse sind aus Tabelle 1 zu entnehmen (4). Alle Patienten waren nigerianische Neger. Die Wärmeproduktion von Normalpersonen, Hb A-Hb A, entsprechen gut den Normalwerten der oben genannten Kollektive, die sämtlich aus schwedischen Personen bestanden. Wenn die Veranlagung der Sichelzellenanämie Hb S oder der ähnlichen Anämie Hb C nur heterozygot vorliegen, ergeben die Messungen auch noch Normalwerte. Wenn die Anämien aber homozygot oder heterozygot gemischt vorliegen, treten deutlich erhöhte Werte auf, die bei reiner Sichelzellenanämie, Hb S-Hb S, sogar doppelt so hoch liegen. Aus der Tabelle ist außerdem zu erkennen, daß sich die genannten Erhöhungen auch in den Werten für das Gesamtblut niederschlagen. Dadurch ist es möglich, den Nachweis im Kalorimeter vereinfacht durchzuführen, da keine Abtrennung der Erythrozyten nötig ist.

Tabelle 1

Wärmeabgabe der Erythrozyten und des Gesamtblutes von Personen mit Sichelzellenanämie (4) .

THE HEAT PRODUCTION OF WHOLE BLOOD AND WASHED RED CELLS IN NIGERIAN SUBJECTS OF DIFFERENT HAEMOGLOBIN PHENOTYPES

Haemoglobin phenotypes of subjects	No. of subjects	*Heat production		Mean P.C.V. %
		Mean mcal hr^{-1} ml^{-1} packed red cells	s.d.	
I Hb^AHb^A (normal)				43
whole blood	50	145.3	23.5	
washed red cells	50	86.0	11.3	
II Hb^SHb^S (sickle cell anaemia)				25
whole blood	24	462.2	108.8	
washed red cells	24	195.4	33.4	
III Hb^SHb^C (sickle cell haemoglobin C disease)				32
whole blood	5	243.8	38.7	
washed red cells	5	141.0	22.7	
IV Hb^CHb^C (haemoglobin C disease)				34
whole blood	2	213.0	63.7	
washed red cells	2	124.5	10.6	
V Hb^AHb^S				43
whole blood	7	155.1	19.8	
washed red cells	7	87.9	12.8	
VI Hb^AHb^C				43
whole blood	7	166.3	15.6	
washed red cells	7	88.0	11.8	

* Difference of means of unwashed and washed cells : $P < 0.001$.
Difference of means of normal and sickle cell anaemia cells : $P < 0.001$.

Ausblick

Es wurde versucht, solche mikrokalorimetrischen Experimente an menschlichem Blut vorzustellen, die den Bezug zur klinischen Medizin verdeutlichen. Speziellere, biochemische Untersuchungen sind zu folgenden Problemen beschrieben worden: Glukosetest im Blutserum (10), Strukturübergänge an ghosts (11), Gelatinierung des Deoxyhämoglobin S (12), Wasserbindung in Erythrozyten (13), Hämoglobin-Haptoglobin Wechselwirkung (14), Adsorption von Serum-Albumin (15).

Die Mikrokalorimetrie kann zur Zeit noch nicht die üblichen Methoden für die Erstellung einer Diagnose ersetzen, aber sie kann als wertvolle zusätzliche Methode eingesetzt werden, um zum Beispiel den Verlauf des Stoffwechsels im Blut während einer Behandlung zu kontrollieren. Denkbar wäre auch eine kontinuierliche Messung, d.h. ein direkter Anschluß eines

Flow-Kalorimeters an den Blutkreislauf während der Applikation eines Medikamentes, einer Strahlung oder ähnlichem, um so unmittelbar die Einwirkung und die Kinetik der Applikation zu verfolgen.

Literatur

1. Schaarschmidt, B., Identifikation von Mikroorganismen mit Hilfe der Kalorimetrie. Vortrag auf den "Ulmer Kaloriemetrietagen", 3.-4.4.1975
2. Monti, M. & Wadsö, I. (1973), Scand. J. clin. Lab. Invest. 32, 47
3. Levin, K. (1973), Scand. J. clin. Lab. Invest. 32, 55
4. Boyo, A. E. & Ikomi-Kumm, J. A. (1973), In: Protides of Biological Fluids (ed. H. Peeters), p. 559, Oxford, Pergamon Press
5. Bandmann, U., Monti, M. & Wadsö, I. (1975), Scand. J. clin. Lab. Invest. 35, 121
6. Zala, C. A., Jones, M. N. & Levin, M. (1974), FEBS Letters 24, 196
7. Ross, P. D., Fletcher, A. P. & Jamieson, G. A. (1973), Biochim. Biophys. Acta 313, 106
8. Levin, K. (1971), Clin. chim. Acta 32, 87
9. Monti, M. & Wadsö, I. (1975), unveröffentlichte Ergebnisse
10. Prosen, E. J., Goldberg, R. N., Staples, B. R., Boyd, R. N. & Armstrong, G. J- (1974), Microcalorimetry for the Clinical Chemistry Laboratory, Paper presented at US-Japan Joint Conference on Thermal Analysis, Akron, Ohio, 8.-12. April 1974
11. Taverna, R. D., Lysko, K. & Brandts, J. F. (1974), Federation Proceedings 33, No. 5
12. Hofrichter, J., Ross, P. D. & Eaton, W. A. (1974), Proc. Nat. Acad. Sci. USA 71, 4864
13. Hasl, G. & Pauly, H. (1973), In: Protides of the Biological Fluids (ed. H. Peeters), p. 479, Oxford, Pergamon Press
14. Lavialle, F., Rogard, M. & Alfsen, A. (1973), In: Protides of the Biological Fluids (ed. H. Peeters), p. 499, Oxford, Pergamon Press
15. Norde, W. & Lyklema, J. (1973), In: Protides of the Biological Fluids (ed. H. Peeters), p. 467, Oxford, Pergamon Press.

7 Ganzkörperzähler

7.1 Ganzkörper-Aktivitätszähler – eine Übersicht über medizinische Anwendungen +)

P. Koeppe

Vorbemerkung

Während bei der Darstellung der physikalisch-technischen Grundlagen des Ganzkörper-Aktivitätszählers (GKZ) ein methodischer Zusammenhang gewahrt werden kann, fehlt diese Möglichkeit bei der Beschreibung medizinischer Anwendungen: Abgesehen von der Verwendung des gleichen Meßinstruments stehen z.B. Bestimmungen des natürlichen Kaliumgehaltes und Untersuchungen zur Vitamin B_{12}-Resorption beziehungslos nebeneinander. Eine Darstellung der Einsatzmöglichkeiten hat daher notwendigerweise einen gewissen tabellarischen Charakter. Um den Beitrag trotzdem lesbar zu machen, hat der Verfasser bewußt auf Vollständigkeit verzichtet, da diese angesichts der beschränkten Seitenzahl ohnehin nur durch Kurz-Zitate zu erreichen gewesen wäre, deren Informationsgehalt meist nicht größer ist als der des Titels der betreffenden Arbeit.

Allgemeine Überlegungen

Grundsätzlich ist ein GKZ für alle medizinischen Untersuchungen einsetzbar, bei denen Stoffwechselvorgänge von Interesse sind, die nicht nur ein (geometrisch eng lokalisiertes) Organ betreffen und für die die folgende Bedingung erfüllbar ist:

- Die Substanz, deren Stoffwechsel untersucht werden soll, muß "geeignet" radioaktiv markierbar sein.

"Geeignet" für GKZ-Messungen ist ein Radionuklid dann, wenn es

- mit möglichst hoher Übergangswahrscheinlichkeit Gammaquanten aussendet, wobei
- deren Energie oberhalb (etwa) 0,1 MeV liegen sollte, da andernfalls die Selbstabsorption im menschlichen Körper zu hohe Werte annimmt.

+) Herrn Prof. Dr. med. H. Oeser zum 65. Geburtstag

Diese Markierung kann entweder darin bestehen, einen mehr oder weniger großen Anteil der Substanz selbst aktiv zu machen (z.B. ^{59}Fe in Eisen) oder darin, bestimmte Atome in einer Verbindung durch ihre radioaktiven Isotope zu ersetzen (z.B. ^{58}Co in Vitamin B_{12}).
Als Nebenbedingungen sind zu nennen:

- Zerfallsschema und physikalische (bzw. effektive) Halbwertzeit des Radionuklids (bzw. der Verbindung) müssen derart sein, daß die Strahlenbelastung "vertretbar" ist (vgl. hierzu Ausführungen am Schluß dieses Abschnitts).
- Die (physikalische) Halbwertzeit darf andererseits nicht zu kurz sein, wobei hier in Relation zum Untersuchungszeitraum zu verstehen ist, der durch die Stoffwechselvorgänge bestimmt wird und daher nach unten hin nicht frei gewählt werden kann. Ideal ist eine physikalische Halbwertzeit, die (etwa) in der Größenordnung der Länge des Untersuchungszeitraumes liegt. Zu beachten ist jedoch, daß als Folge unterschiedlicher Zerfallsschemata die Verwendung eines Radionuklids mit kürzerer Halbwertzeit nicht notwendigerweise zu einer geringeren Strahlenbelastung führt (Beispiel: ^{125}J/^{131}J).
- Um die Möglichkeit von Doppel-Tracer-Studien (Beispiel: gleichzeitige Bestimmung der Eisen- und der Vitamin B_{12}-Resorption) zu haben, ist es günstig, wenn jeweils nur ein Gamma-Übergang vorliegt.

Bei der Interpretation der Zahlenwerte für die Resorption ist zu beachten, daß sie naturgemäß ausschließlich für die Resorption des R a d i o n u k l i d s und nicht für die der u.U. allein interessierenden V e r b i n d u n g gelten; m.a.W.: Die Zulässigkeit des Schlusses vom Radionuklid auf die Verbindung muß gesondert geprüft werden. Der Wichtigkeit halber ein Beispiel: Bei der Untersuchung von Jod-markierten Fettsäuren im GKZ wird man ohne Maßnahmen zur Verhinderung einer Jod-Aufnahme durch die Schilddrüse nach einiger Zeit im GKZ nicht mehr dem Stoffwechsel der Fettsäure, sondern überwiegend dem der Schilddrüse nachgehen.
Entsprechende Überlegungen gelten allgemein, insbesondere bei Langzeitstudien.

Drei weitere Gesichtspunkte sind zu beachten:

a) Einmal ist (insbesondere wieder für Langzeitstudien) die Frage nach der radiochemischen Reinheit zu klären: U.U. mißt man bei integraler Erfassung des Spektrums nach einiger Zeit nicht mehr das interessierende Radionuklid, sondern ein Gemisch radioaktiver Verunreinigungen. Ein Sonderfall ist bei $^{59}Fe/^{60}Co$ gegeben, da sich beide Gammaspektren sehr ähnlich sehen.

b) Weiterhin hängt die Resorption entscheidend von der zugeführten (Gesamt-)Menge der zu untersuchenden Substanz ab: Von 10 μg oral appliziertem Vitamin B_{12} wird weniger resorbiert als von z.B. 1 μg. Für vergleichbare Ergebnisse muß die Menge daher standardisiert werden, während die Radioaktivität innerhalb gewisser Grenzen variieren kann. Dieser Gesichtspunkt ist von erheblicher praktischer Bedeutung: Da die spezifische Aktivität (d.h. das Verhältnis der Radioaktivität zur Substanzmenge) verschiedener industriell gelieferter Chargen der gleichen Substanz verschieden sein kann und z.T. auch nur als Grenzwert angegeben wird, empfiehlt es sich, bei der Probenanfertigung die spezifische Aktivität durch Hinzufügung einer bestimmten Menge inaktiven Materials zu standardisieren.

Alle sorgfältigen Berechnungen in diesem Zusammenhang sind allerdings wertlos, wenn nicht ausgeschlossen werden kann, daß durch Nahrungsmittel oder auch medizinische Maßnahmen ein unkontrollierter Verdünnungs-Effekt eintritt. Als Beispiel aus eigener Erfahrung sei erwähnt, daß im Rahmen einer Untersuchung über den Einfluß eines Medikaments auf die Vitamin B_{12}-Resorption bei Patienten mit perniziöser Anaemie in zwei Fällen eine versehentliche Applikation von (nicht markiertem) Vitamin B_{12} erfolgte, wodurch eine Bewertung der ^{58}Co-Vitamin B_{12}-Messungen unmöglich wurde.

Dies gilt sinngemäß für die Ernährung: Wenn nicht einige Zeit vor Versuchsbeginn eine kontrollierte Diät eingehalten werden kann, sollte man die der aktiven Probe zuzusetzende Menge so hoch wählen, daß konstante Versuchsbedingungen gegeben sind.

c) Der Vollständigkeit halber sei noch erwähnt, daß über die allgemein bei pharmazeutischen Präparaten übliche begrenzte Haltbarkeit hinaus radioaktive Präparate hoher spezifischer Aktivität eine Umwandlung durch Radiolyse erleiden, die die Brauchbarkeit verkürzen. Dies ist zwar prinzipiell keine Besonderheit im Zusammenhang mit GKZ-Anwendungen, doch besteht hier wegen der hohen Nachweisempfindlichkeit gelegentlich die Versuchung, mit überalterten Präparaten zu arbeiten, während diese Möglichkeit bei anderen Untersuchungen (z.B. Scanning) meist von vornherein entfällt.

Unabhängig von Radionuklid, Pharmakon und Fragestellung verlaufen GKZ-Messungen im Bereich medizinischer Anwendungen prinzipiell stets nach dem gleichen Schema:

- Messungen der Eigenaktivität des Probanden.
  Ziel ist nicht nur die Feststellung der stets vorhandenen ^{40}K- und ^{137}Cs-Aktivitäten, sondern auch die Klärung evtl. Vorbelastung durch Rest-Aktivitäten früherer Untersuchungen.
- Messungen des zu applizierenden Präparates in einer standardisierten Probengeometrie.
- Erste Messung des Patienten nach Applikation des Präparates. Diese Messung kann nach intravenöser Applikation sofort erfolgen. Bei oraler Gabe sollte man wenigstens ca. 30 min. warten, um eine gewisse Verteilung des Präparats im Körper zu ermöglichen. Bei lokalisationsempfindlichen GKZ ist auch der dann gemessene Impulsratewert problematisch. Wir verwenden daher in solchen Fällen einen theoretischen 100%-Wert, der aus dem Ergebnis der Probenmessung mit Hilfe eines experimentell ermittelten Faktors, der eine gleichmäßige Verteilung im Körper annimmt, errechnet wird.
- Weitere Messungen zur Bestimmung der sog. Retentionskurve.
  Anzahl, Abstand und Gesamtdauer hängen außer von der physikalischen Halbwertzeit des Radionuklids vom Stoffwechsel der zu untersuchenden Substanz sowie von der Fragestellung ab. So genügt z.B. zur Feststellung des resorbierten Bruchteils einer Vitamin B_{12}-Gabe ein Meßzeit-

raum von 8 - 14 Tagen vollauf. Will man dagegen zusätzlich die Halbwertzeit des Abbaus dieses resorbierten Anteils angeben, muß man länger messen, da dieses i.a. einige Monate beträgt.

Allgemein kann man sagen, daß die Retentionskurve mathematisch stets durch eine Summe von Exponentialfunktionen darstellbar ist. (Diese Aussage schließt auch "knochensuchende"Substanzen ein, da, wie z.B. KRAWIELITZKI (1968) gezeigt hat, eine Potenzfunktion durch Grenzübergang einer Summe von Exponentialfunktionen entsteht).

Anzahl, relative Anteile und Abfallkonstanten der einzelnen Summanden hängen von der Substanz, der Applikationsform und natürlich (sonst wäre der GKZ kein diagnostisches Hilfsmittel) vom individuellen Stoffwechsel ab.

Die Anzahl der Summanden ist eine Funktion der Länge des Beobachtungs-Zeitraums. Dieses zunächst überraschende Ergebnis wird leicht verständlich, wenn man bedenkt, daß biologische Systeme bei hinreichend feiner Betrachtung stets Multikompartmentsysteme sind. Wenn sich daher die Ergebnisse einer Retentionsmessung formal gut z.B. durch nur e i n e Exponentialfunktion beschreiben lassen, dann deshalb, weil nicht hinreichend lange gemessen wurde, um eine zweite schwächere Komponente mit geringerer Eliminations-Geschwindigkeit erkennen zu können usw.

Einen sicheren Hinweis auf ein weiteres Kompartment liefert die wiederholte Regressionsrechnung: Nimmt die so ermittelte "Halbwertzeit" bei Hinzunahme weiterer Meßpunkte zu längeren Zeiten kontinuierlich höhere Werte an, muß unter Berücksichtigung eines weiteren Kompartments die Rechnung erneut durchgeführt werden.

Eine abschließende Bemerkung zur Frage der Strahlenbelastung. Die oben verwendete Formulierung nach "Vertretbarkeit" ist notwendigerweise unscharf, da sich auch nur Richtwerte allgemein kaum angeben lassen.

Kriterien für die Vertretbarkeit sind u.a.:

- Dringlichkeit der Untersuchung im Hinblick auf ihren diagnostischen Wert für die Behandlung des betroffenen Patienten selbst;

- Belastbarkeit des Patienten (Alter, Geschlecht, Vorbelastung, Allgemeinzustand u.a.).

Die Entscheidung im Einzelfall ist ein Akt ärztlicher Verantwortung, der insoweit auch nicht einer Regelung in einer Strahlenschutz-Verordnung o. ä. unterworfen werden kann.

Anders liegen die Verhältnisse bei nicht eindeutig ärztlich indizierten Untersuchungen, insbesondere bei solchen, bei denen (noch!) das wissenschaftliche Interesse überwiegt. Hier sind außer der Bedingung der Freiwilligkeit der (aufzuklärenden) Versuchsperson wesentlich schärfere Kriterien anzuwenden.

Plausibel erscheint der z.B. von HEINRICH wiederholt und im Detail vorgenommene Vergleich der Belastung der verschiedenen Untersuchungen mit der natürlichen Strahlenbelastung des Menschen, die bei etwa 100 mrem / Jahr liegt (vgl. hierzu z.B. MEHL in JAEGER, 1974).

Geringere Überzeugungskraft hat eine Gegenüberstellung mit der durch Röntgen-Untersuchungen bewirkten Strahlenbelastung; einmal deswegen, weil diese in vielen Fällen nur relativ wenig strahlenempfindliche Organe betrifft (z.B. Thorax, Extremitäten), insbesondere aber, weil die Gefahr besteht, daß als Erbe früherer Unbedenklichkeit heute immer noch zu viel geröntgt und insbesondere durchleuchtet wird. Allerdings sollte man sich gleichermaßen vor einer Strahlenphobie hüten, die den wissenschaftlichen Fortschritt und damit die Entwicklung neuer diagnostischer Verfahren hemmen würde.

Für die Frage nach der aktuellen Belastung eines bestimmten Organs durch Inkorporation einer bekannten Aktivität eines bestimmten Radionuklids können die sehr detaillierten Empfehlungen des "Committee 4" der ICRP herangezogen werden, die soeben in überarbeiteter Form erschienen sind (BUTLER, 1974). Von ROEDLER (1972, 1974) ist ein verbessertes Konzept zur Berechnung der Energiedosis der verschiedenen Organe, verursacht durch Inkorporation von Radiopharmaka, entwickelt worden, dessen Formalismus auch vergleichsweise leicht auf neue Substanzen angewendet werden kann.

Untersuchungen aufgrund der Bestimmung des natürlichen Kaliumgehalts

Allgemeines und Normalwerte

Vom Standpunkt der GKZ-Meßtechnik kann es als Geschenk der Natur betrachtet werden, daß mit dem Radionuklid ^{40}Kalium als festem Bestandteil des (natürlichen) Kaliums (überwiegend aus ^{41}Kalium bestehend) eine einfache Möglichkeit der Bestimmung des Kaliumgehalts beliebiger Proben gegeben ist. Auf den Menschen angewendet, geht diese Erkenntnis auf SIEVERT (1951) zurück.

Zwei Einschränkungen sind jedoch zu machen:

- Da der Anteil des ^{40}Kalium im natürlichen Kalium nur etwa 0,012 % beträgt, ist die (absolute) Aktivität pro Gramm Kalium gering, d.h. die minimal noch nachweisbare Menge Kalium liegt auch bei hochempfindlichem GKZ in der Größenordnung einiger Gramm.
- Mit dem GKZ wird die Gesamt-Menge an Kalium erfaßt, praktisch jedoch das, was sich im intrazellularen Raum (97%-98%) befindet. Über die häufig klinisch sehr viel interessantere Frage nach der relativen Verteilung bzw. nach der Austausch-Geschwindigkeit mit dem extrazellulären Raum kann mit einer ^{40}K-Messung allein keine Aussage gemacht werden.

Über den natürlichen Kaliumgehalt des (gesunden) Menschen liegen zahlreiche Reihenuntersuchungen insbesondere von FORBES (1961 bis 1968), ONSTEAD (1960), OBERHAUSEN (1965) und BODDY (1972) vor. Danach ergibt sich grob ein Bereich zwischen 1 g Kalium/kg Körpergewicht bis etwa 2 g K/kg für einen männlichen Erwachsenen und einem etwas geringeren Wert für eine erwachsenene Frau.

Dieser spezifische Kaliumgehalt hängt weiterhin vom Alter ab. Verf. hat aus den von OBERHAUSEN (1965) anhand von 10.000 Messungen ermittelten und praktisch dargestellten Werten die folgenden Regressionsgleichungen bestimmt (X = Alter in Jahren):

$$♂ : Y_{gK/kp} = 3,94 \cdot X^{-0,1934} \quad)$$
$$\qquad 20 \leqslant X \leqslant 75 \text{ Jahre}$$
$$♀ : Y_{gK/kp} = 2,93 \cdot X^{-0,1897} \quad)$$

Eine Analyse von allerdings nur etwa 100 Messungen BODDY (1972)) hat ergeben, daß sich eine deutlich engere Korrelation ergibt, wenn man außer Körpergewicht (G) und Alter auch noch die Körperlänge (L) berücksichtigt. Seine Gleichungen für gesunde Erwachsene lauten:

$$♂ : Y_{gK} = 0,937 \cdot G + 1,37 \cdot L - 0,473 \cdot X - 147$$
$$♀ : Y_{gK} = 0,577 \cdot G + 0,863 \cdot L - 0,354 \cdot X - 65,2$$

Es wäre wünschenswert, die Koeffizienten anhand größerer Fallzahlen zu sichern und entsprechende Vertrauensbereiche anzugeben, um die entsprechende Frage, ob im Einzelfall eine Abweichung vom Normalwert vorliegt, hinreichend zuverlässig beantworten zu können.

Da das Körperfett nahezu frei von Kalium ist, erlaubt die Ganzkörper-Kalium-Bestimmung eine Abschätzung der sog. fettfreien Körpermasse (lean body mass, LBM). Die von FORBES (1961) angegebene und häufig verwendete Formel

$$♂ \text{ und } ♀ : LBM_{kg} = Y_{gK}/2,66 = 0,367 \cdot Y_{gK}$$

ist aus den Resultaten einer chemischen Analyse von 4 Leichen ermittelt worden.

Abweichungen vom Normalwert

Eine (physiologische) Abweichung des (spezifischen) Kaliumgehalts von der Norm liegt zunächst bei hochtrainierten Sportlern vor, wie qualitativ selbstverständlich sein dürfte, da sich etwa 75% des intrazellulären Kaliums im Muskel befinden. Messungen von FORBES (1965), NOVAK (1968, 1973), BODDY (1974) u.a. ergaben für Hochleistungssportler Werte bis über 2,5 gK/kp Körpergewicht, wobei sich interessanterweise ein deutlicher Unterschied zwischen den Werten vor und während der Saison(d.h. ein Trainingseffekt) feststellen ließ. Der Wert derartiger Messungen liegt darin, daß sie eine Schwierigkeit bei der Beurteilung des körperlichen

Zustandes jugendlicher Sportler auszuräumen gestatten: Bei Heranwachsenden (man denke z.B. an die im Durchschnitt sehr jungen Leistungsschwimmer oder -turner) deutet eine Gewichtszunahme nicht notwendigerweise auf eine Vernachlässigung des Trainings hin.

Diese Überlegungen gelten sinngemäß für die Kontrolle einer Adipositas-Therapie bei Kindern und Jugendlichen, wie eingehende eigene Untersuchungen (SCHÄFER,1969) gezeigt haben.

Qualitativ ebenfalls trivial ist das Ergebnis eines verminderten (Körper-) Kaliums bei Patienten mit einer Muskeldystrophie. Nach BLAHD (1967) und FORBES (1965) finden sich in schweren Fällen nur noch 30% des Normalwertes. Interessant ist das Ergebnis von BLAHD (1967), wonach die intrazellulare Kaliumkonzentration kaum verändert ist. Der geringere Gesamt-Wert ist daher eine Folge des Ersatzes kaliumreicher Muskelzellen durch Bindegewebe und/oder Fett. Dies gilt (in abgeschwächtem Maß) auch für äußerlich gesunde Verwandte (Eltern bzw. Geschwister) von Dystrophikern, die teilweise gleichfalls verminderte Kaliumwerte zeigen.

Bekannt ist das häufige Vorliegen einer Hypokaliämie bei Leberkranken (vgl. z. B. DETERTS, o. J.); dementsprechend findet sich in Fällen von Leberzirrhose ein deutlich erniedrigter GK-Kaliumwert. Ein Kaliummangel liegt weiter vor bei (chronischen) Diarrhöen jeglicher Genese (vgl. z. B. KESSEL, 1973). Obwohl dies auch bei Nierenfunktionsstörungen angenommen wird, zeigten Messungen von BODDY (1972) an nicht-dialysierten Patienten keineswegs generell erniedrigte Ganzkörper-Kaliumwerte. Aus der gleichen Arbeitsgruppe wurde sogar von 5 (aus 36) Fällen chronischer Nierenfunktions-Einschränkung berichtet, die signifikant erhöhte GK-Kaliumwerte aufwiesen (LINDSAY, 1972).

Kalium-Mangel ist feststellbar bei extrem fehlernährten Kindern (GARROW, 1965), weswegen BURMEISTER (1970) auf der Basis der GK-Kalium-Messung eine Serie von Prüfungen verschiedener Säuglingsnahrungen begann, um den jeweiligen Verlauf der LBM verfolgen zu können.

Zur Beantwortung der allgemeinen Frage nach der Möglichkeit eines Nachweises eines Kalium-Mangels mit Hilfe eines GKZ können die Untersuchungen von KAUL (1965) herangezogen werden. Danach tritt ein Mangelzustand schon dann ein, wenn der Körper (eines Erwachsenen) innerhalb kurzer Zeit etwa 10% seines Kalium-Gehaltes verliert. Dieser Wert entspricht der Unsicherheit, die man bei kritischer Betrachtung der Fehler-Einflüsse für die Bestimmung des (absoluten) GK-Kalium-Wertes als Einzel-Messung annehmen sollte. Bei Wiederholungs- Messungen ist ein Mangelzustand im oben definierten Sinne mit einem GKZ hoher Empfindlichkeit meßtechnisch sicher erfaßbar. Es soll jedoch noch einmal darauf hingewiesen werden, daß sich Störungen der Balance zwischen Intra- und Extrazellular-Raum ohne Änderung des Gesamtkörper-Kaliums mit extrakorporalen ^{40}K-Messungen natürlich nicht erfassen lassen.

Eisen-Stoffwechsel

Der Körper eines männlichen Erwachsenen enthält etwa 4 g Eisen; hiervon sind mehr als 60% im Hämoglobin enthalten, etwa 10% in Leber, Milz, während der Rest im Muskelgewebe verteilt ist. Bei oraler Gabe kleiner Eisenmengen gelangen etwa 20 - 30% in den Blutkreislauf, doch hängt dieser Wert außer von der Menge auch z.B. von der chemischen Form des applizierten Eisens ab. Der überwiegende Teil (≈80%) der resorbierten Menge wird in die Erythrozyten eingebaut; der Rest ist austauschbar mit den Stoffwechselaktiven Pools (Leber, Milz) bzw. den Eisenspeichern (z.B. Muskel).

Am empfindlichsten reagiert die Fe-Resorption auf Eisenmangel. Während der gesunde Erwachsene nach HEINRICH (1967, 1968) bei oraler Applikation von ^{59}Fe etwa 20% der standardisierten Fe^{++}-Testdosis retiniert, steigt dieser Wert bei manifestem Eisenmangel auf über 90% an. Die Streubereiche sind jedoch erheblich, so daß im Einzelfall die Frage, welche Form eines Eisenmangels vorliegt, häufig nicht beantwortet werden kann.

Wie erwähnt, hängt der Retentionswert generell sowohl von der Menge der zugeführten Testsubstanz als auch von ihrer chemischen Form ab. Speziell für Eisen sind beide Aspekte von HEINRICH (1968, 1969, 1971) eingehend untersucht worden. Danach geht der bei oraler $^{59}Fe^{++}$-Gabe resorbierte Anteil auf 1/5 zurück, wenn die Eisenmenge von 0,558 mg (≙ 10 μMol) auf 50 mg erhöht wird. Innerhalb der Fehlergrenzen gilt dieser Faktor (1/5) sowohl für Gesunde als auch für Probanden mit prälatentem/latentem Eisenmangel. Die hieraus zu ziehende Schlußfolgerung ist die nach strikter Kontrolle der Nahrungsaufnahme vor Versuchsbeginn: HEINRICH verbietet den Probanden daher konsequent in der Zeit von 10 Stunden vor Versuchsbeginn bis 2 Stunden danach jede Nahrungsaufnahme, Fruchtsäfte eingeschlossen.

Von praktischer Bedeutung für eine Eisentherapie (bzw. Prophylaxe) ist die Frage nach der Resorption von Nahrungseisen. Hierfür wurde von HEINRICH (1969, 1971) ^{59}Fe an Kaninchen- bzw. Schweine-Hämoglobin, -Leber und -Muskulatur gebunden und damit der übliche orale Resorptionstest durchgeführt. Generell wurde das Nahrungseisen schlechter verarbeitet als das übliche Ferrosulfat-Präparat. Eine diätetische Eisentherapie eines Mangelzustandes als Alternative zur medikamentösen Eisenzufuhr erscheint daher nicht möglich.

Vitamin B_{12} und Untersuchungen zur gastrointestinalen Resorption

Vitamine sind bekanntlich Wirkstoffe, die vom Organismus nicht oder nicht in hinreichender Menge synthetisiert werden und die daher mit der Nahrung zuzuführen sind. Damit die zugeführte Substanz jedoch auch resorbiert wird, müssen i.a. bestimmte Vorbedingungen erfüllt sein, die speziell bei Vitamin B_{12} die folgenden sind:

a) Vorhandensein des sog. Intrinsic Factors,

b) intaktes Darmlumen,

c) intakte Darmwand.

Ist eine dieser Bedingungen nicht erfüllt, kommt es zu einer verminderten Resorption. Eine Differenzierung ist möglich im Hinblick auf eine Störung zu a): Hier kann die Resorption durch gleichzeitige Gabe von Intrinsic Factor verbessert werden, während Störungen zu b) und c) hierauf nicht ansprechen. Da Vitamin B_{12} und seine verschiedenen Formen Cobalt an zentraler Stelle enthalten (daher "Kobalamine" als allgemeine Bezeichnung) und von Cobalt gleich vier gammastrahlende Isotope existieren, ist der Nachweis einer Vitamin B_{12}-Resorptions-Störung seit beinahe einem Vierteljahrhundert (SCHILLING, 1952; vergl. PRIBILLA, 1961) ein Paradebeispiel der Nuklearmedizin.

Die systematische Entwicklung eines Vitamin B_{12}-Tests unter Verwendung eines GKZ ist insbesondere das Verdienst von HEINRICH (ab 1960).

Der Standard-Test verläuft nach dem in Abschnitt "Allgemeine Überlegungen" dargelegten Schema mit den folgenden spezifischen Details:

- (Absoluter) Vitamin B_{12}-Gehalt der Testdosis zwischen 0,5 und 1 μg (dies ist der brauchbare Bereich; ein einmal festgelegter Wert sollte dann natürlich beibehalten werden);
- Aktivität zwischen 10 nCi und einigen μCi je nach Radionuklid und Nachweisempfindlichkeit des GKZ;
- Testdauer 5 - 8 Tage.

Retentionswerte oberhalb etwa 20% lassen auf eine normale I.F.-Produktion schließen; Werte innerhalb etwa 10% weisen auf einen I.F.-Mangel hin, sofern der Wert nach künstlicher I.F.-Zufuhr ansteigt. Anderenfalls liegt eine Resorptionsstörung zu b) oder c) vor, also z.B. eine Störung der Durchlässigkeit der Mukosa oder im Extremfall ihr Fehlen, z.B. nach Dünndarm-Resektion (vgl. hierzu die ausführliche Übersicht über die wichtigsten Vitamin B_{12}-Stoffwechselstörungen in: HEINRICH (1968)).

Außer diesem überwiegend der routinemäßigen Diagnostik dienenden Standard-Test erlaubt die Methode zahlreiche Untersuchungen mit (zunächst) überwiegend wissenschaftlicher Fragestellung zu folgenden Themen (Auswahl):

- Umsatzrate und damit Bedarf an (Nahrungs-) Vitamin B_{12} (HEINRICH, 1961; BOZIAN, 1963; ADAMS, 1968; BODDY, 1971/1972).
- Vergleich der Resorptionswerte verschiedener Kobalamine, insbeson-

dere im Doppel-Tracer-Versuch (SCHIFFER, 1966;PRIBILLA, 1968; ADAMS, 1971, 1972).

- Retentionsvergleich in (freiem) Vitamin B_{12} und Vitamin B_{12}, gebunden an Intrinsik-Faktor (REIZENSTEIN, 1961; BODDY, 1969, 1972), ebenfalls im Doppel-Tracer-Versuch.
- Untersuchungen zur Vitamin B_{12}-Resorption durch Diffusion bei fehlender I.F.-Produktion (HEINRICH, 1965, 1967, 1969).
- Einfluß verschiedener Erkrankungen auf die Vitamin B_{12}-Resorption (bei normaler I.F.-Produktion), (ADAMS, 1968).

Wie erwähnt, stehen 4 Radio-Isotope des Kobalts zur Verfügung: ^{56}Co, ^{57}Co, ^{58}Co und ^{60}Co. ^{60}Co weist für medizinische Anwendungen eine sehr hohe physikalische Halbwertzeit auf (5,26 Jahre) und ist daher außer bei Verwendung geringster Aktivitäten problematisch, zur Bestimmung der biologischen Halbwertzeit des Kobalamins ($>$1 Jahr; vgl. hierzu die Bemerkungen in Abschnitt "Allgemeine Überlegungen") allerdings erforderlich.

Wegen der relativ geringen Gamma-Energie des ^{57}Co (122 KeV) wird dieses Nuklid allgemein für extrakorporale Messungen als weniger günstig im Vergleich zu ^{58}Co (E_γ = 0,81 MeV u.w.) angesehen, doch haben vergleichende Untersuchungen von BODDY (1972) seine Brauchbarkeit erwiesen, so daß für Doppel-Tracer-Studien auch das Nuklid-Paar ^{57}Co-^{58}Co verwendet werden kann. Für weitere technische Einzelheiten sei auf den neueren Übersichtsartikel BODDY (1974) verwiesen, der sich speziell mit dem Studium der gastrointestinalen Absorption befaßt.

Untersuchungen zum Knochenstoffwechsel

Der tägliche Bedarf des gesunden Erwachsenen an Calcium wird auf etwa 1 g geschätzt. Hiervon gelangen etwa 50% in einen austauschbaren Pool (Plasma, Extrazellularraum und Knochenoberflächen), der insgesamt etwa 5 g Calcium enthält. Diese Menge ist sehr klein gegenüber dem Skelett-Depot von ca. 1.000 g Calcium. Die Austauschrate liegt bei 0,5 g/Tag.

Hieraus folgt, daß das in den Knochen eingebaute (Tracer-) Calcium hochverdünnt und damit kaum noch ausgeschieden wird. In die gleiche Richtung wirkt die Art der Resorption: Der Ca-Einbau erfolgt bevorzugt an Stellen des Knochenwachstums, während der Rücktransfer in den austauschbaren Pool von Stellen des Knochenabbaus herrührt.
Diese hier nur summarisch dargestellten Besonderheiten des Ca-Stoffwechsels sind wesentlich für die Interpretation von GK-Messungen. Sie erklären z.B., warum die GK-Retention nicht den Gesetzen einer einfachen Exponentialfunktion folgt. Es dürfte weiterhin deutlich sein, daß eine Interpretation der Ergebnisse allein aufgrund von GK-Messungen kaum möglich ist; man sollte gleichzeitig über Plasma-Messungen die Verhältnisse im austauschbaren Pool zu erfassen versuchen.

Für Strontium gilt nach DOLPHIN (1963) das gleiche Modell wie für Calcium mit erheblich verschiedenen Absolutwerten, jedoch größenordnungsmäßig gleichen Proportionen. So enthält z.B. das Skelett ca. 250 mg Sr bei einer Transfer-Rate mit dem austauschbaren Pool von ca. 0,12 mg/Tag.

Man kann daher mit gewissen Einschränkungen qualitative Rückschlüsse von Sr- auf Ca-Messungen ziehen. Dieser Umstand ist für GK-Messungen von praktischem Interesse, da es von Calcium nur ein (gammastrahlendes) Radionuklid mit relativ kurzer physikalischer Halbwertzeit gibt (^{47}Ca, $T_{1/2}$ = 4,7 d), während Strontium mit ^{85}Sr über ein nahezu ideales Isotop verfügt ($E\gamma$ = 0,513 MeV; $T_{1/2}$ = 65 d; Umwandlung durch Elektronen-Einfang, daher geringe Strahlenbelastung).

Im Hinblick auf die Interpretation von Rententionsmessungen gelten die Ausführungen des Abschnitts Eisenresorption gleichermaßen: Ohne Standardisierung (und Kontrolle) der jeweiligen Ca-/Sr-Trägermenge sind die jeweiligen Ergebnisse nicht vergleichbar: Nach SACK (1967) beträgt der resorbierte Anteil (in vitro-Messung) bei Gabe von 0,2 g CaCl (40 ± 5)%, bei Erhöhung auf 0,5 g CaCl jedoch nur noch (25 ± 14,5)%. Wie man aus der Höhe der Standardabweichung erkennt, ist allerdings die Schwankungsbreite auch unter standardisierten Bedingungen erheblich.

Die Resorption hängt außerdem erheblich von der Art der galenischen Zubereitung ab: Nach SACK (1968) wirkt eine gleichzeitige Zugabe von Vitamin D und in geringerem Maße von Vitamin C resorptionsfördernd. Weiterhin ist die Ca-Resorption (gering) altersabhängig (vgl. z. B. RÖTHLISBERGER, 1971), während eine geschlecht-spezifische Abhängigkeit bisher nicht festgestellt werden konnte.

Angesichts der zahlreichen Einflußgrößen ist es nicht verwunderlich, daß es z. B. bei Tumorkranken mit Knochenmetastasen allenfalls dann zu einer signifikanten Veränderung der GK-Retention kommt, wenn es sich um klinisch manifest massive Ausbreitungen handelt Nach SARGENT (1964, 1966) ist die Retention bei osteolytischen Metastasen oft (sic!) erniedrigt, bei osteoplastischen oft erhöht, während Tumorkranke ohne Knochenmetastasen zumeist normale Retentionswerte zeigen. Erschwerend wirkt sich bei der Entwicklung einer auf der Basis einer GK-Retentionsmessung basierenden Methode zur Erkennung von Knochen-Metastasen die Tatsache aus, daß praktisch alle Tumorkranken intensiv behandelt werden. Bekannt ist z. B. eine Verminderung der Calcium-Einlagerung allein aufgrund einer Strahlenbelastung des Knochens (ZUPPINGER, 1960; zitiert nach RÖTHLISBERGER, 1971). In die gleiche Richtung wirkt eine längerzeitige Bewegungsarmut, wie z. B. aus den Bewegungsversuchen mit Schweinen (ANDERSON, 1971) geschlossen werden kann.

Gleichermaßen skeptische Anmerkungen gelten für die Auswirkungen einer Osteoporose auf die GK-Retention. Als wirksames Instrument dürfte der GKZ in diesem Zusammenhang nur zur Durchführung vergleichender Prüfungen geeignet sein, etwa zum Studium des Einflusses einer bestimmten Therapie (langzeitige Ca-Gabe, Natriumfluorid-Therapie u. a.) auf die GK-Retention bei Osteoporose-Patienten, wobei aus naheliegenden Gründen eine paarweise Prüfung anzustreben ist (vgl. z. B. KROKOWSKI, 1967). Das Gesagte gilt sinngemäß für alle den Ca-/Sr-Stoffwechsel beeinflussenden Erkrankungen.

Ein Beispiel hierfür ist die chronische Niereninsuffizienz, die zu Spätkomplikationen wie der urämischen Osteopathie führt, nachdem die Entwicklung der Langzeitdialyse die Lebenserwartung dieser Patienten beträchtlich verlängert hat. Nach STANBURY ist die Entwicklung einer urämischen Osteopathie auf eine gestörte intestinale Ca-Resorption zurückzuführen. Wie eigene Untersuchungen (SCHAEFER, 1970) gezeigt haben, besteht eine deutliche Korrelation zwischen der Calcium-GK-Retention und dem Grad der Nierenfunktionseinschränkung. Wir konnten zeigen, daß Tagesdosen ab etwa 5 mg Vitamin D ausreichen, um die GK-Retention in den meisten Fällen deutlich zu erhöhen. Diese Ergebnisse wurden von HESCH (1972) aufgrund von Bestimmungen des Serum-Calciums bestätigt. Methodisch auf der gleichen Linie liegen Untersuchungen über den Einfluß von Parathormon auf die Retention oral zugeführten Calciums bei Patienten mit normaler bzw. eingeschränkter Nierenfunktion.

Für diese Art vergleichender Studien eignet sich der GKZ wegen des relativ geringen Aufwandes gut. Allerdings sollten die GK-Retentions-Messungen für ein besseres Erfassen des dynamischen Ablaufs innerhalb der einzelnen Kompartments von der Bestimmung des Verlaufs der Calcium-Konzentration im austauschbaren Pool begleitet werden. Technisch möglich ist hierfür eine weitere Markierung mit ^{45}Ca, das als (relativ weicher) ß-Strahler die ^{47}Ca-Messung im GKZ nicht beeinflußt.

Untersuchungen mit Jod und Jod-markierten Substanzen

Die Strahlenbelastung der Schilddrüse ist bei Verwendung von ^{131}Jod erheblich (1-2 rad / μCi für S = 50%, m = 20 g, $T_{1/2eff}$ = 7 d). Es liegt daher nahe, die hohe Nachweisempfindlichkeit des GKZ auszunutzen, um den einfachen Jod-Aufnahmetest mit erheblich verminderten Aktivitäten durchzuführen. Diese Technik ist insbesondere für Säuglinge und Kleinkinder von Bedeutung. Nach LAURER (1963) sowie eigenen Erfahrungen (KOEPPE, 1971) reichen Aktivitäten ab etwa 20 nCi aus, um die häufig gestellte Frage, ob eine Hypothyreose vorliegt, mit vertretbarer Strahlenbelastung und geringem Aufwand sicher beantworten zu können.

Mit der Verfügbarkeit weniger belastender Jod-Isotope (z.B. ^{125}J) bzw. der Entwicklung neuer Verfahren (T3-, T4-Test, Verwendung von ^{99m}Tc; vgl. z.B. GOEBEL, 1975) hat die Verwendung des GKZ für Zwecke der Schilddrüsenfunktionsprüfung an Bedeutung verloren, nicht zuletzt auch deswegen, weil für die verfeinerte Schilddrüsen-Diagnostik dann doch ein Szintigramm erforderlich ist.

Wie bereits in Abschnitt "Allgemeine Überlegungen" erwähnt, stellt die hohe Affinität von Jod (als Jodid) zur Schilddrüse eine wesentliche Fehlerquelle bei GKZ-Messungen Jod-markierter Substanzen dar. Dies gilt auch, wenn das Präparat Jodid-frei ist, da man im Körper stets mit einer gewissen Freisetzung von gebundenem Jod rechnen muß.

Nach Untersuchungen von HEINRICH (1965, 1966) reicht die Gabe von 0,2g Kaliumjodid in Abständen von 8 Stunden aus, um die Aufnahme abgespaltenen radioaktiven Jodids durch die Schilddrüse fast vollständig zu verhindern. Diese Blockade muß so lange fortgesetzt werden, wie freies Jod entsteht.

An Untersuchungen mit ^{131}J-markiertem Popyvinylpyrrolidon (PVP; verdünnt als Plasmaexpander verwendet) konnte HEINRICH (1966) den Einfluß der Jodid-Blockade zeigen: Die biologische Halbwertzeit der (langzeitigen) GK-Retention des PVP-Präparats ging durch die zusätzliche Gabe inaktiven Jodids von 60 d auf etwa 40 d zurück. Dies stellte ein Nebenergebnis der Untersuchungen von HEINRICH dar, die zusammengefaßt zeigten, daß das PVP rasch ($T_{1/2}$biol $\approx$ 13 h) aus dem Blut-Plasmaraum abwandert, dann jedoch lange (Jahre?) im RES gespeichert wird. Von einem "idealen Plasmaexpander" ist PVP also weit entfernt. Diese Untersuchung stellt wieder ein schönes Beispiel für die Leistungsfähigkeit der GKZ-Meßtechnik für bestimmte Fragestellungen dar.

ODDIE (1964) schlug die Verwendung des GKZ zur Untersuchung der (^{131}J-) Thyroxin-Umsatzrate vor. Zur Differenzierung von thyreoidalem und GK-Stoffwechsel nahm ODDIE (1964) außer der GK-Messung eine Bestimmung der Speicherung der Schilddrüse mit einem kollimierten Detek-

OBERHAUSEN (1967) wandelte die Versuchsanordnung in methodisch neuer Form ab, indem er durch selektive Abschirmung der Schilddrüse den extrathyreoidalen ^{131}J-Wert direkt in GK-Anordnung erfaßte.

Clearance-Untersuchungen, speziell der Niere

Seit etwa 4 Jahrzehnten stellt die renale Inulin-Clearance das beste Maß für die glomeruläre Filtrationsrate (GFR) dar. Ihre Messung ist allerdings recht aufwendig und für den Patienten belastend, so daß sie in der klinischen Routine häufig durch eine Bestimmung des Kreatinins im Serum ersetzt wird, dessen Korrelation zur GFR jedoch geringer ist. Es besteht daher ein erhebliches Interesse an der Entwicklung einer einfachen und zuverlässigen Methode zur Bestimmung der Funktion der Niere.

Auf die verschiedenen in vitro-Methoden soll hier nicht eingegangen werden (vgl. dazu z.B. KUNI, 1967; UTHGENANNT, 1968; ANDERSON, 1968; KRUMPOCH, 1971).

Interessant ist jedoch die zuerst von OBERHAUSEN (1968, 1970; s.a. KUNKEL, 1972) vorgeschlagene Variante des ^{51}Cr-EDTA-Nierenfunktionstests unter Verwendung eines GKZ.

Dabei wird bei abgeschirmter Nieren-Blasen-Region die Eliminations-Geschwindigkeit des i.v. applizierten ^{51}Cr-EDTA aus dem Kreislauf als Maß für die Nierenfunktion verwendet. Nach OBERHAUSEN (1968) liegen die Vorteile seiner Methode darin, daß sie weder ein bestimmtes Verteilungsmodell noch eine vollständige Durchmischung der Substanz in ihrem Verteilungsraum voraussetzt. Allerdings muß das EDTA vollständig im Serum verteilt sein, doch ist dieser Zustand nach einigen 10 min erreicht, so daß der Test insgesamt nach 30 - 40 min beendet werden kann. Der Korrelations-Koeffizient zwischen EDTA- und Inulin-Clearance beträgt nach OBERHAUSEN (1970) 0,92 (n = 32 Pat.), erfüllt also die eingangs gestellte Forderung.

Die gleiche Arbeitsgruppe hat dieses Verfahren einer GKZ-Messung mit Teil-Abschirmung des Körpers weiterhin zur Bestimmung der Leber-

Clearance herangezogen (TKOCZ, 1971). Auf die Verwendung im Zusammenhang mit Schilddrüsen-Stoffwechsel-Studien wurde bereits hingewiesen.

In vivo-Neutronenaktivierung

Mit Ausnahme der GK-Kalium-Bestimmung sind mit dem GKZ primär nur dynamische Untersuchungen durchführbar. Eine Möglichkeit zur Absolut-Bestimmung weiterer Elemente bietet die in vivo-Aktivierung durch Neutronen mit anschließender GKZ-Messung. So kann z.B. eine GK-Calciumbestimmung unter Verwendung einer n, γ-Reaktion des ^{48}Ca erfolgen: $^{48}Ca(n,\gamma)^{49}Ca$. Die so erzeugte ^{49}Ca-Aktivität ($E\gamma$ = 3,1 MeV; $T_{1/2}$ = 8,8 min) kann im GKZ bestimmt werden. Die gleichzeitige Messung entsprechender Standardlösungen im Phantom erlaubt die Umrechnung der gemessenen Impulsraten in Calcium-Absolutwerte. Nach NELP (1971, 1972) beträgt die Unsicherheit einer Einzelmessung etwa ± 5%, während Änderungen der Calciumbalance desselben Patienten bis herab zu etwa ± 2% erfaßt werden können. Beispiele für die Anwendung dieser Technik auf Dialyse-Patienten gibt DENNEY (1973). Interessanterweise betrug der durchschnittliche GK-Calcium-Gehalt (96 ± 12%) des Normalwertes. Auch die Calciumbalance war unauffällig. Lediglich die Fälle mit Osteomalazie zeigten eine deutliche Abweichung (87% des Normalwertes bzw. eine negative Bilanz von ca. 5%/Jahr).

Je nach Fragestellung wird die Aktivierung mit schnellen bzw. mit thermischen Neutronen durchgeführt. Als Neutronenquellen können Reaktoren, Beschleuniger oder auch Plutonium-Beryllium-Präparate verwendet werden. Zwar muß die Bestrahlungsfläche naturgemäß hinreichend groß sein, doch sind die (schwer zu erfüllenden) Anforderungen an die Uniformität des Neutronenflusses nicht extrem hoch, wenn das zu bestimmende Element einigermaßen gleichförmig im Körper verteilt ist. Nach BATTYE (1971) ist lediglich ein hoher Grad an Reproduzierbarkeit zu fordern. Die Berechnung ist dann eine Frage angemessener Kalibrierung in Form der Bestrahlung entsprechender Phantome.

Außer Calcium kommen Natrium, Chlor, Phosphor, Magnesium, Stickstoff, Jod, Sauerstoff und Kohlenstoff für eine Aktivierung infrage (BIGGIN, 1971).

Einige der entstehenden Radionuklide haben nur eine sehr kurze physikalische Halbwertzeit, so daß Vorsorge zu treffen ist, daß die GK-Messung unmittelbar an die Bestrahlung anschließen kann (BODDY, 1973).

Die GK-Strahlenbelastung des Patienten liegt je nach Untersuchungsziel in der Größenordnung von 0, 1 bis 1 rem, wobei dieser Wert natürlich auch die Belastung durch Gammastrahlung einschließt. Für die Reproduzierbarkeit werden z.T. erstaunlich gute Werte angegeben, wobei jedoch anzumerken ist, daß hieraus natürlich noch nicht auf die Güte der Absolutangabe geschlossen werden kann. Hierüber sind Angaben häufig nicht zu finden.

Eine der nicht oder nur schwer zu beseitigenden Fehlerquellen ist die Änderung der spektralen Zusammensetzung des Neutronenflusses durch das Meßobjekt selbst.

Über den Einfluß der Körpermasse auf Intensität und spektrale Verteilung eines Gammastrahlers wurde bereits gesprochen: Mit zunehmender Masse nimmt die Absorption und der Anteil der Streustrahlung zu, im übrigen findet aber keine Änderung der primären Gammaenergie statt.

Ganz anders bei der Bestrahlung mit (schnellen) Neutronen: Diese werden insbesondere durch den Wasserstoff im Körper moderiert, d.h. aus schnellen Neutronen werden langsame bzw. thermische. Der jeweilige Anteil hängt direkt von der Anzahl der Zusammenstöße, praktisch also von den Körperdimensionen ab. Da andererseits die Wirkungsquerschnitte für die verschiedenen Reaktionen stark von der Energie der Neutronen abhängen, ergeben sich komplizierte Abhängigkeiten der Ausbeute von den geometrischen Größen.

Die Alternative besteht in der Verwendung ausschließlich thermischer Neutronen z.B. dadurch zu erzeugen, daß der Körper von einem einige cm starken wasserstoffhaltigen Medium eingeschlossen wird. Der Nachteil besteht hierbei jedoch darin, daß die (lineare) Reichweite dieser energiearmen Neutronen geringer ist, daß tieferliegende Bereiche unterbewertet werden.

Aufgrund dieser theoretischen Überlegungen erscheinen dem Autor die guten Ergebnisse, die aus dem Vergleich mit der Verwendung einfacher, uniform z.B. mit Calcium-Lösungen gefüllter Phantome abgeleitet werden, erstaunlich.

Eine neuere Übersicht über den Zusammenhang von Neutronenquelle, -Energie, -Fluß und Moderierung unter dem Aspekt bestimmter Fragestellungen stammt von BODDY (1973). Der Beitrag von BODDY (1973) enthält weiterhin quantitative Informationen über den oben erwähnten Einfluß der Körperdicke auf den Neutronenfluß und die Energieverteilung.

Des besseren geometrischen Wirkungsgrades wegen verwenden die meisten Autoren GKZ mit NaJ(Tl)-Detektoren. Für einige Anwendungen dürfte jedoch das bessere energetische Auflösungsvermögen z.B. von Ge(Li)-Detektoren vorteilhafter sein (LYON, 1967; ANDERSON, 1970). Medizinisch interessante Ergebnisse betreffen außer den GK-Calcium-Bestimmungen den Nachweis der Existenz eines nichtaustauschbaren Natrium-Pools (CHAMBERLAIN, 1968) und Bestimmungen des intrathyreoidalen Jods (BODDY, 1968). Die zuletzt genannte Untersuchung ist zugleich ein Beispiel für die natürlich auch mögliche Teilkörper-Aktivierung, die auch für andere Fragestellungen (z.B. Calcium- und Phosphorgehalt in bestimmten Knochen) von Interesse ist (BODDY, 1973).

Zusammenfassung: Klinische Bedeutung des Ganzkörperzählers

Vorausgeschickt sei, daß der Autor der Ansicht ist, daß sich gerade der Spezialist bemühen sollte, der Bedeutung des eigenen Gebiets im großen Rahmen eher skeptisch gegenüberzustehen. Auf dieser Basis wird man einräumen müssen, daß die Ansicht der Teilnehmer des "IAEA-Panel on Clinical Uses of Whole-Body-Counting" (1965) auch 10 Jahre später noch gültig ist. Danach ist die GKZ-Technik eine nur für drei Anwendungen eines (Routine)-Tests zu bevorzugende Methode:

- Messung des GK-Kaliumgehalts,
- Bestimmung der Vitamin B_{12}-Resorption,
- Bestimmung des Blutverlustes.

Dieser Liste könnte man noch hinzufügen:

- Eisen-Resorptions-Studien,
- Clearance-Bestimmungen.

Alle anderen Anwendungen haben mehr oder weniger den Charakter wissenschaftlicher Untersuchungen, wobei naturgemäß nicht auszuschließen ist, daß sich daraus eines Tages klinische Routine-Methoden entwickeln.

Aus der geschilderten Situation ergibt sich, daß die Installation von GKZ in erster Linie für wissenschaftlich orientierte Kliniken infrage kommt. Der Wert für ein Allgemein-Krankenhaus erscheint fraglich. Der Vorschlag, in diesen Fällen eine "low cost"-Einrichtung in Form eines teilabgeschirmten GKZ zu wählen, löst das Problem nicht, da die Kosten hierfür immer noch erheblich sind und damit eine GK-Kalium-Bestimmung praktisch nicht durchgeführt werden kann, so daß eine der 5 Routine-Anwendungen bereits fortfällt (deren klinische Bedeutung allerdings nicht unbestritten ist).

Besteht in einem Allgemein-Krankenhaus im Einzelfall Interesse an einer Bestimmung der GK-Aktivität, dürfte die Mitverwendung eines in der Prioritäten-Liste der Anschaffungen ohnehin höher einzustufenden Scanners zu empfehlen sein.

Außer bei hohen Patientenzahlen ist es sicher besser, anstelle der Installation eines separaten GKZ in einem Allgemein-Krankenhaus einen etwas aufwendigeren Scanner (z.B. mit größerem Detektor oder erweitertem Scan-Bereich) zu beschaffen und damit GK-Messungen durchzuführen.

Neuere Entwicklungen auf dem Gebiet der Xenon-gefüllten Vieldraht-Proportional-Zähler lassen es im übrigen nicht ausgeschlossen erscheinen, daß in Zukunft mit der Verfügbarkeit großflächiger Detektoren der Übergang vom konventionellen Area-Scan zum Ganzkörper-Aktivitätszähler mindestens von der technischen Seite her fließend wird.

So berichtete z.B. ZAKLAD (1974) über eine experimentelle 6 x 6 cm^2-Xenonkamera mit einem räumlichen Auflösungsvermögen von etwa 3mm.

Bei einer Entscheidung ist zu beachten, daß es ganz allgemein nicht genügt, entsprechende Geräte zu besitzen, sondern daß eingearbeitetes Personal vorhanden sein muß, hier insbesondere auch mit physikalisch-technischer Vorbildung. Außer an die Wartung sei in diesem Zusammenhang insbesondere an das Erfordernis der Kalibrierung für die verschiedenen Meßaufgaben erinnert, die keineswegs trivial ist, will man aussagekräftige Werte ermitteln.

Literatur

Ein ausführliches Literaturverzeichnis ist als Computer-Ausdruck auf Anfrage beim Verfasser erhältlich.

7.2 Entwicklung einer Linear Scan Einrichtung für einen klinisch genutzten Ganzkörperzähler

Th. Brodocz, L. Michel

Systembeschreibung

Die ursprüngliche Idee, die der Konstruktion des klinisch genutzten Ganzkörperzählers (GKZ) zugrunde lag, war die Realisierung klinischer Routineuntersuchungen unter der Bedingung, das Problem mit minimalem Aufwand zu lösen. Die Meßkammer ist zur einen Seite hin offen. An den übrigen Seiten wird die Kammer durch Stahl- (5mm), Blei- (10 mm) und Sandschichten (70 cm) abgeschirmt. Für die Bewegungseinrichtung des Linear Scan ist in der Kammerdecke eine Laufschiene eingelassen.

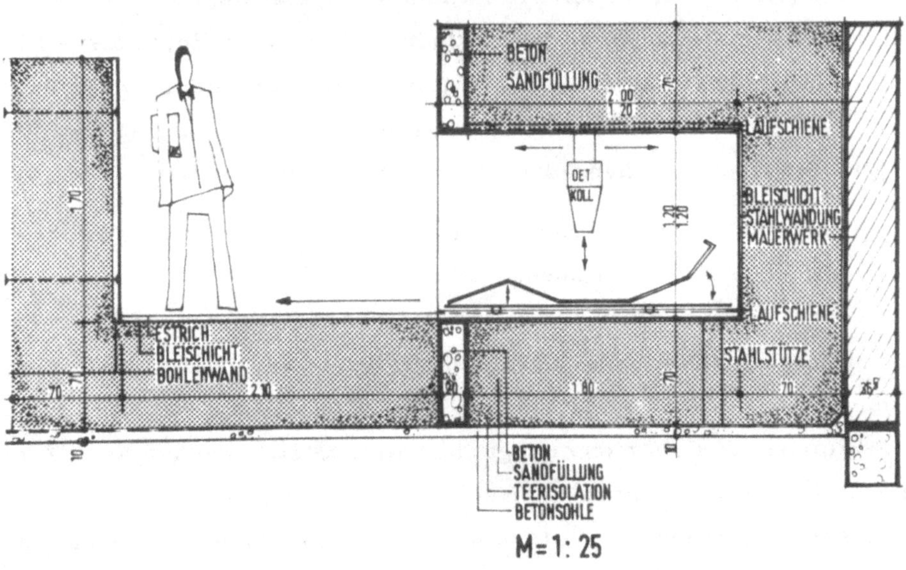

Abbildung 1: Seitenansicht des Ganzkörperzählers.

Der beim stationären System in der Mitte angebrachte Detektor hatte zu jedem Ort des Patienten bei bogenförmiger Liege (Typenbezeichnung nach (1): AB Typ 2) etwa gleichen Abstand. Detektor und Patient bleiben während des Meßvorganges stationär. Einige Beispiele klinischer Aufgabenstellungen sind: Fe- Absorption und -Retention, Ca -Absorption und -Re-

tention, Serum Albumin Turnover, ^{40}K, Vitamin B_{12}- (Schilling Test) und ^{137}Cs-Bestimmung.
In der stationären Anordnung mit integraler Messung wurde das Geometrieproblem durch geeignete Patientenlagerung gelöst und die Schwankungen der Empfindlichkeit auf einer gedachten Mittellage des Patienten auf unter 10 % gebracht.

Der Umbau vom stationären zum beweglichen Detektor-System wurde ausgeführt, um als Erweiterung der Meßmöglichkeiten der Ganzkörperanlage die biokinetischen Daten zur Dosisberechnung der im Organ verteilten Aktivitäten bei nuklearmedizinischen Untersuchungen zu bestimmen und eventuelle Fremddepots zu finden.
Die Patientenliege wurde in eine gestreckte Form gebracht (Typenbezeichnung nach (1): Typ C), in der der Patient horizontal liegt.
Einige Aufgabenstellungen in der nuklearmedizinischen Routine sind: Voruntersuchung zur Metastasensuche mit Scannern, Bestimmung der Selektivität eines Radiopharmakons, Tumorlokalisation, Organ-Funktions-Abläufe, Cu - Stoffwechsel, Ganzkörper-Wasser, Ganzkörperfett.

Bei Messungen mit beweglichem Detektor sind folgende Punkte zu beachten,die die Messung beeinflussen:
1. Antrieb; 2. Geometrie; 3. Nulleffekt, dessen Zunahme zur Kammeröffnung hin berücksichtigt und durch eine geeignete Anordnung eliminiert wurde.
Zu 1. Antrieb: Der Antrieb erfolgt über einen Gleichstrommotor. Da das Detektor-Kollimator-System sehr schwer ist, aber schwing- und ruckfrei laufen soll, wurde dem Schrittmotor ein lineares Bewegungssystem vorgezogen. Zudem ist der Gleichstrommotor bei der einfach konzipierten Scaneinrichtung, die keiner komplizierten Ansteuertechnik bedarf, ausreichend.
Zu 2. Geometrie: Die Geometrieabhängigkeit würde im Idealfall durch einen dreidimensionalen Scan in x-, y-, z-Richtung aufgehoben werden. Diese Anordnung ist aber, sowohl aus Kostengründen als auch wegen der bau-

lichen Gegebenheiten und nicht zuletzt einer unzumutbaren Lagerungszeit des Patienten, nicht zu verwirklichen. Ein Kollimator übernimmt die Aufgabe, die Impulsraten über x (Körperquerschnitt) durch Integration und über y (Körpertiefe) durch Fokussierung zu sammeln. Der Antrieb des Meßsystems besorgt die Integration über Δ z (Körperlängsachse). Der Detektor kann nur jeweils über einem von der Kollimator-Charakteristik abhängigen Ausschnitt des gesamten Körpers die Quanten aufnehmen.

Meßfelderfassung des Kollimators

Bei besonderer Berücksichtigung der einwandfreien Erfassung eines nach dem Normmenschen (2) definierten Meßfeldes und der Kompensation der durch Volumenschwankungen bedingten Geometrieabhängigkeit wurde ein für die Diagnostik aussagefähiges Auflösungsvermögen erzielt. Es bestand die Aufgabe, die unterschiedlichen Patientengeometrien mit einem Kollimator zu erfassen.

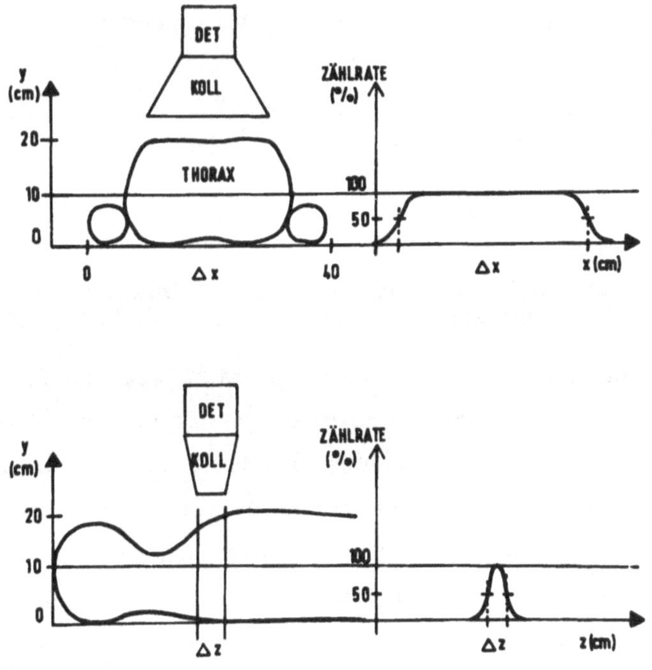

Abbildung 2: Meßfelderfassung.

Ein Schlitzkollimator wurde so gebaut, daß die 100%-Isoimpulslinie in x - Richtung die gesamte Körperbreite von 40 cm (nach (2)) und in Körperlängsrichtung (z - Koordinate) eine Länge Δ z hat. Bei der Dimensionierung von Δ z ergab sich das Problem, die Scheibe so schmal zu wählen, daß Fehlstellen voneinander zu unterscheiden, d.h. aufzulösen sind. Die Meßempfindlichkeit hängt von folgenden Parametern ab: Aktivitätsgabe, Patientenvolumen, d.h. auch Patientenlänge, Scanzeit. Aus diesen Größen ist durch eine Kompromißlösung die Feldgröße Δ z zu wählen. Die Abmessungen des Meßfeldes wurden in der Fokusebene (Körpermitte) definiert.

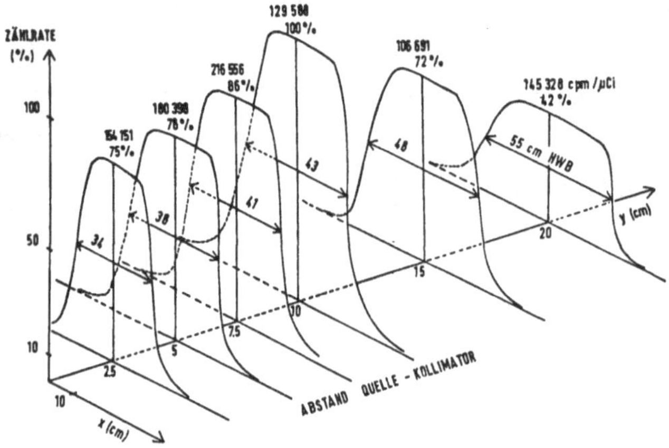

Abbildung 3: Empfindlichkeit des Lamellenkollimators als Funktion der Tiefe und senkrecht zur Scanrichtung in Luft für ^{131}J.

Trägt man den Zählratenverlauf der x-Richtung über die Körpertiefe auf, so nehmen die Zählraten beim Schlitzkollimator mit dem Abstandsgesetz ab. Gewünscht wurde für den fokussierenden Lamellenkollimator ein über dem gesamten Tiefenbereich konstanter Zählratenverlauf. Denn: Sowohl für homogene als auch für inhomogene Verteilung der Radioaktivität ist mit einem nicht-fokussierenden Schlitzkollimator , wegen der nicht kompensierten Abnahme der Zählraten nach dem Abstandsgesetz, die vom Meßfeld erfaßte tatsächliche Gesamtaktivität nicht meßbar. Mit einem fokussierenden Lamellenkollimator läßt sich für homogene wie für inhomogene Aktivitätsverteilungen die gesamte Radioaktivität im Meßfeld be-

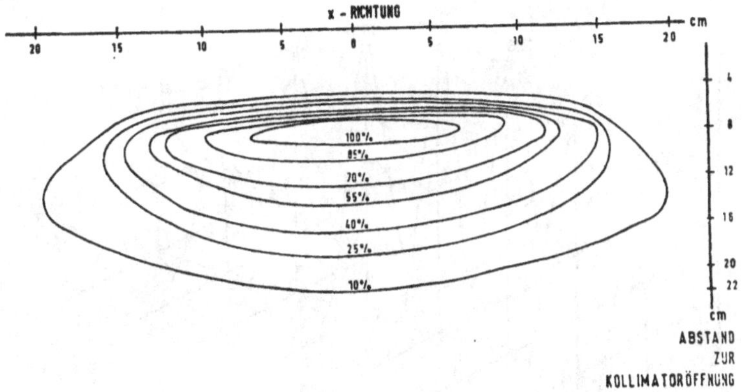

Abbildung 4: Isoempfindlichkeitslinien in Wasser für ^{131}J.

stimmen. Bei konstanter Aktivitätskonzentration oder homogener Aktivitätsverteilung ist mit dem fokussierenden Lamellenkollimator das Meßvolumen bestimmbar. Abweichende Aktivitätskonzentrationen zwischen den Meßscheiben Δ z liefern Hinweise auf inhomogene Verteilungen, die gesucht werden.

Bei einer Aufnahme der Isoimpulslinien einer in 45°-Lage gemessenen Linienquelle ^{131}J in Wasser zeigt sich eine Verschiebung der Linien zur Oberfläche hin. Dieser durch die Absorption entstandene Effekt ist durch eine Kollimation nicht zu eliminieren.

Geometrisches Mittel

Eine Verbesserung der Bestimmung der radioaktiven Verteilungen im Körper durch Kompensation der Geometrieabhängigkeit wäre die Messung des Patienten mit einem oberhalb des Patienten laufenden Detektor-Kollimator-System und einem zweiten System, das gleichzeitig unterhalb der Liege scant. Da diese Möglichkeit in der bestehenden Ganzkörperanlage nicht zu realisieren ist, kann nur die von ARMIZU (3) vorgeschlagene zweiseitige Scanmethode angewandt werden.

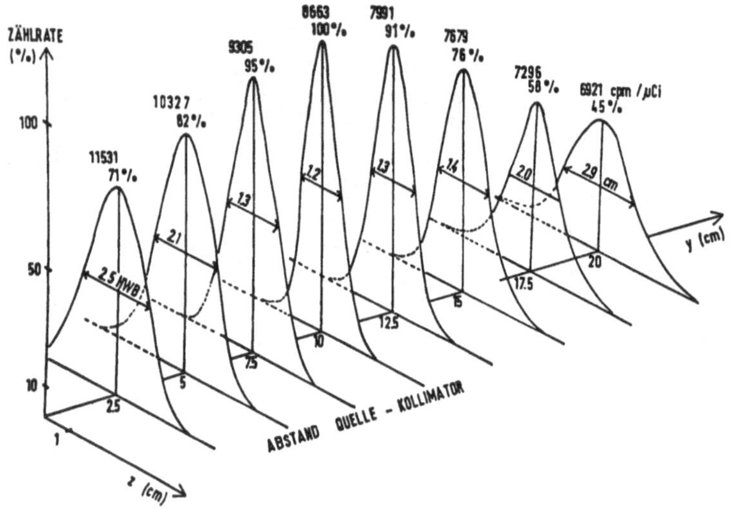

Abbildung 5: Empfindlichkeit des Lamellenkollimators als Funktion der Tiefe und in Scanrichtung in Luft für ^{131}J.

Auflösungsvermögen

In der Körperlängsrichtung erreicht der nicht-fokussierende Schlitzkollimator das geforderte Auflösungsvermögen von 4 cm nur in einer Entfernung der Quelle von 2.5 cm von der Kollimatoroberfläche. Darüber steigt das Auflösungsvermögen bis zu 8.4 cm bei einem Quellen-Kollimator-Abstand von 20 cm.

Der fokussierende Lamellenkollimator hingegen erfüllt den gewünschten Zweck über dem gesamten Tiefenbereich. In der Körpermitte ist das Auflösungsvermögen mit 1.2 cm am besten. Die Empfindlichkeit wird dagegen beim Lamellenkollimator gegenüber dem Schlitzkollimator um den Faktor 10 verringert.

Kalibrierung

Zur Kalibrierung der Radioaktivität im Körper gingen wir nach den üblichen Kalibrierungsmethoden vor. Ein zu diesem Zweck gebautes Organphantom wurde in der Geometrie den Körpermaßen angepaßt.

Patientenmessungen

Die erste Profil-Scan-Messung wurde mit einem Patienten nach Radio-Jod-Therapie mit 15.2 mCi Therapieaktivität vorgenommen, so daß günstige Voraussetzungen hinsichtlich der statistischen Fehlerbreite gegeben waren. Die Abtastgeschwindigkeit des Detektor-Kollimator-Systems beträgt in den gewählten Beispielen 0.5 cm/s.

Im oberen Teil von Abbildung 6 sehen wir die Profil-Scan-Kurve dieses Radio-Jod-Therapie-Patienten, der nur in Rückenlage gemessen wurde. Man sieht die starke Speicherselektivität der Schilddrüse. Der untere Teil in Abbildung 6 zeigt einen Patienten, der 500 μCi ^{197}Hg appliziert bekam. Hier erkennt man die für ^{197}Hg typische Selektivität von Leber und Milz.

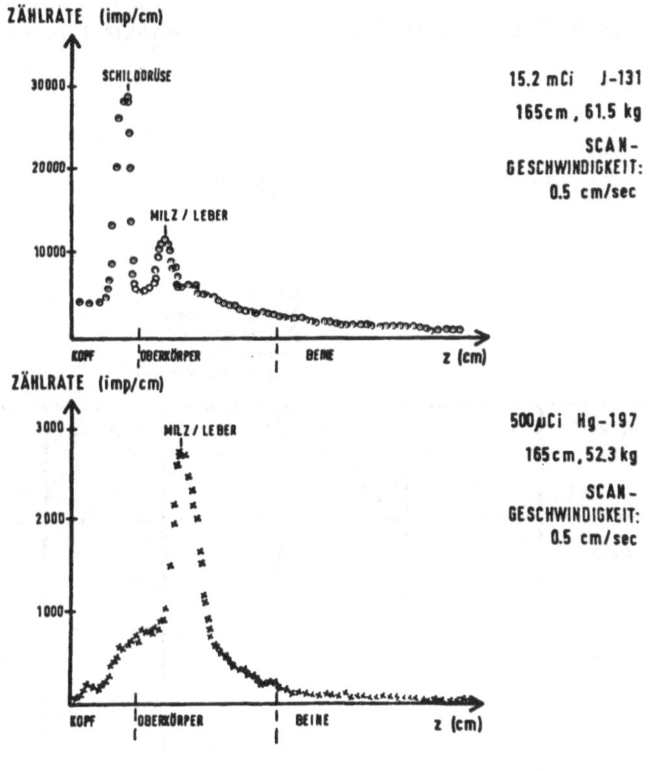

Abbildung 6: Aufnahme eines Patientenprofilscans.

Zur Auswertung der Messungen hielten wir uns streng an das MIRD'sche Konzept (2). Danach können bekanntlich die Volumina über gewissen Regionen durch mathematische Approximationen gewonnen werden. Die berechneten Körperteilvolumina werden in Prozentanteilen des Gesamtvolumens ausgedrückt. Mit der in Kalibrierungsmessungen bestimmten Volumenempfindlichkeit des Meßsystems wird die Aktivitätskonzentration in einem ausgewählten Volumen bestimmbar. Über interessierenden Regionen errechnet man die Impulsausbeute - auch in Prozent der Gesamtausbeute. Die in zusätzlichen Experimenten gewonnenen Schwächungsfaktoren und Penetrationsanteile wurden bei der Berechnung der Aktivität und Energiedosis berücksichtigt (4).

Die Tabelle 1 gibt Auskunft über Organselektivität, Radioaktivitätskonzentration, gemessene Radioaktivität und die Energiedosis über einigen Körperregionen.

Tabelle 1

Auswertung eines Patientenprofilscans.

J - 131 (0.364 MeV) 11.7 mCi
165 cm , 61.5 kg , ♂

Geometriefaktor : g_p
Spezifische Dichte : $\varrho \approx 1$ g / cm^3
Dosisumrechnungsfaktor : f = 0.96 rd / R
Gammastrahlenkonstante : $\Gamma = 0.212$ Rm^2 / hCi
Effektive Halbwertszeit : $T_{eff} = 7.6$ d

	AUSBEUTE imp	ORGAN - SELEKTIVITÄT %	RAD.-AKT. KONZENTRATION µCi / g	GEMESSENE RAD.-AKT. mCi	GEOMETRIE FAKTOR g_p	ENERGIEDOSIS D(7 d) (rd)
KOPF	64 828	10	0.026	1.11	120	0.79
HALS	241 869	37	0.09	4.1	10 Schilddrüse	0.86
LEBER-MILZ	126 737	19	0.049	2.1	76	0.94
NIEREN	52 023	8	0.02	0.9	50	0.32
BLASE	77 503	12	0.03	1.3	50	0.38
OBERKÖRPER	652 231	95	0.26	9.98	73	4.8

<u>Literatur</u>

1. Directory of Whole-Body Radioactivity Monitors (1970) Edition, IAEA, Vienna

2. Mird (1969), Pamphlet No.5. Journal of Nuclear Medicine, Supplement No.3, Vol.10

3. Armizu, N. & Morris, A.C. Jr. (1969), Quantitative Measurement of Radioactivity in Internal Organs by Area Scanning, Journal of Nuclear Medicine, Vol. 10

4. Jaeger, R.G. & Hübner, W. (1974), Dosimetrie und Strahlenschutz, Thieme-Verlag, Stuttgart.

7.3 Umbau eines Ganzkörperzählers in einen prozeßrechner-gesteuerten Low-Level Ganzkörper-Scanner

C. Hamann

Das GKZ-On-Line-System mit festen Geometrien (Abbildung 1)

Der 1960/61 errichtete Ganzkörperzähler (GKZ) der Strahlenklinik ist seit dem Umzug in das Klinikum Steglitz (1968) on line an einen Prozeßrechner (PR) vom Typ IBM 1800 angeschlossen. Über eine Process-Interrupt-Konsole (PI) werden die Prozeßprogramme gestartet. Patienten-Daten werden im Mensch-Maschine-Dialog über Typewriter und Keyboard eingegeben und gleichzeitig auf Plausibilität geprüft. Das Energie-Spektrum des Vielkanalanalysators (VKA) wird über ein (selbstgebautes) elektronisches Interface in den PR eingelesen und zusammen mit den Patienten-Daten auf Magnetplatte gespeichert. Aus Gründen der Datensicherung wird es zur visuellen Kontrolle anschließend nochmals zum GKZ zurückgespielt und auf Speicheroszillograph (4) dargestellt. Neben der unmittelbar anschließend durchgeführten automatisierten Auswertung der Messung wird der PR zur Kalibrierunterstützung, dem Plotten von Resorptionskurven, u.a.m. für den GKZ eingesetzt. KOEPPE hat in (1) und (2) das System ausführlich beschrieben und in (3) die Urfassungen zahlreicher FORTAN-Programme dokumentiert. Aus diesen ist der erhebliche Aufwand (mind. 2-Mann-Jahre) zur Erstellung der Grund-Software ersichtlich.

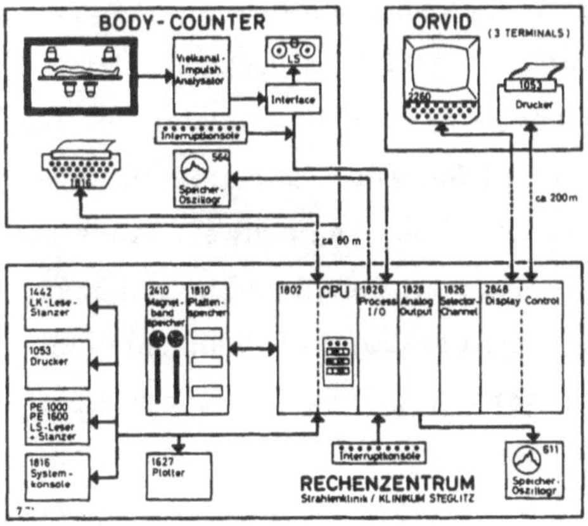

Das GKZ-System mit festen Geometrien ermöglicht Energie-Spektren bezgl. Gesamtkörper zu messen, jedoch ist allenfalls eine grobe Aussage über die örtliche Verteilung der inkorporierten Radionuklide möglich.

Der Umbau in ein Scanning-System wurde zwar schon 1963/64 erwogen, nach einigen Vorversuchen (KOEPPE, SCHNEIDER; unveröffentl.) jedoch wieder aufgegeben, da die Anforderungen mit den damaligen Mitteln nicht erfüllbar waren. Erst mit der Installation eines PR waren die Voraussetzungen gegeben. 1973 wurde darum ein Forschungsprojekt beschlossen, den GKZ in eine Scanning-Geometrie umzurüsten. Das Ziel ist die Entwicklung eines vollautomatischen prozeßrechnergesteuerten Scan-Systems, das nach Eingabe von Patienten-Länge, -Bauchumfang und -Meßaufgabe sämtliche Einstellungen und Messungen selbsttätig und selbstoptimierend (adaptiv) vornimmt. Zu diesem Zweck müssen zunächst alle Systemkomponenten (Analysatoren, Motore usw.) vom Rechner ansteuerbar und über "Status-Worte" kontrollierbar sein. Dieses Ziel wurde durch weitgehenden Eigenbau erreicht.

Skizze der Scan-Mechanik (Abbildung 2)

Die Scan-Mechanik wurde nach unseren Wünschen von der Forschungswerkstatt des Klinikum Steglitz gebaut. Drei Koordinaten sind unabhängig voneinander einstellbar: Höhe des oberen Trägers und Höhe des unteren Trägers mit je 2 Szintillations-Detektoren sowie Längsbewegung der gesamten Mechanik parallel zur Patientenachse. Die schwere Konstruktion ist sehr leichtgängig aufgebaut durch Kugellager-Aufhängung und -Unterstützung an Führungsrohren. Die Ausgleichsgewichte zu den Detektor-Trägern dienen der Sicherung des Patienten bei evtl. Spindelbruch sowie der Entlastung der Spindelmutter bei Kollimierung der Detektoren. Zur Verringerung des am Scan-Motor angreifenden Rotationsträgheitsmoments wurde die 2m-Spindel fest montiert und die Bewegung über eine Spindelmutter erzeugt.

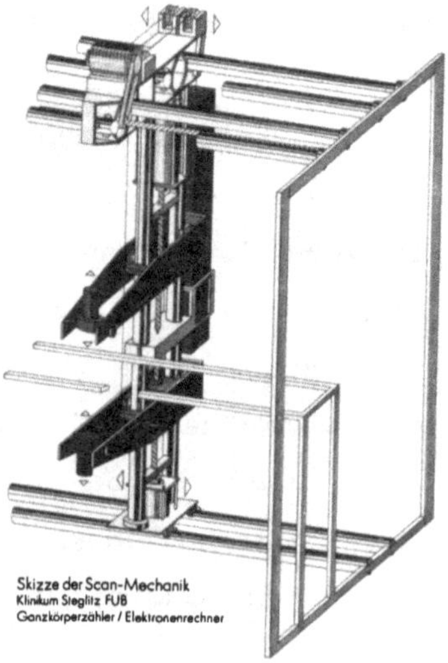

Skizze der Scan-Mechanik
Klinikum Steglitz FUB
Ganzkörperzähler / Elektronenrechner

Schrittmotor und elektronische Ansteuerung (Abbildung 3)

Zum Antrieb werden Schrittmotoren (SM) eingesetzt, da sie als digitales Bauelement im digitalen Regelkreis erhebliche Vorteile gegenüber Servoregelungen besitzen.

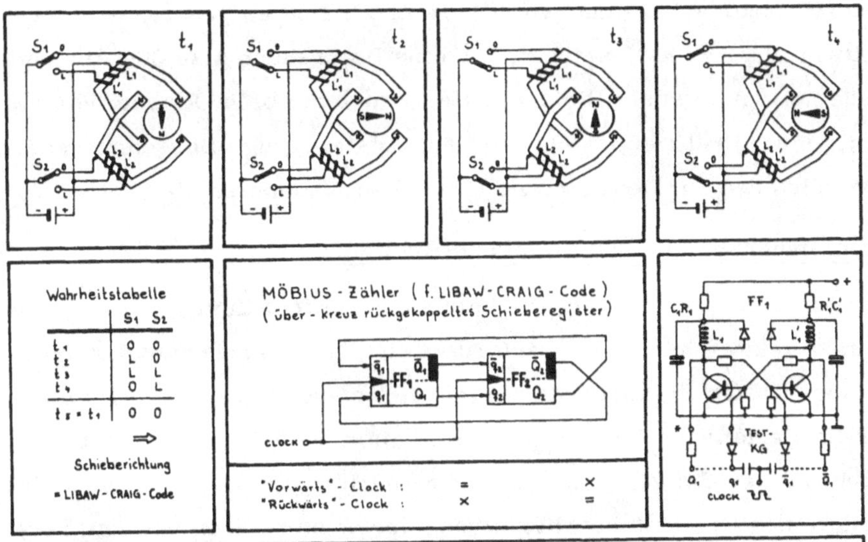

030473/CH SCHRITTMOTOR UND ELEKTRONISCHE ANSTEUERUNG ('UNIPOLAR'-BETRIEB)

Das Prinzip eines SM sei an einem einfachen Beispiel erläutert: Ein zweipoliger permanent-magnetischer Rotor wird von einem Drehfeld mitgenommen, das durch zyklisches Umpolen der Ströme in den beiden um 90° versetzten Statoren erzeugt wird. Ordnet man den Schalterpositionen logische Variable (0, L) zu, so ergibt die Wahrheitstabelle einen LIBAW-CRAIG-Code. Statt der Schalter werden Halbleiter eingesetzt. Die Codierung wird von einem MÖBIUS-Zähler erzeugt. Die Flip-Flops (FF), mit den in den Kollektorkreisen liegenden Statorwicklungen werden über Koppelgatter (KG) angesteuert. Schieberichtung und damit Drehsinn des SM wird durch Verknüpfung der Vorbereitungseingänge bestimmt: Wird die Kreuzkopplung zwischen FF1 und FF2 gelegt, so läuft der SM rückwärts. Man schaltet darum an (*) zwei KG parallel und verknüpft die einen gemäß Blockbild mit Kreuz zwischen FF2 und FF1, die anderen mit Kreuz zwischen

FF1 und FF2 und erhält einen "Vorwärts"- und einen "Rückwärts"-Impulseingang. Zur Verbesserung der Dynamik werden RC-Glieder (R_1C_1, $R_1'C_1'$) eingesetzt. Zum Erzielen höherer Leistungen läßt man die gesamte Wicklung vom Erregerstrom durchfließen, jedoch sind dafür kompliziertere Ansteuerelektroniken erforderlich ("Bipolar-Betrieb"). Praktische SM sind durch Mehrfach-Polung von Rotor und Stator so gebaut, daß ein Schrittwinkel z.B. $1,8^{0}$ beträgt, für eine Umdrehung also 200 Ansteuerimpulse notwendig sind. Die speziellen Probleme beim Einsatz von SM wie Dynamik, Drehmoment-Kennlinien, Ansteuerung, Berechnungsbeispiele usw. sind den Firmenschriften (13-17) zu entnehmen.

Vorwahlsteuerung für Schrittmotore (Abbildung 4)

SM können in offener Steuerkette betrieben werden: Zum genauen Positionieren ist keine Rückmeldung erforderlich. Die Ansteuerung des SM mit einer abgezählten Pulskette bestimmt die Ortskoordinate, die Pulsfrequenz die Verfahrgeschwindigkeit. Als "Start-Stop-Frequenz" ist diejenige Drehzahl des SM gegeben, bei der er noch in der Lage ist, ohne Schrittverlust seinen Rotor zu beschleunigen oder abzubremsen bzw. zu reversieren. Ein Betrieb über diese Drehzahl hinaus wird mittels Ansteuerelektronik im geführten Hochlauf und Abstieg erreicht. Konventionelle Ausführungen (z.B. Fa. LENZE (14)) bestehen aus SM-Treiber, Vorwahl-Rückwärts-Zähler mit Digitalschalter zur Eingabe der Schrittzahl und Display zur Anzeige der noch auszuführenden Schritte, sowie dem Integrator mit Spannungs-Frequenz-Umsetzer zum geführten Hochlauf und Abstieg auf die mittels Potentiometer eingestellte Soll-Frequenz. Die Verknüpfungslogik ermöglicht Einzelschritt-Ansteuerung, kontinuierliches Verfahren und Vorwahl-Positionieren ("Index-Betrieb"). Der direkte Anschluß einer solchen Ansteuerung an einen PR bedingt eine hohe Rechnerbelastung infolge notwendiger Koordinaten-Umrechnung und -Speicherung. Wesentlich eleganter im Einsatz und günstiger bezüglich Rechnerbelastung ist eine Koordinatensteuerung, die nach unseren Spezifikationen die Fa. CAWI (18) entwickelt: Ein eingebauter "Koordinaten-Rechner" ermöglicht die Ein-

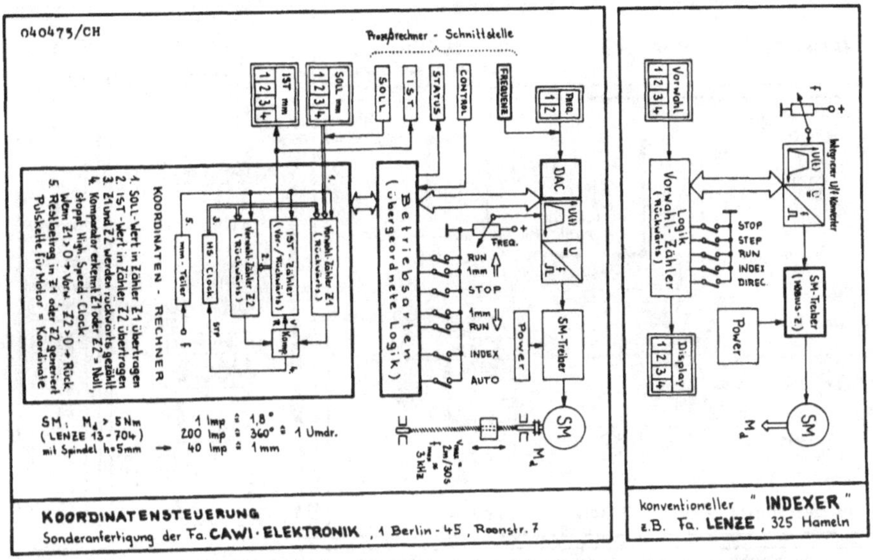

KOORDINATENSTEUERUNG
Sonderanfertigung der Fa. CAWI · ELEKTRONIK, 1 Berlin - 45, Roonstr. 7

konventioneller " INDEXER "
z.B. Fa. LENZE, 325 Hameln

und Ausgabe der Koordinate in Millimeter. Die Verfahrgeschwindigkeit ist digital einstellbar und veränderbar zwischen 2m/30 s und 2m/ 1 h. Sämtliche Funktionen sind manuell und vom PR steuerbar und über "IST-Koordinate" und "Status-Wort" kontrollierbar. Jeder der 3 SM der Scan-Mechanik wird mit einer eigenen, identisch aufgebauten Koordinatensteuerung betrieben. Es können vom PR ermittelte "Geschwindigkeitsprofile" gefahren werden, z.B. um eine "Iso-Empfindlichkeitskurve" bezüglich idealer Linienquelle oder Phantom zu erreichen (siehe z.B. (11, 12)) oder um eine Geschwindigkeitsmodulation durch Totzeit zu realisieren. Zusätzlich könnte der Detektorabstand vom Meßobjekt während des Scannens kontinuierlich verändert werden, doch muß das Kalibrier-Problem für diese Vielparameter-Variation noch gelöst werden.

Externe Ansteuerung der VKA (Abbildung 5)

Für die direkte PR-Kontrolle des Scan-Systems müssen auch die VKA in den digitalen Regelkreis einbezogen werden: Es wurden die vorhandenen Geräte (NS 601 und ND 2200) für automatische Ansteuerung der Funktionen ANALYSE, STOP, DISPLAY, READOUT, ERASE umgerüstet (9). Am Beispiel

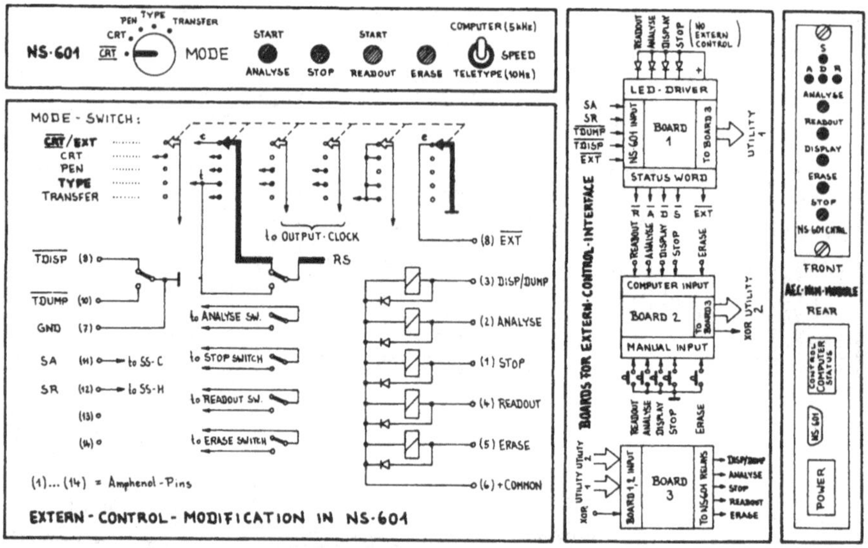

050475/CH MODIFICATION OF A COMMON MULTICHANNEL ANALYSER (NS-601) FOR EXTERNAL CONTROL

des. NS 601 soll das Prinzip der Umrüstung demonstriert werden: Der VKA wird mit den Tasten "ANALYSE", "STOP" gesteuert, wobei die "Readout" -Funktion je nach Stellung des MODE-Schalters entweder "DISPLAY" ("$\overline{\text{CRT}}$") oder "DIGITAL-READOUT" (mit "TYPE") bewirkt. Relais, parallel zum Schalter und den Funktionstasten in den NS 601 eingebaut, ermöglichen die elektrische Ansteuerung des VKA. Die logischen Verknüpfungen sind in einem AEC-NIM-Einschub untergebracht. Sie haben die Aufgabe, mit Verriegelungen die Funktionssequenz sicherzustellen sowie ein für den PR erkennbares "Status-Wort" zu erzeugen, um darüber den rechnergesteuerten Regelkreis zu schließen. Tasten für manuelle Eingabe parallel zur PR-Steuerung sowie LED-Anzeige des Status-Wortes ermöglichen die laufende Kontrolle der Funktionstüchtigkeit.

Elektronische DI-Interfaces der VKA (Abbildung 6)

Um die gemessenen Spektren vom VKA in den PR schnell übertragen zu können, wurden die vorhandenen Lochstreifen-Ausgänge der VKA mit rein elektronischen Schnittstellen erweitert. Am Beispiel der TELETYPE-Aus-

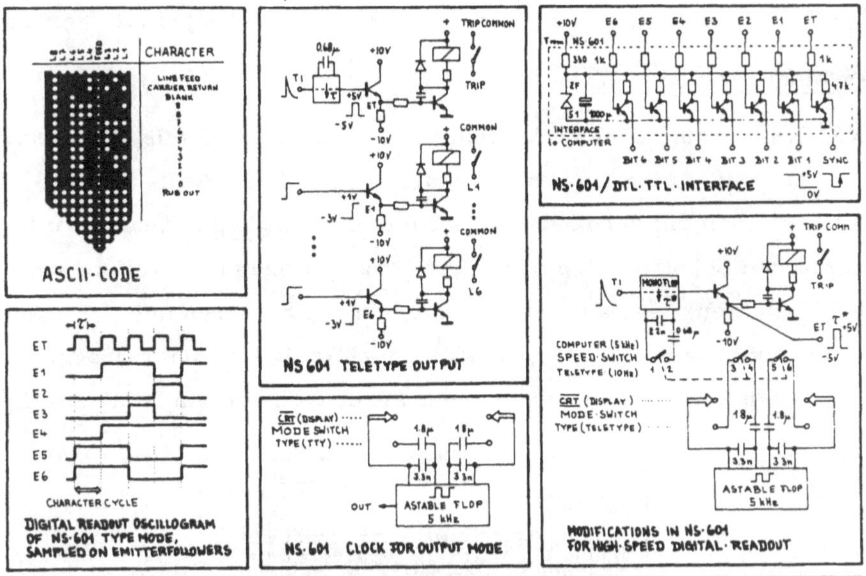

060475/CH MODIFICATION OF NS-604 ANALYSER'S TELETYPE OUTPUT TO A FAST ELECTRONIC INTERFACE

gabe des NS 601 soll das Prinzip der Umrüstung skizziert werden: Die Ausgangsbuchse wird potentialfrei über Reedrelais angesteuert. Sechs signifikante Bits L1 ... L6 der ASCII-Codierung sowie ein TRIP-Signal zum Auslösen des Druck/Stanz-Zyklus werden generiert. Für die Ausgabegeschwindigkeit ist als zentraler Zeitgeber ein Multivibrator zuständig, der im Display-Mode mit 5 kHz schwingt und dem im Type-Mode (mittels Mode-Schalter) zeitverlängernde Kondensatoren parallel geschaltet werden. An den Emitterfolgern können die Ansteuer-Potentiale abgenommen und auf Computer-Level (z.B. TTL) umgesetzt werden. Aus dem TRIP-Signal wird der Synchronisier-Puls erzeugt,womit die Datenübernahme des an der DI-Adresse des Computers anliegenden Daten-Bytes getaktet wird. Zur schnellen Datenausgabe muß der Zeitgeber wieder auf 5 kHz eingestellt werden, was mittels nachträglich eingebautem Kippschalter durch Abtrennung der Zusatzkapazitäten möglich ist. Gleichzeitig muß aber auch der Monoflop beschleunigt werden, damit keine Sync-Impulse verlorengehen. Es wird dazu eine Festkapazität eingesetzt, bis sich qualitativ das ursprüngliche Oszillogramm ergibt. Der Sync-Puls muß generiert werden, nachdem die Daten-Bits eingeschwungen sind. Über den Umschalter kann somit TELETYPE- oder Computer-Geschwindigkeit eingestellt werden.

BUS-System (Abbildung 7)

Im GKZ-System sind drei VKA verfügbar. Alle sind auf schnelle elektronische Spektrenausgabe umgerüstet worden (für IBM-DI-High-Level). Bei zwei VKA wurden die vorhandenen Lochstreifeneingänge ebenfalls mit rein elektronischen Schnittstellen erweitert (Transistoren parallel zu den Reader-Kontakten), so daß nicht nur gemessene Spektren dem PR zur Auswertung übergeben werden, sondern auch (z. B. Kalibrier-)Spektren vom PR in den VKA zurückgeschrieben werden können (in IBM-DO-High-

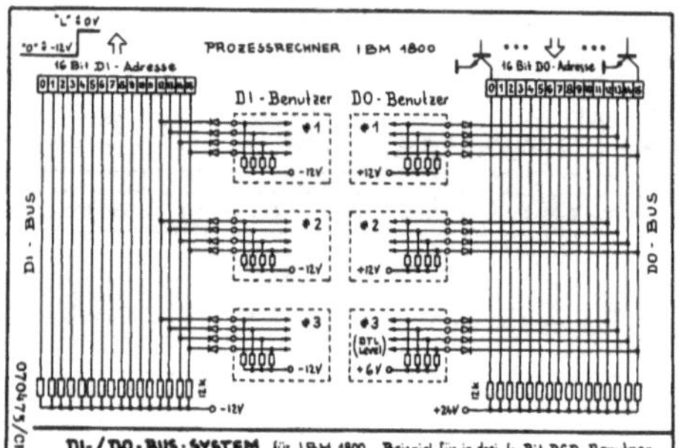

DI-/DO-BUS-SYSTEM für IBM 1800, Beispiel für je drei 4-Bit BCD-Benutzer

Level). Um für den Datentransfer der Spektren keine zusätzlichen Kabel und DI- und DO-Adressen des PR zu verbrauchen, wurde ein einfaches BUS-System (6) mit ODER-Gatter-Struktur entworfen. Es ermöglicht nacheinander 4 DI-Benutzern den Anschluß an eine DI-Adresse des PR und 4 DO-Benutzern den Anschluß an eine DO-Adresse des PR. Dabei bleiben die IBM-Schnittstellenbedingungen für die Benutzer-Anschlüsse erhalten. Trotz der Einfachheit hat sich das System ausgezeichnet bewährt.

Multiplexer-System (Abbildung 8)

Die zahlreichen Steueraufgaben des PR für das adaptive Scan-System lassen sich nicht durch Erweiterung des einfachen BUS-Systems lösen, da gleichzeitig mehrere statische Eingangs- und Ausgangsfunktionen benötigt

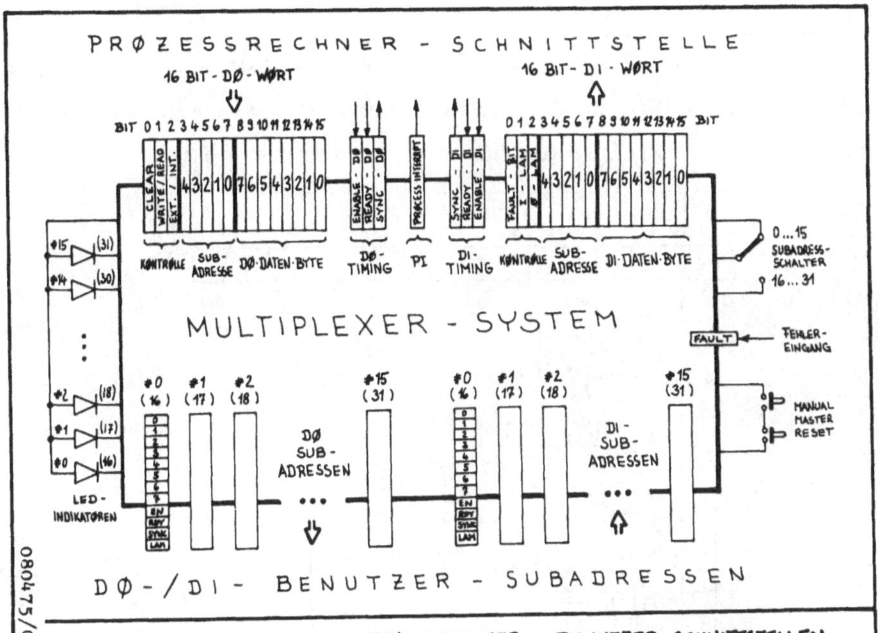

MULTIPLEXER-SYSTEM : PRØZESSRECHNER-, BENUTZER-SCHNITTSTELLEN

werden. Um trotzdem die teure Adress-Erweiterung der IBM 1800 zu vermeiden, wurde ein mit MSI-Bausteinen aufgebautes Multiplexer-System (MS) entwickelt (10), das als 4. Benutzer am BUS-System über DTL-TTL-Interfaces (8) angeschlossen ist. Aus der einen DO- bzw. DI-Adresse des PR können 32-Benutzer-Subadress-Bytes in TTL-Level versorgt werden, wobei die DO-Daten im MS gespeichert sind. Jedes Benutzer-Byte kann über ein "Look-At-Me"-(LAM)Signal den PR zum Datentransfer anfordern, wobei wahlweise mit Programmkontrolle oder mit externer Synchronisation gearbeitet wird. Das MS besteht aus zwei identisch aufgebauten Geräten, die an der PR-Schnittstelle parallel geschaltet werden: Welcher Rahmen welche Subadress-Gruppe akzeptiert, wird durch Kippschalter festgelegt. Durch die Entwicklung des MS wurde der Einsatz eines CAMAC-Systems für die hier gegebene Aufgabe der Prozeßsteuerung nicht notwendig, zumal alle Geräte für die automatische Ansteuerung von uns umgerüstet wurden. Die folgenden Bilder sollen einen Überblick zur Funktion des MS vermitteln:

DO-Funktion des MS (Abbildung 9)

Das 16-Bit-DO-Wort des PR ist in 3 Blöcke unterteilt: Das Daten-Byte speist einen Daten-BUS, an dem 16 Speicher angeschlossen sind. Welcher Speicher die Daten vom BUS übernimmt, wird durch die Subadresse im

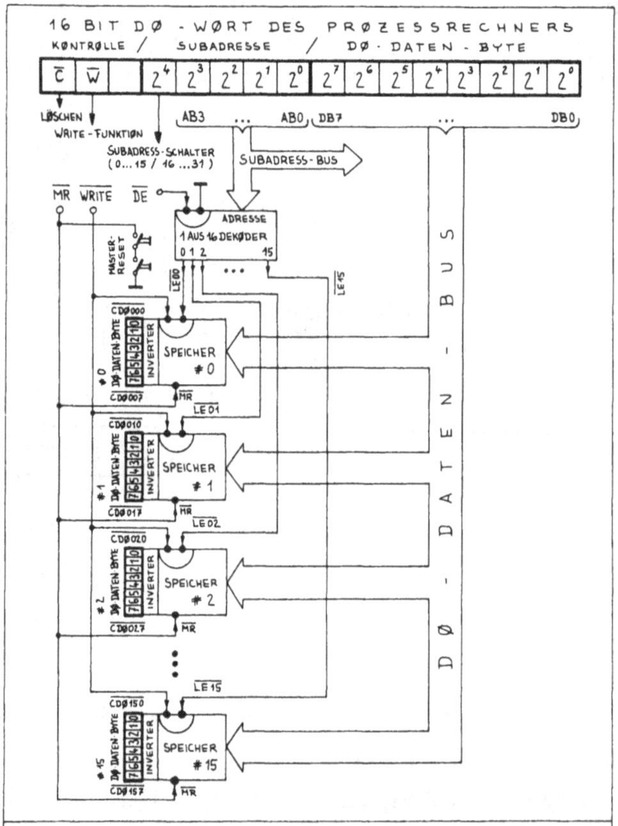

090475/CH MULTIPLEXER-SYSTEM : "WRITE" - FUNKTIØN

DO-Wort des PR festgelegt und über einen Decoder-Baustein gesteuert.

DI-Funktion des MS (Abbildung 10)

Das 16-Bit-DI-Wort des PR ist ebenfalls in 3 Blöcke unterteilt. Welcher der 16 DI-Benutzer die DI-Daten dem PR übergibt, wird durch die Subadresse im DO-Wort des PR festgelegt und über Multiplexer-Bausteine geschaltet.

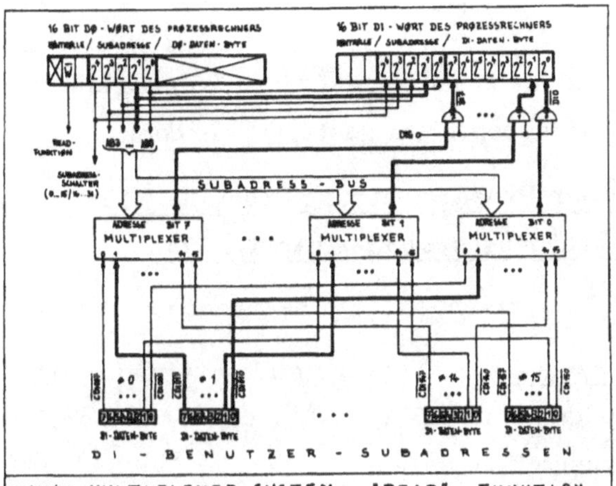

100475/CH MULTIPLEXER-SYSTEM : "READ" - FUNKTION

PROCESS-INTERRUPT und LOOK-AT-ME (Abbildung 11)

Wird ein LAM durch einen Benutzer gesetzt, so wird über ein dynamisches Oder-Gatter ein Process-Interrupt (PI) erzeugt. Auf folgende Weise ist es dem PR möglich, den anfordernden Benutzer zu finden: Der PI initiiert im PR ein Bedienungsprogramm, das nacheinander alle Sub-Adressen des MS abfragt und die Kontroll-Bits "I" und "O" im DI-Wort des PR testet. Über die Multiplexer-Bausteine wird nur derjenige Benutzer die Kontroll-Bits aktivieren, der das LAM gesetzt hat und der über die Subadresse an-

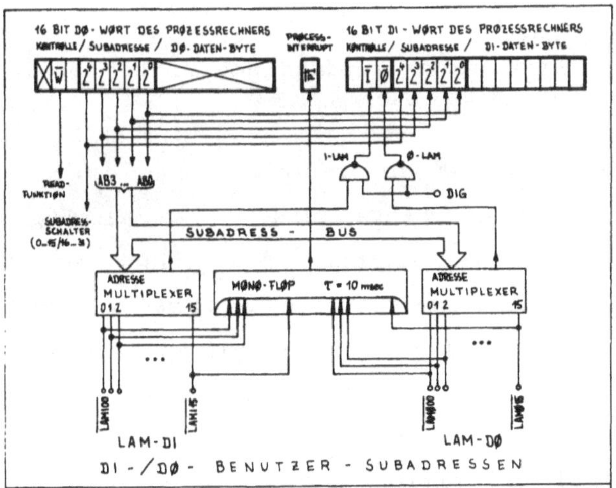

110475/CH MULTIPLEXER-SYSTEM : "PROCESS-INTERRUPT", "LOOK-AT-ME"

gewählt wurde. Ist der Benutzer auf diese Weise gefunden, kann ein individuelles Bedienungsprogramm gestartet werden.

Blockdiagramm der Prozeßsteuerung (Abbildung 12)
und Stand des Forschungsprojektes (April 1975)

Zunächst Vorstellung der noch nicht besprochenen Eigenbau-Geräte:

DISTRIBUTOR-System (5): Notwendig für automatisierten Datentransfer, um die 4 Steuersignale der IBM 1800 "individuell" per Software dem aktuellen Benutzer zuzuteilen.
CNTRL-Adresse zur Steuerung zahlreicher Kontrollaufgaben per Software.
DTL-PI Interface (7) zum automatischen Starten von Prozeßprogrammen durch das Scan-System. Es ist einer PI-Konsole (zum manuellen Starten von Prozeßprogrammen) parallel geschaltet.
BCSW-Konsole zur Programm-Auswahl in Abhängigkeit der Schalterpositionen.
1/N: Programmierbarer Teiler (MODULO-Counter) zur optimalen VKA-Kanalanzahl-Nutzung bzgl. Streckenbasis.
A-RDY: Optisch/akustisches Analyse-Ready-Signal nebst Timer-Ansteuerung.
PROC: Proceed-Signal zur akustischen Mahnung bei verzögerter Keyboard-Eingabe.

Die abgebildete Hardware-Konfiguration ist bis auf den Einbau der Scan-Mechanik in die Bleikammer abgeschlossen. Die Scan-Mechanik ist funktionstüchtig neben dem GKZ aufgebaut und mit einer Test-Elektronik verfahrbar. Die über den PR ansteuerbare Schrittmotor-Koordinaten-Steuerung soll in den nächsten Tagen geliefert werden. Um den Routine-Betrieb aufrechtzuerhalten, muß der GKZ bis zum Abschluß der Software-Entwicklung für das Scan-System weiterhin in Fest-Geometrien betrieben werden. Die Software des derzeitigen GKZ-Systems ist von unserem Programmierer, Herrn W. GUTENMORGEN, erweitert worden, so daß alle VKA über das DISTRIBUTOR-System zu benutzen sind, und das MULTIPLEXER-

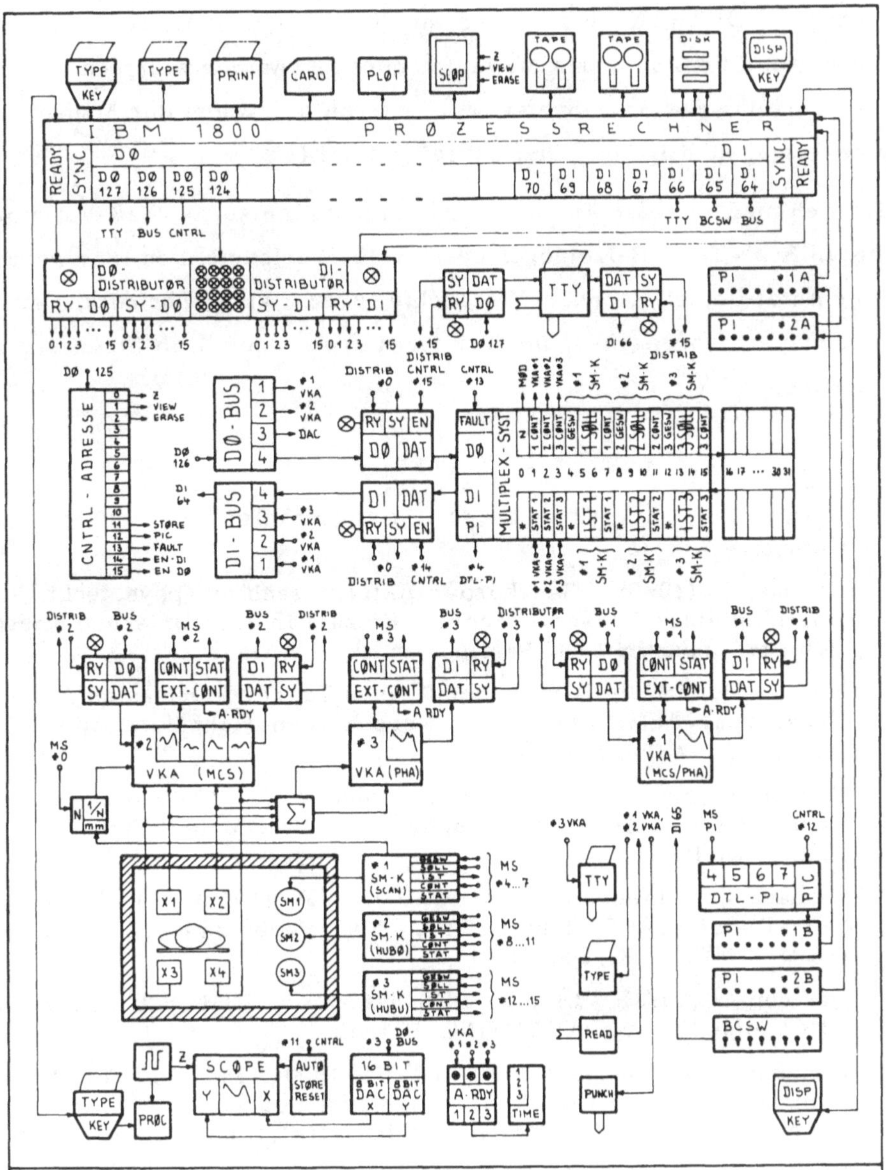

BLØCKDIAGRAMM DER PRØZESS-STEUERUNG
DES LØW-LEVEL GANZKÖRPER-SCAN-SYSTEMS

120475/CH

System per FORTRAN ansprechbar ist. Testprogramme zur externen Ansteuerung der VKA über das MS laufen bereits. An der weiteren Software-Entwicklung für das Scan-System wird gearbeitet, wobei der Mensch-Maschine-Dialog künftig über Display geführt wird.

Falls sich im Laufe der Entwicklung herausstellen sollte, daß durch die weiteren Real-Time Belastungen des PR die Wartezeiten zu lang werden, ist der Aufbau einer Rechner-Hierarchie durch Zwischenschaltung eines Minicomputers vorgesehen, um Trivial-Aufgaben der Scan-Steuerung zu übernehmen.

Literatur

1. Koeppe, P. (1970), "Ganzkörper-Aktivitätszähler", Kurz und Gut (Byk-Gulden), 4/70, 16

2. Koeppe, P. (1969), "Ganzkörper-Aktivitätszähler -phys. techn. Grdl. - Anschluß eines Prozeßrechners - Einsatz in der klinischen Forschung" Habilitationsschrift FU Berlin

3. Koeppe, P. (1970); "Der Anschluß eines Prozeßrechners an einen Ganzkörper-Aktivitätszähler", Forschungsbericht Bund. Min. Bildg. Wiss., BMBW-FB K 70-06

4. Koeppe, P., Hamann, C. & Gutenmorgen, W. (1973), "Storage Scopes Connected to an IBM 1800", Paper zum 12. COMMON(Europe) MEETING, Berlin

5. Hamann, C., Gutenmorgen, W. & Koeppe, P. (1973), "DI-/DO-Ready-/Sync-Distributor-System for IBM 1800", Paper zum 12. COMMON (Europe)MEETING, Berlin

6. Hamann, C. (1973), "DI-/DO-BUS-System for IBM 1800", Paper zum 12. COMMON(Europe)MEETING, Berlin

7. Hamann, C. & Koeppe, P. (1974), "IBM 1800 - Interface for Process-Interrupts (Manual- and DTL-TTL Versions)" Paper zum 13. COMMON (Europe)MEETING, Rom

8. Hamann, C. (1974), "DI-/DO- DTL-TTL-Interface-System for IBM 1800", Paper zum 13. COMMON(Europe)MEETING, Rom

9. Hamann, C., "Umrüstung konventioneller Vielkanalimpulshöhenanalysatoren zur externen on-line Ansteuerung via Prozeßrechner im closed-loop", Atomkerntechnik (Thiemig-Verlag), im Erscheinen

10. Hamann, C., "DTL-TTL kompatibler digitaler I/O-MULTIPLEXER", Elektronik (Franzis-Verlag), im Erscheinen

11. Kunkel, R., Muth, H. & Oberhausen, E. (1965), "Ein Ganzkörperzähler für Forschung, klinische Anwendungen und Strahlenschutzmessungen" Strahlentherapie 128, 98

12. Mehl, J. G., "Assessment of Whole-Body-Counter Efficiencies and Geometrical Characteristics", Clinical Uses of Whole-Body-Counting, IAEA 1966, 123

Firmenschriften

13. Berger, 763 Lahr, Postfach 1180 "Schrittmotoren + Elektronik"

14. Lenze, 325 Hameln, Postfach 425, "Einführung Schrittmotoren"

15. Omni Ray, 6700 Ludwigshafen, Postfach 211023, "Antriebe mit Schrittmotoren", Bärlocher, H. in STZ 1969/23, 457

16. Sigma Instruments, 8170 Bad Tölz, Burgsteinstr. 14, "Das Schrittmotoren-Handbuch" (1973)

17. Valvo, 2 Hamburg 1, Burchardstr. 19, "Schrittmotoren", Technische Information Nr. 161

18. Cawi, 1 Berlin 45, Roonstr. 7, Sonderanfertigung unserer Schrittmotor-Koordinaten-Steuerung

---

Der Verfasser möchte die Zwischenbilanz nutzen, um denen zu danken, die das Forschungsprojekt ideell oder materiell aufbauen halfen: Prof. FROST (Virchow-Khs., Bln.) für die Anregung, als Dissertations-Arbeit einen "vollautomatischen GKZ" zu bauen, Prof. KAUL für die Unterstützung bei der Bewilligung der Mittel, Herrn SCHWARZ, Frau KOSSE und Herrn KNOP aus der Forschungswerkstatt für die sorgfältige Konstruktion der Scan-Mechanik, der Fa. CAWI für die fachlichen Ratschläge zum Einsatz von Schritt-Motoren, Herrn LAUE für die Mithilfe beim Aufbau der Elektronik und Herrn GUTENMORGEN für die Assembler-Programmierunterstützung. Von Prof. KOEPPE stammt die Idee des "Adaptiven Scan-Systems".

7.4 Ein Ganzkörperzähler für die Anwendung in der Klinik und beim Strahlenschutz

E. Werner, S.M. Morsy

Die Anwendung des Ganzkörperzählers in der medizinischen Diagnostik hat in den letzten Jahren wesentlich zugenommen. Bei seinem Einsatz in der Klinik kommt es darauf an, die Gesamtaktivität einer oder mehrerer radioaktiver Substanzen im Körper des Menschen möglichst genau zu messen, und erst in zweiter Linie auf die Bestimmung von Organaktivitäten bzw. von groben Aktivitätsverteilungsmustern. Flüssigkeitszähler mit 4π-Meßgeometrie haben nur ein geringes Energieauflösungsvermögen, so daß vorhandene Restaktivitäten anderer Isotope den Meßwert beeinflussen. Deshalb sind große Anstrengungen unternommen worden, mit Kristalldetektoren Systeme mit quasi 4π-Meßgeometrie zu entwickeln, z.B. durch eine Anordnung aus 54 Einzelkristallen (1) oder eine schraubenförmige Bewegung von zwei Kristallen um die Körperlängsachse (2). Bei einer großen Zahl von Ganzkörperzählern wird die Anordnung von 2 bis 6 Detektoren auf einem Kreis um eine Patientenliege herum mit einer Relativbewegung zwischen Liege und Detektoren benutzt. Durch geeignete Variation der Geschwindigkeit der Bewegung kann die Unabhängigkeit des Meßwertes für Punktquellen auf der Körperlängsachse erreicht werden (3). Für Punktquellen an der Körperoberfläche können bei diesen Anordnungen erhebliche Abweichungen gegenüber dem Meßwert auf der Körperachse auftreten. Abbildung 1 zeigt für ein Phantom mit elliptischem Querschnitt (große Achse 33 cm, kleine Achse 25 cm) der Dichte 1 g/cm^3 berechnete Werte relativ zum Wert auf der Körperlängsachse für eine Anordnung mit 4 NaJ(Tl)-Kristallen.

Zur Herabsetzung dieser Meßfehler sind zwei Wege angegeben worden. Einmal wurde vorgeschlagen, in einer ersten Messung die Lage der Radioaktivität im Körper zu bestimmen und danach mit einer zweiten Messung

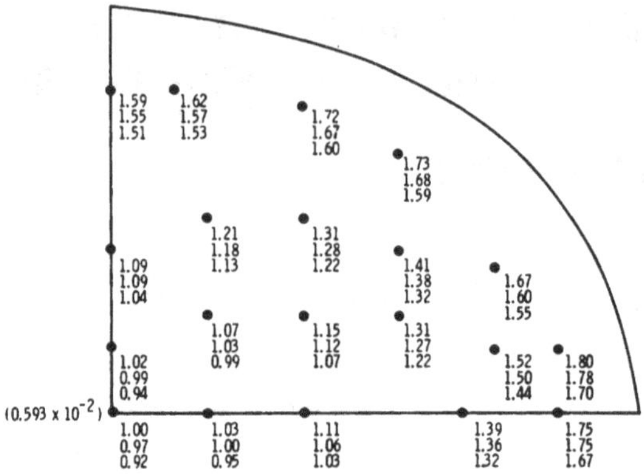

Abbildung 1: Berechnete Werte für das Ansprechvermögen einer Meßanordnung mit vier 5'' x 5'' NaJ(Tl)-Detektoren bezogen auf den Wert am Phantommittelpunkt. Die Achsen von je zwei Kristallen über und unter dem Körper schließen einen Winkel von 50°ein. Dargestellt ist ein Viertel des Phantoms mit elliptischem Querschnitt (große Achse 33 cm, kleine Achse 25 cm) der Dichte 1 g/cm^3. Die berechneten Werte gelten für das Ansprechvermögen im Photopeak, für eine Gammastrahlenenergie von 0,7 MeV und einen Abstand der zum Phantom gewandten Kristalloberfläche vom Phantommittelpunkt von 45 cm. Die oberste Zahl gibt den Wert in der Ebene der Kristallachsen an dem jeweiligen Ort im Phantom, die beiden unteren Zahlen die Werte für zwei Ebenen in 6 cm bzw. 12 cm Abstand an.

deren Aktivität. Dieses Verfahren ist nicht nur zeitaufwendig, sondern seine Anwendbarkeit wird auch begrenzt durch die Genauigkeit der Bestimmung der Gewebedicke. PALMER et al. (4) haben einen "shadow shield"-Ganzkörperzähler mit einer speziellen Anordnung von 4 Kristallen aufgebaut, durch die der Patient in einer muldenförmigen Liege hindurchbewegt wird. Durch Auffüllung der Mulde mit einem Plastikmaterial und Messungen im Comptonbereich erreichen sie ein gleichmäßiges Ansprechvermögen über den gesamten Körperquerschnitt. Allerdings darf bei diesem Verfahren nur ein Nuklid inkorporiert sein.

Wie aus Abbildung 1 ersichtlich ist, ergibt sich bei Messungen mit Kristallanordnungen im Photopeak ein zu niedriges Ansprechvermögen inkorporierter radioaktiver Substanzen auf der Körperachse gegenüber den äußeren Bereichen. Bei klinischen Anwendungen des Ganzkörperzählers kommt es in der Regel nicht auf höchste Nachweisempfindlichkeit an. Bei dem von uns konzipierten Gerät wird die Nivellierung des lateralen Ansprechvermögens über den gesamten Körperquerschnitt durch eine partielle Abschirmung der äußeren Körperteile gegenüber einem System von 4 Detektoren erreicht. Diese Abschirmung wird erzielt

a) durch die Einführung eines Kollimatorsystems mit rechteckigen Öffnungen und

b) durch eine spezielle Anordnung der 4 Kristalle, insbesondere eine seitliche Verschiebung der Kristallachsen.

Für die Optimierung der Meßanlage bezüglich der geometrischen Parameter wurden theoretische Berechnungen der Nachweisempfindlichkeit von Punktquellen in einem Phantom mit einem Rechenprogramm durchgeführt (5). Bei den Berechnungen wurde das Detektorvolumen, ihre Orientierung relativ zum Körper und die Absorptionskoeffizienten sowohl für das Phantom- wie für das Kollimator- und Detektormaterial berücksichtigt. Das Ansprechvermögen des Systems wird durch Normierung der berechneten Nachweisempfindlichkeiten auf den Wert im Phantommittelpunkt ermittelt.

Umfangreiche Berechnungen haben zu dem in Abbildung 2 dargestellten Aufbau geführt, der für die von uns angestrebte Anwendung sowohl der Messung der Gesamtkörperaktivität als auch für Verlaufsmessungen in einzelnen Organen geeignet ist. Der Aufbau besteht aus einer Teilabschirmung, durch die der Patient auf einer Liege hindurchgefahren wird. Als Detektoren werden 5'' x 5''-NaJ(Tl)-Kristalle verwendet, die innerhalb von Bleikollimatoren so bewegt werden können, daß der Abstand zum Patienten variabel ist. Die Kollimatoröffnung ist rechteckig, die längere Seite parallel zur Körperachse. Durch die exzentrische Anordnung der Kristalle in den Kollimatoren wird erreicht, daß der Körpermittelpunkt von allen Kristallen direkt gesehen wird, während die von äußeren Körperbereichen ausgehende Strahlung nicht direkt in alle Kristalle gelangen kann. Für ein

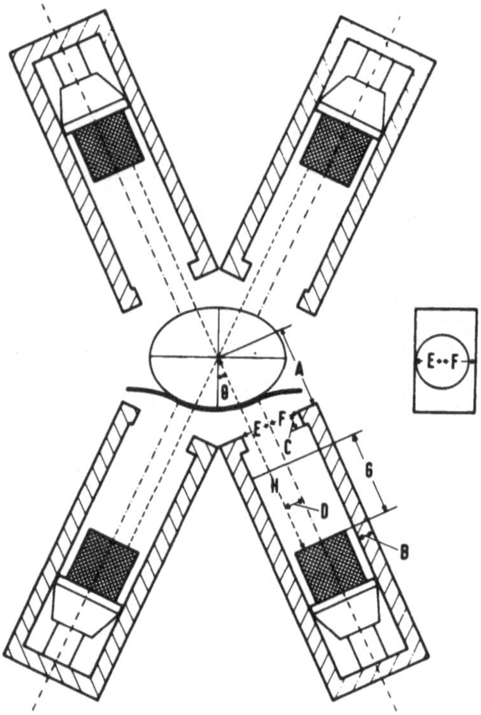

Abbildung 2: Querschnitt durch die Meßanordnung zur Teilabschirmung der äußeren Körperbereiche gegenüber dem Mittelpunkt:

In der Mitte	:	Körperquerschnitt auf der Liege
schraffiert	:	Kristalle in den Kollimatoren
rechts	:	Zentrierung des Kristalls gegenüber der Kollimatoröffnung
A	:	19 cm
B, C, D	:	4 cm
E	:	6, 35 cm
F	:	7, 85 cm
G	:	20 cm
Θ	:	25°

Funktionieren des Systems ist die genaue Justierung der Kollimatoröffnung und der Kristallanordnung in den Kollimatoren notwendig. Um den Aufbau und die praktische Handhabung der Anordnung möglichst einfach zu gestalten, wird die geometrische Einstellung der Detektoren bezüglich unterschiedlicher Gammastrahlenenergie und Patientendicke durch Änderung des Abstandes zwischen Patient und Kristall erreicht. Die Bewegung erfolgt in Richtung der Zylinderachse der Kristalle. Die Verlängerung dieser

Achsen gehen nicht durch den Körpermittelpunkt, sondern sind um 4 cm seitlich versetzt.

In Abbildung 3a sind die für diese Anordnung berechneten Werte für das Ansprechvermögen für ein Viertel des Phantomquerschnittes angegeben. Die Werte in den anderen Vierteln sind aus Symmetrieüberlegungen leicht ableitbar. Sie sind für eine Gammastrahlenenergie von 0,662 MeV (^{137}Cs) berechnet. Die aufgeführten Zahlen stellen die Werte in der Ebene der Kristallachsen (oberste Zahl) und in zwei dazu parallelen Ebenen im Abstand von 6 cm bzw. 12 cm dar. Die Kollimatoröffnung wurde so gewählt, daß gerade das Lungenvolumen mit feststehender Geometrie erfaßt werden kann. Jenseits der Ebene in 12 cm Abstand geht das Ansprechvermögen schnell auf sehr geringe Werte zurück.

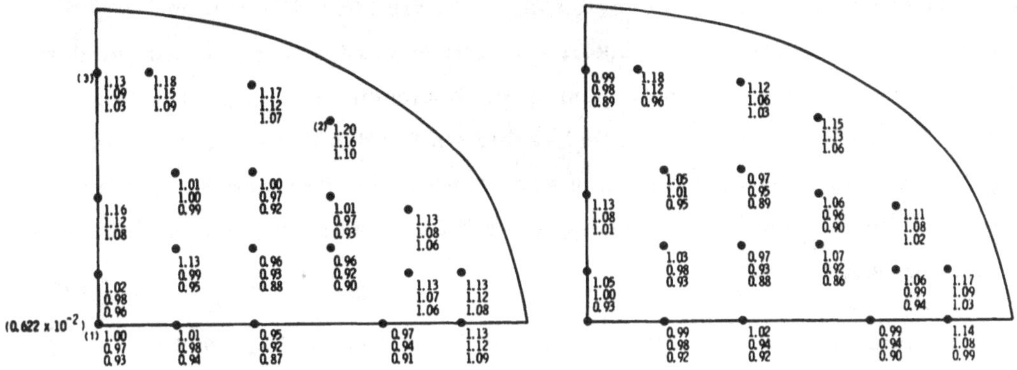

Abbildung 3: Werte für das Ansprechvermögen der in Abbildung 1 dargestellten Anordnung nach Einfügen der Kollimatoren (s. Abb. 2)
a) - linke Seite -
berechnete Werte für eine ^{137}Cs-Punktquelle (Gammastrahlenenergie 0,662 MeV)
b) - rechte Seite -
experimentell gemessene Werte
Die oberste Zahl gibt den Wert in der Ebene der Kristallachsen an dem jeweiligen Ort im Phantom, die beiden unteren Zahlen die Werte für zwei Ebenen in 6 cm bzw. 12 cm Abstand an.

Zur Überprüfung der berechneten Daten wurde ein provisorischer Aufbau der Meßanlage vorgenommen und das Ansprechvermögen für eine ^{137}Cs-Punktquelle im Photopeak an den angegebenen Positionen bestimmt. Die gemessenen Werte sind in der Abbildung 3b aufgetragen. In Anbetracht der nicht optimalen Justierung dieses vorläufigen Aufbaus stimmen die gemessenen und die berechneten Werte gut überein. Gegenüber der Anordnung ohne Kollimatoren (Abb. 1), bei der Abweichungen bis zum Faktor 1, 8 gegenüber dem Wert am Phantommittelpunkt vorkommen, sind diese durch die Teilabschirmung der äußeren Bereiche bis auf einen Faktor 1, 2 reduziert worden.

Die hier angegebene Meßanordnung ermöglicht also die Bestimmung der Gesamtaktivität inkorporierter Radionuklide, bei deren Zerfall Gammastrahlung emittiert wird, unabhängig von deren Verteilung im Körper. Dafür wird eine geringere Nachweisempfindlichkeit in Kauf genommen. Bei der klinischen Anwendung des Ganzkörperzählers treten eher Probleme wegen zu hoher inkorporierter Radioaktivitäten als wegen zu geringer Nachweisempfindlichkeit auf. Durch Veränderung des Abstandes zwischen Patient und Kristall kann bei ausreichender inkorporierter Aktivität mit gleichmäßigem Ansprechvermögen für den Gesamtkörper, bei sehr niedriger Aktivität mit einem entsprechend ungünstigeren Muster im Ansprechvermögen, dafür aber höherer Nachweisempfindlichkeit gemessen werden.

- Die Autoren danken Fräulein A. HERBERT für sorgfältige technische Mitarbeit -

Literatur

1. Cohn, S. H., Dombrowski, C. S., Pate, H. R. & Robertson, J. S. (1969), A Whole-Body Counter with an Invariant Response to Radionuclide Distribution and Body Size
Phys. Med. Biol. 14, 645

2. Anderson, J. I. & Olson, D. G. (1967), A rotational technique for assessing quantity and distribution of body radioactivity,
Health Physics 13, 719

3. Kunkel, R., Muth, H. & Oberhausen, E. (1965), Ein Ganzkörperzähler für Forschung, klinische Anwendungen und Strahlenschutzmessungen,
Strahlentherapie 128, 98

4. Palmer, H. E., Cook, J. D., Pailthorp, K. G. & Finch, C. A. (1970), A Whole-Body Counter for Precision in Vivo Measurement of Radio-Iron, Phys. Med. Biol. 15, 457

5. Morsy, S. M., Abu-Bakr, M. Y., Aloush, A. A. & Youssef, S. K., Advances in Physical and Biological Radiation Detectors IAEA Wien 1971.

7.5 Anwendung des Ganzkörperzählers für die quantitative Bestimmung von Blutverlusten

E. Werner, P. Einck-Rosskamp, J.P. Kaltwasser

Mehr als die Hälfte aller menstruierenden Frauen in Deutschland leiden an Eisenmangel (1). Als Ursache für dieses zu den häufigsten Mangelerscheinungen in der Welt zählende Syndrom kommen neben dem Nahrungseisenmangel erhöhte Blutverluste infrage. Ihr Nachweis ist häufig nicht in einfacher Weise möglich, da ein Blutverlust im Stuhl von bis zu 150 ml/Woche, der sicher zum Eisenmangel führt, von vielen Patienten nicht erkannt wird, auch wenn sie zur genauen Beobachtung aufgefordert wurden(2).

Für die Bestimmung von Blutverlusten mit chemischen Mitteln sind nur qualitative Methoden praktikabel, die jedoch entweder zu empfindlich oder nicht zuverlässig genug sind und darüber hinaus eine Diät erfordern (3). Als geeignet, besonders für die Feststellung von gastrointestinalen Blutverlusten und deren quantitativem Ausmaß innerhalb von einigen Tagen, hat sich die Markierung der Erythrozyten mit ^{51}Cr erwiesen (4). Diese Methode erfordert die vollständige Sammlung und Aufarbeitung des Stuhles in der Untersuchungsperiode. Sie kommt deshalb in der Regel nur für kurze Beobachtungszeiten bei einer stationären Behandlung infrage.

Für Blutverlustmessungen, die über einige Wochen oder Monate durchgeführt werden sollen, also gewöhnlich ambulant vorgenommen werden müssen, ist die Verlaufsmessung mit einem Ganzkörperzähler nach Radioeisenapplikation, die 1967 von HOLT et al. (5) beschrieben wurde, besser geeignet. Dafür werden einmalig etwa 1 μCi ^{59}Fe als Fe(III)-citrat ($< 0,5$ μg Fe) zur in vivo-Markierung der Erythrozyten injiziert. Nach Abschluß des Einbaus werden der Verlauf der Gesamtkörperaktivität ($A_g(t)$) mit dem Ganzkörperzähler und der spezifischen Aktivität im Blut ($A_b(t)$) gemessen.

Im Eisenmangel wird das injizierte Radioeisen praktisch vollständig in die neugebildeten Erythrozyten eingebaut. Der gesunde Mann scheidet täglich nur etwa 0,3‰ seines Bestandes an Eisen aus. Entsprechend ergibt sich innerhalb von 50 Tagen eine durchschnittliche Abnahme von $A_g(t)$ um weniger als 1% nach Korrektur des radioaktiven Zerfalls (6). Die Reproduzierbarkeit der Einzelmessung mit dem Ganzkörperzähler ist in der Regel besser als 3%. Es lassen sich also durch mehrmalige Messungen und bei guter Eisenutilisation Blutverluste nachweisen, die innerhalb von 50 Tagen 3% des Blutvolumens übersteigen. Damit sind mit dieser Methode selbst solche Blutverluste meßbar, die noch keinen oder höchstens latenten Eisenmangel zur Folge haben. Aus Messungen von Patienten während einer Aderlaßtherapie ergibt sich, daß die quantitative Bestimmung bei wiederholten Messungen mit einem Fehler, der kleiner als 10% des Blutverlustes ist, möglich ist (6).

Der Gesamtblutverlust V_a kann aus der Abnahme der ^{59}Fe-Gesamtkörperaktivität $A_g(t)$ im Zeitintervall von t_a bis t_e und dem Verlauf der spezifischen Aktivität im Blut $A_b(t)$ berechnet werden aus

$$V_a = \int_{t_a}^{t_e} \frac{dA_g(t)/dt}{A_b(t)} \cdot dt$$

V_a : Blutverlust in der Untersuchungsperiode $(t_e - t_a)$
$A_g(t)$: Gesamtkörperaktivität (^{59}Fe)
$A_b(t)$: spezifische Aktivität (^{59}Fe) im Blut

Für die Berechnungen des Integrals müssen die Funktionen $A_g(t)$ und $A_b(t)$ bestimmt werden. Als einfache Annahme kann z.B. aus den Meßwerten von A_g und A_b je eine Exponentialfunktion durch Ausgleichsrechnung ermittelt werden, jedoch ergäbe sich dann eine methodisch von der Zeit abhängige Blutverlustrate, wenn die Neigungen der beiden Funktionen nicht gleich sind. Tatsächlich weisen die Verläufe von Gesamtaktivität und spezifischer Aktivität im Blut bei fast allen untersuchten Patienten

Unterschiede auf. Das Integral wird deshalb unter Zugrundelegung zweier unabhängiger Modellvorstellungen mit verschiedenen Annahmen über den Charakter von $A_g(t)$ und $A_b(t)$ berechnet.

Beim Modell 1 wird nach der Methode der kleinsten Quadrate eine Exponentialfunktion als Ausgleichskurve für die Meßwerte der spezifischen Aktivität im Blut bestimmt:

$$A_b(t) = A_{b,o}\, e^{\mu t}$$

$A_{b,o}$: berechneter Wert für die spezifische Aktivität im Blut am Beginn der Meßperiode

μ : berechneter Neigungsfaktor der Ausgleichskurve

Die Gesamtaktivität wird durch die Summe aus einer Konstanten und einer Exponentialfunktion dargestellt:

$$A_g(t) = (A_{g,o} - A_p)\, e^{\mu t} + A_p$$

$A_{g,o}$: berechneter Wert für die ^{59}Fe-Gesamtaktivität am Beginn der Meßperiode

A_p : Plateauaktivität

Dabei wurde von der Überlegung ausgegangen, daß der Teil A_p der injizierten ^{59}Fe-Aktivität $A_{g,o}$ in ein Depot transferiert worden ist, das nur schwer mobilisierbar ist, d.h. seine Aktivität (unter Korrektur des radioaktiven Zerfalls) ändert sich während der Meßperiode praktisch nicht. Zur Bestimmung dieses Anteils A_p wurde angenommen, daß die restliche Aktivität im Körper nach einer Exponentialfunktion mit der gleichen Anfangsneigung wie die Aktivitätskonzentration im Blut abnimmt.

Beim zweiten Modell wird die Abnahme der Gesamtaktivität im Körper durch eine Exponentialfunktion dargestellt. Benachbarte Meßwerte der Aktivitätskonzentration im Blut werden im einfach-logarithmischen Maßstab jeweils durch eine Gerade verbunden und für jedes Zeitintervall der Blutverlust getrennt berechnet sowie die Summe der berechneten Blutverluste in den Teilabschnitten gebildet.

Die Berechnung der Parameter erfolgt mit einem Kleincomputer (Wang 720 B/701). Eingabedaten sind: Zeitpunkt der Ganzkörpermessung bzw. Messung der Aktivitätskonzentration im Blut nach der ^{59}Fe-Applikation, Zählrate der Ganzkörpermessung, Kalibrierungsfaktor für die Umrechnung der Zählrate in Aktivität und Aktivitätskonzentration im Blut. Der Kalibrierungsfaktor wird in der Regel für jede Person aus der Zählrate einige Minuten nach Injektion des ^{59}Fe und der bekannten injizierten Aktivität bestimmt und mit dem Retentionswert 10 bzw. 14 Tage p.inj. korrigiert. Bei dem hier verwendeten Ganzkörperzähler ist er u.a. vom Körpergewicht abhängig. Ausgabedaten des Rechenprogramms sind die Blutverlustraten gemittelt über die gesamte Untersuchungsperiode und ihre Standardabweichungen nach beiden Modellen sowie einige Angaben über die berechneten Funktionen $A_g(t)$ und $A_b(t)$. Bei bisher mehr als 250 nach dieser Methode untersuchten Personen betragen die Differenzen zwischen den nach beiden voneinander unabhängigen Modellen berechneten Blutverlustraten im Mittel 2%. Abweichungen größer als 5% kommen praktisch nicht vor.

Mit dieser Methode werden die gesamten exogenen Blutverluste erfaßt, z.B. auch die durch Blutentnahmen verursachten. Dabei werden keine großen Anforderungen an die Patientenmitwirkung gestellt, da der Patient die Bestimmung praktisch nicht beeinflussen kann. Er muß nur bereit sein, zur Untersuchung zu kommen. Ein stationärer Aufenthalt ist nicht erforderlich, ebenso nicht die Sammlung bzw. Messung von Ausscheidungen. Die Untersuchung kann über eine längere Zeitspanne, z.B. 6 Monate ausgedehnt werden, um auch geringe oder intermittierende Blutungen zu erfassen. Bei Vorliegen von Blutverlusten kann gleichzeitig mit deren Messung bereits eine Eisentherapie durchgeführt werden. Allerdings benötigt man bei dieser Methode vor Beginn der Messung eine Vorperiode von 10 bis 14 Tagen für die Inkorporation des Radioeisens in die Erythrozyten, und dann nochmals ein bis zwei Wochen bis zum Vorliegen des ersten Ergebnisses. Außerdem ist keine Lokalisation der Blutungsquelle möglich.

In der Abbildung 1 sind ausgewählte Fälle dargestellt, an denen die Anwendungsmöglichkeiten des Verfahrens beschrieben werden sollen. Im linken Teil (Abb. 1a) sind Patienten mit kontinuierlichen Blutungen - im logarithmischen Maßstab ergibt sich dann für den Aktivitätsverlauf im Körper eine Gerade - dargestellt. Dabei bildet die Kurve 1) eine Ausnahme. Sie

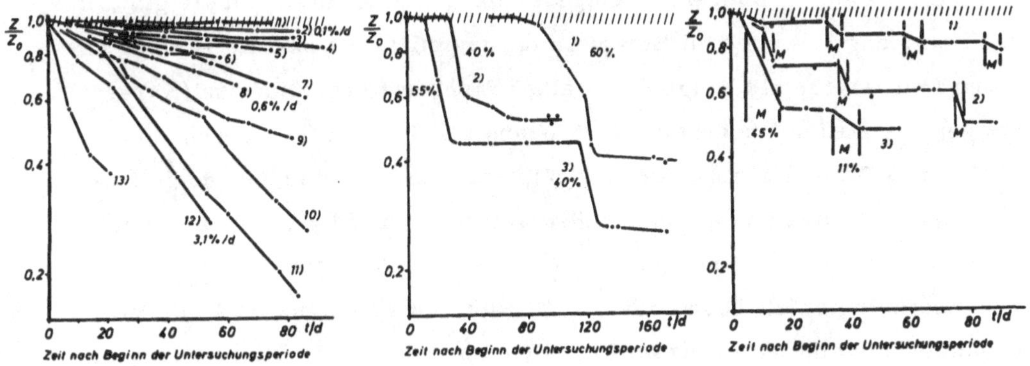

Abbildung 1: Kontinuierliche und intermittierende Blutverluste: Verlauf der mit dem Ganzkörperzähler gemessenen Zählrate Z/Z_0

a) bei Patienten mit kontinuierlichen Blutungen unterschiedlichen Ausmaßes,

b) bei einem Patienten mit Oesophagusvarizenblutung (Kurve 1),
bei einer Blutung aus einem Magenulcus (Kurve 2) bzw. bei einer Patientin mit unbekanntem Blutungsort (Kurve 3),

c) bei Patientinnen mit Hypermenorrhoe (M:Zeitraum der Menstruation)

Die Eintragungen an einzelnen Kurven bedeuten relative Blutverlustraten in %/d bzw. relative Blutverluste in % bei intermittierenden Blutungen.

gibt einen Fall wieder, bei dem verschiedene Untersuchungsergebnisse, wie z.B. therapieresistente mikrozytäre, hypochrome Anämie und erhöhte intestinale Eisenabsorption eine Blutungsanämie möglich scheinen ließen, die jedoch durch die Verlaufsmessung ausgeschlossen werden konnte. Die anderen Kurven stellen Verlaufsmessungen bei Blutungen mit unterschiedlicher Ursache und von verschiedenem Ausmaß dar, z.B. 4 ml/d bei einem Patienten mit Schleimhauterosionen im Rectum (Kurve 2), 30 ml/d bei einer Patientin mit Sickerblutungen aus Oesophagusvarizen (Kurve 8) und 120 ml bei einer Patientin mit trotz wiederholter röntgenologischer, gastroskopischer und rektoskopischer Untersuchungen nicht zu lokalisierender Blutungsquelle.

Mit anderen Methoden als mit der Verlaufsmessung im Ganzkörperzähler wesentlich schlechter erfaßbar sind Blutungen, bei denen es intermittierend Perioden größerer, geringerer bzw. keiner Blutverluste gibt. In der Abbildung 1b sind drei Beispiele dargestellt: eine okkulte Blutung aus Ösophagusvarizen als Folge einer alkoholischen Leberzirrhose (Kurve 1), bei der der Patient innerhalb von 5 Wochen 3, 6 l Blut (entsprechend ca. 60% seines Blutvolumens) verlor, während 1 Jahr vorher und auch danach nur geringe Blutverluste von durchschnittlich 8 ml/d gemessen worden waren. Kurve 2) gibt eine Blutung aus einem Magenulcus wieder, bei der innerhalb von 12 Tagen etwa 2, 7 l Blut, entsprechend 40% des Blutvolumens, und in den nächsten 6 Wochen nochmals 1, 3 l Blut verloren gingen. Anschließend war kein Blutverlust mehr nachweisbar. Ein besonderes Beispiel einer intermittierenden Blutung zeigt die Kurve 3). Bei der Patientin kam es im Abstand von mehreren Monaten zweimal zu sehr hohen Blutverlusten von 55% bzw. 40% des Gesamtblutes mit Teerstühlen und anschließender schwerer Eisenmangelanämie, während die Zwischenperioden praktisch blutungsfrei waren. Durch orale Eisensubstitution konnte jeweils eine Normalisierung des Blutbildes erreicht werden. Trotz mehrfacher Röntgenuntersuchungen des Magen-Darmtraktes konnte die Blutungsquelle nicht gefunden werden.

Gegenüber den intermittierenden Gastrointestinalblutungen lassen sich Hypermenorrhoen (Abb. 1c) durch geeignete Wahl der Meßzeitpunkte abgrenzen. Bei den mit Kurve 1) und 2) dargestellten Fällen gingen pro Menstruationsblutung durchschnittlich 300 ml bzw. 950 ml Blut verloren. Die Kurve 3) zeigt den Verlauf der Zählrate bei einer Patientin mit einer Marcumarbehandlung wegen Mitralklappenersatz. Gleichzeitig bestand eine Lageanomalie der Gebärmutter. Bei der ersten Menstruation, die stark verlängert war, gingen insgesamt 45% des Gesamtblutes verloren, während bei der zweiten Menstruation bei vorherigem Absetzen des Marcumar immer noch 11% des Gesamtblutes verlorengingen. Da eine andere Blutungsquelle durch die Verlaufsmessung praktisch ausgeschlossen wurde, gab die Blutverlustbestimmung bei dem vorliegenden klinischen Bild die Indikation für eine Hysterektomie.

Neben der quantitativen Bestimmung von Blutverlusten kann die hier beschriebene Methode auch zur Kontrolle des Therapieerfolges bei nachgewiesenen Blutungen eingesetzt werden, z.B. nach der konservativen Behandlung von gastroduodenalen Ulcera oder nach Resektion von Darmabschnitten.

Zusammenfassend kann die hier beschriebene Methode der quantitativen Bestimmung von Blutverlusten mit dem Ganzkörperzähler in Langzeitbeobachtungen als geeignet angesehen werden für

- die Sicherung des Verdachtes bzw. den Ausschluß okkulter Blutungen
- die quantitative Bestimmung selbst bei geringfügigen Blutverlusten
- die Differenzierung zwischen kontinuierlichen und intermittierenden Blutungen
- die Kontrolle des Therapieerfolges bei blutenden Ulcera des Gastrointestinaltraktes
- die quantitative Bestimmung des Blutverlustes bei Hypermenorrhoe über die Dauer mehrerer Zyklen.

Aus den Blutverlustmessungen und den jeweiligen Hämoglobinwerten im Blut kann der Eisenbedarf berechnet und als Grundlage der Substitutionstherapie benutzt werden, insbesondere dann, wenn eine parenterale Eisentherapie indiziert ist. Therapie und in den meisten Fällen ambulante Untersuchung können gleichzeitig und ohne großen Aufwand für Patient und Arzt durchgeführt werden.

- Die Autoren danken Frau U. TACKE und Frau H.HAHN für stets zuverlässige technische Mitarbeit. -

Literatur

1. Heinrich, H. C., Int. Eisensymposium, Malta 1972

2. Stack, B. H. R., Smith, T., Hywel Jones, J. & Fletcher, J. (1969), Measurement of blood and iron loss in colitis with a whole body counter, Gut 10, 769

3. Humphery, T. J. & Goulston, K. (1969), Chemical testing of occult blood in faeces: "haematest", "occultest", and Guaiac testing correlated with ^{51}chromium estimation of faecal blood loss, Med. J. Aust. 1, 1291

4. Izak, G., Stein, Y. & Karshai, A. (1960), Quantitative determination of gastrointestinal bleeding using ^{51}Cr-labelled red blood cells, Amer. J. dig. Dis., N.S. 5, 24

5. Holt, J. M., Mayet, F. G. H., Warner, G. T. & Callender, S. T. (1967), Measurement of blood loss by means of a whole-body counter, Brit. med. J. 4, 86

6. Werner, E., Kaltwasser, J. P. & Becker, Hj. (1972), Quantitative Bestimmung von Blutverlusten mit dem Ganzkörperzähler, Klin. Wschr. 50, 543

7.6 Untersuchungen mit dem Ganzkörperzähler zur Resorption von Calcium

R. Kunkel, E. Leicht

Die Ergebnisse klassischer Bilanzuntersuchungen zeigen, daß bei verschiedenen Störungen des Calciumstoffwechsels beim Menschen der Resorption des Calciums eine gewisse diagnostische Bedeutung zugeordnet werden kann. Diese klassischen Bilanzuntersuchungen und auch spätere Untersuchungen mit radioaktiven Calciumisotopen (1, 2, 3) erfordern die quantitative Sammlung von Stuhl und Urin. Bekanntlich ist dies jedoch oft mit relativ großen technischen und organisatorischen Schwierigkeiten verbunden. Hinzu kommt, daß bei Verwendung kleiner Aktivitäten der Fehler der Resorptionsbestimmung groß werden kann, da sich die Resorption als Summe aus mehreren Einzelwerten mit relativ großen Meßfehlern ergibt. Es bietet sich daher an, die Calciumresorption durch eine Ganzkörpermessung zu bestimmen, bei der diese Nachteile dann nicht mehr auftreten (4, 5).

Wir verwenden bei unseren Untersuchungen ^{47}Ca in Form von $CaCl_2$. ^{47}Ca ist ein Beta- und Gammastrahler mit 1,29 MeV Quantenenergie. Es hat eine Halbwertzeit von 4,7 Tagen.

Der nüchterne Patient erhält per os etwa 10 μCi ^{47}Ca mit 50 mg inaktivem Ca als Träger. Nach der Applikation werden im Abstand von 30 min Blutproben entnommen, deren Plasmaaktivität in einem Bohrloch gemessen wird.

Zwei Stunden nach Applikation wird der Patient im Ganzkörperzähler gemessen. Das Meßergebnis wird als 100% angenommen. In den folgenden 14 Tagen erfolgt einmal am Tag eine weitere Ganzkörpermessung. Das Ergebnis dieser Messungen - korrigiert auf physikalischen Zerfall - wird in Prozent der ersten Messung angegeben.

Als Ganzkörperzähler (Abb. 1) verwenden wir zwei 8 x 4''-NaJ Kristalle, die sich in einer 20 cm dicken Stahlkammer mit den Innenmaßen 2 x 2 x 1,8 m befinden. Der Patient liegt während der Messung auf einem Bett im Abstand von 60 cm von den Kristallen. Die Kristalle werden während der Messung nicht bewegt. Als Meßgerät verwenden wir einen 400 Kanal Analysator. Ausgewertet wird ein Energiebereich von 1,1 - 1,6 MeV. Damit ist ausgeschlossen, daß das Tochternuklid ^{47}Sc mit einer Quantenenergie von 160 KeV (3,4 d Halbwertzeit) bei der Messung miterfaßt wird. In diesem Energiebereich beträgt der Nulleffekt des Ganzkörperzählers 300 Imp/min. Hinzu kommen etwa 50 Imp/min vom ^{40}K-Gehalt des Patienten. Pro μCi ^{47}Ca messen wir 4100 Imp/min. Dies entspricht einer Ausbeute von 3%.

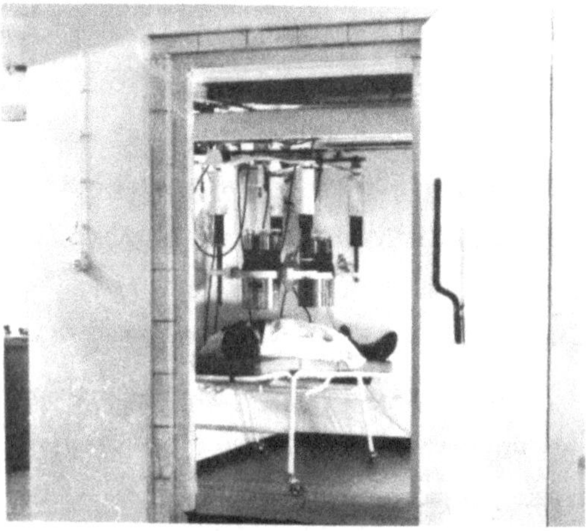

Abbildung 1: Ganzkörperzähler.

Abbildung 2 zeigt den Verlauf einer Retentionskurve von ^{47}Ca. Als Abszisse ist die Zeit nach Applikation, als Ordinate die Ganzkörperaktivität in % der applizierten Aktivität aufgetragen. Man erkennt, daß innerhalb der ersten drei Tage die Ganzkörperaktivität stufenweise stark abfällt. Dieser Abfall ist bedingt durch die Ausscheidung des nicht resorbierten ^{47}Ca mit dem Stuhl. Danach nimmt die Aktivität nur noch langsam ab. Diese Abnahme wird durch die Ausscheidung eines Teils des resorbierten ^{47}Ca durch die Niere (und eventuell über den Stuhl) verursacht. Die letzten Meßpunkte lassen sich ziemlich gut durch eine einfache Exponentialfunktion annähern, deren Anfangswert als Maß für die Ca-Resorption und deren Exponentialkoeffizient als Maß für die tägliche Ca-Ausscheidung angenommen wird.

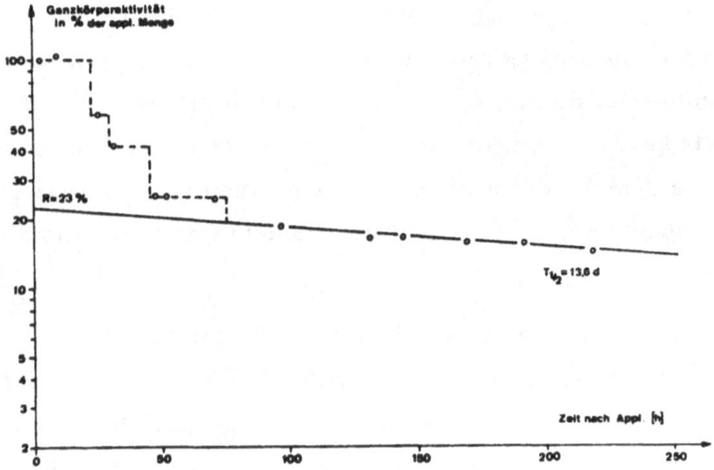

Abbildung 2: Retentionskurve von ^{47}Ca.

Aus Tabelle 1 geht die Reproduzierbarkeit der Ganzkörpermessung hervor. Bei den ersten fünf Patienten lagen die beiden Messungen bis zu einem halben Jahr auseinander. Im allgemeinen stimmen die Werte innerhalb 10% überein. Dies ist mehr, als durch den reinen physikalischen Meßfehler (etwa 5%) zu erwarten ist. Die beiden letzten Patienten zeigen eine weniger gute Übereinstimmung. Bei diesen Patienten lag allerdings eine Obstipation vor, so daß unter Umständen bei der Berechnung der Resorption von

Tabelle 1

Name	Messdatum	Resorption [%]	Abw. v. MW [%]
St.H.	31.10.73 11.12.73	46,5 41,1	6,2
S. E.	16.12.73 22. 1. 74	51,5 59,3	7,0
W. E.	26. 6. 74 27.11.74	53,7 58,5	4,3
S. M.	15. 5. 74 26. 6. 74	41,6 52,3	11,4
B. K.	14. 5. 74 20. 8. 74 26.11.74	43,1 43,2 40,4	2,1 2,1 4,3
R. G.	19. 2. 74 19. 3. 74	66,0 42,5	21,7
L. H.J.	30.11.74 11.12.74	100 74,5	14,6

Ganzkörperwerten ausgegangen wurde, die noch einen Teil nichtresorbierten Calciums umfaßten. Gerade an diesen beiden Beispielen sieht man, welchen Einfluß der nichtresorbierte Teil auf die Berechnung der Resorption hat. Wir berücksichtigen daher bei der Berechnung erst Ganzkörpermessungen ab dem 5. Tag nach Applikation. Die ersten 5 Tage geben dabei einen Anhaltspunkt ab, ob das nicht resorbierte Calcium vollständig ausgeschieden wurde.

Wir haben bei 42 Patienten diese Untersuchung durchgeführt. Von diesen Patienten waren 10 Normalpersonen hinsichtlich des Calciumstoffwechsels. 11 Patienten hatten primären oder tertiären Hyperparathyreodismus und 21 Patienten waren wegen mehr oder minder schwerer Niereninsuffizienz in stationärer Behandlung.

Die Abbildung 3 zeigt einen Vergleich der Ganzkörperresorptionswerte mit den 2 Stunden Plasmaaktivitäten, die vielfach als repräsentativ für

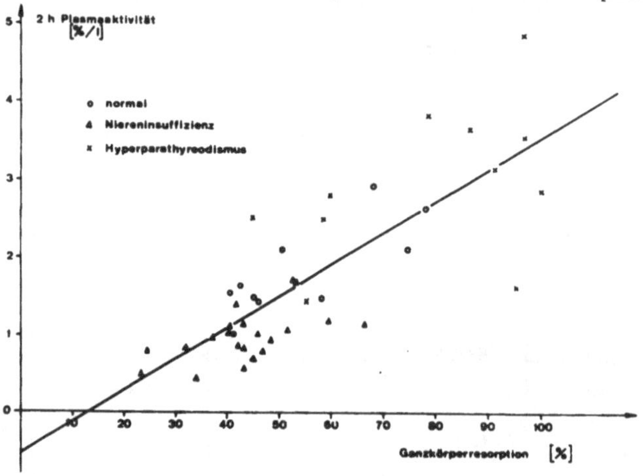

Abbildung 3: Vergleich der Ganzkörperresorptionswerte mit den 2-Stunden-Plasmaaktivitäten.

die Ca-Resorption angesehen werden. Man erkennt deutlich, daß keine allzu gute Korrelation zwischen den beiden Größen besteht (Korrelationskoeffizient 0,80). Die Korrelation der Ganzkörperwerte zu den Plasmaaktivitäten 30, 60, 90 und 180 Minuten nach Applikation zeigt noch schlechtere Werte. Da die Plasmaaktivitäten nicht nur von der resorbierten Menge, sondern auch vom gesamten Plasmavolumen und von der Einbaurate in den Knochen bzw. in bestimmte Eiweißfraktionen abhängt, ist zu erwarten, daß dieser Wert viel weniger der wahren Resorption entspricht, als der Ganzkörperwert.

Die Abbildung 4 zeigt die Ganzkörperresorptionswerte für die einzelnen Patientengruppen. Für die Normalpersonen ergibt sich eine mittlere Resorption von 54,5 ± 14,3%. Dieser Wert stimmt mit den von SACK (3) und SJÖBERG (5) angegebenen Werten von 30 ± 14,5 bzw. 35,7 ± 7,6 % nicht überein. Beide Autoren haben bei ihren Untersuchungen jedoch wesentlich höhere Mengen an inaktivem Trägercalcium (250 mg bzw. 135 mg) als wir (50 mg) benutzt. Wahrscheinlich ist der Unterschied in den Resorptionswerten darauf zurückzuführen.

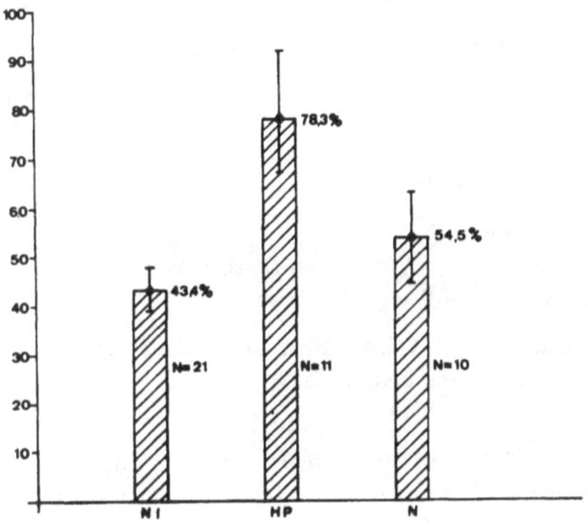

Abbildung 4: Ganzkörperresorptionswerte für die einzelnen Patientengruppen.

Die Personen mit Hyperparathyreoidismus resorbieren im Mittel 76,1 ± 19,6 %. In dieser Gruppe kommen relativ viele Resorptionswerte von 90% und mehr vor. Es zeigt sich demnach, daß eine vermehrte Ausscheidung von Parathormon durch die Nebenschilddrüse eine deutliche resorptionsfördernde Wirkung hat.

Bei der Gruppe der niereninsuffizienten Patienten zeigt sich eine verminderte Resorption von 43,3 ± 10,3%. Dies ist auf den bei diesem Patientenkreis gestörten Vitamin D-Stoffwechsel zurückzuführen.

Die Mittelwerte zeigen zwar für die einzelnen Patientengruppen deutlich signifikante Abweichungen. Im Einzelfall läßt sich aber nicht mit genügender Sicherheit eine Resorptionsstörung nachweisen. Wir glauben aber, daß sich durch Veränderungen der Methode, insbesondere durch Veränderung der Trägermenge an inaktivem Calcium, auch die Aussagekraft im Einzelfall erhöhen läßt. Es ist nämlich zu erwarten, daß bei höherer Trägermenge die prozentuale Resorption für den Normalfall zurückgehen wird, während bei Patienten mit Hyperparathyreoidismus die hohen Resorptionswerte erhalten bleiben. Umgekehrt dürften bei gestörter Ca-Resorption trotz geringer Trägermenge niedrige Resorptionswerte zu finden sein. Entsprechende Untersuchungen sind zur Zeit im Gange.

Literatur

1. Figuerroa, W.G., Mc Donald, N.S. & Tuttle, S.G. (1963), ^{47}Ca absorption studies in man. Clin. Res. 11, 110

2. Degrazia, J.A. & Rich, C. (1964), Studies of intestinal absorption of calcium in man. Metabolism 13, No. 7, 650

3. Sack, H. (1973), Isotopenuntersuchungen des Calcium- und Knochenstoffwechsels bei Systemerkrankungen des Skeletts. Radiologe 13, 125

4. Sargent, T., Linfoot, J.A. & Isaac, E.L. (1966), Whole body counting of ^{47}Ca and ^{85}Sr in the study of bone diseases. Clinical uses of whole body counting IAEA Wien 1966 (Sti/pub/122)

5. Sjöberg, H.E., Reizenstein, P. & Arman, E. (1970), Retention of orally administered ^{47}Ca in man measured in a whole body counter. Scand. J. Clin. Lab. Invest 26, 67

8 Anwendung der Elektronen-Spin-Resonanz

8.1 Anwendungsmöglichkeiten der ESR-Spektroskopie im Medizinischen Bereich +)

R.E. Grillmaier

Einleitung

Die Elektronen-Spinresonanzspektroskopie wurde vor etwas mehr als 20 Jahren von COMMONER et al. (1) in den Bereich der Medizin eingeführt. In den darauf folgenden zwei Jahrzehnten wurden in zunehmendem Maße die verschiedensten menschlichen und tierischen Gewebe untersucht, in denen auf Grund hypothetischer Überlegungen oder der Ergebnisse anderer Untersuchungen Substanzen mit ungepaarten Elektronen vermutet wurden.

An dieser Stelle wird versucht, einen Überblick über die Entwicklung und Ergebnisse der Untersuchungen zu geben, bei denen die ESR-Spektroskopie auf Probleme angewendet wurde, die für die klinische Diagnostik von Interesse sind.

Die Forschungsarbeiten auf diesem Gebiet wurden vor allem in englischen, amerikanischen, russischen und später auch in japanischen Laboratorien durchgeführt.

In Deutschland hat SCHOFFA (2, 3) die Anwendung der ESR-Spektroskopie in der Medizin propagiert. Im allgemeinen wurde jedoch in der Bundesrepublik die Aussicht, durch die Anwendung dieser Technik auf Proben von so komplexer Zusammensetzung wie Gewebe oder Zellen diagnostisch verwertbare Ergebnisse zu erhalten, gering eingeschätzt.

Nachweisbare Substanzen

Mit der ESR-Spektroskopie werden, wie schon erwähnt, Atome oder Moleküle nachgewiesen, die ungepaarte Elektronen besitzen und daher paramagnetisches Verhalten aufweisen.

Zu den Atomen dieser Art gehören in gewissen Zuständen die Übergangselemente Eisen, Kupfer, Mangan, Molybdän, Kobald und Vanadium, bei

+) Herrn Prof. Dr. A. SCHRAUB zum 65. Geburtstag gewidmet

denen sich die ungepaarten Elektronen meist auf der nicht vollständig aufgefüllten d-Schale befinden. Diese Elemente kommen z. T. in organischen Proben als paramagnetische Spurenelemente vor.

Die zweite Gruppe von Substanzen mit paramagnetischen Eigenschaften, die in der Biologie eine große Rolle spielen, bilden die Radikale, worunter Moleküle mit ungepaarten Elektronen verstanden werden. Radikale besitzen im allgemeinen wegen ihrer großen Reaktionsfähigkeit nur eine kleine mittlere Lebensdauer. Daneben gibt es aber auch "stabile" Radikale mit entsprechend längerer Lebensdauer.

Außer den Radikalen, die natürlicherweise im Organismus vorkommen bzw. als Zwischenprodukte biochemischer Prozesse vorübergehend auftreten, können noch durch Einwirkung von außen, z. B. durch Bestrahlung, aus körpereigenen Molekülen Radikale erzeugt werden.

Schließlich können stabile Radikale als sog. Spinmarkierungssubstanzen dem Organismus zugeführt oder den zu untersuchenden Gewebs- oder Flüssigkeitsproben zugesetzt werden. Mit diesen Radikalen hat man sich in jüngster Zeit in zunehmendem Maße im Hinblick auf die klinische Verwendbarkeit beschäftigt.

Methodik

Bei den komplex zusammengesetzten Proben wie Gewebe, Plasma oder Zellen sind die entscheidenden Größen, die als Information im ESR-Spektrum enthalten sind, die Anzahl der Linien, die Linienhöhe, die g-Faktoren und eventuell noch die Linienbreite. Die Linienhöhe ist i. a. ein Maß für die Konzentration der paramagnetischen Substanzen. Anhand des g-Faktors kann i. a. zwischen freien Radikalen und paramagnetischen Spurenelementen unterschieden werden.

Bei freien ungebundenen Elektronen ist der g-Faktor gleich 2,0023. Da bei Radikalen das ungepaarte Elektron nur sehr lose an das Molekül gebunden ist, liegt der g-Faktor nahe bei dem des freien Elektrons, und zwar i. a. im Bereich von 2,00 bis 2,08. Übergangselemente oder deren Ionen mit paramagnetischen Eigenschaften haben g-Faktoren im Bereich von 1, 9 bis 4, 0, manchmal auch noch größere Werte.

Außer den verschiedenen g-Faktoren zeigen Radikale und paramagnetische Spurenelemente i.a. unterschiedliches Sättigungsverhalten, das durch die Verschiedenheit der Spingitterrelaxationszeiten bedingt wird. Im Bereich der Mikrowellenleistung, die zur Erzeugung von hinreichend großen ESR-Signalen der Radikale ausreichen, liefern die Spurenelemente wegen ihrer geringen Konzentration nur verschwindend kleine Signale. Dagegen lassen u.U. Mikrowellenleistungen, bei denen die Spurenelemente noch nicht gesättigte Linien erzeugen, die Amplituden der Radikallinien schon wieder meßbar kleiner werden. Im Zweifelsfall können daher zur Klärung der Frage, ob die registrierte Linie von Radikalen oder paramagnetischen Spurenelementen erzeugt wird, die Ergebnisse der Messungen bei verschiedenen Mikrowellenleistungen herangezogen werden (s. Abb. 1, (4)).

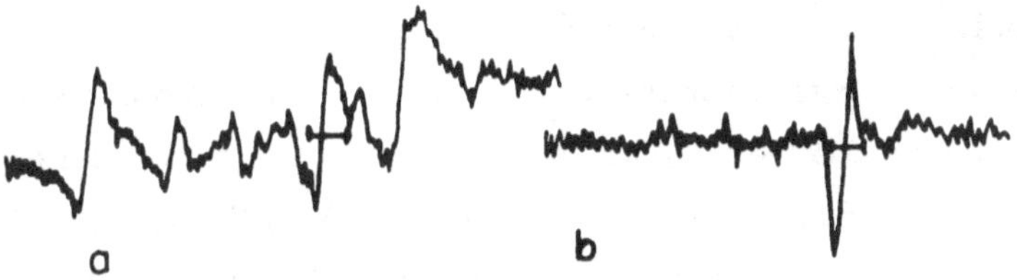

Abbildung 1: ESR-Spektren von Lebergeweben (4):
a) hohe Mikrowellenleistung
b) niedrige Mikrowellenleistung.

Übersicht über die bisherigen ESR-Untersuchungen von klinischem Interesse

In der Vergangenheit wurden vor allem ESR-Untersuchungen im Zusammenhang mit Karzinomen und der Karzinogenese durchgeführt. Daneben existieren einige Veröffentlichungen über ESR-Messungen bei Gelbsucht, Koronargefäßerkrankungen und Infektionskrankheiten. Außerdem wurden mehrere Untersuchungen der durch Bestrahlung im Gewebe erzeugten Radikale,und Untersuchungen des Enzym- und Drogenspiegels mit Hilfe von Spinmarkierungssubstanzen durchgeführt. Auf die wenigen Untersuchungen, die sich mit der Lebensfähigkeit von Geweben, den Alterungsprozessen des Organismus und dem Auftreten von Radikalen in Nerven beschäftigen, wird in den folgenden Ausführungen nicht eingegangen. Interessenten werden auf die Arbeit von SWARTZ et al. (5) verwiesen.

ESR-Untersuchungen an Karzinomen

Ausgereifte Karzinome: Bei den Untersuchungen, die sowohl an spontanen menschlichen, als auch an experimentellen tierischen Tumoren durchgeführt wurden, beobachtete man mit unterschiedlichem Erfolg und unterschiedlicher Häufigkeit, daß zwischen normalem und kanzerogenem Gewebe Unterschiede im Gehalt an Radikalen und paramagnetischen Spurenelementen, als auch Verschiebungen der Werte des g-Faktors und Veränderungen der Linienbreite auftreten. Außerdem wird in einigen Publikationen über das Auftreten von besonderen charakteristischen Linien berichtet. Es muß allerdings, wie schon angedeutet, hinzugefügt werden, daß nicht alle Untersuchungsergebnisse einheitlich sind und einige Beobachtungen bei Wiederholungsmessungen durch andere Autoren nicht bestätigt werden konnten. Die überwiegende Mehrzahl der Untersuchungen hat überraschenderweise ergeben, daß der Gehalt an Radikalen in neoplastischen Geweben niedriger ist als in gesundem (TRUBY und GOLDZEIHER (6), KOLOMIITSEVA et al. (7), COMMONER und TERNBERG (8), NEBERT und MASON (9), MALLARD und KENT (10, 11), VITHAYATHILL et al. (12), SAPRIN et al. (12-18), SENTJURC et al. (19), DRISCOLL et al. (20), DUCHESNE und VAN de VORST (21), SWARTZ (22), SWARTZ et al. (23), EMANUEL (24), KOTRIKADZE et al. (25)). In einigen wenigen Fällen wurde allerdings auch berichtet, daß der Radikalgehalt nicht verringert ist (SWARTZ (22)), oder in gewissen Tumoren sogar angestiegen ist (PAVLOVA und LIVENSON (26), MULAY und MULAY (27)).

Es muß allerdings darauf hingewiesen werden, daß die Proben unterschiedlich präpariert wurden. In den meisten Fällen wurden die Gewebe vor der Messung gefriergetrocknet und nur zum Teil im nativen Zustand bei Zimmertemperatur oder bei 77° K gemessen.

In vielen Fällen wird berichtet, daß neoplastisches Gewebe sich vom normalen Gewebe in der Zahl und Art der Linien unterscheidet, deren g-Faktoren und Sättigungsverhalten auf paramagnetische Spurenelemente hinweisen. Zudem wurden in verschiedenen Tumoren Linien mit verschiedenen g-Faktoren gefunden (NEBERT und MASON (9), MULAY und MULAY (27), EMANUEL et al. (28)).

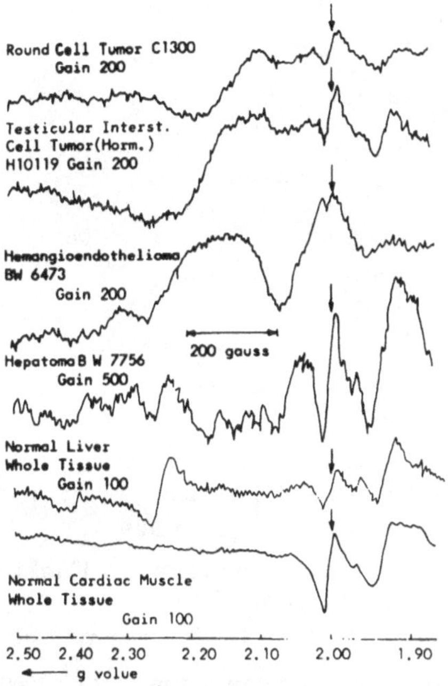

Abbildung 2: ESR-Spektren verschiedener Tumorgewebe(NEBERT und MASON (9)).

Von einigen Autoren (BRENNAN et al. (29), DRISCOLL et al.(20)) wurde angegeben, daß sie in lyophilisierten Proben Unterschiede zwischen normalen und neoplastischen Geweben in Form von Verschiebungen der Linie im Bereich der freien Radikale (bei g = 2,0023), beobachtet haben. WALLACE et al. (30, 31) und DRISCOLL und FARRELL (32) glauben aus der Verschiebung des g-Faktors, die in den lyophilisierten Proben von Lungenkrebsgeweben gemessen wurde, einen Wahrscheinlichkeitswert dafür angeben zu können, ob das Gewebe kanzerogen ist oder nicht.

WALLACE et al.(31) sowie DRISCOLL und FARRELL (32) geben an, daß die Breite der Linien, die im Gewebe von Osteosarkomen registriert wurden, gegenüber der im normalen Gewebe verändert ist. Die Bestimmung der Linienbreite und der g-Faktoren ist jedoch wegen des geringen Auf-

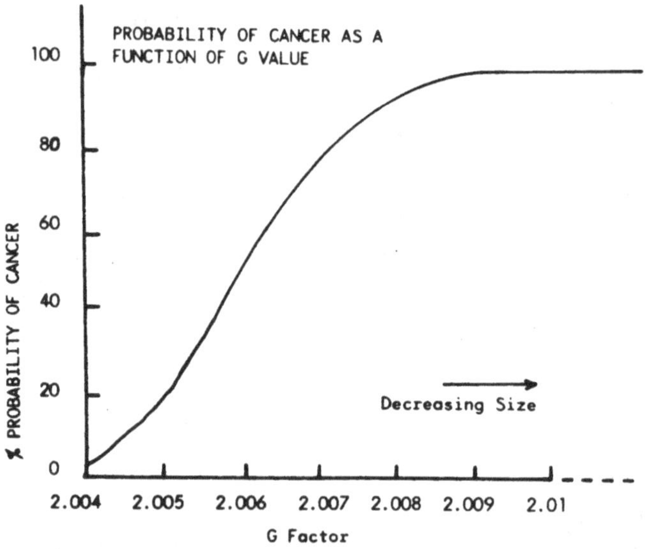

Abbildung 3: Krebswahrscheinlichkeit für Lungengewebe als Funktion des g-Wertes (WALLACE et al. (31)).

lösungsvermögens infolge der großen Breite der Linien nur mit beschränkter Genauigkeit möglich. Es erscheint daher unwahrscheinlich, daß Veränderungen der genannten Größen in dem relativ geringen Umfang, der in diesen Fällen beobachtet wurde, als experimentell gesichert angesehen werden können. Die meisten Autoren machen keine Angaben über Verschiebungen der Linienbreite.

Schließlich glauben BRENNAN et al. (29) noch einen weiteren, sehr charakteristischen Unterschied zwischen normalen und kanzerogenen Geweben, nämlich das Auftreten eines "Triplets" von Linien im neoplastischen Gewebe, gefunden zu haben.

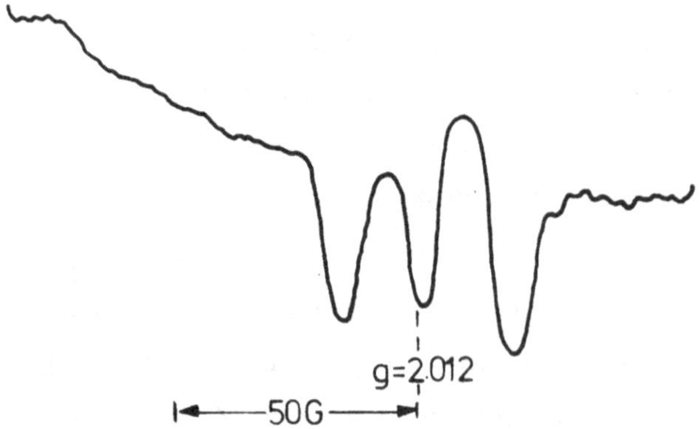

Abbildung 4: ESR-Spektrum von Neuroblastom-Gewebe (BRENNAN et al. (29)).

Über ein ähnliches "Triplet" wurde auch von anderen Autoren (EMANUEL et al. (28),

VANIN et al. (33); SAPRIN et al. (18); EMANUEL (24)) berichtet.

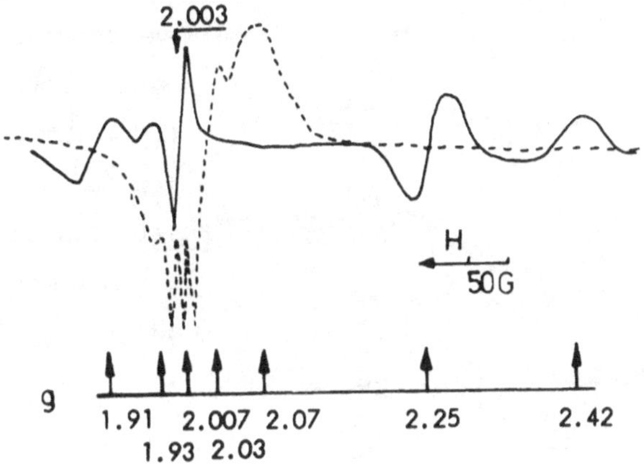

Abbildung 5: ESR-Spektren von normalem Gewebe (ausgezogene Linie) und kanzerogenem Gewebe (gestrichelte Linie) (EMANUEL (24)).

MARUYAMA et al. (34) konnten dieses Signal weitgehend analysieren. Sie fanden dabei heraus, daß es zwar in Ascites-Tumorzellen häufig aber nicht immer auftrat und sie stellten vor allem fest, daß es auch in normalen, nicht kanzerogenen Geweben hervorgerufen werden kann. FORSTER und HUTCHISON (35) zeigten, daß solche "Triplets" auch durch Zusatz von Nitraten zum Trinkwasser im Gewebe der Kaninchenleber hervorgerufen werden können.

Karzinogenese: Von Gewebsuntersuchungen in der frühen Phase der Tumorentstehung, in der noch keine histologischen oder anderen Veränderungen festgestellt werden können, erhoffte man Ergebnisse, die bei der Früherkennung des Krebses klinisch verwertbar sein könnten. Die ersten Ergebnisse solcher Untersuchungen waren zunächst ermutigend. VITHAYATHILL et al. (12) beobachteten das vorübergehende Auftreten einer Linie (bei g = 2,0035) im Lebergewebe von Ratten während der präkanzerogenen Phase, die durch verschiedene kanzerogene Stoffe im Futter ausgelöst wurde (Abb. 6). Diese Linie verschwand wieder bei zunehmendem Wachstum der Tumore. Später zeigten dann WOOLUM und COMMONER (36) und COMMONER et al. (37), daß die Intensität dieser Signale in den Organproben

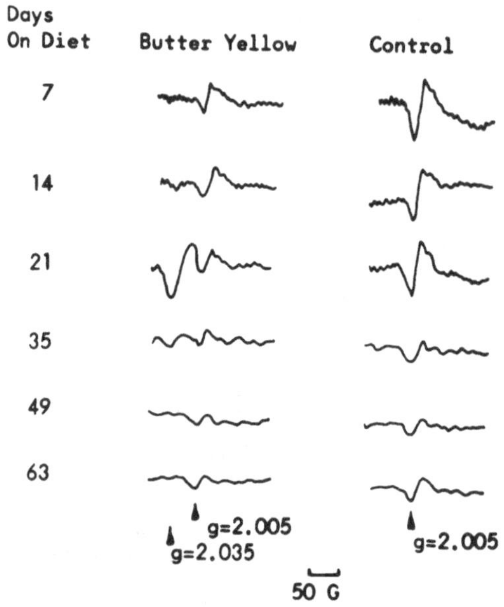

Abbildung 6: ESR-Spektren von präkanzerogenem Gewebe (linke Seite) und normalem Gewebe (rechte Seite).

der Tiere nicht nur vom Gehalt der ursprünglich verwendeten karzinogenen Substanz, sondern auch vom Gehalt an Proteinen, Nitriten und Nitraten abhängig ist. Das Radikal wurde als Fe-NO-Komplex identifiziert.

In einer der neuesten Untersuchungen an chemisch induzierten Karzinomen wird von einem deutlichen Anstieg des Gehalts paramagnetischer Substanzen, die als paramagnetische Eisenionen identifiziert wurden, in der präkanzerogenen Phase berichtet (FLOYD et al. (38)). Andere Autoren geben an, daß in lyophilisierten Proben von Tumorgeweben die Konzentration der freien Radikale in der frühen Phase der Karzinogenese noch vor dem Auftreten von Gewebsveränderungen zunächst ansteigt und dann mit zunehmender Reifung des Tumors wieder bis unter die Werte von normalem Gewebe abnimmt (SAPRIN et al. (13-17) s. Abbildung 7; DRISCOLL et al. (20); EMANUEL (24); KOTRIKADZE et al. (25); WALLACE et al. (31); PETYAYEV et al. (39)).

Eine der Gruppe von Wissenschaftlern (PETYAYEV et al. (40)) glaubt schließlich, einen wellenförmigen Verlauf der Radikalkonzentration in lyophilisierten Proben von Tumorgeweben gefunden zu haben.

SWARTZ et al. (23) konnten diesen Verlauf, d.h. einen Anstieg zu einem maximalen Wert verbunden mit einem anschließenden Abfall auf Werte unter die des Normalgewebes, nicht bestätigen. Bei Untersuchungen von

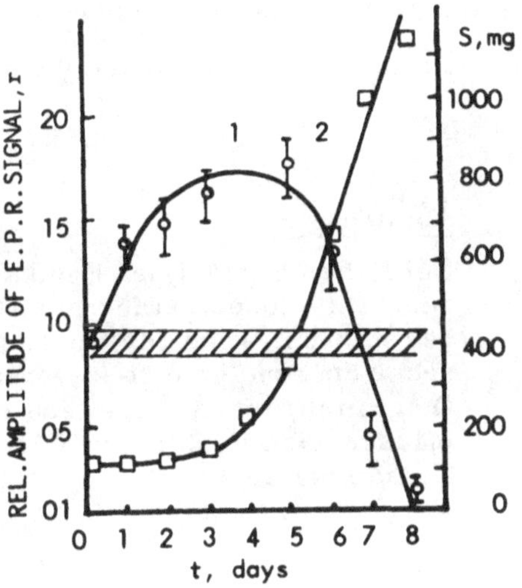

Abbildung 7: Zeitlicher Verlauf der Radikalkonzentration (Kurve 1) und des Milzgewichts (Kurve 2) nach Beginn der Tumorinduktion.
Gestrichelte Zone: Radikalkonzentration in normalem Gewebe.

nicht lyophilisierten Organ- und Blutproben von Mäusen mit transplantierten AKR/J-Leukämiezellen stellten sie zunächst fest, daß nur im Blut und in den Organen, die in die Leukämieentstehung einbezogen sind (Leber und Milz), Veränderungen des Gehalts an Substanzen mit ungepaarten Elektronen auftreten (Abb. 8).

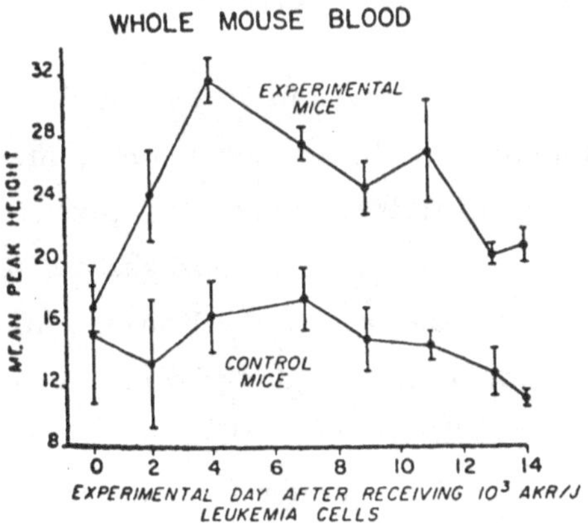

Abbildung 8: Zeitlicher Verlauf der Konzentration paramagnetischer Spurenelemente im Blut von Mäusen nach Injektion von AKR/J-Leukämiezellen (nach SWARTZ et al. (23)).

Im Blut konnte jedoch kein Anstieg des Gehalts an freien Radikalen festgestellt werden. Die Menge an paramagnetischen Übergangselementen nahm jedoch zu, bevor zytologische oder histologische Veränderungen festgestellt werden konnten. Im Gegensatz zu den Ergebnissen der russischen

Gruppe stieg die Konzentration sogar im Verlauf der Entwicklung mit der Menge der Leukämiezellen weiter an und blieb auf dem erhöhten Wert stehen.

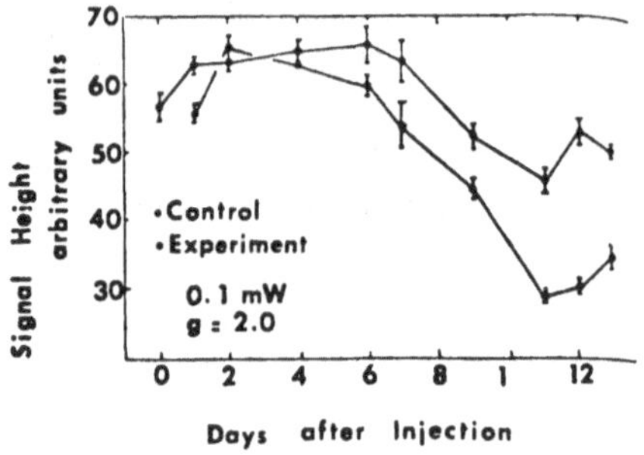

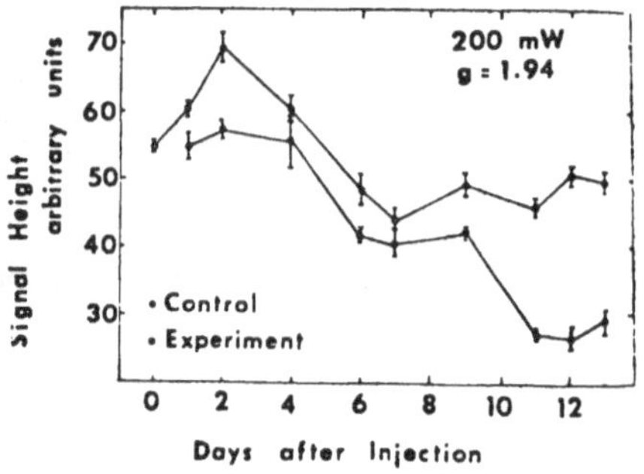

Abbildung 9:

Zeitlicher Verlauf der Radikalkonzentration (oberes Diagramm) und der Konzentration paramagnetischer Spurenelemente (unteres Diagramm) im Lebergewebe von Mäusen nach Injektion von AKR/J-Leukämiezellen
SWARTZ et al (23).

Dagegen sank im Lebergewebe sowohl der Gehalt an freien Radikalen als auch an paramagnetischen Spurenelementen ab, und zwar um so mehr, je mehr die Leber von entarteten Zellen infiltriert wurde. Milzproben zeigten ein abweichendes Verhalten. Der Gehalt an freien Radikalen blieb praktisch konstant, war jedoch immer etwas kleiner als die Konzentration der Radikale im normalen Gewebe. Die Konzentration der paramagnetischen Spurenelemente stieg dagegen auch im Milzgewebe schon in der frühen Phase der Karzinogenese an und wies im Prinzip den gleichen Verlauf wie im Blut auf.

SWARTZ et al. (23) vermuten auf Grund ihrer Meßergebnisse und besonders wegen des Eintritts einer Sättigung des Gehalts an paramagnetischen Substanzen, daß die vermehrte Ausschüttung dieser Substanzen im Blut auf eine nicht spezifische Immunreaktion zurückzuführen sei, bei der

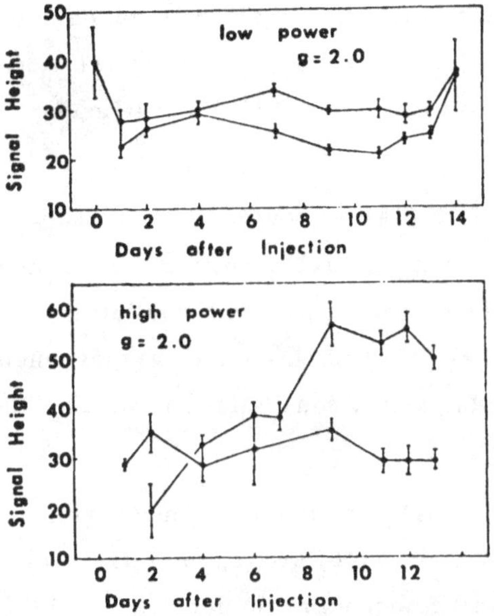

kupferhaltiges Plasmaprotein (Ceruloplasmin) erzeugt bzw. freigesetzt wird. Inzwischen ist es der Gruppe SWARTZ gelungen, diese Vermutung zu bestätigen (MAILER et al., 41). Auch die Ergebnisse von VITHAYATHILL et al. (12) und DUCHESNE und VAN de VORST (21) stehen im Widerspruch zu den Ergebnissen der Gruppe SAPRIN.

Abbildung 10: Wie Abbildung 9, jedoch gemessen im Milzgewebe (gleiche Autoren).

Untersuchungen an Blutproben: Zur Gewinnung von Organproben für die ESR-Untersuchungen sind chirurgische Eingriffe notwendig, die immer ein gewisses Risiko in sich bergen, oder zumindest eine Beeinträchtigung des Patienten bedeuten. Man war deshalb bestrebt, Veränderungen, die durch die Karzinogenese bedingt sind, in leichter und mit weniger Risiko zugänglichem Untersuchungsmaterial aufzufinden. COLE und HODGKINSON (42) geben an, in abgeschilferten Zellen von Cervix-Karzinomen eine Änderung des ESR-Spektrums gegenüber Normalgewebe gefunden zu haben. SWARTZ und WIESNER (43) berichten zunächst, daß mehrere ursprünglich über den Normalgehalt erhöhte ESR-Signale im Blutplasma von Krebspatienten gefunden wurden, die während der Strahlenbehandlung eine rückläufige Tendenz aufweisen. Sie glaubten, Hinweise zu besitzen, daß verschiedene Arten von Tumoren verschiedene ESR-Spektren im Plasma verursachen und verschieden starke Änderungen der Spektren während der Strahlentherapie aufweisen. Sie bringen die Erwartung zum Ausdruck, daß damit der Verlauf der Tumorbehandlung verfolgt werden könnte und Reihenuntersuchungen von Blutproben zur Krebserkennung eingesetzt werden könnten.

Andere Autoren (DRISCOLL und PAXTON (44)) vermuten auf Grund der Ergebnisse eigener und fremder Untersuchungen, daß bereits in der frühen Phase der Karzinogenese Änderungen des ESR-Spektrums in Blutproben auftreten müßten. KRUKLYAKOVA et al. (45) berichten über entsprechende Veränderungen in lyophilisierten Blutproben von Patienten mit chronischer Leukämie.

Zusätzliche Untersuchungen scheinen jedoch die anfänglichen Hoffnungen nicht zu bestätigen. LILLICRAP und WILSON (46) stellen an gefriergetrockneten Blutproben von Patienten mit Lungenkarzinomen fest, daß die ESR-Spektren sich nicht von den in gleicher Weise behandelten Proben gesunder Personen unterscheiden.
MAILER et al. (41) registrierten an nicht lyophilisierten, eingefrorenen und bei $77^{\circ}K$ gemessenen Blutproben von Krebspatienten eine erhöhte Konzentration paramagnetischer Substanzen, sie finden aber solche Veränderungen auch bei allgemeinen Infektionskrankheiten und bei Patienten mit Myocardinfarkten. Es gelingt ihnen, diese Substanz als Ceruloplasmin zu identifizieren. Die Ceruloplasminausschüttung im Plasma ist nach ihrer Ansicht nicht eine spezifische Folge der Karzinogenese, sondern eine unspezifische Reaktion auf eine Streßsituation.

Vermutliche Ursache der unterschiedlichen Befunde: Es ist auffallend, daß die positiven Ergebnisse, die die Hoffnung auf neue klinische Untersuchungsmethoden zur Früherkennung des Krebses genährt hatten, überwiegend an gefriergetrockneten Proben beobachtet wurden. Es liegt daher nahe anzunehmen, daß darin der Grund für die unterschiedlichen Befunde liegt, zumal HECKLEY (47) feststellte, daß die in lyophilisierten Proben gemessenen paramagnetischen Substanzen in keinem Zusammenhang stehen mit dem in nativen Geweben vorhandenen. MAILER et al. (41) können diese Angaben durch eigene Untersuchungen bestätigen. Trotzdem können die positiven Ergebnisse der russischen und anderer Gruppen nicht ohne weiteres verworfen werden, da sie ihre Vergleichsproben in gleicher Weise behandelten. Ein anderer Grund für die unterschiedlichen Ergebnisse kann möglicherweise in den allerdings nur teilweise verschiedenen experimentellen Systemen, die verwendet wurden, zu suchen sein.

Untersuchungen bei Gelbsucht

TERNBERG und COMMONER (48) berichten bereits 1963 über ESR-Untersuchungen an nicht lyophilisierten Biopsieproben von Patienten, die an Gelbsucht erkrankt waren und vergleichen diese Ergebnisse mit denen von gesunden Personen.

Sie stellen fest, daß in Fällen von Verschlußikterus die Konzentration an freien Radikalen im Mittel wesentlich höher liegt als bei Gesunden und Gelbsüchtigen, deren Erkrankung nicht auf einen Verschluß zurückzuführen ist (Tab. 1).

Tabelle 1

Radikalkonzentration in Leberbiopsieproben (10^{-8} M/g) (TERNBERG und COMMONER (48)).

	Normalgewebe	Gelbsucht ohne Verschluß	Gelbsucht mit Verschluß
Mittelwert	0,52	0,45	1,6
kleinster und größter Wert	0,2 - 1,0	0,0 - 1,2	0,8 - 4,3

Da die Differentialdiagnose zwischen Verschlußikterus und Nicht-Verschlußikterus den Klinikern immer noch Schwierigkeiten bereitet, könnte mit den ESR-Untersuchungen eine echte Lücke geschlossen werden. Es ist daher erstaunlich, daß bis jetzt keine weiteren Untersuchungen angestellt wurden. Erst SWARTZ et al. (5) kündigten an, daß sie sich diesem Problem widmen werden. Bisher sind jedoch keine neuen Ergebnisse veröffentlicht worden. Nach einer persönlichen Mitteilung von SWARTZ (49) scheint jedoch die Aussicht, daß die Befunde von TERNBERG und COMMONER reproduziert werden können, nicht günstig zu sein.

Untersuchungen bei Koronargefäßerkrankungen und Infektionen

YAMAMOTO (50) berichtet über Veränderungen des ESR-Spektrums in Proben von gefriergetrocknetem Blut von Patienten mit Erkrankungen der Koronararterien und glaubt, daß ein spezifischer Zusammenhang zwischen den ESR-Änderungen und der Erkrankung besteht.

Nach den Erkenntnissen von HECKLEY (47) und den Ergebnissen von MAILER et al. (41) bezüglich des nicht existierenden Zusammenhangs zwischen den Radikalen in nativen Geweben und denen in gefriergetrockneten Proben ist es fraglich, ob diese Ergebnisse bestätigt werden können.

SWARTZ et al. (23) berichten ihrerseits über ein Anwachsen des Gehalts an paramagnetischen Spurenelementen im Blut von Patienten mit infektiösen Erkrankungen. Inzwischen wurde von den Autoren selbst, wie schon erwähnt, festgestellt, daß diese Zunahme der paramagnetischen Substanzen im Plasma die Folge einer nicht spezifischen Reaktion ist.

ESR-Untersuchungen an in-vitro und in-vivo bestrahlten Geweben

Es wurden einige Untersuchungen der strahleninduzierten Radikale in lebenden Geweben durchgeführt mit der Absicht zu prüfen, inwieweit ESR-Untersuchungen für eine Art biologische Dosimetrie geeignet sind. Die Schwierigkeiten, die bei diesen Untersuchungen auftreten, liegen hier ganz besonders in der kurzen Lebensdauer, die die strahleninduzierten Radikale in stark wasserhaltigen Proben i.a. aufweisen. Die ersten Messungen wurden deshalb an wasserarmen, festen Geweben bzw. Proben vorgenommen. RAJEWSKY und REDHARD (51) berichten schon 1958 über das Auftreten langlebiger Radikale in bestrahlten Haaren, Zehennägeln und Federn. In der darauf folgenden Zeit wird über Radikalmessungen an in vitro bestrahlten Knochenteilen (BECKER (52)), an Zähnen (COLE und SILVER (53)), und an in-vitro bestrahlten Knochentransplantaten berichtet (SLAGER und ZUCKER (54), SLAGER et al. (55)).

SWARTZ (56) veröffentlichte 1965 die Ergebnisse von Untersuchungen an in-vivo bestrahlten Skeletteilen von Ratten, bei denen langlebige Substanzen mit ungepaarten Elektronen im Femur festgestellt wurden. Über ähnliche Ergebnisse, die ebenfalls bei in-vivo Versuchen mit Ratten erhalten wurden, berichten im darauffolgenden Jahr VALDERAS und MARBLE (57).

SWARTZ gibt an, daß die kleinste Strahlendosis, die zur Erzeugung von noch registrierbaren Resonanzen im Femur der Ratte notwendig ist, bei 750 rd liegt.

Ebenfalls im Jahr 1965 veröffentlichen SWARTZ et al. (58) Untersuchungsergebnisse an in-vitro bestrahltem normalem Blut. Sie stellen fest, daß in den Erythrozyten langlebige Radikale auftreten, im Plasma dagegen nicht. Allerdings sind zur Erzeugung meßbarer Radikal-Konzentrationen Strahlendosen in der Größenordnung von 10 krd erforderlich.

Bei vergleichenden Untersuchungen weiterer meist sogenannter "harter" Gewebe geben BRADY et al. (59) an, daß sie bei in-vitro und in-vivo Bestrahlungen außer in Skeletteilen vor allem auch in Zähnen (menschlichen und tierischen Ursprungs) langlebige Radikale registrieren konnten (Abb. 11).

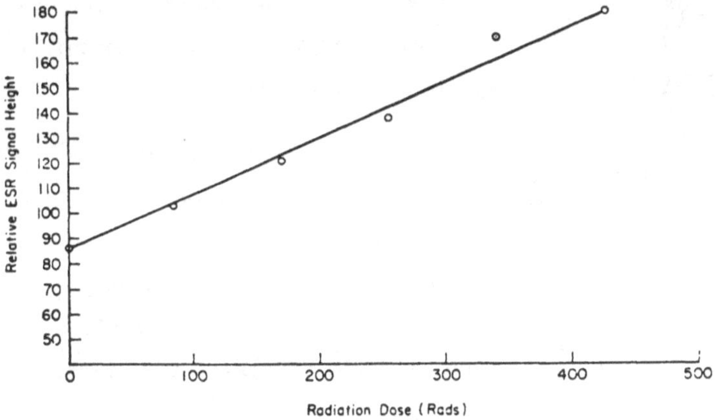

Abbildung 11: Höhe des ESR-Signals von in-vivo bestrahlten Rattenzähnen in Abhängigkeit von der Strahlendosis (BRADY et al. (59)).

Die Nachweisgrenze wird mit ungefähr 100 rd angegeben. BRADY et al. (59) sind der Ansicht, daß ESR-Messungen der in Zähnen induzierten paramagnetischen Zentren zur Dosimetrie bei Strahlenunfällen geeignet sind.

DZIEDZIC-GOCLAWSKA und OSTROWSKI (60) berichten über vergleichende Untersuchungen strahleninduzierter Radikale in Hydroxylapatit und Knochen sowie Zähnen. Sie sind der Ansicht, daß Hydroxylapatit als wesentlicher Bestandteil des Skeletts eine geeignete Substanz für ein biologisches Dosimeter ist. Die niedrigste nachweisbare Strahlendosis wird bei Knochen mit 200 rd, bei Zähnen mit 50 rd angegeben.

Untersuchungen mit Hilfe von Spin-Markierungssubstanzen

Spinmarkierungssubstanzen wurden von der Gruppe McCONNEL (61) entwickelt und bei der Bearbeitung biologischer Probleme angewandt. Die Spinmarkierungssubstanzen enthalten ein stabilisiertes NO˙-Radikal, das normalerweise ein Hyperfeinspektrum von 3 Linien erzeugt.

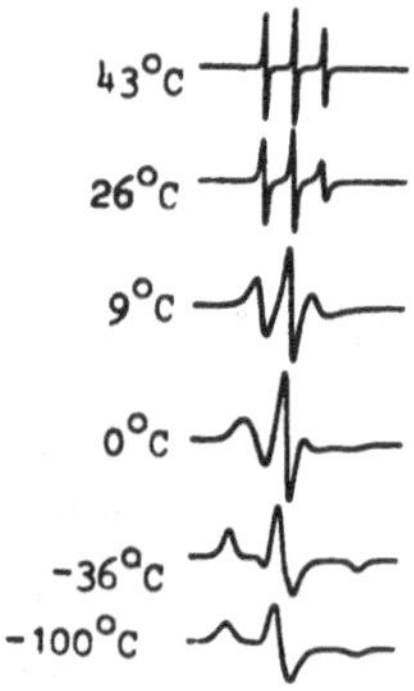

Abbildung 12: ESR-Spektren des NO˙-Spin-labels in Glyzerin-Lösung bei verschiedener Viskosität (Änderung der Viskosität durch Abkühlen), CHIGNELL (62).

Unter dem Einfluß der Umgebung, in der sich das Spinlabel befindet, treten charakteristische Änderungen seines Spektrums auf, die wiederum Aufschluß geben über die Struktur der beeinflußenden Umgebung oder den Zustand der mit dem Spinlabel markierten Moleküle.

SCHNEIDER und ULLMAN (63) berichten über die Verwendung spinmarkierter Substrate zur Bestimmung der Kinetik von Alkali-Phosphatase und auch CHIGNELL (62) und CHIGNELL und STARKWEATHER (64) weisen darauf hin, daß spinmarkierte Substrate zur Messung des Enzymspiegels verwendet werden können.

In der Vergangenheit und gegenwärtig werden zahlreiche ESR-Messungen an spin-markierten Erythrozyten durchgeführt, von denen die meisten den Charakter reiner Grundlagenforschung haben. Es sei hier eine Mitteilung angeführt, in der über Untersuchungen an Erythrozytenmembranen von Patienten mit myotonischen Muskeldystrophien berichtet wird (BUTTERFIELD et al. (65)). Die Autoren stellen fest, daß die Spektren der an Erythrozytenmembranen von Patienten gebundenen Spinlabel sich deutlich von denen unterscheiden, die bei Zellen von Gesunden registriert wurden. In einer anderen Studie (CHUMAKOV et al. (66)) wird berichtet, daß sich die Iminoxyl-spin-label als überzeugende Indikatoren für Redox-Prozesse im Gewebe eignen. Die Spin-label wurden Versuchstieren intraperitoneal injiziert.

Bei einer anderen Studie (McDOUGALL et al. (67)) werden spin-label benutzt, um die Unversehrtheit von Lipid-Vesiceln, die zur Untersuchung von Körper-Kompartments verwendet werden, zu testen. Die spinmarkierten Vesicel werden intravenös injiziert.

Schließlich ist noch auf eine der wichtigsten Anwendungen spinmarkierter Substanzen hinzuweisen. LEUTE et al. (68, 69, 70) haben ein auf Immunbasis aufgebautes Testverfahren zur Bestimmung von Drogen in verschiedenen Körperflüssigkeiten entwickelt, durch welche die ESR-Spektroskopie ihren bisher wohl am weitesten verbreiteten Einsatz im medizinischen Bereich erfahren hat. Auf diese Anwendungsmöglichkeit wird im folgenden Artikel ausführlich eingegangen.

Zusammenfassung

Eines der Probleme der ESR-Spektroskopie bei der Messung von menschlichen oder tierischen Geweben besteht darin, daß die Zeit von der Gewinnung der Probe bis zur Messung relativ lang ist, so daß die eventuell vorhandenen reaktionsfreudigen und daher kurzlebigen Radikale schon vor der Messung verschwunden sein könnten. Die erfaßbaren langlebigen Radikale neigen naturgemäß weniger heftig zu Reaktionen, so daß man sich fragen muß, ob sie die entscheidende Rolle bei den interessierenden Prozessen, wie z.B. der Karzinogenese, spielen.

Selbst wenn man von den noch bestehenden Differenzen der Ergebnisse von ESR-Untersuchungen an Gewebsproben ausgereifter Tumore absieht und von den günstigsten Ergebnissen ausgeht, muß man feststellen, daß die ESR-Untersuchungen keine Information liefern können, die nicht mit anderen erprobten Verfahren in größerem Umfang und mit größerer Aussagekraft erstellt werden können.

Wenn es dagegen gelänge, die von einigen Gruppen an präkanzerogenen Proben, an denen noch keine sonstigen Veränderungen festgestellt werden konnten, gefundene Abweichungen zu bestätigen, dann böte die ESR-Messung eine neue Möglichkeit bei der Früherkennung von Karzinomen, die u.U. auch den Eingriff einer Biopsie rechtfertigen würde. Die Hoffnung, daß dies eintreten könnte, muß jedoch nach den neuesten Untersuchungen wahrscheinlich ebenso aufgegeben werden wie die noch vor einigen Jahren geäußerte Erwartung, aus Blutuntersuchungen mit der ESR-Spektroskopie auf das Vorhandensein oder die Entstehung von Krebs schließen zu können. Diese Untersuchungen haben aber gezeigt, daß man mit der ESR-Spektroskopie ein Verfahren besitzt, das es ermöglicht, den Ceruloplasmin-Gehalt schnell und mit größerer Genauigkeit als bei den üblichen Verfahren zu bestimmen. Wenn man auf Grund der sonstigen klinischen Untersuchungen andere,einfacher zu diagnostizierende Ursachen für die erhöhte Ceruloplasminausschüttung ausschließen kann, hätte man einen zusätzlichen Hinweis auf eine der in Frage kommenden Erkrankungen.

Als recht aussichtsreich erschien bisher die Anwendung der ESR-Technik bei der Differentialdiagnose von Ikterus. Nach den vorläufigen Ergebnissen von SWARTZ zu urteilen, ist jedoch die Hoffnung, ein neues diagnostisches Verfahren für die Unterscheidung von Gelbsuchtsfällen verschiedener Ursachen gefunden zu haben, nur noch gering.

Die ESR-Methode erscheint für die biologische Dosimetrie in beschränktem Umfang verwendbar. Sie setzt voraus, daß Biopsieproben vorhanden sind und daß relativ hohe Strahlendosen appliziert wurden. Hohe Strahlendosen treten jedoch nur bei Strahlenunfällen auf, die glücklicherweise sehr selten eintreten, so daß dieses Verfahren für klinische Untersuchungen nur von geringem Interesse sein kann.

Am weitaus häufigsten und bisher auch mit dem größten Erfolg wurde die ESR-Spektroskopie im medizinischen Bereich zur Bestimmung von Drogen in Körperflüssigkeiten unter Verwendung von spinmarkierten Substanzen eingesetzt. Wenn eine Prognose gestellt werden soll, so lautet sie, daß die Zukunft der ESR-Technik auf medizinischem Gebiet in der Anwendung von spinmarkierten Substanzen liegt.

Literatur

1. Commoner, B., Townsend, J. & Pake, E.G. (1954), Free radicals in biological materials.
Nature 174, 689

2. Schoffa, G. (1964), Anwendung der Elektronenspinresonanz in der Biologie und Medizin,
Elektromedizin 9, 199

3. Schoffa, G. (1964), Elektronenspinresonanz in der Biologie,
G. Braun, Karlsruhe

4. Swartz, H. M. & Molenda, R. P. (1965), Electron spin resonance characteristics of some normal tissues: Effect of micro wave power,
Science 148, 94

5. Swartz, H. M., Ambegaonkar, S., Antholine, W., Konieczny, M. & Mailer, C. (1973), A survey of present and potential clinical applications of electron spin resonance,
N. Y. Acad. Sci. 222, 989

6. Truby, L. K. & Goldzeiher, J. W. (1958),
Nature (London) 182, 1371

7. Kolomiitseva, J. K., L'VOV, K. M. & Kaydshin, L. P. (1960), Determination of free radicals in tissues of rats innoculated with sarcoma,
Biofizika 5, 636 - übersetzt in Biophysics 5, 723

8. Commoner, B. & Ternberg, J. L. (1961),
Proc. Nat. Acad. Sci. USA 47, 1374

9. Nebert, D. W. & Mason, H. S. (1963), An electron spin resonance study of neoplasma,
Cancer Res. 23, 833

10. Mallard, J. R. & Kent, M. (1964), Differences observed between electron spin resonance signals from surviving tumor tissues and from their corresponding normal tissues,
Nature 204, 1192

11. Mallard, J. R. & Kent, M. (1966), Electron spin resonance in surviving rat tissues,
Nature 210, 588

12. Vithayathill, A. J., Ternberg, J. L., Commoner, B. (1965), Changes in electron spin resonance signals of rat liver during chemical carcinogenesis,
Nature 207, 1246

13. Saprin, A. N., Klochko, E. V., Chibrikin, U. M., Kruglyakova, K. Y. & Emanuel, N. M. (1966), Kinetic patterns of changes in the content of free radicals on malignant growth and the effects of inhibitors of radical processes,
Biofizika 11, 503

14. Saprin, A. N., Minenkova, Ye. A., Nagler, L. G., Koperina, Ye. V., Kruglyak, S. A., Kruglyakova, K. Ye., Vermel, Ye. M. & Emanuel, N. M. (1966), Kinetics of change in the content of free radicals with development of ascite sarcoma 37,
Biofizika 11, 616 - übersetzt in Biophysics 11, 706

15. Saprin, A. N., Nagler, L. G., Koperina, Ye. V., Kruglyakova, K. Ye. & Emanuel, N. M. (1966), Kinetics of change in the content of free radicals in the blood and organs of mice with experimental leukaemia II, Biofizika 11, 706 - übersetzt in Biophysics 11, 812

16. Saprin, A. N., Minenkova, Ye. A., Nagler, L. G., Kaznacheyev, Yu. S., Kruglyak, S. A. Kruglyakova, K. Ye. & Emanuel, N. M. (1967), Course of change in the content of free radicals in the developing Walker carcinosarcoma and the action of Thiotepa,
Biofizika 12, 1099 - übersetzt in Biophysics 12, 1262

17. Saprin, A. N., Minenkova, Ye. A., Nagler, L. G., Kruglyak, S. A., Kruglyakova, K. Ye. & Emanuel, N. M. (1967), Kinetics of change in the concentration of free radicals with the development of the solid form of sarcoma 37,
Biofizika 12, 1022 - übersetzt in Biophysics 12, 1170

18. Saprin, A. N., Krugljakova, K. E. & Emanuel, N. M. (1970), Free radicals and malignant tumor growth,
Proc. Int. Cancer Congr. 10th, 1974, p. 284

19. Sentjurc, M., Schara, M. & Lokic, F. (1970), Electron spin resonance of malignant human tissue,
Naturwissenschaften 57, 459

20. Driscoll, D. H., Wallace, J. D. & Dettmer, C. M. (1967), A study of tumor growth by means of electron spin resonance, Fed. Proc., Fed. Americ. Soc. Exp., Biol. 26, 626

21. Duchesne, J. & Van de Vorst, A. (1970), Free radicals in normal and pathological surviving tissues, Bull. Cl. Sci., Acad. Roy. Belg. 56, 433

22. Swartz, H. M. (1972), Electron spin resonance studies of carcinogenesis Advances Canc. Res. 15, 227

23. Swartz, H. M., Mailer, C., Ambegaonkar, S., Antholine, W. E., McNellis, D. R. & Schneller, S. J. (1973), Paramagnetic changes during development of a transplanted AKR/J leukemia in mice as measured by electron spin resonance, Canc. Res. 33, 2588

24. Emanuel, N. M. (1973), Kinetics and the free radical mechanisms of tumor growth, Annuals New York Acad. Sci. 222, 1010

25. Kotrikadze, M. G., Lomsadze, B. A. & Tsartsidze, M. A. (1974), Investigation of the free radical processes in the organelles of rat liver in chemical carcinogeneses, Biofizika (Biophysics) 19, 304

26. Pavlova, N. Q. & Livenson, A. A. (1965), Spectra of electron paramagnetic resonance (e. p. v.) of human blood in normal conditions and in leukaemias, Biofizika 10, 169 - übersetzt in Biophysics 10, 186

27. Mulay, I. S. & Mulay, L. N. (1967), Magnetic susceptibility and electron spin resonance absorption spectra of mouse melanomas S 91 and S 91 A, J. Nat. Cancer Inst. 39, 735

28. Emanuel, N. M., Saprin, A. N., Shadalkin, V. A., Kozlova, L. E. & Kruglyakova, K. Y. (1969), Detection and investigation of a new type of ESR signal characteristic of some tumor tissues, Nature 222, 165

29. Brennan, M. J., Cole, T. & Singley, J. A. (1966), An unique hyperfine ESR spectrum in mouse neoplasms analyzed by computer simulation, Proc. Soc. Exp. Biol. Med. 123, 715

30. Wallace, J. D., Driscoll, D. H., Kalomiris, C. G. & Neaves, A. (1969), A study of free radicals occurring in tumorous female breast tissue and their implication to detection, Cancer 25, 1087

31. Wallace, J. D., Driscoll, D. H., Kalomiris, C. G. & Neaves, A. (1970), Dynamic characteristics of free radicals associated with malignant tumors,
Proc. Int. Cancer Congr. 10th, 1970, p. 284

32. Driscoll, D. H. & Farrell, C. (1971), Electron spin resonance investigation of osteosarcoma,
Brit. J. Radiol. 44, 897

33. Vanin, A. F., Vakhnina, L. V. & Chefverikov, A. G. (1970), Nature of the ESR signals of a new type found in cancer tissues,
Biofizika 15, 1044 - übersetzt in Biophysics 15, 1082

34. Maruyama, T., Kataoka, N., Nagase, S., Nakada, N., Sato, H. & Sasaki, H. (1971), Identification of threeline shaped electron spin resonance signal and its relationship to Ascites tumours,
Cancer Res. 31, 179

35. Foster, M. A. & Hutchison, J. M. S. (1974), The origin of an ESR signal at g = 2.03 from normal rabbit liver and the effects of nitrites upon it,
Phys. Med. Biol. 19, 289

36. Woolum, J. C. & Commoner, B. (1970), Isolation and identification of a paramagnetic complex from the livers of carcinogen treated rats,
Biochem. Biophys. Acta 201, 131

37. Commoner, B., Woolum, J. C., Senturia jr., B. H. & Ternberg, J. L. (1970), The effects of -acetylaminofluorene and nitrite on free radicals and carcinogenesis in rat liver,
Cancer Res. 30, 2091

38. Floyd, R. A., Yoshida, T. & Leigh, J. S. (1975), Changes of tissue water proton relaxation rates during early phases of chemical carcinogenesis,
Proc. Nat. Acad. Sci. USA 72, 56

39. Petayev, M. M., Reznikov, S. A., Tereshchenko, T. V., Cherepneva, I. Y. & Syusina, T. G. (1967), Kinetic investigations of the content of free radicals in lyophilized tissue of malignant tumours,
Biofizika 12, 357 - übersetzt in Biophysics 12, 411

40. Petayev, M. M., Skotnikov, U. S. & Taradin, L. V. (1974), Change in the concentration of free radicals in the tissues of the internal organs of rats after administration of DMBA and its non-carcinogenic analogue,
Biofizika 19, 191 - übersetzt in Biophysics 19, 197

41. Mailer, C., Swartz, H. M., Konieczny, M., Ambegaonkar, S. & Moore, V. L. (1974), Identity of the paramagnetic element found in increased concentrations in plasma of cancer patients and its relationship to other pathological processes,
Cancer Res. 34, 637

42. Cole, T. & Hodgkinson, C.P. (1965), Technical Report, Ford Motor Co., Detroit, Michigan.

43. Swartz, H.M. & Wiesner, J. (1972), Radiation effects on plasma electron spin resonance (ESR) spectra of cancer patients, Radiology 104, 209

44. Driscoll, D.H. & Paxton, J. (1972), Electron paramagnetic spectroscopy as a cancer diagnostic tool, Varian Instruments Application 6, 5

45. Kruglyakova, K.E., Klochko, E.V., Kascirski, I.A. & Emanuel, N.M. (1972), Investigations into the kinetics of free radical states in leukaemie leukocytes, Abstracts of IV. International Biophysics Congress 4, 196

46. Lillicrap, S.C. & Wilson, B.C. (1974), Electron spin resonance spectra from whole blood of cancer patients, Brit. J. Radiol. 47, 601

47. Heckley, R.J. (1972), Free radicals in dry tissues, in: Biological applications of electron spin resonance. Eds. H.M. Swartz, J.R. Bolton & D.C. Borg, Whiley-Science, New York, N.Y.

48. Ternberg, J.L. & Commoner, B. (1963), Clinical application of electron spin resonance. Differential diagnosis of jaundice. J. Amer. Med. Ass. 183, 339

49. Swartz, H.M. (1975), Private Mitteilung

50. Yamamoto, H. (1971), Studies on chemical application of electron spin resonance (ESR) spectrometry: Application to diagnosis of ischemic heart disease, Jap. Circ. J. 35, 1257

51. Rajewsky, B. & Redhardt, A. (1958), Die Beobachtung paramagnetischer Resonanzerscheinungen als neues Hilfsmittel der Biophysik, Elektromedizin 3, 273

52. Becker, R.D. (1963), Electron paramagnetic resonance in non radiated bone, Nature 199, 1304

53. Cole, T. & Silver, A.H. (1963), Production of hydrogen atoms in teeth by X-irradiation, Nature 200, 700

54. Slager, U.T. & Zucker, M.J. (1962), The occurrence of electron spin resonance signals in bone grafts sterilized with high vollage electron beams, Transplant Bull. 30, 146

55. Slager, U.T., Zucker, M.J. & Reilly, E.B. (1964), The presistence of electron spin resonance in bone grafts sterilized by ionizing radiation, Radiat. Res. 22, 556

56. Swartz, H. M. (1965), Long lived electron spin resonances in rats irradiated at room temperature.
Radiat. Res. 24, 579

57. Valderas, R. & Marble, G. (1966), Production par irradiation de radicaux libres à vie longue dans l'os de rat mesurés par R. P. E.,
Int. J. Radiat. Biol. 10, 283

58. Swartz, H. M., Molenda, R. P. & Lofberg, R. T. (1965), Long lived radiation induced electron spin resonances in aqueous biological system,
Biochem. Biophys. Res. Comm. 21, 61

59. Brady, J. M., Aarestad, N. O. & Swartz, H. M. (1968), In vivo dosimetry by electron spin resonance spectroscopy,
Health Physics 15, 43

60. Dziedzig-Goclawska, A. & Ostrowski, K. (1974), Dosimetry of the absorbed dose of ionizing dadiation based on the electron spin resonance spectroscopy of stable paramagnetic centers induced in skeletal tissue,
Radiat. Res. 59, 240

61. McConnel, H. M. & McFarland, B. G. (1970), Physics and chemistry of spin labels,
Quart. Rev. Biophysics 3, 91

62. Chignell, C. F. (1973), New applications of electron spin resonance to problems in biochemistry and pharmacology,
Life Sciences 13, 1299

63. Schneider, R. S. & Ullman, E. F. (1971), A kinetic assay for alkaline phosphates activity by use of electron spin resonance spectroscopy,
Clin. Chem. 17, 655

64. Chignell, C. F. & Starkweather, D. K. (1972), A noval assay for erythrocyte carbonic anhydrase and certain sulfonamide drugs employing spin labels,
Pharmacology 8, 368

65. Butterfield, D. A., Chesnut, D. B., Roses, A. D. & Appel, S. H. (1974), Electron spin resonance studies of erythrocytes from patient with myotonic muscular dystrophy,
Proc. Nat. Acad. Sci. USA 71, 909

66. Chumakov, U. M., Grigoryan, G. L., Soskina, U. J., Rozantsev, E. G. & Kalmanson, A. E. (1971), Investigation with a "spin label" in animal linues,
Biofizika 16, 564 - übersetzt in Biophysics 16, 588

67. McDougall, I. R., Dunnick, J. K., McNamee, M. G. & Kriss, J. P. (1974), Distribution and fate of synthetic lipid vesicles in the mouse: A combined radionuclide and spin label study,
Proc. Nat. Acad. Sci. USA 71, 3487

68. Leute, R.K. & Ullman, E.F. (1972), Spin immunoassay technique for determination of morphine, Nature, New Biology 236, 93

69. Leute, R.K., Ullman, E.F. & Goldstein, A. (1972), Spin immunoassay of opiate narcotics in urine and saliva, J. Americ. Med. Ass. 221, 1231

70. Leute, R.K. (1973), Experiences with ESR as a tool for surveying narcotic addiction, A.N.Y.A.S. 222, 1087

8.2 Nachweis von Drogen in Körperflüssigkeiten mit der ESR-Spektrometrie

M.R. Möller, R.E. Grillmaier

Die Häufigkeit der Verstöße gegen das Betäubungsmittelgesetz hat in letzter Zeit insgesamt abgenommen. Der Mißbrauch von sogenannten harten Drogen, vor allem Heroin und Morphin, stieg dagegen an. Die Untersuchung von Körperflüssigkeiten, insbesondere Blut und Urin auf diese Rauschmittel hat deshalb ständig an Bedeutung gewonnen.

Die Problematik des Nachweises von Morphin in Körperflüssigkeiten liegt bei den bisher üblichen Verfahren in der Aufarbeitung. Die unumgängliche Extraktion nach vorausgegangener Hydrolyse ist nicht quantitativ, der gaschromatographische Nachweis nicht in gleicher Weise empfindlich, wie bei anderen Arzneimitteln. Selbst die Massenspektrometrie erfährt,in Kombination mit der Gaschromatographie (GC) betrieben, durch diese Nachteile der GC eine Einschränkung. Bei der Suche nach einer empfindlichen, spezifischen und einfach zu handhabenden Methode bot sich die von LEUTE et al. (1, 2, 3) entwickelte Kombination der ESR-Spektrometrie mit der Immunenzymologie an, die als "Free Radical Assay Technique" (FRAT +) bezeichnet wird. Die Methode wurde von uns übernommen und geprüft (4).

Bei diesem Verfahren werden stabilisierte NO-Radikale als Spin-labels verwendet. Das vom Sauerstoff des NO-Moleküls stammende ungepaarte Elektron erzeugt durch Wechselwirkung mit dem Stickstoff-Atom ein Hyperfeinspektrum von 3 Linien (Abb. 1a). Diese 3 Linien treten jedoch nur beim freibeweglichen Spin-label unverzerrt auf, da sich die Wirkung von Zusatzfeldern, denen das ungepaarte Elektron ausgesetzt ist, durch die rasche Torkelbewegung des Moleküls im zeitlichen Mittel aufhebt.

+) Fa. SYVA, Palo Alto, Californien, U.S.A.

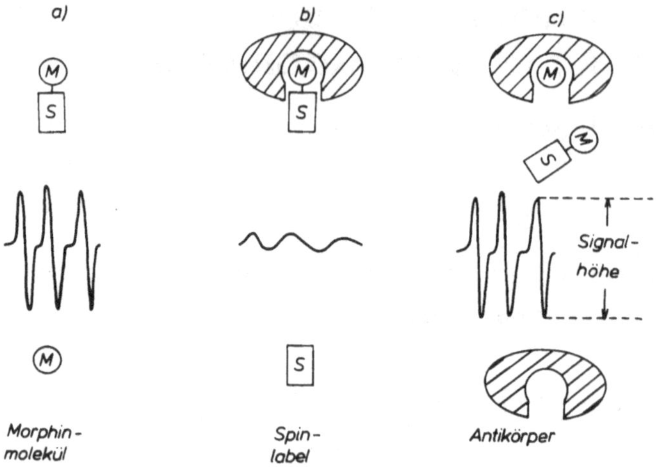

Abbildung 1: Schema des immunologischen Nachweises.

Wenn der Spin-label seine Beweglichkeit verliert, z.B. durch Bindung an ein großes Molekül, werden die Linien asymmetrisch verbreitert; gleichzeitig nimmt die Signalhöhe ab (Abb. 1b).

Zur Darstellung der Test-Substanzen werden zunächst Ziegen oder Kaninchen mit Rinderserumalbumin, an das als Hapten Morphin gekoppelt ist, immunisiert. Die entstehenden Antikörper, die dann in der γ-Globulinfraktion des Serums der Tiere enthalten sind, werden durch entsprechende Aufarbeitung gewonnen.

Anschließend wird spinmarkiertes Morphin mit der Antikörperlösung vermischt. Die beiden Komponenten bilden einen Komplex, wodurch die Spin-label-Moleküle ihre Beweglichkeit verlieren und das Spektrum sich in der beschriebenen Weise verändert. In der Praxis werden 9 μl Antikörperlösung mit 1 μl Lösung des NO-markierten Morphin vermischt. Dazu kommen 20 μl Urin. Ist Morphin in der Probe enthalten, so wird ein Teil des spinmarkierten Morphins kompetitiv von den Bindungsstellen am Antikörper verdrängt, und die unverzerrten ESR-Signale des NO-Radikals treten wieder auf (Abb. 1c).

Bei der routinemäßigen Bestimmung von Pharmaka wird nur die erste Linie des Spektrums registriert und ausgewertet. Der Abstand der Spitzen, die Signalhöhe, ist ein Maß für die Drogenkonzentration (Abb. 1c). Der gesamte Untersuchungsvorgang dauert nicht länger als 5 Minuten.

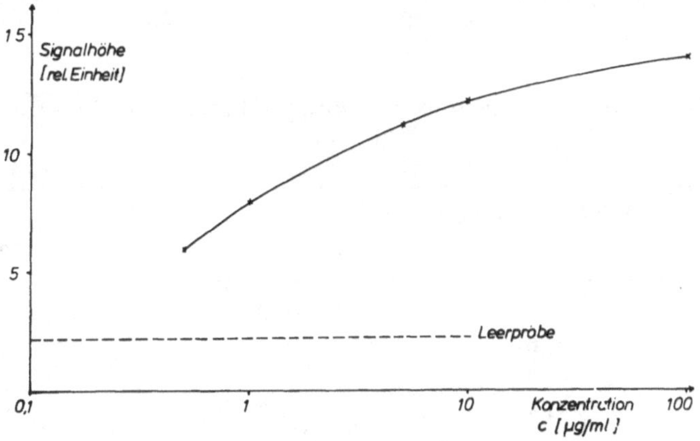

Abbildung 2: Kalibrierungskurve für Morphin .

Für die quantitative Bestimmung der Drogenkonzentration wird mit Hilfe von Standards eine Kalibrierungskurve erstellt.

Von der Firma SYVA werden inzwischen Test-Substanzen für den Nachweis von Amphetaminderivaten, Barbituraten, Kokain, Methadon und Opium-Alkaloiden angeboten. Von diesen Arzneimittelgruppen galt unser Interesse,wegen der geschilderten Problematik der Morphinbestimmung, besonders den Opium-Alkaloiden. Die kleinste nachweisbare Konzentration für Morphin beträgt 0, 5 µg/ml.

Die vorliegenden Messungen wurden mit einem X-Band ESR-Spektrometer von AEG, das mit einem 20 cm Magneten ausgerüstet ist, durchgeführt. Sie erfolgten im Feldstärkenbereich von 3340 bis 3343 Gauß.

Mehrfache Messungen einer Urinprobe mit 10 µg/ml Morphinkonzentration haben gezeigt, daß bei einem Mittelwert der Signalhöhe von 96, 9 (relative Einheiten) die Standardabweichung 1 % vom Mittelwert beträgt. Unter Verwendung einer vorher erstellten Kalibrierungskurve ergibt sich für diesen

Mittelwert der Signalhöhe eine Konzentration von 9, 9 μg/ml mit der Standardabweichung von 0, 5 μg/ml.

Um die Leistungsfähigkeit der Methode zu prüfen, wurde der Nachweis von Morphin im Urin mittels Spin-Immuno-Tests anderen konventionellen Methoden gegenübergestellt.

Tabelle 1

Vergleich verschiedener Opiumalkaloid-Nachweismethoden.

Proben Nr.		FRAT[R] (μg/ml)	nach Hydrolyse (μg/ml)	Methode
Mo	1	4	0, 8	Fluorimetrisch
Mo	2	2, 6	0, 5	"
Mo	3	2, 8	1, 8	"
Mo	4	3, 5	5, 5	"
Mo	5	33	26	"
Mo	6	82	56	"
Mo	7	0, 5	neg. +)	GC-NFID
Mo	8	0, 9	neg.	GC
Mo	9	5, 7	1 ?	GC
Mo	10	25	13	DC-UV
Mo	11	41	23	DC-UV
Mo	12	1, 7	neg. +)	GC/DC-UV
Mo	13	180	150	GC-MS
Co	1	50	12	GC-MS

+) weniger als 10 ml Urin vorhanden

Mo = Morphin, Co= Codein, GC = Gaschromatographie, NFID = stickstoffspezifischer Flammenionisations-Detektor, DC = Dünnschichtchromatographie, UV = UV-Spektrometrie, MS = Massenspektrometrie.

Die Daten zeigen, daß die immunologische Untersuchung des Urins mit einer Ausnahme (Morphin Nr. 4) gleiche oder höhere Werte bei der quantitativen Bestimmung liefert. In keinem von uns untersuchten Fall konnte mit den sogenannten konventionellen Methoden ein positiver Befund erhalten werden, der nicht auch immunologisch positiv war.

Daß sich in den meisten Fällen bei der immunologischen Bestimmung höhere Werte ergaben,führen wir darauf zurück, daß die sonst notwendige Aufarbeitung (Hydrolyse der Glukuronide und Extraktion des Morphins) entfällt und dadurch Verluste vermieden werden.

Die Überprüfung von Körperflüssigkeiten außer Urin erfolgte bisher im Rahmen der rechtsmedizinischen Untersuchungen von Todesfällen,bei denen Verdacht einer Heroinüberdosierung bestand. In diesen Fällen wurden neben Urin, Extrakte von Blut, Gehirn, Leber und Galle untersucht. Zur Kontrolle wurden dieselben Proben, sowohl gaschromatographisch (stickstoffspezifischer Detektor) als auch gaschromatographisch-massenspektrometrisch untersucht.

Tabelle 2

Vergleich der Ergebnisse verschiedener Methoden bei der Untersuchung von Extrakten verschiedener Organe auf Opiumalkaloide.

Untersuchungs-material	Methode FRAT	Methode GC-NFID	Methode GC-MS
Leber	-	?	-
Gehirn	-	(+)	+
Urin	+++	+	++
Leber	-	-	-
Blut	-	+	(+)
Urin	+	+	+
Leber	(+)	-	-
Blut	-	+	?
Urin	+	+	+
Leber	(+)	-	-
Blut	-	?	-
Galle	++	+	++
Urin	+++	+	+++
Blut	-	-	?
Leber	-	-	
Galle	(+)	?	+
Urin	+	+	+

Es zeigt sich, daß keine der drei Methoden den anderen in allen Fällen überlegen ist. Die hohe Spezifität und Empfindlichkeit der Massenspektrometrie kann nur genutzt werden, wenn die Substanzen für den gaschromatographischen Nachweis gut geeignet sind. Bei Morphin ist dies nicht der Fall.

Eine forensisch relevante Aussage nur aufgrund des Spin-Immuno-Tests oder der Gaschromatographie (mit Stickstoff-Detektor) ist nicht vertretbar. Deshalb wird der FRAT-Methode in erster Linie als Screening-Test Bedeutung zukommen. Fällt die Untersuchung negativ aus, so sind bei Urinproben eindeutige Aussagen möglich, bei Extraktion aus Organen dagegen nicht. Bei positiven Befunden muß in beiden Fällen eine zweite Methode herangezogen werden, die es erlaubt, zwischen Codein und Morphin zu unterscheiden, da dies mit dem Spin-Immuno-Test nicht möglich ist.

Als wesentliche Vorteile des Spin-Immuno-Tests sind zu nennen: Zeitersparnis, hohe Empfindlichkeit und keine Aufarbeitungsschritte bei der Urinanalyse.

Gegenüber anderen sehr empfindlichen Methoden, z.B. Radio-Immuno-Assay ist hervorzuheben, daß der Umgang mit radioaktivem Material und die Abtrennung nach der Antigen-Antikörper-Reaktion entfällt.

Die Messung der Reaktion ohne Hydrolyse der Glukuronide und Extraktion bringt darüber hinaus den Vorteil, daß die Ergebnisse (z.B. bei der Überwachung von Drogenabhängigen) innerhalb von weniger als einer Stunde zur Verfügung stehen, wohingegen mit konventionellen Methoden die Analysenergebnisse oft erst ein oder mehrere Tage später zu erhalten sind.

Herrn Professor Dr.med.K.PFLEGER danken wir für die massenspektrometrischen Untersuchungen.

Literatur

1. Leute, R.K. & Ullman, E.F. (1972), Spin immunoassay technique for determination of morphine.
Nature, New Biology 236, 93

2. Leute, R.K., Ullman, E.F. & Goldstein, A. (1972), Spin immunoassay of opiate narcotics in urine and saliva,
J. Amer. Med. Ass. 221, 1231

3. Leute, R.K. (1973), Experiences with ESR as a tool for surveying narcotic addiction,
A.N.Y.A.S., 222, 1087

4. Möller, M.R. & Grillmaier, R.E., Schneller immunologischer Nachweis von Arznei- und Betäubungsmittel im Urin,
53. Jahrestagung der Deutschen Gesellschaft für Rechtsmedizin, Göttingen, 23.-28.9.1974,

9 Neutronen-Therapie

9.1 Grundlagen der Neutronentherapie

W.J. Lorenz

Einleitung

Schon wenige Jahre nach der Entdeckung des Neutrons und dem Bau des ersten Zyklotrons haben die Gebrüder LAWRENCE im Jahre 1936 in Berkeley die Anwendung von schnellen Neutronen zur Tumortherapie vorgeschlagen (1). Im gleichen Jahre empfahl LOCHER ebenfalls in den USA die Verwendung von ^{10}B bzw. ^{6}Li zur Neutroneneinfangtherapie (2).

Nach der Fertigstellung des 37"-Zyklotrons, das Deuteronen mit einer Energie von 8 MeV lieferte, wurden von September 1938 bis Juni 1939 in Berkeley 24 Patienten von STONE mit schnellen Neutronen bestrahlt, die durch den Deuteronenstrahl in einem dicken Berylliumtarget erzeugt wurden. Von November 1939 bis Februar 1943 wurden weitere 226 Patienten mit schnellen Neutronen des inzwischen fertiggestellten 60"-Zyklotrons, das Deuteronen mit einer Energie von 16 MeV lieferte, behandelt. Infolge der Kriegsereignisse mußte die strahlentherapeutische Anwendung schneller Neutronen im Februar 1943 abgebrochen werden. Fünf Jahre später publizierte STONE die Erfahrungen und Ergebnisse der Therapie mit schnellen Neutronen in einer vielbeachteten Arbeit (3). Er kam dabei zu dem Schluß, daß schnelle Neutronen für die Strahlentherapie wegen der sehr schweren Spätschäden, die bei nahezu allen behandelten Patienten auftraten, nicht geeignet sind.

Auch die klinische Anwendung der Neutroneneinfangtherapie, die von 1951 bis 1961 im Brookhaven National Laboratory (BNL) in Upton/N.Y. und von 1960 bis 1961 im Massachusetts Institute of Technology (MIT) in Cambridge/Mass. zur Behandlung des Glioblastoma multiforme durchgeführt wurde, mußte wegen schwerer Strahlenschäden des gesunden Gewebes, insbesondere der Blutgefäße, aufgegeben werden (4).

Auf diesem Hintergrund von negativen Ergebnissen der frühen therapeutischen Anwendung von Neutronen müssen die Arbeiten der Forschergruppe um FOWLER und BEWLEY am Hammersmith Hospital in London als hervorragende Pionierleistung betrachtet werden. Im Verlauf der 60iger Jahre gelang es dieser Forschergruppe, mit einer Vielzahl von dosimetrischen, strahlenbiologischen und tierexperimentellen Untersuchungen nicht nur die Gründe für die schweren Strahlenspätschäden der Neutronentherapie von STONE aufzudecken, sondern sie waren auch in der Lage, durch eine erfolgreiche klinische Anwendung von schnellen Neutronen den Nachweis zu führen, daß diese Therapieform im Vergleich zur konventionellen Strahlentherapie durchaus Vorteile bietet (5).
Die Fortschritte auf den Gebieten der Dosimetrie, der Strahlenbiophysik und der Strahlenbiologie sowie die klinischen Erfolge der Hammersmith-Gruppe waren ausschlaggebend dafür, daß mit Beginn der 70iger Jahre an verschiedenen Forschungsinstituten und Kliniken experimentelle Untersuchungen zur Anwendung von schnellen Neutronen in der Strahlentherapie einsetzten und ihre klinische Anwendung aufgenommen wurde (6). Gleichzeitig führten pharmakologische Entwicklungen und die Verfügbarkeit von geeigneten Neutronenquellen zu einem Wiederaufleben des Interesses an der Neutroneneinfangtherapie (7).

Ziel dieses Referates ist es, einen Überblick über die physikalischen, dosimetrischen und strahlenbiologischen Grundlagen der Neutronentherapie zu geben und mögliche Indikationen zur Neutronentherapie aufzuzeigen.

Physikalische Grundlagen

Neutronen und Protonen sind Nukleonen und bilden die Elementarbausteine der Atomkerne. Die Ruhmasse des Neutrons (939,5 MeV) ist um etwas mehr als zwei Elektronenmassen größer als die Ruhmasse des Protons (938,2 MeV). Das Neutron ist elektrisch neutral. Das freie Neutron ist instabil und zerfällt mit einer Halbwertzeit von 10 Minuten in ein Proton, ein Elektron und ein Antineutrino.

Da Neutronen ungeladene Teilchen sind, zeigen sie beim Durchgang durch Materie keine direkte Wechselwirkung mit den Elektronen der Atome des Mediums. Ihre Abbremsung erfolgt ausschließlich durch Stöße mit Atomkernen. Nach dem Impulssatz verlieren Neutronen bei Stoßprozessen mit gleichschweren Kernen den größten Energiebetrag. Aus diesem Grund werden energiereiche Neutronen am schnellsten durch Stoffe abgebremst, die sehr viel Wasserstoffatomkerne enthalten, wie z. B. Wasser oder Paraffin. Bei solchen Stoßprozessen werden Rückstoßprotonen erzeugt, die ihre kinetische Energie durch Anregungs- und Ionisationsprozesse an das jeweilige Medium abgeben.

Tabelle 1

Einteilung von Neutronen entsprechend ihrer kinetischen Energie (E_n).

Thermische Neutronen:	0,01 eV	<	E_n	<	0,3	eV
Epithermische Neutronen:	0,3 eV	<	E_n	<	10	keV
Schnelle Neutronen:			E_n	>	10	keV

Tabelle 1 enthält eine häufig benutzte Einteilung von Neutronen in Abhängigkeit von ihrer kinetischen Energie bzw. Geschwindigkeit. Durch mehrere Stoßprozesse mit den leichten Kernen einer Bremssubstanz wie z. B. Wasser, schweres Wasser, Beryllium oder Graphit wird die Geschwindigkeit eines schnellen Neutrons so stark reduziert, daß es annähernd dieselbe mittlere kinetische Energie besitzt, wie die Atome oder Moleküle des Mediums, in welchem es die elastischen Streuungen erfährt. Diese Energie hängt von der Temperatur des Mediums ab und wird als thermische Energie bezeichnet. Bei 20 Grad Celsius ist die mittlere thermische Energie von Neutronen 0,025 eV, wobei sich der thermische Bereich von 0,01 bis 0,3 eV erstreckt. Neutronen, deren Energien oberhalb des thermischen Bereichs liegen, also von 0,3 eV bis 10 keV werden als epithermische Neutronen bezeichnet. Beide Neutronengruppen werden zusammengefaßt auch langsame Neutronen genannt. Oberhalb von 10 keV beginnt der Bereich der schnellen Neutronen. In der Strahlentherapie sind dabei Neutronen mit Energien von mehreren MeV als schnelle Neutronen gemeint.

Die strahlenbiologische Wirkung von schnellen Neutronen beim Durchgang durch Gewebe beruht auf der Erzeugung von Rückstoßprotonen, schwereren Rückstoßkernen (C, N, O) und α-Teilchen aus Kernreaktionen. Bis zu einer Neutronenenergie von 14 MeV beträgt der Beitrag der Rückstoßprotonen zur absorbierten Dosis zwischen 70 und 90 %. Der Beitrag der α-Teilchen nimmt mit wachsender Neutronenenergie zu. Entsprechend der hohen Ionisationsdichte dieser Rückstoßteilchen liegt der lineare Energietransfer (LET) von schnellen Neutronen im Bereich von 5 bis 90 keV/μm. Im Gegensatz zu locker ionisierenden Gammaquanten oder Elektronen sind Neutronen indirekt dicht ionisierende Teilchen.

Neutronen können auch von den Atomkernen des Absorbers durch Kernreaktionen eingefangen werden [(n, γ), (n, p), (n, α), (n, 2n)]. Die (n, γ) - Einfangreaktion ist besonders wahrscheinlich bei langsamen Neutronen. Dringen schnelle Neutronen in Materien ein, so werden sie zunächst durch Streuprozesse abgebremst, bis sie im thermischen Gleichgewicht mit dem Absorber stehen. Danach können sie durch (n, γ)-Reaktionen eingefangen werden. Dabei werden sog. prompte Gammaquanten emittiert. Verschiedene leichte Atomkerne wie z. B. ^{6}Li oder ^{10}B haben aber auch einen großen Wirkungsquerschnitt für die (n, α)-Reaktion bei thermischen Neutronen. Diese Eigenschaft wird bei der Neutroneneinfangtherapie ausgenutzt.

Bei der Absorption eines thermischen Neutrons durch ^{10}B entsteht ein hochangeregter Zwischenkern, der nach kurzer Zeit unter Emission eines α-Teilchens und eines Li-Kerns zerfällt. Die beiden dicht ionisierenden Teilchen haben im Gewebe eine Gesamtreichweite von 8 bis 14 μm und entfalten eine starke biologische Wirkung in der Dimension etwa eines Zelldurchmessers. Bei der Neutroneneinfangtherapie wird versucht, ^{10}B-haltige Verbindungen in Tumorzellen anzureichern, um das Tumorgewebe bei Bestrahlung mit thermischen Neutronen zu zerstören.

Tabelle 2

Energien und Reichweite der Kernbruchstücke, die beim ^{10}B bzw. ^{6}Li Neutroneneinfang emittiert werden.

$^{10}B\ (n, \alpha)\ ^{7}Li$	E_{α}	=	1,8	MeV
	E_{Li}	=	0,5	MeV
	E_{γ}	=	0,48	MeV (93%)
	$\bar{R}_{\alpha+Li}$	=	8-14	μm (in Gewebe)
$^{6}Li\ (n, \alpha)\ ^{3}H$	E_t	=	2,73	MeV
	E_{α}	=	2,05	MeV
	$\bar{R}_t$	=	37	μm (in Gewebe)
	$\bar{R}_{\alpha}$	=	12	μm (in Gewebe)

Zur Durchführung dieser Therapie wurden in den 50er Jahren im BNL ein spezieller Reaktor, der sog. Medical Research Reactor errichtet, mit dem von 1950 bis 1961 Hirntumorpatienten mit Glioblastoma multiforme bestrahlt wurden. Es zeigt sich aber, daß die Halbwerttiefe von thermischen Neutronen mit 1,8 cm in Gewebe sehr ungünstig ist und daß die Borkonzentration im Blut und in gut durchbluteten Geweben wesentlich höher lag als im Tumor, so daß schwere Schädigungen der oberflächlich gelegenen Gewebeschichten und insbesondere der Blutgefäße auftraten. Außerdem konnten nur 35 mg/kg Körpergewicht an Bor verabreicht werden, da größere Mengen von Natriumtetraborat wegen seiner Toxizität nicht toleriert werden (4).

Auf Grund von Untersuchungen, die von russischen Forschern seit 1964 durchgeführt wurden, erscheint ^{6}Li-Chlorid für die Neutroneneinfangtherapie noch besser geeignet zu sein. Beim Neutroneneinfang am ^{6}Li entsteht ein Triton und ein α -Teilchen mit einer mittleren Reichweite von 37 bzw. 12 μm im Gewebe. Im Gegensatz zu den verwendeten Borverbindungen ist Lithium-Chlorid nur wenig toxisch und reichert sich im Tierversuch in Tumorzellen sehr hoch an (8).

Da in der Zwischenzeit auch nichttoxische ^{10}B-Verbindungen zur Verfügung stehen, könnte die Neutroneneinfangtherapie für oberflächlich gelegene Tumoren oder Metastasen wieder interessant werden, wenn es zusätzlich gelingt, epithermische Neutronen mit ausreichender Intensität zu erzeugen, um die geringere Eindringtiefe und die hohe Hautbelastung, die bei thermischen Neutronen besteht, zu überwinden.

Abbildung 1 zeigt den Verlauf des thermischen Neutronenflusses in der Tiefe eines menschlichen Schädelphantoms mit und ohne ^{10}B-Gehalt. Die Halbwerttiefe liegt bei etwa 2 cm.

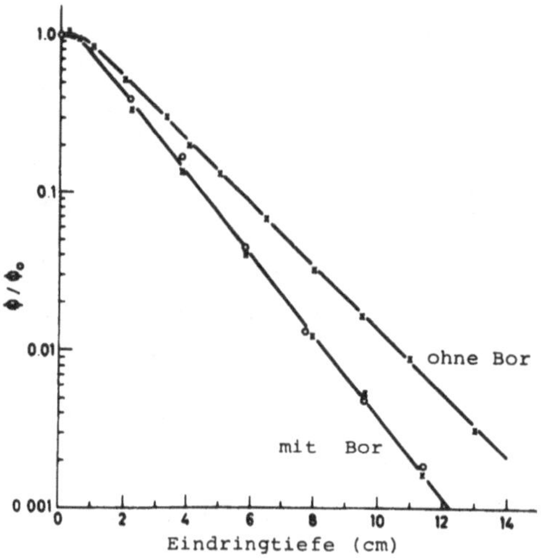

Abbildung 1: Tiefenverlauf des thermischen Flusses in einem menschlichen Schädelphantom (4).

Abbildung 2 zeigt die Tiefenverteilung von epithermischen Neutronen in demselben Schädelphantom. Die thermischen Neutronen wurden durch einen Cadmiumabsorber aus dem Neutronenstrahl herausgefiltert. Der Tiefenverlauf von epithermischen Neutronen ist sehr viel günstiger als von thermischen Neutronen. Die Halbwerttiefe liegt etwa bei 10 bis 12 cm. Die ^{10}B-Einfangtherapie wird zur Zeit in Japan und in den USA untersucht, während die ^{6}Li-Einfangtherapie in der Sowjetunion bevorzugt erforscht wird (7, 8).

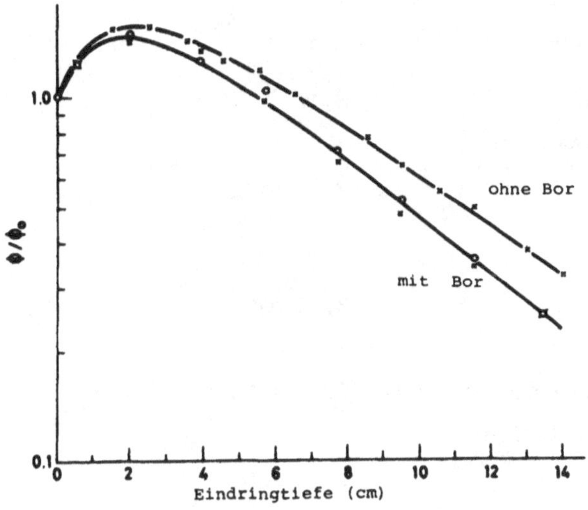

Abbildung 2: Tiefenverlauf des epithermischen Flusses in einem menschlichen Schädelphantom (4).

Als Neutronenquellen für die Einfangtherapie eignen sich Kernreaktoren oder starke ^{252}Cf-Spaltneutronenquellen. Bei einer Leistung von 1-5 MW können am Ende eines speziellen Bestrahlungssystems Neutronenflußdichten in der Größenordnung von 10^9 $cm^{-2}s^{-1}$ erreicht werden. Dabei handelt es sich überwiegend um thermische und epithermische Neutronen. Die Gammastrahlung aus dem Reaktorkern trägt ebenfalls zur Dosis außerhalb der Bestrahlungseinrichtung bei.

Bestrahlungseinrichtungen für die Neutroneneinfangtherapie sind zur Zeit am MITR-II in Cambridge/USA und am Kyoto-University Reactor (KUR) in Kyoto/Japan vorhanden. Mittels dieser Bestrahlungseinrichtungen ist es möglich, einen gebündelten Strahl von thermischen und epithermischen Neutronen auf das Bestrahlungsfeld zu richten und Gammaquanten und schnelle Neutronen aus dem Strahl weitgehend zu entfernen. Solche Kollimatoren bestehen im wesentlichen aus dicken Wismutschichten zur Absorption der Gammaquanten und borhaltigen Polyaethylen- und Bleischichten um die Kollimatoröffnung herum (9, 10).

Tabelle 3

Physikalische Parameter des ^{252}Cf-Zerfalls.

α - Zerfall	96,9 %
Spontane Spaltung	3,1 %
$T^{\alpha}_{1/2}$	2,73 a
$T^{Sp}_{1/2}$	85,5 a
$T^{eff}_{1/2}$	2,65 a
Neutronen pro Spaltung	3,76
Neutronen-Emissionsrate	$2,31 \times 10^{12}\ g^{-1}\ s^{-1}$
Gamma-Emissionsrate	$1,3 \times 10^{13}\ g^{-1}\ s^{-1}$
$\bar{E}_n$	2,35 MeV
$\bar{E}_{\alpha}$	6,12 MeV

Zur intrakavitären oder interstitiellen Strahlentherapie mit schnellen Neutronen werden Californium-252-Spaltneutronenquellen eingesetzt. Die physikalischen Daten des ^{252}Cf-Zerfalls sind in Tabelle 1 zusammengestellt. Die Abmessungen von ^{252}Cf-Quellen für die Strahlentherapie sind sehr gering. Für die intrakavitäre Therapie stehen Quellen bis zu 20 μg zur Verfügung. Nadeln sind bis 5 μg und Nachladezellen bis zu 0,5 $\mu g\ cm^{-1}$ verfügbar.

Abbildung 3 zeigt den Verlauf der absorbierten Dosisrate von Neutronen und Gammaquanten einer ^{252}Cf-Quelle als Funktion des Abstands. Das Verhältnis der Neutronen zur Gammadosis ist in Nähe der Quelle größer als 2,0 und sinkt auf 1,2 bei einem Abstand von 6 cm. Die gemessenen LET-Werte liegen im Bereich von 30 bis 45 keV/μm. Bei der Behandlung mit ^{252}Cf-Spaltneutronenquellen muß für die relative biologische Wirksamkeit (RBW) ein Wert von 7 zugrunde gelegt werden (11).

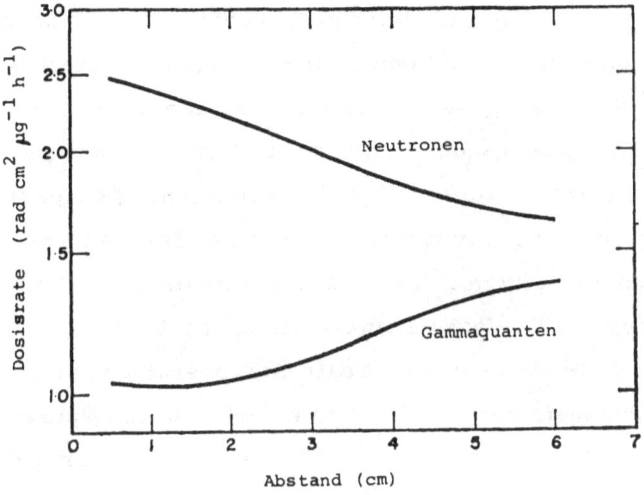

Abbildung 3: Verlauf der in einer gewebeäquivalenten Flüssigkeit absorbierten Dosisrate von Neutronen und Gammaquanten einer ^{252}Cf-Spaltneutronenquelle als Funktion des senkrechten Abstandes von der Nadel (11).

Tabelle 4

Methoden zur Erzeugung von schnellen Neutronen.

Neutronengenerator		
T (d, n) ^{4}He	$200 < E_d < 500$ keV	$14 < E_n < 15$ MeV
Zyklotron		
^{9}Be (d, n) ^{10}B	$8 < E_d < 30$ MeV	$3{,}5 < \bar{E}_n < 15$ MeV
^{9}Be (^{3}He, n) ^{11}C	$E_{^3He} = 23$ MeV	$\bar{E}_n = 7$ MeV
D (d, n) ^{3}He / D (d, np) D	$E_d = 10{,}5$ MeV	$\bar{E}_n = 8{,}5$ MeV

Schnelle Neutronen zur Strahlentherapie werden mit Neutronengeneratoren oder Zyklotronen erzeugt. Bei den Neutronengeneratoren wird die (d, n)-Reaktion am Tritium ausgenutzt, die schon bei niedrigen Deuteronenenergien einen hohen Wirkungsquerschnitt hat und große Ausbeuten an monoenergetischen Neutronen liefert. Die Deuteronenenergie der meisten Generatoren liegt im Bereich von 200 bis 500 keV. Die Deuteronenströme betragen zwischen 6 und 30 mA. Die erzeugten Neutronen haben je nach Deuteronenenergie und Austrittswinkel kinetische Energien zwischen 14 und 15 MeV und sind für die einzelnen Neutronengeneratoren monoenergetisch. Die Neutronenausbeute der meisten heute verfügbaren Generatoren liegt unter $10^{12} s^{-1}$. Für die praktische Strahlentherapie (20 rd · min^{-1} in 1 m Abstand) wird allerdings eine Neutronenquellstärke von 7 x $10^{12} s^{-1}$ benötigt. Ein weiterer Nachteil dieser Generatoren ist die relativ kurze Lebensdauer des Tritiumtargets von nur 30 - 40 Betriebsstunden und der Abfall der Neutronenausbeute beim Betrieb des Generators infolge der Verarmung des Targets an Tritium. Andererseits sind Neutronengeneratoren wegen ihrer sehr hohen Neutronenenergien und ihrer kompakten Bauweise für die Strahlentherapie mit Bewegungsbestrahlung besonders gut geeignet.

Es ist daher sehr zu begrüßen, daß es K. A. SCHMIDT im Kernforschungszentrum Karlsruhe gelang, einen 14 MeV-Neutronengenerator zu entwickeln, bei dem Tritonen und Deuteronen gleichzeitig auf ein Titan-Tritium-Deuterium-Target geschossen werden. Die Beschleunigungsspannung beträgt 200 kV bei Ionenströmen von 150 mA. Die Generatorröhre enthält 300 Ci Tritium und hat eine Lebensdauer von 300 bis 1000 Betriebsstunden. Die Neutronenquellstärke beträgt 5 x $10^{12} s^{-1}$. Das entspricht einer Dosisrate von 20 rd · min^{-1} in einem Abstand von 90 cm vom Targetmittelpunkt (12). Die Verfügbarkeit dieser Generatorröhre wird voraussichtlich die Anwendung von schnellen Neutronen in der klinischen Strahlentherapie wesentlich stimulieren.

Wegen der hohen erzielbaren Ionenströme wurden bisher überwiegend Zyklotrone zur Erzeugung von schnellen Neutronen für strahlentherapeutische Anwendungen eingesetzt. Beim Beschuß eines dicken Berylliumtargets mit energiereichen Deuteronen entstehen über die (d, n)-Reaktion schnelle Neutronen mit einem breiten Energiespektrum. Die mittlere Energie der Neutronen hängt von der Einschußenergie der Teilchen ab und beträgt für 8 MeV-Deuteronen 3,5 MeV und für 30 MeV-Deuteronen 15 MeV. Bei der Verwendung von Kompaktzyklotronen, die Deuteronen mit Energien bis zu 11 MeV liefern, liegt die mittlere Neutronenenergie bei der Beryllium-Reaktion nur bei 4 bis 5 MeV. Das resultierende Neutronenspektrum ist für die Tiefentherapie ungeeignet. Es wurde daher von einer Arbeitsgruppe am Sloan-Kettering-Institut in New York versucht, schnelle Neutronen durch Beschuß eines Berylliumtargets mit Helium-3-Ionen eines Kompaktzyklotrons mit Energien von 23 MeV zu erzeugen. Die mittlere Energie der Neutronen beträgt bei dieser Kernreaktion 7 MeV (13). Von einer anderen Arbeitsgruppe des DKFZ Heidelberg und der GSF München wurde ein Deuterium-Hochdruck-Gastarget entwickelt, bei dem schnelle Neutronen durch die (d, n)-Compoundkern-Reaktion am Deuterium und durch die (d, np)-Break-up-Reaktion des Deuterons im Coulombfeld der Deuteriumkerne des Gastargets erzeugt werden. Bei einem Gasdruck von 11 atm und einer Deuteronenenergie von 10,5 MeV beträgt die mittlere Neutronenenergie 8,5 MeV (14). Die Strahlqualität des Heidelberger Neutronenstrahls entspricht der Strahlqualität von Neutronen, die beim Beschuß von Beryllium mit 22 MeV-Deuteronen erzeugt werden.

Abbildung 4 zeigt typische Neutronenspektren, die mit den heute verfügbaren Quellen für schnelle Neutronen erzeugt werden können. Links die Energieverteilung einer Spaltneutronenquelle, in der Mitte das breite Neutronenspektrum, das durch Beschuß von Beryllium mit 15 MeV Deuteronen eines Zyklotrons erzeugt wird, und rechts das monoenergetische 14 MeV Neutronenspektrum eines D-T Generators.

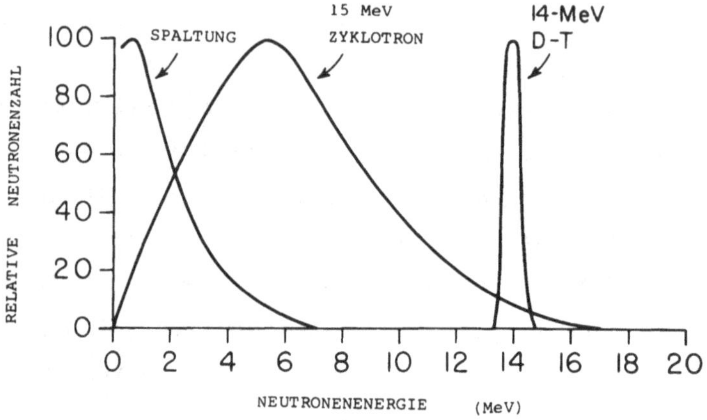

Abbildung 4: Normierte Neutronenspektren einer ^{252}Cf-Spaltneutronenquelle, einer ^{9}Be (d, n) ^{10}B-Reaktion, eingeleitet durch 15 MeV-Deuteronen eines Zyklotrons und einer T (d, n)^{4}He-Reaktion eines Generators (15).

Dosimetrische und strahlenbiologische Grundlagen

Aus strahlenbiologischen Untersuchungen ist bekannt, daß die Strahlenwirkung verschiedener Strahlenarten bei gleicher Dosis verschieden ist. Die Strahlenwirkung hängt u.a. von der Dosis, der Dosisrate, der Strahlenart, der Strahlenenergie und von Faktoren, die das bestrahlte Objekt betreffen, wie Sauerstoffversorgung und zeitabhängige Faktoren, wie Reoxygenierung, Synchronisation etc. ab. Die unterschiedliche Wirksamkeit verschiedenartiger Strahlung wird durch den Begriff der Strahlenqualität charakterisiert. Die Strahlenqualität ist keine physikalische Größe, sondern wird durch die jeweiligen Eigenschaften der betrachteten Strahlung beschrieben. Das hängt damit zusammen, daß biochemisch und biologisch bei allen Strahlenarten die gleichen Mechanismen der Schädigung wirksam sind, so daß Unterschiede in der Strahlenwirkung weitgehend durch die unterschiedlichen physikalischen Eigenschaften der einzelnen Strahlenarten erklärt werden können.

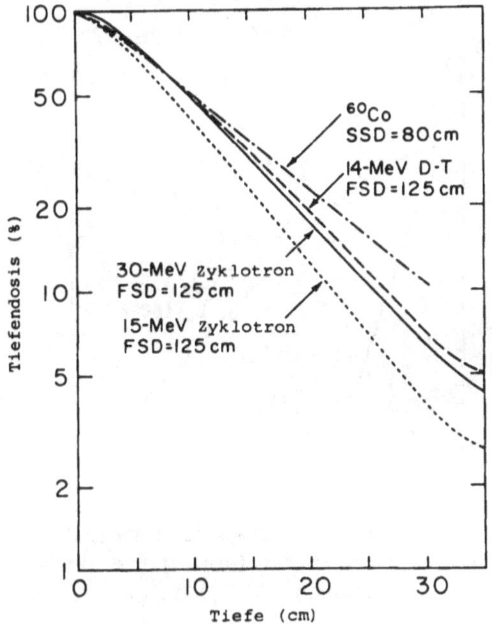

Abbildung 5: Tiefendosisverlauf von schnellen Neutronen und ^{60}Co-Gammastrahlung in Wasser (15).

Ein wichtiges Charakteristikum einer Strahlung für die Tiefentherapie ist ihre Tiefendosisverteilung. Die Abbildung zeigt den Verlauf der relativen Tiefendosis von 14 MeV Neutronen eines D-T Generators und von schnellen Neutronen, die durch Beschuß eines Berylliumtargets mit 30 bzw. 15 MeV Deuteronen eines Zyklotrons erzeugt werden, im Vergleich zum Tiefendosisverlauf von ^{60}Co-Gammastrahlung in Wasser. Bei den Neutronen war der Fokus-Haut-Abstand 125 cm, bei der Gammastrahlung war der Quelle-Haut-Abstand 80 cm. Wie die Abbildung zeigt, bringt die Tiefendosisverteilung von schnellen Neutronen im Vergleich zu ^{60}Co-Gammastrahlung keinen Vorteil, sie ist aber auch nicht wesentlich schlechter, wenn von den 15 MeV Deuteronen abgesehen wird.

Ein weiteres Charakteristikum der Strahlenqualität einer Strahlung ist die Abhängigkeit der Strahlenwirkung von der Sauerstoffversorgung des bestrahlten Systems. Unter dem Sauerstoffeffekt versteht man die Tatsache,

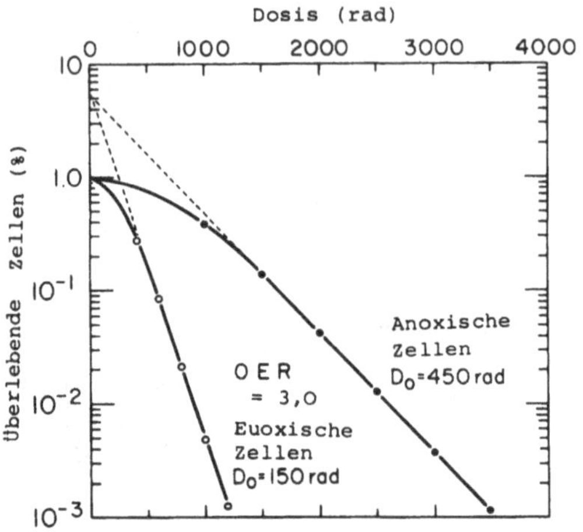

Abbildung 6: Überlebenskuven von Hamsterzellen mit guter (euoxische Zellen) und mit fehlender (anoxische Zellen) Sauerstoffversorgung bei Bestrahlung mit Röntgenstrahlen (15).

daß bei Bestrahlung mit ionisierender Strahlung gut mit Sauerstoff versorgte Zellen (euoxische Zellen) sehr viel strahlensensibler sind als schlecht oder gar nicht mit Sauerstoff versorgte Zellen (hypoxische bzw. anoxische Zellen). Der Sauerstofffaktor, englisch: oxygen enhancement ratio (OER), ist definiert als der Quotient der Dosis im anoxischen Fall zur Dosis im euoxischen Fall, um beim gleichen biologischen System mit gleichem Endpunkt die gleiche Strahlenwirkung zu erreichen. Als Beispiel zur Erläuterung dieses Sachverhaltes mögen die in Abbildung 6 gezeigten Überlebenskurven dienen, die bei der Bestrahlung einer Kultur von Hamsterzellen mit Röntgenstrahlen bei fehlender bzw. guter Sauerstoffversorgung gemessen wurden. Zum Erreichen eines bestimmten strahlenbiologischen Effektes D_0 sind im anoxischen Fall 450 rd und im euoxischen Fall 150 rd erforderlich. Der Sauerstoffaktor ist in diesem Fall OER = 3,0.

Abbildung 7 zeigt die Abhängigkeit der Strahlenwirkung von der Sauerstoffversorgung für zwei dichtionisierende Strahlenarten, links für 15 MeV Neutronen und rechts für α-Teilchen. Während im Fall von Röntgenstrah-

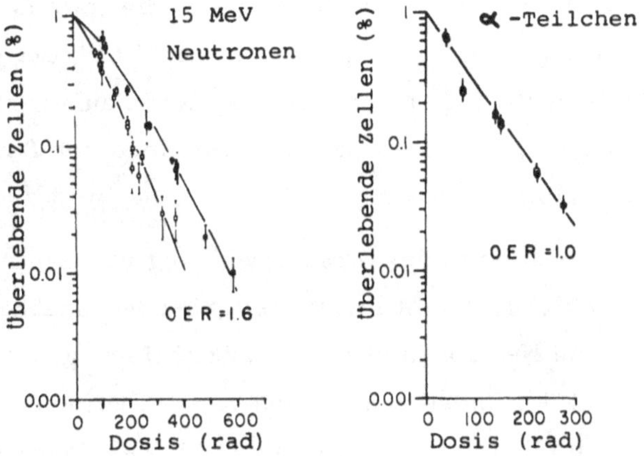

Abbildung 7: Überlebenskurven von Zellen mit guter (o) und mit fehlender (•) Sauerstoffversorgung bei Bestrahlung mit 15 MeV Neutronen (links) und mit α-Teilchen (rechts) (15).

len (Abb. 6), also locker ionisierender Strahlung, die Strahlenwirkung sehr stark von der Sauerstoffversorgung des betrachteten biologischen Systems abhängt und in dem obigen Fall einen Sauerstoffaktor von 3, 0 ergibt, ist bei dicht ionisierender Strahlung wie Neutronen oder noch dichter ionisierender Strahlung wie α-Teilchen die Strahlenwirkung von der Sauerstoffversorgung weniger stark oder gar nicht mehr abhängig. Bei 15 MeV Neutronen beträgt der Sauerstoffaktor 1, 6 und bei langsamen α-Teilchen ist er 1, 0.

Der kleine Sauerstoffaktor schneller Neutronen wird als der entscheidende strahlentherapeutische Vorteil im Vergleich zur locker ionisierenden Elektronen- und Gammastrahlung angesehen.

Wie bereits weiter oben betont wurde, erzeugen gleiche Dosen verschiedener Strahlenarten nicht die gleiche biologische Wirkung. Zum Vergleich verschiedener Strahlenarten wird als Maß die relative biologische Wirksamkeit verwendet, wobei 250 kV Röntgenstrahlung bzw. ^{60}Co-Gammastrahlung als Standard dient. Der RBW-Wert einer Strahlung (x) ist definiert als das Verhältnis der Dosis von 250 kV Röntgenstrahlung (D_{250})

und der Dosis der betrachteten Strahlung (D_x), die jeweils erforderlich ist, um die gleiche biologische Wirkung zu erzielen ($RBW=D_{250}/D_x$). Die RBW-Werte der einzelnen Strahlenarten variieren außerordentlich in Abhängigkeit vom Objekt, der Testreaktion, der Höhe der Dosis, dem Grad des Effektes u.a. (16).

Ein weiterer Unterschied in der Strahlenwirkung von Neutronen und locker ionisierender Strahlung besteht in der weitgehenden Unabhängigkeit der Strahlenwirkung von Neutronen von der Fraktionierung. Abbildung 8 (Diagramm links) zeigt die Überlebenskurven von Zellkulturen von Säugetierzellen, die mit 250 kV Röntgenstrahlen und 15 MeV Neutronen bestrahlt wurden. Die Ursache des Unterschiedes im Fraktionierungseffekt ist durch die Form der Dosiswirkungskurven bedingt. Bei Bestrahlung mit locker ionisierender Strahlung (z.B. Röntgenstrahlung) haben Tumorzellen und auch normale Zellen bei kleinen Dosen eine gewisse Kompensationsfähigkeit. Die Dosiswirkungskurve verläuft zunächst flach und wird erst mit zunehmender Dosis steiler (Schulterkurve). Diese Kompensationsfähigkeit bei kleinen Dosen ist nach Bestrahlung mit einigen hundert rd in den überlebenden Zellen nicht mehr vorhanden. Die Zellen erholen sich aber während des Fraktionierungsintervalls (24 h), so daß die mit der nächsten Fraktion bestrahlten Zellen wieder diese, sich in der Schulter der Dosiseffektkurve ausdrückende Kompensationsfähigkeit besitzen (Abb.8, Diagramm rechts). Gegenüber dicht ionisierender Strahlung (z.B. schnellen Neutronen) besitzen die Zellen eine weitaus geringere Kompensationsfähigkeit. Die Überlebenskurve beginnt fast exponentiell. Das hat zur Folge, daß sich bei der Fraktionierung auch keine größere Kompensationsfähigkeit einstellen kann, so daß im Endeffekt die Wirkung von Neutronen und anderen dicht ionisierenden Teilchen nicht oder nur in geringem Umfang von der Fraktionierung abhängt (17).

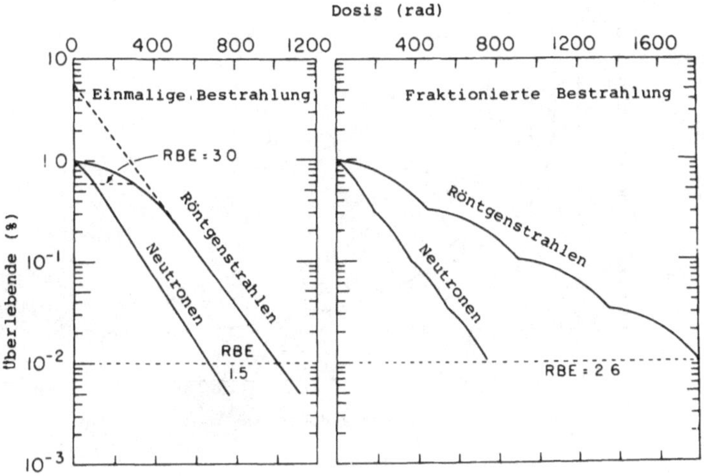

Abbildung 8: Überlebenskurven von Säugetierzellen bei einmaliger und fraktionierter Bestrahlung mit Röntgenstrahlen und mit schnellen Neutronen. Den Diagrammen kann auch die Abhängigkeit des RBW-Werts für Neutronen von der Höhe der Dosis bzw. der Fraktionierung entnommen werden (15).

Abbildung 9 zeigt die Abhängigkeit des RBW-Werts von der Neutronendosis (18). Der RBW-Wert ist bei fraktionierter Bestrahlung mit schnellen Neutronen bei kleinen Dosen sehr hoch und erreicht Werte von mehr als 5. Mit zunehmender Größe der Einzelfraktion sinkt der RBW-Wert bis auf 1,6 ab. Da STONE (3) bei der ersten Anwendung von schnellen Neutronen zur Strahlentherapie auf Grund von Messungen der Hautreaktion für seine Therapieplanung einen RBW-Wert von 2,4 zugrunde gelegt hatte, erklären sich die Spätschäden bei seinen Patienten aus der Überdosierung infolge fraktionierter Bestrahlung mit kleinen Einzeldosen (4, 5).

Bei Anwendung des jeweils optimalen Fraktionierungsschemas für locker ionisierende Strahlen und für Neutronen ist kein Unterschied im strahlentherapeutischen Effekt zu erwarten. Die Unterschiede in der therapeutischen Güte zwischen dem optimalen Schema und weniger guten Schemata sind bei Neutronen aber weniger groß als bei Gammaquanten oder Elektronen. Aus diesem Grund erscheint die Therapie mit Neutronen sicherer,

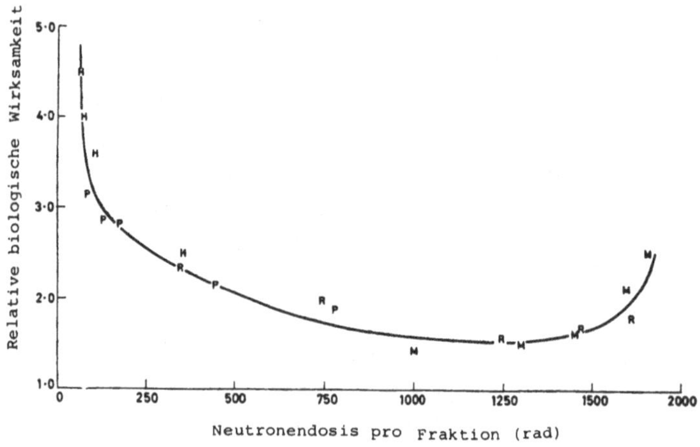

Abbildung 9: Verlauf des RBW für Hautreaktionen, ausgelöst durch schnelle Neutronen des Hammersmith Zyklotrons, in Abhängigkeit von der Neutronendosis pro Fraktion.
H : menschliche Haut, P: Schweinehaut, R: Rattenhaut und M: Mäusehaut (18).

da sie weniger von einem Fraktionierungsoptimum abhängt, das für jeden Tumorpatienten individuell bestimmt werden müßte, was z. Zt. in der Klinik noch nicht möglich ist (17).

Ein weiterer Unterschied zwischen Neutronen und locker ionisierenden Strahlen besteht darin, daß die Abhängigkeit der Strahlenwirkung vom Zellzyklus bei dicht ionisierenden Strahlen nur gering ist. Die unterschiedliche Verteilung der Zellen auf die verschiedenen Zellzyklusphasen ist bei einer fraktionierten Therapie mit Neutronen von geringerer Bedeutung. Somit könnte eine Therapie mit Neutronen bei bestimmten Tumoren einfacher und sicherer sein als die konventionelle Therapie, da zeitabhängige Faktoren wie Reoxygenierung, Synchronisation u.a. weniger stark berücksichtigt werden müssen (17).

Indikationen zur Neutronentherapie

Die Neutroneneinfangtherapie wird zur Zeit nur an wenigen Stellen angewandt bzw. experimentell untersucht. Klinische Ergebnisse liegen nur vereinzelt vor. Wenn es allerdings gelingt, ^{10}B- oder ^{6}Li-Verbindungen selektiv in oberflächennahe Tumoren oder Metastasen einzubauen, so könnte die Bestrahlung mit epithermischen Neutronen zu einer sehr selektiven Bestrahlung des Tumorgewebes bei maximaler Schonung des gesunden Gewebes führen. Bei der Behandlung von ausgedehnten, tiefliegenden Tumoren wird die geringe Eindringtiefe der langsamen Neutronen voraussichtlich immer ein limitierender Faktor bleiben (7, 8).

Die intrakavitäre und interstitielle Therapie mit ^{252}Cf-Spaltneutronenquellen befindet sich im Anfangsstadium der klinischen Anwendung. Es bleibt abzuwarten, ob die therapeutischen Erfolge anderen mit inkorporierten Strahlenquellen erzielten Ergebnisse überlegen sind (11).

Die Therapie mit schnellen Neutronen dagegen scheint bei der Behandlung von bestimmten Tumorformen im Vergleich zur konventionellen Therapie Vorteile zu bringen (19). Eine optimale Therapie schwierig zu behandelnder Tumoren wird in Zukunft wohl den kombinierten Einsatz von energiereichen Gammaquanten, Elektronen und Neutronen beinhalten. So könnten z. B. Tumoren, bei denen während der Therapie mit locker ionisierenden Strahlen eine insuffiziente Reoxygenierung vermutet wird, mit einigen wenigen Neutronendosen am Ende der Therapie bestrahlt werden, damit die restlichen hypoxischen Zellen zerstört werden (17).

Umgekehrt könnte es auch sinnvoll sein, eine Therapie mit einer größeren Neutronendosis einzuleiten, da Grund zu der Annahme besteht, daß dicht ionisierende Strahlen auch die Abtötung - nicht nur Inaktivierung - von nichtproliferierenden Zellen bewirken können. Da diese Zellen die Hauptmasse eines Tumors bilden, müßte ihre Abtötung eine beschleunigte Schrumpfung des Tumors und damit eine Reoxygenierung seiner hypoxischen Zellen ergeben (17).

Literatur

1. Lawrence, J.H., Aebersold, P.C. & Lawrence, E.O.(1936): Comparative Effects of X-rays and Neutrons on Normal and Tumour Tissue. Proc.Nat.Acad.Sci.US 22, 543

2. Locher, G.L. (1936): Biological Effects and Therapeutic Possibilities of Neutrons. Amer.J.Roentgenol. 36, 1

3. Stone, R.S.(1948): Neutron Therapy and Specific Ionization. Amer.J.Roentgenol. 59, 771

4. Fowler, J.F.(1964): Neutrons in Radiotherapy: Slow Neutrons, Fast Neutrons and other Heavy Particles. Proc.Symp."Biological Effects of Neutron and Proton Irradiations", Vol.II, p. 185 (IAEA, Vienna)

5. Fowler, J.F. & Bewley, D.K.(1972): Application of Fast Neutron Beams in Radiation Therapy. Proc.Panel "Radiobiological Applications of Neutron Irradiation", p.239 (IAEA, Vienna)

6. Tagnon, H.J., Barendsen, G.W., Broerse, J.J. & van Putten, L.M. (Eds.)(1974): Proceedings of the 2nd Meeting on Fundamental and Practical Aspects of the Application of Fast Neutrons in Clinical Radiotherapy (Den Haag, 3-5 October, 1973), Europ.J.Cancer 10, 199-398

7. Hatanaka, H.(1975): Slow-Neutron Capture Therapy for Malignant Tumours - Its History and Recent Development. Proc.Int.Symp. "Advances in Biomedical Dosimetry", SM-193/79 (IAEA, Vienna)

8. Ryabukhin, Y.(1975): Round-table discussion. Proc.Int.Symp. "Advances in Biomedical Dosimetry" (IAEA, Vienna)

9. Murray, B.W., Deutsch, O.L., Zamenhof, R.G., Pettigrew, R.I., Rydin, R.A. & Brownell, G.L. (1975): New Approaches to the Dosimetry of Boron Neutron Capture Therapy at MIT-MGH. Proc.Int.Symp."Advances in Biomedical Dosimetry", SM-193/48 (IAEA, Vienna)

10. Kanda, K., Kobayashi, T., Ono, K., Sato, T., Shibata, T., Ueno, Y., Mishima, Y., Hatanaka, H. & Nishiwaki, Y. (1975): Elimination of Gamma-Rays from Thermal Neutron Field for Medical and Biological Irradiation Purposes (Application for Neutron Capture Therapy). Proc.Int.Symp. "Advances in Biomedical Dosimetry", SM-193/68 (IAEA, Vienna)

11. Anderson, L.L.(1974): Characteristics of ^{252}Cf Neutron Sources Used for Radiotherapy. Europ.J.Cancer 10, 203

12. Schmidt, K.A.: KARIN, eine Hochleistungs-Neutronengeneratorröhre für die Radiotherapie und die Aktivierungsanalyse mit 14 MeV-Neutronen. 6. Wissenschaftliche Tagung der Deutschen Gesellschaft für Medizinische Physik, Berlin, 28.-29.4.1975, Diskussionsbeitrag

13. Canada, T.R., McDonald, J.C., Kuo, T.Y.T., Simpson, L.D., Freed, B.R. & Laughlin, J.S. (1974): Fast Neutron Beams from the MSKCC Cyclotron. Europ. J. Cancer 10, 259

14. Lorenz, W.J., Höver, K.-H., Kuttig, H., Wolber, G., Burger, G., Grünauer, F. & Schraube, H. (1974): Neutron Therapy Application at the Heidelberg Cyclotron Facility. Europ. J. Cancer 10, 262

15. Hall, E.J. (1973): Radiobiology for the Radiologist (Harper and Row, Hagerstown/Maryland)

16. Hug, O. (1974): Medizinische Strahlenkunde (Springer-Verlag, Berlin-Heidelberg - New York)

17. Trott, K.-R. (1974): Strahlenbiologische Grundlagen der Strahlentherapie unter besonderer Berücksichtigung der Therapie mit Korpuskularstrahlen. Strahlentherapie 148, 451

18. Field, S.B. & Hornsey, S. (1971): RBE Values for Cyclotron Neutrons for Effects on Normal Tissues and Tumours as a Function of Dose and Dose Fraction. Europ. J. Cancer 7, 161

19. Catterall, M. (1974): The Results of Fast Neutron Therapy from the Medical Research Council's Cyclotron at Hammersmith Hospital, London, with Particular Reference to Tumours of the Head and Neck. Strahlentherapie 148, 447

9.2 Die Neutronentherapieanlage des DKFZ Heidelberg

K.-H. Höver, W.J. Lorenz, G. Wolber

Einleitung

Das Institut für Nuklearmedizin im Deutschen Krebsforschungszentrum besitzt für die medizinisch-biologische Forschung ein AEG-Kompaktzyklotron. Die Energien im extrahierten Strahl betragen 21,5 MeV für Protonen und α -Teilchen, 10,6 MeV für Deuteronen und 27 MeV für ^{3}He-Teilchen.

Da in einer Anzahl Kliniken und Forschungszentren z. Zt. die Möglichkeit einer Strahlentherapie mit schnellen Neutronen diskutiert wird, werden mit dem Zyklotron neben der Erzeugung kurzlebiger Radionuklide für die nuklearmedizinische Diagnostik auch Untersuchungen hinsichtlich einer Neutronentherapie durchgeführt. Die Neutronentherapie-Anlage besteht aus dem Strahlführungssystem, dem Deuterium-Gastarget, einem Neutronenkollimator, dem Bestrahlungsbett, der Justiereinrichtung und dem Monitorsystem.

Aufbau der Heidelberger Neutronentherapie-Anlage

Abbildung 1 zeigt das von SCHRAUBE (1) entwickelte 30 cm lange Deuterium-Gastarget. Am Ende des Strahlrohres wird der Deuteronenstrahl durch eine wassergekühlte von Target und Strahlrohr elektrisch isolierte Blende kollimiert und tritt dann durch eine dünne Fensterfolie in den Gasraum des Targets. Als Targeteintrittsfenster benutzen wir eine 9,7 mg/cm^2 dicke Havar-Folie. Der Energieverlust in dieser Folie beträgt 0,4 MeV. Bei einem Gasdruck im Target von mehr als 11 atm werden die Deuteronen völlig im Gasraum abgebremst. Das Deuteriumgas wird in einem geschlossenen Kühlsystem ständig umgewälzt. Die Lebensdauer der Targetfolie beträgt 150 - 200 μAh.

Die Neutronen werden im Gasraum über die exotherme Compound-Reaktion D (d, n) ^{3}He und die endotherme Break-up-Reaktion D (d, np)D erzeugt.

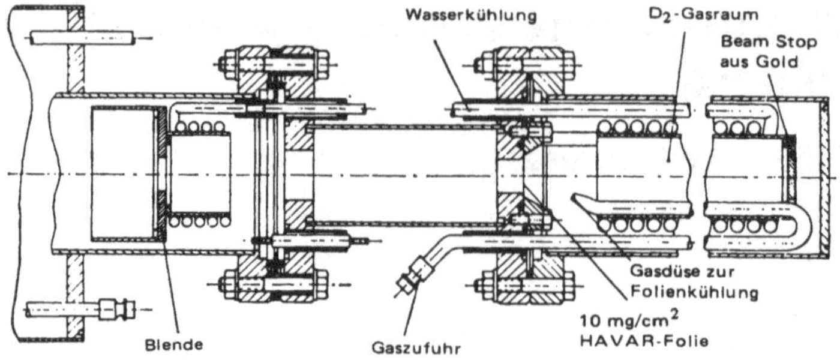

Abbildung 1: Querschnitt des Deuteriumgastargets.

In Abbildung 2 sind die von SCHRAUBE gemessenen Neutronenspektren bei verschiedenen Gasdrucken dargestellt. Bei niedrigen Gasdrucken fehlt der untere Teil der Neutronen aus der Compound-Reaktion, dieses wird dadurch bedingt, daß der Deuteronenstrahl nicht völlig abgebremst wird. Der Break-up Anteil verändert sich nur geringfügig. Das Spektrum erfährt bei niedrigen Drucken eine leichte Aufhärtung, eine Verbesserung der Tiefendosisverteilung wird dadurch jedoch nicht erreicht.

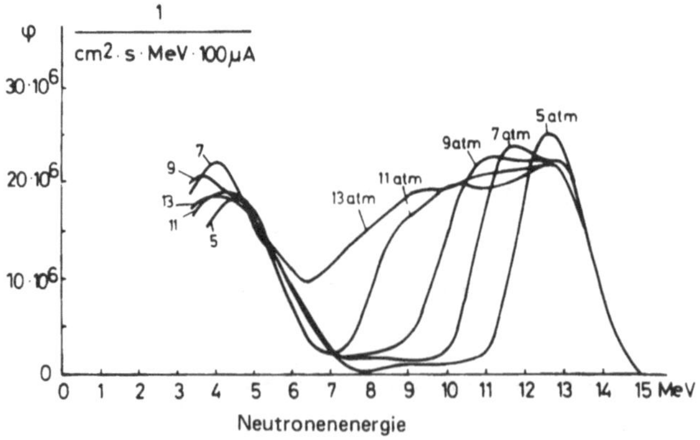

Abbildung 2: Neutronenspektren bei verschiedenen Targetgasdrucken.

Hinsichtlich Kollimierung und Abschirmung entstehen bei allen Neutronentherapie-Anlagen bedeutend größere Probleme als bei den konventionellen Therapiegeräten. Für die Heidelberger Anlage wurde nach den Rechnungen von GRÜNAUER (2) ein Neutronenkollimator gebaut, der im wesentlichen aus dem inneren Eiseneinsatz und einer äußeren Paraffinschicht besteht. Um die 2, 2 MeV-Gammastrahlung, die durch Neutroneneinfang am Wasserstoff des Paraffins entsteht, zu unterdrücken, wurde dem Paraffin ein Borsäureanteil beigemischt. Bor besitzt einen sehr hohen Wirkungsquerschnitt für die $^{10}B\ (n,\alpha)\ ^{7}Li$-Reaktion. Die aus dem angeregten ^{7}Li Kern emittierten γ-Quanten mit einer Energie von 478 keV werden im äußeren Bleimantel absorbiert. Der innere Teil des Kollimators ist auswechselbar und kann um 360° gedreht werden.

Abbildung 3 zeigt einen Querschnitt des Kollimators. Zur Zeit stehen uns 6 verschiedene Einsätze zur Verfügung mit Feldgrößen von 6 x 6 cm^2 bis 15 x 15 cm^2.

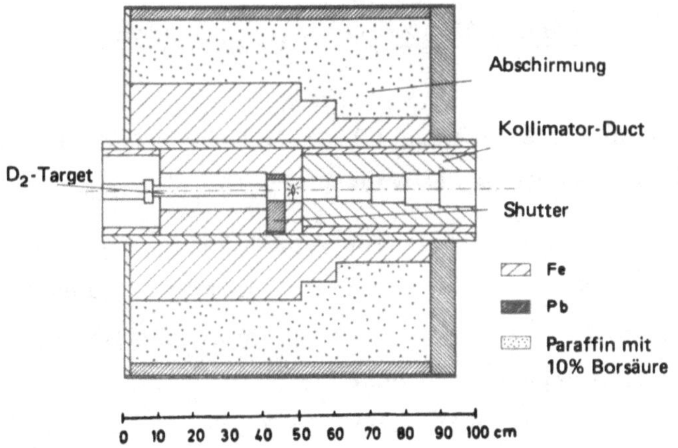

Abbildung 3: Querschnitt des Neutronenkollimators.

Wegen des großen Gewichts der Einsätze von ca. 80 bis 120 kg je nach Feldgröße, mußte eine halbautomatische Wechselvorrichtung konstruiert werden. Der gesamte Kollimator steht auf Schienen und kann mit Hilfe eines kleinen Elektromotors vom Target weggefahren werden.

Bei der Bestrahlung von biologischem Gewebe mit Neutronen entsteht eine zusätzliche Strahlenbelastung durch Gammastrahlung. Da beide Strahlenarten eine verschieden starke Wirkung im Gewebe hervorrufen, muß der Gamma- und Neutronenanteil an der Gesamtdosis getrennt bestimmt werden.

Im Prinzip können Gamma- und Neutronendosis mit 2 Ionisationskammern gleichzeitig gemessen werden, wenn das Verhältnis von Neutronen- zu Gammaempfindlichkeit beider Kammern verschieden ist. Wir benutzen eine gewebeäquivalente Ionisationskammer (Gewichtsanteile 0,10 H, 0,87 C, 0,03 N) mit gewebeäquivalentem Gas (Zusammensetzung 64 % CH_4, 32,4 % CO_2, 3,2 % N_2) und eine Graphitkammer mit Kohlendioxid.

In einem gemischten Neutronen-Gammafeld besteht zwischen der gesammelten Ladung Q_V in einer Kammer und der Dosis im Gewebe folgende Beziehung (3):

$$Q_V = a_V \frac{(\mu_{en}/\rho)_{w,\gamma}}{(\mu_{en}/\rho)_{t,\gamma}} S_w^G \cdot D_\gamma + b_\nu \frac{(\mu_{en}/\rho)_{w,n}}{(\mu_{en}/\rho)_{t,n}} S_w^G \cdot D_n \qquad (1)$$

(μ_{en}/ρ) sind die Massenenergieabsorptionskoeffizienten für die Kammerwand (Index w) und für das Gewebe (Index t).

S_w^G ist das Verhältnis der Massenbremsvermögen von Kammergas zur Kammerwand. Die Gammastrahlempfindlichkeit a_V unserer Kammern wurde in einem ^{60}Co-Gammastrahl bestimmt, die Neutronenempfindlichkeit b_V läßt sich daraus berechnen.

Das Verhältnis der Massenbremsvermögen wurde für beide Kammern gleich 1 gesetzt. Obwohl dies für die Graphit/CO_2 Kammer einer kritischen Betrachtung bedarf, ist der dadurch entstehende Fehler vernachlässigbar.

Die Massenenergieabsorptionskoeffizienten sind energieabhängig und wurden für unser Spektrum unter Berücksichtigung der Veränderung der Spektren im Phantom und außerhalb des Primärstrahls berechnet. Unter Verwendung zweier Ionisationskammern erhält man zwei Gleichungen vom Typ (1) mit den unbekannten Dosisgrößen D_γ und D_n.

Tabelle 1 enthält wichtige Parameter und Dosisdaten der Heidelberger Therapieanlage. Die Neutronendosisrate im kollimierten Strahl beträgt in einem Meter Abstand von der Targetfolie 51, 2 rd/min bei 100μ A Deuteronenstrom. Neben Neutronen- und Gammadosisraten in verschiedenen Phantomtiefen sind insbesondere die von uns benutzten Verhältnisse der Massenenergieabsorptionskoeffizienten mit eingetragen. Für die Graphit/CO_2-Kammern sind sowohl die Werte für die Kammerwand als auch für CO_2 eingetragen. Wir benutzen die Werte für CO_2. Dies ist bei der vorhandenen Energieverteilung der Neutronen korrekt, da der größte Teil der zur gesamten Ladung beitragenden Sekundärteilchen im Gas entsteht.

Tabelle 1 Dosisdaten der Heidelberger Neutronentherapieanlage.

Material	Luft		Wasser (Target-Haut-Abstand 95 cm)					
Tiefe (cm)	100		2,6		5,0		10,0	
Ionisations-kammer	TE[+]	C/CO_2	TE	C/CO_2	TE	C/CO_2	TE	C/CO_2
$(\mu/\rho)_{W,n}/(\mu/\rho)_{t,n}$	1,03	$\frac{0,218}{0,187}$	1,02	$\frac{0,181}{0,164}$	1,02	$\frac{0,181}{0,164}$	1,02	$\frac{0,181}{0,164}$
$(\mu/\rho)_{W,\gamma}/(\mu/\rho)_{t,\gamma}$	1,00	0,91	1,00	0,91	1,00	0,91	1,00	0,91
$\dot{D}$ (rad/min·100µA)	51,2		46,5		35,9		20,1	
D_γ/D_n+D_γ (%)	<1		6,2		7,5		10,0	

[+] TE = Gewebeäquivalent

Abbildung 4 zeigt die Tiefendosisverteilung für ein 6 x 8 cm^2 großes Bestrahlungsfeld im Wasserphantom. Die Neutronendosis in 5 cm Wassertiefe wurde gleich 100 % gesetzt. Außerdem sind die von GRÜNAUER berechneten Dosiswerte und Dosisdaten, die aufgrund einer Aktivierung von Mg-Folien berechnet wurden, miteingetragen. Alle drei Methoden stimmen gut überein. Die Gammadosis fällt nicht so stark ab wie die Neutronendosis, d.h. der relative Gammaanteil nimmt zu und beträgt in 10 cm Tiefe bereits 10 %. Die Halbwerttiefe beträgt für den Neutronendosisverlauf 8, 5 cm. Der große materielle und finanzielle Aufwand beim Bau des Neutronenkollimators war insbesondere notwendig, um den bei allen Therapieanlagen geforderten steilen Abfall an den Feldgrenzen zu gewährleisten.

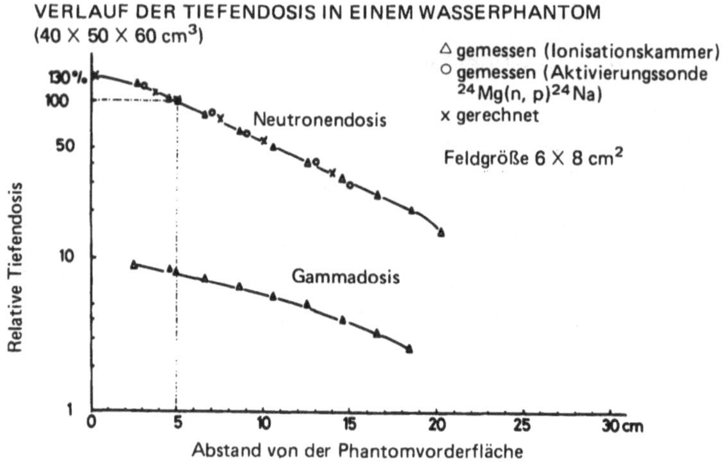

Abbildung 4: Tiefendosis eines kollimierten Neutronenstrahls in Wasser.

Abbildung 5 zeigt die Dosisprofile des kollimierten Neutronenstrahls in verschiedenen Wassertiefen von 3 bis 16 cm. Die konstante Dosisrate im Nutzstrahl und der steile Abfall in den Randbereichen sind für eine Neutronentherapieanlage als gut zu bezeichnen und entsprechen etwa ^{60}Co-Daten. Bei der ^{60}Co-Therapie erreicht man unter Ausnutzung des $\frac{1}{r^2}$-Gesetzes eine bessere Tiefendosisverteilung bei größerem Fokus-Haut-Abstand. Für die Heidelberger Neutronentherapieanlage wurden für Abstände von 95, 105, 115 und 125 cm Tiefendosiskurven gemessen.

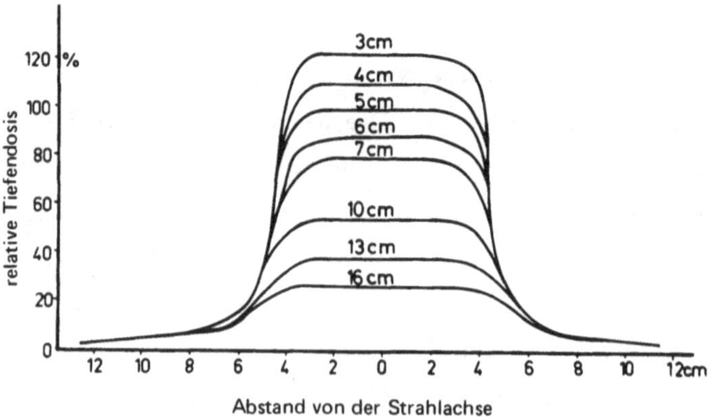

Abbildung 5: Dosisprofile des kollimierten Neutronenstrahls in verschiedener Wassertiefe.

Nach Abbildung 6 fällt in 5 cm Wassertiefe dabei die Dosisrate von 100 % bei einem Target-Phantom-Abstand von 95 cm auf 54 %, bei einem Abstand von 1,25 cm ab. Die Halbwerttiefe ändert sich dagegen nur geringfügig um 4 mm. Es scheint uns daher nicht gerechtfertigt zu sein, zugunsten einer geringfügigen Verbesserung der Tiefendosisverteilung die ohnehin schon langen Bestrahlungszeiten fast zu verdoppeln.
Aufgrund der Neutronenstreuung ändert sich der Verlauf der Tiefendosis mit der Feldgröße.

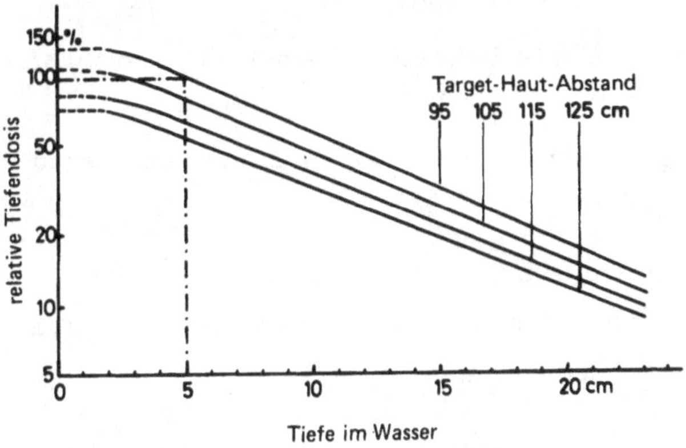

Abbildung 6: Tiefendosisverteilung bei verschiedenen Fokus-Hautabständen.

Abbildung 7 zeigt, daß bei dem 10 x 15 cm^2 großen Feld die Halbwerttiefe ca. 8,9 cm beträgt, wogegen sie bei dem 6 x 8 cm^2 großen Feld bei 8,5 cm liegt. Alle Werte wurden auf den Wert in 5 cm Wassertiefe für das 6 x 8 cm^2 große Feld normiert.

Bevor wir mit der Neutronentherapie-Anlage Bestrahlungen von bösartigen und gegenüber der konventionellen Therapie strahlenresistenten Tumoren durchführen können, müssen insbesondere noch Isodosenkurven unter Berücksichtigung von Inhomogenitäten, Grenzschichten und Verwendung von Keilfiltern gemessen werden.

Diese Experimente werden z. Zt. in Heidelberg durchgeführt.

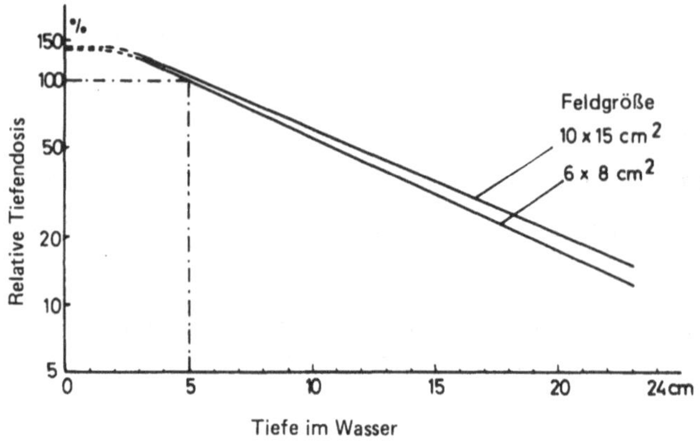

Abbildung 7: Tiefendosisverteilung in einem Wasserphantom bei verschiedenen Feldgrößen.

Abbildung 8 zeigt den Isodosenverlauf in einem homogenen Wasserphantom von 40 x 50 x 60 cm^3.

Im Bereich der gestrichelten Linie konnten wir aufgrund des technischen Aufbaus nicht messen, die 135 % Isodosenlinie wurde daher aus Rechnungen von GRÜNAUER entnommen.

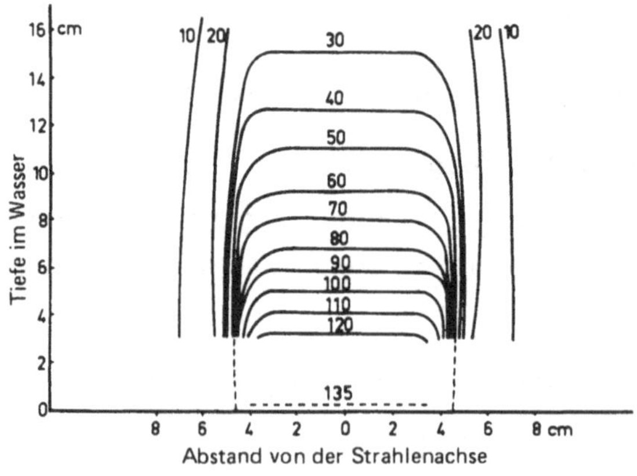

Abbildung 8: Isodosenkurven in einem Wasserphantom.

Diese Arbeit wurde vom Bundesministerium für Forschung und Technologie unterstützt.

Literatur

1. Schraube, H., Morhart, A. & Grünauer, F.: Proceed. Second Symposium on Neutron Dosimetry in Biology and Medicine, Oct. 74, München

2. Grünauer, F.: Proceed. Second Symposium on Neutron Dosimetry in Biology and Medicine, Oct. 74, München

3. Kühn, H. & Müller, A.: Proceed. First Symposium on Neutron Dosimetry in Biology and Medicine, März 1972.

9.3 Tiefendosisstudien an Neutronentherapieanlagen

F. Grünauer, H. Schraube, G. Burger

Die Dosisverteilung in einem Phantom bei Bestrahlung mit einer externen Neutronenquelle wird bestimmt durch:

a) die Energie bzw. die spektrale Verteilung der von der Quelle emittierten Neutronen

b) die Geometrie der Quelle

c) den Abstand zwischen Quelle und Phantomoberfläche (im folgenden als FHA bezeichnet)

d) die Kollimierungseigenschaften, insbesondere durch die Feldgröße

e) die Streubedingungen im Experimentierraum.

Axiale Tiefendosis

Abhängigkeit vom FHA: Zwischen Tiefendosiskurven, die für verschiedene Fokus-Oberflächen Abstände FHA_1 und FHA_2 unter sonst gleichen Bedingungen ermittelt wurden, gilt in guter Näherung folgender empirische Zusammenhang:

$$\frac{D^{FHA_2}(x)}{D^{FHA_1}(x)} = \left(\frac{FHA_1 - 15 + x}{FHA_2 - 15 + x}\right)^2 \cdot \left(\frac{FHA_2 - 15 + x}{FHA_1 - 15 + x}\right) \qquad (1)$$

Hierbei ist:

$D^{FHA_1}(x)$, $F^{FHA_2}(x)$ Dosis in der Tiefe x des Phantoms bei Bestrahlung mit einer Quelle im Abstand FHA_1 bzw. FHA_2

x_0 Tiefe im Phantom, bei der die beiden Tiefendosiskurven den gleichen Wert annehmen sollen (Normierungstiefe)

FHA, x_0, x in cm.

Der Wert 15.0 ist ein Fitparameter und hat keine physikalische Bedeutung.

Der Grenzübergang von einem Abstand FHA zu einer unendlich weit entfernten Quelle (Parallelstrahlgeometrie) ergibt:

$$\frac{D^{FHA}(x)}{D''(x)} = \left(\frac{FHA - 15 + x}{FHA - 15 + x}\right)^2 \tag{2}$$

mit

$D''(x)$ Dosis in der Tiefe x des Phantoms bei Bestrahlung mit einem Parallelstrahl.

Abbildung 1 zeigt den Übergang von gemessenen Tiefendosiskurven für verschiedene FHA mit (2) auf die gleiche Kurve für Bestrahlung mit einem Parallelstrahl. Normiert wurde in einer Tiefe x_o = 0.5 cm.

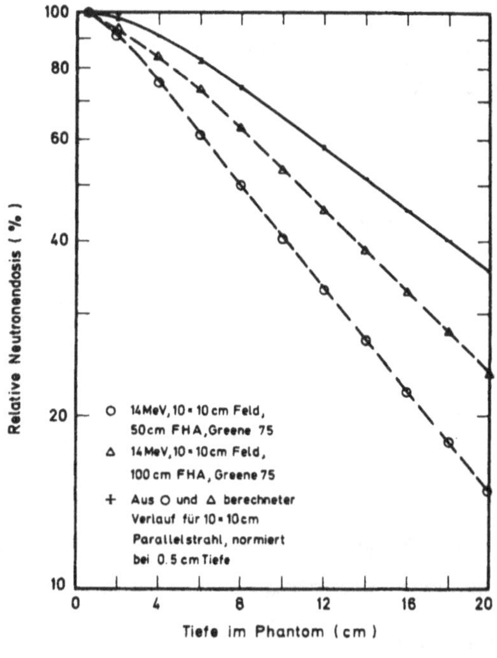

Abbildung 1: Tiefendosiskurven für verschiedene FHA; Umrechnung mit Gleichung 2 auf Parallelstrahlgeometrie; Meßwerte nach GREENE, 1975.

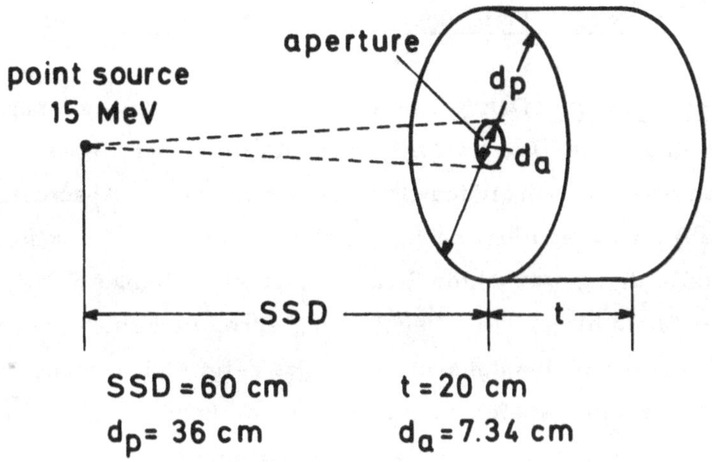

Abbildung 2a: Schematische Darstellung des Versuchsaufbaus in Neuherberg; 15 MeV, 60 cm FHA.

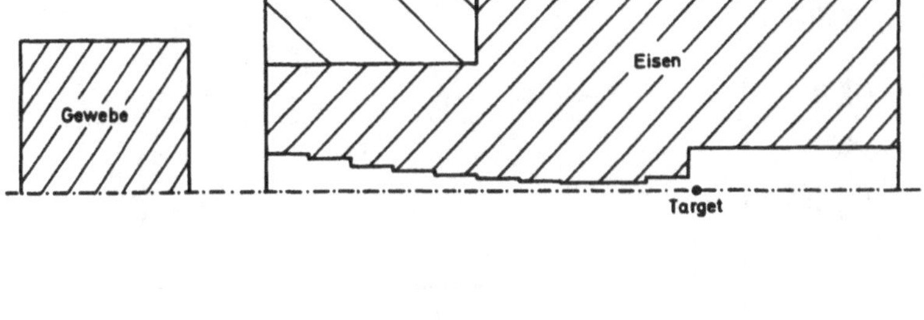

Abbildung 2b: Zu Abbildung 2a äquivalente ideale Anordnung.

Abhängigkeit des axialen Tiefendosisverlaufs von den Kollimierungseigenschaften

Einfluß des Kollimators: Der Kollimator blendet ein räumlich begrenztes Nutzstrahlenbündel aus. Die Kollimierung ist allerdings nie vollkommen auf Grund von Streuneutronen und Durchlaßstrahlung der Abschirmung. Der Nutzstrahl ist daher nicht scharf begrenzt; das laterale Dosisprofil hat an der Stelle der gewünschten Strahlgrenze eine Flanke mit endlicher Steigung. Die Dosis hinter der Abschirmung erreicht keinen gegenüber der Nutzstrahldosis vernachlässigbaren Wert. Es zeigt sich jedoch, daß davon der Verlauf der axialen Tiefendosis nicht beeinflußt wird. Für einen Versuchsaufbau in Neuherberg (15 MeV-Neutronen) und für die Therapieanlage des DKFZ Heidelberg (polychromatisches Neutronenspektrum erzeugt durch Beschuß eines dicken D-Targets mit 11 MeV-Deuteronen (4)) wurde die Dosisverteilung im Phantom bei Bestrahlung mit der realen Anordnung und mit einer idealen, d.h. streustrahl- und leckstrahlungsfreien Kollimierung, berechnet. Im Verlauf der Tiefendosis ergibt sich praktisch kein Unterschied (Abb. 2, 3, 4, 5).

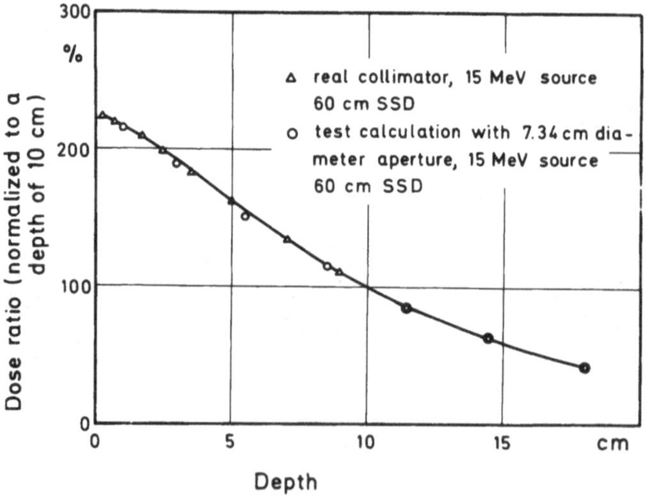

Abbildung 3: Vergleich des Tiefendosisverlaufs beim Neuherberger Versuchsaufbau und der äquivalenten idealen Anordnung.

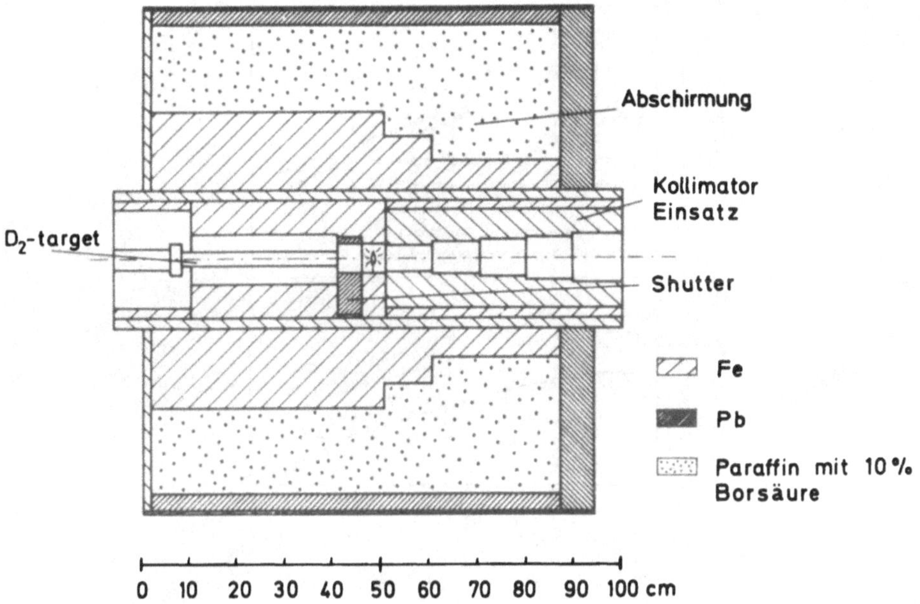

Abbildung 4a: Schematische Darstellung des Kollimatoraufbaus am DKFZ-Heidelberg.

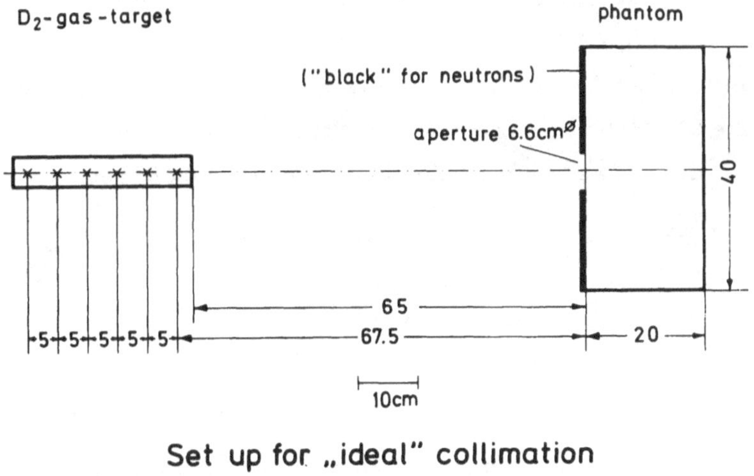

Abbildung 4b: Zu Abbildung 4a äquivalente Anordnung.

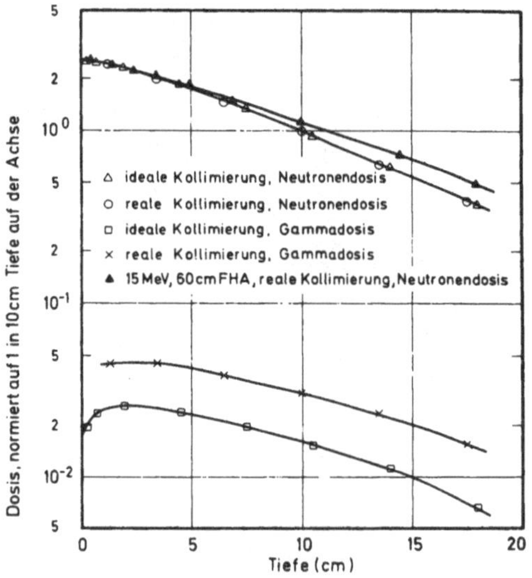

Abbildung 5: Vergleich des Tiefendosisverlaufs bei der Therapie-Einrichtung in Heidelberg und der äquivalenten idealen Anordnung.

Einfluß der Feldgröße: In der Literatur sind Messungen für rechteckige, quadratische und kreisförmige Felder zu finden. Eigene Rechnungen sind nur für kreisförmige Felder durchgeführt worden. Solche Felder erlauben die Darstellung der Anordnung in zylindersymmetrischer Geometrie; hierauf kann die SN-Methode angewandt werden. Kompliziertere Geometrien müssen mit der aufwendigeren Monte-Carlo-Methode berechnet werden.

Im folgenden wird die Feldgröße nur durch einen Parameter r_{eff} beschrieben:

$$r_{eff} \begin{cases} \text{Radius eines kreisförmigen Feldes} \\ \sqrt{\dfrac{a \cdot b}{\pi}} \ ; \ \text{a, b Kanten eines rechteckigen Feldes} \end{cases}$$

Generell zeigt die axiale Tiefendosiskurve einen steilen Abfall für kleinere Felder. Als Maß für die Steilheit des axialen Tiefendosisverlaufs wurde das Verhältnis der Dosen in 10 cm und 0.5 cm Tiefe betrachtet. Abbildung

6 zeigt diesen Parameter als Funktion des Kehrwertes des Strahlradius. Dadurch wird berücksichtigt, daß Änderungen der Feldgröße bei großen Feldern wenig Einfluß auf den axialen Tiefendosisverlauf haben; auch kann bei dieser Auftragung der Fall keiner Kollimierung ($r_{eff} \longrightarrow \infty$) mit eingeschlossen werden.

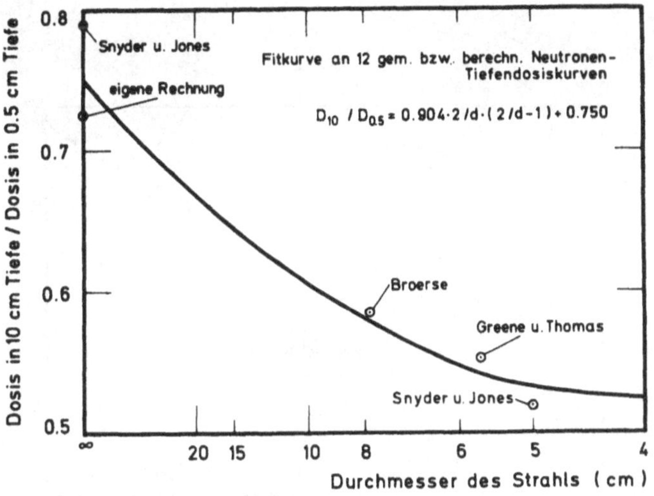

Abbildung 6: Verhältnis der Dosis in 10 cm Tiefe zur Dosis in 0.5 cm Tiefe als Funktion des Strahldurchmessers. Die verwendeten Tiefendosiskurven wurden auf Parallelstrahlgeometrie umgerechnet.

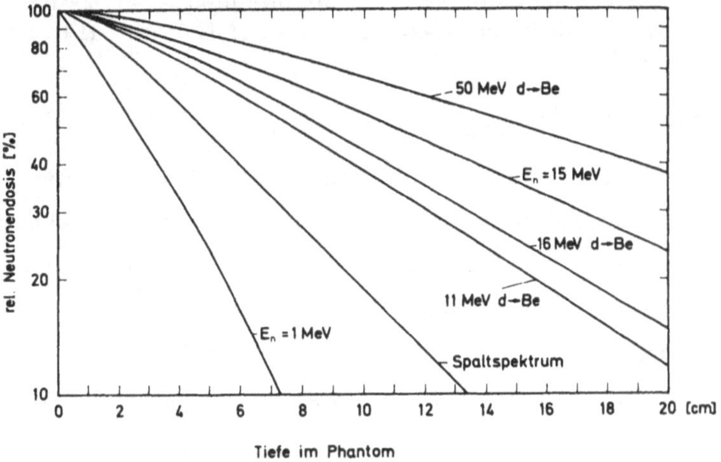

Abbildung 7: Tiefendosiskurven für verschiedene Neutronenquellen. Alle Kurven beziehen sich auf 100 cm FHA und 10x10 cm Feldgröße.

Einfluß der Neutronenenergie

Abbildung 8 zeigt das Verhältnis der Dosis in 10 cm Tiefe zu jener in 0.5 cm Tiefe als Funktion der Energie. Polychromatischen Spektren aus der D(d, n) und der Be(d, n) Reaktion wurden die mittleren Energien zugeordnet. Für die Charakteristik des Tiefendosisverlaufs ist eine solche einparametrige Darstellung jedoch nicht notwendig signifikant.

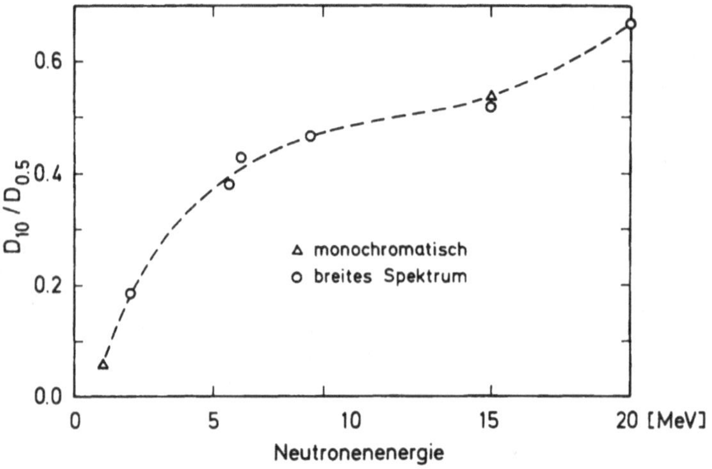

Abbildung 8: Verhältnis der Dosis in 10 cm Tiefe zur Dosis in 0.5 cm Tiefe als Funktion der Neutronenenergie. Bei polychromatischen Spektren wurde über der mittleren Energie aufgetragen. Alle Werte beziehen sich auf 100 cm FHA und 10 x 10 cm Feldgröße.

Die Gammadosis im Phantom

Die Gammadosis im Phantom setzt sich aus vier Komponenten zusammen:

1. Gammaquanten, die im Phantom durch (n, γ)-Prozesse entstehen
2. Gammaquanten, die im Kollimator und in der Abschirmung durch (n, γ)-Prozesse entstehen
3. Gammaquanten, die im Target erzeugt werden
4. Gammaquanten, die durch die Umgebung verursacht werden.

Gammaquanten, die im Phantom und im Kollimator durch (n, γ)-Prozesse entstehen

Für die Bestrahlungseinrichtung im Radiobiologischen Institut TNO in Rijswijk wurde der Strahlungstransport durch Kollimator, Abschirmung und Phantom berechnet. Das Target wurde hierbei als reine Neutronenquelle angenommen. Die Übereinstimmung der berechneten Werte mit den gemessenen (1) ist für die Neutronendosis recht gut, die berechneten Gammadosiswerte liegen im Vergleich zu den gemessenen Daten zu niedrig (Abb. 9). Die Gammaquanten aus dem Target und aus der Umgebung stellen somit einen erheblichen Beitrag zur Gammadosis im Phantom.

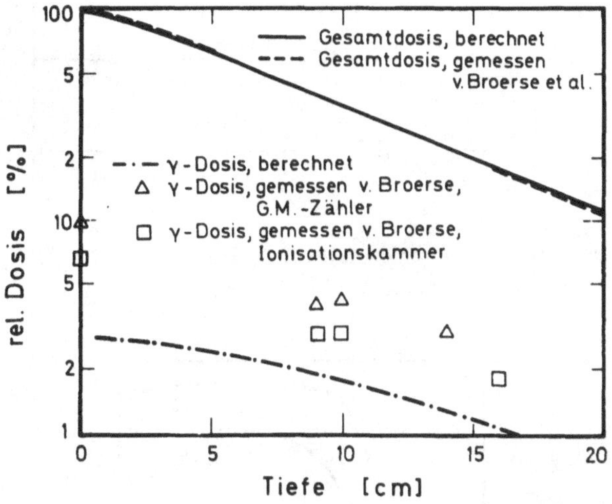

Abbildung 9: Axiale Tiefendosis (15 MeV, 45 cm FHA, Feldgröße 6 x 8 cm).

Im Falle der Bestrahlungseinrichtung des DKFZ /Heidelberg beruht die errechnete Gammadosis im Phantom zu etwa gleichen Teilen auf Gammaquanten aus Kollimator und Abschirmung und solchen aus dem Phantom selbst (Abb. 5).

Gammaquanten, die im Target entstehen

Für eine Targetkonstruktion (15 MeV Neutronen), die speziell für einen niedrigen Streuuntergrund konzipiert wurde und damit nicht typisch ist für

Targets, die in der Therapie verwendet werden, wurde das Streuneutronenfeld und das aus (n, γ)-Prozessen resultierende Gammafeld berechnet (Abb. 10, 11). Durch Bremsstrahlung im Target entstehende Gammaquanten wurden nicht berücksichtigt.

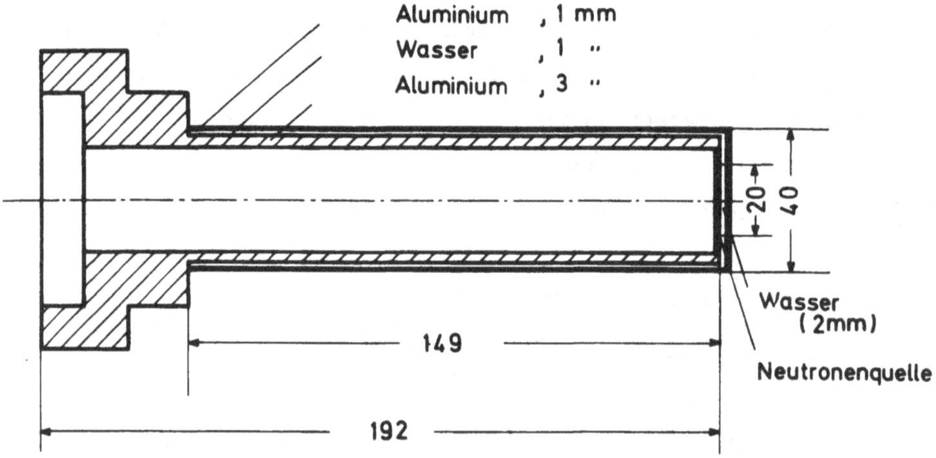

Abbildung 10: Schnittbild (schematisch) eines Targets für geringen Streuneutronenuntergrund.

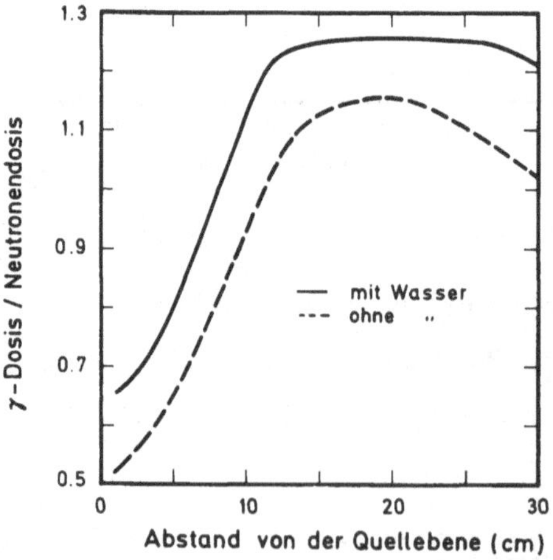

Abbildung 11: Gammadosis relativ zur Neutronendosis an einem Target zur Produktion von 15 MeV Neutronen (Abbildung 10).

Aus Abbildung 11 ist zu ersehen:

a) Das Verhältnis γ-Dosis/n-Dosis hängt hier im betrachteten Bereich stark von der Entfernung vom Target ab. Die Gammaquelle ist also nicht um den Ort der Neutronenquelle konzentriert.

b) Das Kühlwasser trägt mit etwa 10% zur Gammadosis bei.

Gammaquanten aus der Umgebung

Eine Quelle für Gammastrahlung sind Wände, Boden und Decke des Experimentierraumes. Thermische Neutronen verursachen durch den (n, γ)-Prozeß am Wasserstoff im Beton eine 2, 23 MeV Strahlung. Dieser Effekt wurde anhand der Berechnung eines stark vereinfachten Modells untersucht: Eine 15 MeV Quelle sei von einer Kugelschale aus 20 cm dicken Beton umgeben. Der innere Radius der Betonschale wurde gleich 1.8 m bzw. 4.47 m gesetzt. Die Ergebnisse für die Kerma der Streuneutronen und der im Beton erzeugten Gammaquanten sind in Abbildung 12 gezeigt, und zwar relativ zur lokalen Kerma, die durch den ungestreuten Fluß verursacht wird.

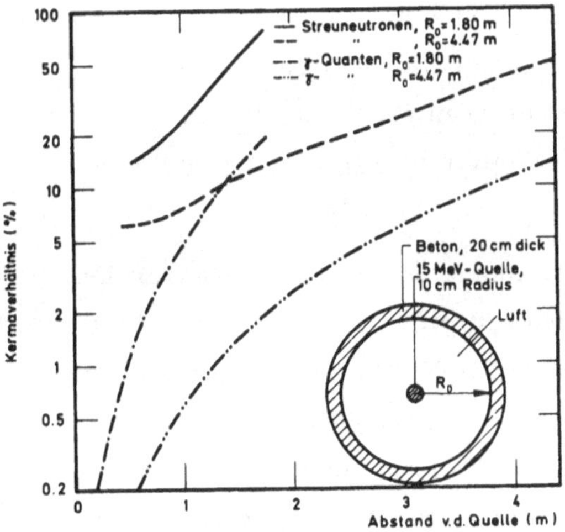

Abbildung 12: Verhältnis der durch Streuneutronen bzw. γ-Quanten verursachten Kerma zur Kerma des lokalen ungestreuten Flusses als Funktion des Abstandes von der Quelle.

Die Ergebnisse für die beiden Modelle eines großen und eines kleinen Bestrahlungsraumes unterscheiden sich hinsichtlich der Gammadosis in 1 m Abstand vom Target um etwa eine Zehnerpotenz. Hieraus folgt:

a) Der Gammauntergrund und das Streuneutronenfeld hängen stark von der Größe des Bestrahlungsraumes ab

b) Mittels so stark vereinfachter Modelle eines Bestrahlungsraumes lassen sich keine quantitativen Aussagen über den Untergrund gewinnen.

Die sphärisch symmetrische Geometrie wurde für diese Rechnung gewählt, weil sie gegenüber realistischeren Geometrien eine Reduktion der Rechenzeit um etwa einen Faktor 50 ergibt.

Der hohe Anteil an Gammastrahlen und an Streuneutronen, die ihrerseits in einem Phantom weitere Gammaquanten erzeugen, erklärt, daß Messung und Rechnung im Ergebnis für die Gammadosis im Phantom nicht befriedigend übereinstimmen können, so lange nicht bei der Rechnung die gesamte Umgebung mit einbezogen wird.

Die RBW als Funktion des Ortes im Phantom

Der Strahlenschaden im lebenden Gewebe hängt außer von der deponierten Dosis von der Zellart, der Teilchenart und -energie, dem zeitlichen Verlauf der Strahlung und anderen Faktoren ab. Ein Maß für den Einfluß der Gesamtheit dieser Parameter ist die relative biologische Wirksamkeit (=RBW).

Die RBW wird zumeist als Funktion der LET angegeben. LET-Verteilungen im Phantom wurden mit einem Proportionalzähler vom ROSSI-Typ an einem Versuchsaufbau der GSF Neuherberg gemessen und daraus die RBW berechnet. Außerdem wurde die RBW ermittelt aus berechneten Neutronenspektren und der RBW als Funktion der Neutronenenergie (Abb. 13) für die Bestrahlungseinrichtung des TNO/Rijswijk. In beiden Fällen wurde die Dosisabhängigkeit der RBW nicht berücksichtigt, sondern jene RBW-Werte für 200 rad benutzt. Abbildung 14 zeigt die berechnete Verteilung der biolo-

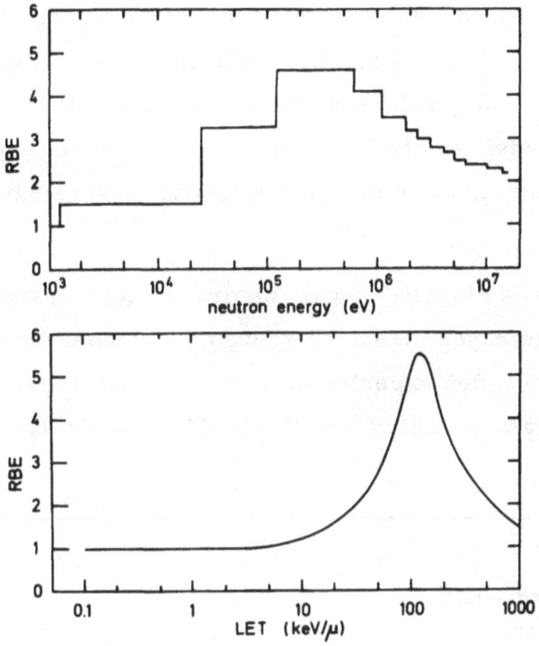

Abbildung 13: Relative biologische Wirksamkeit (200 rad) als Funktion der Neutronenenergie und der LET (2, 3).

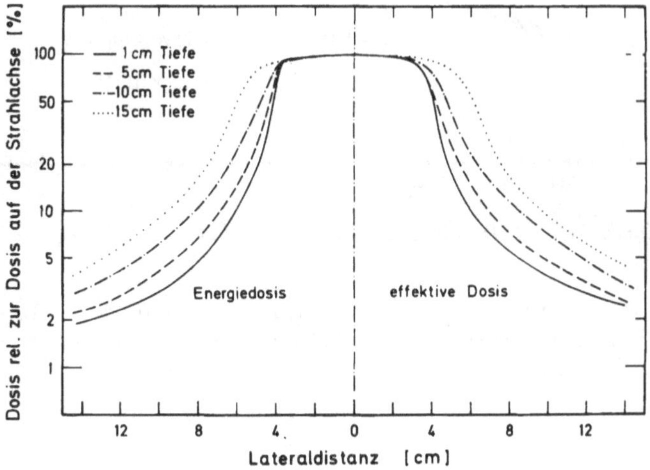

Abbildung 14: Dosisprofile im Phantom (15 MeV, Feldgröße 7,8 cm Ø, 45 cm FHA); es wurde auf die Energiedosis auf der Strahlachse normiert.

gisch effektiven Dosis im Phantom. Die Profile sind normiert auf 100% Energiedosis auf der Strahlachse. Die RBW ändert sich mit der Tiefe im Phantom nicht. Die biologisch effektive Dosis fällt mit zunehmender Lateraldistanz weniger steil ab als die Energiedosis. Entsprechend ist auch die Strahlbegrenzung für die biologisch effektive Dosis weniger scharf ausgeprägt.

In Abbildung 15 wurde die RBW gegen die prozentuale Dosis an Stelle der Lateraldistanz aufgetragen. Dadurch können die Rechenergebnisse für die Anlage in Rijswijk mit den experimentell gewonnenen Daten von Neuherberg, trotz der etwas verschiedenen Feldgröße, miteinander verglichen werden.

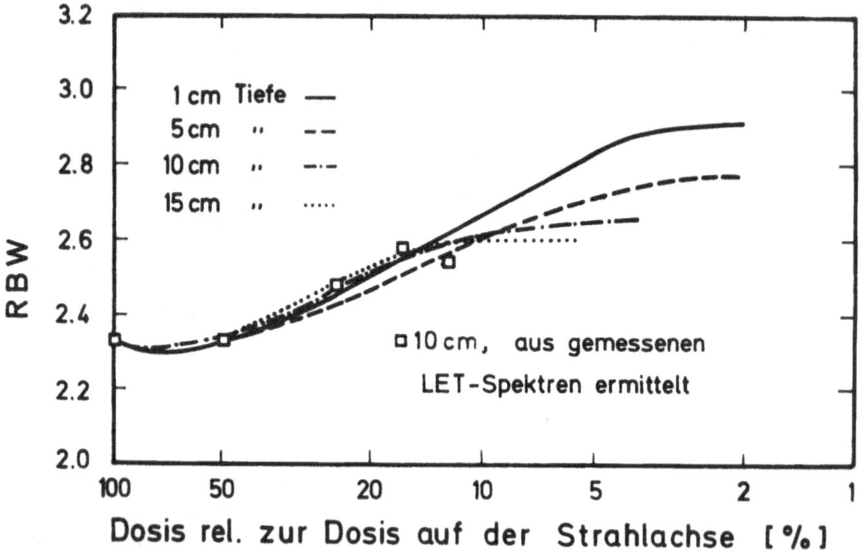

Abbildung 15: RBW-Verteilung im Phantom (15 MeV); an Stelle der Lateraldistanz wurde die RBW relativ zur Dosis auf der Strahlachse aufgetragen.

Zusammenfassung

Tiefendosiskurven können innerhalb der Meßgenauigkeit auf andere Fokus-Haut-Abstände und andere Feldgrößen mit einer einfachen Beziehung umgerechnet werden. Die Gammadosis im Phantom wird wesentlich beeinflußt durch die Streueigenschaften des Bestrahlungsraumes. Die RBW ändert sich längs der Strahlachse mit der Tiefe nicht bei 15 MeV-Anlagen. Die lateralen Profile der biologisch effektiven Dosis verlaufen flacher als die entsprechenden Energiedosisbeziehungen.

Literatur

1. Broerse, J. J., Broers-Challiss, J. E. & Maruyama, T., "Dosimetry of D-T Neutrons for Radiotherapeutic Applications", Proc. First Symposium on Neutron Dosimetry in Biology and Medicine, München, Mai 1972 (EUR 4896 dfe)

2. Broerse, J. J. & Barendsen, G. W., Proc. Panel on Radiobiological Appl. Neutron Irradiation, IAEA, Vienna 1972

3. Kellerer, A. M. & Rossi, H. H., Proc. IV. Symposium Microdosimetry Pallanza, 1973 (EUR 5122).

4. Schraube, H., Morhart, A. & Grünauer, F., "Neutron and Gamma radiation field of a deuterium gas target at a compact cyclotron", Proc. Second Symposium on Neutron Dosimetry in Biology and Medicine, München, September 1974 (EUR 5273 d-e-f)

9.4 In-vivo-Bestimmung von RBW-Faktoren für 15 MeV-Neutronen für verschiedene biologische Endpunkte in Normalgewebe und beim Sarkom 180 (externe Messungen mit Joddeoxyuridin)

W. Porschen, L.E. Feinendegen

Einleitung

Um den Wert der Neutronentherapie beurteilen zu können, erlauben Untersuchungen an tumortragenden Versuchstieren verschiedene Rückschlüsse. So ist Kenntnis der RBW-Faktoren für verschiedene Effekte, wie z. B. Ganzkörperletalität oder das Überleben von gesunden Zellen bzw. Tumorzellen für eine Therapie-Planung von großer Bedeutung.

Meßverfahren

In unserem Institut ist ein Meßverfahren entwickelt worden, um im lebenden Tier den Zellumsatz innerhalb solider Experimentaltumoren mit Hilfe von markiertem Joddeoxyuridin zu messen. Zellen, die DNA synthetisieren, können in vivo mit ^{131}-J- (oder ^{125}-J-) Deoxyuridin (IUdR) markiert werden. Die Gammastrahlung der genannten Jodisotope kann bequem extern mit einem konventionellen Szintillationszähler gemessen werden (1-5).

IUdR wird selektiv in die DNA von proliferierenden Zellen während der Phase der DNA-Synthese (S-Phase) eingebaut. Nicht eingebautes IUdR wird schnell in der Leber dehalogeniert und die Kataboliten werden bald ausgeschieden. Nach dem Einbau in die DNA bleibt IUdR stabil gebunden, und nur bei Zelltod geht die Markierung verloren, wobei die Wiederverwertung relativ gering und vernachlässigbar ist.

Versuche mit markiertem Joddeoxyuridin erlauben prinzipiell zwei verschiedene Arten von experimentellen Untersuchungen:

1. Bestimmung der Einbaurate des DNA-Vorläufers zu verschiedenen Zeitpunkten nach der Störung der Zellkinetik mit verschiedenen Strahlen-Dosen bzw. verschiedenen Strahlenarten.

2. Bestimmung der Verlustrate der Jodaktivität aus markierten Zellen nach Bestrahlung mit unterschiedlichen Dosen bzw. verschiedenen Strahlenarten.

Im ersten Fall werden die Zellen vor der Markierung bestrahlt; im zweiten Fall erfolgt die Bestrahlung nach der Markierung. Die Jodaktivität, die vom Tumor DNA-Protein-Komplex gebunden wird, wird selektiv mit einem von uns entwickelten Tumor-Meßplatz bestimmt. Die tumortragenden Mäuse werden in einer Halterung so fixiert, daß nur die Gammastrahlung aus dem Tumorgebiet vom Szintillationszähler registriert wird.

Bei den Neutronenbestrahlungen wurden 15 MeV-Neutronen aus der $T(d,n)^4He$-Reaktion mit einem Generator vom Typ DYNAGEN benutzt, der mit einem rotierenden Target bestückt war. Die Quellstärke betrug $1 \times 10^{11} - 3 \times 10^{11}$ n/s.

Neutronen-Dosimetrie

Zur Bestimmung der Energie-Dosis der 15 MeV-Neutronen wurden verschiedene Verfahren benutzt, u.a. Aktivierungssonden (Schwefeltabletten, Aluminiumfolien, Teflonfolien sowie Teflonkugeln). Aus der induzierten Aktivität können der Neutronenfluß und die Neutronenfluenz berechnet werden.

Spaltspurverfahren

Für die absolute Bestimmung der Energiedosis wurde das Spaltspurverfahren benutzt. In einer kleinen Cadmium-Dose befindet sich eine dünne Folie von Natur-Uran im Kontakt mit einer sauberen Makrofol-E-Folie. Nach der Bestrahlung wird die Makrofol-Folie 5 Minuten lang in einer 30%igen Kalilauge bei 60^oC geätzt, abgewaschen, getrocknet, und die Spaltspuren werden unter einem Mikroskop bei einer 400-fachen Vergrößerung ausgezählt. Aus der Spurdichte kann die Neutronenfluenz für die Neutronen berechnet werden unter Verwendung der Formel:

$$1 \text{ Spur} / cm^2 = 8,2 \times 10^4 n/cm^2$$

Silizium-Dosimetrie für schnelle Neutronen

Das Dosimeter 5422 ist eine Halbleiter-Diode zur Bestimmung der Dosis von schnellen Neutronen im Bereich von 10 - 1000 rd. Die Empfindlichkeit dieser Diode ist nahezu unabhängig von der Neutronen-Energie im Intervall von 0,2 - 15 MeV. Die Empfindlichkeit beträgt 0,7 mV/rd in dem o.a. Energiebereich.

RBW-Werte für Ganzkörperbestrahlung mit 15 MeV-Neutronen

Um den Effekt von Ganzkörperbestrahlung bei lebenden Mäusen zu untersuchen, wurden Gruppen von 10 Tieren mit markiertem Joddeoxyuridin i.v. injiziert. Zu verschiedenen Zeitpunkten, d.h. 0,5 - 72 h vor der Injektion wurden die Versuchstiergruppen mit 15 MeV-Neutronen oder mit Gammastrahlen aus einer ^{137}Cs-Quelle bestrahlt und der Einbau des ^{125}J wurde 48 h nach der Injektion gemessen. Abbildung 1 zeigt die verschiedenen Dosis-Effekt-Kurven für die Bestrahlung mit 15 MeV-Neu-

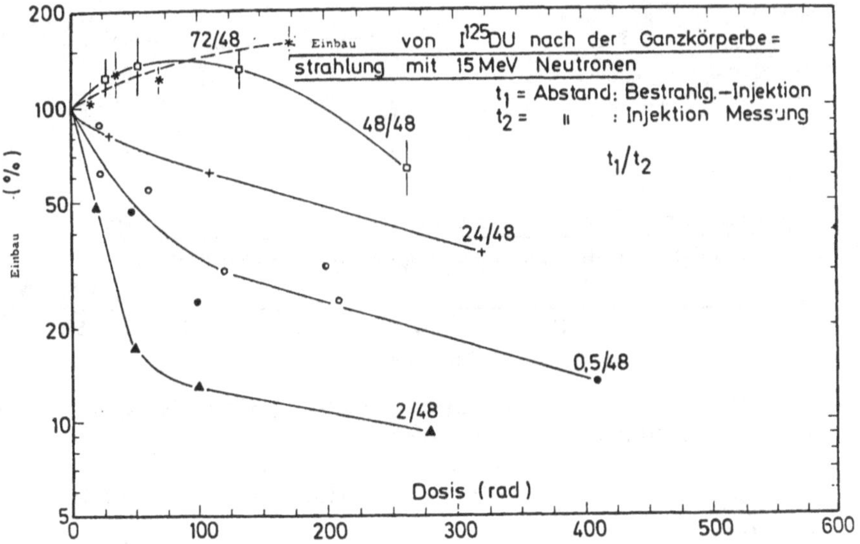

Abbildung 1: Einbau von markiertem IDU nach Ganzkörperbestrahlung mit 15 MeV-Neutronen .

tronen. Die Verminderung der Einbauraten im Ganzkörper zeigt einen Kurvenverlauf durch eine steile und eine flache Komponente. Die 0,5 h Kurve sollte Ausdruck einer Depression der DNS-Syntheserate sein.

Dagegen könnten 2-4h nach der Bestrahlung zusätzliche Verminderungen der Zellproliferation ins Spiel kommen, wie ein G_2-Block und mitotische Verzögerung,die beide zu einer Verminderung der Zahl der DNS synthetisierenden Zellen führen. 48 h bzw. 72 h nach der Bestrahlung beobachtet man keine Depressionen mehr, sondern im Gegenteil einen Anstieg der Einbaurate.

In Abbildung 2 sind die entsprechenden Ergebnisse für eine Gammabestrahlung dargestellt,und man erkennt, daß die Resultate prinzipiell den Kurven nach der Neutronenbestrahlung ähneln. Man beobachtet jedoch, daß eine bestimmte Dosis bei den Gammastrahlen einen kleineren Effekt auslöst.

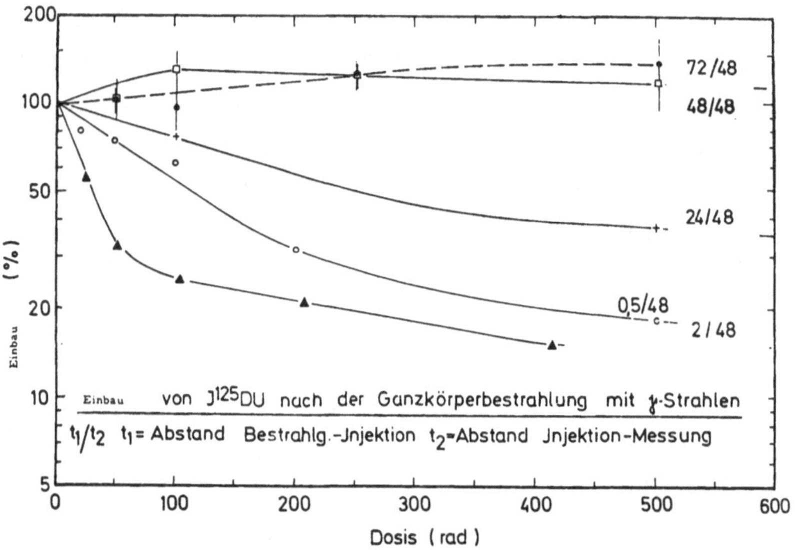

Abbildung 2: Einbau von markiertem IDU nach der Ganzkörper-Bestrahlung mit γ-Strahlen.

Die Dosiswerte, die zu einer 50%igen Reduktion des Einbaues führen, können für eine RBW-Bestimmung ausgewertet werden. So findet man für die Hemmung der DNS Synthese (0, 5 h Wert) einen RBW-Faktor von 2, 3, bei 24 h beträgt der RBW Wert 1, 38 und ist sicherlich zum großen Teil durch die Zelltötung bestimmt.

RBW-Faktoren beim Sarkom 180

Zur Bestimmung der Einbaurate nach Bestrahlung wurden die Tumoren (Sarkom 180, 200 - 300 mm^3) örtlich mit Gammastrahlen aus einer ^{137}Cs-Quelle bestrahlt (10-15 Tiere pro Versuch). Der Abstand zwischen der Bestrahlung und der Injektion des radioaktiven Vorläufers wurde variiert (0,5 h, 4 h, 24 h, 48 h), die Bestimmung der relativen Aktivität erfolgte 48 h später.

Entsprechende Bestrahlungen wurden auch mit 15 MeV-Neutronen aus der D-T-Reaktion durchgeführt (Abb. 3). In dieser Abbildung ist die Depression der relativen Einbaurate für verschiedene Dosen und für verschiedene Zeitabstände für die beiden Strahlenarten im Vergleich dargestellt.

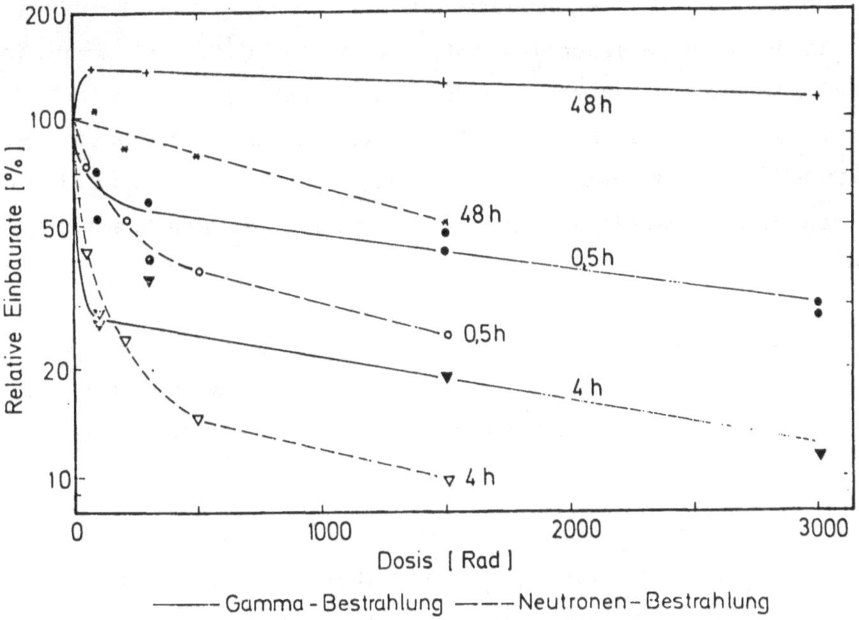

Abbildung 3: Relative Einbaurate von IDU beim Sarkom-180 nach Bestrahlung mit γ-Strahlen oder nach Bestrahlung mit schnellen Neutronen.

Die 1/2 h-Kurve und die 4 h-Kurve zeigen qualitativ ähnliche Verläufe; allerdings sind die Effekte für eine bestimmte Neutronen-Dosis größer. Insbesondere fällt auf, daß die erste steile Komponente des Kurvenverlaufs im Falle der Neutronenbestrahlung deutlicher ausgeprägt ist. Die Neigungen der zweiten Komponente sind nicht so sehr verschieden. Bei der ersten Komponente könnte es sich um einen Membran-Effekt handeln, der bei 15 MeV-Neutronen mit hohem LET besonders ausgeprägt ist. Bei der 48 h-Kurve zeigt sich ein deutlicher Unterschied zwischen der Gammabestrahlung und der Neutronenbestrahlung. Während bei der Gammabestrahlung bereits eine erhöhte Zellproduktion als Ausdruck von Erholungsvorgängen beobachtet wird, beobachtet man bei den schnellen Neutronen eine dosisabhängige Verminderung der Einbaurate.

Zur Prüfung, ob die externe Messung am Tumor-Meßplatz repräsentativ ist, wurden solche Messungen mit biochemischen Analysen verglichen. Die Tumormäuse erhielten eine halbe Stunde nach Gammabestrahlung mit Dosen im Bereich zwischen 0 und 3000 rd je 20 μCi ^{125}Joddeoxyuridin. Nach 48 h wurde das Tumorgebiet frei präpariert, und die im DNA-Protein-Komplex gebundene Aktivität wurde nach der Methode von OGUR und ROSEN bestimmt. Wie aus den Analysen hervorgeht, ist es offensichtlich, daß die externe Messung mit der biochemischen Analyse übereinstimmt.

Zelltötung im bestrahlten Tumor

In einer zweiten Versuchsreihe wurden die RBW-Faktoren von 15 MeV-Neutronen für den Aktivitätsverlust bestimmt, welcher ein Anzeichen für den Zelltod darstellt.

Bei diesen Versuchen wurden Tumor-Mäuse mit einem Standard-Tumor von etwa 300 mm^3 i.v. mit ^{125}J-Deoxyuridin injiziert und nach 13,5 h bestrahlt. Der Zeitpunkt der Bestrahlung wurde aufgrund der Zellzyklus-Parameter beim Sarkom 180 ausgewählt, welches eine mittlere Generationsdauer von 13,5 h zeigt (G_1-Phase 2,7 h; S = 7,8 h; G_2-Phase 2,5 h). Die Strahlendosis bei den schnellen Neutronen lag zwischen 300 - 1000 rd und bei der Gammabestrahlung 1000 - 5000 rd (Abb. 4).

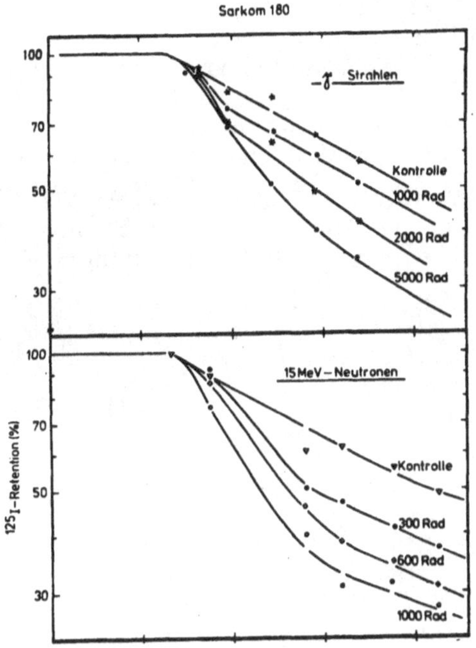

Abbildung 4: Zellverlustrate beim Sarkom 180 nach Bestrahlung mit γ-Strahlen bzw. 15 MeV-Neutronen.

Die Gamma-Effekte ähneln denen nach einer Neutronenbestrahlung, sind jedoch kleiner als diese. Der Zeitpunkt des Übergangs von der erhöhten Zellverlustrate nach der Bestrahlung auf die normale Rate von 0,5 %/h hat praktische Folgen. Nach einer Neutronenbestrahlung mit 1000 rd erfolgt das Einschwenken nach 160 h, während nach 1000 rd Gammabestrahlung das Einschwenken etwa nach 100 h beobachtet werden kann. Aus dem Vergleich dieser Kurven erhält man für die Zelltötung durch 15 MeV-Neutronen einen RBW-Faktor von ungefähr 1,5.

Literatur

1. Porschen, W. & Feinendegen, L. E. (1969), In-vivo-Bestimmung der Zellverlustrate bei Experimentaltumoren mit markiertem Joddeoxyuridin,
Strahlentherapie 137, 718

2. Porschen, W. & Feinendegen, L. E. (1973), Biologische in vivo Dosimetrie von 15 MeV-Neutronen bei normalen und Tumor-Zellen; Zellmarkierung mit Jod-125-deoxyuridin,
Strahlentherapie 145 1, 27

3. Pittner, W., Porschen, W. & Feinendegen, L. E. (1973), In-vivo-Messung unterschiedlicher Strahlenempfindlichkeit von Tumor-Zellen während des Zellzyklus; Zellmarkierung mit Jod-125-deoxyuridin,
Strahlentherapie 145, 2, 161

4. Porschen, W. & Feinendegen, L. E. (1972), In vivo Determination of RBE-factors of 15 MeV-Neutrons for different Biological Effects in normal Tissue and Sarcoma 180, using Cell Labeling with I^{125}-Deoxy-uridine,
In: Radiobiological Applications of Neutron Irradiation. Panel, Proc. Series, International Atomic Energy Agency, Vienna

5. Bosiljanoff, P., Porschen, W., Piepenbring, W., Mühlensiepen, H. & Feinendegen, L. E., In vivo Untersuchungen über die relative Strahlenempfindlichkeit von hypoxischen Tumorzellen. (In Vorbereitung).

10 Entwicklung, Anwendung und Ergebnisse neuer physikalischer Meßverfahren in der Medizin

10.1 Qualitätskontrolle: Eine Aufgabe der Medizinischen Physik

G. Schoknecht

Die Anwendung und der Inhalt von Qualitätskontrollen sind in der heutigen Medizin noch nicht fest umrissen. Ursprünglich zur Kontrolle der industriellen Fertigung eingeführt, fanden Qualitätskontrollen über die klinische Chemie (1) Eingang in die Medizin. Die Entwicklung hat gezeigt, daß Qualitätskontrollen über den Rahmen der klinischen Chemie hinaus auch auf anderen Gebieten der Medizin unerläßlich sind. So sagt PFLANZ (2) über die Datenerhebung in der Epidemiologie:
"In begrenztem Umfang gibt es Kennziffern der Qualitätsbeurteilung. Im allgemeinen bleibt die Erreichung und Beurteilung der Qualität mehr der Intuition und dem Fingerspitzengefühl sowie der Erfahrung des Untersuchers überlassen".

Unter Qualitätskontrolle sind zunächst alle routinemäßigen Untersuchungen zu verstehen, die sich mit Funktionskontrollen, Kalibrierungen und Eichungen von medizinisch genutzen Meßgeräten befassen. Damit stellen auch die amtlichen Eichungen, die z.B. für Personenwaagen, Blutdruckmeßgeräte usw. vorgeschrieben sind, einen Teil der Qualitätskontrolle dar. Es ist jedoch zweckmäßig, die Qualitätskontrollen nicht nur auf einzelne Untersuchungsgeräte, sondern auf ganze Untersuchungsverfahren zu erstrecken. Hierbei sollte neben dem Untersuchungsgang nach Möglichkeit auch der Befundungsprozeß eingeschlossen sein.

Voraussetzung für sinnvolle Qualitätskontrollen ist die standardisierte Anwendung von Untersuchungsverfahren. Unbedingt zu fordern sind Qualitätskontrollen bei allen Untersuchungsverfahren, die auf größere Patienten - oder Probandenkollektive angewendet werden, wie z.B. Verfahren für Screening- oder Vorsorgeuntersuchungen.

Bestandteil der Qualitätskontrolle sind Bestimmungen der Validität (Gültigkeit) und der Reliabilität (Zuverlässigkeit). Dabei ist die Validierung prinzipiell nur einmalig durchzuführen, falls die Bedingungen,unter denen das betreffende Untersuchungsverfahren angewandt wird, keine Veränderungen erfahren. Reliabilitätsuntersuchungen gehören dagegen zur täglichen Routine und können sich entweder auf das ganze Untersuchungsverfahren oder - wo das nicht möglich ist - auch auf einzelne Geräte erstrekken.

Das Arbeitsvorgehen für eine systematische Qualitätskontrolle soll am Beispiel von Schilddrüsenuntersuchungen in vitro erläutert werden. Anschließend werden Reliabilitätsbestimmungen für Untersuchungsverfahren aufgezeigt, die bei Vorsorgeuntersuchungen Anwendung finden.

Qualitätskontrolle bei Schilddrüsen in vitro Untersuchungen

Ausgangspunkt soll die Frage nach der Eignung von Schilddrüsen in vitro Testen für Screeningzwecke sein. Hierzu ist es notwendig, die Treffsicherheit festzustellen, mit der Patienten, die an einer Schilddrüsenerkrankung leiden, aus einem Kollektiv herausgefunden werden.

Als Untersuchungsverfahren dient der Res-O-Mat T3/T4 Test (Hersteller: Byk-Mallinckrodt), wobei die Trijodthyronin (T3)-Bindungskapazität und der Thyroxin (T4)-Gehalt im Serum getrennt bestimmt werden. Rechnerisch läßt sich dann aus beiden Testergebnissen der Index des freien Thyroxins (FTI) als Quotient T4-Wert/T3-Wert bestimmen.

Die Testdurchführung erfolgt nach Herstellerangaben,und zur Befundstellung dient das von BOTSCH und WESKAMP (3) angegebene Verfahren unter Anwendung der elektronischen Datenverarbeitung. Ein Beispiel für einen Befundausdruck zeigt Abbildung 1.

Zur Validierung ist die vergleichsweise Verwendung eines Untersuchungsverfahrens notwendig, das möglichst sicheren Aufschluß über das Vorhandensein oder Nichtvorhandensein einer Erkrankung gibt. Werden die Patienten eines Kollektivs mit dem zu prüfenden Verfahren und dem Ver-

```
BGA D-PEM

        SCHILDDRUESEN   IN   VITRO   TEST

                    AM  21.04.1975


NAME:

KENNZ. :          2

(KAL. WERTE:     .99  24106  22283  12854      1.733)

                                        NORMALWERTE
T3-BINDUNGSKAPAZITAET:        .66       .83-1.22
T4-GEHALT IN MIKROG.%:      18.62      5.00-15.0
FREIES T4-INDEX (FTI):      27.97      4.10-15.8

BEFUND:
9. HYPERTHYREOSE
```

Abbildung 1: Befundausdruck für einen kombinierten T3/T4 Test.

gleichsverfahren getestet, so ist entsprechend Tabelle 1 eine Einteilung des Kollektivs in vier Gruppen möglich. Gruppe a ist die Zahl der Patienten, bei denen der Befund positiv und die Krankheit vorhanden ist (richtig positiv). Bei der Gruppe b ist der Befund negativ, die Krankheit jedoch vorhanden (falsch negativ). Für Gruppe c ergibt sich ein positiver Befund bei nicht vorhandener Krankheit (falsch positiv), und bei Gruppe d ist bei negativem Befund die Krankheit auch nicht vorhanden (richtig negativ).

Tabelle 1 Vierfeldertafel zur Validierung von Untersuchungsverfahren.

			Befund: +	Befund: -
Krankheit:	vorhanden	+	a	b
	nicht vorhanden	-	c	d

Bezeichnet man $c/(c+d) = \alpha$

$b/(a+b) = \beta$

so ergeben sich die Kennwerte Spezifität σ und Sensitivität ϵ aus

$$\sigma = 1 - \alpha$$

$$\epsilon = 1 - \beta$$

Für Screening-Verfahren ist zu fordern, daß die Anzahl der Falschnegativen b möglichst klein, d.h. die Sensitivität ϵ des Verfahrens möglichst hoch ist.

Zum Zweck der Validierung der Schilddrüse in vitro Teste haben wir den klinischen Befund verwendet, der auf der Basis des anschließend durchgeführten Radiojodtestes gestellt wurde. Reduziert man die Frage allein auf die Einteilung des Patientenkollektivs in "Euthyreosen" (negativer Befund) und "Schilddrüsenbefund" (positiver Befund), so ergeben sich die in Tabelle 2 aufgeführten Zahlen. Sie lassen erkennen, daß in 79,1% aller Fälle der T3/T4-Befund mit dem klinischen Befund übereinstimmt. Die Spezifität σ ist 79,1% und die Sensitivität ϵ 79,3%.

Tabelle 2 Vierfeldertafel zur Validierung des kombinierten T3/T4-Testes.

		T3 - T4 - Test:	
		+	-
klinischer	+	46	12
Befund:	-	31	117

Im Anschluß an dieses Ergebnis erhebt sich sofort die Frage, ob nicht bereits der T3- oder der T4-Test allein für Screening-Zwecke ausreicht. Das Ergebnis der entsprechenden Untersuchungen ist für den T4-Test in Tabelle 3 zusammengestellt. Der Anteil der mit dem klinischen Befund übereinstimmenden Ergebnisse beträgt 77,2% und unterscheidet sich kaum von dem Anteil beim kombinierten Test. Dagegen ergibt sich die Spezifität σ zu 91,2%, während die Sensitivität ϵ nur 41,4% erreicht. Der T4-

Test allein scheidet damit als Screening Test aus. Ein ähnliches Ergebnis haben die Validierungsuntersuchungen beim allein durchgeführten T3-Test.

Tabelle 3
Vierfeldertafel zur Validierung des T4-Testes.

		T4 - Test:	
		+	-
klinischer	+	24	34
Befund:	-	13	135

Es ist jedoch zu beachten, daß die angegebenen Werte zur Validierung nur für ein Patientenkollektiv Gültigkeit haben, dessen Werteverteilung dem untersuchten klinischen Kollektiv entspricht. Vor der Übertragung der Ergebnisse auf andere Kollektive ist daher die Gesamtverteilung aller Werte festzustellen und zu vergleichen.

Die Reliabilitätskontrolle besteht zunächst in der Bestimmung der Meßpräzision durch Wiederholungsmessungen am Serum desselben Patienten. Das Ergebnis dieser Untersuchung wird gewöhnlich in Form des Mittelwertes mit zugehöriger Standardabweichung angegeben, wobei dann die Standardabweichung das Maß für die Meßpräzision ist.

Die Bestimmung der Richtigkeit erfordert im allgemeinen die Verwendung von Normalen und den Anschluß der gemessenen Werte an die mit Normalen gemessenen Werte (Kalibrierung). Da es jedoch nicht möglich ist, über einen längeren Zeitraum Normalseren für Kalibrierungszwecke herzustellen, ergibt sich als Ausweg für die Richtigkeitskontrolle bei Schilddrüsen in vitro Testen die Teilnahme an Ringversuchen, die z.B. vom "Deutschen Institut für Standardisierung und Dokumentation in den Medizinischen Laboratorien e.V." durchgeführt werden.

Abbildung 2 gibt eine graphische Darstellung der Ergebnisse wieder, wie sie die Teilnehmer an Ringversuchen erhalten. Im linken Teil sind die

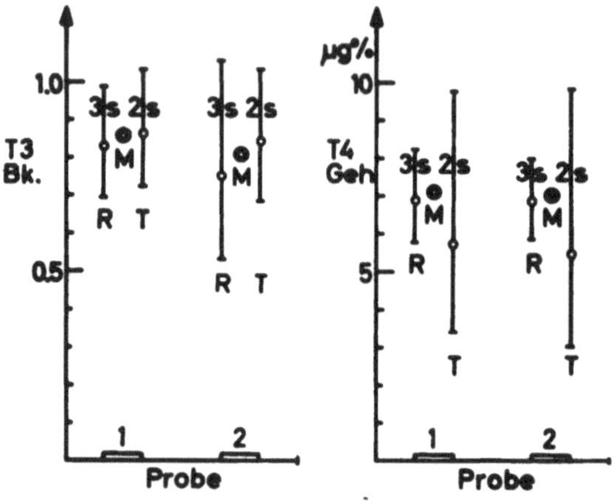

Abbildung 2: Ergebnis eines Ringversuchs. R - Wert des Referenzlaboratoriums, T - Wert des Teilnehmerkollektivs, M - Eigenbestimmung.

Ergebnisse für die Bestimmung der T3-Bindungskapazität und im rechten Teil die T4-Gehaltbestimmung für jeweils zwei Proben aufgetragen. Mit der Bezeichnung R ist der vom Referenzlaboratorium bestimmte Wert mit der dreifachen Standardabweichung und mit der Bezeichnung T der Mittelwert des Teilnehmerkollektivs mit zweifacher Standardabweichung eingetragen. Mit M ist der Mittelwert des eigenen Laboratoriums bezeichnet, der sich aus drei Messungen ergeben hat. Unbeanstandet bleiben alle Teilnehmerlaboratorien, deren Werte innerhalb der dreifachen Standardabweichung des Referenzlaboratoriums liegen.

Reliabilitätskontrolle an einem kombinierten Größen-, Gewichts- und Spirometermeßplatz

Zur Bestimmung von Größe und Gewicht bei Reihenuntersuchungen unseres Instituts werden elektronische Meßeinrichtungen verwendet, die eine Datenausgabe auf Lochstreifen erlauben. Die Einrichtungen sind mit einem Meßplatz zur Lungenfunktionsprüfung (Spirometer) kombiniert. Zweckmäßig ist daher ein Prüfverfahren für den gesamten Meßplatz. Während Normale für die Größen- und Gewichtsbestimmung in Form von Meßlatten und Gewichten leicht verfügbar sind, ist die Kontrolle des Spirometers schwieriger. Hier war es nötig, eine Kolbenpumpe zu konstruieren, mit der einstellbare Druckstöße von mehreren Litern Volumen zu erzeugen sind.

Es ist für die Durchführung von Kalibrierungen entscheidend, die Verfahren so auszubauen, daß sie auch von angelernten Kräften unter ungünstigen äußeren Umständen durchführbar sind. Da der kombinierte Meßplatz mit Lesern für ADREMA-Plastikkarten ausgestattet ist, werden diese für die Kalibrierungen eingesetzt. In Abbildung 3 ist ein Musterabdruck einer Prüfkarte wiedergegeben. Die Karten des Prüfsatzes enthalten in der ersten Zeile eine Kennzeichnung, die Angaben der zweiten Zeile beschreiben die Art der Prüfung, und in der dritten Zeile ist eine kurze Arbeitsanweisung angegeben. Im unteren Teil der Prüfkarten sind in Form von Strichmarkierungen die Sollwerte eingeprägt, die von dem Meßplatz elektronisch übernommen werden.

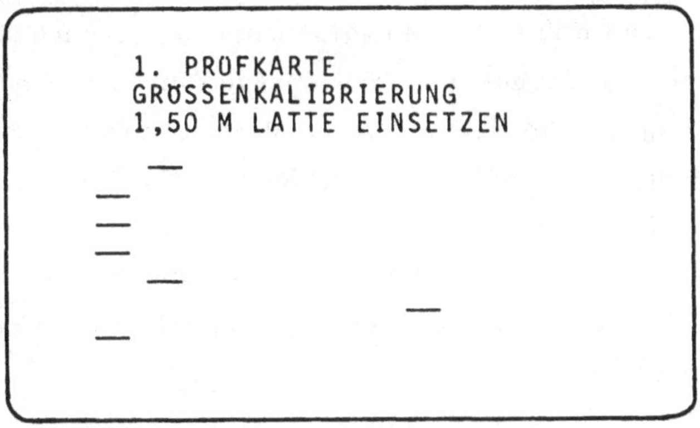

Abbildung 3: Muster einer Prüfkarte mit kodiertem Sollwert.

Ein Rechenprogramm liefert ein Prüfprotokoll, in dem die zusammengehörenden abgestanzten Soll- und Ist-Werte ausgedruckt sind. Abbildung 4 gibt einen Musterausdruck wieder, in dem die genannten Werte durch Unterstreichen gekennzeichnet sind.

			Vers	Gew	Gr	FVK	V	FEV1	Dat.
Größe	1	1000150	1		150	.01	.01	.01	20.02.
	1	1000160	2		160	.01	.01	.01	20.02.
	1	1000180	3		180	.01	.01	.01	20.02.
	1	1000200	4		200	.01	.01	.01	20.02.
Gewicht	1	2000049	5	49	150	.01	.01	.01	20.02.
	1	2000069	6	69	150	.01	.01	.01	20.02.
	1	2000079	7	80	150	.01	.01	.01	20.02.
	1	2000089	8	89	150	.01	.01	.01	20.02.
Spirom.	1	3000100	9		150	1.15	1.25	1.15	20.02.
	1	3000200	1		150	2.21	2.74	2.22	20.02.
	1	3000300	1 1		150	3.32	2.26	3.19	20.02.
	1	3000400	1 2		150	4.44	2.96	4.14	20.02.

Abbildung 4: Prüfprotokoll für den kombinierten Größen-, Gewichts- und Spirometermeßplatz.

Reliabilitätskontrolle bei automatischen Blutdruckmeßgeräten

Zur Standardisierung von Blutdruckmessungen mit automatischen Geräten wurden eingehende Untersuchungen vorgenommen (4). Auch über die Meßfehler bei verschiedenen automatischen Meßverfahren wurde berichtet (5). Das Problem liegt bei der automatischen Messung nicht in der Druckmessung selbst, sondern in der Beurteilung der Korotkoff-Töne, die zur Festlegung eines systolischen und eines diastolischen Druckwertes herangezogen werden. Voraussetzung für die Entwicklung von Prüfverfahren waren daher genaue Messungen und Aufzeichnungen der Geräuschphänomene mit Körperschallmikrophonen.

Die Untersuchungen führten zur Entwicklung eines elektronischen Kalibrierungsgerätes, dessen Aufbau schematisch in Abbildung 5 zu sehen ist. Die Blutdruckmeßmanschette BM mit eingelegtem Meßmikrophon M wird dabei um ein Phantom MP gelegt, in dem von einem elektromechanischen Druckgeber DG Korotkoff-Töne simuliert werden. Das pneumatische System des Blutdruckmeßgerätes B wird über ein Dreiwegestück D mit dem Druckwandler DW des Kalibrierungsgerätes verbunden. Durch Einstellen von Spannungen U_1 und U_2, die bestimmten Solldruckwerten entsprechen, können Blutdruckwerte vorgegeben und mit den angezeigten bzw. abgelochten Werten verglichen werden.

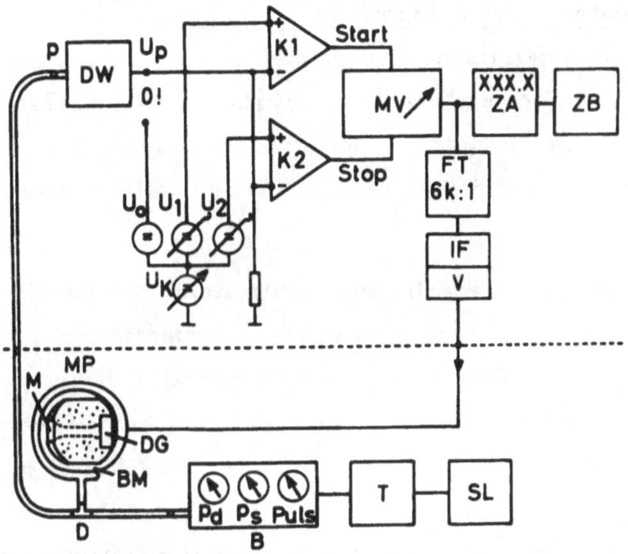

Abbildung 5: Schema eines elektronischen Kalibrierungsgerätes mit Meßphantom und angeschlossenem Blutdruckmeßgerät.

Die Auswertung der Kalibrierungsmessungen erfolgt auch hier durch ein Rechenprogramm, das mit den Soll- und Ist-Werten eine lineare Regressionsrechnung durchführt. Ein Beispiel ist in Abbildung 6 zu sehen. Die unten ausgedruckten Regressionskoeffizienten dienen in weiteren Arbeitsschritten zur automatischen Korrektur der Patientenmeßwerte.

EICHUNG DIASYST 27 VOM 18.12. 1973

5010000	137	R1=	0.000	231	R2=	0.000
6011000	163	R1=	1.000	280	R2=	1.000
7012000	189	R1=	1.000	305	R2=	.982
8013000	198	R1=	.980	332	R2=	.985
9014000	233	R1=	.988	357	R2=	.988
10015000	258	R1=	.993	382	R2=	.991
11016000	282	R1=	.995	406	R2=	.992
12017000	302	R1=	.996	434	R2=	.994
13018000	329	R1=	.997	461	R2=	.996
14019000	340	R1=	.997	487	R2=	.997

D0= 19.1818 D1= 2.3636

S0=-23.3636 S1= 2.6945

Abbildung 6: Protokoll der Kalibrierung eines Blutdruckmeßplatzes.

Qualitätskontrolle bei Röntgenuntersuchungen

Zur Gewinnung vergleichbarer Befunde bei Schirmbildaufnahmen ist eine einwandfreie Belichtung und Filmverarbeitung Voraussetzung. Darüber hinaus sind Kontrollen des Auflösungsvermögens wegen unvermeidlicher Erschütterungen der Schirmbildkamera in den Untersuchungsfahrzeugen notwendig.

Zur Aufnahme- und Verarbeitungskontrolle eignen sich in erster Linie Phantomaufnahmen. Da die Verwendung körperäquivalenter Phantome wegen der großen Abmessungen in der Feldarbeit Schwierigkeiten bereitet, haben wir ein Filterphantom benutzt (6), bei dem der Schwärzungsumfang einer aufgebrachten Aluminiumtreppe etwa dem Schwärzungsumfang einer Thoraxaufnahme entspricht. Die Auswertung der Phantomaufnahmen erfolgt entweder durch visuellen Vergleich mit Standardaufnahmen oder durch Photometrierung.

Die Phantomaufnahmen werden in die Probandenaufnahmen eingestreut, bzw. nach Reparaturen oder vermuteten Fehlern angefertigt. Sie lassen ähnliche Aussagen zu, wie sie bei Personendosismessungen mit Filmplaketten möglich sind. Auch eine Überprüfung und vergleichsweise Beurteilung von Filmmaterial verschiedener Hersteller ist mit Phantomaufnahmen durchführbar.

Bei der Prüfung des Auflösungsvermögens werden auf das Filterphantom Bleilamellenstege aufgebracht. Zur Auswertung dieser Aufnahmen sind Messungen mit einem Mikrophotometer notwendig. Abbildung 7 zeigt einen Vergleich des Auflösungsvermögens einer Schirmbildaufnahme und eines Großbildes. Während beim Schirmbild höchstens 2 Linienpaare/mm aufgelöst sind, erreicht das Großbild Auflösungen von mehr als 3,5 Linienpaaren /mm.

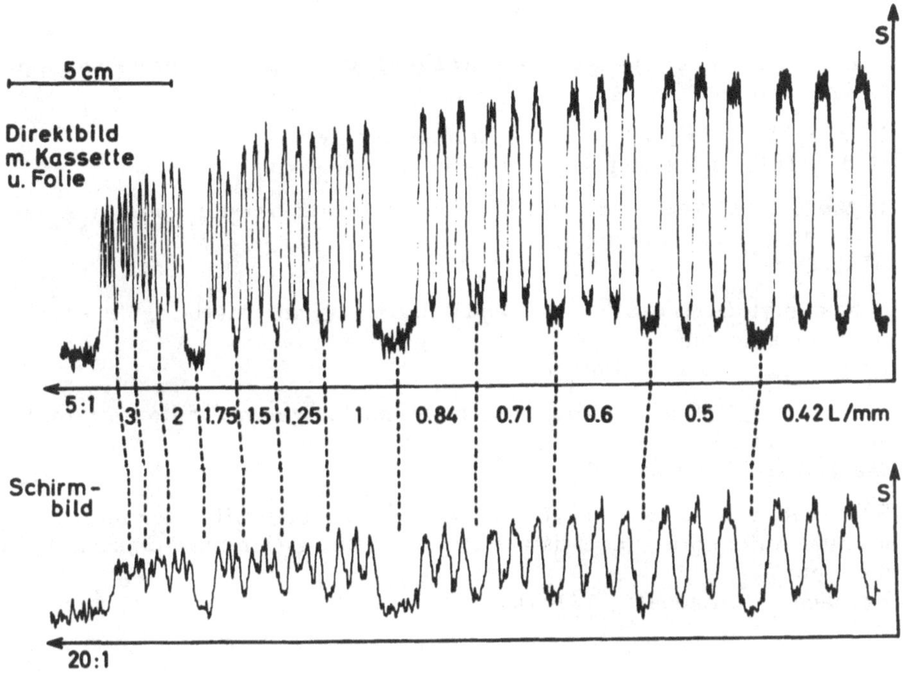

Abbildung 7: Mikrophotometerkurven zum Vergleich des Auflösungsvermögens von einem Schirmbild und einem Großbild.

Kontrolle beim Elektrokardiogramm

Die Qualitätskontrolle bei der Elektrokardiographie erfolgt zunächst noch in sehr einfacher Form. An die Elektrodenstecker wird ein Generator angeschlossen, der im wesentlichen einen astabilen Multivibrator mit veränderlicher Schwingungsfrequenz enthält. Trotz des einfachen Aufbaus können über Kopplungsglieder Amplitudenverläufe erzeugt werden, die wesentliche Merkmale eines EKGs aufweisen. Die Kurvenform ist jedoch stark von der Frequenz abhängig.

Da mit dem erwähnten Prüfgenerator zunächst nur eine Gerätekontrolle erfolgt, ist noch weitere Entwicklungsarbeit zu leisten. In Aussicht genommen ist die Herstellung verfeinerter elektronischer Phantome, mit denen der gesamte Untersuchungsgang - zu dem auch die elektronische EKG-Auswertung gehört - einer Kontrolle unterzogen werden kann.

Literatur

1. Stamm, D. (1972), Qualitätskontrolle klinisch-chemischer Analysen
Georg Thieme Verlag

2. Pflanz, M. (1973), Allgemeine Epidemiologie
Georg Thieme Verlag

3. Botsch, H. & Weskamp, P., Computereinsatz bei der kombinierten T_3- und T_4-Untersuchung
NUC-Compact Dezember 1971, S. 87

4. Schoknecht, G. (1973), Zur Standardisierung automatisierter Blutdruckmessungen
Biomedizinische Technik 18, 188

5. Schoknecht, G. (1975), Vergleichsuntersuchungen mit automatisierten Blutdruckmeßgeräten
Medizinal-Markt 23, 68

6. Schoknecht, G. & Barich, G. (1974), Erfahrungen mit einer standardisierten Aufnahme- und Auswertungstechnik von Thorax-Schirmbildaufnahmen
Fortschr. Röntgenstr. 121, 701

10.2 Physikalische Untersuchungen an einem Ein-Kammer-Herzmodell zur Überprüfung der Anwendbarkeit radiokardiographischer Bestimmungen des Herzzeitvolumens

H.-C. Hermsdorf, A. Kaul

Aufbauend auf einer von HOFFMANN und KLEINE (1-3) erstmalig vorgeschlagenen Methode zur extrakorporalen Bestimmung des Herzzeitvolumens wurden Modellversuche durchgeführt, um die Anwendbarkeit und Reproduzierbarkeit des Verfahrens physikalisch zu testen (4). Als Voraussetzung für diese Untersuchungen wurde einmal ein Meßplatz zur Registrierung und Speicherung von zeitabhängigen Impulsratenverläufen aufgebaut. Zum anderen war die Konstruktion eines elektronisch steuerbaren Herzmodells zur Simulation eines periodischen Pumpvorgangs einer radioaktiv markierten Flüssigkeit notwendig.

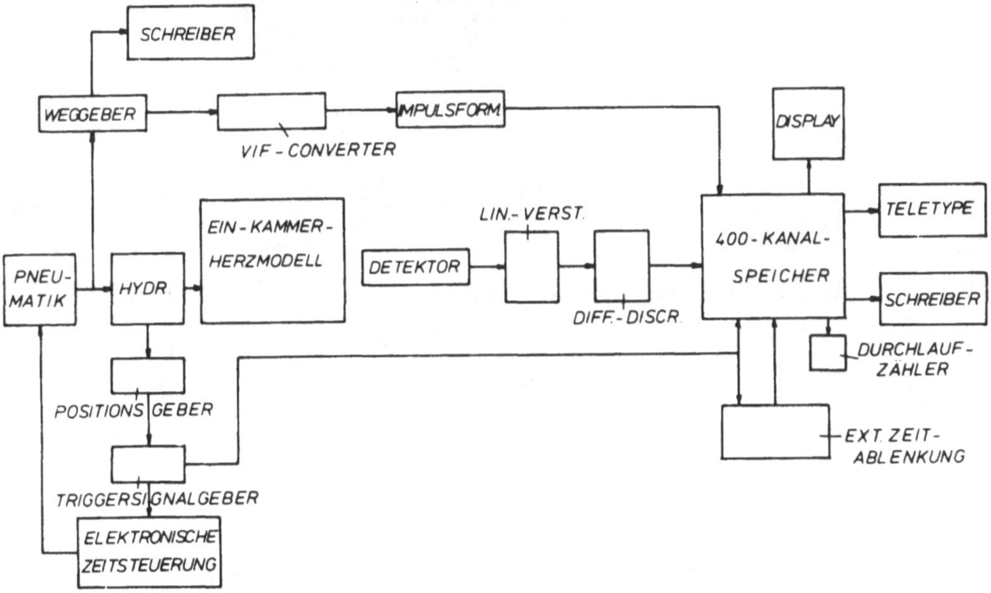

Abbildung 1: Blockschaltbild des Versuchsaufbaues zur Messung des Volumen-Zeit-Verlaufes im Ein-Kammer-Herzmodell .

Der rechte Teil des Blockschaltbildes in Abbildung 1 stellt den Meßplatz dar. Dieser besteht aus einem 2''x2''-NaJ-Szintillationsdetektor mit nachgeschaltetem Linearverstärker, einem Differentialdiskriminator, einem 400-Kanalspeicher, einer externen Zeitablenkung zur Anwahl der Speicheradressen sowie den beiden Ausgabegeräten Teletype-Fernschreiber und Linienschreiber. Den linken Teil der Abbildung bildet das Ein-Kammer-Herzmodell mit der pneumatischen Krafterzeugung, der hydraulischen Kraftübertragung, der Steuerelektronik und dem Übertragungszweig für die mit einer Referenzmethode gewonnene Volumen-Zeit-Kurve.

Abbildung 2: Ein-Kammer-Herzmodell.

Das Ein-Kammer-Herzmodell (Abb. 2) besitzt Kugelform und besteht aus Plexiglas. Im oberen Abschnitt befindet sich die radioaktiv markierte Flüssigkeit. Hier sind auch Zu- und Ablauf angebracht. Dieser Teil ist von dem unteren, in dem sich Hydrauliköl als Kraftüberträger befindet, durch eine Gummimembran getrennt.

Zur Messung der vom Ein-Kammer-Herzmodell ausgehenden Strahlung mußte ein den geometrischen Verhältnissen angepaßter Kollimator gebaut werden. Bei der Konstruktion dieses Kollimators waren folgende Bedingungen einzuhalten:

- Der Kollimator mußte auf einen 2'' x 2'' NaJ-Szintillationsmeßkopf passen.
- Um eine große Impulsausbeute zu erhalten und wegen der räumlichen Verteilung der Aktivität im Ein-Kammer-Herzmodell und der daraus folgenden Forderung nach einer möglichst geringen Tiefenabhängigkeit der Empfindlichkeit kam nur ein Einlochkollimator in Frage.
- Der Kollimator sollte in typischer Meßentfernung zum Modell die Randstrahlung möglichst scharf abschneiden. Das bedeutet, daß in der Kollimatorcharakteristik die Linien gleicher Empfindlichkeit am Rande des Modells sehr dicht liegen sollten.
- Das variable Pumpvolumen sollte im Gesichtsfeld des Kollimators liegen.

In der Abbildung 3 läßt sich gut die Tiefenabhängigkeit der Detektorempfindlichkeit ablesen. Bei einer Gesamttiefe des ''aktiven Volumens'', im Modell von 7 cm, ist auf dieser Distanz eine Empfindlichkeitsverminderung auf etwas über 50 % der Maximalempfindlichkeit zu verzeichnen. In der Mitte des Modells herrscht eine Empfindlichkeit von 72%. In dieser Form der Darstellung ist eine klare Plateauausbildung der Iso-Impulsraten-Linien zu erkennen. Wenn eine Volumenverschiebung entlang einer solchen Linie geschieht, so ist eine lineare Beziehung zwischen der Impulsratenänderung Z und dem verschobenen Volumen V zu erwarten. Dies ist auch eine grundlegende Voraussetzung für die weiteren

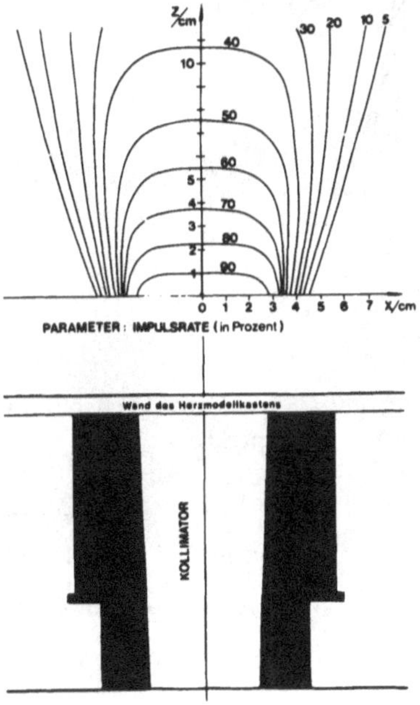

Abbildung 3: Tiefenabhängigkeit der Detektorempfindlichkeit .

Experimente mit dem Ein-Kammer-Herzmodell.

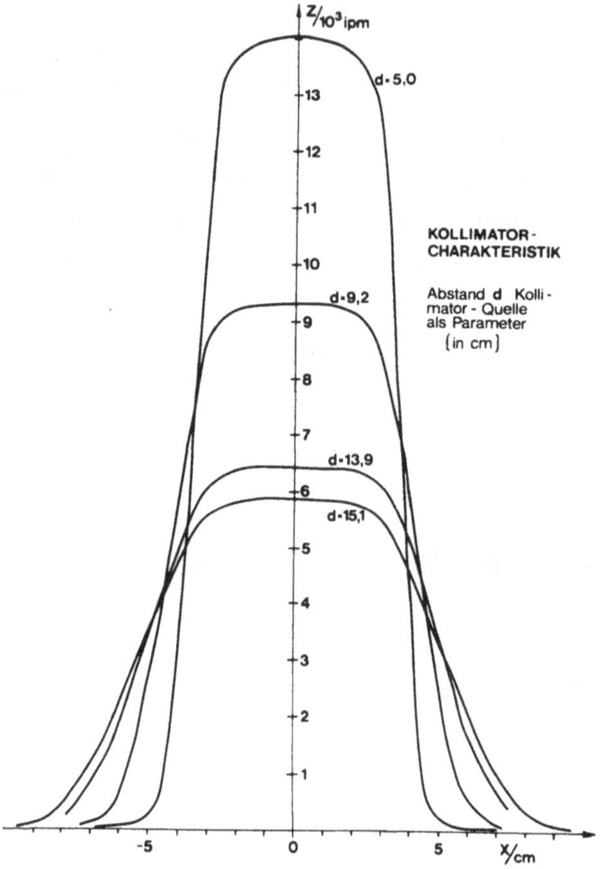

Abbildung 4: Kollimatorcharakteristik: Abhängigkeit der Impulsrate vom Ort des Detektors relativ zu einer Punktquelle .

In der zweiten Kollimatorcharakteristik (Abb. 4) ist die Impulsrate Z als Funktion des geometrischen Ortes des Detektors in Bezug auf eine Punktquelle aufgetragen. Dieser Darstellung kann man gut entnehmen, daß die Forderung nach einer möglichst scharfen Randstrahlbegrenzung erfüllt wurde.

Zur Ermittlung der günstigsten Meßgeometrie wurde eine Reihe von Messungen durchgeführt. Das Ziel dieser Messungen war es, eine gut reproduzierbare Lage des Detektors zum Ein-Kammer-Herzmodell zu ermitteln, um in dieser Position alle weiteren Messungen durchführen zu können. Für verschiedene Füllvolumina des Modells wurde der Szintillationsdetektor am Herzmodell vorbei bewegt und die zugehörige Impulsrate gemessen.

Die Meßwerte wurden als Funktion des Volumens V_F mit Y (geometrischer Ort des Detektors) als Parameter aufgetragen (Abb. 5), wobei zur besseren Darstellung die Impulsrate für jede Kurve auf ihren Maximalwert normiert wurde. Für einen ganz bestimmten Wert für Y ergab sich ein guter linearer Zusammenhang zwischen der relativen Impulsrate und dem zugehörigen Füllvolumen.

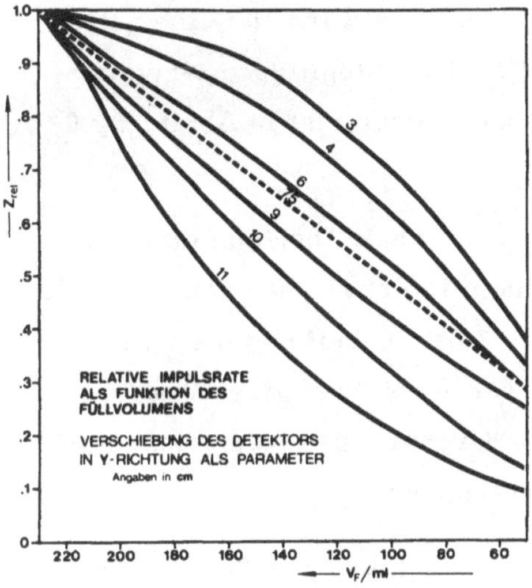

Abbildung 5: Relative Impulsrate als Funktion des Füllvolumens.

Bei den Experimenten mit dem Ein-Kammer-Herzmodell und der Anwendung der Speichermethode erhielten wir durch Variation der beeinflußbaren Parameter (Pumpfrequenz, Pumpkraft und damit Ein- und Ausströmgeschwindigkeit, Restvolumen und zeitlicher Verlauf der vorgegebenen Kräfte) eine Reihe von Impulsraten-Zeit-Funktionen (Z(t)). Simultan dazu wurden durch die Messung mit einem Weggeber die dazugehörigen Volumen-Zeit-Funktionen (V(t)) gewonnen. Ziel der Versuchsauswertung war es einmal, eine gute graphische Darstellungsform der Originalmeßwerte und der weiterverarbeiteten Meßwerte zu finden, um rein optisch schon einen guten Überblick über den Kurvenverlauf zu gewinnen. So kann ja auch der Arzt mit Hilfe seiner Erfahrung diagnostische Rückschlüsse schon daraus ziehen, daß er typische qualitative Abweichungen eines Kurvenverlaufes von bekannten Normalverläufen feststellt. Über diesen qualitativen Vergleich hinaus wollten wir natürlich auch quantitative Aussagen darüber gewinnen, innerhalb welcher Fehlergrenzen es bei Kenntnis aller

Versuchsbedingungen möglich ist, eine Transformation einer unbekannten Impulsraten-Zeit-Funktion in eine Volumen-Zeit-Funktion durchzuführen. Um statistisch verwertbare Impulsraten-Zeit-Verläufe zu erhalten, wurden bei jeder Meßreihe einige Hundert Pumpperioden additiv registriert und die Impulsraten-Zeit-Verläufe in den 400-Kanalspeicher eingespeichert. Der jeweilige Inhalt des 400-Kanalspeichers wurde an einer elektronischen Datenverarbeitungsanlage im Klinikum Steglitz weiter verarbeitet. Eine typische graphische Versuchsauswertung ist in Abbildung 6 zu sehen.

Die beiden Meßkurven geben den Speicherinhalt nach Abschluß einer phasengleichen additiven Einspeicherung wieder: Die obere den vom Szintillationsdetektor aufgenommenen Impulsraten-Zeit-Verlauf und die untere den Volumen-Zeit-Verlauf. Der letztere wurde vor der Darstellung in die Volumen-Zeit-Funktion umgerechnet. Die durchgezogene Signalkurve ist durch Glättung der diskreten Meßpunkte entstanden.

In der Abbildung 7 sind die ersten Ableitungen der geglätteten Signalkurve und der Weggeberkurve dargestellt. Die Kurvenschar in diesen Darstellungen entstand durch verschieden starkes Glätten der Ableitungen.

Eine sehr wichtige Fragestellung bei den Experimenten zur Speichermethode bestand darin, durch eine quantitative Korrelation zwischen Impulsraten-Zeit-Funktionen und simultan aufgenommenen Volumen-Zeit-Funktionen festzustellen, ob unter definierten Versuchsbedingungen ein einfacher Zusammenhang zwischen der Impulsrate und dem Volumen in der Form einer Proportionalität bestand. Speziell bestand die Aufgabe darin nachzuweisen, daß unter bestimmten geometrischen Meßverhältnissen ein zeitunabhängiger Proportionalitätsfaktor existiert, der aus der Proportionalität zwischen Impulsrate und Volumen einen mathematischen Ausdruck macht. Zu diesem Zweck wurde mit Hilfe des Rechners punktweise der Quotient der ersten Ableitungen von Impulsrate und Volumen nach der Zeit gebildet. Die sich daraus ergebenden Proportionalitätsfaktoren, im weiteren auch a-Faktoren genannt, waren nahezu entlang der gesamten Zeitachse konstant.

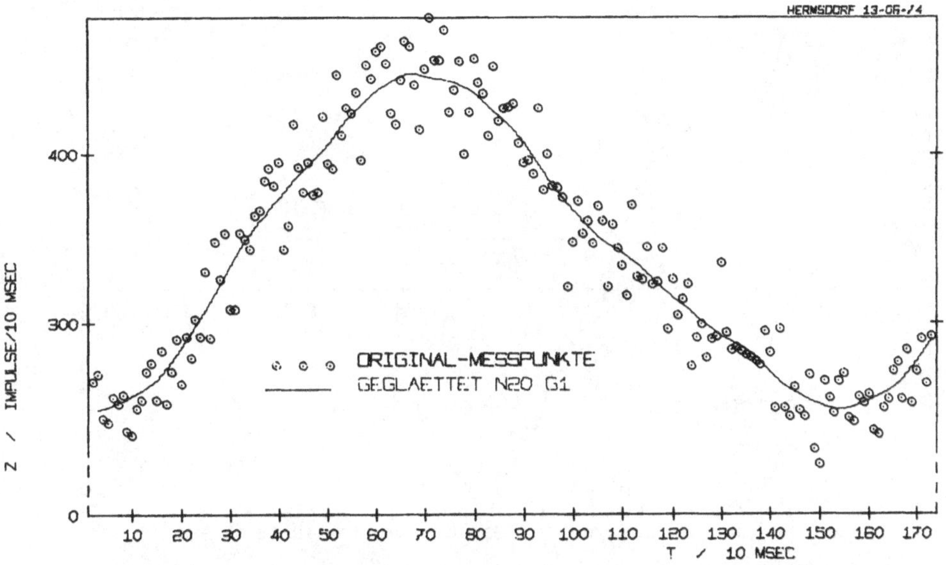

S I G N A L K U R V E   VERSUCH NR. 5.5   TP 2 SEC
NP600 A(MICRO-CI/L) 93.3 CR-51. P(1-4)(4.0 7.8 3.6 7.3)KP/QCM

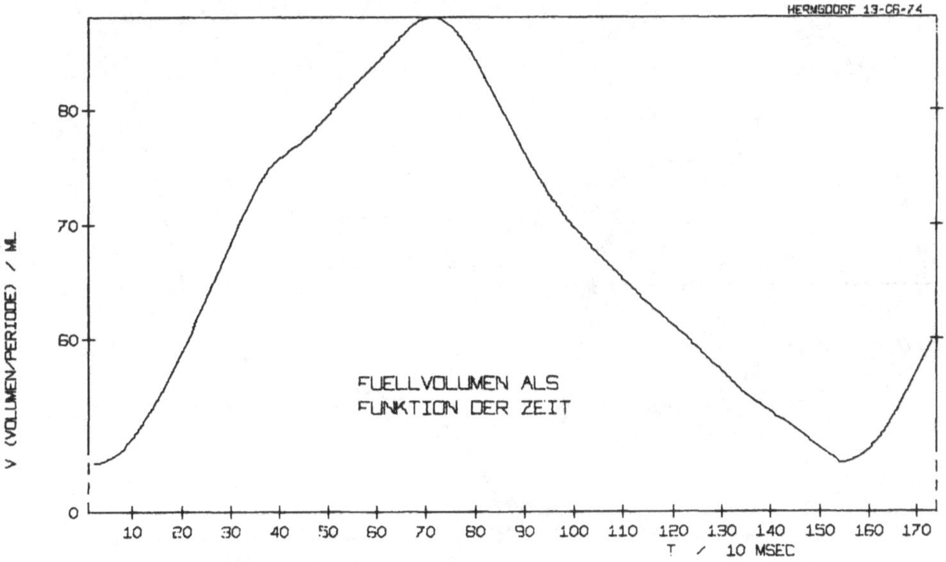

W E G G E B E R K U R V E   VMAX - VMIN 88 - 49 ML
NUKLEARMEDIZIN KLINIKUM STEGLITZ FU BERLIN

Abbildung 6

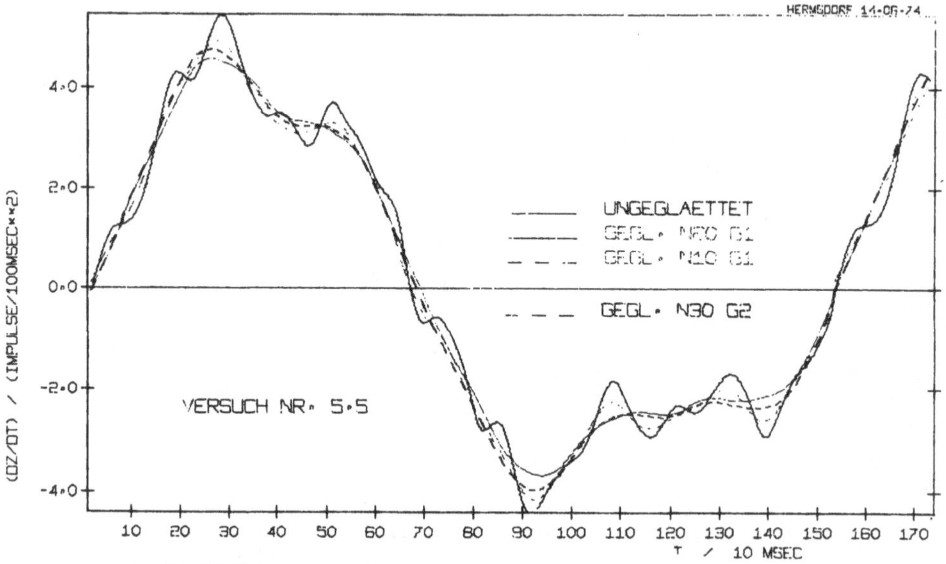

1. ABLEITUNG SIGNALKURVE
EXTREMA UNGEGL. (-4.5 / 5.4) GEGL. (N20 G1) (-3.7 / 4.6)

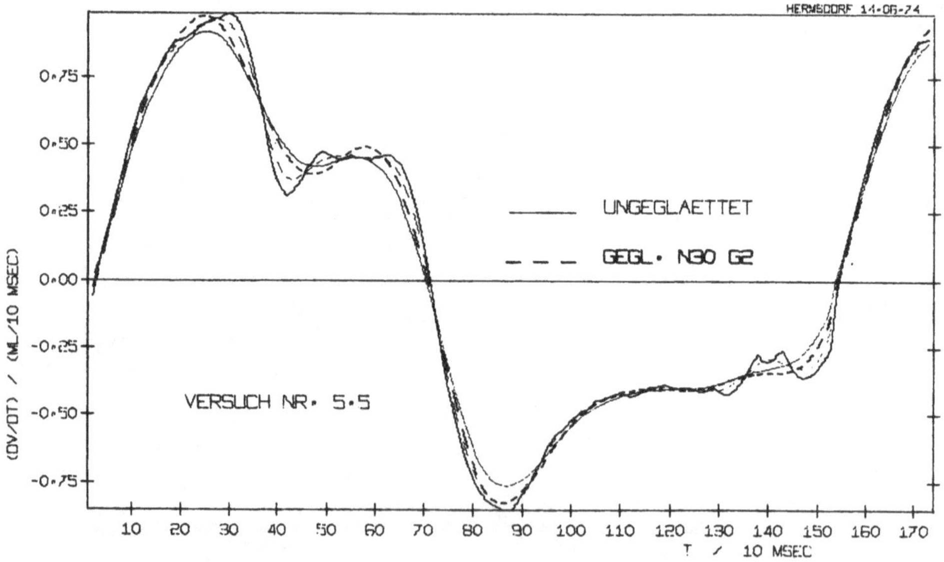

1. ABLEITUNG WEGGEBERKURVE
EXTREMA UNGEGL. (-0.85 / 0.99) GEGL. (N20 G1) (-0.76 / 0.92)

Abbildung 7

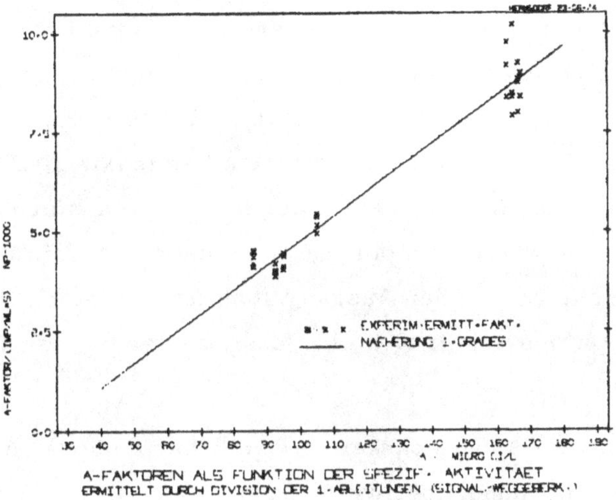

Abbildung 8: Abhängigkeit der Proportionalitätsfaktoren zwischen Impulsrate und Volumen von der Aktivitätskonzentration.

Die Abbildung 8 zeigt die a-Faktoren, aufgetragen über die verwendete spezifische Aktivität. Bei Kenntnis dieses Zusammenhangs zwischen der verwendeten spezifischen Aktivität und dem zugehörigen a-Faktor ist es nun möglich, einen beliebigen Impulsraten-Zeit-Verlauf in eine Volumen-Zeit-Funktion zu transformieren. Aus der Versuchsreihe am Ein-Kammer-Herzmodell wurde eine beliebige Messung herausgegriffen und eine solche Transformation durchgeführt. Die punktweise Errechnung des Volumens ergibt die Volumen-Zeit-Kurve.

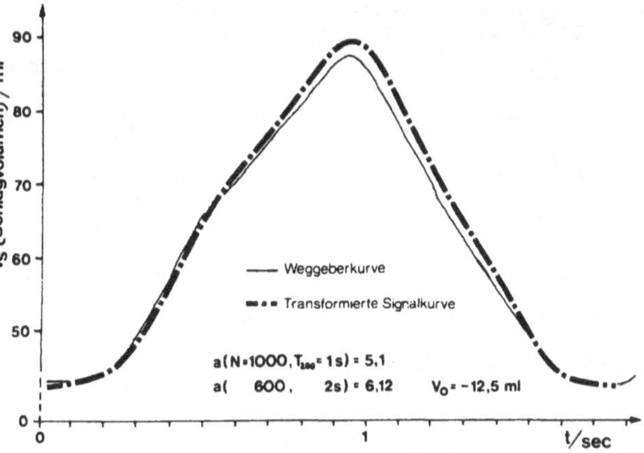

Abbildung 9: Vergleich zwischen Weggeberkurve und berechneter Volumen-Zeit-Kurve (transformierte Signalkurve).

In der Abbildung 9 ist zusätzlich zu dieser errechneten Kurve noch die vom Weggeber erhaltene Volumen-Zeit-Kurve eingezeichnet. Die beiden Kurven stimmen, wie man sieht, gut überein. Im Maximum beträgt die Abweichung etwa 3%. Dies ist bestimmt nicht der maximale Fehler, der hierbei auftreten kann. In den Fehler, der bei der Transformation auftritt, gehen ein: Der Fehler bei der Bestimmung der spezifischen Aktivität, der statistische Fehler der Ausgangsfunktion Z(t) sowie der Fehler des a-Faktors. Daraus ergibt sich ein Gesamtfehler bei der Transformation von etwa 10%.

Zum Schluß wurde die Anwendbarkeit der Speichermethode beim Vorliegen von Rhythmusstörungen überprüft. Dazu wurde am Rechner der Einfluß von Extrasystolen verschiedener Häufigkeit auf den Impulsraten-Zeit-Verlauf simuliert.

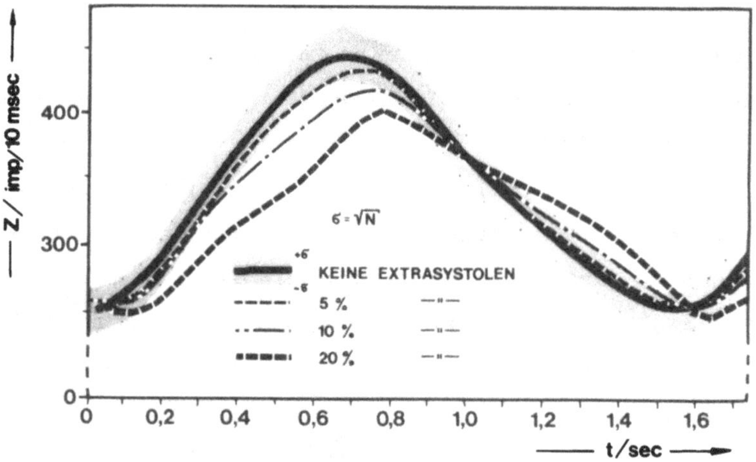

Abbildung 10: Einfluß von Extrasystolen auf den Impulsraten-Zeit-Verlauf.

In der Abbildung 10 sind ein ungestörter und mehrere gestörte Impulsraten-Zeit-Verläufe dargestellt. Es läßt sich daraus erkennen, daß die Speichermethode dann noch gut anwendbar ist, wenn der Anteil der Extrasystolen die Grenze von 5% nicht überschreitet. Dieser Anteil läßt sich durch das mitgeschriebene EKG leicht ermitteln.

Alle diese Überlegungen sind im Grunde deswegen angestellt worden, um die Messung mit der Speichermethode auf den Menschen übertragen zu können. Auch hier kann man davon ausgehen, daß es möglich ist, unter bestimmten geometrischen Bedingungen eine Proportionalität zwischen der Impulsrate und dem unter dem Detektor befindlichen Volumen anzunehmen. Nur läßt sich hier der Proportionalitätsfaktor nicht so leicht wie am Modell bestimmen. Anders ausgedrückt heißt das, daß Absolutbestimmungen des Herzzeitvolumens mit der Speichermethode allein nicht möglich sind. Dagegen lassen sich Relativmessungen gut durchführen, wenn man nur für eine gute Reproduzierbarkeit sorgt. Wenn man mit einer anderen Bestimmungsmethode eine Absolutbestimmung des Herzzeitvolumens durchgeführt hat, kann man mit der Speichermethode den Proportionalitätsfaktor bestimmen und relativ einfach Wiederholungsmessungen durchführen, da nicht anzunehmen ist, daß sich die geometrischen Verhältnisse bei der betreffenden Person (Lage des Herzens im Körper, Herz-Haut-Abstand) in kurzer Zeit ändern können.

Literatur

1. Hoffmann, G. & Kleine, N.: Eine neue Methode zur unblutigen Messung des Schlagvolumens am Menschen über viele Tage mit Hilfe von radioaktiven Isotopen.
Sonderdruck der 31. Tagung "Verhandlungen der Deutschen Gesellschaft für Kreislaufforschung", Darmstadt, Dr. Dietrich Steinkopf Verlag

2. Hoffmann, G. & Kleine, N.: Der Informationsgehalt der radiokardiographischen Funktionsanalyse. Aus "Radionuklide in Kreislaufforschung und Kreislaufdiagnostik", 5. Jahrestagung der Gesellschaft für Nuklearmedizin, Wien, 21.-23. Sept. 1967. Stuttgart - New York, F.K. Schattauer Verlag

3. Hoffmann, G. & Kleine, N.: Die Methode der radiokardiographischen Funktionsanalyse. Aus "Nuclearmedizin", S. 351, Vol. VII, Stuttgart - New York, F.K. Schattauer Verlag, 1968

4. Hermsdorf, H.-C. (1974), "Radiokardiographische Bestimmung des Herzzeitvolumens - Aufbau einer Meßmethode und physikalische Modelluntersuchungen"
Diplomarbeit, FU Berlin

10.3 Nuklearmedizinische Untersuchungen am zentralen Kreislaufsystem

H. Luig, D. Emrich, H.-P. Breuel, S. Domovitz und H. Siegert

Ausgewählte Ergebnisse von nuklearmedizinischen Untersuchungen am zentralen Kreislaufsystem, die das Resultat ausführlicher Untersuchungen an einem umfangreichen Patientengut sind, werden vor dem Hintergrund einer besonderen Fragestellung diskutiert. Der Ansatzpunkt für die Fragestellung ist die bei Messungen an Patienten häufig beobachtete Tatsache, daß

1. die ursprüngliche Zielsetzung aller Untersuchungsverfahren die Bestimmung physiologisch oder anatomisch gut definierter Parameter oder Größen ist,
2. diese wohldefinierten Größen aus methodischen Gründen nicht oder nur verfälscht meßbar sind,
3. die Untersuchungsergebnisse dennoch klinisch deutbar und nützlich sind.

Die daraus resultierenden Fragen sind:

1. Muß ein klinisches Meßverfahren, das seine Basis in einem theoretisch wohl fundierten Ansatz hat, in seinen Ergebnissen unbedingt dem theoretischen Ansatz genügen ?
2. Welche Kriterien belegen den Nutzen eines klinischen Meß- und Untersuchungsverfahrens?

Die von uns bestimmten Parameter sind mittlere Transitzeiten in bestimmten Kreislaufabschnitten und die Volumenkurve des linken Ventrikels, die diagnostische Aussagen über die Haemodynamik einerseits und die Muskeldynamik des linken Ventrikels andererseits erbringen.

Methodik

Die Methodik zur Bestimmung der mittleren Transitzeiten und der Ventrikelvolumenkurven ist an anderer Stelle ausführlich beschrieben worden (1 - 4) und wird deswegen an dieser Stelle nur kurz umrissen. Zur Bestimmung der mittleren Transitzeiten wird ein Aktivitätsbolus intravenös injiziert und die Passage des Bolus durch den zentralen Kreislauf von einer Gamma-Kamera registriert. Bei jeder Herzaktion wird ein 200 ms-Szintigramm enddiastolisch unter EKG-Steuerung registriert. Nach der Aufnahme wird die Abfolge der Szintigramme auf einem Bildschirm dargestellt. Die Darstellung dient zur Bestimmung und Abgrenzung der interessierenden Kompartimente. Es wird in jedem Teilszintigramm $\Sigma \dot{n}(t)$, t = Zeitpunkt der Registrierung des Szintigramms, über dem interessierenden Kompartiment gebildet. Die Aufeinanderfolge der Integrale $\Sigma \dot{n}(t)$ wird als Zeitaktivitätskurve aufgetragen (Abb. 1).

Das mit dem Zeitparameter gewichtete und normierte Integral

$$\bar{t} = \frac{\int_0^\infty \Sigma \dot{n}(t) \cdot t \, dt}{\int_0^\infty \Sigma \dot{n}(t) \, dt} \qquad (1)$$

entspricht formal der mittleren Transitzeit im betrachteten Kompartiment.

Die Ventrikelvolumenkurven werden nach der Gleichverteilung des injizierten Tracers im Blut registriert. Dann ist die Zahl der Quanten, die vom Blutvolumen im Ventrikel emittiert werden, proportional zum Blutvolumen und somit zum augenblicklichen Volumen des Ventrikels. Die herzphasengerechte Registrierung von 20 ms-Szintigrammen mit anschließender Integration der Zählraten über dem linken Ventrikel erbringt die Ventrikelvolumenkurve. Zur Gewinnung statistisch signifikanter Volumenkurven werden die Zählraten während mehrerer hundert Herzaktionen registriert und phasengerecht addiert.

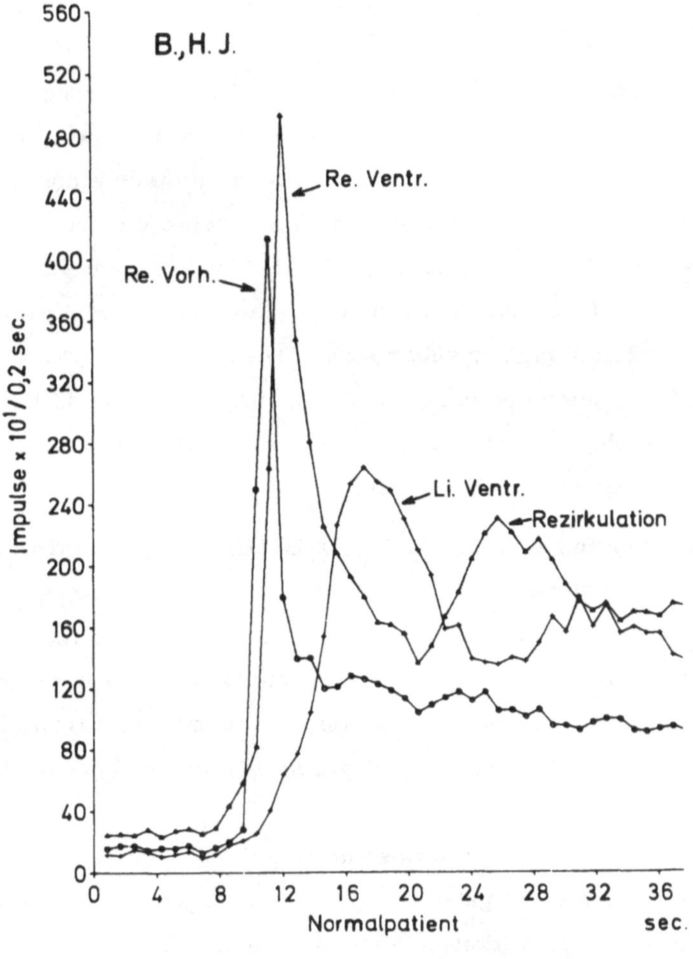

Abbildung 1: Zeitaktivitätskurven eines herzgesunden Patienten.

Ergebnisse und Kritik

Zur Straffung der Diskussion wird aus der Zahl der aus den Zeitaktivitätskurven gewonnenen Parameter ausschließlich die nach Formel (1) berechnete "mittlere Transitzeit" $\bar{t}$, gemessen über dem linken Ventrikel, ausgewählt. Die mittlere Transitzeit $\bar{t}$ ist ein theoretisch gut fundierter Parameter, der unter definierten Bedingungen dem Quotienten aus Volumen und Fluß in dem betrachteten Kompartiment gleich ist (5):

$$\bar{t} = \frac{V}{F} \qquad (2)$$

Während das Bestreben, die mittlere Transitzeit zu messen, einen gewissen theoretischen Denkansatz voraussetzt, handelt es sich bei den Ventrikelvolumenkurven um Meßkurven, die ein anatomisch einfach erklärtes Objekt beschreiben: das Ventrikelvolumen und seine Veränderung während der Herzaktion. So unterschiedlich die Meßobjekte auch sind, ihnen gemeinsam ist, daß sie nach unserer experimentellen Erfahrung mit der eingesetzten Methodik nicht meßbar sind. Dennoch hat unser methodisches Bemühen zu Parametern geführt, die klinische Aussagen und Konsequenzen zulassen, obwohl die Parameter theoretisch nicht gut fundiert oder meßtechnisch mit Mängeln behaftet sind.

Die Entwicklung unserer Methodik zur Bestimmung der mittleren Transitzeit sei kurz beschrieben:

1. Unsere ersten Versuche zur Gewinnung von Zeitaktivitätskurven brachten keine klinisch verwertbaren Ergebnisse, da die Aufnahme der Szintigramme nicht mit der Herzaktion synchronisiert waren. Deswegen konnte der linke Ventrikel nicht gegen den linken Vorhof abgegrenzt werden.
2. Die Einführung der Aufnahmesteuerung durch eine EKG-Triggereinheit brachte die ersten Ergebnisse. Die Abhängigkeit zwischen $\bar{t}$ und Größe und Lage des Integrationsbereiches wird untersucht.
3. Die Zeitaktivitätskurven werden verbessert durch das Aufsuchen der günstigsten Aufnahmeprojektion: linker schräger Durchmesser mit einer Neigung der Detektorachse von 30°. In dieser Projektion ist die Abgrenzung der einzelnen Herzabschnitte am wenigsten durch wechselseitige Überlagerung behindert.
4. Die bisherige Technik der Injektion in die v. cubiti wird ersetzt durch die Injektion in die v. femoralis. Dadurch wird die Verformung des Bolus vor Eintritt in den zentralen Kreislauf verringert und vereinheitlicht. Der Normalbereich für $\bar{t}$ wird signifikant ($p < 0,001$) eingeengt.

5. Der bisher benutzte Tracer ^{99m}Tc-Pertechnetat, der in den extrazellulären Raum abwandert, wird durch ^{99m}Tc-Albumin ersetzt. Es entsteht eine reproduzierbare Beziehung zwischen $\bar{t}$ und dem Schweregrad hämodynamisch wirksamer Vitien.

Das Resultat des methodischen Bemühens ist ein nützlicher Parameter, der formal wie die mittlere Transitzeit berechnet wird, aber nicht die mittlere Transitzeit ist. Denn zwei Gruppen von Voraussetzungen müßten alternativ mindestens erfüllt sein:

a) Der Bolus tritt punktuell in den Verteilungsraum "linker Ventrikel" ein und vermischt sich augenblicklich homogen mit dem Blut im Ventrikel, oder

b) die Summe aller mittleren Transitzeiten der vorgeschalteten Kompartimente müßte über dem linken Vorhof meßbar sein und von $\bar{t}$ über dem linken Ventrikel abgezogen werden.

Voraussetzung a) ist offensichtlich nicht erfüllbar, ohne den Charakter des Untersuchungsverfahrens, der sich in der fehlenden Invasivität ausdrückt, zu verändern.
Voraussetzung b) ist nach unseren Erfahrungen an über 600 Patienten nicht erfüllbar, da sich der linke Vorhof nicht hinreichend überlagerungsfrei darstellen läßt.

Dennoch ist der meßbare Parameter sinnvoll benutzbar, um Änderungen der Hämodynamik im kleinen Kreislauf zu erfassen. Er ist erfolgreich zur Bestimmung des Schweregrades hämodynamisch wirksamer Vitien, zur Verlaufskontrolle und zur Prüfung des Operationserfolges eingesetzt worden.

Während das auf der Messung der Zeitaktivitätskurven basierende Verfahren als methodisch weitgehend abgeschlossen betrachtet werden kann, bedarf das Verfahren zur Bestimmung der Volumenkurven des linken Ventrikels noch durchgreifender methodischer Verbesserungen, bis sein klinischer Nutzen festgestellt werden kann. Dennoch lassen die bisher aus der Untersuchung von 71 Patienten gewonnenen Ergebnisse zwei Voraussagen zu:

1. Es ist zu erwarten, daß sich das Verfahren als klinisch nützlich erweist.
2. Die Gewinnung echter Ventrikelvolumenkurven ist nicht zu erwarten.

Die bisher festgestellten Schwierigkeiten und Mängel des Untersuchungsverfahrens sind:

1. Die Kurven geben den Zählratenverlauf über dem linken Ventrikel und nicht den Volumenverlauf (gemessen in ml) des Ventrikels wieder. Die Möglichkeit, die Kurven zu kalibrieren, ist wahrscheinlich nicht gegeben, eine Tatsache, die sich durch die folgenden Punkte erklärt.
2. Die Kurven beschreiben den Zählratenverlauf lediglich über dem überlagerungsfrei dargestellten Teil des linken Ventrikels.
3. Die Absorption der Gamma-Quanten im emittierenden Blutvolumen und im Gewebe verfälscht die Volumenkurven. Diese Verfälschung ist rechnerisch kaum behebbar, da die Aufnahme mit einer Gamma-Kamera keine Aussagen über die dritte Dimension einer volumenhaften Aktivitätsverteilung zuläßt.
4. Die Störstrahlung aus der Umgebung des Ventrikels verfälscht den Kurvenverlauf zusätzlich.

Die Frage liegt nahe, warum die gemessenen Kurven trotz der genannten Mängel als Volumenkurven sinnvoll gedeutet werden können. Die Antwort lautet, daß alle Parameter, die von den genannten Faktoren unerheblich verfälscht werden, zur Auswertung der Kurven benutzt werden können. Wir deuten die Volumenkurven unter der bisher noch nicht hinreichend geprüften Annahme, daß die Charakteristika der nuklearmedizinisch gemessenen Kurve, Maxima, Minima und Wendepunkte mit den entsprechenden Charakteristika der "wahren" Ventrikelvolumenkurve übereinstimmen. Diese Charakteristika lassen die Bestimmung der Dauer der einzelnen Phasen der Herzaktion und, durch Betrachtung der Steigung, die semiquantitative Beschreibung des Verlaufs dieser Phasen zu. Die entsprechenden Parameter sind im wesentlichen als Zeitparameter zu betrachten (Abb. 2).

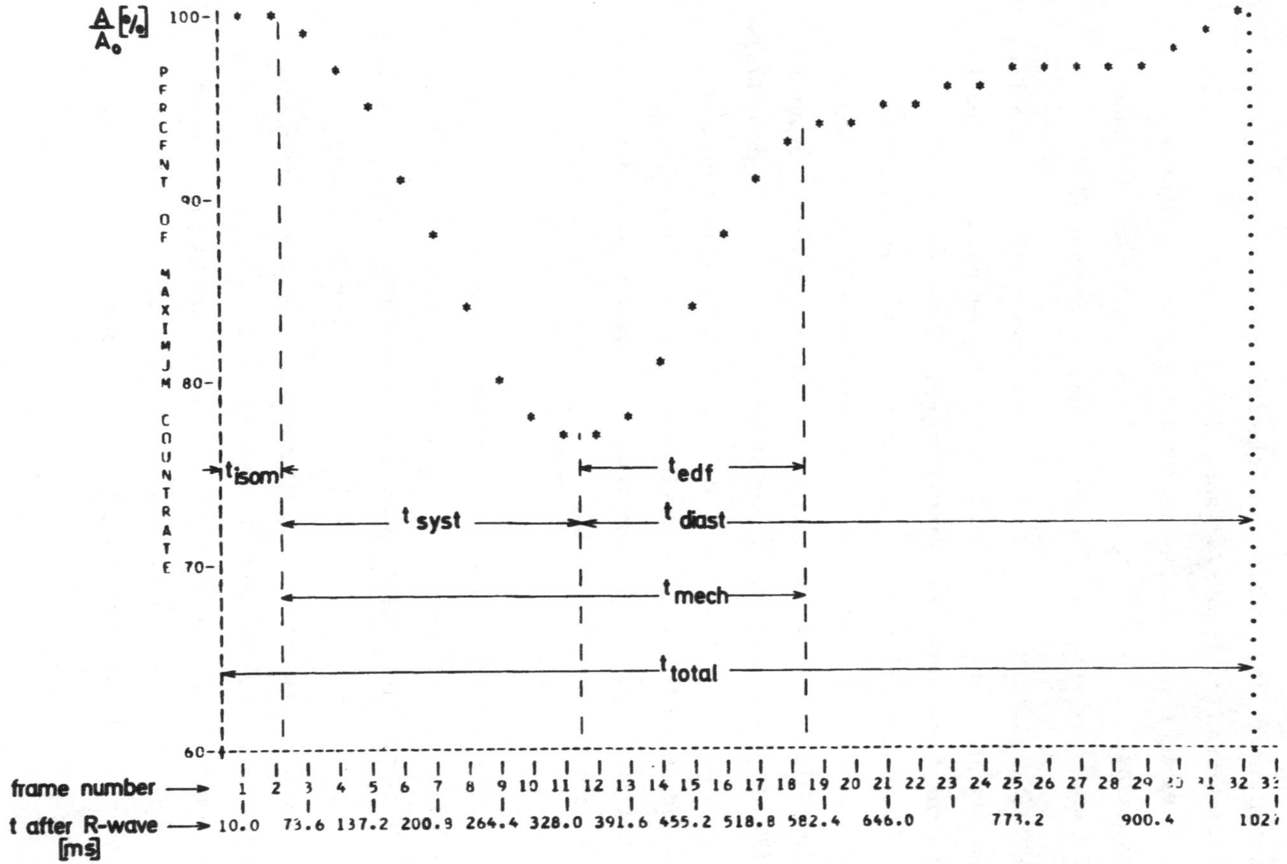

Abbildung 2: Typische nuklearmedizinische Ventrikelvolumenkurve mit ausgewählten Zeitparametern.

Von den Volumenparametern wäre die wichtige Auswurffraktion als Quotient zweier Volumina auch ohne Eichung der nuklearmedizinischen Volumenkurve bestimmbar. Jedoch haben die oben unter den Punkten 2, 3 und 4 genannten Störfaktoren bisher die Messung sinnvoller Auswurffraktionen verhindert. Ob eine Eichung der nuklearmedizinischen Volumenkurve (in ml) durch methodische Anstrengungen erzielbar sein wird, ist nach dem Ergebnis unserer bisherigen Untersuchungen sehr zweifelhaft.

Die Aussagekraft der Zeitparameter wurde wiederum durch klinische Untersuchungen geprüft. Die ermittelten Parameter lagen bei 23 herzgesunden Probanden im Bereich der erwarteten Werte. 29 Patienten mit unterschiedlicher Beeinträchtigung der Ventrikelfunktion wurden nach dem Schweregrad der Beeinträchtigung in 3 Gruppen unterteilt. Die beiden Parameter "maximale Volumenänderungsgeschwindigkeit dV/dt_{max}" und ihr Zeitpunkt t (dV/dt_{max}) änderten sich gemäß dieser Gruppierung erwartungsgemäß. Entsprechende zur weiteren Entwicklung des Untersuchungsverfahrens auffordernde Resultate wurden an einer Gruppe von Patienten mit einer Volumenbelastung und Sportlern gewonnen. Insgesamt sind bisher 71 Patienten, deren cardialer Zustand sorgfältig festgestellt worden ist, mit unserer Methodik untersucht worden.

Zur weiteren Entwicklung des Untersuchungsverfahrens ist zunächst die Erhöhung der zeitlichen Auflösung der Volumenkurven angestrebt, da sich die Zeitparameter als durch unser Meßverfahren besonders gut zugänglich erwiesen haben.

Die Bestimmung der Auswurffraktion soll methodisch so weit verbessert werden, daß jedenfalls eine reproduzierbare Gesetzmäßigkeit zwischen der nuklearmedizinisch bestimmten Auswurffraktion und der tatsächlichen besteht. Mit der gleichen Zielsetzung, aber geringeren Erfolgserwartungen, soll das Problem der Kalibrierung angegangen werden.

Konsequenzen

Die Entwicklung der Methodik zur Gewinnung der Zeitaktivitätskurven hat zur Gewinnung eines Parameters geführt, der empfindlich und mit deutlicher Diskriminierungsfähigkeit das Vorliegen und den Schweregrad hämodynamisch wirksamer Vitien bestimmen läßt. Die Bedeutung des Parameters liegt nicht in seiner theoretischen Deutbarkeit, sondern in seiner klinischen Brauchbarkeit.

Der Untersuchungsansatz, nuklearmedizinisch charakteristische Ventrikelvolumina zu messen, hat das Interesse auf die differenzierte zeitliche Analyse des Volumenverlaufes gelenkt. Es werden aussagekräftige Parameter gewonnen, obwohl nicht einmal eine Proportionalität zwischen den nuklearmedizinisch bestimmten Volumenverläufen und den tatsächlichen Volumina besteht.

Unter dem Eindruck der Entwicklung der beiden Untersuchungsverfahren wollen wir die eingangs gestellten Fragen folgendermaßen beantworten:

1. Es ist wichtiger, daß aus medizinischen Untersuchungen gewonnene Parameter klinisch nützlich sind, als daß sie in einer theoretischen Beschreibung prägnant definierbar sind oder in einer meßtechnisch besonders übersichtlichen Beziehung zum Objekt stehen.
2. Der Nutzen eines klinischen Untersuchungsverfahrens muß daran gemessen werden, ob das Untersuchungsverfahren Parameter liefert, die diagnostische Schlüsse oder therapeutische Konsequenzen zulassen.

Es ist freilich anzumerken, daß aus theoretisch nicht gut fundierten Parametern keine weiterführenden Schlüsse,insbesondere durch rechnerische Kombinationen mit anderen Parametern, gezogen werden dürfen, es sei denn, die Brauchbarkeit dieser Schlüsse ist durch umfangreiche klinische Untersuchungen belegt worden.

- Die der Arbeit zugrundeliegenden Untersuchungen wurden von der DFG im Rahmen des Sonderforschungsbereiches 89 - Kardiologie Göttingen - gefördert. -

Literatur

1. Emrich, D., Luig, H., Breuel, H. P., Neubaur, J. & Strauer, B. E. (1974), Funktionsszintigraphie der Kontraktion des linken Ventrikels, Nuklearmedizin, Ergebnisse in Technik, Klinik und Therapie, Stuttgart, 215

2. Luig, H., Emrich, D., Breuel, H. P., Neubaur, J., Strauer, B. E. & Kisselbach, V. J. (1975), Non invasive determination of volume equivalent curves, Dynamic studies with radioisotopes in medicine 1974, Wien, 207

3. Breuel, H. P., Schmidt, B., Heimburg, P. & Emrich, D. (1974), Die klinische Bedeutung der Bestimmung von intrakardialen Kreislaufzeiten mit einem Radiopharmakon und einer EKG-gesteuerten Gamma-Kamera bei angeborenen und erworbenen Herzfehlern, Z. Kardiologie 63, 718

4. Breuel, H. P., De Vivie, R., Heimburg, P. & Emrich, D. (1974), Kardiale Funktionsszintigraphie vor und nach operativer Korrektur von Herzfehlern; Thoxachirurgie 22, 117

5. Meier, P. & Zierler, K. L. (1954): On the theory of the indicator-dilution method for measurement of blood flow and volume, J. Appl. Physiol. 6, 731

10.4 Zerfallkorrigierte Szintigraphie mit kurzlebigen Radionukliden

U. Tietze, A. Kaul

Einleitung

Die nuklearmedizinische Anwendung von offenen radioaktiven Stoffen zu diagnostischen Zwecken ist, wie bei allen Anwendungen von ionisierender Strahlung in der Medizin, mit einer Strahlenexposition des untersuchten Patienten verbunden. Die Höhe der Strahlenexposition ist dabei, außer von den physikalischen Eigenschaften des Radionuklids (physikalische Halbwertzeit (HWZ), Energie pro Zerfall, Art der emittierten Strahlung), von der dem Patienten applizierten Aktivität und den biokinetischen Daten des Radiodiagnostikums abhängig. Da jedoch die zu applizierende Aktivität bei szintigraphischen Untersuchungen,bedingt durch das Abbildungsverfahren, nicht beliebig klein gewählt werden kann, ist eine Reduzierung der Strahlenexposition nur durch Auswahl von kurzlebigen Radionukliden mit möglichst geringer pro Zerfall an das biologische Gewebe abgegebener Energie möglich.

Dieser Forderung des Strahlenschutzes genügen vor allem die sogenannten Generatornuklide, die durch Elution aus Radionuklidgeneratoren gewonnen werden und meistens in isomerem Zustand vorliegen.

Am Beispiel der Verwendung des Sn^{113} - In^{113m} - Generators sei für einige diagnostische Verfahren die Reduktion der Strahlenexposition gegenüber "konventionellen" (langlebigen) Radionukliden aufgezeigt (s. Tab. 1).

Obwohl die pro Untersuchung applizierte Aktivität um mehrere Größenordnungen oberhalb derer liegt, die bei Verwendung der langlebigen Radionuklide üblich ist, läßt sich eine Reduzierung der Strahlenexposition des Patienten bei Applikation von In^{113m}-markierten Radiodiagnostika bis zu einem Faktor von etwa 20 erzielen.

Tabelle 1

Vergleich der Strahlenexposition bei Verwendung von Generatornukliden und "konventionellen" (langlebigen)Radionukliden.

Tabelle 1 : Vergleich der Strahlenbelastungen /3/

Szintigramm	Langlebiges Radionuklid					Kurzlebiges Radionuklid						
	Nuklid	Pharmakon	$\bar{A}$ [mCi]	Dosis [mrad]		Nuklid	Pharmakon	$\bar{A}$ [mCi]	Dosis [mrad]		Reduktion	
				Organ	Gonaden				Organ	Gonaden	Organ	Gonaden
Leber	Au^{198} (HWZ:64,7h)	Kolloid	0,15	5250	40	In^{113m} (HWZ:100m)	Gelatine-kolloid	1,0	440	2	12	20
Lunge	J^{131}	HSA(MAA)	0,15	600	45		Gelatine-kolloid	3,0	50	6	12	7,5
Hirn	J^{131} (HWZ:8,05d)	HSA	0,65	1170	1300		DTPA	6,5	100	100	11,7	13
Knochenmark	Au^{198}	Kolloid	1,75	600	450		Gelatine-kolloid	10,0	70	20	8,6	22,5
Knochen	Sr^{85} (HWZ:64,0d)	Strontium-nitrat	0,1	1100	300	Sr^{87m} (HWZ:2,8h)	Strontium-nitrat	5,0	250	100	4,4	3

HSA : Human-Serum-Albumin

HSA(MAA) : Human-Serum-Albumin (Makroaggregate)

DTPA : Diaethylentriaminpenta-Essigsäure

$\bar{A}$: Mittlere applizierte Aktivität

Ein Nachteil bei der Verwendung von kurzlebigen Radionukliden liegt allerdings in ihrem Zerfall während der Untersuchung. Bei der Szintigraphie mit Abbildungssystemen, die eine schnelle Bildfolge ermöglichen (γ -Kamera) oder über ein Speichermedium (Magnetband) an eine EDV-Anlage angeschlossen sind, spielt dieser Nachteil zwar keine so große Rolle, da hierbei entweder die Aufnahmezeit sehr viel kleiner als die Halbwertzeit des Radionuklids ist oder eine Korrektur des Zerfalls mit Hilfe der EDV im Anschluß an die Messung sehr leicht möglich ist. Bei der konventionellen Szintigraphie mit bewegten Detektoren, d.h. beim Scanning, bei deren Anwendung Untersuchungen bis zu 60 min dauern können, verursacht der Zerfall des Radionuklids aber eine Verfälschung des Szintigramms, die ohne Datenspeicherung nach Abschluß der Untersuchung nicht mehr zu korrigieren ist. Diese Verfälschung verdeutlicht Abbildung 1. Sie zeigt das Szintigramm eines Phantoms mit 4 "heißen Knoten" gleicher Aktivität sowie 4 "kalte Knoten". Am oberen Bildrand sind die Farbskala des Szintigramm-Ausdrucks und die Zerfallskurve des Radionuklids (hier In^{113m} HWZ = 100 min) zu erkennen.

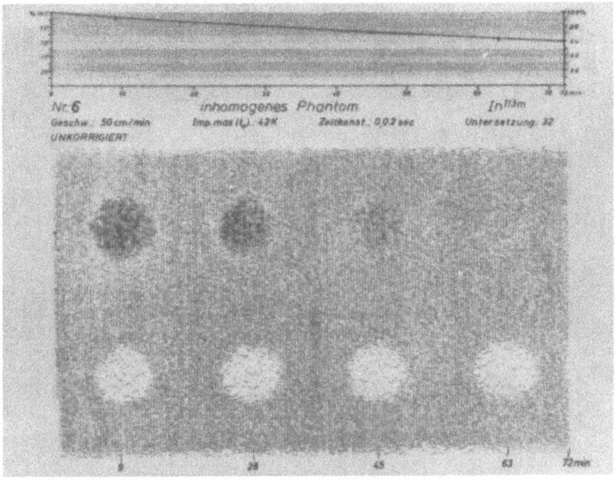

Abbildung 1: Unkorrigiertes Szintigramm eines inhomogenen Phantoms.

Zerfallskorrektur

Grundlagen: Damit in der Szintigraphie mit kurzlebigen Radionukliden auch konventionelle Scanner ohne Möglichkeit der Datenspeicherung und deren Weiterverarbeitung eingesetzt werden können, bedarf es einer Korrektur des während der Aufnahme stattfindenden physikalischen Zerfalls. Es wurde deshalb eine Anordnung entwickelt, die es gestattet, eine Zerfallskorrektur an einem konventionellen Scanner ohne größere Eingriffe in den elektronischen Aufbau des Scanners durchzuführen.

Der Aufbau eines solchen Scanners (hier Picker Magna Scanner) ist in Abbildung 2 schematisch wiedergegeben.

Das Impulsverarbeitungssystem besteht im wesentlichen aus Linearverstärker, Differentialdiskriminator und Ratemeter, wobei die Ausgangsimpulse des Differentialdiskriminators über einen Untersetzer in Striche oder Punkte eines elektromechanischen Druckers umgesetzt werden. Der Farbausdruck erfolgt über ein mehrfarbiges Farbband, das in Abhängigkeit von der Ausgangsspannung des Ratemeters unter dem Schreibstichel bewegt wird. Der Detektor und der mit diesem starr verbundene Schreib-

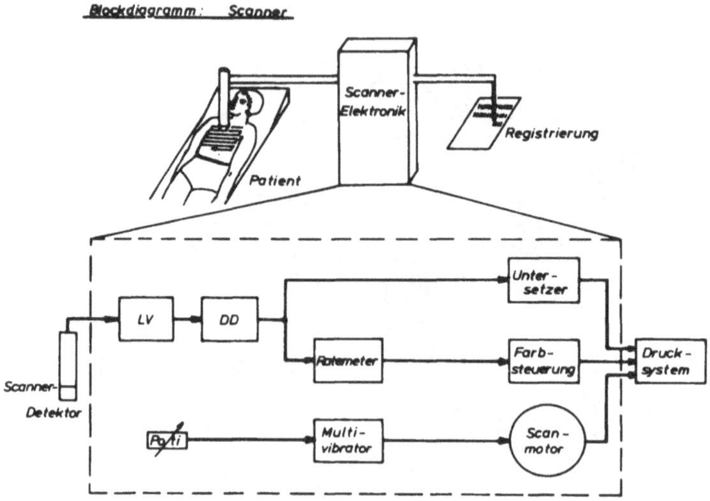

Abbildung 2: Aufbau und Blockdiagramm des Scanners.

kopf werden durch einen Schrittmotor angetrieben. Gesteuert wird dieser Schrittmotor und damit die Scangeschwindigkeit von den Impulsen eines Multivibrators, dessen Frequenz durch eine regelbare Spannung variiert werden kann.

Die Bildinformation eines Szintigramms besteht zum einen aus der Strichdichte ρ , d.h. der Anzahl der Strichmarken S pro Weglänge Δs, zum anderen liegt sie in der Farbe F des ausgedruckten Strichmusters. Farbe und Strichdichte ändern sich proportional zur mittleren Impulsrate $\bar{n}$ am Ausgang des Differentialdiskriminators, die Strichdichte ist zusätzlich umgekehrt proportional zur Scangeschwindigkeit v.

$$\rho = \frac{S}{\Delta s} = \frac{1}{DF} \frac{N}{v \cdot \Delta t} \qquad \text{DF: Dot Factor (Untersetzung)}$$

$$\text{mit } \frac{N}{\Delta t} = \bar{n} \quad \text{folgt daraus} \quad \rho = \frac{1}{DF} \frac{\bar{n}}{v}$$

$$\text{d.h.} \quad \rho \sim \bar{n} \qquad \text{und} \qquad F \sim \bar{n}$$

Beide Größen nehmen bei der Szintigraphie mit kurzlebigen Radionukliden mit der charakteristischen Zerfallsfunktion des Radionuklids ab.

Zur Korrektur der Strichdichte wird daher die Scangeschwindigkeit gerade in dem Maße verringert, wie das Radionuklid zerfällt. Um die Farbe auf ihrem anfangs eingestellten Wert zu belassen, muß die Ausgangsspannung des Ratemeters mit einer zum Zerfall inversen Funktion korrigiert werden. Abbildung 3 zeigt die Eingriffsmöglichkeiten für diese Korrekturen am Scanner.

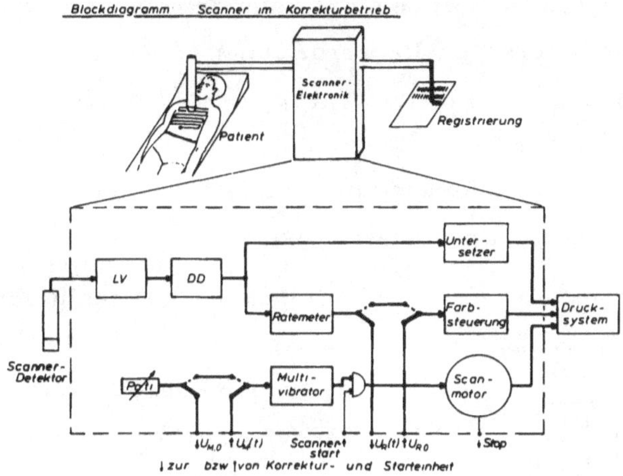

Abbildung 3: Blockdiagramm des Scanners im Korrekturbetrieb.

Für die Strichdichte erfolgt die Korrektur der Scangeschwindigkeit durch Eingriff zwischen Potentiometer und Multivibrator, für die Farbe zwischen Ratemeterausgang und Farbsteuerungseinheit.

Die Korrektureinheit hat dann folgenden Aufbau (s. Abb. 4):

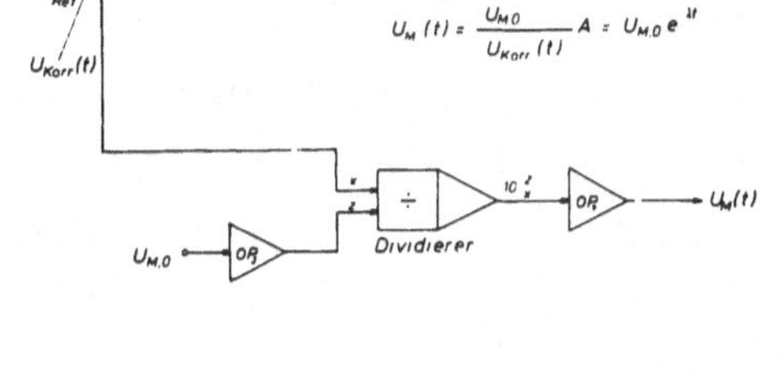

Abbildung 4: Blockdiagramm der Korrektureinheit.

Geschwindigkeitskorrektor(unterer Teil der Abb.): hier wird die für die gewünschte Scangeschwindigkeit fest eingestellte Multivibratorsteuerspannung $U_{M,O}$ durch eine Korrekturfunktion U_{Korr} (t) vom Typ

$A \cdot e^{+\lambda t}$ analog dividiert und dann als zeitabhängige Spannung $U_M(t)$ wieder dem Scanner zugeführt.
Farbkorrektur: hier wird die Ratemeterausgangsspannung $U_R(t)$ mit der Korrekturfunktion analog multipliziert, so daß für die Steuerung des Farbdruckers die Spannung $U_{R,O}$ zeitunabhängig zur Verfügung steht.

Korrekturfunktionen: Die Erzeugung der Korrekturfunktion kann auf zwei verschiedene Arten erfolgen. Im 1. Fall (s.Abb.5) dient als Referenzquelle das gleiche Radionuklid, mit dem das Szintigramm aufgenommen wird. Die Impulse dieser Referenzquelle werden über einen üblichen Kernstrahlungsmeßplatz einem Scaler/Timer zugeführt, an dem ein fester Preset Count eingestellt ist. Die Zeit, die der Zähler benötigt, um diesen Preset Count zu erreichen, wird in einem Speicher festgehalten. Danach wird der Zähler auf Null gesetzt und erneut gestartet.

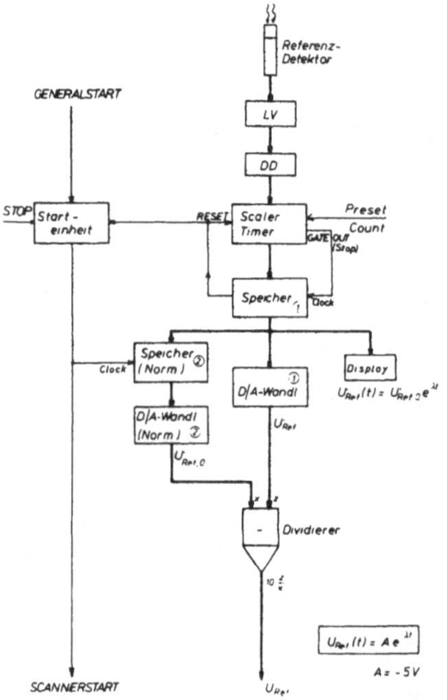

Abbildung 5: Blockdiagramm der Referenz-Methode.

Mit dem Zerfall des Referenznuklids verlängern sich die Zeitintervalle, in denen der Preset Count erreicht wird. Da der Speicher mit einem Digital/Analog-Wandler verbunden ist, steht am Ausgang des Digital/Analog-Wandlers ein Spannungsverlauf zur Verfügung, der invers zur Zerfallsfunktion, also mit $e^{+\lambda t}$ anwächst.

Als Korrekturfunktion eignet sich diese Spannung allerdings noch nicht unmittelbar, es muß zunächst noch eine geeignete Normierung vorgenommen werden. Das geschieht dadurch, daß die erste Zahl, die nach dem Generalstart der Korrektureinheit und des Scanners am Ausgang des Speicher$_1$ anliegt, in einen weiteren Speicher$_2$ und D/A-Wandler$_2$ übernommen wird und dort während der gesamten Zeit bleibt. Ein analoger Divi-

dierer teilt dann die zeitabhängige Spannung aus D/A-$Wandler_1$ durch die in D/A-$Wandler_2$ festgehaltene Anfangsspannung, so daß am Ausgang des Dividierers eine normierte Korrekturfunktion vom Typ $A\ e^{+\ \lambda t}$ zur Verfügung steht.
Erst nachdem diese Normierung durchgeführt ist, erhält der Scanner das Signal zum Beginn des Scans.

Der Vorteil dieser Korrekturmethode besteht darin, daß hierbei die Halbwertzeit (HWZ) des Radionuklids nicht bekannt zu sein braucht, d.h. es läßt sich auch der Zerfall von Radionuklid-Gemischen und verunreinigten Radionukliden mit dieser Methode korrigieren. Der Nachteil besteht in dem relativ hohen apparativen Aufwand des Referenz-Meßplatzes.

Als weitere Möglichkeit, die Korrekturfunktion zu erzeugen, bietet sich eine rein elektronische Lösung an. Hierzu wird im Wesentlichen ein logarithmischer Verstärker benutzt, der eine linear anwachsende Eingangsspannung in eine exponentiell anwachsende Ausgangsspannung umsetzt (Log.-Methode, s. Abb. 6).

Auf einen Zähler wird eine feste Frequenz von 1 KHz gegeben. An diesem Zähler wird ein Preset Count eingestellt, der der HWZ des verwendeten Radionuklids in Einheiten von 1 Sekunde entspricht. Sobald der Zähler den Preset Count erreicht, wird er auf Null gesetzt und erneut gestartet. Diese Reset/Start-Signale zählt ein zweiter Zähler, der dadurch in einer HWZ immer von 0 bis 1000 läuft. Da der jeweilige Stand des Zählers analogisiert wird, wächst die Ausgangsspannung des D/A-Wandlers in einer HWZ linear von 0 - 10V. Diese Spannung liegt am Eingang eines geeignet abgeglichenen logarithmischen Verstärkers, der sie in eine exponentiell mit der Zeit verlaufende Ausgangsspannung $A\ e^{+\ \lambda t}$ umsetzt.
Diese Korrekturfunktion ist daher alternativ zu der vorher beschriebenen einsetzbar (s. Abb. 4).

Da es vorkommen kann, daß bei sehr kurzlebigen Radionukliden eine Zerfallskorrektur über eine HWZ hinaus notwendig ist, wurde eine Möglichkeit geschaffen, den Zerfall des Radionuklids bis zu drei Halbwertzeiten zu korrigieren (s. Abb. 7).

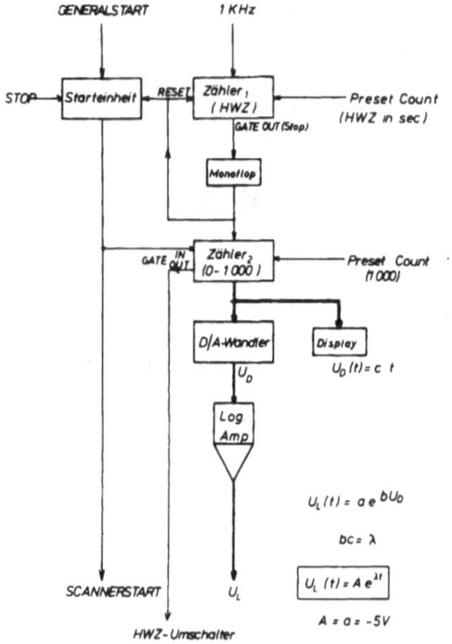

Abbildung 6: Blockdiagramm der Log.-Methode.

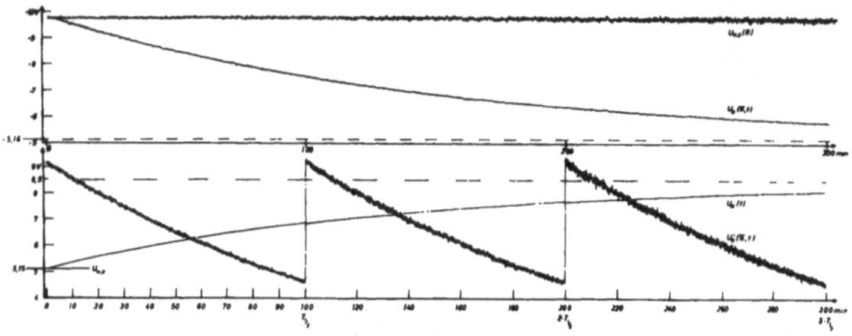

Abbildung 7: In^{113m}-Zerfallskorrektur über 3 Halbwertzeiten: Log.-Methode.

Hierzu wird das ursprüngliche Farbsteuerungssignal $U_R(t)$ nach einer HWZ um einen Faktor 2 verstärkt, so daß die Korrektur damit wieder beim Zeitpunkt t = 0 anfangen kann. Nach Ende der zweiten HWZ wird $U_R(t)$ dann um den Faktor 4 verstärkt. Das korrigierte Farbsteuerungssignal $U_{R,O}$ zeigt daher einen konstanten Verlauf über 3 Halbwertzeiten.

Anwendungen der Korrektur: Mit Szintigrammen an Phantomen und in vivo wurde das Verfahren getestet. Abbildung 8 zeigt die Gegenüberstellung eines unkorrigierten und eines korrigierten Szintigramms eines Phantoms.

a)

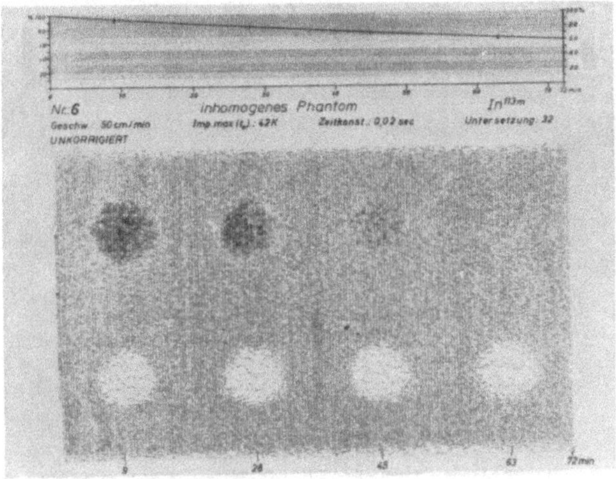

b)

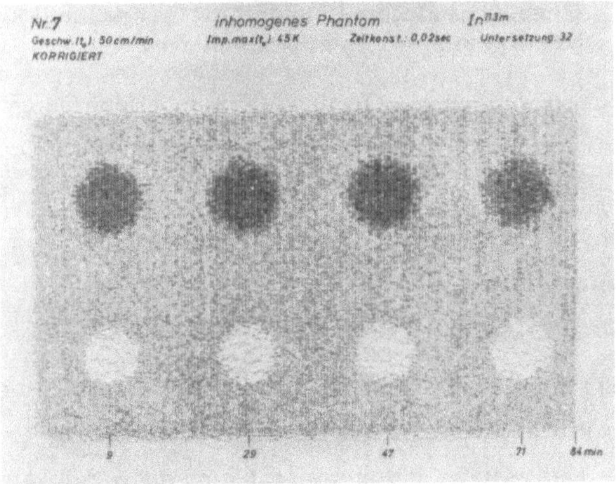

Abbildung 8: Gegenüberstellung unkorrigierter (a) und korrigierter (b) Szintigramme eines Phantoms.

Abbildung 9 zeigt den Vergleich zweier Szintigramme eines Kaninchens. Es handelt sich hierbei um In^{113m}-Blood-Pool-Ganzkörperszintigramme.

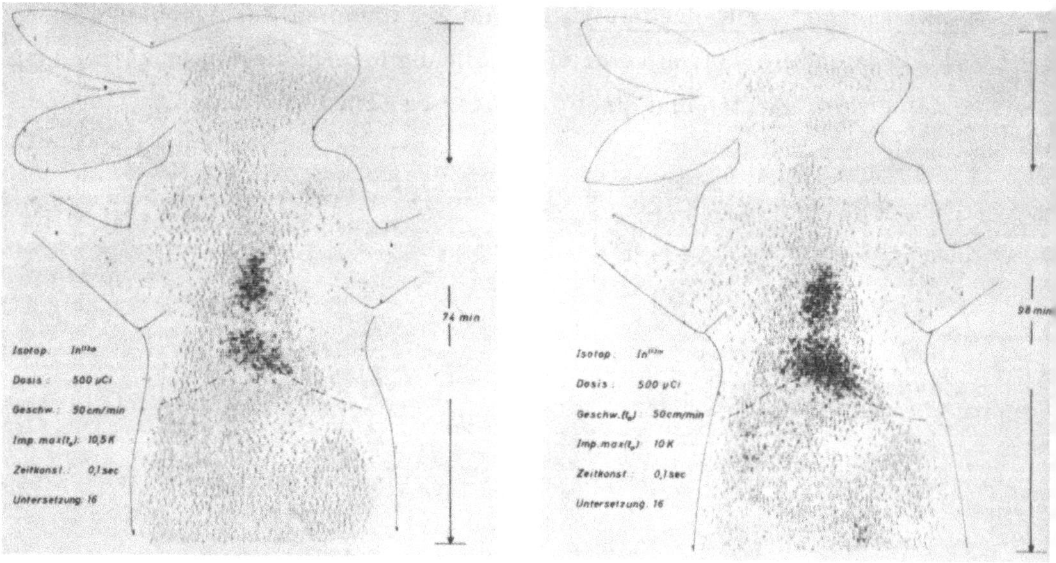

a) b)

Abbildung 9: Gegenüberstellung unkorrigierter (a) und korrigierter (b) Szintigramme eines Kaninchens .

Im wesentlichen werden die Organe Herz und Leber abgebildet. Im unkorrigierten Szintigramm erscheinen darüber hinaus die Organe Gehirn und Nieren als gleich aktivitätsspeichernd. Im korrigierten Bild dagegen ist zwischen diesen Organen ein deutlicher Unterschied von mehreren Farbwerten auszumachen.

Diskussion

In Anbetracht der beabsichtigten Verwendung des Korrekturaufbaues im Routinebetrieb wurde darauf geachtet, daß der durch die Zerfallskorrektur bedingte zusätzliche Bedienungsaufwand auf ein Minimum reduziert wird. Im Falle der Log. -Methode beschränkt sich dieser auf das Einstellen der HWZ am Zähler und das Betätigen der Taste Generalstart. Damit werden sowohl die Korrektur als auch der Scanvorgang synchron gestartet. Im Falle der Referenz-Methode ist darüber hinaus der Referenz-Meß-

platz in Betrieb zu nehmen.
Es hat sich gezeigt, daß die Fehler des Korrekturaufbaues mit maximal 4% klein sind gegenüber den statistischen Fehlern des Abbildungsverfahrens, die, vor allem hervorgerufen durch das Ratemeter, in der Größenordnung von 10-20% pro Szintigrammstrich liegen.

10.5 Kalibrieren von Ionisationskammern in Einheiten der Energiedosis

P.J. Pychlau

Zum Ausmessen von Tiefendosisverteilungen im Gewebe werden überwiegend Ionisationskammern, sogenannte Sondenkammern, benutzt, die in Einheiten der Standard-Gleichgewicht-Ionendosis kalibriert sind. Interessant ist aber nicht die Tiefendosis oder die Tiefendosisverteilung in Ionendosis sondern in Einheiten der Energiedosis. Beim Verwenden von Kammern, die in Ionendosis kalibriert sind, muß man deshalb Umrechnungsfaktoren benutzen, um z.B. die Tiefendosisverteilung in Energiedosis zu erhalten. Diese Umrechnungsfaktoren sind aber nur für bestimmte Werte der Photonenenergie oder der HWD angegeben, z.B. ICRU-Report 23. Die Benutzung solcher Faktoren setzt also voraus, daß man die Änderung der HWD einer Strahlung mit dem Eindringen in das Phantom kennt. Tabelle 1 zeigt an einem Beispiel von 250 kV; 2,7 mm Cu-Filter, wie sich für ein Feld von 200 cm^2 in 50 cm F.A. die HWD durch das Einbringen des Phantoms in den Nutzstrahl ändert.

Tabelle 1

Änderung der HWD durch das Einbringen des Phantoms in den Nutzstrahl

			HWD	rad/R
250 kV 2,7 mm Cu 50 cm 200 cm^2	frei Luft		3,16 mm Cu	0,95
	Oberfläche Phantom		2,45 mm Cu	0,945
	Tiefe	2,5 cm	1,93 mm Cu	0,94
		5 cm	1,70 mm Cu	0,935
		10 cm	1,44 mm Cu	0,93
		15 cm	1,18 mm Cu	0,92

SKARSGARD, L.D. & JOHNS, H.E. (1961), Rad. Res. 14, 231

Die durch das Phantom bewirkte Rückstreuung von ca. 30% bewirkt zuerst einmal eine Verringerung der HWD an der Oberfläche des Phantoms. Weiterhin zeigt die Tabelle, wie sich die HWD in der Tiefe des Phantoms ändert und welche Umrechnungsfaktoren jeweils benutzt werden müssen. Auf diese Weise eine Tiefendosisverteilung in Energiedosis zu erhalten, ist sicher umständlich und unsicher. Wir haben uns deshalb die Aufgabe gestellt, eine Ionisationskammer zu bauen, die im Phantom benutzt werden kann und weitgehend energieunabhängig ist, auch wenn sie in Einheiten der Energiedosis kalibriert ist. Im folgenden sei beschrieben, wieweit das gelungen ist.

Die Voraussetzung zum Kalibrieren einer Ionisationskammer ist neben einem brauchbaren Instrumentarium ein zuverlässiger Standard. Für die Standard-Gleigewicht-Ionendosis ist dies,z.B. in einem Nationallaboratorium, eine Freiluftkammer. Für unsere Aufgabe wählten wir ein gewebeäquivalentes Phantom, in das alternativ eine Sondenkammer und eine Ampulle mit Eisensulphat-Dosimeterlösung eingesetzt werden kann. Wir benutzen die von FRANKENBERG (1) modifizierte Fricke-Lösung, über die schon an anderer Stelle (2) berichtet wurde. Diese Lösung zeichnet sich dadurch aus, daß sie im Bereich von 25 keV bis 50 MeV verwendet werden kann und eine Energieabhängigkeit von weniger als $\pm$ 1,5% hat. Die Benutzung ist denkbar einfach. Zu einer Vorratslösung 1 wird eine abgewogene Pulvermenge gegeben, woraus sich die sogenannte Stammlösung ergibt. Diese Stammlösung muß im Verhältnis 1 : 10 mit zweifach destilliertem Wasser verdünnt werden, um die Meßlösung zu erhalten. Nach dem Bestrahlen muß der Meßlösung Thiozyanat zugefügt werden, damit die Auswertung in einem einfachen Kolorimeter gemacht werden kann. Dieses verblüffend einfache Verfahren liefert Meßergebnisse mit einer Reproduzierbarkeit innerhalb $\pm$ 3%, solange die Zeitspanne zwischen dem Ansetzen der Lösung, Bestrahlen der Lösung und Auswerten der bestrahlten Lösung nicht größer wird als 2 bis 3 Stunden. Wir haben diese Einschränkung niemals als Hindernis empfunden, sondern sind regelmäßig mit kürzeren Zeitspannen von ca. 1 Stunde ausgekommen.

Der Kalibriervorgang einer Ionisationskammer gegen eine chemische Dosimeterlösung wird folgendermaßen durchgeführt (Abb. 1). Vom Fokus einer Röntgenapparatur durchdringt der Nutzstrahl zuerst eine Transmissionskammer, die an einen Monitor M 1 angeschlossen ist. Anschließend trifft er auf einen Phantomwürfel auf. Dieser Phantomwürfel ist kubisch mit einer Kantenlänge von 12 cm und aus der von MARKUS vorgeschlagenen Substanz hergestellt. Der Würfel hat eine zentrale Bohrung von 17mm Durchmesser, in die eine Ampulle aus gewebeäquivalentem Material mit 3 cm Höhe eingesetzt werden kann. Der Hohlraum über der Ampulle wird während der Bestrahlung mit einem Stopfen aus gewebeäquivalentem Material verschlossen. Im gleichen Fokusabstand wie das chemische Dosimeter befindet sich ebenfalls im Nutzstrahl eine Fingerhutkammer, die an einen zweiten Monitor M 2 angeschlossen ist. Es zeigte sich während der Versuche, daß zwei Monitore notwendig sind. Schon geringe Spannungsschwankungen der Röntgenapparatur bewirken in dem interessierenden Energiebereich von ungefähr 30 keV bis 150 keV eine unterschiedliche Absorption in den ersten 5 cm Phantommaterial. Es wurde bei den Bestrahlungen immer darauf geachtet, daß die Monitore M 1 und M 2 Anzeigen lieferten, die in einem konstanten Verhältnis zueinander standen. Zu Anfang der Experimente war auf diesen Umstand nicht genügend geachtet worden, und es ergab sich eine scheinbar schlechte Reproduzierbarkeit des chemischen Dosimeters.

Nach dem Übertragen der Meßwerte in Energiedosis von der chemischen Dosimeterlösung auf die Anzeige der Monitore kann jetzt in die zentrale Bohrung des Phantomwürfels eine Sondenkammer eingesetzt werden. Mit Hilfe der Monitore M 1 und M 2 kann dann diese Sondenkammer in Einheiten der Energiedosis kalibriert werden.

Die Energieabhängigkeit von vier verschiedenen Ionisationskammern wurde gemessen (Abb. 2). Die Kammern unterschieden sich zueinander durch ein unterschiedliches Mischungsverhältnis von Aluminium zu Graphit bei den Elektroden. Jede Kammer wurde sowohl frei Luft in Einheiten der

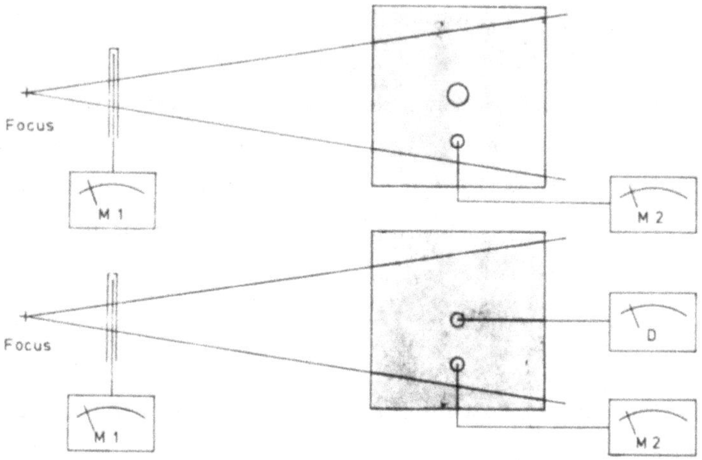

Abbildung 1: Kalibrierung einer Ionisationskammer gegen eine chemische Dosimeterlösung.

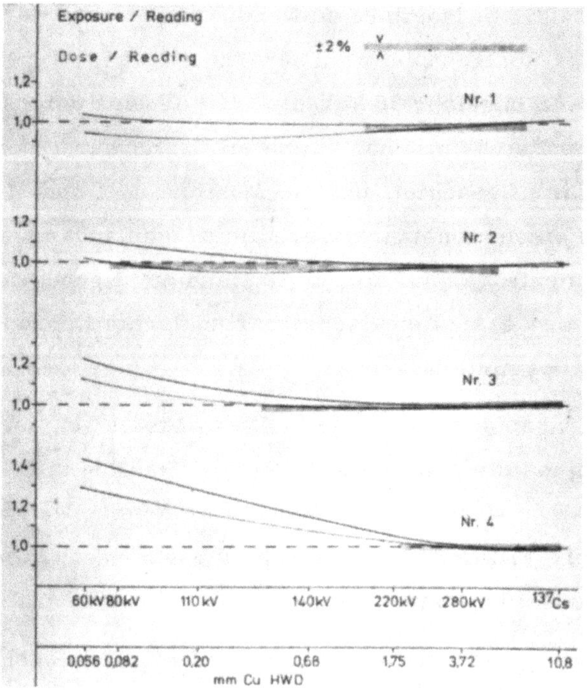

Abbildung 2: Energieabhängigkeit von 4 verschiedenen Ionisationskammern.

Standard-Ionendosis als auch, wie im vorangegangenen beschrieben, im Phantom in Einheiten der Energiedosis kalibriert. Bei der Kammer Nr.1 handelt es sich um eine Sondenkammer, die üblicherweise in Ionendosis kalibriert wird. Ihre Energieabhängigkeit für Photonenspektren mit Erzeugerspannungen von 60 kV bis 280 kV ist kleiner als ± 2%. Wird sie dagegen in der beschriebenen Weise in Energiedosis kalibriert, so schrumpft dieser Bereich auf 200 kV bis 300 kV zusammen.

Bei der Kammer Nr. 2 wurde das Optimum hinsichtlich der Energieabhängigkeit in Energiedosis erreicht. Der Bereich, in dem der Kammerfaktor um weniger als ± 2% variiert, erstreckt sich von ca. 80 kV bis 300 kV.

Bei den Kammern Nr. 3 und 4 verschiebt sich der Bereich, in dem sich der Kammerfaktor um weniger als ± 2% ändert, zu höheren Energien und wird kürzer. Dies kommt ganz besonders deutlich bei der Kammer Nr. 4 zum Ausdruck.

Wir glauben, mit Sondenionisationskammern entsprechend dem Typ der Nr. 2 eine Kammerkonstruktion gefunden zu haben, die es in einfacher Weise erlaubt, in gewebeäquivalenten Phantomen Tiefendosisverteilungen in Energiedosis zu messen, ohne die Änderung der HWD des Bremsstrahlenspektrums beim Eindringen in tiefere Phantomschichten berücksichtigen zu müssen.

Literatur

1. Frankenberg, D. (1969): "A Ferrous Sulphate Dosemeter Independent of Photon Energy in the Range from 25 keV up to 50 MeV". Physics in Medicine & Biology, Vol. 14, No. 4, 597

2. Pychlau, P. J.:" Ein einfaches Verfahren der chemischen Dosimetrie", Vortrag anläßlich der Jahrestagung der Deutschen Gesellschaft für Medizinische Physik 1972, Erlangen

10.6 Erfahrungen mit LiF Thermolumineszenzdosimetern – Anwendungen bei niederenergetischen Röntgenstrahlen

W. Leitz, D. Frost, W. Ribbe

Thermolumineszenzdosimeter (TLD) gibt es schon seit langer Zeit, fast kann man sagen, seit Jahrzehnten. Insbesondere an den gebräuchlichsten - LiF und CaF_2 - wurde viel geforscht und viel publiziert: Eine in der Zeitschrift "Health Physics" veröffentlichte Zitatensammlung (1) umfaßte schon 1968 500 Titel aus den vorangegangenen Jahren. Dennoch gehen die Ansichten über die Zuverlässigkeit von TLD's weit auseinander. Wir meinen, daß unsere Erfahrungen doch einige Punkte aufgezeigt haben, die verantwortlich sind für den schlechten Ruf, den die TLD's heute noch mancherorts geniessen, und auch, wie Abhilfe zu schaffen ist. Wir wollen auch mehr über die praktische Handhabung als über mehr oder weniger theoretische Forderungen berichten.

Wir haben LiF-Stäbchen (1x1x6 mm) systematisch untersucht und fanden, daß sie - bei sorgfältiger Beachtung einiger wesentlicher Punkte - auf etwa ± 7% genau sind.

Der Kalibrierungsfaktor hängt, wie schon andere Autoren gezeigt haben (2), stark von der Vorgeschichte der TLD's vor der Bestrahlung ab, d.h. von Temperatur und Temperaturgang beim Ausheizen, Abkühlen und Tempern. Als zweckmäßig erwies sich die häufig in der Literatur angegebene Behandlung (z.B.(2)): 1 h Ausheizen bei 400 °C, rasches Abkühlen auf Zimmertemperatur, 24 h Tempern bei 80 °C.

Hierbei kommt es unserer Meinung nach leicht zu Fehlern. Es gilt, den Temperaturverlauf für die TLD's genau reproduzierbar zu wiederholen, wohlgemerkt für die TLD's und nicht für irgendwelche anderen Meßorte im Ofen. Wir glauben, das durch folgende Maßnahmen erreicht zu haben:

1. Die Öfen sind überdimensioniert und verfügen so über einen großen Wärmepuffer. Beim Einbringen der TLD's erniedrigt sich die Ofentemperatur um ca. 5°C, also nur unwesentlich. Der Temperaturgradient ist vernachlässigbar.
2. Die TLD's werden einzeln in enge Bohrlöcher einer Stahlplatte eingesetzt. Das gewährleistet einen gleichmäßigen Wärmekontakt.
3. Zur Abkühlung wird die Stahlplatte auf eine plane Alu-Fläche gebracht, dadurch unterliegt sie und somit auch die TLD's einem definierten Temperaturverlauf, einer Abkühlung auf Zimmertemperatur in ca. 20 min.

Die Kalibrierung erfolgt individuell für jedes Dosimeter durch Bestrahlen mit einer geeichten ^{60}Co-Quelle. Für Messungen, bei denen eine besonders hohe Genauigkeit gewünscht wird, werden aus der Charge von 50 Stück, die stets zusammen behandelt wird, einige mit ^{60}Co rekalibriert und alle Meßergebnisse mit dem sich daraus ergebenden Korrekturfaktor multipliziert. Dieser Faktor war um maximal 10% von 1 verschieden.

Zur Bestimmung der Energieabhängigkeit von LiF im Röntgenbereich wurden Vergleichsmessungen mit den Dosismeßgeräten 444 und 666 der Firma VICTOREEN und mit einem Sekundärstandard (Faßkammer nach KÜSTNER durchgeführt. Im uns interessierenden Bereich diagnostischer Röntgenstrahlen zwischen 30 kV und 100 kV ergaben sich Korrekturfaktoren von 0,7 bis 0,8 relativ zum ^{60}Co-Wert, in Übereinstimmung mit publizierten Werten (3).

Die LiF-Dosimeter eignen sich dank ihrer Größe bzw. Kleinheit gut zur Bestimmung von Streustrahlfeldern, Teilkörperdosen und Tiefendosisverteilungen, da man mit ihnen gleichzeitig an vielen Meßstellen nahezu punktförmig messen kann. Zwei Beispiele sollen das verdeutlichen, bei der Mammographie und bei Knochenoperationen.

Mammographie

Die Strahlenbelastung der Mamma wurde untersucht. Wesentliches Ziel war es hierbei, die gängigen Verfahren zu vergleichen und zu sehen, welcher Methode aus der Sicht des Strahlenschutzes der Patientinnen der Vorzug zu geben ist. Nicht berücksichtigt wurde dabei die eventuell unterschiedliche Bildqualität, die natürlich für die Auswahl des Verfahrens mit entscheidend ist.

In Abbildung 1 ist der Versuchsaufbau dargestellt: In eine Mamma aus Paraffin wurden in Bohrlöcher LiF-Stäbchen gebracht und unter den angegebenen Bedingungen so bestrahlt, wie sie bei Aufnahmen mit der Xerographie bzw. "Senographie" eingestellt werden. Der Fokus-Objekt Abstand betrug 65 cm bzw. 35 cm, zur besseren Auswertung wurden jeweils 20 "Aufnahmen" gemacht. Die Einstellung bei der "Senographie" entspricht derjenigen bei Verwendung eines normalen Filmes (def. med. Film), die Verwendung eines Lodose Filmes reduziert die Belichtungszeit auf ein Fünftel, bei sonst gleicher Einstellung.

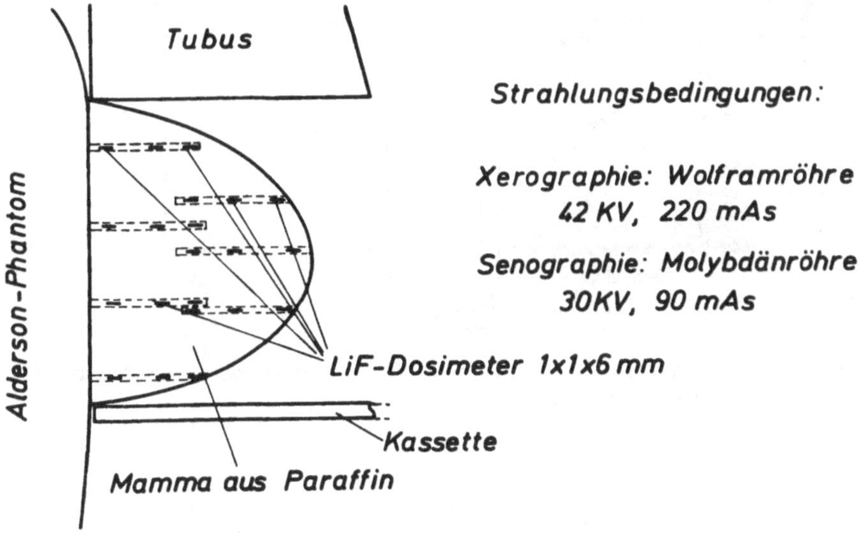

Abbildung 1: Versuchsaufbau zur Messung der Strahlenbelastung der Mamma bei der "Seno"- und Xerographie.

Die Meßergebnisse sind in Abbildung 2 graphisch aufgetragen. Die Dosen sind in der Einheit Röntgen angegeben; um die Energiedosen in rd (für Fettgewebe) zu erhalten, müssen diese Werte mit dem Faktor 0.4 multipliziert werden +).

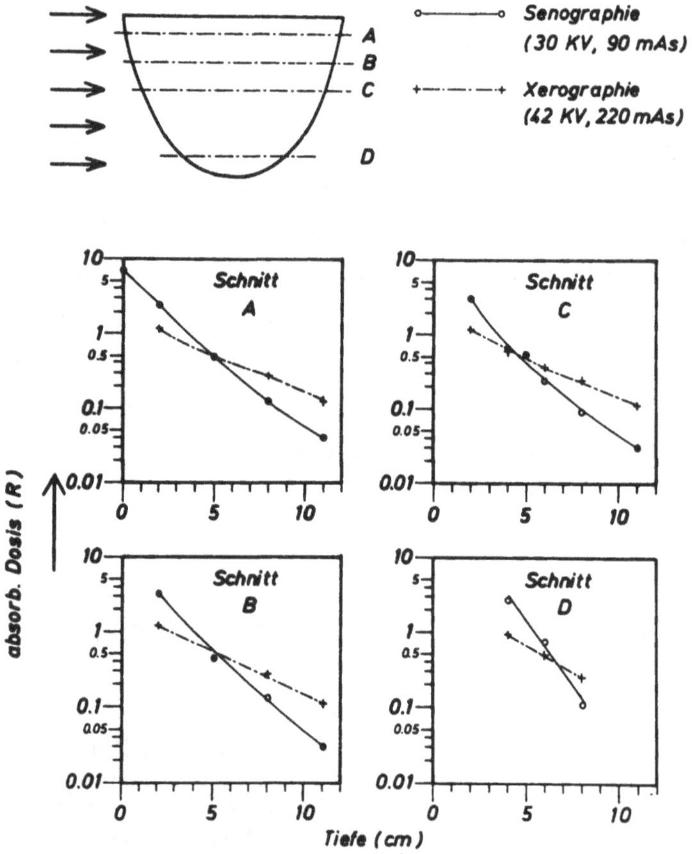

Abbildung 2: Tiefendosiskurven bei der Mammographie in Einheiten der Standardionendosis.

+) Die Umrechnung in rd wurde unterlassen, weil das Untersuchungsziel die Exposition auf dem Bildträger war. Ferner war eine qualitative Differenzierung zwischen Fett- und Muskelgewebe nicht möglich.

Die nachfolgende Tabelle faßt die Meßergebnisse zusammen. Die Zahlen zeigen deutlich die Überlegenheit der Xerographie gegenüber der "Senographie", eine um den Faktor 2 geringere Strahlenbelastung. Ist jedoch die Lodose-Film-Technik soweit entwickelt, daß sie im Routinebetrieb eingesetzt werden kann, so kann die Strahlenbelastung um einen weiteren Faktor 2 gesenkt werden. Voraussetzung hierfür ist aber eine ausreichend gute Bildqualität.

Tabelle 1

Standardionendosen in R bei der Mammographie
a) Xerographie, b)"Senographie" mit def. med. Film,
c)"Senographie" mit Lodose Film.

	Absorbierte Dosis in cm Tiefe					Mittlere abs. Dosis (0-5 cm)
	0	2	5	8	11	
a)	1.8	1.15	0.49	0.25	0.11	1.1
b)	6.7	2.3	0.48	0.11	0.03	2.4
c)	1.3	0.5	0.1	0.02	0.006	0.5

Messungen im Operationssaal

Zuverlässige Daten über die Strahlenbelastung des ärztlichen Personals bei Operationen, bei denen mit Röntgenbildverstärkern gearbeitet wird, liegen bislang nicht vor. Die meisten Strahlenschutzmaßnahmen, die in der Röntgendiagnostik längst selbstverständlich sind, lassen sich im Op-Bereich nicht oder nur sehr schwer durchführen. Unser Ziel war es, erst einmal eine Bestandsaufnahme der tatsächlichen Belastung vorzunehmen, um auf dieser Basis nach Möglichkeiten eines verbesserten Strahlenschutzes zu suchen.

Zur Durchführung solcher Messungen eignen sich die LiF-Stäbchen vorzüglich. Sie können leicht steril gemacht werden und gestatten somit, die Belastung der Hände der Operateure zu bestimmen. Außerdem wurden auch die Dosen an Fuß, Augen und in Höhe von Sternum und Gonaden vor und hinter der Bleischürze bestimmt. Die bisherigen Untersuchungen ergaben folgendes Bild: Die Belastungen sind sehr unterschiedlich. An den Händen wurden Werte zwischen 20 und 400 mrd (pro Operation) gemessen, in Gonadenhöhe vor der Bleischürze Werte bis 200 mrd. Das zeigt schon, wie wichtig es ist, bei derartigen Operationen Bleischürzen zu tragen. Die Untersuchungen werden fortgesetzt.

Diese Arbeit wurde zum größten Teil im Rahmen des Sonderforschungsbereichs 159 - Krankenhausbau - an der Technischen Universität Berlin durchgeführt. In unserem Teilprojekt soll erarbeitet werden, welche bauliche und apparative Maßnahmen beim Neu- oder Umbau von Krankenhäusern getroffen werden sollen, damit ein höchstmöglicher Strahlenschutz des Personals gewährleistet werden kann, vor allem in Bereichen, die wie der genannte besonders gefährdet sind.

Literatur

1. Lin, F.M. & Cameron, J.R. (1968), Health Phys. 14, 495
2. Dhar, A., DeWerd, L.A. & Stoebe, T.G. (1973), Health Phys. 25, 427
3. Jacobson, A., Banks, Th. & Ackermann, M. (1973), Health Phys. 25, 76

10.7 Ergebnisse des Dosimeter-Vergleichsdienstes der PTB mittels chemischer Dosimeter

H. Feist

Seit 2 1/2 Jahren bietet die PTB in Zusammenarbeit mit dem britischen National Physical Laboratory (NPL) zweimal jährlich einen Vergleichsdienst mit Eisensulfatdosimetern an für Dosimeter, die an ^{60}Co-Quellen und Elektronenbeschleunigern verwendet werden. Bisher haben 25 Kliniken in der Bundesrepublik Deutschland und Berlin (West), Österreich und der Schweiz, zum Teil schon mehrfach, diesen Dienst in Anspruch genommen. Insgesamt wurden bis jetzt etwa 500 Eisensulfatdosimeter in Form von Glasampullen mit Photonen oder Elektronen im Energiebereich von 1 MeV bis 50 MeV in einem Wasserphantom bestrahlt. Die chemisch ermittelten Energiedosiswerte wurden dann mit berechneten Werten verglichen, die sich aus Ionisationskammermessungen unter denselben Bestrahlungsbedingungen ergaben. Abgesehen von dem Wert, den jeder einzelne Vergleich für den Benutzer eines Ionisationsdosimeters hat, lieferte die Fülle der angefallenen Daten auch einige Ergebnisse von allgemeinem Interesse, über die hier berichtet werden soll. Auf den technischen Ablauf des Kalibrierdienstes wird dabei nicht eingegangen. Interessenten können Informationsmaterial bei der PTB (Abt. 6) anfordern.

Bestrahlungen mit ^{60}Co

Vergleichsbestrahlungen mit ^{60}Co sind besonders aufschlußreich und sollten nicht zugunsten von Bestrahlungen an Betatrons oder Linearbeschleunigern vernachlässigt werden. Der eine Grund liegt darin, daß z.Z. alle Dosimeter in Einheiten der "Standard-Gleichgewicht-Ionendosis"(entsprechend der "exposure") kalibriert werden. Die in der Literatur angegebenen Umrechnungsfaktoren zur Bestimmung der Energiedosis in Wasser (s. ICRU-Reports Nr. 14, 21 und 23 (1, 2, 3)) beziehen sich nur auf die Standard-Ionendosis bei ^{60}Co- oder 2 MV-Strahlung. Der Benutzer eines derart kalibrierten Dosimeters ist mit Hilfe der chemischen Dosimeter in der Lage, den Kalibrierfaktor im eigenen Hause zu kontrollieren. Er braucht das Gerät also nicht während der Zeit der Einsendung an ein Kalibrierlaboratorium zu entbehren.

Der zweite Grund liegt in der Konstanz der Bestrahlungsbedingungen bei einem Co-Bestrahlungsgerät im Gegensatz zu den Verhältnissen bei einem Beschleuniger. Diese erlaubt es, durch die Bestrahlung einer größeren Zahl von chemischen Dosimetern der gleichen Charge die Reproduzierbarkeit der chemischen Dosisbestimmung zu überprüfen. Unsere Resultate waren anfangs wegen der beträchtlichen Transportzeiten deutlich schlechter als die in Großbritannien erzielten. Durch Herabsetzung der Transportzeiten zwischen der PTB und dem NPL und der Aufenthaltszeiten der Ampullen bei den Kliniken konnte die Reproduzierbarkeit verbessert werden. Die maximale Abweichung der Anzeige eines chemischen Dosimeters vom Mittelwert der Charge konnte in einer bestimmten Klinik von 2% auf 0,5% herabgesetzt werden. Daraus geht hervor, wie wichtig es ist, daß die Benutzer die bestrahlten Dosimeter so schnell wie möglich an die PTB zurückschicken.

Bestrahlungen mit Elektronen von mehr als 10 MeV

Bei Vergleichsbestrahlungen mit Elektronen können sich Störeinflüsse durch Fremdmaterial im Phantom infolge der Streuung der Elektronen stärker bemerkbar machen als bei Photonenbestrahlungen. Da das Elektronenspektrum von der Tiefe im Phantom abhängt, ist auch der Meßort zu berücksichtigen. Trotz dieser Fehlermöglichkeiten waren die Ergebnisse der Vergleichsbestrahlungen mit Elektronen in der Mehrzahl der Fälle konsistent mit den Ergebnissen der Kobaltbestrahlungen. Die Abweichungen des Verhältnisses der chemisch bestimmten zur ionometrisch bestimmten Energiedosis waren i.a. $< 1\%$, wenn man für ^{60}Co den Dosisumrechnungsfaktor $C_\lambda = 0,95$ rd/R und für Elektronen die C_E-Faktoren aus dem ICRU-Report 21 (2) benutzte. Da die Bestrahlungsbedingungen beim Betatron nicht immer stabil sind, treten in einer Meßreihe gelegentlich größere Schwankungen auf. Diese "Ausreißer" ließen sich, wenn ein ausführliches Bestrahlungsprotokoll geführt worden war, fast immer auf Unregelmäßigkeiten des Betatronbetriebes zurückführen. Die Auswertungsergebnisse der chemischen Dosimeter liegen erst einige Wochen später vor,und eine Rekonstruktion des Bestrahlungsablaufes aus dem Gedächtnis ist dann in der Regel unmöglich. Es wird daher dringend empfohlen, die für die Vergleichsbestrahlungen vorbereiteten Protokolle sorgfältig auszufüllen.

Besondere Schwierigkeiten machte die Deutung gelegentlich auftretender systematischer Abweichungen, z.B. das Auseinanderlaufen der chemisch und ionometrisch bestimmten Dosiswerte in Abhängigkeit von der Elektronenenergie. Bis auf zwei Fälle, deren Diskussion noch nicht abgeschlossen ist, ließ sich aber stets eine Erklärung finden. Manchmal lag nur ein Rechenfehler vor, manchmal war die Energie am Meßort nicht richtig bestimmt worden. In einem Falle täuschte eine Änderung der Empfindlichkeit des Ionisationsdosimeters eine Korrelation mit der gleichzeitig veränderten Energieeinstellung des Betatrons vor. Die Bundesanstalt ist bemüht, Erfahrungen zu sammeln und zur Aufklärung solcher Unstimmigkeiten beizutragen.

<u>Bestrahlungen mit ultraharter Röntgenstrahlung</u>

Bei Vergleichsbestrahlungen mit ultraharter Röntgenstrahlung aus Betatronen und Linearbeschleunigern zeigte sich bei Photonen-Grenzenergien bis zu etwa 20 MeV dieselbe Übereinstimmung wie bei Elektronen, wenn man die in ICRU-Report 14 (1) oder die von der Nordic Association of Clinical Physics (4) veröffentlichten Dosisumrechnungsfaktoren verwendet. Bei höheren Grenzenergien zeigten jedoch die chemischen Dosimeter stets um 3% bis 7% höhere Werte der Energiedosis an als die ionometrischen Messungen mit Umrechnung. Systematische Untersuchungen zusammen mit Herrn NÜSSLIN am 42-MeV-Betatron der Medizinischen Hochschule Hannover bestätigten die Vermutung, daß der zur Homogenisierung des Strahlungsfeldes verwendete Ausgleichskörper aus Blei diese Abweichung verursachte. Ohne Ausgleichskörper werden die Verhältnisse zwar nicht durch die Dosisumrechnungsfaktoren der ICRU-Reports 14 und 23 (1, 3), wohl aber durch die etwas höheren Werte anderer Publikationen (4, 5) richtig wiedergegeben. Ein Teil dieses Effektes kann von Photoneutronen aus dem Ausgleichskörper herrühren. Überschlagsrechnungen zeigten jedoch, daß die Neutronenkontamination des Photonenstrahls allein nicht zur Erklärung ausreicht. Den Hauptbeitrag liefert vermutlich die Veränderung des Photonenspektrums durch den Ausgleichskörper, d.h. die Verlagerung des Energieschwerpunktes zu niedrigen Energien hin. Theoretische und weitere experimentelle Untersuchungen des Effektes am 140-MeV-Elektronen-Synchroton der PTB sind geplant.

Abschließend möchte ich als einen wesentlichen Erfolg der Vergleichsbestrahlungen herausstellen, daß sich bei den teilnehmenden Krankenhäusern eine kritischere Einstellung gegenüber den hauseigenen Dosimetrieverfahren und ein besseres Verständnis der Zusammenhänge herausgebildet hat.

Literatur

1. ICRU-Report 14 (1969), Radiation Dosimetry: X-Rays and Gamma Rays with Maximum Photon Energies between 0, 6 and 50 MeV
2. ICRU-Report 21 (1972), Radiation Dosimetry: Electrons with Initial Energies between 1 and 50 MeV
3. ICRU-Report 23 (1973), Measurement of Absorbed Dose in a Phantom Irradiated by a Single Beam of X or Gamma Rays
4. Acta Radiologica (1971), Procedures in Radiation Therapy Dosimetry with 5 to 50 MeV Electrons and Roentgen and Gamma Rays with Maximum Photon Energies between 1 MeV and 50 MeV
5. Levy, L.B., Waggener, R.G. & Shalek, R.J. (1975), Phys. in Med. and Biol. 20, 324

10.8 Monte-Carlo-Rechnungen zur Energie- und Winkelverteilung schneller Elektronen hinter Blei-Streufolien

M. Abou Mandour, D. Harder

Einleitung

Bei medizinisch genutzten Elektronenbeschleunigern wird der Elektronenstrahl in der Regel in einer Streufolie aufgestreut, damit man eine möglichst homogene Verteilung der Dosisleistung im gesamten Bestrahlungsfeld erhält. Diese Streufolien haben den Nachteil, daß die durchgehenden Elektronen Energieverluste durch Kollisionen und durch Bremsstrahlungserzeugung erleiden. Da die Energieverluste unterschiedliche Beträge haben, erhält man hinter den Streufolien verbreiterte Energiespektren der schnellen Elektronen. Diese Energieinhomogenität hat zur Folge, daß die Steilheit der Tiefendosiskurve verringert wird. Der therapeutische Vorteil einer homogenen Ausleuchtung des Bestrahlungsfeldes wird also mit dem therapeutischen Nachteil eines abgeflachten Verlaufes der Tiefendosiskurve hinter dem Dosismaximum erkauft.

Aus diesem Grund wird man versuchen, mit zusätzlichen Mitteln zur Homogenität der Dosisverteilung im Bestrahlungsfeld beizutragen, so daß Streufoliendicke eingespart werden kann. Auf die Streuung der Elektronen an den Innenwänden des Kollimators wurde in diesem Zusammenhang bereits hingewiesen (1). Nach den vorliegenden Ergebnissen von Monte-Carlo-Rechnungen (1), sowie nach experimentellen Resultaten von FRANK und BENEDETTI (2, 3) verläuft die Vielfachstreuung der schnellen Elektronen bei streifendem Einfall ganz ähnlich wie eine Reflexion. Der wahrscheinlichste Austrittswinkel ist in guter Näherung gleich dem Reflexionswinkel. Wie Abbildung 1 zeigt, kann diese Eigenschaft des Kollimators dazu benutzt werden, das bei einer zu dünnen Streufolie an den Feldrändern auftretende Dosisleistungsdefizit durch die an der Kollimatorwand quasi reflektierten Elektronen auszugleichen.

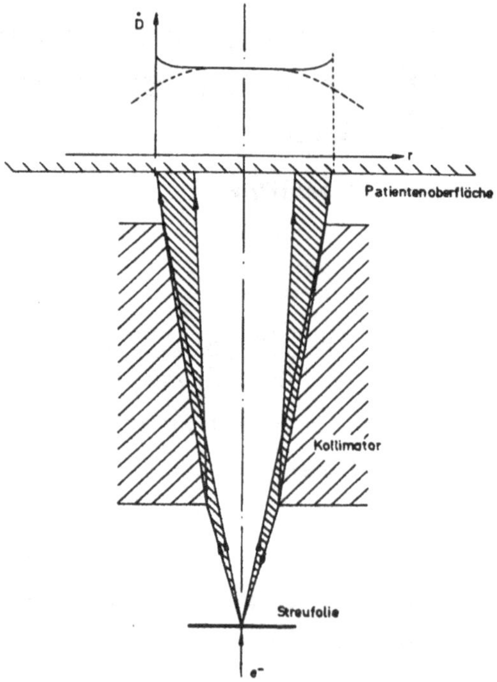

Abbildung 1: Einfluß der scheinbaren Reflexion schneller Elektronen an der Kollimatorwand auf die Querverteilung der Dosisleistung im Nutzstrahlenbündel (schematische Darstellung);
- - - ohne Kollimator —— mit Kollimator

Von dieser Möglichkeit ist bereits Ende der fünfziger Jahre am ersten Heidelberger Betatron Gebrauch gemacht worden (4); auch in einer experimentellen Arbeit von KOVALEV et al. aus dem Jahre 1971 wird diese Methode erfolgreich angewandt (5).

Wenn man bedenkt, daß die geometrische Anordnung eines solchen Kollimators ein kompliziertes Optimierungsproblem darstellt - man muß über die drei Parameter Kollimatorlänge, Abstand des Kollimators von der Streufolie und Konuswinkel des Kollimators verfügen - dann wird man vorzugsweise zu seiner Lösung zu theoretischen Methoden greifen.

Hier soll über erste, jedoch noch nicht abschließende Ergebnisse nach der Monte-Carlo-Methode berichtet werden. Das eigentliche Rechenprogramm ist bereits früher beschrieben worden (1). Jede Monte-Carlo-Rechnung muß, bevor man damit unbekannte Probleme behandeln will, durch Vergleich mit präzisen Messungen überprüft werden. Diese Kontrolle wurde im vorliegenden Zusammenhang anhand des mittleren Streuwinkelquadrats von 20 MeV-Elektronen nach dem Durchgang durch verschieden dicke Bleifolien durchgeführt (Abb. 2). Solange die Schichtdicke klein gegenüber der Transportweglänge ist, nimmt das mittlere Streuwinkelquadrat proportional zur Schichtdicke zu. Die nach der Monte-Carlo-Methode berechneten Werte stimmen gut mit dem experimentellen Kurvenverlauf nach ROOS (6) überein. Der verbleibende kleine Unterschied geht wahrscheinlich auf das von MOLIÈRE benutzte THOMAS-FERMI-Modell des Atoms zurück und soll in späteren Untersuchungen korrigiert werden.

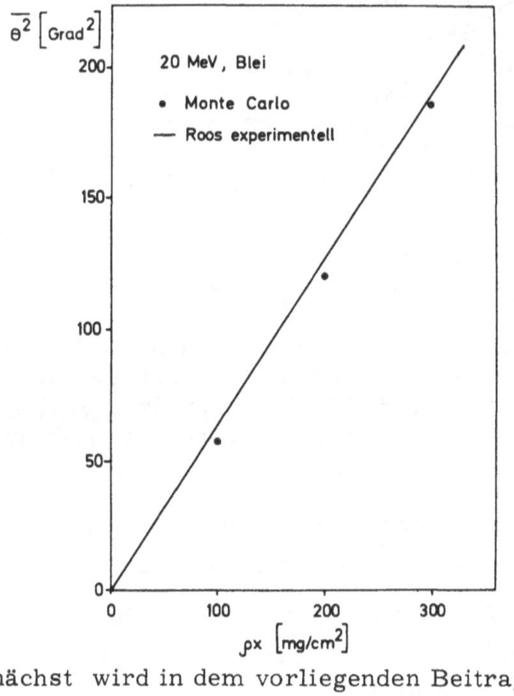

Abbildung 2:

Mittleres Streuwinkelquadrat beim Durchgang von 20 MeV-Elektronen durch Blei nach Messungen von ROOS (6) und nach eigenen Monte-Carlo-Rechnungen.

Zunächst wird in dem vorliegenden Beitrag über die Energieverluste von 20 MeV-Elektronen in verschieden dicken Streufolien sowie über den Einfluß der Ausblendung eines bestimmten Nutzstrahls auf das Energiespektrum der Elektronen hinter den Streufolien berichtet werden. In einem zweiten Teil werden erste Rechenergebnisse über den Beitrag der Reflexion am Kollimator zur Homogenisierung der Dosisleistung im Bestrahlungsfeld mitgeteilt.

Einfluß der Streufolien auf das Energiespektrum der Elektronen

Für die folgenden Überlegungen wird eine Elektronenenergie von 20 MeV zugrundegelegt. Ferner soll sich die Diskussion auf ein großes Bestrahlungsfeld (Radius 10 cm) beziehen, damit das Homogenisierungsproblem in vollem Umfang erfaßt wird.

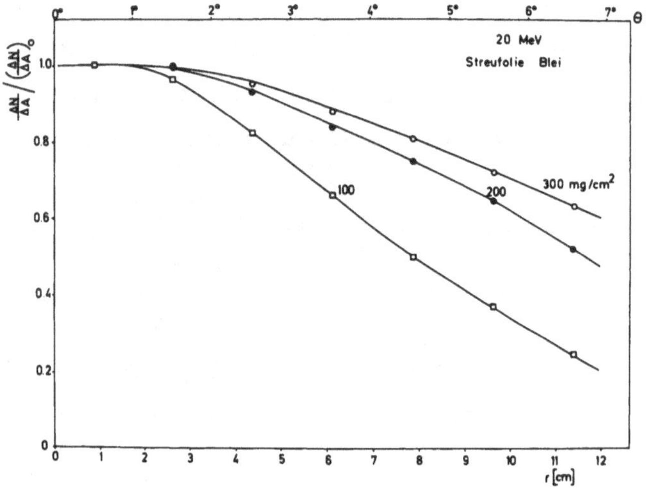

Abbildung 3: Radiale Verteilung der Teilchenflußdichte von 20 MeV-Elektronen hinter Blei-Streufolien in 100 cm Abstand. Die Kurven sind auf gleichen Wert in der Feldmitte normiert. Kurvenparameter: Flächendichte der Streufolie. Obere Abszisse: zugehörige Streuwinkel.

Abbildung 3 zeigt die Winkelverteilung der schnellen Elektronen hinter Blei-Streufolien von 100 bis 300 mg/cm^2 Flächendichte (siehe hierzu die Abszissenskala am oberen Rand des Bildes), welche gleichzeitig als Verteilung der Teilchenflußdichte über die Patientenoberfläche dargestellt ist (siehe untere Abszissenskala). Die drei Kurven sind auf gleichen Wert in der Feldmitte normiert. Dieses Bild erinnert an die bekannte Tatsache, daß die Breite der Winkelverteilung nur proportional zur Wurzel aus der Dicke der Streufolie ansteigt. Eine Flächendichte von 300 mg/cm^2 ist noch nicht einmal ganz ausreichend, um für einen Feldradius von 10 cm einen Randabfall auf nicht weniger als 80% des Wertes in der Feldmitte zu erzielen.

In Abbildung 4 sind die Energiespektren der Elektronen dargestellt.

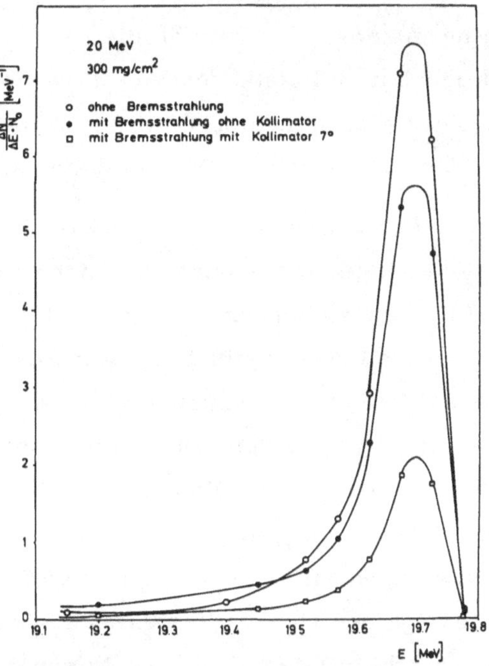

Abbildung 4: Energiespektren schneller Elektronen nach dem Durchgang durch eine Blei-Streufolie. Anfangsenergie 20 MeV; Flächendichte 300 mg/cm^2. Die Kurven zeigen den Einfluß der Bremsstrahlungserzeugung im Vergleich zu den allein durch Kollisionen bedingten Energieverlustschwankungen sowie den Einfluß einer Winkelbegrenzung des Nutzstrahls. Die Kurven sind normiert auf gleiche Anzahl N_o der eingeschossenen Teilchen.

Gäbe es keine Erzeugung von Bremsstrahlung, so würden die Schwankungen der Energieverluste durch Kollisionen bei einer 300 mg/cm^2 starken Blei-Streufolie das in der obersten Kurve dargestellte Spektrum verursachen. Durch die Mitwirkung der Bremsstrahlungserzeugung wird die Wahrscheinlichkeit großer Energieverluste erhöht, wie der linke Ausläufer der zweitobersten Kurve zeigt. Hier ist darauf hinzuweisen, daß es sich bei 20 MeV und 300 mg/cm^2 um einen relativ harmlosen Fall handelt; in der Arbeit von BENEDETTI (3) ist gezeigt worden, daß die in der Elektronentherapie üblichen Streufolien bei etwa 40 MeV Elektronenenergie das Spektrum noch sehr viel stärker verändern. Da die Schichtdicke der notwendigen Streufolien proportional zum Quadrat der Elektronenenergie wächst, und da die Energieverluste durch Bremsstrahlung bei gegebener Schichtdicke proportional zur Elektronenenergie ansteigen, nimmt die Amplitude des linken Kurvenausläufers mit der dritten Potenz der Elektronenenergie zu. Bei 40 MeV wäre also für den gleichen mittleren Streuwinkel ein um den Faktor 8 höher liegender linker Kurvenausläufer zu erwarten.

In der Diskussion um die Wirkungsweise der Streufolien ist nun das Argument zu bedenken, daß diejenigen Elektronen, die einen relativ großen Energieverlust durch Bremsstrahlungserzeugung erlitten haben, so stark zur Seite gestreut werden, daß sie praktisch vollständig durch den Kollimator sowie durch das bei Kreisbeschleunigern vorhandene Rand-Magnetfeld aus dem Nutzstrahl beseitigt werden. Diese Einflüsse kann man mit der Monte-Carlo-Rechnung überprüfen. Die dritte Kurve in Abbildung 4 zeigt das Spektrum des Nutzstrahls, nachdem durch einen geeigneten Kollimator alle Elektronen weggeschnitten wurden, die um mehr als 7° gestreut worden waren. Infolge des starken Verlustes an Teilchenzahl kann man dieses Spektrum schlecht mit dem Spektrum Nummer 2 vergleichen; zu Vergleichszwecken ist daher in Abbildung 5 eine Normierung auf gleiche Teilchenzahl im Nutzstrahl vorgenommen worden. Man sieht, daß der Unterschied zwischen Spektrum Nummer 2 und Spektrum Nummer 3 gering ist. Hierdurch wird gezeigt, daß das Wegschneiden der um mehr als 7° gestreuten Elektronen keine entscheidende Verbesserung des Spektrums mit sich bringt. Ein großer Teil der Elektronen, die einen Energieverlust durch Bremsstrahlung erlitten haben, befindet sich noch in dem Nutzstrahl.

Will man die Ergebnisse solcher Rechnungen zum Energiespektrum der Elektronen hinter Blei-Streufolien systematisch erfassen, so betrachtet man am besten die mittlere Energie des Elektronenspektrums in Abhängigkeit von der Flächendichte der Streufolie (Abb. 6).

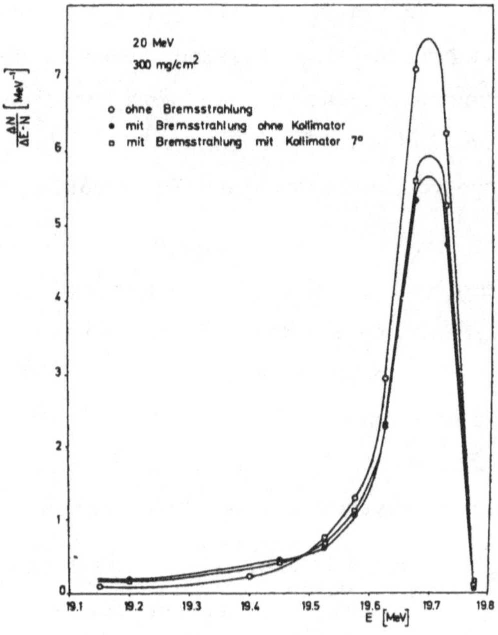

Abbildung 5:

- wie Abbildung 4 -

Die Kurven sind jedoch normiert auf gleiche Anzahl N der Teilchen im Nutzstrahl.

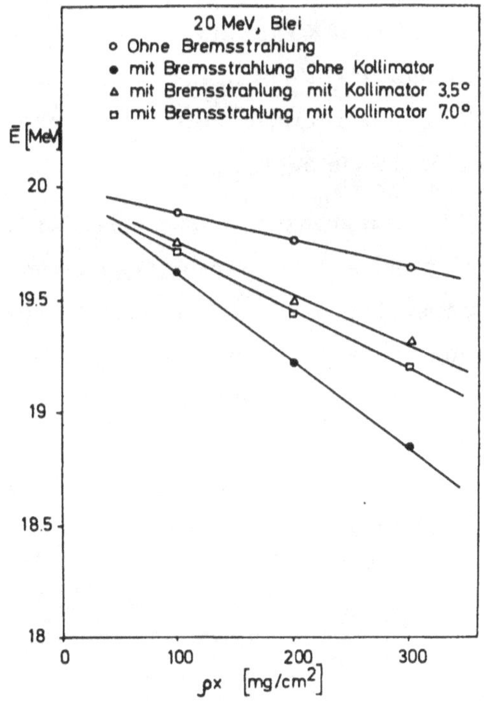

Abbildung 6:

Mittlere Energie der Elektronen nach dem Durchgang durch eine Blei-Streufolie. Anfangsenergie 20 MeV; Flächendichte 300 mg/cm^2. Die Kurven zeigen den Einfluß der Bremsstrahlungserzeugung und der Winkelbegrenzung des Nutzstrahls.

Die oberste Kurve gibt die mittlere Energie für den hypothetischen Fall an, daß die Elektronen nur Energieverluste durch Kollisionen erleiden. Die unterste Kurve zeigt den Verlauf der mittleren Energie unter dem Einfluß der Bremsstrahlungserzeugung für einen Elektronenstrahl, der nicht von einem Kollimator begrenzt wird. Die zweite Kurve von unten gilt für einen Kollimator, der einen Nutzstrahl mit dem halben Öffnungswinkel 7° erzeugt, die dritte Kurve von unten für einen Nutzstrahl mit dem halben Öffnungswinkel $3,5^{\circ}$.

In dieser Auftragung erkennt man die nur partielle Verbesserung des Elektronenspektrums durch Winkelbegrenzung deutlicher als in Abbildung 5. Der genaue Wert des Öffnungswinkels des Nutzstrahlenbündels spielt im hier interessierenden Bereich nur eine untergeordnete Rolle; die wichtigste Wirkung des Kollimators besteht darin, daß er sehr stark gestreute Elektronen wegfängt, nachdem sie Bremsstrahlung produziert haben.

Wir können anhand von Abbildung 6 auch die Wirkung des Randfeldes des Führungsmagneten auf das Elektronenspektrum abschätzen. Dieses Randfeld hat eine geringe Richtungsänderung des Nutzstrahles zur Folge. Diese Richtungsänderung wird bei vorhandenem Kollimator eine ähnliche Wirkung haben, wie wenn man den Öffnungswinkel des Nutzstrahls leicht verändert. Der Vergleich der beiden mittleren Kurven zeigt, daß dieser Einfluß auf das Spektrum des Nutzstrahlenbündels gering ist.

Trotz der günstigen Wirkung der Winkelbegrenzung durch einen Kollimator läßt sich also nicht verhindern, daß die Bremsstrahlungserzeugung in der Streufolie eine beträchtliche Verschlechterung des Elektronenspektrums im Nutzstrahl bewirkt. Wenn man bedenkt, daß die Energieverluste bei 40 MeV etwa den achtfachen Wert wie in dieser für 20 MeV gültigen Darstellung haben, so wird deutlich, daß weitere Hilfsmaßnahmen zur Homogenisierung der Dosisleistung im Bestrahlungsfeld erwünscht sind, wenn dadurch an der Dicke der Streufolien gespart werden kann.

Einfluß der Elektronenstreuung am Kollimator

Will man die reflexionsähnliche Elektronenstreuung am Kollimator zur Homogenisierung ausnutzen, so muß man mehrere geometrische Parameter beachten, die in Abbildung 7 dargestellt sind. Die Elektronenstreufolie hat von der Patientenoberfläche den Abstand A. Der Abstand eines Punktes auf der Oberfläche von der Strahlachse wird mit r bezeichnet; der Feldradius heißt R. Der Abstand der Kollimatoroberkante von der Streufolie wird mit d, die Länge des Kollimators mit L bezeichnet.

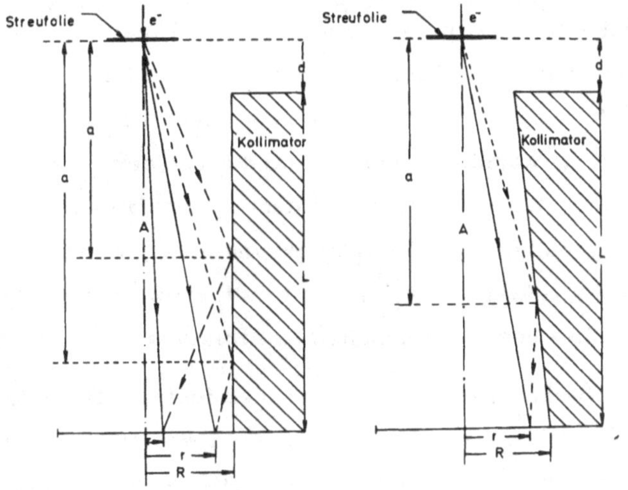

Abbildung 7: Geometrische Parameter für die Elektronenstreuung am Kollimator.
links: zylindrischer Kollimator,
rechts: konischer Kollimator.

Im Folgenden sind die Rechnungen für den idealisierten Fall durchgeführt, daß an der Kollimatorinnenwand eine regelrechte Reflexion der Elektronen stattfindet. Dies ist gegenüber der Wirklichkeit nur eine Näherung; die tatsächlichen Winkelverteilungen der vielfach gestreuten Elektronen bei streifendem Einfall wurden in (1) behandelt. Es wird jedoch mit dem realistischen Wert des Rückstreukoeffizienten gerechnet, wie er in (1) in Abhängigkeit vom Einschußwinkel erhalten wurde. Die Idealisierung im Sinne einer regelrechten Reflexion bedeutet eine starke Vereinfachung, denn auf diese Weise kann man jedem reflektierten Elektron, welches auf der Patientenoberfläche an dem Ort r eintrifft, einen bestimmten Reflexionspunkt auf der Kollimatorinnenwand zuordnen, welcher von der Streufolie den Abstand a hat. Wenn die reflektierten Elektronen auf der Patientenoberfläche in einen bestimmten radialen Bereich treffen sollen, beispielsweise zwischen den beiden in Abbildung 7 angegebenen Grenzfällen, dann gehört zu diesen Elektronen eindeutig ein bestimmter Bereich der Werte von a auf der Kollimatorinnenfläche. Die in diesem Fall wünschenswerte Länge des Kollimators ist damit festgelegt.

Bei einem konischen Kollimator sind die Verhältnisse ähnlich wie beim zylindrischen Kollimator. Nimmt man eine ideale Reflexion an, so gehört zu einer Koordinate r auf der Patientenoberfläche ein Reflexionspunkt auf der Kollimatorinnenwand mit dem Abstand a von der Streufolie. Beim Vergleich des konischen Kollimators mit dem zylindrischen Kollimator erkennt man übrigens, daß die Reflexionspunkte, die zu einem bestimmten r gehören, im Falle des konischen Kollimators dichter an der Streufolie liegen als im Falle des zylindrischen Kollimators.

Alle folgenden Rechnungen wurden für einen festen Feldradius R = 10 cm und einen festen Folien-Oberflächen-Abstand A = 100 cm durchgeführt. Alle Kollimatoren müssen daher auf der Patientenoberfläche den Radius R = 10 cm haben. Der konische Kollimator wird zusätzlich durch den halben Öffnungswinkel des Konus charakterisiert. Abbildung 8 zeigt die Verteilung der Elektronenflußdichte über die Patientenoberfläche für 20 MeV-Elektronen bei Verwendung einer Streufolie mit der Flächendichte 100 mg/cm^2. Die untere Kurve gibt die Verteilung allein auf Grund der Vielfachstreuung in der Folie, jedoch ohne den Einfluß des Kollimators an. Man erkennt, daß die Verteilungsbreite für einen Feldradius von 10 cm viel zu gering ist. Nimmt man nun die Reflexion der Elektronen an einem zylindrischen Kollimator hinzu, dann ergibt sich der in der oberen Kurve dargestellte Verlauf. An mehreren Stellen dieser Kurve ist der Abstand des Reflexionspunktes auf der Kollimator-Innenfläche von der Streufolie angegeben. Man kann sich aus dieser Kurve ein geeignetes Stück herausschneiden,

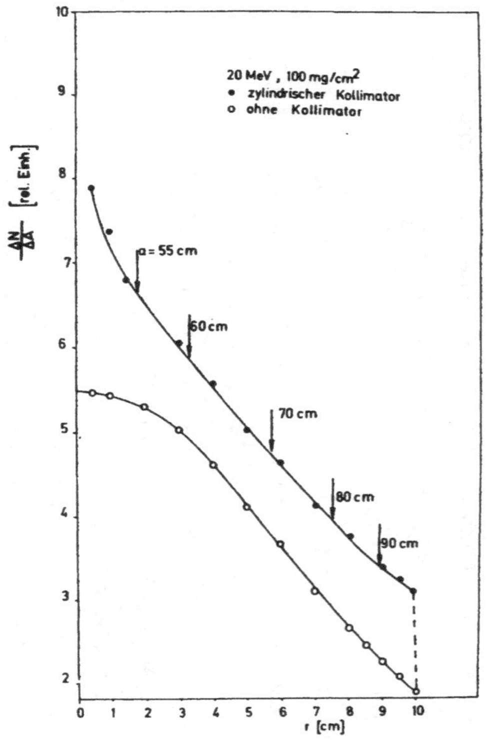

Abbildung 8: Verteilung der Teilchenflußdichte auf der Patientenoberfläche ohne Kollimator und mit einem zylindrischen Kollimator.
a: Reflexionspunkt an der Kollimator-Innenfläche, siehe Abbildung 7

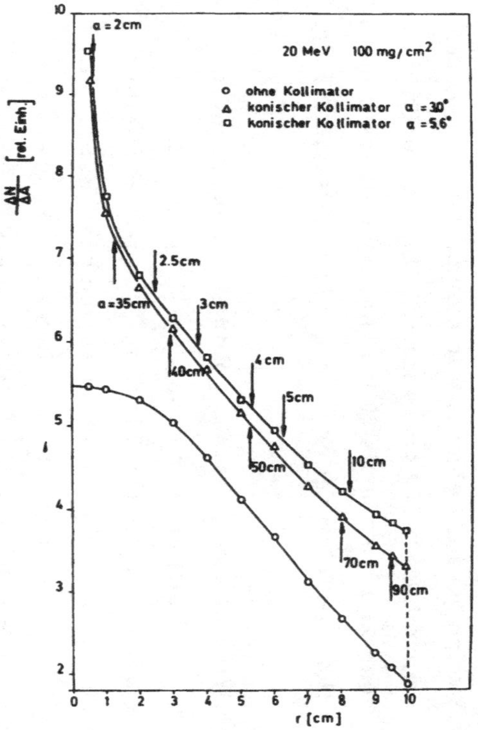

Abbildung 9: Verteilung der Teilchenflußdichte auf der Patientenoberfläche ohne Kollimator und mit einem konischen Kollimator. a - siehe Abbildung 8 -. Die oberste Kurve gilt für einen halben Öffnungswinkel $\alpha = 5.6^{o}$, die mittlere für $\alpha = 3^{o}$.

indem man dem Kollimator eine bestimmte Länge und einen bestimmten Abstand von der Streufolie gibt. Zum Auffüllen des Defizits am Feldrande wäre es hier beispielsweise günstig, einen Kollimator zu verwenden, der sich ungefähr von a = 65 cm bis a = 100 cm erstreckt. Der obere Teil des Kollimators, bei Werten von a kleiner als 65 cm, hat dagegen einen ungünstigen Einfluß auf die Homogenisierung; er erzeugt eine Dosisspitze in der Feldmitte.

In Abbildung 9 ist die Wirkung von konischen Kollimatoren dargestellt. Die unterste Kurve gibt zunächst die Verteilung der Teilchenflußdichte über die Patientenoberfläche bei einer 100 mg/cm^2 starken Streufolie ohne Kollimatorwirkung wieder. Die zweite Kurve von unten gilt für einen konischen Kollimator mit dem halben Öffnungswinkel 3°, die oberste Kurve für einen halben Öffnungswinkel von 5, 6°. Während der Kurvenverlauf für die beiden Kurven mit Kollimator ganz ähnlich aussieht, besteht ein wesentlicher Unterschied in den eingetragenen Werten von a. Bei dem kleineren Konuswinkel würde man eine günstige Kollimatorlänge auswählen, die sich ungefähr von a = 45 cm bis a = 100 cm erstreckt; bei dem stärker geneigten Kollimator beginnt der günstige Bereich bereits bei a = 3 cm. Nimmt man hinzu, daß bei dem zylindrischen Kollimator der günstige Bereich bei a = 65 cm begann, so ist das Ergebnis: je größer der Konuswinkel, umso näher liegt der auszunutzende Bereich des Kollimators an der Streufolie.

In Abbildung 10 wird der Erfolg dieser Methoden überprüft: Die gestrichelt gezeichnete Glockenkurve gilt für eine Streufolie von 100 mg/cm^2, die ausgezogene Glockenkurve für eine Streufolie von 300 mg/cm^2, beide ohne Kollimator. Nimmt man bei der dünneren Streufolie die Reflexion an einem konischen Kollimator mit dem halben Öffnungswinkel 5, 6°, dem Abstand der Oberkante von der Streufolie 3 cm und der Länge 30 cm mit hinzu, so ergibt sich der gezackte Kurvenverlauf. Wenn man bedenkt, daß die Winkelverteilung der am Kollimator gestreuten Elektronen in Wirklichkeit gegenüber einer echten Reflexion verbreitert ist, so kann bereits aus der hier vorgelegten Näherungsrechnung geschlossen werden, daß die

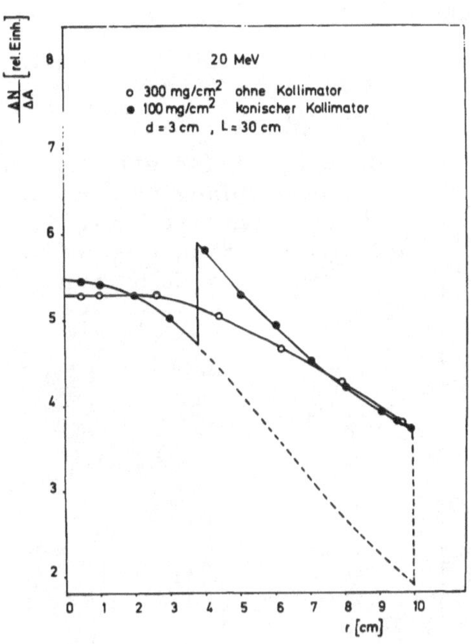

Abbildung 10:

Teilchenflußdichteverteilung an der Patientenoberfläche mit 300 mg/cm^2 - Streufolie ohne Kollimator und mit 100 mg/cm^2-Streufolie und konischem Kollimator.

Feldhomogenisierung etwa von gleicher Güte wie bei der 300 mg/cm^2 - Streufolie ist. Durch den Kollimator-Einfluß konnten also 200 mg/cm^2 an Streufoliendicke eingespart werden.

Bei Abbildung 10 ist ferner darauf hinzuweisen, daß die Verteilungskurven für die Teilchenflußdichte zu Vergleichszwecken auf etwa gleiche Amplitude gebracht worden sind. Die Absolutwerte für die dickere Streufolie liegen in Wirklichkeit etwa um den Faktor 4 tiefer als bei der 100 mg/cm^2 - Streufolie. Bei Anwendung der Kollimator-Methode kann also nicht nur ein Teil der Schichtdicke der Streufolie eingespart werden, sondern man erhält auch eine wesentlich höhere Dosisleistung an der Patientenoberfläche.

Die unterschiedlichen Werte von a für verschiedene Konus-Winkel (Abb. 9) kann man ausnutzen, um besonders viele Elektronen in den Randbereich des Feldes zu reflektieren. Man benötigt dazu einen zweistufigen Kollimator, der aus zwei konischen Ringen mit unterschiedlichem Konuswinkel besteht. Das Ergebnis zeigt Abbildung 11. Man erhält eine Teilchenfluß-

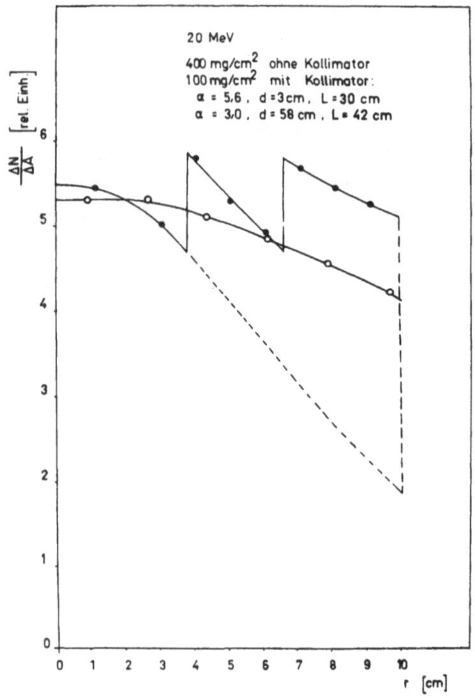

Abbildung 11:

Teilchenflußdichteverteilung an der Patientenoberfläche mit 400 mg/cm^2-Streufolie ohne Kollimator und mit 100 mg/cm^2-Streufolie und zweistufigem konischen Kollimator.

dichteverteilung an der Patientenoberfläche, die eine bessere Homogenität besitzt als die mit einer 400 mg/cm^2-Streufolie erzielbare Verteilung.

Diese Berechnungen der Kollimatoreinflüsse werden fortgesetzt. Insbesondere müssen die realistischen Energie- und Winkelverteilungen bei der Streuung an der Kollimator-Innenwand in dem künftigen Rechenprogramm berücksichtigt werden. Selbstverständlich ist die Frage zu stellen, wie groß die Energieverluste der am Kollimator quasi-reflektierten Elektronen sind. Die frühere Rechnung (1) hat bereits gezeigt, daß der mittlere Energieverlust eines am Kollimator gestreuten Elektrons um so kleiner ist, je flacher es in den Kollimator einfällt. Eine einfache geometrische Überlegung zeigt, daß der Einfall dann am flachsten ist, wenn man mit einem konischen Kollimator arbeitet, dessen wirksamer Teil möglichst dicht unter der Streufolie liegt. Man kann in diesem Fall ein Energiespektrum des Nutzstrahlenbündels erhalten, dessen Homogenität besser erhalten bleibt als bei der Verwendung von dicken Streufolien. Bei nicht sorgfältiger Optimierung des Kollimators tritt allerdings eine Verschlechterung des Energiespektrums ein. Neben der Homogenisierung der Dosisverteilung auf der Patientenoberfläche ist bei künftigen Kollimatorauslegungen auch die Erhöhung der nutzbaren Teilchenzahl von praktischer Bedeutung.

Literatur

1. Abou Mandour, M. & Harder, D. (1975), Scheinbare Reflexion schneller Elektronen bei streifendem Einfall. Z. Naturforschung 30 a, 265
2. Frank, H. (1959), Zur Vielfachstreuung und Rückdiffusion schneller Elektronen. Z. Naturforschung 14 a, 247
3. Benedetti, R.G. (1973), Die modifizierenden Parameter der Dosisverteilung schneller Elektronen bei hohen Anfangsenergien. Dissertation Physik, Würzburg
4. Becker, H., Kärcher, K.H. & Weitzel, G. (1959), Elektronentherapie mit Supervoltgeräten in: Strahlenbiologie, Strahlentherapie, Nuklearmedizin und Krebsforschung, Ergebnisse 1952-1958, herausgegeben von H.R. Schinz et al., Georg Thieme Verlag, Stuttgart
5. Kovalev, V.P., Kharin, V.P., Gordeev, V.V. & Isaev, V.I. (1972), Formation of uniform electron radiation dosage fields by reflecting electrons from a metal surface, Med. Radiol. (Mosk.) 17, 66
6. Roos, H. (1972), Messung der Vielfachstreuung schneller Elektronen in dicken Materieschichten mit einem Zählerteleskop. Diplomarbeit, Würzburg

10.9 Grenzen der Anwendung von ^{123}J in der Schilddrüsendiagnostik

J. Ammon, H. Hermann, B. Herzberg, A. Kaul, K. zum Winkel

Einleitung und Problemstellung

Vor einigen Jahren wurden noch diejenigen Radionuklide für medizinische und biologische Untersuchungen ausgewählt, welche mit dem geringsten Aufwand hergestellt werden konnten. Inzwischen finden in zunehmendem Maße solche Radionuklide Anwendung, welche meßtechnisch und bezüglich des Strahlenschutzes die günstigsten Eigenschaften aufweisen. Eine derartige Entwicklung war jedoch erst möglich, nachdem geeignete Techniken zur Herstellung solcher Radionuklide zur Verfügung standen. Von entscheidender Bedeutung war auch der Aufbau einfacher Verfahren zur Herstellung von Radiopharmaka. So finden heute Radionuklide wie ^{203}Hg oder ^{198}Au in der medizinischen Diagnostik nicht mehr, bzw. kaum noch Verwendung. Sie sind durch die schnell und einfach herzustellenden Radiopharmaka auf der Basis des ^{99m}Tc ersetzt worden. ^{99m}Tc erfüllt meßtechnisch und bezüglich des Strahlenschutzes alle Voraussetzungen. Für die Schilddrüsendiagnostik in vivo kann in der Regel auch ^{99m}Tc als Pertechnetat zur Szintigraphie und unter Umständen auch für funktionsdiagnostische Untersuchungen verwendet werden (1). Häufig ergibt sich jedoch die klinische Notwendigkeit, Jod-Isotope zur Schilddrüsendiagnostik zu applizieren.

Zur Schilddrüsendiagnostik in vivo wird in überwiegendem Maße ^{131}J verwendet. Vom Jod sind jedoch 30 Isotope bekannt, von denen 24 einen radioaktiven Zerfall aufweisen und mehrere in der nuklearmedizinischen Diagnostik verwendet werden können (2). Jodstoffwechseluntersuchungen wurden erstmals 1938 von HERTZ, ROBERTS und EVANS (3) mit ^{128}J, das im Zyklotron hergestellt wurde, durchgeführt. Die szintigraphische Darstellung der Schilddrüse gelang erstmals 1951 CASSEN (4), der für diese Untersuchungen ^{131}J benutzte. In den folgenden Jahren wurden in vivo Untersuchungen des Jodstoffwechsels vorwiegend mit dem Radiojod Zweiphasentest durchgeführt (5).

Die allgemein übliche Verwendung des am bequemsten erhältlichen ^{131}J führt wegen der langen physikalischen Halbwertzeit von 8, 05 Tagen und der Beta-Emission zu einer hohen Strahlenbelastung des Organismus. Weiterhin erschwert die relativ energiereiche Photonen-Emission die szintigraphische Darstellung, insbesondere mit der Szintillationskamera. Von allen Jodisotopen besitzt demgegenüber ^{123}J für nuklearmedizinische Zwecke nahezu ideale Eigenschaften; nämlich eine Halbwertzeit von 13, 3 Stunden sowie eine meßtechnisch günstige Photonen-Emission von 0, 159 MeV und keine Beta-Emission.

^{123}J wurde erstmalig von MARQUEZ und PERLMAN 1950 (6) im Zyklotron hergestellt und wurde im gleichen Jahr auch in die Nuklidkarte aufgenommen. Inzwischen sind zur Herstellung von ^{123}J über 20 direkte und indirekte Kernprozesse bekannt Die einzelnen Herstellungsverfahren sind grundsätzlich an Beschleunigeranlagen gebunden und liefern unterschiedliche Ausbeuten bei wechselnden Beimengungen unerwünschter Begleitsubstanzen. MYERS und ANGER (7) haben erstmalig 1962 die Herstellungsmöglichkeit für ^{123}J analysiert und die Vorteile für die Messung mit der Szintillationskamera beschrieben.

Bisher war es nur wenigen Kliniken möglich, ^{123}J in der nuklearmedizinischen Diagnostik einzusetzen. Dies ist damit zu begründen, daß die Herstellung an Beschleunigeranlagen gebunden ist und die kurze Halbwertzeit den Versand über größere Entfernungen unmöglich macht. Es besteht jetzt Aussicht, ^{123}J in größeren Mengen regelmäßig zu erhalten. Es soll deshalb im folgenden auf die verschiedenen Herstellungsverfahren und die damit verbundenen Vor- und Nachteile meßtechnischer und strahlenschutztechnischer Art durch unerwünschte Begleitsubstanzen eingegangen werden. Die bei einigen Patienten durchgeführten Untersuchungen mit ^{123}J werden beschrieben.

Die physikalischen Eigenschaften von ^{123}J

^{123}J wird durch Elektroneneinfang in ^{123}Te umgewandelt. Dabei liefern 100 Zerfälle 84 Photonen mit 159 keV und 92 Photonen mit 28 keV (Abb. 1). Die physikalische Halbwertzeit beträgt 13, 3 Stunden, so daß besonders für Schilddrüsenuntersuchungen ein ideales Isotop vorliegt. In der Regel erfordern Schilddrüsenuntersuchungen Messungen, welche bis zu 48 h nach der Applikation dauern. Hier ist ^{123}J geeigneter als ^{131}J, da ^{131}J mit einer Halbwertzeit von 8, 0 d auch noch nach der Untersuchung in der Schilddrüse enthalten ist und somit zu einer unnötigen Strahlenbelastung führt. Darüber hinaus können Schilddrüsenuntersuchungen unter

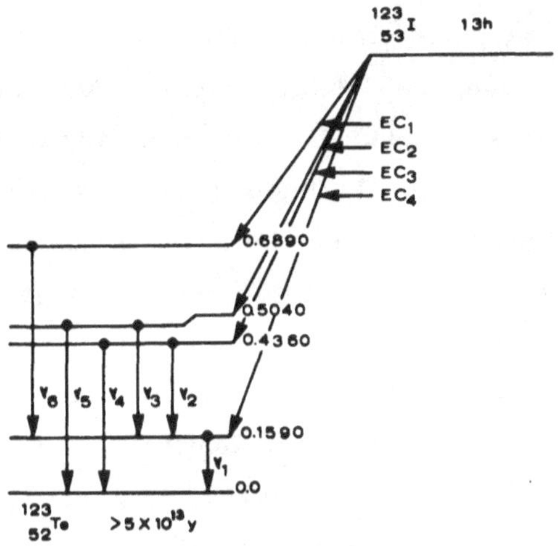

Abbildung 1: Zerfallsschema von ^{123}J
(aus: Radionuclide decay schemes and nuclear parameters for use in radiation-dose estimation.
L. T. DILLMANN, J. Nucl. Med., Suppl. Nr. 2, 10 (1969):5).

pharmakologischer Belastung nach Verwendung von ^{131}J nur in 4- bis 6-wöchigen Intervallen wiederholt werden.

In Abhängigkeit vom Herstellungsverfahren des ^{123}J entstehen unterschiedliche Mengen an unerwünschten Begleitsubstanzen. Es handelt sich im wesentlichen um ^{124}J, ^{125}J und ^{126}J. Die physikalischen Eigenschaften dieser Radioisotope sind auch zu berücksichtigen Wenn größere Mengen der eben erwähnten Radionuklide ^{123}J begleiten, kann ^{123}J die günstigsten Eigenschaften meßtechnischer und strahlenschutztechnischer Art verlieren und sich praktisch nicht von ^{131}J unterscheiden. Deshalb sollen die physikalischen Eigenschaften der erwähnten Jod-Isotope im folgenden angeführt werden.

^{125}J wird ebenso wie ^{123}J durch Elektroneneinfang (EC = Electron-Capture) in das entsprechende Tellur-Isotop umgewandelt. ^{124}J kann entweder ein Elektron aus der Hülle einfangen oder durch innere Paarbildung ein Elektron zur Umwandlung eines Protons in ein Neutron erzeugen. ^{124}J kann also auch Positronen emittieren. Bei der Umwandlung entstehen charakteristische Gammastrahlen. Die wichtigste Gamma-Linie des ^{124}J liegt bei 1,69 MeV, die zugehörige Halbwertschicht für Wasser beträgt 12 cm (Tab. 1). Trotz überwiegendem Elektroneneinfang werden Photonen sehr hoher Energie emittiert (bis 2,29 MeV). Somit sind szintigraphische Messungen wegen der erhöhten Septen-Penetration nahezu unmöglich. Die meßtechnisch wichtigste Gamma-Linie von ^{123}J liegt bei 0,159 MeV, die zugehörige Halbwertschicht beträgt 4,2 cm für Wasser. ^{125}J emittiert unter Elektroneneinfang Photonen der Energie von 0,028 MeV bei einer Halbwertschicht von 1,7 cm Wasser. Somit ist ^{125}J nur für die Lokalisationsdiagnostik oberflächlicher Prozesse geeignet. Allerdings ist dieses Radioisotop wegen seiner Halbwertzeit von 60 Tagen ideal für in-vitro-Untersuchungen.

Die Jodisotope ^{131}J und ^{132}J werden unter Beta-Emission in die entsprechenden Xenon-Isotope umgewandelt (Tab. 1). Das in der Schilddrüsendiagnostik gebräuchliche ^{131}J zerfällt mit einer Halbwertzeit von 8,05 Tagen unter zusätzlicher Emission von Gammastrahlung. Die wichtigste Gamma-Linie liegt bei 0,364 MeV, die zugehörige Halbwertschicht in Wasser beträgt 6,3 cm. Dadurch lassen sich auch tiefer gelegene Organe gut darstellen. Wegen seiner kurzen Halbwertzeit von 2,3 Stunden kann ^{132}J nur in beschränktem Umfang in der Schilddrüsendiagnostik eingesetzt werden.

Tabelle 1

Physikalische Eigenschaften der wichtigsten Jod-Isotope.

Atomgewicht	Zerfallsart	Endzustand	phys. HWZ	wichtigste Gamma-energie in MeV	Zugehörige Halbwertschicht für Wasser in cm
123	EC	$^{123}_{52}Te$	13,3 h	0,028 (92) 0,159 (84)	1,7 4,7
124	β^+, EC	$^{124}_{52}Te$	4,2 d	0,511 (30) 1,690 (92)	7,2 12,0
125	EC	$^{125}_{52}Te$	60,0 d	0,028 (137) 0,035 (7)	1,7 1,8
126	β^+, EC, β^-	$^{126}_{52}Te$	13,0 d	0,390 (34) 0,650 (33)	6,4 8,0
131	β^-, γ	$^{131}_{54}Xe$	8,0 d	0,364 (80) 0,640 (9)	6,3 8,0
132	β^-, γ	$^{132}_{54}Xe$	2,3 h	0,670 (100) 0,760 (93)	8,1 8,6

Die Gamma-Emission von 0,67 MeV bringt auch Schwierigkeiten bei der Kollimation, insbesondere bei der Kameraszintigraphie. Wegen der kurzen Halbwertzeit und der dadurch bedingten geringeren Strahlenbelastung wurde es vorwiegend bei Kindern eingesetzt (VALLEE und LUMBROSO, 1964 (8)).

MYERS et al. (7) haben 1962 ^{123}J als das ideale Isotop für die in-vivo-Diagnostik bezeichnet. Beim Vergleich der verschiedenen physikalischen Eigenschaften der in Tabelle 1 zusammengestellten Jodisotope trifft die Aussage von MYERS et al. auch in vollem Umfang zu. Für die in-vitro-Diagnostik ist ^{125}J am geeignetsten. Voraussetzung für die Verwendung von ^{123}J ist jedoch ein Herstellungsverfahren, welches das reine Radionuklid ohne Beimengungen anderer Jodisotope liefert.

Herstellung von ^{123}J

Die erste Herstellung von ^{123}J erfolgte 1950 (MARQUEZ und PERLMAN (6)). In einem Zyklotron wurde ein Antimon-Target mit Alpha-Teilchen beschossen. Es fand folgende Reaktion statt: ^{121}Sb (α, 2n) ^{123}J. Die zunächst enorm hohen Kosten für die Herstellung konnten gesenkt werden, nachdem andere und günstigere Reaktionen zur Verfügung standen. Die Herstellung in Kernreaktoren ist nicht realisierbar im Gegensatz zu ^{125}J, ^{131}J und ^{132}J. Es fehlen nämlich 4 Neutronen des stabilen ^{127}J. Somit ist es erforderlich, ^{123}J durch Beschuß von Tellur, Antimon oder Jod mit geladenen schweren Teilchen herzustellen. Da geladene schwere Teilchen nur mit einem Zyklotron oder Linearbeschleuniger bis zu der für die jeweilige Kernreaktion erforderliche Geschwindigkeit beschleunigt werden können, ist die recht kostspielige und aufwendige Produktion nur wenigen Kernforschungsinstituten vorbehalten. Eine einfachere Herstellungsmöglichkeit schien vorhanden zu sein, nachdem Kompaktzyklotrons entwickelt worden waren. Dabei handelt es sich um einen preiswerten Beschleuniger, mit dem ^{123}J in kleineren Mengen produziert werden kann (zum WINKEL und AMMON, 1971 (9)). Sowohl die Herstellung von ^{123}J mit dem großen Beschleuniger als auch diejenige mit dem Kompaktzyklotron liefert in Abhängigkeit von dem Herstellungsverfahren Präparate, die sich durch Reinheit und Ausbeute wesentlich unterscheiden. Die wichtigsten Herstellungsverfahren sind in Tabelle 2 zusammengestellt.

Als wichtigste Kriterien eines optimalen Herstellungsverfahrens gelten Ausbeute und Radionuklidreinheit. Unter Ausbeute versteht man die pro A-Strahlstrom in einer Stunde erhaltene Menge an ^{123}J. Für medizinische Zwecke sind, soweit es die diagnostische Anwendung betrifft, ^{123}J-Aktivitäten über 1 mCi interessant. Noch wichtiger als die Ausbeute ist die bei der Herstellung mitanfallende Menge an Begleitsubstanzen, hier gilt der Begriff Radionuklidreinheit. Bei allen Herstellungstechniken entstehen unterschiedliche Mengen von ^{124}J, ^{125}J, ^{126}J und ^{131}J. Alle Begleitsubstanzen weisen höhere Halbwertzeiten und auch mit Ausnahme des ^{125}J höhere Gammaenergien als das ^{123}J auf. Deshalb sind nur solche Reaktionen interessant, die einen möglichst geringen Anteil an Begleitsubstanzen mit sich bringen. Je geringer der Anteil der Begleitsubstanzen ist, um so größer ist die Reinheit. Man wird deshalb Kernreaktionen zur Herstellung von ^{123}J wählen, die die größte Radionuklidreinheit beinhalten. Solche Überlegungen sind besonders wichtig, wenn ^{123}J nicht am Ort der Herstellung appliziert werden kann oder infolge von aufwendigeren Markierungsvorgängen erst nach einigen Halbwertzeiten zur Anwendung kommt.

Der wichtigste Prozeß, welcher die höchsten Ausbeuten und die geringsten Mengen an Begleitsubstanzen liefert, ist der Spallation-Prozeß. Unter Spallation versteht man Kernprozesse, bei denen zunächst die Potentialschwelle des Atomkerns durch sehr energiereiche Protonen von mehr als 60 MeV überwunden wird. Es entsteht ein Zwischenkern, aus dem mehrere Nukleonen (in diesem Fall Neutronen) mit mäßiger Energie "abdampfen". Diese Neutronen können ohne Schwierigkeiten die Potentialschwelle des Kerns überwinden (RIEZLER, 1959 (10)). Die energiereichen Protonen können nur mit sehr aufwendigen Beschleunigeranlagen erzeugt werden. Die übrigen Verfahren der Tabelle 2 sind auch für Kompaktzyklotrons

Tabelle 2

Verschiedene Herstellungstechniken für ^{123}J mit Ausbeute und Begleitsubstanzen.

Methode	Ausbeute ($\mu Ci/\mu Ah$)	Reinheitsgrad (%) ^{124}J	^{125}J	^{126}J	^{127}J	Autoren
$^{127}J\,(p\,\vert\,5n)\,^{123}Xe \longrightarrow {}^{123}J$	3000	-	0, 1	-	-	FUSCO et al., 1972 (13)
$^{121}Sb\,(^{4}He\,\vert\,2n)\,^{123}J$	20 - 200	0, 8-5	1, 3		-	CLARK et al., 1967 (14)
$^{121}Sb\,(^{4}He\,\vert\,2n)\,^{123}J$	230	0, 62	0, 015	0, 002	-	SODD et al., 1970 (15)
$^{123}Te\,(p\,\vert\,n)\,^{123}J$	40	0, 8	0, 07	0, 24	-	HUPF et al., 1968 (16)
$^{122}Te\,(d\,\vert\,n)\,^{123}J$	130	0, 2	0, 1	-	0, 07	SODD et al., 1970 (17)
$^{122}Te\,(^{4}He\,\vert\,n, d)\,^{123}J$	250	1, 5	0, 03	0, 01	-	SODD et al., 1970 (17)
$^{122}Te\,(^{4}He\,\vert\,3n)\,^{123}Xe \longrightarrow {}^{123}J$	300	-	0, 2	-	-	SODD et al., 1971 (17)

geeignet. Neben der unterschiedlichen Reaktion und dem damit verbundenen Reinheitsgrad werden bei den einzelnen Herstellungsverfahren variable Ausbeuten erhalten, dies spielt für die breitere medizinische Anwendung eine große Rolle.

Von großer Bedeutung ist auch die Auswahl des Targetmaterials. Prinzipiell gehen die unterschiedlichen Verfahren zur Erzeugung von ^{123}J von verschiedenen Targetmaterialen aus. Die Isolierung aus dem Targetmaterial kann sehr aufwendig und zeitraubend sein. Dies gilt besonders für Reaktionen, bei denen ^{123}J chemisch aus dem Target abgetrennt werden muß. Es sind solche Reaktionen zu bevorzugen, bei denen zunächst ^{123}Xe entsteht, das sich anschließend spontan in ^{123}J umwandelt. Das Edelgas Xenon ist ohne Schwierigkeiten aus dem Target zu isolieren, so daß trägerfreies ^{123}J erhalten wird.

Strahlenbelastung des Organismus durch ^{123}J

Reines ^{123}J bringt von allen in Tabelle 3 aufgeführten Radionukliden die geringste Strahlenbelastung des Organismus nach oraler oder intravenöser Applikation. Dies ist dadurch zu begründen, daß die unterschiedliche Strahlenbelastung der Jodisotope ausschließlich auf die verschiedenen physikalischen Eigenschaften zurückzuführen ist. Die von einem kritischen Organ absorbierte Dosis läßt sich nämlich folgendermaßen berechnen:

$$D = f \cdot \frac{T \cdot E \cdot A}{V}$$

Dabei bedeuten:

D = Dosis in rd

f = Umrechnungsfaktor

T = effektive Halbwertzeit

E = insgesamt pro Zerfall freiwerdende Energie

A = eingelagerte Aktivität im betreffenden Organ

V = Volumen des Organs.

Tabelle 3

Zusammenstellung der Strahlenbelastung in mrd/μCi verschiedener Organe und des gesamten Organismus durch die wichtigsten Jod-Isotope und ^{99m}Tc (in Anlehnung an: "Protection of the Patient in Radionuclide Investigations". ICRP Publication 17, Pergamon Press, Oxford 1969; und KAUL et al.:"Radiopharmaka - biokinetische Daten und Ergebnisse von Neuberechnungen der Strahlendosis"; Informationsdienst für Nuklearmedizin, Berlin 1973)

Radionuklid	Schilddrüse	Magen	Gonaden	Ganzkörper
^{123}J	20		0, 07	0, 07
^{124}J	1200		14, 2	14, 2
^{125}J	1200		2, 0	2, 0
^{126}J	2300		4, 0	4, 0
^{131}J	2000 (Euthyreose)		0, 2	1, 0
^{132}J	20		0, 1	0, 1
^{99m}Tc	0, 3	0, 3	0, 013	0, 013

Durch geeignete Wahl des Jodisotops können T, die effektive Halbwertzeit und E, die insgesamt pro Zerfall freiwerdende Energie beeinflußt werden. Die Strahlenbelastung ist also bei endlicher biologischer Halbwertzeit der physikalischen Halbwertzeit und der pro Zerfall emittierten mittleren Energie direkt proportional. Somit ist auch rein rechnerisch ^{123}J mit seiner kurzen Halbwertzeit und seiner geeigneten Gammaenergie am günstigsten (Tab. 1).

In Tabelle 3 wurden die medizinisch interessanten Radioisotope des Jods bezüglich der Strahlenbelastung der kritischen Organe, der Gonaden und des gesamten Organismus zusammengestellt. Die Tabelle berücksichtigt die theoretische Strahlenbelastung nach oraler Applikation der reinen

Radionuklide. Von den Jodisotopen beinhaltet ^{126}J die höchste und ^{123}J die geringste Strahlenbelastung des Organismus. Demgegenüber ist die Strahlenbelastung von ^{99m}Tc noch niedriger, es ist jedoch zu berücksichtigen, daß Technetium in der Regel in 10- bis 20-fach höherer Dosierung appliziert werden muß. Somit ist die Strahlenbelastung des Organismus nach Applikation von Technetium mit derjenigen von ^{123}J nahezu gleich.

Im Falle der Verwendung von ^{123}J muß grundsätzlich mit dem Vorhandensein unerwünschter Begleitsubstanzen gerechnet werden. Dadurch können die wirklichen Strahlenbelastungen des Organismus wesentlich höhere Werte annehmen, als aus Tabelle 3 für die reinen Radionuklide hervorgeht. Ursache der höheren Strahlenbelastung sind im wesentlichen ^{124}J, ^{125}J und ^{126}J (Tab. 2). Aus dieser Tabelle ist auch zu ersehen, daß in Abhängigkeit vom Herstellungsprozeß die genannten Jodisotope in sehr unterschiedlichen Mengen auftreten. Für 3 Herstellungsverfahren wurde die Strahlenbelastung der Schilddrüse berechnet. Aus Abbildung 2 ist zu ersehen, daß sich am Ende des Herstellungsprozesses die Strahlenbelastung trotz verschiedener Herstellungsverfahren nur unwesentlich von derjenigen für reines ^{123}J unterscheidet. Sobald aber einige Zeit vergangen ist, nimmt die Strahlenbelastung zu, da nach einigen Halbwertzeiten des ^{123}J die Aktivität der langlebigeren Jodisotope zunimmt. So werden bei der Reaktion ^{121}Sb (α, 2n) ^{123}J während der Herstellung bis zu 5 % ^{124}J gebildet. Die Strahlenbelastung nimmt also sofort nach der Herstellung zu und erreicht nach einigen Halbwertzeiten gleiche Werte, wie es bei der Anwendung von reinem ^{131}J der Fall ist. Im allgemeinen nehmen, wie aus der Abbildung 2 hervorgeht, die vorteilhaften Eigenschaften des ^{123}J deutlich ab, sobald einige Halbwertzeiten vergangen sind. Demgegenüber werden während des Herstellungsprozesses von ^{123}J über den Spallationprozeß und der entsprechenden Reaktion ^{127}J (p, 5n) ^{123}Xe weniger als 0, 1 % ^{125}J als Begleitsubstanz gebildet. Unter der Annahme, daß nach Isolierung 99, 9 % ^{123}J und 0, 1 % ^{125}J vorliegen, ist ein Ansteigen der Strahlenbelastung erst nach 5 Halbwertzeiten zu verzeichnen (Kurve C der Abb. 2).

Auch noch nach 10 Halbwertzeiten ist die Strahlenbelastung wesentlich geringer als nach der Applikation von ^{131}J gleicher Aktivität. Somit ist für den Strahlenschutz die Herstellung von ^{123}J über den Spallationprozeß am günstigsten.

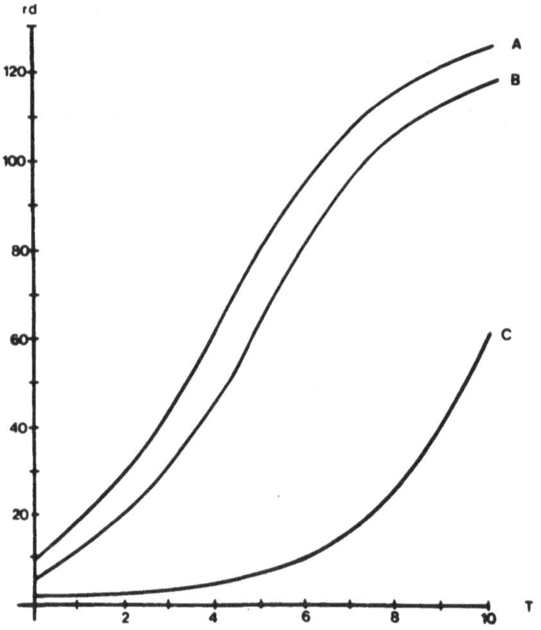

Abbildung 2: Berechnung der von Schilddrüsengewebe absorbierten Dosis in rd nach Gabe von ^{123}J mit verschiedenen Begleitsubstanzen. Die berechneten Kurven gelten für jeweils 100 μCi Gesamtaktivität und zeigen den Verlauf der Dosis in Abhängigkeit von der nach Herstellung vergangenen Zeit. Als Zeiteinheit wurden 13,3 h, der Halbwertzeit des ^{123}J entsprechend gewählt.

A: 93,54 Ci ^{123}J + 5,0 μCi ^{124}J + 1,3 μCi ^{125}J + 0,16 μCi ^{126}J.

B: 95 μCi ^{123}J + 5 Ci ^{124}J.

C: 99,9 μCi ^{123}J + 0,1 μCi ^{125}J.

Konsequenzen für die Meßtechnik

Die Verwendung von ^{123}J bringt im wesentlichen Vorteile für die Szintigraphie. Zur Beurteilung der Qualität szintigraphischer Abbildungen werden im wesentlichen zwei Kriterien herangezogen: Das Auflösungsvermögen und die Empfindlichkeit (FEINE, zum WINKEL, 1969 (11)). Unter Empfindlichkeit eines Kristalldetektors versteht man den Prozentsatz einer Gammastrahlung, der absorbiert und in meßbare Lichtquanten umgewandelt wird (prozentuale Zählausbeute). Die Kristalldicke bei der Kameraszintigraphie liegt bei 0, 5 Zoll, entsprechend 1, 3 cm. Die Halbwertschicht für die 0, 159 MeV-Photonen des ^{123}J beträgt im Natriumjodidkristall 3, 7 mm (Tab. 4). Die entsprechende Halbwertschicht für 0, 364 MeV-Photonen des ^{131}J liegt bei 14, 5 mm. Die Zählausbeute für ^{123}J ist somit mehr als doppelt so hoch für den 0, 5 Zoll starken Natriumjodidkristall der Anger-Kamera, als es bei ^{131}J der Fall ist. Verwendet man Scanner mit einem 2 Zoll starken Kristall, so sind die Zählausbeuten trotz unterschiedlicher Photonenenergie annähernd gleich.

Demgegenüber ist das Auflösungsvermögen überwiegend an die Konstruktion der Kollimatoren gebunden. Somit sind wesentliche Unterschiede zu erwarten, da die 0, 159 MeV-Photonen des ^{123}J eine Halbwertschicht in Blei von 0, 37 mm haben. Man kann nahezu "optisch dichte" Kollimatoren mit dünnen Septen konstruieren. Die Möglichkeit einer Septenpenetration bei ^{131}J ist wesentlich größer, da die Halbwertschicht in Blei 2, 4 mm beträgt. Die Septenstärke beeinflußt weiterhin den Wirkungsgrad eines Kollimators und die Empfindlichkeit des Kollimator-Detektor-Systems. Die Empfindlichkeit eines solchen Systems wird also wesentlich vergrößert, wenn anstelle von ^{131}J ^{123}J verwendet wird.

Die Vorteile bezüglich der Empfindlichkeit und der Kollimation sind uneingeschränkt nur gegeben, wenn reines ^{123}J vorliegt. Durch Begleitsubstanzen mit energiereicheren Photonen kann das Auflösungsvermögen durch eine Streustrahlung im 0, 159 MeV-Bereich reduziert werden. Im Falle einer Verunreinigung mit 5 % ^{124}J beträgt der unerwünschte Streustrahlanteil im Photopeak bis zu 28 % und führt somit zu einer signifikanten Reduzierung des Auflösungsvermögens (WELLMAN und ANGER, 1971 (12)). Ähnliches ist von ^{126}J zu erwarten, das eine sehr energiereiche Strahlung aufweist. ^{125}J wird mit seiner energiearmen Strahlung von 0,028 MeV die Szintigraphie in keiner Weise stören. Deshalb ist die Herstellung von ^{123}J mit dem Spallationprozeß auch für die Szintigraphie am günstigsten, weil hier nur mit ^{125}J als Begleitsubstanz zu rechnen ist.

Tabelle 4

Halbwertschichten und Zählausbeuten für die wichtigsten Gamma-Energien des ^{123}J und ^{131}J.

Energie:	0,028 MeV	0,159 MeV	0,364 MeV
Halbwertschicht in Wasser (mm)	17	47	67
Halbwertschicht in Blei (mm)	0,016	0,37	2,4
Halbwertschicht in NaJ(Tl) (mm)	0,20	3,7	14,5
Zählausbeute (%) für 0,5'' NaJ(Tl)	99	87,4	29,8
Zählausbeute (%) für 1,0'' NaJ(Tl)	99	96,6	54,4
Zählausbeute (%) für 2,0'' NaJ(Tl)	99	98	80,7

Messungen an ^{123}-J-Präparaten

Wir erhielten verschiedene Präparationen von ^{123}J, welche mit unterschiedlichen Techniken hergestellt worden waren^{+}. Das Datum der Herstellung, auch die Herstellungstechnik, waren nicht bekannt. Deshalb hat der von uns festgelegte Zeitpunkt der "Kalibrierung" keinen Zusammenhang mit dem Zeitpunkt der Herstellung.

+ Herr Dr. P.F. SCHULZE, Leiter des Departments Isotopenchemie Schering A.G. hat uns freundlicherweise ^{123}J zur Verfügung gestellt.

Bei einem Präparat konnte 2 Tage und 10 Tage nach Kalibrierung eine Spektralanalyse durchgeführt werden (Abb. 3a und 3b). Aus dem Spektrum geht hervor, daß ^{123}J praktisch nur von ^{125}J begleitet wird, 10 Tage nach der Kalibrierung enthielt die Probe praktisch nur noch ^{125}J, so daß hier ein für die Herstellung nach dem Spallationprozeß charakteristisches Spektrum erhalten wurde.

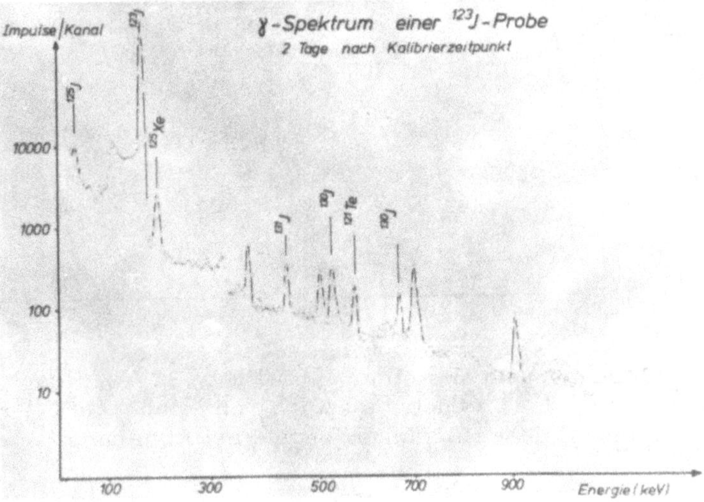

Abbildung 3a: Gamma-Spektrum einer ^{123}J-Probe 2 Tage nach Kalibrierung. Das Spektrum wurde mit Hilfe eines Ge(Li)-Kristalls angefertigt.

12 Patienten wurde ^{123}J oral verabreicht. Die jeweils verabreichten Aktivitäten lagen bei 100 μCi. Mit der Szintillationskamera konnten auch noch 12 Stunden nach der oralen Gabe gute Szintifotos der Schilddrüse angefertigt werden. Bei einem Kind mit dem Verdacht einer Athyreose wurde ein 1 : 1-Szintigramm geschrieben (Abb. 4). Die Abbildung zeigt oben das Technetium-Szintigramm, man erkennt wegen einer Aktivitätseinlagerung in den Speicheldrüsen kein Schilddrüsengewebe. Nach Gabe von 100 μCi ^{123}J findet sich an normaler Stelle Jod-speicherndes Gewebe. Die Untersuchung hätte mit ^{131}J sicher ein ähnliches Resultat ergeben, die Vorteile der Verwendung von ^{123}J sind in diesem Fall strahlenschutztechnischer Art.

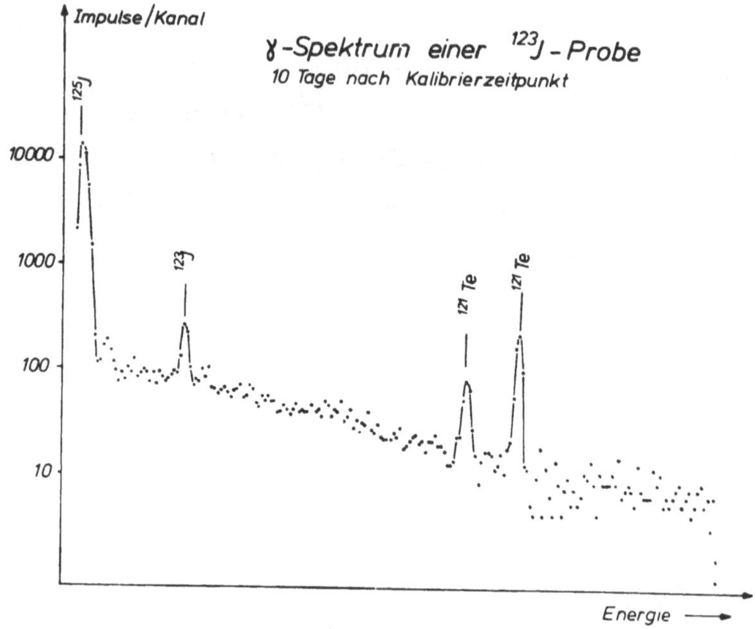

Abbildung 3b: Gamma-Spektrum einer ^{123}J-Probe 10 Tage nach Kalibrierung. Das Spektrum wurde mit einem Ge(Li)-Kristall unter gleichen Bedingungen wie bei Abbildung 3a angefertigt.

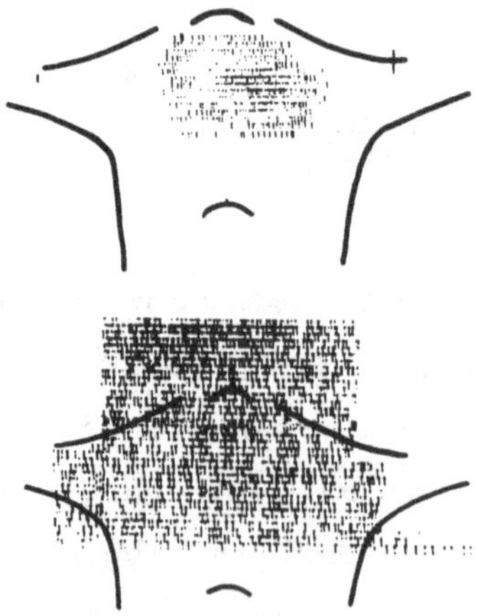

Abbildung 4: Szintigraphie des Halsbereiches eines Kindes mit dem Verdacht einer Athyreose. Das obere Szintigramm wurde nach Gabe von 500 μCi ^{99m}Tc, das untere nach Gabe von 100 μCi ^{123}J angefertigt. Das Technetium-Szintigramm ist wegen Aktivitätsanreicherung in Mundhöhle und Speicheldrüsen nicht auszuwerten, während das Jod-Szintigramm an normaler Stelle jodspeicherndes Gewebe zur Darstellung bringt.

Zusammenfassung

Für nuklearmedizinische Untersuchungen, insbesondere für Schilddrüsenuntersuchungen, erfüllt ^{123}J in reiner Form sämtliche Forderungen, die bezüglich der Szintigraphie und des Strahlenschutzes an ein Radionuklid zu stellen sind: Wegen seiner günstigen Gammaenergie ist ^{123}J für die Kameraszintigraphie besonders geeignet, für den Strahlenschutz ist neben der Gammaenergie die kurze Halbwertzeit maßgebend.

Die Herstellung von ^{123}J gelingt ausschließlich in Beschleunigeranlagen durch Beschuß geeigneter Targets mit schweren geladenen Teilchen. Von allen Herstellungsverfahren erscheint der Spallationprozeß als optimal, weil er praktisch keine unerwünschten Begleitsubstanzen bei hoher Ausbeute liefert.

Somit ist es möglich, ^{123}J auch an andere Institute zu verschicken, es ist auch denkbar, Radiopharmaka mit ^{123}J zu produzieren, ohne daß langlebigere Begleitsubstanzen die Anwendungsmöglichkeit des Produktes beeinträchtigen.

Herstellungstechniken mit dem Kompaktzyklotron ergeben geringere Ausbeuten und auch weitaus größere Mengen an unerwünschten Begleitsubstanzen, so daß die medizinische Anwendung am Ort der Herstellung erfolgen muß. Anderenfalls nimmt die Strahlenbelastung ähnliche Ausmaße an, wie es bei der Verwendung von ^{131}J der Fall ist.

Eine ähnliche Untersuchung unter Berücksichtigung der szintigraphischen Eigenschaften ergab, daß unerwünschte Begleitsubstanzen mit hoher Gammaenergie zur Septenpenetration führen. So können bereits 5 % ^{124}J als Begleitsubstanz die Qualität der Kameraszintigraphie soweit reduzieren, daß gleiche Bildqualitäten wie bei der Anwendung von ^{131}J erhalten werden.

Literatur

1. zum Winkel, K. (1975): Nuklearmedizin; Heidelberger Taschenbücher, Band 167, Springer-Verlag

2. Myers, W. G., Anger, H. O., Lamb, J. F. & Winchell, H. S.: Radioiodine-123 for applications in diagnosis. Symp. on New Developments in Radiopharmaceuticals and Labelled Compounds, Kopenhagen 26.-30.3.1973

3. Hertz, S., Roberts, A. & Evans, R. D. (1938): Radioactive iodine as an indicator in the study of thyroid physiology. Proc. Soc. Exp. Biol. Med. 38, 510

4. Cassen, B., Curtis, L., Reed, C. & Libby, R. (1951): Instrumentation for ^{131}J use in medical studies. Nucleonics 9, 46

5. Horst, W. (1959): Klinische Radiojoddiagnostik der Schilddrüsenerkrankungen. In: Strahlenbiologie, Strahlentherapie, Nuklearmedizin und Krebsforschung, Thieme-Verlag, Stuttgart

6. Marquez, L. & Perlman, I. (1950): Neutron deficient isotopes of iodine. Phys. Rev. 78, 189

7. Myers, W. G. & Anger, H. O. (1962): Radioiodine-123, J. Nucl. Med. 3, 183

8. Vallee, G. & Lumbroso, P. (1964): Iodine-132 in examination of the thyroid. Sem. Hop. Paris 40, 926

9. zum Winkel, K. & Ammon, J. (1971): Neue Möglichkeiten der gerontologisch-geriatrischen Forschung durch hochenergetische Korpuskularstrahlen. Z. Gerontol. 6, 381

10. Riezler, W. (1959): Einführung in die Kernphysik, Oldenburg - München

11. Feine, U. & zum Winkel, K. (1969): Nuklearmedizin, Szintigraphische Diagnostik, Thieme-Verlag, Stuttgart

12. Wellman, H. N. & Anger, R. T., jr. (1971): Radioiodine dosimetry and the use of radioiodines other than 131-Iondine in thyroid diagnosis. Sem. Nucl. Med. 1, 357

13. Fusco, M. A., Peek, N. F., Jungerman, J. A., Zielinski, W. F., De Nardo, S. J. & De Nardo, G. L. (1972): Production of carrier-free ^{123}J, using the ^{127}J (p, 5n) ^{123}Xe reaction. J. Nucl. Med. 13, 729

14. Clark, J.C., Matthews, C.M.E., Silvester, D.J. & Vonberg, D.D. (1967): Using cyclotron-produced isotopes at Hammersmith-Hospital.
Nucleonics 25, 54

15. Sodd, V.J., Scholz, K.L. & Blue, J.W.: Cyclotron production of 123-Iodine. An Evaluation of the nuclear reactions which produce the isotope.
USHEW report BRH/DMRE Okt. 1970

16. Hupf, H.B., Eldridge, J.S. & Beaver, J.E. (1968): Production of Iodine-123 for medical applications.
Int. J. Appl. Rad. Isotop. 19, 345

17. Sodd, V.J., Scholz, J.W. & Blue, J.W. (1971): Pure ^{123}J production with a gasflow target.
J. Nucl. Med. 12, 395

10.10 Meßtechnik der Lungenfunktionsanalyse

W. Buchheim

Der bedeutsame Wandel in der Medizin im Laufe der letzten Jahrzehnte von der beschreibenden zur funktionellen Betrachtungsweise von Organsystemen hatte zwangsläufig eine Änderung der Untersuchungstechnik zur Folge. Zu der mikroskopischen und der chemischen Analyse kam die Funktionsuntersuchung, die die Beobachtung von Organen bzw. von Organsystemen zuläßt. Die Funktionsuntersuchung ermöglicht gleichermaßen die Beurteilung und den Vergleich von Ruhe- und Belastungsphase und läßt somit Schlüsse auf Leistungsgröße und -breite, sowie deren Änderung bei wiederholten Untersuchungen zu.

Bedingt durch die rasch zunehmende Häufigkeit von Atemwegserkrankungen erlangen Einrichtungen zur Analyse der Lungenfunktion ständig an Bedeutung, wobei der enge funktionelle Zusammengang von Herz und Lunge die Anwendung lungenfunktionsanalytischer Verfahren auf kardiologische Fragestellungen erweitert. Abbildung 1 zeigt eine Übersicht über die funktionsdiagnostischen Verfahren in Pulmologie und Kardiologie.

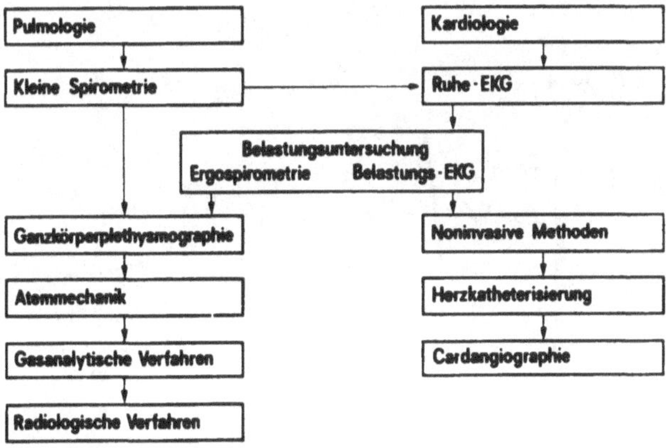

Abbildung 1: Die funktionsdiagnostischen Verfahren in Pulmologie und Kardiologie.

Der Zielsetzung dieses Beitrages entsprechend sollen im folgenden die Meßverfahren der Pulmologie ohne Radiologie behandelt werden.

Die Lunge hat die Aufgabe, das Blut mit Sauerstoff zu versorgen und die überschüssige Kohlensäure abzuführen. Eine ausreichende Arterialisierung des venösen Mischblutes kann nur stattfinden, wenn folgende Voraussetzungen erfüllt sind:

> Die Lunge muß gut belüftet sein (Ventilation)
> Die Lunge muß gut durchblutet sein (Perfusion)
> Der Gasaustausch zwischen Blut und Atemluft darf nicht eingeschränkt sein (Diffusion)
> Das Verhältnis von Belüftung und Durchblutung darf nicht gestört sein (Distribution).

Die kleine Spirometrie, auch Ruhespirometrie genannt, ist die klassische Methode zur Feststellung von Belüftungsstörungen der Lunge (Abb. 2). Hier teilt man zunächst ein in

> restriktive Störungen, dies sind alle pathologischen Veränderungen des atembaren Volumens, und in
> obstruktive Störungen, dies sind alle pathologischen Behinderungen des Transportes von Atemluft.

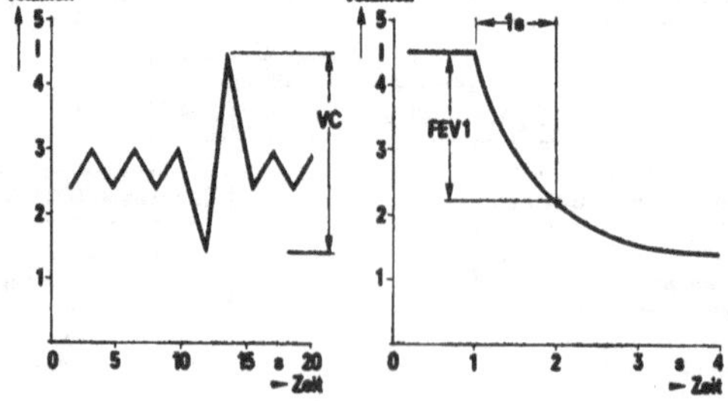

Abbildung 2: Schematische Darstellung von Vitalkapazität VC und Sekundenkapazität FEV 1.

Man bestimmt die Vitalkapazität, das ist das gesamte atembare Lungenvolumen und die Sekundenkapazität, das ist der bei maximaler Anstrengung in einer Sekunde atembare Anteil der Vitalkapazität. Eine gegenüber der Norm verminderte Vitalkapazität läßt auf restriktive, eine reduzierte Sekundenkapazität auf obstruktive Ventilationsstörungen schließen (1, 2).

Die Ganzkörperplethysmographie (Abb. 3) gestattet die Bestimmung des Widerstandes der Atemwege und des thorakalen Gasvolumens. Der Atemwegwiderstand ist definiert als der Quotient aus der Druckdifferenz zwischen Alveolarraum und Umgebungsluft zu dem dadurch hervorgerufenen Atemluftstrom. Der Patient sitzt während der Messung in einer luftdicht abgeschlossenen Kammer. Er atmet über einen Atemstromrezeptor und einen elektrisch auslösbaren Verschluß. Während der Atemluftstrom direkt meßbar ist, kann man für den Alveolardruck von der Annahme ausgehen, daß sich dieser wegen der Gültigkeit des BOYLE-MARIOTTE'schen bzw. POISSON'schen Gesetzes im Kammerdruck spiegelt (Abb. 4). Bei der Untersuchung wird zunächst ein bzw. mehrere Kammerdruck-Strömungsdiagramme geschrieben, anschließend der Verschluß betätigt, der Patient aufgefordert, weitere Atembewegungen zu unternehmen und dabei ein

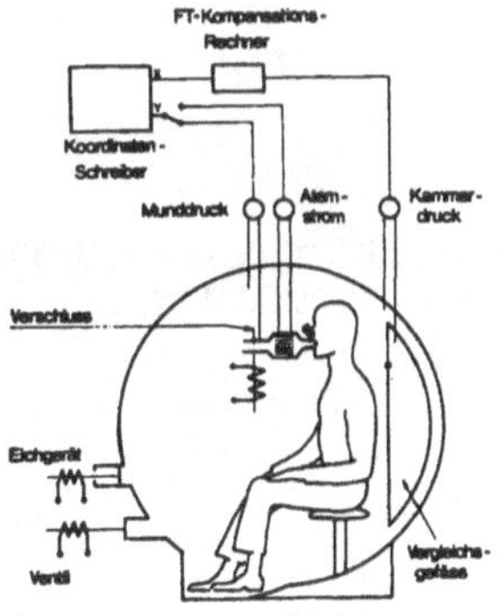

Abbildung 3: Schematische Darstellung eines Ganzkörperplethysmographen.

Kammerdruck-Munddruckdiagramm aufgezeichnet. Aus dem ersten Diagramm kann der Widerstand der Atemwege, aus dem zweiten das in der Lunge befindliche Luftvolumen berechnet werden (Abb. 5 und 6).

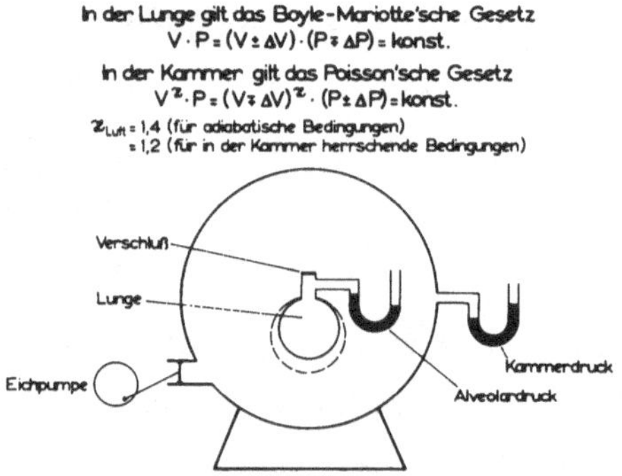

Abbildung 4: Physikalische Grundlagen der Ganzkörperplethysmographie.

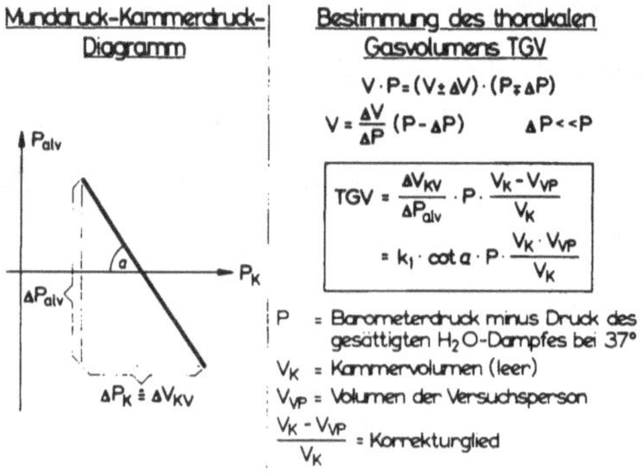

Abbildung 5: Bestimmung des thorakalen Gasvolumens aus dem Kammerdruck-Munddruckdiagramm.

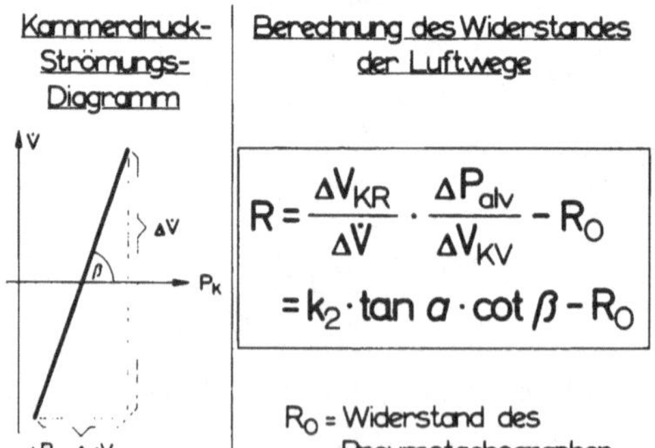

Abbildung 6: Bestimmung des Widerstandes der Atemwege aus dem Kammerdruck-Strömungsdiagramm.

Bei der Untersuchung der Atemmechanik wird das Atemvolumen gegen den mittels einer Ballonsonde ebenfalls gemessenen Oesophagusdruck aufgezeichnet und aus der Steigung des Diagramms die Lungenelastizität bzw. ihr Kehrwert, die Compliance, bestimmt. Durch Planimetrieren der vom Kurvenzug umschlossenen Fläche erhält man die pro Atemzug geleistete Arbeit.

Gasanalytische Verfahren geben qualitative Auskunft über den Zustand von Ventilation, Diffusion und Distribution. Teils liegt diesen Verfahren die Betrachtung des Kurvenzuges exspiratorischer O_2- und CO_2-Partialdruckverläufe zugrunde, teils wird mit Gasen gearbeitet, die nicht am Stoffwechsel beteiligt sind (z.B. Helium, Argon, Stickstoff, Kohlenmonoxid).

Die Belastungs-Untersuchung dient als Belastungs-EKG der Aufdeckung von Herzrhythmusstörungen und Anzeichen koronarer Mangeldurchblutung sowie als Ergospirometrie zur umfassenden Austestung des kardiorespiratorischen Systems. Als Belastungsgerät dient ein geeichtes Ergometer. Das EKG wird in einigen Ableitungen registriert. Daraus kann die Herzfrequenz ermittelt sowie leistungsbedingte Rhythmus- und Formabweichungen zur Darstellung gebracht werden. Bei der Ergospirometrie werden zusätzlich alle Größen der Atmung und des Kreislaufes gemessen, die ohne ärztlichen Eingriff meßbar sind. Besonders wichtige Größen sind dabei der Sauerstoffverbrauch, die Kohlensäureausscheidung, das Atemzeitvolumen und der Blutdruck. Der Zustand des Patienten läßt sich häufig nicht aus einer Größe allein bestimmen, sondern aus der synoptischen Darstellung mehrerer Meßgrößen oder aus Quotienten zweier Parameter. Beispiele dafür sind

der Respiratorische Quotient, das ist das Verhältnis von CO_2-Abgabe zu O_2-Aufnahme,

der Sauerstoffpuls, das ist die pro Pulsschlag aufgenommene O_2-Menge, und

das Atemäquivalent, das ist die Luftmenge, die ventiliert wird, um einen Liter O_2 aufzunehmen (3).

Zum Schluß sei noch etwas über die Geräte gesagt, die zur Durchführung der Lungenfunktionsanalyse notwendig sind. Abbildung 7 gibt einen Überblick über die verschiedenen, in einem Meßgeräte-System vorhandenen Komponenten (4, 5, 6).

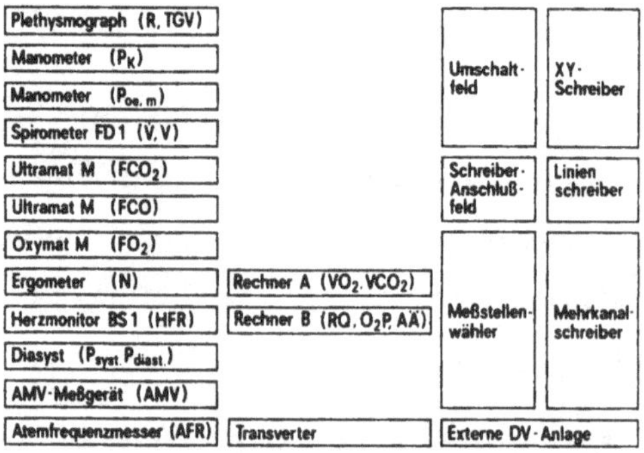

Abbildung 7: Übersicht über das SIREGNOST-System.

Es gibt Komponenten zur Erfassung, Weiterverarbeitung, Registrierung und Darstellung von Meßgrößen. Häufig vereinigt ein Meßgerät mehrere dieser Funktionen in sich. So dient beispielsweise der Herzmonitor der Darstellung einer EKG-Ableitung auf dem Kardioskop sowie der Ermittlung und Anzeige der Pulsfrequenz; das Spirometer mißt den Atemstrom als Druckabfall über einen Spiroceptor und ermittelt daraus das Atemvolumen durch elektronische Integration.

Abbildung 8 zeigt das Meßsystem eines Lamellenspiroceptors. Die Atemluft strömt laminar durch die rechteckigen, aus den einzelnen Lamellen gebildeten Kanäle, der Druckabfall ist dabei der Strömung proportional.

Ein anderes Prinzip wird beim Blendenspiroceptor (Abb. 9) angewandt. Die Blende selbst besteht aus einer Folie, in der durch Einschnitte Zungen verschiedener Länge gebildet werden. Die bei einer Blende zu erwartende quadratisch verlaufende Kennlinie wird durch die mit zunehmender Strömung größer werdende Öffnung linearisiert.

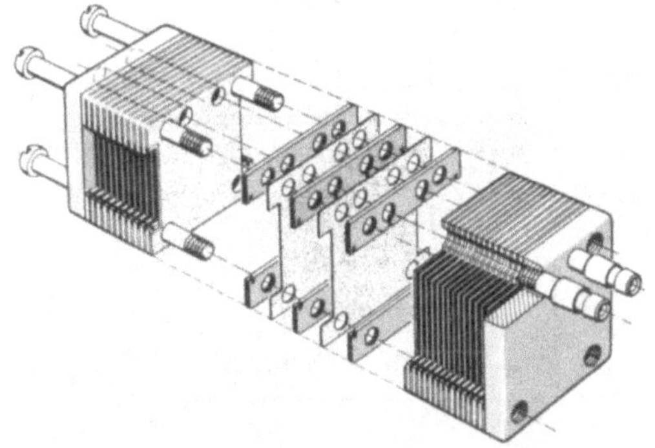

Abbildung 8: Meßsystem eines Lamellen-Spiroceptors.

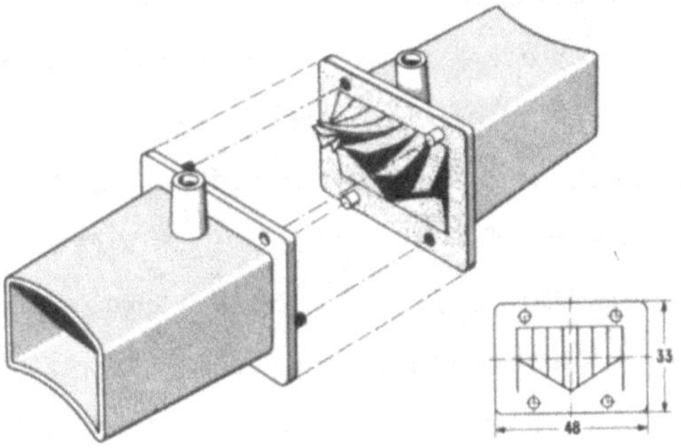

Abbildung 9: Meßsystem eines Blendenspiroceptors.

Hinsichtlich der Gasanalyse ist eine Einstellzeit von 0 auf 90 % des Meßwertes von kleiner als 150 ms zu fordern. Langsamere Geräte sind nicht in der Lage, den in/exspiratorischen Schwankungen der Konzentration der Atemgase zu folgen.

Diese Forderung wird durch die auf der Basis der Infrarotabsorption arbeitenden Analysatoren für CO_2 gut erfüllt. Schwieriger gestaltet sich die Entwicklung schneller O_2-Analysatoren. Abbildung 10 zeigt das Prinzip der O_2-Messung. Als Meßeffekt nutzt man den Paramagnetismus des Sauerstoffmoleküls aus. Zur Erzielung einer hohen Einstellgeschwindigkeit wird das Magnetfeld gepulst. Die entstehenden Wechseldrücke können leichter als Gleichdrücke gemessen und weiterverarbeitet werden.

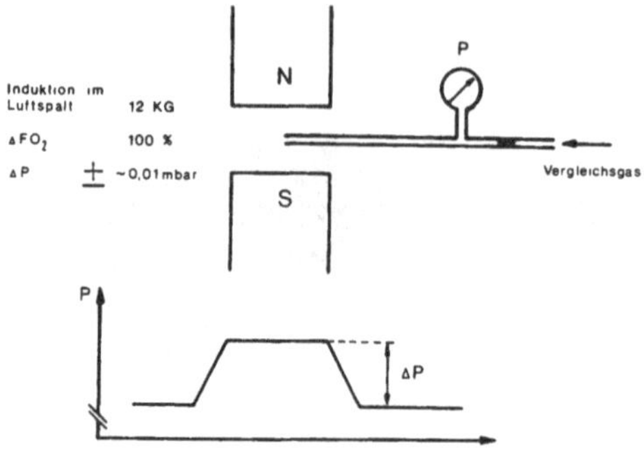

Abbildung 10: Prinzip der paramagnetischen O_2-Messung.

Mit den im System vorhandenen Komponenten werden Anlagen für verschiedene diagnostischen Zwecke zusammengestellt. Ein einfacher Meßplatz zur Durchführung der Ruhespirometrie besteht aus Spirometer und Linienschreiber. Ein anderes Meßplatzkonzept vereinigt alle Geräte, die zur Ergospirometrie oder zur Ganzkörperplethysmographie benötigt werden. Ein großer Lungenfunktionsmeßplatz ist gerätetechnisch so ausgestattet, daß alle gängigen Untersuchungen durchgeführt werden können. Dazu gehört häufig auch der Anschluß einer Datenverarbeitungsanlage.

Literatur

1. Bartels, H., Bücherl, E., Hertz, C.W., Rodewald, G. & Schwab, M. (1959); Lungenfunktionsprüfungen - Methoden und Beispiele klinischer Anwendung, Springer-Verlag Berlin-Göttingen-Heidelberg

2. Comroe, J.H., Forster, R.E., Du Bois, A.B., Briscoe, W.A. & Carlsen, E. (1964); Die Lunge - klinische Physiologie und Lungenfunktionsprüfungen, Schattauer-Verlag Stuttgart

3. Roskam, H. (1968); Das Belastungs-EKG, Boehringer Studienreihe, Boehringer GmbH. Mannheim

4. Flügel, E., Die apparative Einrichtung für die ergospirometrische Belastungsuntersuchung, Electromedica 3/1973, S. 84-89

5. Buchheim, W. & Heynen, H.-P. (1972); Fortschritte in der Sportmedizin mit neuen Meß- und Überwachungsgeräten, Siemens-Zeitschrift 46, Heft 7, S. 599

6. Buchheim, F.W.; Erfassung, Verarbeitung und Dokumentation atemphysiologischer Kenngrößen in Ruhe und unter Belastung Technik in der Medizin 1/1973 S. 1-8

10.11 Anwendung der Modulationsübertragungsfunktion auf augenoptische Probleme

B. Rassow

Zur Beschreibung der Abbildungseigenschaften optischer Systeme dienten früher ausschließlich die sog. Abbildungsfehler, wie sie die SEIDEL'sche Theorie angibt. Ausgehend von einer schon länger erfolgreichen Anwendung in der Informations- und Nachrichtentechnik wird in neuerer Zeit nun auch in der Optik die Güte eines abbildenden Systems mit Hilfe einer Funktion beschrieben, die das Frequenzverhalten des Abbildungssystems beschreibt (1). Sie wird mit Modulationsübertragungsfunktion (MÜF) bezeichnet. Zu ihrer Definition muß der Begriff des Kontrastes oder der Modulation eingeführt werden:

$$K = \frac{L_{max} - L_{min}}{L_{max} + L_{min}} \qquad (1)$$

Wobei L_{max} und L_{min} die maximale und minimale Leuchtdichte einer Objekt- oder Bildverteilung darstellen.

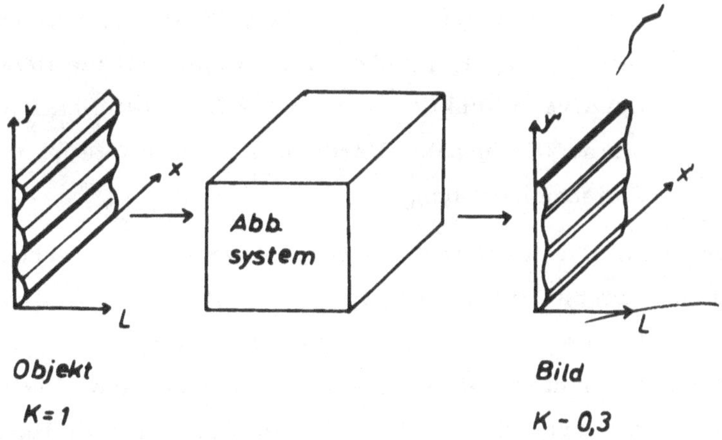

Abbildung 1: Kontrastverminderung durch ein optisches System.

In Abbildung 1 sehen wir, wie aus einem Objektkontrast (K = 1) durch ein Abbildungssystem ein geringerer Bildkontrast (K = 0, 3) entsteht.

Es gilt nun

$$D = \frac{K_{Bild}}{K_{Objekt}} \qquad (2)$$

und die gesuchte Funktion ist dann

$$D(R) = \text{MÜF} \qquad (3)$$

wobei R die Objektfrequenz darstellt. Der Einfachheit halber soll hier immer ein Abbildungsverhältnis 1 : 1 angenommen werden; damit bleibt die Objektfrequenz erhalten.

Welches sind nun die Vorteile der Beschreibung eines Systems mit der MÜF gegenüber der mit den Abbildungsfehlern?

1. Die MÜF gibt sehr direkt und anschaulich Auskunft darüber, welche Objektstruktur mit welchem Kontrast durch ein System noch abgebildet werden kann. Nach ihr kann etwa bei der wissenschaftlichen Fotografie direkt eine Auswahl des Objektivtyps erfolgen.
2. Die MÜF ist so allgemein definiert, daß sie auch für die nichtoptischen, linearen Teile eines Übertragungssystems z.B. in bestimmten Grenzen auch für nachgeschaltete Fotoplatten angegeben werden kann.
3. Für zusammengesetzte optische Systeme, bei denen die MÜF der Einzelglieder bekannt sind, ist die Berechnung der Gesamtfunktion durch einfache Multiplikation möglich. Voraussetzung ist allerdings eine jeweilige inkohärente Zwischenabbildung.

Eine Methode zur Bestimmung dieser Funktion bietet sich schon aus ihrer Definition an. Man benötigt ein Objekt mit sinusförmiger Helligkeitsverteilung, mit bekanntem Kontrast und variabler Linienfrequenz und mißt den Bildkontrast für diese verschiedenen Frequenzen aus. Dieses Vorgehen hat seine Schwierigkeiten unter anderem darin, daß die Herstellung von Objekten mit sinusförmiger Intensitätsverteilung und variabler Frequenz nicht ganz einfach ist. Um dieser Schwierigkeit zu entgehen, kann man entweder auf Rechteckgitter ausweichen oder aber die MÜF aus dem Bild eines Spaltes gewinnen. Jedes inkohärent strahlende Objekt der Intensitätsverteilung J (x) läßt sich als Summe von δ-Impulsen auffassen:

$$J(x) = \int_{-\infty}^{+\infty} J(x') \quad \delta(x - x')\, dx' \qquad (4)$$

Durch den Einfluß des Übertragungssystems entsteht daraus die Bildfunktion:

$$J_B(x) = \int_{-\infty}^{+\infty} J(x') \quad \delta_B(x-x')\, dx' \qquad (5)$$

(Es handelt sich also um eine Faltung der Objektverteilung mit dem Bild des einzelnen δ-Impulses).

Der Zusammenhang zwischen Objekt und Bildfunktion läßt sich nach einer Fouriertransformation der Gleichung 5 auch so ausdrücken:

$$A_B(r) = A(r) \cdot D(r) \qquad (6)$$

Man kann nun zeigen, daß die oben definierte MÜF gleich der Fouriertransformierten D(r) des Bildes des δ-Impulses ist, wobei die Fourierkoordinate r mit der Ortsfrequenz R identisch ist. Wir gewinnen also die MÜF eines Systems, indem wir die Intensitätsverteilung des Spaltbildes aufzeichnen und damit eine Fouriertransformation durchführen. Bei elektronischer Erfassung der Meßwerte beschränkt sich dann das Problem auf die einmalige Programmierung des angeschlossenen Rechners, um mit den Stützpunkten des Spaltbildes die MÜF zu berechnen.

Dies in aller Kürze beschriebene Verfahren, dessen Schwierigkeiten und Nebenbedingungen, wie etwa der Einfluß der Phase und der Spaltbreite, hier nicht diskutiert werden können, haben wir auf verschiedene augen- und brillenoptische Probleme angewandt. Den prinzipiellen Meßaufbau zeigt die Abbildung 2. Ein Meßspalt wird durch Kollimator und Prüfling auf den Eintrittsspalt eines senkrecht zum Spaltbild bewegten Fotomultipliers abgebildet. Anschließend erfolgt entweder eine direkte Darstellung des Spaltbildes auf einem XY-Schreiber oder die digitale Messung mit anschließender Fouriertransformation.

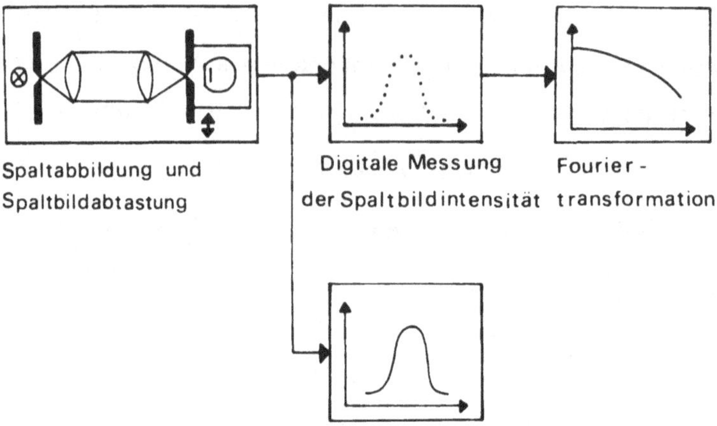

Abbildung 2: Versuchsaufbau zur Messung der Modulationsübertragungsfunktion.

Als Beispiel für die mit dieser Apparatur durchgeführten brillenoptischen Untersuchungen soll über die Messung der Abbildungseigenschaften schräggekreuzter Zylinderlinsen berichtet werden (2).

Die Fehlsichtigkeiten des Auges lassen sich in zwei große Klassen einteilen. Einmal die sphärischen Fehlsichtigkeiten; es handelt sich dabei um rotationssymmetrische Augen, deren Brechkraft und Baulänge nicht übereinstimmen. Die zweite Gruppe sind die astigmatischen Fehlsichtigkeiten; hier ist das Auge nicht rotationssymmetrisch, sondern eine oder mehrere der brechenden Flächen haben zueinander senkrecht stehende maximale und minimale Krümmungsradien. Wir sprechen dann von torischen Flächen. Augen mit derartigen Fehlsichtigkeiten können nur durch optische Hilfsmittel korrigiert werden, die ihrerseits durch torische Flächen begrenzt sind. Dies sind im einfachsten Fall zylindrische Linsen, deren Achsen je nach der Art der Fehlsichtigkeit in Richtung der größten oder der kleinsten Krümmungsrichtung der nichtsphärischen Fläche des Auges zeigen müssen. Unsere Frage war es, welcher Fehler (δ) dieser Achseneinstellung eines Korrektionsglases zulässig ist, ohne daß eine spürbare Verschlechterung der Sehfunktion eintritt (Abb. 3). Dabei ist die Abhängigkeit des Winkels (gemessen in Winkelgrad) von der Brechkraft des Korrektionszylinderglases (gemessen in Dioptrien) zu erwarten.

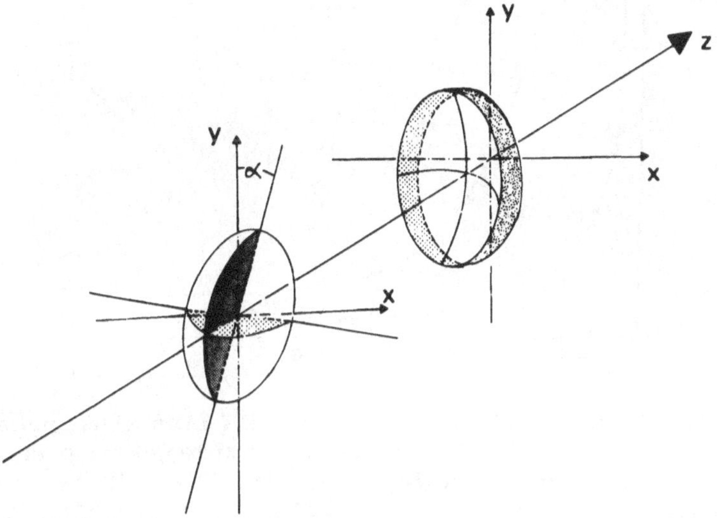

Abbildung 3: Schiefgekreuzte Zylinderlinsen.

Eine Durchrechnung des Systems erweist sich als recht schwierig, da bei nicht mehr vernachlässigbarem axialen Abstand von Korrektionslinse und Auge nur noch windschiefe Strahlen im System auftreten. Die in der Literatur angegebenen Werte für die zulässigen Winkelverdrehungen (siehe dazu Abb. 4) zeigen erhebliche Unterschiede, was wir zunächst mit den subjektiven Untersuchungsmethoden erklärt haben. Um zu verläßlichen Werten zu kommen, haben wir dann mit der oben beschriebenen Apparatur die MÜF von schräggekreuzten Zylinderlinsen, wie sie in Abbildung 3 gezeigt wird, gemessen.

Die gefundenen MÜF für eine 3 dpt Linse bei verschiedenen Winkelstellungen als Parameter zeigt die Abbildung 5. In die gleiche grafische Darstellung ist die Schwellenkontrastkurve menschlicher Augen, die auf Grund verschiedener Messungen (5, 6) als gesichert gelten kann, eingetragen worden. Die jeweiligen Schnittpunkte der Schwellenkontrastkurve mit den MÜF gibt an, welche Liniendichte bei einem mit 1 angenommenen Objektkontrast für die einzelnen Winkelstellungen noch aufgelöst werden kann.

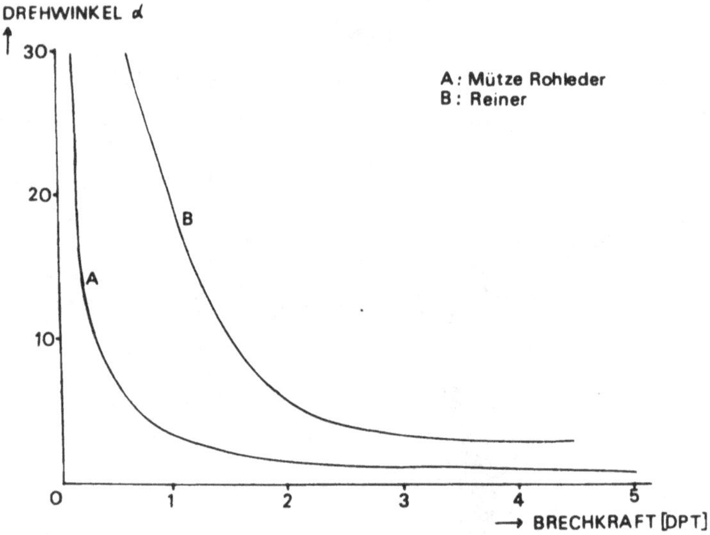

Abbildung 4: Maximal zulässiger Drehwinkel (δ) in Abhängigkeit von der Brechkraft zylindrischer Brillengläser nach MÜTZE und ROHLEDER (Kurve A) und REINER (Kurve B).

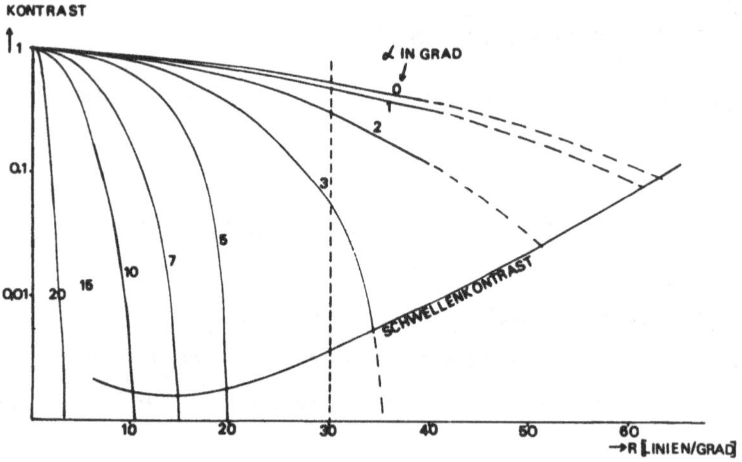

Abbildung 5: Modulationsübertragungsfunktionen für schiefgekreuzte Zylinderlinsen von 3 dpt für verschiedene Drehwinkel.

Wenn man voraussetzt, daß dem Normalvisus (Visus 1) eine Liniendichte von etwa 30 Linien pro Sehwinkelgrad korreliert ist (gestrichelte senkrechte Linie), würde das bedeuten, daß bei der hier vorliegenden zylindrischen Linse von 3 dpt ein Verdrehungswinkel von ca. 4° zulässig ist. Würde man jedoch verlangen, daß das optische System, bestehend aus dem zu korrigierenden Auge und dem zylindrischen Brillenglas, auch noch ein Auflösungsvermögen von etwa 50 Linien pro Sehwinkelgrad erreicht (das entspräche dem Visus von ca. 1,6), so ist nur noch ein Verdrehungswinkel von max. 2° zulässig. Es wurden nun für die verschiedensten Zylinderlinsen die jeweiligen Schnittpunkte der MÜF mit der Schwellenkontrastkurve aufgesucht und in der nächsten Darstellung (Abb. 6) zu einer Kurve zusammengefaßt, die gestrichelt auch die bisher bekannten Kurven enthält.

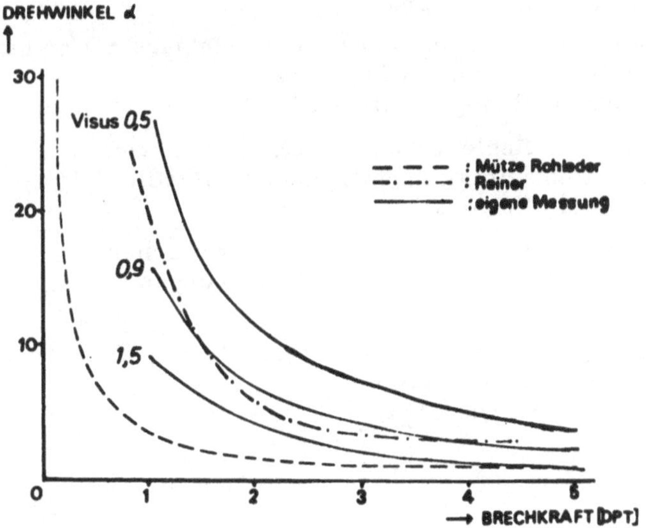

Abbildung 6: Eigene Meßergebnisse zusammen mit den Kurven der Abbildung 4.

Das Ergebnis ist folgendermaßen zu interpretieren: Der maximal zulässige Verdrehungswinkel eines zylindrischen Korrektionsglases hängt nicht nur von dessen Brechkraft, sondern ebenso von dem gewünschten Auflösungsvermögen und damit dem maximal erreichbaren Visus des Systems ab.

Geht man also wie die Autoren der Kurve A von der in seltenen Fällen maximal erreichbaren Sehschärfe von 1,8 - 2,0 aus, so ist die zulässige Winkeltoleranz erheblich kleiner, als wenn man nur einen erreichbaren Visus um 1,0 anstrebt (Kurve B). Diese bei den einzelnen Autoren nicht klar diskutierte Voraussetzung ihrer Messungen werden durch die objektive Untersuchung des Systems mit der MÜF deutlich zum Ausdruck gebracht.

Literatur

1. Röhler, R. (1967); Informationstheorie in der Optik, Wissenschaftliche Verlagsgesellschaft, Stuttgart

2. Dressler, M. (1975): Messung der Modulationsübertragungsfunktion schiefgekreuzter Zylindergläser, Diplomarbeit, Hamburg

3. Reiner, J. (1970): Einfluß des Achsenfehlers astigmatischer Brillengläser auf die Sehschärfe, Klin. Monatsbl. Augenheilk. 157, 259

4. Mütze, K. & Rohleder, F. (1968); Formelsammlung und Tabellenbuch - Reihe Praktische Augenoptik, Berlin - VEB Verlag Technik

5. Wolf, D. (1970): Messung der Modulationsübertragung am menschlichen Auge bei verschiedenen Wellenlängen, Diplomarbeit, Hamburg

6. Campell, F. W. & Green, D. G. (1965): Optical and retinal factors affecting visual resolution, J. Physiol. (London) 181, 576

10.12 Zeitraffer-Kinemikrographie als quantitatives Meßverfahren in der Zellpopulationskinetik

G. Hagemann

Einleitung

Die Zellmigration in Monolayer-Kulturen zwingt zur intermittierenden Registrierung der Zellvermehrung, wenn Stammbaumanalysen angefertigt werden sollen. Zellgenetische Schädigungen der Elterngeneration können so in ihren Auswirkungen bis zur 6. oder 7. Filial-Generation verfolgt werden. Vergleiche mit anderen populationskinetischen Untersuchungsmethoden, wie z.B. der Zelltodbestimmung (1) oder der Koloniegrößenspektrometrie (2) sind allerdings nur dann möglich, wenn die Zahl der analysierten Stammbäume für statistisch signifikante Aussagen ausreicht.

Diese Bedingung läßt sich durch Anwendung der Probenwechsler-Technik erreichen, wenn die Zellkulturen in hinreichend klein gehaltenen Beobachtungskammern etwa 5 Tage ohne Mediumwechsel inkubiert werden. Durch Kombination dieser beiden Prinzipien wird es möglich, die Zellvermehrung in den Kammern in kontinuierlich periodischem Wechsel kinemikrographisch zu registrieren.

Die Folienkammern

Die Kultivierung von Mikroorganismen, Einzellern oder Säugerzellen in Nährmedien zwischen planparallelen Grenzflächen geringen Abstandes der Größenordnung mm oder kleiner, ermöglicht ihre ständige Beobachtung unter dem Mikroskop. Dabei müssen die objektabhängigen Bedingungen der Temperierung und Begasung, bei Säugerzellen eine Temperatur von 37°C und ein 5% CO_2-Luftgemisch bei einem pH = 7, 2 des Nährmediums, eingehalten werden. Diesem Zweck dienen Kulturkammern, deren planparallele Grenzflächen durch Mikroskop-Deckgläser gebildet werden. Der Deckglas-Abstand wird durch Abstandshalter aus Gummi- oder Silikon-Dichtungen eingestellt. Die Deckgläser werden durch zwei gegeneinander geschraubte

Metallplatten zusammengepreßt. Die Füllung des Kultivierungsvolumens zwischen den Deckgläsern innerhalb der Dichtungen geschieht durch eine eingestochene Kanüle passender Größe mit Hilfe einer Spritze, die Nährmedium und das Zellmaterial enthält. Eine zweite eingestochene Kanüle dient der Entlüftung des Kultivierungsvolumens. Dieser Kammertyp ist seit langem gebräuchlich und unter dem Namen ROSE-Kammer (3) bekannt.

Abwandlungen dieser Kammerkonstruktion unter Beibehaltung des Grundprinzips, nämlich der Verwendung von Deckgläsern als Träger des biologischen Substrats und Begrenzer des Kultivierungsvolumens, sind in einer Übersichtsarbeit von HEUNERT (4) beschrieben.

Nachteile von Kammern dieses Bauprinzips liegen in der Gasundurchlässigkeit der Deckgläser, die eine Kultivierung über die Zeit von 24 Std. hinaus kaum erlauben. Hier bieten nur Durchströmungskammern einen Ausweg, die jedoch in der Handhabung umständlich sind, da sie ständig an den Kreislauf des Nährmediums angeschlossen bleiben müssen. Außerdem sind die Deckgläser der Bruchgefahr ausgesetzt, die besonders beim Arbeiten in Serien oder bei wiederholtem Manipulieren zum Zweck der Bestrahlung der Objekte mit ionisierenden Strahlen, Laser- oder UV-Licht unter Mikroskop-Beobachtung auftritt.

Die erwähnten Nachteile vermeidet die Folienkammer, in der anstelle der Deckgläser Kunststoff-Folien als Begrenzung des Kultivierungsvolumens und als Unterlage für das biologische Substrat verwendet werden. Die Konstruktion dieser Kammer ist der Abbildung 1 zu entnehmen.

Die zusammenschraubbaren Metallplatten enthalten eine Kreisbohrung. Die obere Platte besitzt am Rande dieser Bohrung eine flache Rechteck-Nut zur Aufnahme des Dichtungsringes (s. Abb. 1, Schnitt-E-F). Die zugehörige untere Platte enthält am Rande der Bohrung eine trapezförmige Nut, wobei die innenliegende Schrägseite einen Winkel gegen die Plattenebene von 30° bildet. Werden die beiden Platten mit eingelegtem Dichtungsring zusammengeschraubt, so bewirkt die auswärts geneigte

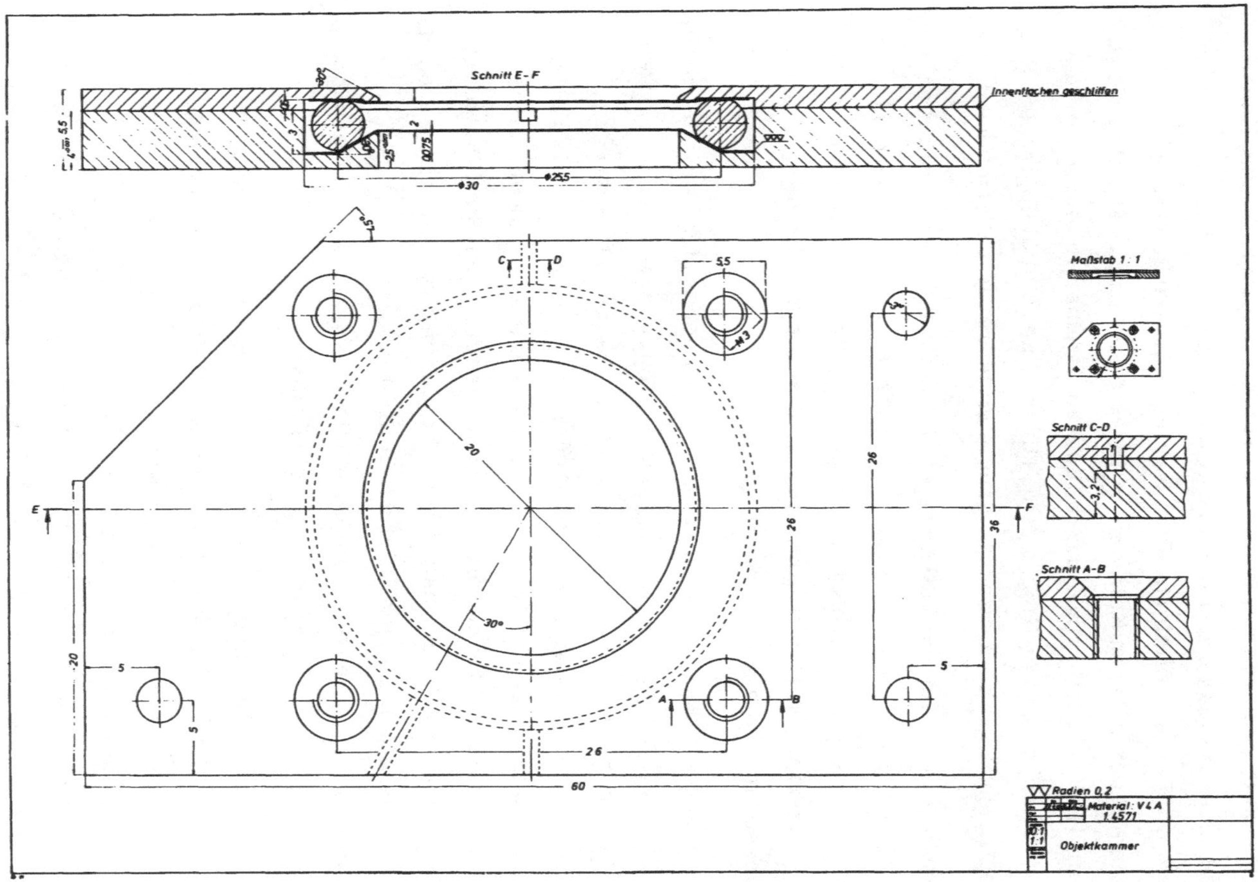

Abbildung 1: Die Folienkammer.

Schrägseite der Trapeznut eine Spannung des Dichtungsringes durch Vergrößerung seines mittleren Durchmessers. Liegen zwischen dem Dichtungsring und der oberen sowie der unteren Metallplatte je eine Kunststoff-Folie, so werden diese bei dem Spannvorgang des Dichtungsringes mitgespannt. Das so definierte Kultivierungsvolumen kann durch Zuführungsnuten in der unteren Kammerplatte, wie sie durch den Schnitt C-D, Abbildung 1, dargestellt sind, durch die Kanüle einer Injektionsspritze nach Durchstechen des O-Ringes mit Nährmedium und biologischem Substrat gefüllt und durch eine zweite Kanüle gleichzeitig entlüftet werden.

4 Schraubverbindungen und 3 Führungsstifte sorgen für die Präzision der Passung der zusammengeschraubten Kammerplatten. Zwei nach Tiefe und Länge der Schrägung verschiedene Trapeznutformen bestimmen 2 Kammertypen für einen Folienabstand von 2 mm sowie 200 μm bei gleichem Durchmesser der Kammerbohrung.

Der Anwendungsbereich der Folienkammer erstreckt sich zeitlich über viele Tage, weil die zur Begrenzung des Kultivierungsvolumens verwendeten Folien wegen ihrer Gasdurchlässigkeit die Sauerstoffversorgung des biologischen Substrates sicherstellt. Außerdem ermöglichen die Folien die Durchstrahlung des Kultivierungsvolumens mit sichtbarem, ultraviolettem und infrarotem Licht, mit energiearmen Röntgen-Strahlen sowie mit Elektronen- und Protonenstrahlen. Die lichtmikroskopische Beobachtung der biologischen Objekte wird durch die Planparallelität der beiden Folien als Folge ihrer durch die beschriebenen konstruktiven Maßnahmen erzeugten mechanischen Spannung gewährleistet.

Die Variabilität der Verwendung von Folienkammern wird durch die Trennung der Funktionen von Abstandshaltung der Folien und Abdichtung des Kultivierungsvolumens mit O-Ringen erreicht. So können mit zwei Kammertypen Folienabstände in weiten Grenzen von wenigen mm bis herab zu einigen μm entsprechend der erreichbaren mechanischen Präzision vorgewählt werden. Dabei werden keine Änderungen der Maße der O-Ringe und der Zu- und Abführungsnuten für die Kanülen nötig.

Die praktische Verwendung der Kammern wird sehr erleichtert durch eine Stechvorrichtung, die eine Lehre für das Durchstechen der O-Ringe mit Kanülen darstellt. In Abbildung 2 ist die Konstruktion dieser Lehre dargestellt. Ihre Verwendung erlaubt das Einlegen von O-Ringen mit eingestochenen Kanülen in die dafür vorgesehenen Führungsnuten der unteren Kammerplatte. Nach der Kammerfüllung können die Kanülen nach Wunsch aus den O-Ringen herausgezogen oder auch nur verschlossen werden, so daß sie bei einem Mediumwechsel wieder verwendet werden können.

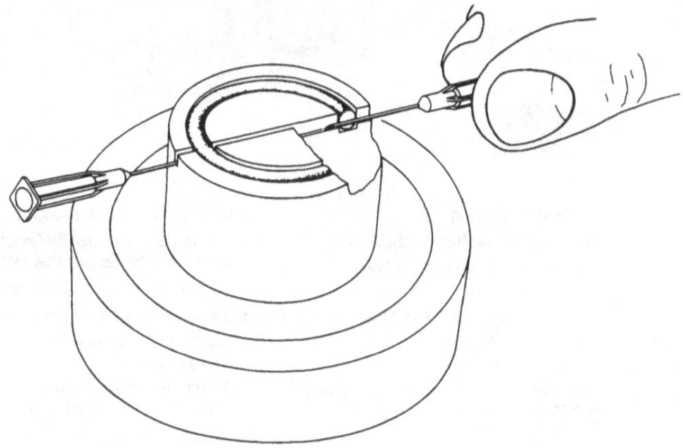

Abbildung 2: Stechvorrichtung mit Lagerung für Dichtungsring und 2 Einstichöffnungen für Kanülen.

Der Probenwechsler

Die mit einem Synchronmotor angetriebene kreisförmige Wechslerscheibe führt die darauf liegenden Kammern unter einem Mikroskopobjektiv (Abb. 3) mit einer konstanten Geschwindigkeit von etwa 5 U/h vorbei, so daß das eingestellte Bildfeld jeder von im vorliegenden Falle 12 Kammern in Abständen von 12 min. über die mehrtägige Beobachtungszeit hinweg fotografisch registriert wird. Zur Vermeidung von Bewegungsunschärfen wird der Registrierfilm mit Hilfe eines Elektronenblitzes mit einer Blitzdauer von 100 μsec durch die über Löchern in der Wechslerscheibe liegenden Kammern hindurch belichtet. Die Auslösung des Elektronenblitzes

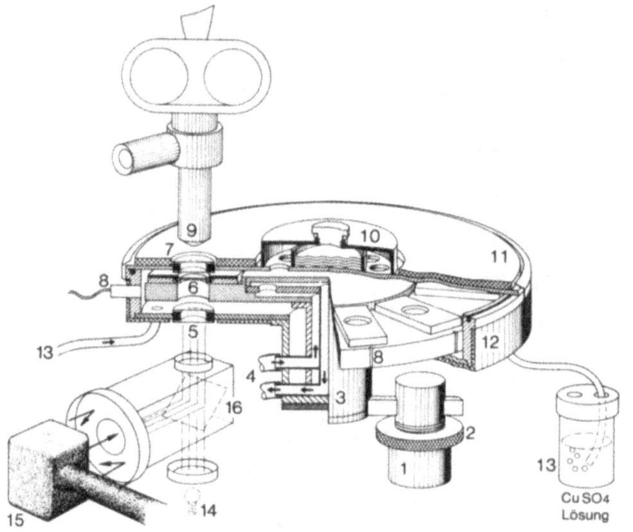

1 Grundbefestigung
2 Drehung zur Höhenverstellung
3 Ummantelung des Getriebe- und Heizungsblocks
4 Zu- und Abführung der Heizflüssigkeit
5 Lichteintrittsfenster zur Objektbeleuchtung
6 Lichtdurchtritt in der Beobachtungsscheibe mit darüberliegender Folienkammer
7 Lichtaustrittsfenster
8 Optokoppler und Steuerungsschlitz in der Beobachtungsscheibe zur Blitzauslösung
9 Mikroskop mit Filmkamera
10 Wasserbehälter zur Befeuchtung des Innenraumes des Probenwechslers
11 Gehäusedeckel mit Wärmeisolierung
12 Gehäuseunterteil mit Wärmeisolierung
13 Zuführung und Austritt des Gasgemisches
14 Glühlampenbeleuchtung zur stationären Beobachtung
15 Blitzbeleuchtung für Zeitrafferfilm
16 Verschiebbarer Umlenkspiegel

Abbildung 3: Probenwechsler zur intermittierenden Beobachtung von 12 Folienkammern ("aufgerissene" Ansicht).

und des zeitlich verzögerten Filmtransportes erfolgt durch die Folienkammern beim Durchgang unter dem Mikroskopobjektiv mit Hilfe eines im infraroten Spektralbereich arbeitenden Optokopplers. Die dazu erforderliche Automatik ist im Blockschaltbild (Abb. 4) dargestellt und erläutert.

Die Handlichkeit des Probenwechslers mit Mikroskop und aufgesetzter Registrierkamera beim Wechsel der Folienkammern ist dadurch gewährleistet, daß nur die Wechslerscheibe von einer thermisch isolierenden und gasundurchlässigen Metallhülle mit abnehmbarem Verschlußdeckel umgeben ist, so daß die von einem Thermostaten auf 37°C temperierten und einem aus einer Gasflasche gespeisten, vorgewärmten Luft-5% CO_2-

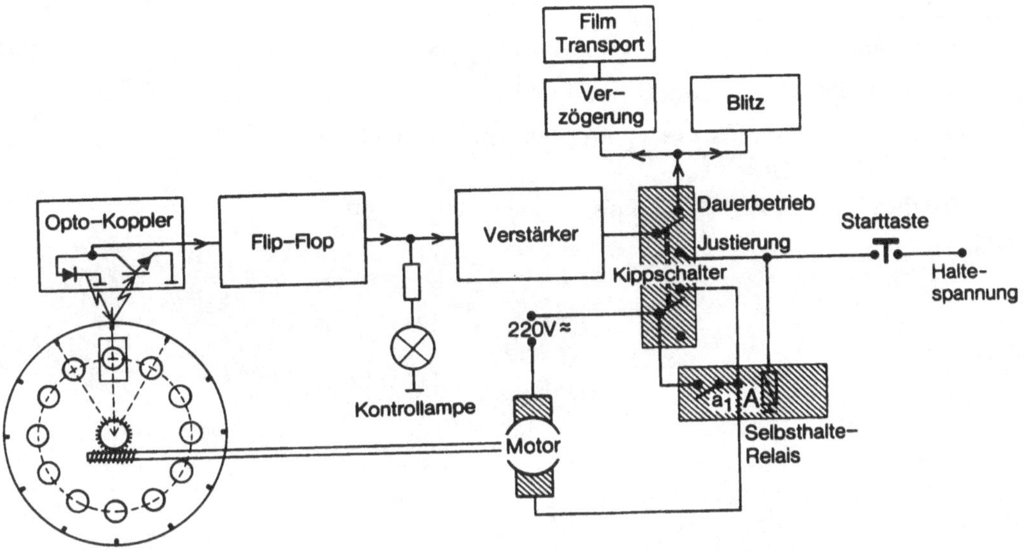

Abbildung 4: Blockschaltbild der Probenwechsler-Zeitraffer-Steuerung. Eine von einer GaAs-Laser-Diode im Opto-Koppler abgestrahlte Infrarot-Strahlung wird von der Wechslerscheibe zum Fototransistor reflektiert, dessen Fotostromänderung beim Passieren der Steuerschlitze im Dauerbetrieb den Elektronenblitz und über eine Verzögerungsstrecke den Filmtransport steuert. Bei Justierung unterbricht der Steuerimpuls den Motorstromkreis, der anschließend durch Starttaste und Relais wieder geschlossen werden kann.

Gemisch umgebenen, auf der Wechslerscheibe angeordneten Kammern wie üblich inkubiert werden können.

Die mit Polystyrol-Folien als Beobachtungsfenstern ausgestatteten Folienkammern wurden, wie erwähnt, besonders für den mehrtägigen Einsatz im Probenwechsler entwickelt. Unter den angegebenen Betriebsbedingungen wurden mit CHO-Zellen eines 12-stündigen Generationszyklus beimpfte Kammern schon bis zu 8 Tagen inkubiert, wenn größenordnungsmäßig etwa 10 Zellen eingeimpft wurden. Interessierende zellpopulationskinetische Parameter wurden bereits routinemäßig gemessen, die Ergebnisse werden an anderer Stelle mitgeteilt (H. B. ROMAHN, M. JANKE, G. HAGEMANN).

Literatur

1. Hagemann, G. (1973), Strahlenther., 145, 456

2. Töllner, D., Hagemann, G. & Stender, H. St., l. c. (1), 604

3. Rose, G. (1954), Texas reports on biology and medicine, Galveston, 12, 1074

4. Heunert, H. (1972/73), Zeiss Inform. 20, 81, 40

10.13 Untersuchungen über die Temperatur-Volumen-Funktion von Blutseren Gesunder und Malignomkranker

J. Bartusch, N. Kirmaier, A. Reis

Aufgabenstellung

Ein interessanter physikalischer Parameter des Blutserums ist die Dichte, die bei Erkrankungen, welche mit großen Flüssigkeitsverlusten verbunden sind, deutlich ansteigt. Dies ist eine seit langem bekannte Erscheinung. Neueren Datums hingegen ist die Feststellung, daß aus der Temperaturlage des Dichtemaximums, aus dem sogenannten Umkehr- oder Inversionspunkt, auf pathologische Veränderungen geschlossen werden kann. Dies ergaben orientierende Untersuchungen mit einer im Institut für Biomedizinische Technik, München, entwickelten Apparatur (1, 2, 3). Dieser interessante Befund war Anlaß, an einem größeren Patientenkreis zu überprüfen, ob die bei pathologischen Seren festgestellten Abweichungen signifikant sind, so daß diese für diagnostische Zwecke Verwendung finden könnten.

Meßapparatur

Zentraler Bestandteil der Apparatur zur Bestimmung der Volumen-Temperatur-Funktion ist ein Gerät zur elektro-optischen Messung der Volumenänderung. Zur Temperaturregistrierung dient ein NTC-Halbleiter (Heißleiter) mit nachgeschaltetem Meßverstärker. Die Thermostatisierung der Meßflüssigkeit, deren Abkühlung und anschließende Erwärmung geschieht durch einen Peltierthermostaten mit Programmautomatik.

Volumenmessung

Die Volumen-Temperatur-Funktion von Blutserum hat einen Verlauf, der qualitativ mit der "Wasseranomalie" vergleichbar ist. Bekanntlich hat destilliertes Wasser bei 3,98 °C seine größte Dichte und (bei konstanter Masse) sein geringstes Volumen (Umkehrpunkt).

Prinzipiell wurde von uns zur Messung der Volumenänderung von Blutserum ein Dilatometer aus Spezialglas (mit einem sehr kleinen thermischen Ausdehnungskoeffizienten) und eine elektrooptische Füllstandsmeßeinrichtung verwendet.

Um einen füllstandsabhängigen Lichtstrom zu erhalten, der sich in ein proportionales elektrisches Signal umwandeln läßt, kann man sowohl die Absorption der Meßflüssigkeit als auch die Totalreflexion an den Grenzschichten von Glas und Luft bei ungefüllter Röhre ausnutzen. Bei einem Systemvergleich zeigte sich, daß die Verfahren, welche die Totalreflexion ausnutzen, eine universellere Anwendung zulassen. In Abbildung 1 ist schematisch der Strahlengang bei einer ungefüllten und einer mit (transparenter) Lösung geringer Extinktion gefüllten Röhre (im Horizontalschnitt) dargestellt. Ein Teil der Lichtstrahlen wird nach dem Brechungsgesetz an der Grenzfläche von Luft und Glasrohr reflektiert (gestrichelte Linie), der restliche Anteil dringt ins Glas ein und wird nach dem Brechungsgesetz abgelenkt.

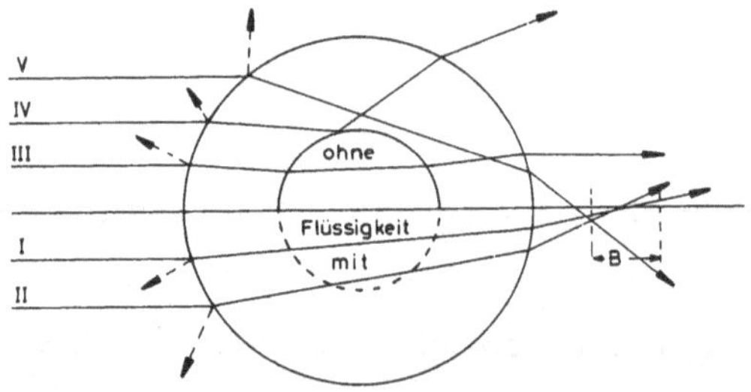

Abbildung 1: Glasrohr als optisches Element (Horizontalschnitt) (4).

Ist das Rohr mit einer Flüssigkeit gefüllt, konvergieren die Strahlen (I und II) in einem bestimmten Bereich B in Achsennähe.

Ist das Glasrohr ungefüllt, divergieren die Strahlen zum Teil durch Totalreflexion an der Innenwand des Rohres (Strahl IV), zum anderen Teil durch mehrfache Brechung (Strahl III).

Das verwendete Dilatometer ist in Abbildung 2 dargestellt. Zur Messung werden etwa 2,5 ml Meßflüssigkeit benötigt.

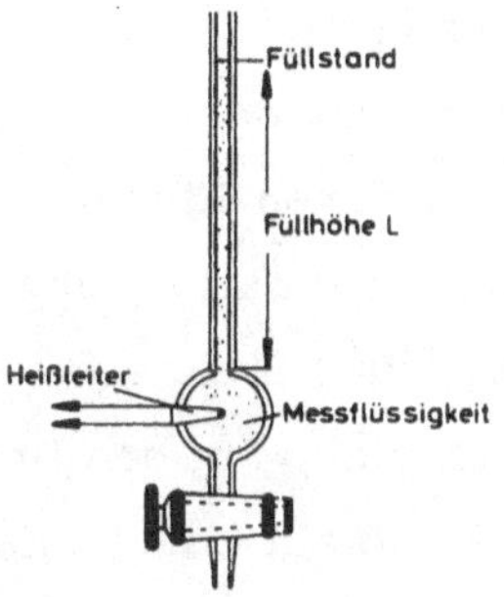

Abbildung 2: Dilatometer.

Die elektronische Meßanordnung besteht aus einer im Pulsbetrieb arbeitenden Lumineszenzdiode (GaAs) als Sender und rechteckigen Silizium-Fotoelementen als Empfänger mit elektronischer Gleich- und Wechselstörlichtkompensation.

Temperaturmessung und Regelautomatik

Die Temperatur der Meßflüssigkeit (Serum) wird mit einem Heißleiter (Siemens, K17-100kOhm) in der Mitte der Dilatometer-Hohlkugel gemessen (siehe Abb. 2).
Da zur Abkühlung bzw. Erwärmung der Meßflüssigkeit im Dilatometer nur geringe Kühl- bzw. Wärmeleistungen nötig sind, konnte ein Temperierbad mit Peltierbatterie (Sirigor PKE36EO360) verwendet werden. Vorteile dieser Anordnung sind eine bequeme und exakte Temperaturführung und totzeitarme Regelbarkeit.

Zur Vorbereitung der Messung (Einstellung des elektrooptischen Füllstandsmessers) wird die Probe kontinuierlich bis -2 °C (UT) abgekühlt (Meßvorgang), anschließend wieder erwärmt und auf 15 °C eingeregelt. Die Messung kann dann wiederholt werden. Eine thermische Schädigung der Peltierbatterie (durch Überhitzung) und eine Zerstörung des Dilatometers bei völligem Gefrieren der Meßflüssigkeit werden dadurch ebenso verhindert wie eine mögliche thermische Denaturierung des Blutserums.

Untersuchungsergebnisse

Vor Beginn der eigentlichen Untersuchungen wurde das vorstehend beschriebene Meßverfahren hinsichtlich seiner Reproduzierbarkeit und Meßgenauigkeit überprüft. Dabei wurde der Umkehrpunkt von bidestilliertem Wasser in einer größeren Anzahl von Einzelmessungen bestimmt und die Standardabweichung berechnet. Sie hatte einen Wert von $\pm$ 0, 05 $^{\circ}$C, woraus sich (statistisch) ableiten läßt, daß für die jeweilige Mittelwertbildung 5 Einzelmessungen erforderlich sind, um den Umkehrpunkt mit einer statistischen Sicherheit von 99% und einer Genauigkeit von $\pm$ 0, 1 $^{\circ}$C angeben zu können. Auf die Einhaltung dieser Bedingung wurde bei den Hauptversuchen stets geachtet. Für die Meßgenauigkeit ergab sich eine gute Übereinstimmung mit dem theoretischen Wert. Zusätzlich wurden auch verdünnte Elektrolytlösungen ($NaCl$ und KCl) vermessen, deren Resultate mit den Literaturdaten befriedigend übereinstimmen.

Da der physiologische Spielraum der Umkehrpunkt-Temperatur nicht bekannt war, mußten Messungen sowohl an gesunden als auch an pathologischen Seren vorgenommen werden. Es wurden vorzugsweise junge Versuchspersonen untersucht, bei denen nach den vorliegenden Statistiken die Wahrscheinlichkeit einer Krebserkrankung gering ist.

Durch Aussonderung aller zweifelhaften Fälle, wozu auch harmlose Erkrankungen, wie z. B. Entzündungen, Katarrhe etc. gehörten, wurde der ursprünglich noch wesentlich umfangreichere Personenkreis auf 50 (21 weibliche und 29 männliche) Probanden eingeengt, die somit zumindest subjektiv als gesund zu bezeichnen waren. Die Blutentnahme (ca. 10 ml venöses Vollblut) erfolgte am frühen Morgen im nüchternen Zustand, um eine Beeinflussung der Blutzusammensetzung durch die Nahrungsmittelaufnahme zu vermeiden. Anschließend wurde das Blut in einer Zentrifuge 10 Minuten bei ca. 1500 UpM geschleudert, das überstehende Serum (ca. 3 ml) abpipettiert und in verschlossenen Reagenzgläsern bei 0 $^{\circ}$C bis zur Messung aufbewahrt. Als entscheidend wichtige Maßnahme erwies sich die Kaltlagerung, da Vergleichsmessungen ergaben, daß der Umkehrpunkt des Serums im ungekühlten Zustand beträchtlich ansteigen kann.

Die Untersuchungsergebnisse sind in Abbildung 3 dargestellt.

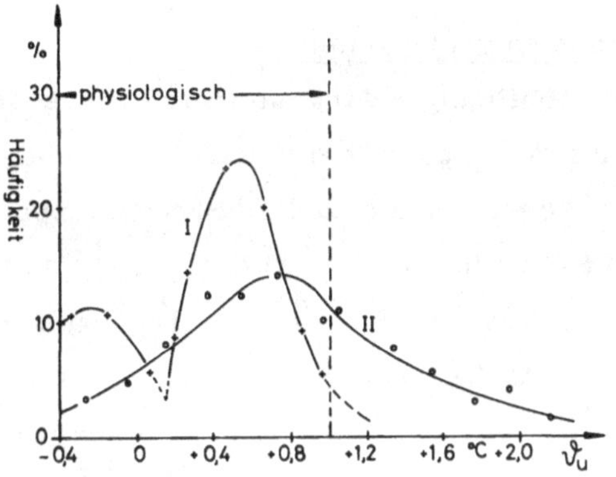

Abbildung 3: Häufigkeitsverteilung der Umkehrpunkte (δ_u) von Blutseren Gesunder (I) und Malignomkranker (II).

Die gemessenen δ_u-Werte bewegen sich zwischen den Grenztemperaturen von - 0, 4° C und + 1, 0° C. Dabei handelt es sich um eine zweigipflige Verteilung, deren Häufigkeitsmaxima bei - 0, 25°C und + 0, 5°C liegen. Die Annahme, daß nur die eine Verteilung die physiologischen Verhältnisse richtig widerspiegelt, während die andere bereits einen Hinweis auf krankhafte Veränderungen enthalten könnte, muß vorläufig noch als Spekulation angesehen werden (5). Bei der Auswahl der pathologischen Seren gingen wir von den allgemeinen Malignitätskriterien (6, 7) aus, griffen aber vorzugsweise auf Seren von 86 Patienten zurück, die von histologisch gesicherten Neoplasmen (Carcinome und Sarkome) befallen waren und die sich bereits im Stadium der (meist diffusen) Metastasierung befanden. +)

+) Für die Bereitstellung der Seren und der Laborwerte sei an dieser Stelle herzlich der onkologischen Station des Klinikums rechts der Isar, München, gedankt.

Die Untersuchungsergebnisse sind in Abbildung 3 als Kurve II eingezeichnet. Bei den pathologischen Seren liegt eine asymmetrische Häufigkeitsverteilung vor.

Diskussion der Untersuchungsergebnisse

Vergleicht man die in Abbildung 3 dargestellten Untersuchungsergebnisse, so sieht man, daß der Umkehrpunkt bei malignen Veränderungen des Serums einen Trend zur Verschiebung nach höheren Temperaturen aufweist: Physiologische Seren liegen im Bereich von - 0,4 °C und bis + 1,0 °C und pathologische Seren zwischen - 0,3 °C und + 2,1 °C. Bei Umkehrpunkten $>$ + 1,0 °C besteht ein starker Verdacht auf eine Erkrankung, während sich bei Umkehrpunkten $<$ + 1,0 °C nicht entscheiden läßt, ob der Patient krank oder gesund ist. Man hätte etwa 30% der untersuchten Krebspatienten (deren Umkehrpunkt höher als + 1,0 °C lag) durch eine Bestimmung des Umkehrpunktes diagnostisch erfassen können. Dies muß als Teilerfolg bewertet werden.

Die parallel zu den beschriebenen Messungen durchgeführten analytischen Untersuchungen der Blutseren ermöglichten es, nachzuprüfen, ob zwischen dem Umkehrpunkt und dem chemischen Aufbau der Seren Zusammenhänge bestehen. Als Maß hierfür wurde der Korrelationskoeffizient r_{xy} bestimmt (8). ($r_{xy} = 0$ bedeutet, daß kein Zusammenhang zwischen zwei Meßgrößen x und y existiert, während bei $r_{xy} = \pm 1$ ein linearer Zusammenhang besteht. Das Vorzeichen sagt aus, ob die beiden Größen gleichsinnig (+) oder gegensinnig (-) verlaufen). Korreliert man den Umkehrpunkt und den (Gesamt)-Proteingehalt, so ergibt sich ein Koeffizient von $r_{xy} = -0,751$. Zwischen diesen beiden Größen besteht also ein recht enger Zusammenhang, wobei der Umkehrpunkt mit zunehmendem Proteingehalt nach tieferen Temperaturwerten verschoben wird. In Abbildung 4 ist zugleich der physiologische Bereich des Proteingehaltes eingezeichnet, der bekanntlich von 6,5 bis 7,9 g% reicht.

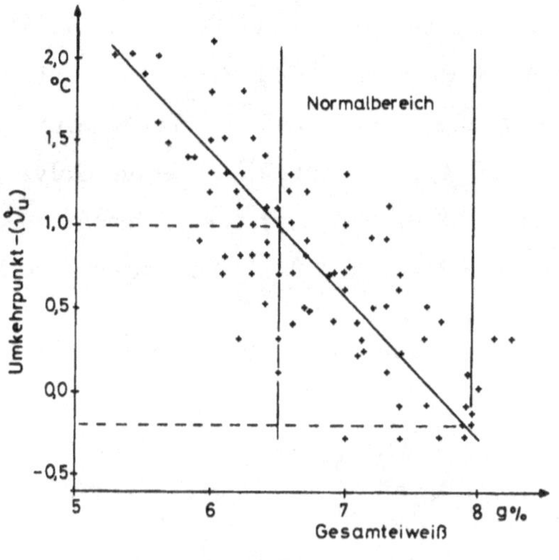

Abbildung 4: Abhängigkeit des Umkehrpunktes vom Gesamtproteingehalt des Serums.

Betrachtet man die Regressionsgerade, so erkennt man, daß diese die untere physiologische Begrenzungslinie bei $\vartheta_u = + 1,0^{\circ}C$ und die obere bei etwa $\vartheta_u = - 0,2^{\circ}C$ schneidet. Dies stimmt gut mit dem Ergebnis unserer an gesunden Personen durchgeführten Untersuchungen überein, wonach der physiologische Bereich des Umkehrpunktes zwischen $+ 1,0^{\circ}C$ und $- 0,4^{\circ}C$ liegt. Daraus läßt sich der Schluß ziehen, daß der Umkehrpunkt mit großer Wahrscheinlichkeit primär vom Proteingehalt des Serums abhängt. Korrelationen von Umkehrpunkt und anderen Serum- oder Blutwerten konnten nicht festgestellt werden. Der Umkehrpunkt dürfte in Verbindung mit anderen klinischen Labordaten eine wertvolle diagnostische Informationsquelle darstellen.

Literatur

1. Reis, A. (1966), "Die Temperatur-Volumen-Funktion und die Volumen-Druck-Funktion des Blutserums von Gesunden und Stoffwechselkranken", Zeitschr. f. Blutforschung Bd. XII, 94

2. Marx, G. (1966), Dipl.-Arbeit, Techn. Univ. München

3. Kirmaier, N. & Reis, A. (1973), GIT, Fachz. Lab. 17, 925

4. Lehmann, K. (1971), Dipl.-Arbeit, Techn. Univ. München

5. Bartusch, J. (1974), Dissertation, Techn. Univ. München

6. Zollinger, H. (1969), Pathologische Anatomie, Band I, Stuttgart, S. 219

7. Bartenheimer & Maurer (1962), Diagnostik der Geschwulstkrankheiten, Stuttgart

8. Baule, B. (1943), Ausgleichs- und Näherungsrechnungen, S. 157.

FSC
www.fsc.org
MIX
Papier | Fördert
gute Waldnutzung
FSC® C083411

Kolibri 360 GmbH
Ferdinand-Jühlke-Straße 7
99095 Erfurt, Deutschland
produktsicherheit@kolibri360.de